CMP BOOKS 机工IT

人工智能科学与技术丛书

**多位国内外知名学者和业界专家 联合推荐**

ADVANCED PRACTICE IN MACHINE LEARNING

# 机器学习高级实践

## 计算广告、供需预测、智能营销、动态定价

**王聪颖　谢志辉　编著**

机械工业出版社
CHINA MACHINE PRESS

人工智能方兴未艾，机器学习算法作为实现人工智能最重要的技术之一，引起了无数相关从业者的兴趣。本书详细介绍了机器学习算法的理论基础和高级实践案例，理论部分介绍了机器学习项目体系搭建路径，包括业务场景拆解、特征工程、模型评估和选型、模型优化；实践部分介绍了业界常见的业务场景，包括计算广告、供需预测、智能营销、动态定价。随书附赠所有案例源码，获取方式见封底。

本书内容深入浅出，理论与实践相结合，帮助计算机专业应届毕业生、跨专业从业者、算法工程师等读者能够从零构建机器学习项目实现流程，快速掌握关键技术，迅速从小白成长为独当一面的算法工程师。

**图书在版编目（CIP）数据**

机器学习高级实践：计算广告、供需预测、智能营销、动态定价/王聪颖，谢志辉编著．—北京：机械工业出版社，2023.8

（人工智能科学与技术丛书）

ISBN 978-7-111-73654-7

Ⅰ.①机…　Ⅱ.①王…②谢…　Ⅲ.①机器学习　Ⅳ.①TP181

中国国家版本馆 CIP 数据核字（2023）第 149046 号

机械工业出版社（北京市百万庄大街 22 号　邮政编码 100037）

策划编辑：李晓波　　　　　　责任编辑：李晓波

责任校对：樊钟英　李　杉　　责任印制：刘　媛

涿州市般润文化传播有限公司印刷

2023 年 11 月第 1 版第 1 次印刷

184mm×240mm · 25.5 印张 · 591 千字

标准书号：ISBN 978-7-111-73654-7

定价：139.00 元

电话服务　　　　　　　　　　网络服务

客服电话：010-88361066　　机　工　官　网：www.cmpbook.com

010-88379833　　机　工　官　博：weibo.com/cmp1952

010-68326294　　金　书　网：www.golden-book.com

**封底无防伪标均为盗版**　　机工教育服务网：www.cmpedu.com

# 序　一

FOREWORD

人工智能大模型的快速发展，将为人类社会带来深远的影响，推动着人们迈向更智能、更高效的未来。机器学习作为人工智能的核心技术之一，扮演着连接人工智能与实际应用的桥梁和引擎的角色。机器学习通过从海量数据中提取信息、学习规律，并自动调整和优化模型，广泛应用于计算广告、供需预测、智能营销、动态定价等生产消费领域，为企业和个人带来了前所未有的商业机会。

为满足互联网时代用户群体的个性化需求，企业级的计算广告系统应运而生，它颠覆了传统广告的商业模式，将“计算”融入广告体系。而“计算”的目的就是以海量数据驱动，结合统计学、机器学习、运筹优化、微观经济学等诸多交叉学科来实现广告投放综合收益的最大化。计算广告体系发展至今，已经有一套相当完善、稳定的搭建链路和机器学习算法框架。供需预测是数字化转型时代的刚需，供给和需求的准确预测对于企业经营策略依“量”而定至关重要。以网约车场景为例，预测时空粒度下的司机供给量和乘客需求量能够成功地帮助平台做调度、分单决策，使得供需匹配更合理、司乘体验更好；除此之外，供应链、智能物流等生产领域也十分依赖供需预测来做资产管理、资源分配，以应对潜在的市场波动，提高生产敏捷性和响应速度；智能营销是移动互联网时代的新宠儿，它成功地将线下营销活动搬到了线上，一定程度上解决了传统营销模式“钱效低”的问题。智能营销和计算广告有诸多相似之处，两者都是通过对素材个性化投放吸引相应的用户群体，不同的是智能营销算法更注重使用因果推断相关的算法评估用户在不同营销方案下的业务增益，进而决策出最优营销方案；动态定价最早应用于20世纪70年代航空公司的舱位管理场景，根据用户需求进行舱位差异化定价。演变至今，动态定价策略已应用于人们衣食住行的方方面面，能够较好地满足供需双方利益、平衡市场供需关系、提升交易市场效率。当然，企业级的业务场景纷繁复杂，对机器学习算法的应用也不止于此。近些年来，形形色色的人工智能应用如同雨后春笋般涌现，越来越多的人才投身于机器学习工作，他们针对实际的业务场景收集数据、设计算法并持续迭代优化，推动了机器学习技术的快速发展。

然而，对于许多初学者而言，机器学习的理论与实践之间存在着一道巨大的鸿沟。不仅需要掌握算法模型的理论知识，还需要在实际应用场景中将其转化为用户价值和商业价值。一名合格的初阶算法工程师应同时具备“算法”能力和“工程”能力，“算法”能力是指对机器学习基础理论知识的掌握，并深入理解机器学习算法实现的底层原理；“工程”能力是指对机器学习算法的工程实现，“Talk is cheap，show me the code(空谈没有价值，秀一下代码)”是行业内对于工程师代码能力的最基本要求之一。而想要成为一名优秀的算法工程师，浅尝辄止的算法实现是远远不够的，还需要具备对业务以及算法模型深度的理解，并能够结合业务实际情况改造模型，设定算法策略优化目标，最终帮助企业实现商业价值。

本书的作者在互联网大厂从事算法工作多年，积累了丰富的机器学习应用实践经验，本书可以帮助您更快地成长为一名优秀的算法工程师。本书的目标是通过深入浅出的方式，帮助读者建立机器学习理论与实践的整体大框架，并提供全面且深入的实践指南。本书从机器学习的基本概念开始，逐步深入介绍机器学习的工作原理、常用工具和项目实现流程。通过手把手的指导，帮助读者学习如何拆解业务场景、构建特征工程、进行模型评估与选型以及优化模型性能等。此外，本书实践性较强，涵盖计算广告、供需预测、智能营销和动态定价等多个实际应用领域的案例分析，详细介绍了相关领域的高级实践内容，并提供了应用机器学习技术解决实际问题的方法和技巧。

不论您是刚踏入机器学习领域的新手，还是渴望提升实践应用能力的专业人士，本书都将成为您不可或缺的参考用书。我期待本书能够更好地推动机器学习与实践应用的发展。让我们在这股浩大浪潮中，共同踏上人工智能和机器学习的探索之旅吧！

马　利

滴滴杰出算法工程师

# 序　二

FOREWORD

很荣幸收到志辉和聪颖的邀请，来为他们的新书《机器学习高级实践：计算广告、供需预测、智能营销、动态定价》写序。2018～2021年，我在滴滴担任首席统计学家，探索AI领域的技术难题，将机器学习、自然语言处理、计算机视觉、语音识别、智能地图、运筹和统计等领域的前沿技术应用到滴滴的各个业务场景，并布局下一代的创新技术。参与建设了滴滴的智能派单、智能营销、供需预测与智慧交通等多个领域的实践落地，不断提升用户的出行效率和体验，用技术驱动构建智能出行的新生态。过去几年来，机器学习技术几乎颠覆了传统出行场景的方方面面，大大提升了司乘两端的交易市场效率，提高了乘客满意度和司机收入，并为社会创造了巨大的效用。当然，机器学习在出行方式上的落地只是其众多应用中的冰山一角，近年来其在生物医疗领域也有着广泛的应用。我在UNC（北卡罗来纳大学教堂山分校）的研究团队聚焦于将统计学、机器学习和人工智能方法应用于医学研究中，以推动我们对健康和疾病的科学理解。统计学与生物科学之间存在着天然的联系，我们对统计遗传学的研究，特别是在高维遗传和基因组数据的统计分析方面，已经推动了我们对遗传因素和疾病之间复杂关系的理解。这一领域的研究，可以帮助实现更好的个性化医疗服务，并且对预测和治疗各种疾病具有巨大的潜力。最近几年，医疗保健、生物医学研究、临床试验中收集了大量的神经影像数据。神经影像数据有可能改善各种脑相关疾病的临床诊断和预后。此外，神经影像生物标记物在神经疾病和精神疾病的药物开发中也有许多应用。针对神经影像数据分析，已经发展出大量的统计学习方法，以便关联不同领域的多类型数据，并建立一个动态的因果路径。然而，由于各种技术和统计挑战，这些方法的发展却相对落后于神经影像技术，距离将研究成果转化为临床实践依然有一定的距离。无论是出行还是医疗，都是涉及国计民生的大事，而机器学习均在其中扮演了不可或缺的角色。机器学习技术在未来更像是一门基础技术，它和各领域的专业知识交叉发展，从而提高整个人类社会的运行效率。因此，了解和掌握机器学习技术对于各行各业的人才在专业领域的发展都有所帮助。

统计学、人工智能技术发展至今，已经有了大量的成熟著作，我也阅读并研究了海内外许多数据科学相关的书籍，目前市面上能够找到的将理论知识和业务实践结合在一起的书籍并不算多。正所谓“实践出真知”，实践是数据科学发展的源泉，理论为解决实践问题提供了技术，没有大量的实践，理论研究往往停滞不前。因此，无论对于学术界还是工业界，机器学习都不仅仅是一门理论学科，更是一门需要与实践相结合的技术。而本书立足于机器学习理论基础，通过计算广告、供需预测、智能营销、动态定价 4 个真实的业务项目进行实践，由浅入深地帮助初学者搭建机器学习知识体系，相信所有读完本书的读者在理论知识和业务实践上都能更上一层楼。

我从事统计学和人工智能的研究已经有 20 余载，研究的领域包括统计学习、医疗图像处理、精准医疗、生物统计、人工智能和大数据分析等。本书的作者在多家国内外知名科技公司有过较长的工作经历，沉淀出了相当深厚的理论知识和实践经验，而我与志辉在滴滴共事多年，共同实现了智能营销、供需预测与动态定价等多个方向的算法业务场景落地和迭代，聪颖从 0 到 1 参与了不少项目的设计与开发，并拿到了显著的业务收益。本书是由在工业界摸爬滚打数年资深算法工程师的倾力之作，内容一定不会让你失望。

希望更多的读者朋友通过阅读本书打开“神秘莫测”的机器学习技术的大门，立足理论，深入实践，成长为一名优秀的算法工程师！ 科学技术的长河滚滚而去，人工智能作为人类科技史上一朵闪耀的浪花不停地翻腾跳跃。新技术更迭的周期越来越短，无论是元宇宙还是 GPT，都在潜移默化地改变这个社会运行的方式，我们期待未来机器学习能给大家的生活创造更多的惊喜，也期待更多的人才对这门技术感兴趣，积极参与推动技术的进步和革新，造福整个人类！

朱宏图
滴滴前首席统计学家
北卡罗来纳大学教堂山分校生物统计学终身教授

# 前 言

PREFACE

2023年初是人工智能爆发的里程碑式的重要阶段，在我完成本书的初稿时，正值以OpenAI研发的GPT为代表的大模型大行其道，NLP领域的ChatGPT模型火爆一时，引发了全民热议。而最新更新的GPT-4更是实现了大型多模态模型的飞跃式提升，它能够同时接受图像和文本的输入，并输出正确的文本回复。很多从事人工智能的同行一方面惊叹于GPT-4的优秀表现，另一方面也为自己的职业生涯隐隐担忧。如果说“大算力+强算法”的大模型是人工智能未来发展的趋势，那么传统的机器学习算法在真实的业务场景中还有用吗？会不会早晚被大模型取代？我认为不会。每个业务场景都有其独特性，优秀的算法工程师最难能可贵的地方在于对业务知识的透彻理解和长期沉淀。而业务知识就如同机器学习项目这棵大树的根，理论知识如同大树的多个枝干，算法应用如同枝干上的叶，只有根扎得够深，这棵大树才能够开枝散叶、开花结果。到目前为止，大模型对于瞬息万变、复杂多样的业务形态的理解、思考还达不到人类算法工程师的水平，即使有朝一日能够在大模型的基础上研发出各种不同业务场景的算法应用，也依然需要算法工程师具备强悍的业务能力和扎实的机器学习理论知识，来引导大模型对特定的业务场景进行有效学习。

身处人工智能爆发式增长时代的机器学习从业者无疑是幸运的，人工智能如何更好地融入人类生活的方方面面是这个时代要解决的重要问题。本书虽然没有涉及复杂模型知识和业务场景，但万变不离其宗，再复杂的模型都不是凭空捏造，而是由一个个简单的基础知识堆砌而成的。因此，希望读者在读完本书后，能够建立起机器学习算法扎实的基础和体系化的思维方式，快速掌握人工智能领域飞速迭代的新知识和新业务。

## 本书缘起

2022年3月，机械工业出版社的李晓波编辑找到我，问我能不能出一本关于机器学习算法应用的书籍。这已经是我踏入互联网的第5个年头，其间参与设计并主导开发了多个机器学习算法赋能业务场景并显著提升业务效果的项目，也带过不少应届生和实习生。我发现很多新人在入行伊始，往往把高大上的模型理论背得滚瓜烂熟，而在真正应用时却摸不清门路、抓不住重点，导致好钢没用到刀刃上，无法取得实际的业务收益。如果能有一本指导新人从入门到精通、从理论到实践的技术书籍，那该多好，这样不仅省去了企业培养新人的成本，也留给了新人自我学习成长的空间。

本着这个初心，我花了将近一年的业余时间来复盘总结了自己以及身边同事从小白成长为独当一面的合格算法工程师的成长历程和项目经验，最终以理论结合实践的方式写入本书中，希望我有限的经验能够真正地帮助到对机器学习算法感兴趣的读者。

## 本书特色

本书最大的特色是理论与实践相结合，前 5 章介绍了机器学习算法的基础理论知识，除重点介绍典型的特征工程方法和基础机器学习模型之外，还归纳总结了业界构建机器学习项目过程中经常涉及的业务拆解方法、模型评估选型方法，以及常见的模型优化方法。读者在掌握了一定的机器学习理论基础之后，再结合第 6 章到第 9 章的实战案例进行实践。4 个实战案例包含了业界常见的业务场景，手把手引导读者对业务场景进行深入理解，并结合公开数据集进行数据分析、特征挖掘、模型建设等。当读者真正地从头到尾理解了本书讲解的理论基础并进行了相应的实践后，便可以在学习机器学习算法上少走很多弯路。无论是理论部分还是实战部分，我都给出了相应的应用代码，读者可以边看书边实践，加深对理论知识的掌握。

## 本书整体结构

本书整体结构分两部分，第一部分是基础理论，围绕机器学习项目所需要的基础知识展开讲解；第二部分是实战案例，通过 4 个机器学习实战案例详解基础理论知识的实践过程。

## 本书读者对象

本书主要面对以下三类读者朋友：

1）计算机相关专业的应届毕业生。本书介绍了机器学习算法的基础理论知识和实战案例，能够有效地帮助计算机相关专业的应届毕业生快速掌握相关算法原理，同时结合实战案例对应届毕业生缺乏的算法实战能力进行了补充。

2）跨专业想要从事机器学习算法相关工作的读者。本书尽量用简单易懂的语言和直击本质的风格来讲解机器学习算法复杂的原理知识，帮助读者快速从零构建对机器学习算法的系统感知，同时提供业务案例帮助跨专业读者快速了解互联网常见的业务场景。

3）算法工程师。对于有一定经验的算法工程师来说，本书更像是一本手头工具书，它尽可能全面地涵盖了机器学习算法基础知识和常见业务场景的模型优化迭代路径，能够帮助有经验的算法工程师温故而知新。

## 联系方式

机器学习算法的知识体系庞大而复杂，新的模型更新换代极快，笔者水平有限，书中内容和代码难免有疏忽或出错的地方，烦请读者能够将在阅读过程中遇到的问题反馈给我，我们一起共同完善本书的内容。我的邮箱地址：wangcongyinga@gmail.com，热切期待和大家进行切磋交流。

## 致 谢

写作并非易事，尤其是写一本科技类书籍，需要作者在专业领域有足够的广度和深度，我深知自身资历尚浅，因此几乎挤出了所有的业余时间进行整书构思、相关知识体系搭建、专业论文查阅等，中途几度因倍感艰难而想要放弃，但身边同事、朋友、老师、同行的鼓励和帮助支撑我最终完成了创作，在此特别感谢他们！

最后，我要感谢我的母亲，她在我成长的道路上给予了无限的鼓励、无条件的支持和无私的爱，我将本书献给她！

王聪颖

CONTENTS 目录

# 机器学习

生活在互联网高速发展时代的我们，对于人工智能的概念一定不陌生，尤其是近两年来，以OpenAI研发的GPT为代表的AIGC（AI Generated Content）的概念逐渐落地应用到生活的方方面面。大家也许在无聊的时候和手机上的人工智能语音助理聊过天，也许使用过抖音上AI绘画的特效，可能还接到过智能客服的电话，可见，人工智能技术已经悄无声息地走入了我们的生活并改变了我们的生活方式。人工智能的概念是1956年在达特茅斯召开的人工智能研讨会上被正式提出的，它标志着现代人工智能学科的开始。人工智能的主要目的是让机器能够具有像人类一样的智慧，这个过程需要人类"喂给"机器海量的数据，机器不断地从数据中学习规律并像人类一样思考决策，而机器学习是人工智能实现的基础途径。机器学习对于企业而言，更是一把降本提效的利器。机器学习技术可以帮助传统制造业改进生产方式、优化资产评估、辅助供应链以及库存管理；帮助广告和媒体平台合理投放广告或者内容；给消费者提供"千人千面"的个性化服务等。本章将简要介绍机器学习的发展历史，重点介绍典型的机器学习工具箱和如何将机器学习技术落地到具体的业务场景。

## 1.1 机器学习概述

### 1.1.1 机器学习发展历史

机器学习的概念是由Arthur Samuel在1959年在IBM工作时期明确提出的，他将机器学习定义为赋予计算机学习能力，而无须明确的编程规则的研究领域。然而早在1943年，神经网络作为机器学习模型的一种就已经问世，下面按时间线（见图1-1）讲述20世纪机器学习发展的几个重要节点。

- 1943年：提出神经网络。1943年，第一个神经网络模型被神经生理学家Warren McCulloch

和数学家 Walter Pitts 开发出来，并称为 M-P 神经元模型。M-P 模型提出了神经元的数学描述和网络结构，并首次实现用简单电路来模拟大脑神经元的行为，为后续机器学习的发展奠定了基础。

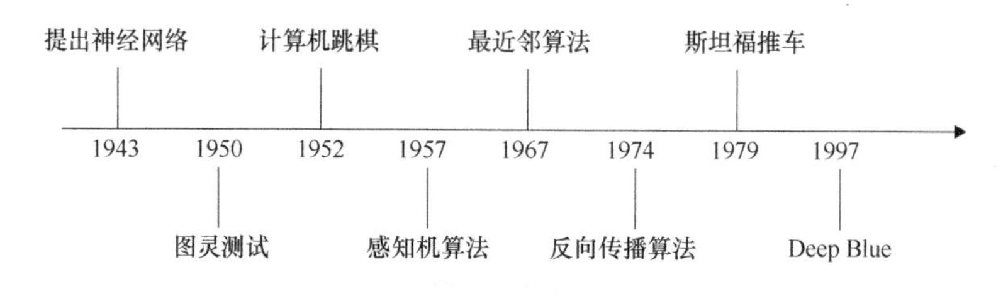


图 1-1 20 世纪机器学习发展历史

- 1950 年：图灵测试。1950 年，Alan Turing 提出了图灵测试来判定机器是否智能。图灵测试认为一台能够与人类展开对话，且不被辨别出其机器身份的机器可以认为其具有智能。测试的目的是确定机器是否能够像人类一样思考，并展示情感能力，答案是否正确并不重要，重要的是提问者是否认为其回答者是人类。
- 1952 年：计算机跳棋。IBM 科学家 Arthur Samul 作为机器学习领域的先驱，于 1952 年在 IBM 701 机器上开发出了第一个跳棋程序。该程序使用了名为 Alpha-Beta 的剪枝算法来评估游戏某种策略的后续走法是否比之前策略更好，即评估游戏的赢面是否大，并于 1959 年正式提出了机器学习的概念。
- 1957 年：感知机算法。康奈尔大学教授 Frank Rosenblatt 在 1957 年开发出了感知机算法，它是最早使用神经网络的算法之一，至今仍被广泛使用。感知机算法的主要目标是通过调整参数从数据中学习规律，以提高预测的准确性。
- 1967 年：最近邻算法。最近邻算法是在 1967 年被 Cover 和 Hart 提出的，它是机器学习中归纳逻辑方法的一种，通过寻找 k 个最相似的样本，将所有的样本进行分类。至今为止，最近邻算法依然是常见的分类算法的一种。
- 1974 年：反向传播算法。反向传播算法简称 BP 算法，最早是在 1974 年 Paul Werbos 发表的论文中提到的，其弥补了感知机只能前向传播的缺陷，使得多层网络结构可以通过 BP 算法不断地优化网络参数，提升预测精度。
- 1979 年：斯坦福推车。斯坦福推车是指可以独立移动、无人为干预的遥控机器人，它的研发始于 20 世纪 60 年代。在多年的研发和实践中，通过在推车上安装摄像头对推车周围的环境进行拍摄并传给计算机，通过使用计算机远程控制系统计算推车和周围障碍物的距离，并操控推车绕过障碍物。1979 年，斯坦福推车在没有人为干预的情况下，5 小时内成功穿过了一个放满椅子的房间，这也是自动驾驶技术的开端。
- 1997 年：Deep Blue。Deep Blue（“深蓝”）是 IBM 公司研发的超级计算机，它在 1997 年打

败了当时的国际象棋世界冠军。“深蓝”的这次胜利堪称机器学习技术的一次里程碑，标志着机器有了与人类智慧相抗衡、相博弈的能力。

时间来到21世纪，本世纪可以说是机器学习技术呈指数级增长的“黄金时代”。随着算力的增强，基于海量数据做复杂计算成为可能。2016年AlphaGo横空出世，其将深度学习和强化学习相结合，击败了当时世界围棋的顶尖高手，掀起了人工智能的新一波浪潮。从20世纪40年代，机器学习萌芽至今，已经走过了一段相当漫长的道路，如今，机器学习算法被应用到各个场景中，解决各种各样的问题，从面部识别到自动驾驶，从智能推荐到智能机器人，它已经渗透到人类生活的方方面面。

### 1.1.2 机器学习工作原理

机器学习的核心思想是任意的数据存在某种数学规律，机器学习算法事先不知道这种规律，但它能够通过对数据集的学习来主动发现并掌握数据所包含的规律、隐藏的模式或内在结构，并对未知的数据进行合理的推测。机器学习工作原理如图1-2所示。

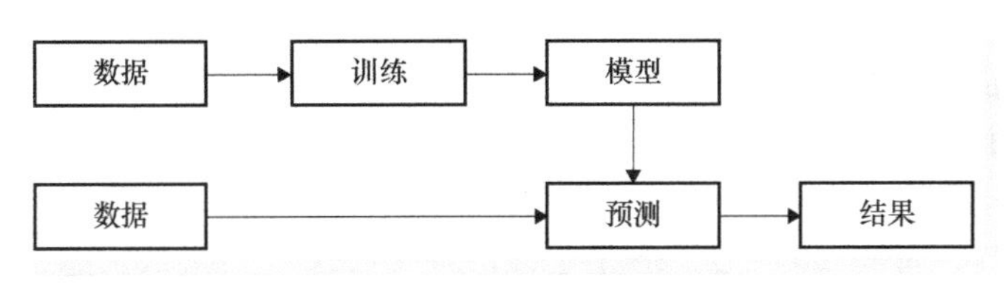


图1-2 机器学习工作原理

机器学习本质上是从已知的数据上学习规律，并在未知数据上使用学到的规律进行预测。

## 1.2 机器学习典型工具箱

俗话说“工欲善其事，必先利其器”，要想掌握机器学习算法，必须先要了解常用的工具有哪些。本节将介绍最常用的基于Python的机器学习算法库。

### 1.2.1 NumPy

#### 1. NumPy的介绍和安装

NumPy的英文全称是Numerical Python，它是Python处理数据和分析数据的一个开源库，能够支持大型多维矩阵和数组，并对这些数据进行复杂的函数运算。NumPy的特性是运算快，它比Python内置的函数计算数据更快。图1-3所示为NumPy标识图。

图1-3 NumPy标识图

Python的开源库一般都可以通过pip进行安装，下面给出NumPy

安装和使用的代码。

```
1.pip install numpy
2.import numpy as np
```

2. NumPy 数组创建

NumPy 是对于高维数组数据的计算处理，因此使用 NumPy 的第一步是创建数组数据，下面给出常用的几种创建方式。

（1）使用 array 直接创建

NumPy 支持直接创建一维或者高维的数组数据，具体的格式为：

```
1.array(object,dtype=None, *,copy=True,order='K', subok=False, ndim=0)
```

其中比较重要的参数是 dtype（描述创建数组内元素的数据类型）和 ndim（表示数据的最小维度）。下面给出创建一个二维数组的代码示例。

```
1.np.array([[1,2,3],[3,4,5]])
```

（2）使用 linspace 函数创建

NumPy 支持使用 linspace 函数创建具有均匀间隔的浮点数数组，具体的格式为：

```
1.np.linspace(start, stop, num=50, endpoint=True, retstep=False, dtype=None, axis=0)
```

其中，start 表示数组的起始值、stop 表示数组的终止值、num 表示数组内浮点数的个数。下面给出生成范围从 10~100 的 3 个间隔数量的浮点数数组的代码。

```
1.np.linspace(10, 100, 3)
2.#输出结果:array([ 10.,  55., 100.])
```

（3）使用 arange 函数创建

NumPy 支持使用 arange 函数创建间隔大小为指定值的等间隔数组，具体的格式为：

```
1.np.arange(start, stop, step, dtype=None)
```

其中，start 是数组的起始值、stop 是数组的终止值、step 是数组的间隔值。下面给出生成范围从 10 到 100，指定间隔值为 20 的数组的代码。

```
1.np.arange(10,100,20)
2.#输出结果:array([10, 30, 50, 70, 90])
```

（4）使用 random 函数创建

NumPy 中的 random 函数支持创建随机整数数组和随机浮点数数组，下面给出具体的格式。

```
1.#随机整数
2.np.random.randint(low, high=None, size=None)
```

```
3.#随机浮点数
4.np.random.random(size=None)
```

其中，randint是生成随机整数，low和high表示随机数的范围，size表示生成数组中随机数的个数；random是生成随机浮点数，size表示数组中随机数的个数，具体的应用代码如下。

```
1.np.random.randint(5, 10, 5)
2.#输出结果:array([5, 6, 6, 8, 9])
3.np.random.random(5)
4.#输出结果:
  array([0.90243555, 0.16796804, 0.0085788, 0.6702562, 0.80016785])
```

（5）使用uniform、logspace创建

NumPy支持使用random中的uniform函数创建均匀分布的数组，使用logspace函数创建等比数列数组，具体的函数格式如下。

```
1.np.random.uniform(low=0.0, high=1.0, size=None)
2.np.logspace(start, stop, num=50, endpoint=True, base=10.0, dtype=None, axis=0)
```

其中，uniform表示均匀分布，low表示最小值，high表示最大值，size表示数组元素的个数；logspace中的start表示起始指数，对应的起始值为base=10的start次方，stop表示终止指数，对应的终止值为base=10的stop次方，num表示数组中元素个数。下面给出具体的应用代码。

```
1.np.random.uniform(5,10,4)
2.#输出结果:array([6.54466327, 6.78179564, 9.64976838, 6.57053257])
3.np.logspace(0,3,4)
4.#输出结果:array([   1.,   10.,  100., 1000.])
```

### 3. 数组的操作

数组的常见操作一般包括数组统计值的计算和数组形状的改变。

（1）最大、最小值计算

NumPy支持对数组最大、最小值的获取以及最大、最小值所在的索引的获取，下面给出简单的应用示例。

```
1.arr = np.array([1,1,2,3,3,4,5,6,6,2])
2.np.min(arr)
3.np.max(arr)
4.np.argmin(arr)
5.np.argmax(arr)
```

需要注意的是，当数组中出现重复元素时，argmin和argmax只给出第一个出现最值的索引。

（2）分位数、均值、中值、方差、标准差计算

数组的分位数、均值、中值、方差、标准差的计算是数据分析的基本操作，下面给出NumPy

中计算这些统计值的代码示例。

```
1.np.percentile(arr, 50)
2.np.mean(arr)
3.np.median(arr)
4.np.var(arr)
5.np.std(arr)
```

需要注意的是，percentile 函数表示对分位数值的计算，其中参数 50 表示取值 50% 的分位数。另外，当数组是高维数组时，需要注意计算统计值的维度，可以用参数 axis 进行设定。

（3）数组形状操作

数组的形状对于数组的计算很重要，常见的数组形状操作为增加维度、降低维度、重塑维度等。下面给出二维数组执行数组形状操作的代码示例。

```
1.arr = np.array([ 8,14,1,8,11,4,9,4,1,13,13,11])
2.#增加一维
3.arr_add_dim = np.expand_dims(arr, axis=0)
4.#输出结果:array([[ 8,14,1,8, 11,4,9,4,1,13,13,11]])
5.#减少一维
6.np.squeeze(arr_add_dim, axis=0)
7.#输出结果:array([ 8,14,1,8,11,4,9,4,1,13,13,11])
8.#形状重塑
9.arr_add_dim.reshape(2,6)
10.#输出结果:array([[ 8,14,1,8,11,4],
11.#       [ 9,4,1,13,13,11]])
```

需要注意的是，对高维数据进行形状改变时，一定要注意对 axis 维度的指定。

## 1.2.2 Pandas

### 1. Pandas 的安装和引入

Pandas 是 Python 非常有用的数据处理和数据分析的开源库。Pandas 是基于 NumPy 构建的，它对于数据的处理是以 Series、DataFrame 的数据结构为核心，在此基础上进行数据整合和分析。Pandas 标识图如图 1-4 所示。

图 1-4 Pandas 标识图

Pandas 的安装和 NumPy 相同，可以使用 pip 进行安装，下面给出安装和引入的代码。

```
1.pip install pandas
2.import pandas as pd
```

### 2. 基本数据结构 Series 和 DataFrame

（1）Series

Series 是类似于一维数组的对象，它由一组数据和数据对应的索引组成，其字符串表现形式为索引在左边，值在右边。下面给出自定义索引和值的 Series 对象的创建代码。

```
1.import pandas as pd
2.series_obj = pd.Series([1,2,3,4], index=['a', 'b', 'c', 'd'])
3.#输出结果:a    1
4.#         b    2
5.#         c    3
6.#         d    4
7.#         dtype: int64
```

和 NumPy 数组相比，Series 可以通过索引的方式选取一个或者多个值，甚至可以通过索引的方式直接对值进行改变。相关示例代码如下。

```
1.series_obj[['a','c']]
2.#输出结果:a    1
3.#         c    3
4.#         dtype: int64
5.series_obj['c']=5
6.series_obj
7.#输出结果:a    1
8.#         b    2
9.#         c    5
10.#        d    4
11.#        dtype: int64
12.series_obj.index
13.#输出结果:Index(['a', 'b', 'c', 'd'], dtype='object')
14.series_obj.values
15.#输出结果:array([1, 2, 5, 4])
```

（2）DataFrame

DataFrame 是表格型的数据结构，它包括一组有序的列，每一列的数据可以是数值、字符串、布尔值等多种数据类型。它和 Series 很像，可以看作是由 Series 组成的字典数据。下面给出 DataFrame 对象的创建代码。

```
1.df = pd.DataFrame({'year': [2020, 2021, 2022, 2023],
2.                   'age': [3, 2, 1, 0],
3.                   'sex': ['female', 'male', 'male', 'female']})
```

我们查看数据表 df 的输出格式，见表 1-1。

表 1-1　数据表 df 的输出格式

| | year | age | sex |
|---|---|---|---|
| 0 | 2020 | 3 | female |
| 1 | 2021 | 2 | male |
| 2 | 2022 | 1 | male |
| 3 | 2023 | 0 | female |

最左侧是默认的 DataFrame 的 index 索引，表结构包括三列四行的数据。如果想要查阅 df 的具体列名，可以通过使用 df.columns 进行输出。DataFrame 可以很方便地加入一列新的数据。

```
1.#新建一列
2.df['coutry'] = ['CH','US','JP','CH']
3.#自定义 index
4.df.set_index('year', inplace=True)
5.#根据 index 寻找数据
6.df.loc[2022]
7.df.iloc[2]
```

代码第 1 行加入 country 列，并使用 set_index 将 year 列设置为 index 后的 df 的输出，见表 1-2。

表 1-2 将 year 设置为 index 的数据表输出

| year | age | sex | coutry |
|---|---|---|---|
| 2020 | 3 | female | CH |
| 2021 | 2 | male | US |
| 2022 | 1 | male | JP |
| 2023 | 0 | female | CH |

上述代码第 5 行对数据按 index 进行查询。按 index 查询的方式有两种，一种是 loc [index 值]，另一种是 iloc [第几行]，两者的查询结果相同。

### 3. 统计数据计算

表 1-3 给出了 Pandas 常见的统计数据计算函数列表。

表 1-3 Pandas 常见统计数据计算函数列表

| 函　数 | 描　述 |
|---|---|
| count | 对于数据数量的统计 |
| describe | 针对 Series、DataFrame 的列的统计汇总 |
| min | 计算最小值 |
| max | 计算最大值 |
| argmin | 计算最小值所在的索引位置 |
| argmax | 计算最大值所在的索引位置 |
| quantile | 计算样本的分位数（参数取值范围 0~1） |
| sum | 计算总和 |
| mean | 计算平均数 |
| median | 计算中位数 |
| var | 计算方差 |

（续）

| 函　　数 | 描　　述 |
| --- | --- |
| std | 计算标准差 |
| skew | 计算偏度 |
| kurt | 计算峰度 |
| cumsum | 计算累计和 |
| diff | 计算一阶差分 |
| pct_change | 计算百分数变化 |
| corr | 计算相关系数 |
| cov | 计算协方差 |
| value_counts | 不同取值计数 |
| unique | 不同取值列表 |
| nunique | 不同取值个数 |

4. 常见数据操作

（1）数据加载和预览

Pandas 最常见的数据加载方式为从 csv 或者 excel 文件中加载表格数据，加载后为了保证数据无误，通常会进行数据预览。下面给出数据加载和预览的代码。

```
1.df_csv = pd.read_csv('file.csv')
2.df_csv.head(10)
3.df_csv.tail(10)
```

（2）数据合并

通常在进行数据处理时，面对的是多张相互关联的数据表，如何对多张数据表进行合并是使用 Pandas 经常遇见的场景。数据表的横向合并通常可以使用 merge 和 join 函数，它们将数据表通过一个或者多个键合并起来，纵向合并通常可以用 concat 函数，常见场景是将列数相同的数据上下拼接起来。下面分别介绍 merge 和 join 的用法。

merge 函数最重要的参数是 on 和 how，on 决定两张数据表合并的键是哪些，how 决定了数据表合并的方式，通常有 left、right、inner、outer 四种连接方式，默认情况下是 inner 的方式。inner 取的是两个数据集键值的交集；outer 取的是两个数据集键值的并集；left 是左连接，取的是左表键值；right 是右连接，取的是右表键值。下面给出使用 merge 进行合并的代码示例。

```
1.df1 = pd.DataFrame({'key': ['b','b','a','c','a','b'],
2.                    'data1': np.random.randint(1,10,6)})
3.df2 = pd.DataFrame({'key': ['a','a','b','b','d'],
4.                    'data2': np.random.randint(1,10,5)})
5.df1.merge(df2, on='key', how='inner')
```

```
6.df1.merge(df2, on='key', how='left')
7.df1.merge(df2, on='key', how='right')
8.df1.merge(df2, on='key', how='outer')
```

合并结果见表 1-4。

表 1-4　不同连接方式下的合并结果表

| 连接方式 | inner | | | left | | | right | | | outer | | |
|---|---|---|---|---|---|---|---|---|---|---|---|---|
| 合并结果 | key | data1 | data2 | key | data1 | data2 | key | data1 | data2 | key | data1 | data2 |
| | b | 9 | 6 | b | 9 | 6.0 | a | 8.0 | 6 | b | 9.0 | 6.0 |
| | b | 9 | 3 | b | 9 | 3.0 | a | 3.0 | 6 | b | 9.0 | 3.0 |
| | b | 6 | 6 | b | 6 | 6.0 | a | 8.0 | 5 | b | 6.0 | 6.0 |
| | b | 6 | 3 | b | 6 | 3.0 | a | 3.0 | 5 | b | 6.0 | 3.0 |
| | b | 5 | 6 | a | 8 | 6.0 | b | 9.0 | 6 | b | 5.0 | 6.0 |
| | b | 5 | 3 | a | 8 | 5.0 | b | 6.0 | 6 | b | 5.0 | 3.0 |
| | a | 8 | 6 | c | 9 | NaN | b | 5.0 | 6 | a | 8.0 | 6.0 |
| | a | 8 | 5 | a | 3 | 6.0 | b | 9.0 | 3 | a | 8.0 | 5.0 |
| | a | 3 | 6 | a | 3 | 5.0 | b | 6.0 | 3 | a | 3.0 | 6.0 |
| | a | 3 | 5 | b | 5 | 6.0 | b | 5.0 | 3 | a | 3.0 | 5.0 |
| | | | | b | 5 | 3.0 | d | NaN | 7 | c | 9.0 | NaN |
| | | | | | | | | | | d | NaN | 7.0 |

很显然，inner 连接方式的结果取两张表的 key 值的交集。left 连接方式的结果的 key 值只保留了左表的 key 值和 key 值的顺序，对于右表不存在的 key 值所对应的 data2 填充为 NaN。同理，right 连接方式的结果的 key 值保留了右表自身的 key 值和 key 值的顺序，outer 连接方式保留了两张表 key 值的并集。

join 函数是合并多张数据表的另一种方法，它可以实现多张表按照 index 进行合并，下面给出 join 合并的代码示例。

```
1.df1_j = df1.set_index('key')
2.df2_j = df2.set_index('key')
3.df1_j.join(df2_j)
```

下面介绍常见的纵向合并多张表的主要方法 concat 函数。concat 函数可以对数据集进行粘贴，最常见的应用场景是，两个 columns 都相同的数据表，需要粘贴在一起合并成同一张表，具体的合并代码如下。

```
1.pd.concat([df1, df2])
2.pd.concat([df1, df2], axis=1)
```

在使用 concat 函数合并时，需要注意对 axis 的指定：默认 axis = 0，是进行纵向拼接；当指定 axis = 1 时，是进行横向拼接。

### 1.2.3 SciKit-Learn

（1）SciKit-Learn 的安装和引入

SciKit-Learn 又常简写作 SKlearn（SKlearn 标识如图 1-5 所示），它是 Python 中最常用的机器学习算法库，其包括了主流的机器学习算法、数据预处理方法和模型评估方法等，是初学者进行机器学习算法实践的必备法宝。

图 1-5　SKlearn 标识图

SciKit-Learn 的安装通常也可以用 pip 的方法，具体的安装代码如下：

```
1.pip install scikit-learn
```

（2）SciKit-Learn 实战案例

这里将以 titanic.csv 公开数据集为例，给出使用 SciKit-Learn 开源库对数据进行训练、预测、评估的全过程，具体代码如下。

Step1：引入必要的库。

```
1.import numpy as np
2.import pandas as pd
3.from sklearn.preprocessing import LabelEncoder
4.from sklearn.linear_model import LogisticRegression
5.from sklearn.tree import DecisionTreeClassifier
6.from sklearn.ensemble import RandomForestClassifier
7.from sklearn.neighbors import KNeighborsClassifier
8.from sklearn.model_selection import train_test_split
9.from sklearn.metrics import accuracy_score, confusion_matrix, classification_report
```

Step2：加载数据集。

```
1.dataset = pd.read_csv('titanic.csv')
2.dataset.head()
```

Step3：数据预处理和划分。

```
1.dataset['Sex'] = dataset['Sex'].apply(lambda x: 1 if x=='male' else 0)
2.dataset[['Ticket', 'Cabin', 'Embarked']] = dataset[['Ticket', 'Cabin', 'Embarked']].
  apply(LabelEncoder().fit_transform)
3.dataset.drop('Name', axis=1, inplace=True)
4.dataset.fillna(0, inplace=True)
5.X = dataset.drop('Survived', axis=1)
6.y = dataset['Survived']
7.X_train, X_test, y_train, y_test = train_test_split(X, y, test_size = 0.3, random_state = 1)
```

Step4：模型训练和预测。

```
1.clf_lr = LogisticRegression()
2.clf_lr.fit(X_train, y_train)
3.pred_lr = clf_lr.predict(X_test)
4.clf_knn = KNeighborsClassifier()
5.pred_knn = clf_knn.fit(X_train, y_train).predict(X_test)
6.clf_rf = RandomForestClassifier(random_state=1)
7.pred_rf = clf_rf.fit(X_train, y_train).predict(X_test)
8.clf_dt = DecisionTreeClassifier()
9.pred_dt = clf_dt.fit(X_train, y_train).predict(X_test)
```

Step5：模型评估。

```
1.print("Accuracy of Logistic Regression:", accuracy_score(pred_lr, y_test))
2.print("Accuracy of KNN:", accuracy_score(pred_knn, y_test))
3.print("Accuracy of Random Forest:", accuracy_score(pred_rf, y_test))
4.print("Accuracy of Decision Tree:", accuracy_score(pred_dt, y_test))
5.print(classification_report(pred_lr, y_test))
6.print(confusion_matrix(pred_lr, y_test))
```

### 1.2.4 TensorFlow

#### 1. TensorFlow 的安装和引入

TensorFlow（TensorFlow 标识如图 1-6 所示）是由 Google 团队开发和设计的机器学习和深度学习算法的开源库，可以方便地实现数据处理、计算、模型搭建等。TensorFlow 可以运行在多个 CPU 或者 GPU 上，同时它也可以运行在移动端操作系统上，有着良好的可拓展性。

图 1-6 TensorFlow 标识图

对于 TensorFlow 的安装和引入可以采用以下方式。

```
1.pip install tensorflow
2.import tensorflow as tf
```

#### 2. TensorFlow 的组件

TensorFlow 一词的组成包括“Tensor”和“Flow”两部分。“Tensor”表示张量，是 TensorFlow 最基础、最核心的数据；“Flow”表示流动，其代表着计算与映射，用于定义操作中的数据流。下面介绍构成 TensorFlow 的基础组件。

（1）Tensor

TensorFlow 中使用张量表示所有的数据类型，零阶张量又称为标量，一阶张量又称为矢量，二阶张量又称为矩阵。Tensor 重要的属性有 shape、dtype、name，shape 表示 Tensor 的形状，dtype 表

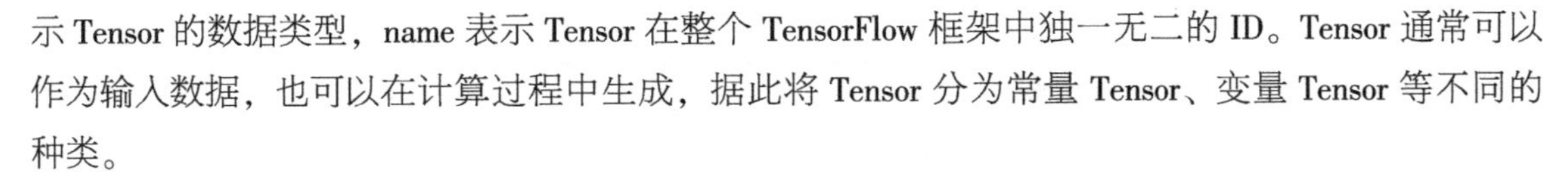

示 Tensor 的数据类型，name 表示 Tensor 在整个 TensorFlow 框架中独一无二的 ID。Tensor 通常可以作为输入数据，也可以在计算过程中生成，据此将 Tensor 分为常量 Tensor、变量 Tensor 等不同的种类。

（2）Graph

Graph 计算图是 TensorFlow 框架的重要组成部分，其组成是包含一组计算单元（节点）和在运算之间流动的数据单元（边）的数据结构。TensorFlow 中的计算图通常可以分为静态计算图和动态计算图。TensorFlow 2.0 中默认使用的是动态计算图，即每次使用算子后，会立即执行得到结果（这一点和 TensorFlow 1.0 不同）；TensorFlow 1.0 默认使用静态计算图，动态计算图最大的优点是比较简单、方便调试，但是效率不如静态计算图高。

### 3. TensorFlow 2.0 的常用层

为了方便读者查阅，这里将 TensorFlow 2.0 的常用层汇总成一张表（见表 1-5），包括常用层名、相关函数和函数常用参数。

表 1-5　TensorFlow 2.0 常用层汇总表

| 常用层名 | 相关函数 | 函数常用参数 |
|---|---|---|
| 全连接层 | tf.keras.layers.Dense（） | units：表示该层的输出维度<br>activation：激活函数<br>use_bias：是否使用偏置项<br>kernel_initializer：初始化的权重项<br>bias_initializer：初始化的偏置项<br>kernel_regularizer：权重上的正则化项<br>bias_regularizer：偏置上的正则化项<br>activity_regularizer：输出上的正则化项<br>kernel_constraint：权重上的约束项<br>bias_constraint：偏置上的约束项 |
| 随机失活层 | tf.keras.layers.Dropout（） | rate：0~1 的浮点数，控制失活神经元的比例<br>noise_shape：整数张量<br>seed：整数，使用的随机数种子 |
| 批标准化层 | tf.keras.layers.BatchNormalization（） | axis：表示标准化的轴<br>momentum：表示移动平均值的动量<br>epsilon：添加到方差中的小数，避免除以 0 |
| 平面化层 | tf.keras.layers.Flatten（） | — |
| 形状重塑层 | tf.keras.layers.Reshape（） | target_shape：目标 shape，为整数 tuple |
| 拼接层 | tf.keras.layers.Concatenate（） | axis：表示拼接的轴 |
| 二维卷积层 | tf.keras.layers.Conv2D（） | filters：整数，输出空间的维数（即卷积中输出滤波器的数量）<br>kernel_size：表示卷积核的尺寸<br>strides：表示卷积核移动的步长<br>padding：表示上下左右的填充<br>dilation_rate：表示扩张卷积的扩张率<br>activation：激活函数 |

（续）

| 常用层名 | 相关函数 | 函数常用参数 |
|---|---|---|
| 平均池化层 | tf.keras.layers.AveragePooling2D（） | pool_size：池化的大小<br>strides：移动的步长<br>padding：上下左右的填充 |
| Embedding 层 | tf.keras.layers.Embedding（） | input_dim：词汇表的大小<br>output_dim：Embedding 的大小<br>embeddings_initializer：Embedding 初始化<br>embeddings_regularizer：Embedding 正则项<br>embeddings_constraint：Embedding 约束项<br>input_length：输入序列的长度 |

4. TensorFlow 2.0 模型构建方法

TensorFlow 2.0 提供了三种构建模型的方法，分别是 Sequential APIs、Functional APIs、Subclassing APIs。其中 Sequential APIs 使用起来最简单，因此优先考虑，当其无法满足模型构建的需求时，再考虑使用 Functional APIs 和 Subclassing APIs 的方法。下面分别给出三种方法构建线性模型的代码示例。

（1）Sequential 建模

Sequential 建模主要是用到 TensorFlow 中的序列类 Sequential，优点是非常简单，只需要简单的堆叠即可，但是遇见复杂的建模时，往往无法使用，下面给出 Sequential 构建线性模型的代码。

```
1.import numpy as np
2.import tensorflow as tf
3.import matplotlib.pyplot as plt
4.from keras.layers import Dense, Input
5.from keras.models import Sequential, Model
6.from keras.optimizers import SGD
7.from keras.layers import Activation
8.
9.X_data = np.random.rand(200)
10.noise = np.random.normal(loc=0,scale=0.09,size=X_data.shape)
11.Y_data = 2 * X_data + noise
12.X_train, Y_train = X_data[:160], Y_data[:160]          # 前 160 组数据为训练数据集
13.X_test, Y_test = X_data[160:], Y_data[160:]            # 后 40 组数据为测试数据集
14.# Sequential 建模
15.model = Sequential()
16.model.add(Dense(units=1, input_dim=1))
17.model.compile(optimizer='sgd', loss='mse')
18.#模型训练
19.for step in range(2000):
20.    train_cost = model.train_on_batch(X_train, Y_train)
21.    if step % 100 == 0:
```

```
22.        print('train_cost:', train_cost)
23.w, b = model.layers[0].get_weights()
24.print('w:', w, 'b:', b)
25.#模型预测效果
26.y_pred = model.predict(X_test)
27.plt.scatter(X_test, Y_test)
28.plt.plot(X_test, y_pred, 'r-', lw=3)
29.plt.show()
```

（2）Functional 建模

相较于 Sequential 建模而言，Functional 建模灵活性更强一些，可以处理非线性拓扑，具有多个输入或输出的模型和共享层的模型等，具体的代码示例如下。

```
1.# Functional 建模
2.inputs = Input(shape=(1,),dtype='float64')
3.outputs = Dense(units=1, input_dim=1,dtype='float64')(inputs)
4.model = Model(inputs,outputs, name='Linear_model1')
5.model.compile(optimizer='sgd', loss='mse')
6.#模型训练
7.for step in range(2000):
8.    train_cost = model.train_on_batch(X_train, Y_train)
9.    if step % 100 == 0:
10.        print('train_cost:', train_cost)
11.w, b = model.layers[1].get_weights()
12.print('w:', w, 'b:', b)
13.#模型预测效果
14.y_pred = model.predict(X_test)
15.plt.scatter(X_test, Y_test)
16.plt.plot(X_test, y_pred, 'r-', lw=3)
17.plt.show()
```

这里定义了 Inputs 层，使用了 TensorFlow 中的 Model 类。

（3）Subclassing 建模

Subclassing 建模继承了 TensorFlow 的 Model 类，并自定义了属于用户自己的 Model 类，通常自定义的 Model 类里必须包含初始化模型需要的__init__() 函数，还有模型调用函数 call ()，下面给出该方法构造线性模型的代码。

```
1.X_train_tf = tf.constant(X_train.reshape(160,1).astype('float64'))
2.X_test_tf = tf.constant(X_test.reshape(40,1).astype('float64'))
3.Y_train_tf = tf.constant(Y_train.reshape(160,1).astype('float64'))
4.Y_test_tf = tf.constant(Y_test.reshape(40,1).astype('float64'))
5.#Subclassing 建模
6.class Linear(tf.keras.Model):
7.    def __init__(self):
8.        super().__init__()
```

```
9.        self.dense = tf.keras.layers.Dense(
10.            units=1,
11.            activation=None,
12.            kernel_initializer=tf.zeros_initializer(),
13.            bias_initializer=tf.zeros_initializer(),
14.            dtype='float64'
15.        )
16.    def call(self, input):
17.        output = self.dense(input)
18.        return output
19.model = Linear()
20.optimizer = tf.keras.optimizers.SGD(learning_rate=0.01)
21.#模型训练
22.for step in range(2000):
23.    with tf.GradientTape() as tape:
24.        y_pred = model(X_train_tf)
25.        y_pred =y_pred/1.0
26.        loss = tf.reduce_mean(tf.square(y_pred - Y_train_tf))
27.    grads = tape.gradient(loss, model.variables)
28.    optimizer.apply_gradients(grads_and_vars=zip(grads, model.variables))
29.    if step % 100 == 0:
30.        print('train_cost:', loss)
31.print(model.variables)
32.#模型效果评估
33.y_pred = model.predict(X_test_tf)
34.plt.scatter(X_test, Y_test)
35.plt.plot(X_test, y_pred, 'r-', lw=3)
36.plt.show()
```

## 1.3 机器学习项目实现流程

在了解掌握了机器学习常用的工具之后，就可以开启机器学习项目的实践之旅了。机器学习完整的项目实现流程包括四大核心步骤，分别是业务场景拆解、构建特征工程、模型评估与选型和模型优化。本节将分别介绍这4个步骤。

### 1.3.1 业务场景拆解

机器学习项目的实现是个复杂的流程，在着手梳理数据和建立模型之前，需要对项目所对应的业务场景有全盘的认知。以计算广告场景为例，计算广告的类别繁多，以产品形态划分有合约广告、竞价广告、程序化交易广告；以渠道角度划分有搜索广告、展示广告、社交广告、移动广告等；以付费模式划分有CPC（单次点击计费）收费模式广告、CPM（千次展示计费）收费模式广告等。不同的视角有不同的分类方式，可见其业务的复杂度，这种情况下如果不事先依据业务场景拆解好业务目标，很容易做无用功。业务场景拆解就是自顶向下地梳理业务形态、寻找需要机器学习作用的环节，将业务问题抽象转化成相应的机器学习问题，并根据业务本身特性和难度制定合理的业务目标和业务项目排期。

### 1.3.2 构建特征工程

在业务场景拆解并有了成熟的项目方案后，机器学习项目就可以正式启动了。在从0到1落地机器学习项目的过程中，收集数据和构建特征工程是第一步，也是重要的一步。数据质量决定了模型的上限，而基于数据构造的特征加速了模型逼近这个上限。特征工程在企业里是具备完整流程的工程化项目，一般来说包括数据采集、数据预处理、特征处理、特征挖掘、特征选择等步骤。其中比较重要的是特征挖掘，特征挖掘往往需要和业务场景强相关，抛却业务特性的特征挖掘是没有意义的，优秀的特征工程往往可以提高模型离/在线的表现和训练效率，使得业务指标的达成成为可能，而糟糕的特征工程想要达到同等性能，则需要复杂得多的模型。

### 1.3.3 模型评估与选型

模型评估与选型是建模阶段的关键步骤。在介绍模型评估和选型之前，先明确机器学习中训练集、验证集、测试集的概念。训练集用于训练模型、拟合模型内部参数；验证集是模型训练中单独留出的样本空间，它一般用于调整超参数和对模型能力的初步评估；测试集是用来评估模型的最终表现如何。通常，用历史模型评估是度量模型表现好坏的科学方法，它通过实验测试对训练模型的泛化误差进行评估，选择泛化误差最小的模型。模型评估的方法有留出法、交叉验证法、自助法等，具体的原理和实践将在第4章中详细介绍。模型选型是结合业务场景、模型特性、评估效果来选择适合业务场景的模型方案，好的模型选择对于达成业务指标事半功倍，而错误的模型选择很可能导致整个机器学习项目的失败。

### 1.3.4 模型优化

模型优化是在模型评估后，针对模型效果中的不足之处进行优化，使模型的效果更符合预期。常见的优化目标有机器学习项目的数据集、模型自身结构、模型目标函数、最优化算法以及模型参数等，高质量的机器学习项目往往具备优秀的技术选型、完整的特征体系、高质量的数据，因此模型优化是机器学习项目在完成了从0到1的搭建以后，走向从1到10的有效抓手。

# 第2章 业务场景拆解

企业面对复杂的业务场景时，一开始可能毫无头绪，不知道从何入手，想要用机器学习模型来提高业务收益却又不知道方向是不是正确。这时通常需要先着手对业务进行深入了解，将复杂的业务从上到下拆解抽象为简单易懂的数学问题，进而用机器学习模型的方法来辅助解决业务问题，提高企业收益。本章将具体介绍业务目标拆解的方法以及项目方案的制定。

## 2.1 业务目标拆解

### 2.1.1 业务目标拆解方法

常见的业务拆解方法有自顶向下拆解、按事件发生的时间顺序拆解和按用户生命周期拆解 3 种，下面分别具体介绍这几种方法。

（1）自顶向下的结构化拆解

自顶向下是最常见的结构设计方法，在面临复杂的业务场景时，也可以用自顶向下的思维将复杂的业务场景从上至下地拆解。自顶向下结构的顶层通常是整个业务目标，逐层向下拆解为达到整体业务目标需要实现哪些小的业务目标，而这些小的业务目标实现的具体路径又是什么，从而可以一层层地向下拆解。自顶向下拆解的核心在于顶层目标设定的合理性，如果顶层目标设计稍有差错，那么可能会导致错误向下逐层传导，进而导致最底层的实现路径不合理。除了设计好顶层目标之外，在向下拆解时需要注意，上层和下层之间具有依赖的关系，同层不同实现路径之间尽量保持独立。自顶向下的拆解可以帮助我们形成结构化思维，快速厘清出一套清晰的业务目标实现路径。图 2-1 所示为自顶向下的拆解结构。

（2）按事件发生的时间顺序拆解

除了自顶向下的结构化拆解之外，通常还可以根据业务具体事件发生的时间顺序进行子事件拆

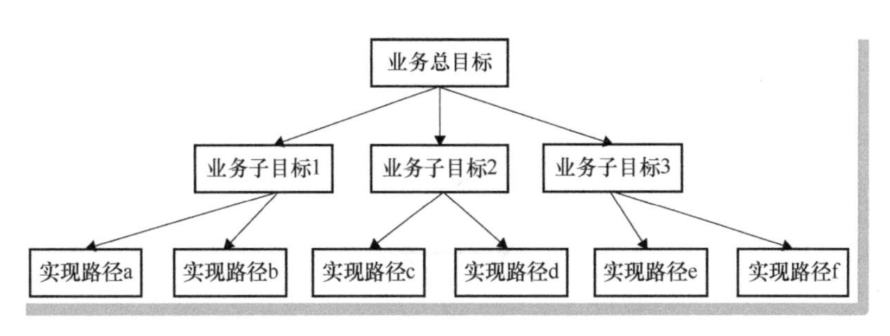


● 图 2-1 自顶向下的拆解结构

解。比如消费者通过广告到电商平台购物的过程可以拆解为单击广告→浏览广告→单击加购→单击购买→单击付款→完成订单，在这条转化链路上的每一个事件都可以制定相应的业务目标。按事件发生顺序拆解的方法适合于链路长、环节多、每一次转化都伴随留存率越来越低的业务场景。图 2-2 所示为按事件发生顺序拆解的过程。

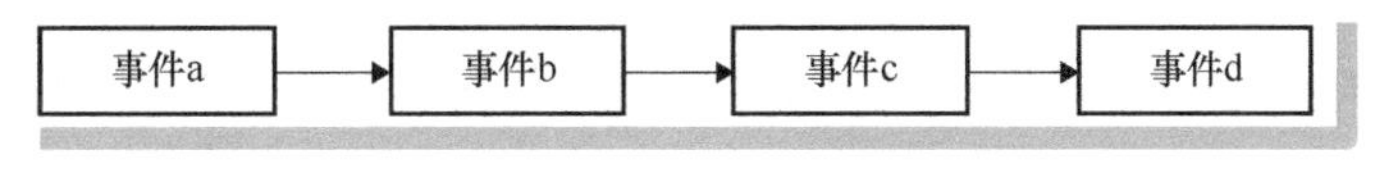


● 图 2-2 按事件发生顺序拆解过程

（3）按用户生命周期拆解

为用户提供服务的平台会重点关注用户的使用体验，因此对于业务场景的拆解通常要考虑用户所处的生命周期，对不同生命周期的用户制定不同的业务目标和方案。AARRR 模型是分析用户生命周期常见的模型，主要包括 Acquisition、Activation、Retention、Revenue、Refer 五个环节：Acquisition 表示获取用户环节，在选择渠道获取用户之前需要分析产品特性、目标人群、渠道投入产出比，以及每个渠道的用户质量，考虑在不同产品时期选择不同的渠道投放来获取新用户；Activation 表示提高活跃度，主要解决两个问题，一个是将新用户转化为活跃用户，另一个是将留存用户激活为活跃用户；Retention 表示提高老用户的留存率，通常来说维护老用户的成本远远低于获取一个新用户的成本，解决留存问题需要分析用户具体流失环节、流失原因，这样才能有的放矢解决流失问题；Revenue 表示平台收入，即平台的用户在平台内消费带来的平台收入是否能够在减去 Acquisition、Activation、Retention 的成本之后保持正向的收益；Refer 表示用户在使用产品之后是否有自发推荐他人使用产品的意愿，在 Refer 阶段虽然也可以通过一定的营销手段来影响用户的推荐意愿，但长期来看最重要的还是产品的用户体验是否做到位。按用户生命周期拆解业务是用户增长方向经常使用的拆解方法，根据用户所处的生命周期具体阶段来制定具体的业务目标。图 2-3 所示为按用户生命周期的拆解方法。

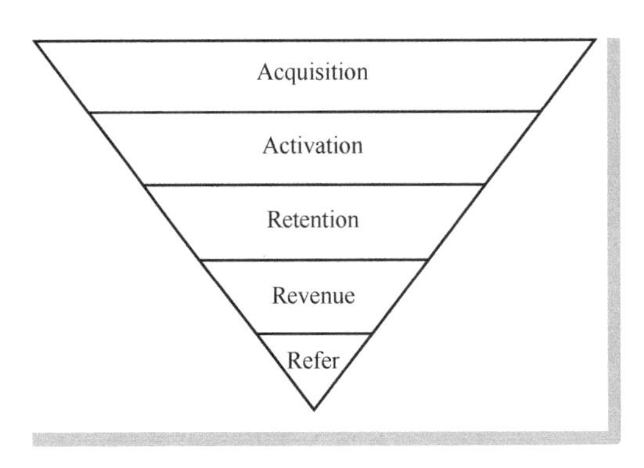


● 图 2-3　按用户生命周期的拆解方法

## 2.1.2　算法模型作用环节分析

2.1.1 小节介绍了复杂业务场景下，梳理业务流程、拆解业务目标的方法。本小节将介绍提炼出可行的业务实现路径后，如何从中寻找算法模型可以助力业务的环节。为了帮助读者更好地理解整个分析过程，这里以“用户点击广告并产生下载游戏行为”这样的一个游戏广告投放业务子场景进行具体分析。图 2-4 所示为某社交媒体的游戏广告，并给出了用户在社交媒体看到游戏广告后进行点击、下载安装的整个过程。

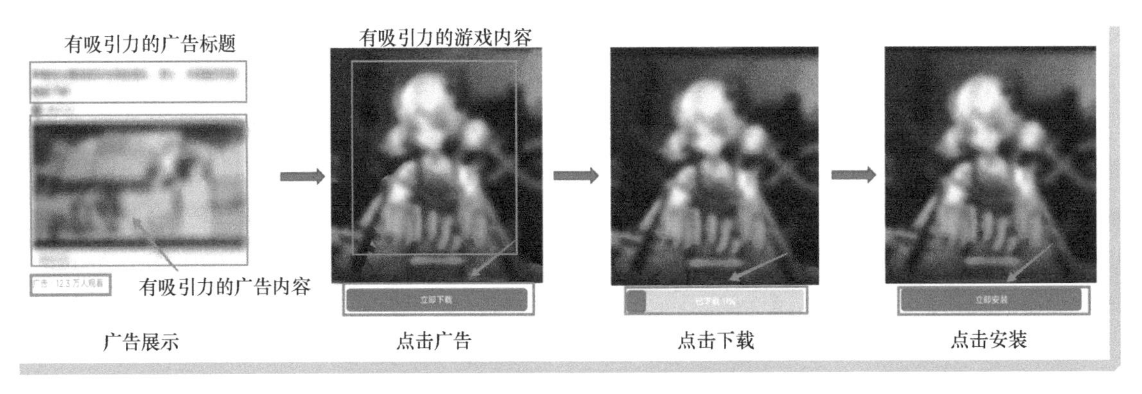


● 图 2-4　某社交媒体的游戏广告

用户在移动端浏览社交媒体时看到插入的游戏广告，通常为了促使用户点击，广告会设置有吸引力的标题和内容，该广告平台还额外给出了广告的观看人次来传达给用户该广告的受欢迎程度。用户点击广告页面就进入了游戏平台提供的下载安装页面，通常该页面以动态视频或者轮播图的形式配置有吸引力的游戏内容促使用户进行下载。当用户点击下载游戏之后，还需要等待一个下载的过程，这时候如果下载过慢也会导致用户关闭页面。当下载完成后，用户需要点击安装才能真正地将游戏安装到自己的移动端设备上。整个转化链路较长，每一步骤都有用户流失的可能性，而算法模型在此场景中可以通过提前预估用户在各个转化链路上的点击率来做事前干预，一定程度上降低了用户在每个环节流失的可能性。下面具体分析算法模型在该场景下可以作用的环节。

在广告展示环节，社交媒体页面对于广告的推送可以通过算法模型预测用户的行为偏好进行定向投放，并计算出特定广告在页面投放的时间和位置。当然，更复杂一点的，媒体平台可以预估用户在配置不同广告素材（包括文字、图片、视频）下的点击率来选择最合适的广告素材进行配置。在点击广告环节，游戏公司可以通过预估不同广告配置下的用户点击率来合理配置跳转页面上的广告内容。除了合理配置广告素材之外，当预测到用户即将关闭页面时，也可以通过弹窗激励的方法挽留用户。同理，在点击下载和点击安装环节也可以进行相同的模型预估。模型通过介入每一个转化链路转化率的优化，使得整个链路的转化效率和业务指标均得到提升。

## 2.2 项目方案制定

2.1 节介绍了业务目标拆解方法和算法模型的作用分析。当有了明确的目标和方向之后，就可以开始机器学习项目方案的制定了。本节将从项目团队配置、机器学习项目方案制定的角度来讲述项目方案制定的过程。

### 2.2.1 项目团队配置

在企业里，一个完整项目的实施和落地并不是单打独斗，而是依靠团队的力量。机器学习项目的落地往往也需要产品经理、产品运营、数据工程师、研发工程师、算法工程师、数据分析师等的通力合作。表 2-1 所示为机器学习项目的团队配置方案表。

表 2-1　机器学习项目团队配置方案表

| 角　色 | 工作内容 | 工作产出 |
| --- | --- | --- |
| 产品经理 | 产品设计、业务目标拆解和制定、项目排期 | PRD、产品白皮书 |
| 产品运营 | 执行维护整个产品方案 | 监控产品状态和效果 |
| 数据工程师 | 数据收集、特征工程 | 稳定的特征工程体系 |
| 研发工程师 | 模型部署、机器学习平台建设 | 高效的机器学习平台 |
| 算法工程师 | 数据分析、模型调研、模型方案、模型训练和预测 | 离在线模型、模型效果评估 |
| 数据分析师 | 业务数据分析、需求调研 | 业务趋势、大盘数据监控 |

（1）产品经理

产品经理是决定项目成败的关键角色。对于机器学习项目而言，如何将“高大上”的模型技术转化为真正可以为用户服务的产品形态，是产品经理在整个项目中的主要工作内容。

通常而言，产品经理需要负责对用户需求挖掘、需求分析、价值分析、风险分析等，并将上述所有的分析结果归纳成合理的产品需求，并根据产品需求进行产品设计和方案确定。除了产品设计之外，产品经理通常还负责整个项目周期的管理，开发节奏的把控，图 2-5 是项目生命周期图，可见在项目真正的启动之前有明确的项目前期准备工作阶段，因此确定清晰的项目方案和生命周期管理方案是完成项目的基础。

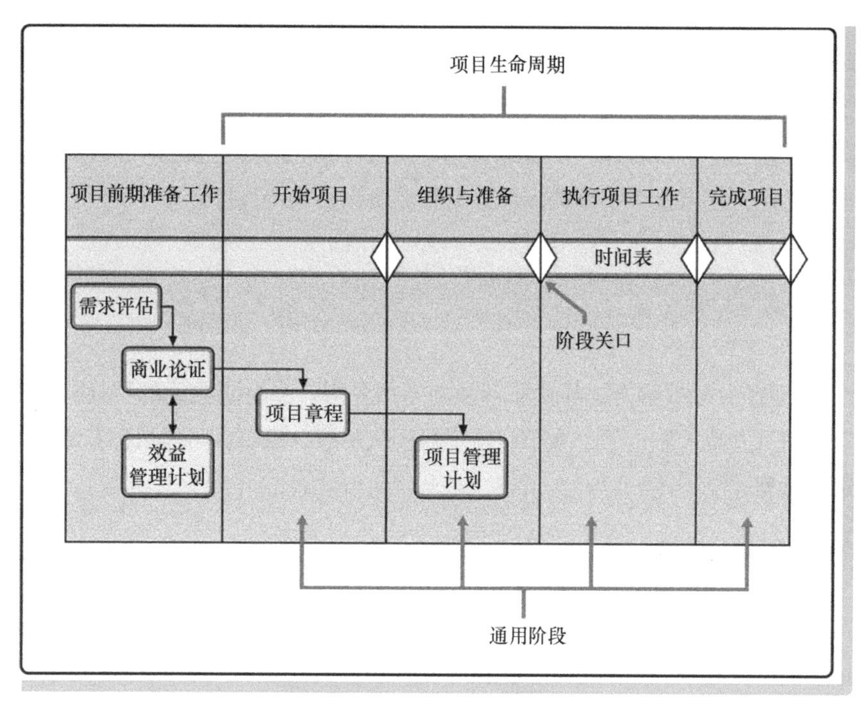


• 图 2-5　项目生命周期图

（2）数据分析师

数据分析师是通过分析数据，决策业务宏观走向的角色。一般情况下，数据分析师负责分析平台内业务数据和竞对数据，通过业务数据的大盘表现来决策后续业务发力的关键点。因此，数据的准确性、分析模型的合理性、对业务理解的深度对于数据分析师来说非常重要。

除了日常的业务数据分析之外，数据分析师还承担着企业内报表体系的建设，通过对大盘数据的梳理和监控来洞察业务的走向，并提出业务相关的建设性意见。

（3）数据工程师

数据工程师主要是负责数据收集、聚合、清洗、存储以及搭建自动化的特征工程体系的工作。数据工程师需要保证数据质量的可靠性、特征工程体系的稳定性。在构建特征工程时，需要和业务同事、算法同事深入交流，以提供高效的业务特征。

（4）算法工程师

一名合格的算法工程师首先需要对业务场景有深入的理解，并能够结合业务场景进行有效的特

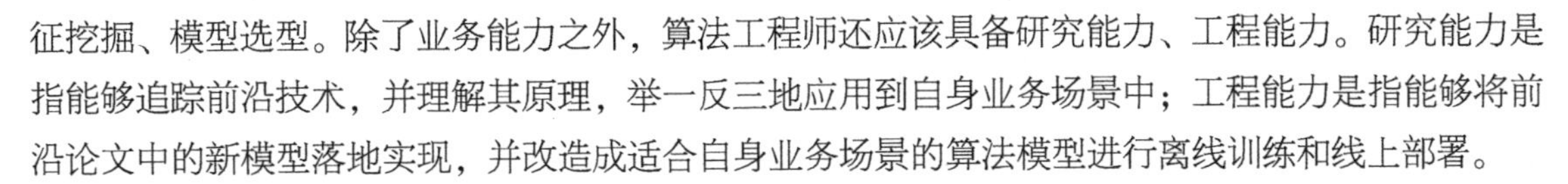

征挖掘、模型选型。除了业务能力之外，算法工程师还应该具备研究能力、工程能力。研究能力是指能够追踪前沿技术，并理解其原理，举一反三地应用到自身业务场景中；工程能力是指能够将前沿论文中的新模型落地实现，并改造成适合自身业务场景的算法模型进行离线训练和线上部署。

（5）研发工程师

研发工程师一般负责机器学习平台的搭建、机器学习产品的功能实现。研发工程师需要保证机器学习平台的高稳健性、强鲁棒性、高并发性等，能够给机器学习产品搭建一个稳定的运行平台。

## 2.2.2 机器学习项目方案制定

本小节将介绍机器学习项目方案制定，整体的方案分为项目启动、数据收集、训练与调试、上线部署 4 个阶段。机器学习项目方案架构图如图 2-6 所示。

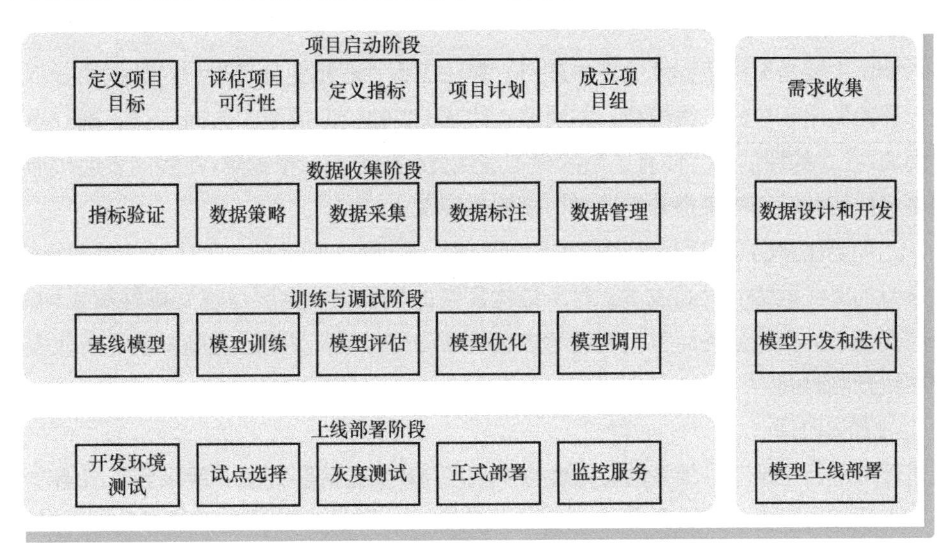


● 图 2-6　机器学习项目方案架构图

下面按阶段讲解机器学习项目方案。

（1）项目启动阶段

项目启动阶段的主要任务是确定项目目标、评估项目可行性、定义业务指标、确定项目计划书、成立项目组等。

确定项目目标是需要明确指出立项的目的、价值，明确项目的参与方，厘清项目参与方的工作，定义项目优先级，本质上就是要达成多方对于项目目标的共识，并期望参与方能够按时交付任务。评估项目可行性是启动阶段所必需的步骤，如果说项目不具备相应的可行性，那么一开始就应该纠正项目的方向或者重新立项。当多方拉齐目标且项目具备一定的可行性之后，需要定义相关业务指标，即通过这个项目能够达成哪些业务指标，并定量地设定具体目标值，定义业务指标严重依赖项目经理对业务的理解深度。合理地制定业务目标决定了项目后续的方向，因此十分重要。以上所有的工作都确定后，可以制定相关的项目计划书，并成立相应的项目组。

（2）数据收集阶段

数据收集阶段也称为项目冷启动阶段。在项目创建伊始，不一定具备完善的数据建设体系，因此可能会出现数据少、质量差的问题。数据收集阶段需要对数据进行多源采集、数据标注、数据清洗、数据规约等过程。

数据采集通常可以采集自有平台、第三方平台等多种渠道的数据，通常采集来的数据都比较混乱，处于不可用的状态，那么数据工程师需要对数据进行清洗、规约，使混乱无序的数据变得整齐可用。

整理好原始数据后，就可以结合业务场景进行特征工程的构建，提取数据中和业务相关的关键特征来提高模型预估性能。

（3）训练与调试阶段

训练与调试主要是算法工程师的工作职责。算法工程师根据业务场景和对数据的分析进行模型选型，在一开始做出相应的基线模型，并快速上线 AB 实验验证模型的方向是否正确。当基线模型的效果得到离/在线的评估后，便有了后续模型迭代优化的方向，根据离/在线的表现改造模型结构或者挖掘更多的相关特征等来提升机器学习模型的表现。

此外，还需要注意的是模型训练预测的性能，对于海量数据而言，通常可以考虑特征+简单模型的方法来节约离线训练的时间成本，对于结构复杂的模型，一定要合理安排好离线训练的时间。对于实时性要求高的在线业务而言，需要考虑在线预测的时延，尽量通过高并发、多线程的技术来控制模型在线预测时间。

（4）上线部署阶段

当上述环节都已经结束，模型的有效性也得到了 AB 实验的验证后，就来到了机器学习项目最后一环——上线部署。上线部署最基本的要求是稳定性，即模型部署之后能够稳定地支持线上调用，通常还需要额外开发兜底策略来处理各种线上突发的异常情况。

至此，业务场景拆解内容已经介绍完毕。在着手开始开发一个机器学习项目之前，一定要“谋定而后动”，即设立明确的业务目标，拉齐项目成员的目标，这样才能通力合作，打造出高效、服务于业务的机器学习项目。

# 特征工程

特征工程（Feature Engineering）是将原始数据经过一系列的处理转化成能够更好地表达业务问题的工程性过程。将经过特征工程后的特征数据作为机器学习模型的输入，可以有效地提高模型预测的精度。除此之外，特征工程可以根据特征重要性发现对业务重要的特征。本章将从特征工程基础、数据预处理、数值变量处理、类别变量处理、特征筛选5个方面进行特征工程的讲解。

## 3.1 特征工程基础

### 3.1.1 特征工程的概念和意义

（1）特征工程的概念

特征工程在机器学习发展的历史长河中占据重要地位，它是一项利用数据所在领域的相关数学知识，结合业务场景本身的基础数据来构建特征，并作为机器学习算法的输入，使机器学习算法在训练和预测过程中的表现更佳的工程活动。

特征大概分为基本特征、统计特征、组合特征3大类别。基本特征就是原始数据集自带的属性特征，如用户性别、年龄等，但并不是所有的属性值都可以看作特征，关键区别在于该属性对于提升模型精度是否有效果；统计特征是利用数学知识对原始数据进行技术性分析，常见的统计特征包括偏差、方差、均值、中位数、百分位数等；组合特征也叫特征交叉，是将不同类型或者不同维度的基础特征之间进行两两或者多个交叉组合，从而在数据中寻找非线性规律的过程。

（2）特征工程意义

随着深度学习的发展，特征工程在人工智能算法中的地位似乎逐渐下降，很多初学者认为“深度学习即为一切”，他们认为多层网络结构是天然的自动化高阶交叉特征，有效地避免了手动构建特征的烦琐工作。实则这种考虑并不全面，虽然可以在一定程度上认为当前大多数深度学习模型构造网络结构的本质就是做特征工程，但是要想让深度学习模型能够充分提取优质的特征，往往需要大量的数据。在一些不满足海量数据的业务场景下，很难仅依赖深度学习来有效提取特征。除此之外，深度学习只能“机械式”地挖掘交叉特征，难以做到对业务面面俱到的理解，尤其是在对业务强依赖的领域。因此，立足于业务合理构造特征工程的能力是入门机器学习算法的基石。

### 3.1.2 工业界特征工程应用

工业界的特征工程应用是需要将特征工程技术和业务本身特点强结合的工程实践。因此，除了需要掌握科学构建特征的基本流程之外，还需要掌握业务知识，达到有的放矢地构建特征的目的。

（1）特征工程基本流程

完整的特征工程流程应包括数据采集、数据预处理、特征处理、特征挖掘、特征选择 5 个阶段，图 3-1 所示为特征工程基本流程图。

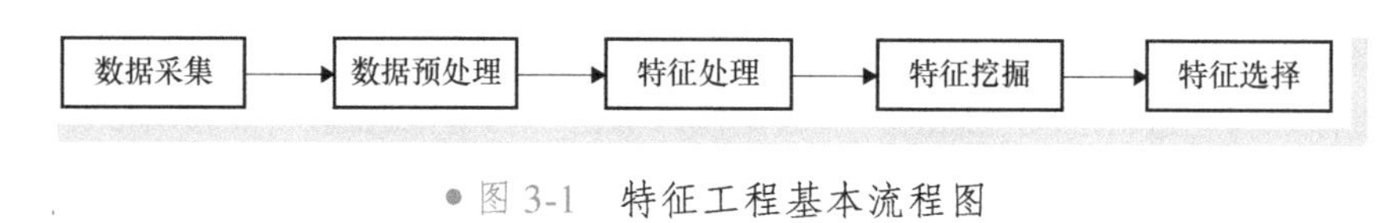


图 3-1　特征工程基本流程图

（2）数据采集模块

数据采集是特征工程的第一步，也是至关重要的一步。如果初始的关键性数据质量就很差，那么后续无论特征或者模型做得多精细化都无异于“无用功”，最终因离/在线模型效果差异过大而导致建模失败。数据采集模块在企业里一般是研发和数据工程团队负责搭建。采集的数据包括端内数据、端外数据两种，端内数据一般来自企业内部的日志数据，端外数据可以通过第三方数据公司收集，或者搭建自有的爬虫平台进行端外公开数据的合理抓取。数据采集的方式包括开放的 API 接口、客户端的 SDK、日志等。离线采集工具有 ETL，在线实时采集工具有 Flume、Kafka 等，端外采集工具有 Scrapy 爬虫框架等。

采集来的原始数据往往非常混乱，面临着数据格式不统一、内容不清晰等各种各样的问题。因此采集后的数据需进行抽取、转换、加载等，即常见的 ETL（Extract-Transform-Load）技术。提取阶段，ETL 从数据源获取数据，数据源的数据分为结构化数据和非结构化数据。数据转换阶段，ETL 将源数据进行映射和转换，包括对数据的校验、去重、聚合等，确保数据可靠真实。数据加载阶段，ETL 将转换后的数据进行存储，往往可以存储在 HDFS 上，一般可以选择增量存储或者全量存储。

（3）数据预处理模块

数据质量直接决定了模型预测的准确性和泛化能力的好坏。通过数据采集得到的原始数据可能包含大量的缺失值、噪声、异常点等多种因素，会影响后续的工作，因此在进行特征提取和挖掘之前需要对数据进行预处理。数据预处理主要包括数据清理和数据集成。

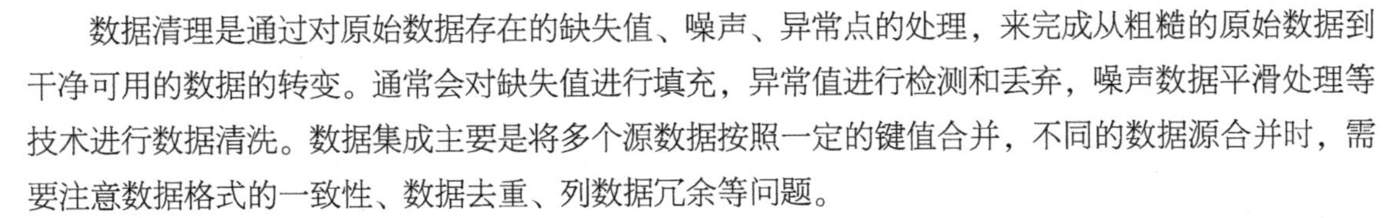

数据清理是通过对原始数据存在的缺失值、噪声、异常点的处理，来完成从粗糙的原始数据到干净可用的数据的转变。通常会对缺失值进行填充，异常值进行检测和丢弃，噪声数据平滑处理等技术进行数据清洗。数据集成主要是将多个源数据按照一定的键值合并，不同的数据源合并时，需要注意数据格式的一致性、数据去重、列数据冗余等问题。

（4）特征处理模块

数据预处理后，整个数据集不再存在异常值的情况，处理后的数据集的每一条属性可以视作基础特征。通常，把基础特征按照数据类型分为数值特征、类别特征两大类。对数值特征的处理包括连续特征离散化、数据规范化变换、特征缩放、归一化等，对离散特征的处理包括类别特征编码、数据降维等。

（5）特征挖掘模块

在对原始数据进行一系列处理后，即可开始特征挖掘。特征挖掘主要从业务视角挖掘有助于提高模型准确性的有效特征。高质量的特征需要满足的标准为有区分性、特征之间相互独立、可解释性强、效率高、较灵活、鲁棒性强，因此构建高质量的特征需要算法工程师对业务有足够深入的理解和洞见。

（6）特征选择模块

特征选择可以精简掉无用的特征，降低特征的维度和模型的复杂度，它的核心目的是将对模型准确性无用或者有负向作用的特征删除。常见的特征选择方法分为过滤法、包装法、嵌入法。其中，过滤法可以通过计算每个特征与预测标签之间的互信息或者相关性，然后过滤掉在某个阈值之下的特征；包装法是基于 Hold-Out 的思想，对每个待选的特征子集，都在训练集上训练一遍模型，然后在测试集上根据误差的大小选择有效的特征子集；嵌入法是将特征的选择嵌入到模型训练中，如树模型的训练有天然特征选择的能力。

## 3.2 数据预处理

本节主要介绍常用的数据预处理技术，主要是针对数据集中存在的缺失值和异常值进行处理。

### 3.2.1 缺失值处理

为了更好地使用数据，缺失值的处理非常重要，如果不能对缺失值进行正确的处理，那么数据很有可能影响后续建模的准确性。缺失值通常可以归为 3 类：一类是完全随机缺失（MCAR），即数据的缺失是完全随机的，数据的缺失不依赖于任何变量；一类是随机缺失（MAR），即数据的缺失不是完全随机的，一定程度上依赖于其他的完全变量；一类是完全非随机缺失（MNAR），即数据的缺失依赖于不完全变量自身。对于 MCAR 类型的缺失值或者缺失率高于 80% 的数据通常可以丢弃，因为其随机性太强，大概率不包含对建模有益的信息量；对于 MAR 和 MNAR 类型的缺失值可以通过缺失值处理技术进行补全。

1. 特殊值填充

缺失值处理中最简单的方法之一就是特殊值填充法。数值型数据通常可以用-999、0、-1 等这些特殊值填充，类别型数据的缺失值可以视为单独一类。除了上述的特殊定值填充之外，还可以用缺失值前后的非空值填充。fillna 函数中 method 参数里的“pad”“ffill”表示用前一个非缺失值填充该缺失值，“backfill”“bfill”表示用后一个非缺失值填充该缺失值。下面给出具体的代码。

```
1.#前一个非缺失值填充
2.data['Age'].fillna(method='ffill')
3.#后一个非缺失值填充
4.data['Age'].fillna(method='bfill')
5.#特殊值填充
6.data['Age'].fillna(0)
7.data['Age'].fillna(-1)
8.data['Age'].fillna(-999)
```

2. 统计数据填充

统计数据填充是最基本的缺失值处理方法，通常可以用众数、均值、中位数填充。用统计值填充的优点是简单、快速，缺点是容易产生有偏估计，从而导致缺失值替换的准确性下降。需要注意的是，对于类别型的数据，应该取其众数，表示用出现频次最高的类别进行缺失值替换。另外，一般情况下，特征符合正态分布时，使用均值的效果比较好；偏离正态分布时，使用中位数效果比较好。下面给出使用 3 种统计数据填充的代码。

```
1.#众数填充
2.data.fillna(value = {'Age': data['Age'].mode()[0]}, inplace=True)
3.#均值填充
4.data.fillna(value = {'Age': data['Age'].mean()}, inplace=True)
5.#中位数填充
6.data.fillna(value = {'Age': data['Age'].median()}, inplace=True)
```

3. 插值法填充

插值法包括线性插值法、多重插补法、热卡插补法等。

（1）线性插值法

线性插值法就是通过两点（$x_0,y_0$）、（$x_1,y_1$）构造线性函数 $f(x)$ 来估计中间点的值，通常可以使用 interpolate 函数进行线性插值，具体的代码如下。

```
1.data['Age'].interpolate(method='linear', axis=0)
```

（2）多重插补法

多重插补法的思想来源于贝叶斯估计，其认为待插补的值是随机的，具体的值来自观测到的值。多重插补法的具体做法是预测出待插补的值，然后加上不同的噪声，形成多组可选的候选插补

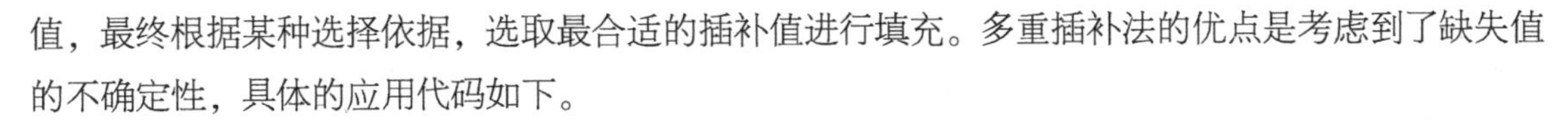

值，最终根据某种选择依据，选取最合适的插补值进行填充。多重插补法的优点是考虑到了缺失值的不确定性，具体的应用代码如下。

```
1.import miceforest as mf
2.from sklearn.datasets import load_iris
3.import pandas as pd
4.import miceforest as mf
5.import pandas as pd
6.
7.iris = pd.concat(load_iris(as_frame=True,return_X_y=True),axis=1)
8.iris.rename(columns = {'target':'species'}, inplace = True)
9.iris['species'] = iris['species'].astype('category')
10.iris_amp = mf.ampute_data(iris,perc=0.25,random_state=1991)
11.kernel = mf.ImputationKernel(
12.  data=iris_amp,
13.  save_all_iterations=True)
14.kernel.mice(3,verbose=True)
15.new_data = iris_amp.iloc[range(50)]
16.new_data_imputed = kernel.impute_new_data(new_data)
17.new_completed_data = new_data_imputed.complete_data(0)
```

（3）热卡插补法

热卡插补法又称为就近补齐法，即将包含空值的一行数据作为对象，在其他完整的数据中找与其最相似的对象，用相似对象的值来填充缺失值。热卡插补法的优点是比较直观，对缺失值的填充行为的可解释性强，但缺点是很难界定“相似”的定义。

## 3.2.2 异常值处理

异常值是指处于特定分布区域或者范围之外的数据，通常异常值分为“伪异常”和“真异常”两种。“伪异常”是由特定的业务运营动作产生，是正常反应业务的状态，如节假日促销活动，商品的折扣力度可能要比平时大很多。而“真异常”和业务运营动作无关，是数据本身存在噪声点，即离群点。下面给出离群点检测的方法和通用处理方法。

1. 离群点检测方法

（1）MAD法

MAD（Median Absolute Deviation）表示绝对值差中位数，它需要计算所有因子和平均值之间的距离的总和来检测离群点。MAD的数学定义为在序列$X_i$中，同序列$X_i$中位数的偏差的绝对值的中位数，数学表达式如下：

$$\text{MAD}=\text{median}(|X_i-\text{median}(X_i)|)$$

假设数据整体服从正态分布，异常点落在正态分布两边50%的区间里，正常点落在正态分布中间50%的区间里，那么有：

$$P(|X-\mu| \leqslant \text{MAD}) = P\left(\frac{|X-\mu|}{\sigma} \leqslant \frac{\text{MAD}}{\sigma}\right) = P\left(Z \leqslant \frac{\text{MAD}}{\sigma}\right) = 0.5$$

推导可得：

$$\text{MAD}_c = 1.483\text{MAD}$$

那么整理 MAD 法识别异常值的步骤如下。

1）求出变量 $X_i$ 的中位数 median($X_i$)。

2）变量 $X_i$ 减去中位数 median($X_i$) 并取绝对值，得到新的变量。

3）对步骤 2）得到的新变量取中位数，得到 MAD。

4）对步骤 3）得到的 MAD 进行倍数修正，即$\text{MAD}_c = 1.483\text{MAD}$。

5）使用变量 $X_i$ 的中位数加减$\text{MAD}_c$的倍数：median($X_i$) ±倍数 $\text{MAD}_c$，其中倍数通常设置为 2.5 倍，超过上述公式范围的数值被认定为异常值。

使用 MAD 法识别异常样本的优点是，其对样本量不敏感，即使样本量很少，MAD 法也可以正常识别。另外 MAD 对异常值的特殊情况不敏感，不会因为特殊异常值而导致严重偏差。具体的实现代码如下。

```
1.from scipy.stats import norm
2.import numpy as np
3.
4.def mad_based_outlier(points, thresh=3.5):
5.    med = np.median(points, axis=0)
6.    abs_dev = np.absolute(points - med)
7.    med_abs_dev = np.median(abs_dev)
8.    mod_z_score = norm.ppf(0.75) * abs_dev / med_abs_dev
9.    return mod_z_score > thresh
```

（2）$3\sigma$ 法

$3\sigma$ 法也是常见的一种异常值处理方法，其又称为标准差法。判定异常值的原则是假设数据服从正态分布，异常值是超过正负三倍标准差的部分。$3\sigma$ 法异常值处理如图 3-2 所示。

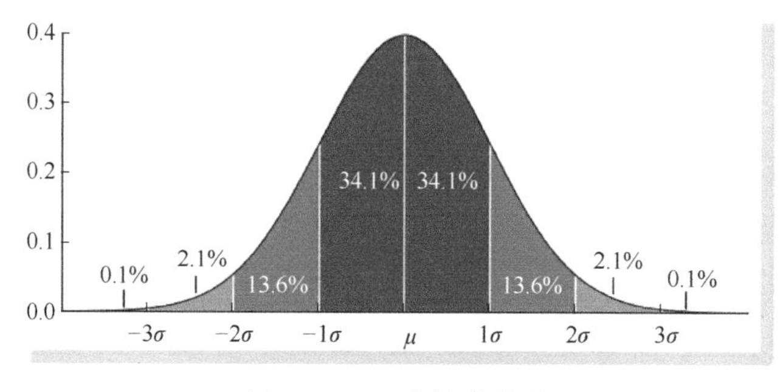


● 图 3-2　$3\sigma$ 法异常值处理

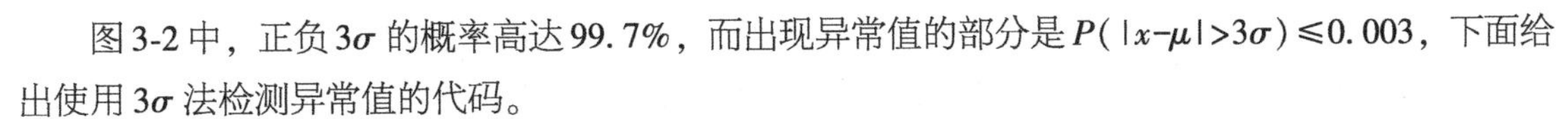

图 3-2 中，正负 $3\sigma$ 的概率高达 99.7%，而出现异常值的部分是 $P(|x-\mu|>3\sigma)\leqslant 0.003$，下面给出使用 $3\sigma$ 法检测异常值的代码。

```
1.def three_sigma(df_col):
2.    rule = (df_col.mean() - 3 * df_col.std() > df_col) | (df_col.mean() + 3 * df_col.std()
< df_col)
3.    index = np.arange(df_col.shape[0])[rule]
4.    outrange = df_col.iloc[index]
5.    return outrange
```

（3）箱型图法

箱型图法是根据箱型图的四分位距（IQR）对异常值进行检测，图 3-3 所示是箱型图法异常值处理，其中 Q1 表示第一四分位数，Q3 表示第三四分位数，IQR 表示 Q1 到 Q3 之间的四分位距。那么如图 3-3 中的 Minimum 和 Maximum 所示，在最大最小区间外的绿色点被视为异常值。

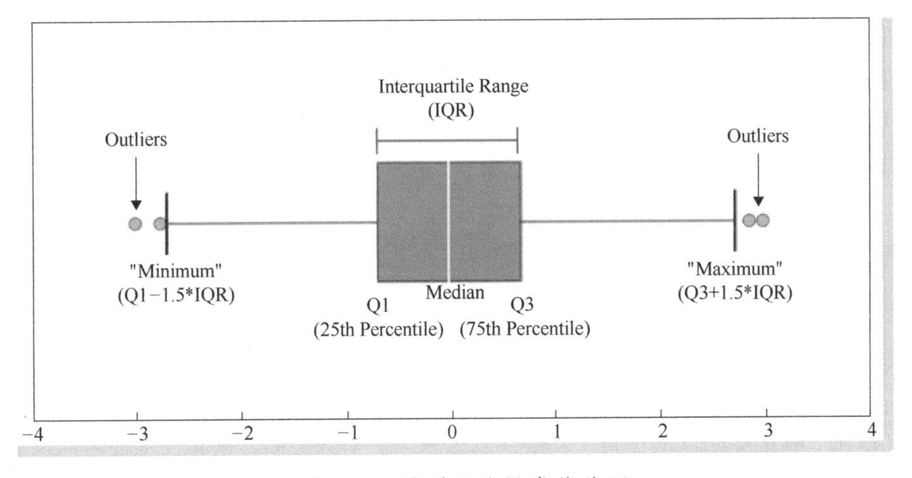


● 图 3-3　箱型图法异常值处理

使用箱型图进行异常值检测的代码如下。

```
1.def box_plot_outliers(s):
2.    q1, q3 = s.quantile(.25), s.quantile(.75)
3.    iqr = q3 - q1
4.    low, up = q1 - 1.5 * iqr, q3 + 1.5 * iqr
5.    outlier = s.mask((s<low) | (s>up))
6.    return outlier
```

（4）基于模型的离群点检测

不管是 MAD 法、$3\sigma$ 法、还是箱型图法，都是基于统计数值做的离群点检测，常见的离群点检测还有基于概率模型和聚类模型进行离群点检测的方法，下面进行简单的介绍。

- 基于概率模型的方法一般会构建一个概率分布的模型，并计算数据符合该模型的概率，计算出概率低的数据被视为异常点。这种方法的优点是具有统计模型基础，当数据充分时，检验会非常有效，缺点是对于高维的数据检测可能非常不准。

- 基于聚类模型的方法是指将所有的数据进行聚类分簇，如果数据不属于任何簇，那么该数据被视为异常点。聚类伊始，异常点的存在对于聚类簇心的选择有很大的影响，尤其是K-Means这种聚类算法。因此，通常可以对数据进行聚类，删除离群点，然后对数据进行再次聚类来尽量减少离群点对聚类的影响。

#### 2. 离群点处理方法

上面介绍了检测离群点的几种方法，对于离群点需要进行一定的处理，避免其影响模型的准确性。一般离群点的处理有以下几种。

1）直接删除异常数据。将含有离群点的数据视为异常数据进行删除，避免异常数据对模型训练和预测带来干扰。

2）视为缺失值。将异常数据视为缺失值，用缺失值处理的方法填充异常数据。

3）平滑修正。将离群点前后的两条观测数据的平均值填充到离群点数据中。

4）模型处理。一些模型对离群点的鲁棒性较高，如树模型，几乎无信息损失，因此无须做前置的离群点处理。

## 3.3 数值变量处理

数值类型的数据是最简单常见的数据类型，如用户的年龄、商品的价格、气温等。我们生活中接触到的大部分数据都是以数值的形态出现。面对多种多样的数值类型数据，建模时主要考虑的因素有数据的量级、数据的统计值信息、数据的分布等。本节将主要介绍特征处理中如何对数值型变量进行处理，主要包括连续特征离散化、数值数据变换、特征缩放和归一化等。

### 3.3.1 连续特征离散化

在工业界场景中，很少直接使用连续值作为简单模型的输入，主要原因在于连续数值会导致模型的内积乘法运算速度变慢。除此之外，特征离散化还有诸多优点。首先，离散化后的数据鲁棒性增强，如一些连续值的分布属于严重的偏态分布，并存在极端值的情况，那么离散化后的数据将天然地消除极端数据对于模型训练的干扰。其次，对于简单的线性模型来说，其线性限制了模型的表达能力，而将连续数据离散化后相当于天然引入了非线性表达，能够有效地提高模型的表达能力。最后，离散化后的特征可以很好地做特征交叉，且降低了模型过拟合的风险。下面介绍典型的连续特征离散化方法。

典型的离散化过程通常由以下3个步骤组成。

1）排序，对需要离散化的连续值进行升序或者降序。

2）选择分割点，排序之后对连续值范围进行划分。

3）选择最佳分割点，通常分割的评价函数可以考虑用熵测量、统计测量等方法，对比划分前后信息增益是否增加。

4）执行划分或者合并，自顶向下的方式对应执行划分，自底向上的方式对应执行合并，直到对每一部分的离散值处理满足停止准则。

连续特征离散化通常分无监督离散化和有监督离散化两种方式。无监督离散化常见方法包括等距分箱、等频分箱、聚类分箱等，有监督离散化常见方法包括最小熵法分箱、卡方分箱等。下面分别介绍不同的离散化方法。

### 1. 无监督离散化

（1）等距分箱

以相同的距离对连续数据进行划分，即每两区间之间的距离是一样的。下面给出实战代码。

```
1.import pandas as pd
2.import numpy as np
3.value_list = np.random.randint(0, 100, 20)
4.value_dis_bins = pd.cut(value_list, bins=5)
5.print("等距分箱结果:", value_dis_bins.codes)
```

（2）等频分箱

以相同的频率对连续数据进行划分，即每个区间内包括的值是一样多的。下面给出实战代码。

```
1.value_freq_bins = pd.qcut(value_list, q=5)
2.print("等频分箱结果:", value_freq_bins.codes)
```

（3）聚类分箱

聚类分箱是指使用类似 K-Means 等常见的聚类算法对连续值进行无监督学习，从而得到不同的类别。下面给出 K-Means 分箱实战代码。

```
1.from sklearn.cluster import KMeans
2.kmeans_model = KMeans(5, random_state=1024)
3.value_df = pd.DataFrame(value_list)
4.kmeans_model.fit(value_df)
5.kmeans_model.predict(value_df)
```

### 2. 有监督离散化

（1）最小熵法分箱

最小熵法是典型的自顶向下的分箱方法，求每个分箱的熵值，使得所有分箱的总熵值最小，即分箱能够最大限度地区分离散化后的类别。其实这里的最小熵分箱本质上和决策树使用熵值选择分割点相同。下面给出熵值计算的代码供读者参考。

```
1.class Entropy(object):
2.
3.    def entropy(self, x):
4.        #信息熵
5.        p = x.value_counts(normalize=True)
6.        p = p[p > 0]
7.        e = -(p * np.log2(p)).sum()
8.        return e
9.    def cond_entropy(self, x, y):
10.        #条件熵
11.        p = y.value_counts(normalize=True)
12.        e = 0
13.        for yi in y.unique():
14.            e += p[yi] * entropy.entropy(x[y == yi])
15.        return e
16.    def info_gain(self, x, y):
17.        #信息增益
18.        g = entropy.entropy(x) - entropy.cond_entropy(x, y)
19.        return g
```

（2）卡方分箱

卡方分箱是典型的自底向上的数据离散化方法，其基于卡方检验，将具有最小卡方值的两两区间合并起来，卡方值越小表示两两区间相差越小，反之表明两两区间相差越大。下面给出 scipy 库计算卡方值的方法，其中 chi2 表示卡方值。

```
1.from scipy.stats import chi2_contingency
2.obs = np.array([[25,50],[30,15]])
3.chi2, p,dof, ex = chi2_contingency(obs,correction=False)
```

### 3.3.2 数值数据变换

数值数据变换是对连续值处理的常见操作，其主要目的是通过数据变换技术改变连续值的原始分布，使得变换后的分布更均匀且有可解释性，从而提升模型的准确性。数据变换的一般流程包括：

1）将数据分布和均值方差等统计结果可视化处理。

2）根据连续值的分布决定是否进行数据变换，并选用合适的变换函数，变换后的数据应尽量符合正态分布。

3）代入模型，确认数据变换的有效性。下文将给出常见的数据变换方法。

（1）平方根变换（见图 3-4）

图 3-4 中，左边是正态分布数据，右边是原始连续值的分布，相较于正态分布来说比较偏中左。这时候可以考虑使用平方根变换，相关的代码如下。

```
1.np.sqrt(data_array)
```

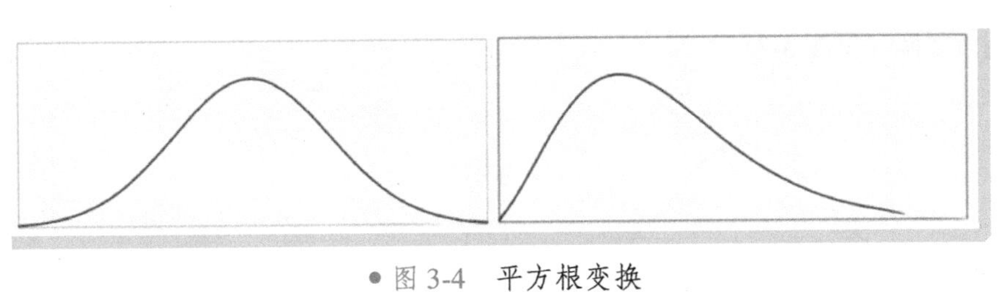

● 图3-4 平方根变换

（2）对数变换（见图3-5）

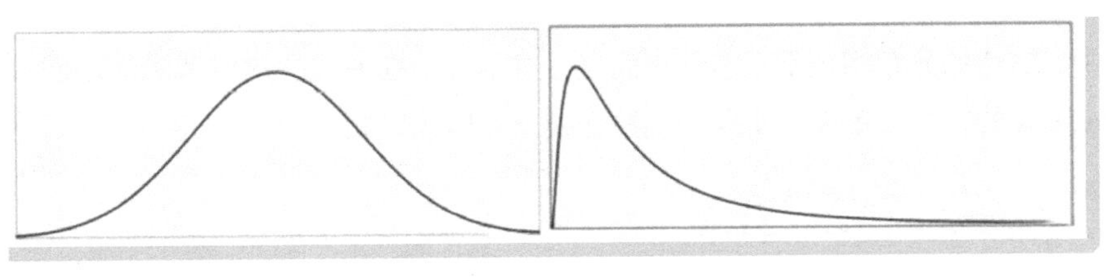

● 图3-5 对数变换

图3-5中，相较于左边的正态分布，右边是比较偏左的数据分布，可以考虑使用对数变换，相关代码如下。

```
1.np.log(data_array)
```

（3）指数变换（见图3-6）

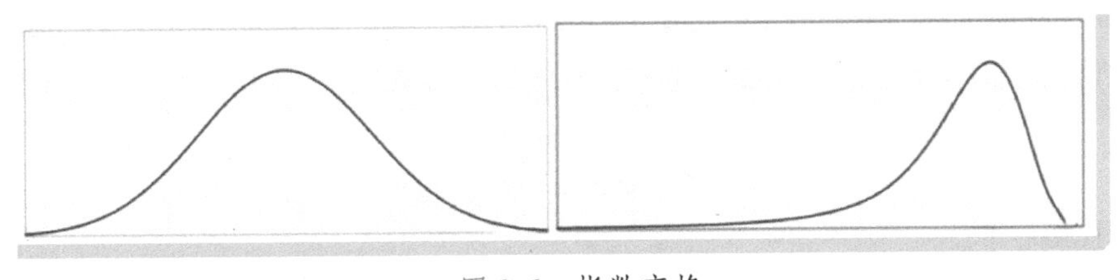

● 图3-6 指数变换

图3-6中，右边是比较偏右的数据分布，通常可以考虑指数变换。指数变换是特指一类变换族，对数变换和平方根都属于指数变换的一种，它们都属于方差稳定化变换。下面给出指数变换族中的Box-Cox变换：

$$x_{new}=\frac{x^{\lambda}-1}{\lambda}$$

其中，当$\lambda=0$时为对数变换，$\lambda=0.5$时为平方根变换的缩放形式，$\lambda=2$时为平方变换。下面给出Box-Cox的代码，其中lambda0是自动选择出的结果，y是变换后的结果。

```
1.from scipy.stats import boxcox
2.y, lambda0 =boxcox(data_array, lmbda=None, alpha=None)
```

（4）倒数变换（见图 3-7）

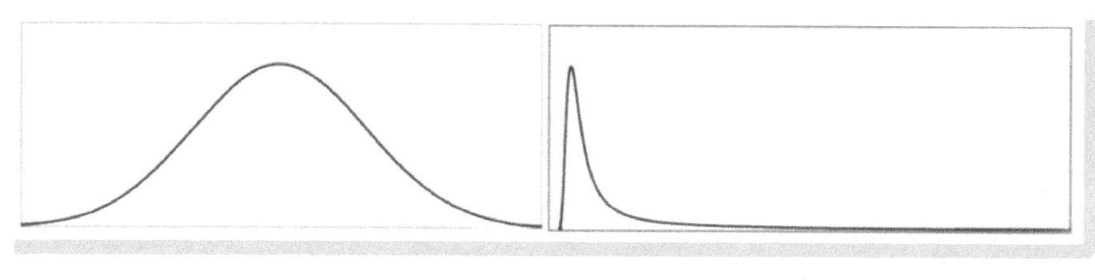

● 图 3-7 倒数变换

图 3-7 中，右边的分布相较于正态分布而言，过于集中在左边，这时考虑使用倒数变换，可以直接使用 Box-Cox 的方法，令 $\lambda=-1$ 即为倒数变换，具体代码如下。

```
1.from scipy.special import boxcox
2.y = -boxcox(data_array, -1)
```

## 3.3.3 特征缩放和归一化

为了加快模型训练时的收敛速度，往往需要对数值类特征进行缩放和归一化，将不同量纲的特征处于同一数量级。本小节将介绍常用的特征缩放和归一化的方法，并给出基于 titanic 数据的 Age 和 Fare 特征的特征缩放、归一化处理的应用实例。

（1）特征 Min-Max 缩放

特征缩放是将特征缩放在［0,1］或者［-1,1］之间，其中 Min-Max 缩放是通过最小值最大值的方法将数值类特征缩放在［0,1］的区间中，具体的公式如下：

$$x_{\text{new}}=\frac{x-\min(x)}{\max(x)-\min(x)}$$

具体的代码如下。

```
1.from sklearn.preprocessing import MinMaxScaler
2.data = pd.read_csv('titanic.csv')
3.scaler =MinMaxScaler()
4.min_max_res = scaler.fit_transform(data[['Age','Fare']])
5.
6.fig, ax =plt.subplots(1, 2, figsize=(10, 3))
7.#原始 Age 和 Fare 的分布
8.sns.histplot(data['Age'], ax=ax[0])
9.sns.histplot(data['Fare'], ax=ax[0])
10.# Min-Max 后的分布
11.sns.histplot(pd.DataFrame(min_max_res_)[0], ax=ax[1])
12.sns.histplot(pd.DataFrame(min_max_res_)[1], ax=ax[1])
```

如图 3-8 所示，左边是原始的特征 Age 和 Fare 分布，右边是进行 Min-Max 特征缩放之后两个特

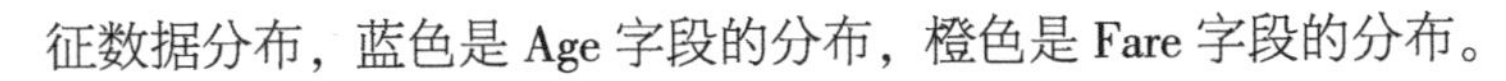
征数据分布，蓝色是 Age 字段的分布，橙色是 Fare 字段的分布。

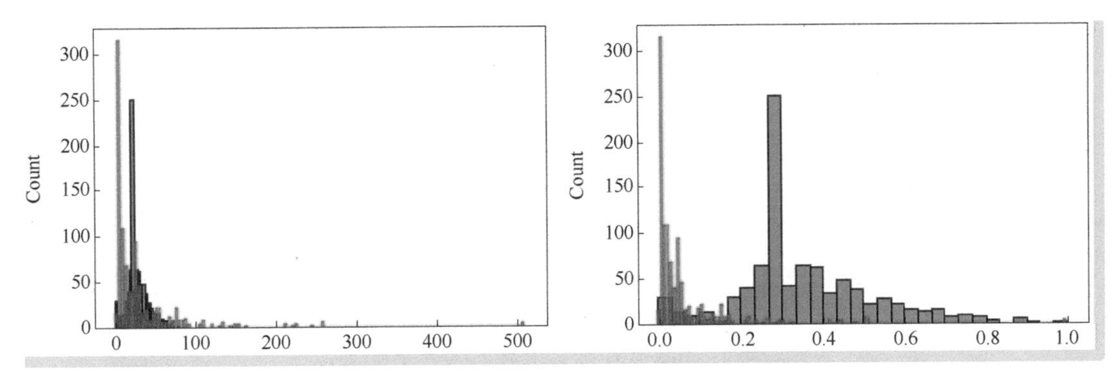


● 图 3-8　Min-Max 特征缩放的数据分布变化

（2）最大绝对值缩放

最大绝对值是通过将原始数据除以最大绝对值，将数值类特征缩放在 [-1,1] 的区间中的特征缩放方法，具体的公式如下：

$$x_{new}=\frac{x}{\max(|x|)}$$

具体的代码如下。

```
1.from sklearn.preprocessing import MaxAbsScaler
2.scaler =MaxAbsScaler()
3.max_abs_res = scaler.fit_transform(data[['Age','Fare']])
4.
5.fig, ax =plt.subplots(1, 2, figsize=(10, 3))
6.#原始 Age 和 Fare 的分布
7.sns.histplot(data['Age'], ax=ax[0])
8.sns.histplot(data['Fare'], ax=ax[0])
9.# Max-Abs 后的分布
10.sns.histplot(pd.DataFrame(max_abs_res)[0], ax=ax[1])
11.sns.histplot(pd.DataFrame(max_abs_res)[1], ax=ax[1])
```

如图 3-9 所示，左边是原始的特征 Age 和 Fare 分布，右边是进行 Max-Abs 特征缩放之后两个特征数据分布。两个特征没有负值，分布和 Min-Max 处理后的很像。

（3）特征标准化缩放

特征标准化缩放也常称为 Z-Score 归一化，是通过对均值和标准差的计算将数值类特征缩放在 0 附近，缩放后的数值特征符合均值为 0，标准差为 1，具体的公式如下：

$$x_{new}=\frac{x-\text{mean}(x)}{\text{std}(x)}$$

具体的代码如下。

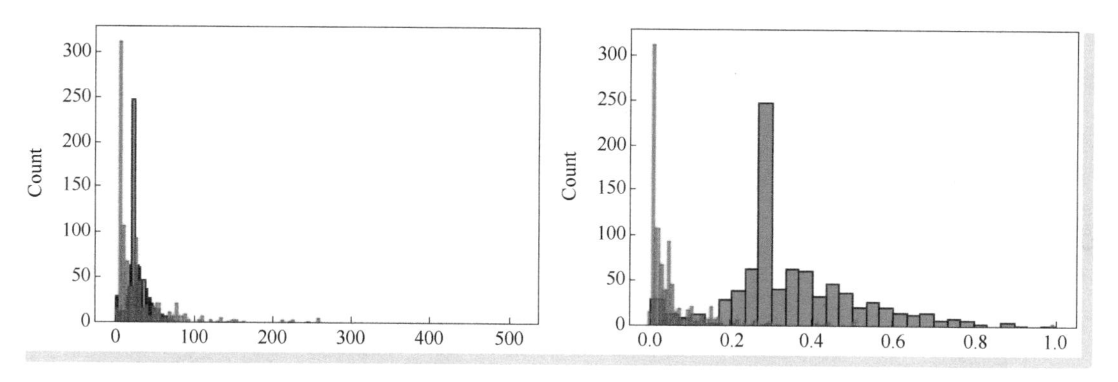


图 3-9 Max-Abs 特征缩放的数据分布变化

```
1.from sklearn.preprocessing import StandardScaler
2.scaler =StandardScaler()
3.standard_res = scaler.fit_transform(data[['Age', 'Fare']])
4.
5.fig, ax =plt.subplots(1, 2, figsize=(10, 3))
6.#原始 Age 和 Fare 的分布
7.sns.histplot(data['Age'], ax=ax[0])
8.sns.histplot(data['Fare'], ax=ax[0])
9.#标准化后的分布
10.sns.histplot(pd.DataFrame(standard_res)[0], ax=ax[1])
11.sns.histplot(pd.DataFrame(standard_res)[1], ax=ax[1])
```

如图 3-10 所示，左边是原始的特征 Age 和 Fare 分布，右边是进行标准化特征缩放之后两个特征数据分布。

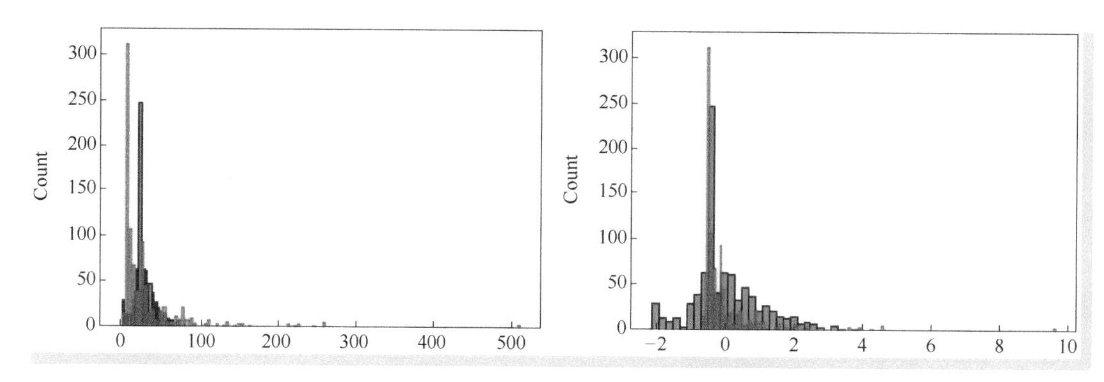


图 3-10 特征标准化缩放后的数据分布变化

（4）特征归一化

特征归一化技术是通过将初始的数值特征除以一个 $L_1$ 或者 $L_2$ 范数，使特征取值范围在［0,1］区间内。$L_1$ 范数就是绝对值相加，又称为曼哈顿距离，$L_2$ 范数就是平方和开根号，又称为欧几里得距离。下面给出 $L_1$ 范数和 $L_2$ 范数归一化的统一公式：

$$x_{new}=\frac{x}{\|x\|}$$

当使用 $L_1$ 范数进行归一化时，$\|x\|=|x_1+x_2+x_3+\cdots+x_n|$；当使用 $L_2$ 范数进行归一化时，$\|x\|=\sqrt{x_1^2+x_2^2+x_3^2+\cdots+x_n^2}$，具体的代码如下。

```
1.from sklearn.preprocessing import Normalizer
2.# L1 归一化
3.scaler = Normalizer(norm='l1')
4.l1_res = scaler.fit_transform(data[['Age','Fare']])
5.# L2 归一化
6.scaler = Normalizer(norm='l2')
7.l2_res = scaler.fit_transform(data[['Age','Fare']])
8.
9.fig, ax =plt.subplots(1, 2, figsize=(10, 3))
10.#原始 Age 和 Fare 的分布
11.sns.histplot(data['Age'], ax=ax[0])
12.sns.histplot(data['Fare'], ax=ax[0])
13.# L1 归一化后的分布
14.sns.histplot(pd.DataFrame(l1_res)[0], ax=ax[1])
15.sns.histplot(pd.DataFrame(l1_res)[1], ax=ax[1])
16.
17.fig, ax =plt.subplots(1, 2, figsize=(10, 3))
18.#原始 Age 和 Fare 的分布
19.sns.histplot(data['Age'], ax=ax[0])
20.sns.histplot(data['Fare'], ax=ax[0])
21.# L2 归一化后的分布
22.sns.histplot(pd.DataFrame(l2_res)[0], ax=ax[1])
23.sns.histplot(pd.DataFrame(l2_res)[1], ax=ax[1])
```

如图 3-11 所示，左边是原始的特征 Age 和 Fare 分布，右边是进行 $L_1$ 归一化之后两个特征数据分布。

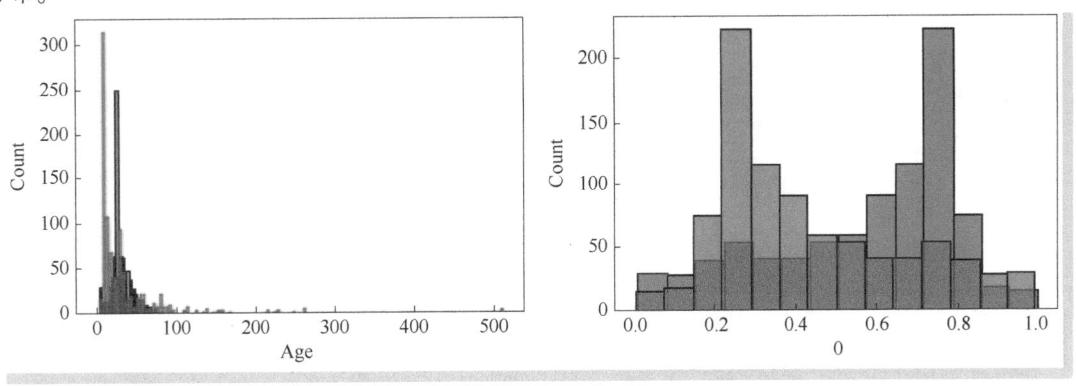


● 图 3-11　特征 $L_1$ 归一化后的数据分布变化

如图 3-12 所示，左边是原始的特征 Age 和 Fare 分布，右边是进行 $L_2$ 归一化之后两个特征数据分布。

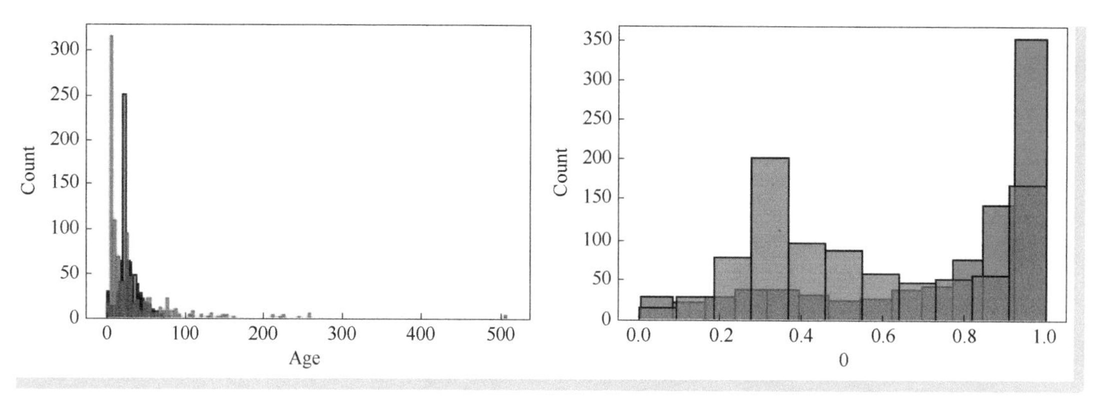


图 3-12 特征 $L_2$ 归一化后的数据分布变化

总结起来，以上的数据缩放/归一化的方法本质上都属于形式为 $\frac{x-a}{b}$ 的线性变换，和 3.3.2 小节的指数族变换的不同在于，线性变换仅仅改变了数值类型数据的尺度，并不改变数据分布的形状。为了更好地验证线性变换对数值数据的影响，给出单变量 Age 经过线性变换后的可视化分布，具体代码如下。

```
1.from sklearn.preprocessing import normalize
2.#单变量处理的方法
3.age = np.array(data['Age'])
4.ages = age.reshape(len(age), 1)
5.
6.# Min-Max 特征缩放
7.scaler =MinMaxScaler()
8.min_max_res = scaler.fit_transform(ages)
9.#Max-Abs 特征缩放
10.scaler =MaxAbsScaler()
11.maxabs_res = scaler.fit_transform(ages)
12.#标准化
13.scaler =StandardScaler()
14.standard_res = scaler.fit_transform(ages)
15.# L1 归一化
16.l1_res = normalize(ages, norm='l1', axis=0)
17.# L2 归一化
18.l2_res = normalize(ages, norm='l2', axis=0)
19.
20.fig, ax =plt.subplots(1, 6, figsize=(24, 3))
21.sns.histplot(data['Age'], ax=ax[0])
22.sns.histplot(pd.DataFrame(min_max_res).rename({0: 'Age_minmax'}, axis=1)['Age_minmax'],
   ax=ax[1])
```

```
23.sns.histplot(pd.DataFrame(maxabs_res).rename({0:'Age_maxabs'}, axis=1)['Age_maxabs'],
   ax=ax[2])
24.sns.histplot(pd.DataFrame(standard_res).rename({0:'Age_standard'}, axis=1)['Age_
   standard'], ax=ax[3])
25.sns.histplot(pd.DataFrame(l1_res).rename({0:'Age_l1'}, axis=1)['Age_l1'], ax=ax[4])
26.sns.histplot(pd.DataFrame(l2_res).rename({0:'Age_l2'}, axis=1)['Age_l2'], ax=ax[5])
```

图 3-13 所示是对单变量 Age 进行线性变换后的数据分布，可以看出除了横轴的范围不同之外，数据的分布一模一样。

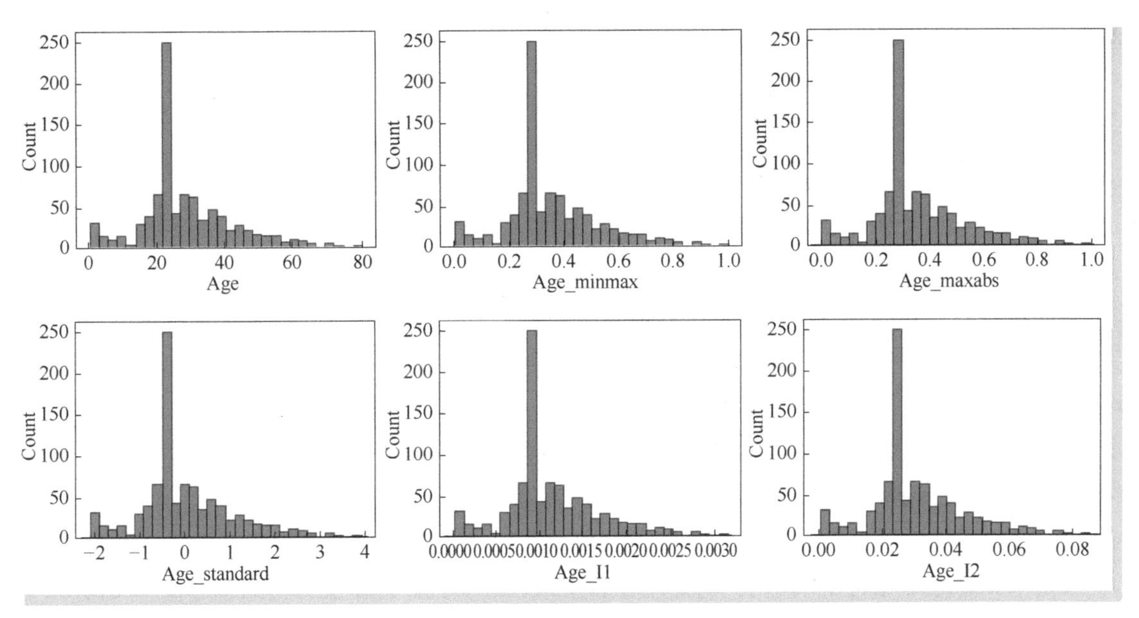


● 图 3-13　单变量 Age 进行不同的线性变换

其中，Min-Max、$L_1$ 归一化、$L_2$ 归一化的方法均可以将数值类型数据缩放到 [0,1] 范围内，Max-Abs 将数值数据缩放到 [-1,1] 范围内，标准化的操作将数据变为均值为 0、方差为 1 的数值数据。

## 3.4 类别变量处理

除了连续的数值类变量之外，另一种常见的变量就是类别变量了，如用户的性别、国家、用户客户端等。对类别特征最常见的操作就是数值编码，用数字表示不同的类别。下面分别介绍常见的类别特征的编码方法和交叉特征的构造。

### 3.4.1 类别特征的编码方法

将类别特征数值化后送入模型，是对类别特征的基本操作。一些类别特征通常由字符串类型的数据构成，比较占内存空间且大部分的模型无法自动处理，因此将类别特征编码非常有必要，下面介绍常见的编码方法。

（1）序列编码

序列编码（Ordinal Encoding）表示类别特征按照自然数的排序进行编码，比较适合自身带有一定序列属性的特征。如用户的会员星级分为初级会员、中级会员、高级会员 3 种，从优先级上来说，显然高级会员>中级会员>初级会员。因此，可以选择用序列编码的方式“初级会员=0、中级会员=1、高级会员=2”表达该类别特征，一定程度上描述了不同会员之间的优先级关系。下面还是以 Titanic 的数据为例，给出序列编码的代码。

```
1.from sklearn.preprocessing import OrdinalEncoder
2.
3.data['Pclass_str'] = data['Pclass'].astype(str)
4.ord_enc =OrdinalEncoder(categories=[['1','2','3']])
5.ord_res = ord_enc.fit_transform(data[['Pclass_str']])
6.ori_data = ord_enc.inverse_transform(ord_res)
```

代码的第 3 行是将原本数据集中代表船票类别的 Pclass 字段由默认的 int 类型转换成 string 类型。第 4 行用到了 sklearn 中自带的 OrdinalEncoder 编码器进行编码。OrdinalEncoder 中的参数 categories 是可以指定类别顺序，Pclass_str 表示船票的类别，“1”表示头等舱，“2”表示二等舱，“3”表示三等舱，因此指定顺序为［'1','2','3'］。第 5 行的 fit_transform 函数表示对数据进行编码，第 6 行的 inverse_transform 表示对编码后的数据进行还原。

（2）One-Hot 编码

One-Hot 编码又叫作独热编码，它是用 0 和 1 来表示类别。为了更好地理解 One-Hot 的形式，这里以 titanic 数据中 Embarked 字段为例进行说明。Embarked 表示乘客的登舱口，显然其不具备顺序性和数值大小的差异（即不同的登舱口没有优先级之分，处于平等的地位）。如果用序列编码处理，那么会对模型预测造成误导，因此适合用 One-Hot 编码进行处理。登舱口有“S”“C”“Q” 3 个，那么用 One-Hot 编码的形式可以表达为“S=[0,0,1]、C=[0,1,0]、Q=[1,0,0]”的形式。可见每个类别可以用一个由 0 和 1 构成的向量表示，且每个向量中的 1 只有一个，因此称为“独热”。下面给出 One-Hot 的代码。

```
1.from sklearn.preprocessing import OneHotEncoder
2.
3.embarked_df = data[~data['Embarked'].isnull()][['Embarked']]
4.onehot_enc = OneHotEncoder()
5.onehot_result = onehot_enc.fit_transform(embarked_df).toarray()
6.ori_data = onehot_enc.inverse_transform(onehot_result)
```

为了方便理解，代码第 3 行将 Embarked 列的空值去掉，只保留登舱口信息的数据；代码第 4 行是调用 sklearn 里自带的 OneHotEncoder 编码器进行编码；第 5 行是使用 fit transform 函数进行编码

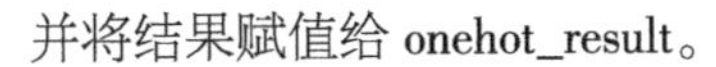

并将结果赋值给 onehot_result。

（3）目标值编码

目标值编码（英文全称是 Target Encoding，其中的目标是指模型预测的目标 $y$，可以是离散值也可以是连续值），而目标值编码表示按类别计算对应目标 $y$ 的均值来表示编码。下面给出目标值编码的代码。

```
1.embarked_target_encoding = data.groupby('Embarked')['Survived'].mean().reset_index().
  rename({'Survived':'Embarked_target_encoding'}, axis=1)
```

（4）散列编码

散列编码（Hash Encoding）主要是解决独热编码在分类值过多时，编码过长的问题。散列编码能够保证无论类别有多少，均能转化成固定长度的编码。下面给出散列编码的代码。

```
1.from sklearn.feature_extraction import FeatureHasher
2.data['Cabin'].fillna('-1', inplace=True)
3.hash_enc =FeatureHasher(n_features=5, input_type='string')
4.hash_res = hash_enc.fit_transform(data['Cabin']).toarray()
```

代码对 data 数据中的 Cabin 进行散列编码，Cabin 表示舱位号，有 148 个不同类别的值。如果进行 One-Hot 编码，那么编码后的特征高达 148 维，因此考虑选择散列编码的形式进行类别特征编码。代码的第 3 行使用了 sklearn 中的 FeatureHasher 编码器，并限制其散列处理后的长度为 5。

（5）不同编码方式的优缺点

表 3-1 所示为常见类别特征编码方式的优缺点。

**表 3-1　常见类别特征编码方式的优缺点**

| 编码方式 | 优　点 | 缺　点 |
|---|---|---|
| 序列编码 | 1）简单易于实现<br>2）对于有天然优先级关系的有序特征，通过递增的数值能准确表达不同类别之间的优先级<br>3）可用于在线学习 | 不能适用于所有的类别特征场景，对于地位平等的类别特征而言，使用序列编码很容易误导模型的优化方向 |
| One-Hot 编码 | 1）简单易于实现<br>2）解决了分类器不好处理类别数据的问题<br>3）一定程度上扩充了特征的维度<br>4）对于简单线性模型比较友好<br>5）可用于在线学习 | 1）当类别特征的类别比较多时，使用 One-Hot 编码会占用大量的存储空间，因此常会用 One-Hot+数据降维的方法处理<br>2）对于树模型这种本质上就是根据特征离散化进行树的生成的模型，One-Hot 的处理显得有些冗余 |
| 目标值编码 | 1）简单易于实现<br>2）用到了预测目标的信息，一定程度上可以提升预测的准确性<br>3）可解释性强 | 1）依赖历史数据<br>2）有信息泄漏的风险，需要严格保证训练集和测试集是隔离的状态<br>3）为避免信息泄漏，不太适合在线学习场景 |

（续）

| 编码方式 | 优　点 | 缺　点 |
|---|---|---|
| 散列编码 | 1）简单易于实现<br>2）可以处理好 One-Hot 类别过多带来的维度灾难<br>3）可用于在线学习 | 1）散列后的特征可解释性比较差<br>2）精确度难以保证 |

## 3.4.2 特征交叉

特征交叉（Feature Crosses）又称为特征组合，是做特征挖掘最基本的方法之一。特征交叉通过两两或者多个特征相乘组合成新的交互特征，交互特征一般都具有非线性，因此很好地提升了模型的非线性能力。整体来看，特征交叉分为两种：一种是显式交叉，其主要是结合业务知识进行人工构造；另一种是隐式交叉，其主要是结合神经网络进行自动构造。下面分别介绍两种特征交叉方法。

1. 显式交叉

显式交叉主要是基于先验知识通过人工手动构造特征，可以做交叉的特征类型一般是离散特征和连续特征。显式交叉的方式一般有 3 种：内积、笛卡儿积、Hadamard 积。下面分别介绍三种不同的显式交叉方法。

（1）内积特征交叉

内积（Inner Product）是指两个特征对应数据按位相乘后进行相加，最终得到一个确定的数值。假设有两个特征 $x=[x_1,x_2,x_3]$ 和 $y=[y_1,y_2,y_3]$，那么两个特征内积表达式为：

$$f=x_1y_1+x_2y_2+x_3y_3$$

（2）笛卡儿积特征交叉

笛卡儿积（Cartesian Product）是指两个特征对应各维数据分别交叉相乘，最终得到新的交叉特征，笛卡儿积也是最常用的特征交叉方法之一。下面还是以上文假设的两个特征为例，那么两个特征的笛卡儿积表达式为：

$$f=[x_1y_1,x_1y_2,x_1y_3,x_2y_1,x_2y_2,x_2y_3,x_3y_1,x_3y_2,x_3y_3]$$

（3）Hadamard 积特征交叉

Hadamard 积是指两个特征对应的数据按位相乘得到新的交叉特征。下面给出上文两个特征的 Hadamard 积的表达式：

$$f=[x_1y_1,x_2y_2,x_3y_3]$$

显式交叉特征极其依赖于丰富的业务知识和人工手动构造能力。其缺点是一方面可能会导致非线性表达能力有限，另一方面手动构造极其耗费时间。因此，随着神经网络的发展，通过多层神经网络进行隐式特征交叉的方法将会蓬勃发展。

2. 隐式交叉

隐式交叉相较于显式交叉特征而言，最大的优势是省去了手动设计交叉特征的烦琐工作，目前主要分为 FM 和 MLP 两类。FM 是通过交叉项实现有限阶数的交叉能力，MLP 是通过神经网络的方法实现高阶的交叉能力。

(1) FM

FM 模型结合了矩阵分解的思想，本质上是在线性模型的基础上增加了二阶的因子分解项，具体的表达式如下：

$$y = \omega_0 + \sum_{i=1}^{n} \omega_i x_i + \sum_{i=1}^{n} \sum_{j=i+1}^{n} < v_i, v_j > x_i x_j$$

上述加法公式的第一项和第二项共同构成了一阶特征项，第三项是二阶特征项。

(2) MLP

MLP 模型主要是结合深度学习的思想，通过增加模型的深度来挖掘高阶交叉特征，增强其表达能力。在计算广告和推荐系统领域，近些年来主要发展出了 Wide&Deep、DeepFM、AFM、DIN 等模型。通过其模型结构来做自动化特征交叉，其中 AFM 和 DIN 模型结合了 Attention 的思想来实现对隐式交叉特征的重要性加权。对于上述模型的详细介绍和应用，读者可以参考第 6 章中对于深度学习模型如何做自动化特征交叉的相关内容讲解，这里不再赘述。

## 3.5 特征筛选

特征筛选对于机器学习模型的训练来说非常重要。特征一般可以归为相关特征、无关特征、冗余特征三种，相关特征是指对学习任务有帮助的特征，无关特征是指对学习任务没有任何帮助的特征，冗余特征是指和相关特征有一定的重复性、无法给模型提供新的信息的特征。建模前，需要用特征筛选技术筛选出相关特征，从而降低特征的维度、减少过拟合的风险、提高模型的泛化性能。主流的特征筛选技术包括过滤式、包装法、嵌入法。下文对这三种技术分别做讲解。

### 3.5.1 过滤式

过滤式特征选择的方法通常是作为数据预处理的步骤，特征的选择前置于模型选型和训练，通常用统计学的方法计算特征的统计信息进行一定的筛选。这种方法往往简单且容易实现，计算成本不高，适合快速筛选出明显无相关性的特征。图 3-14 给出了过滤式特征子集筛选在整个机器学习流程中的位置。

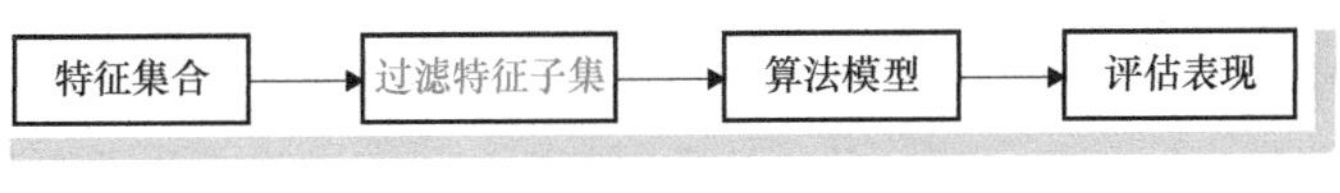


图 3-14 过滤式特征子集筛选

1. 基础方法

（1）常量特征筛选

基础方法主要是为了删除常量和准常量的特征，常量特征仅包含一个元素，这些特征不含任何信息量，因此可以删除。下面给出具体的实战代码。

```
1.from sklearn.feature_selection import VarianceThreshold
2.from sklearn.datasets import load_boston
3.
4.X, y = load_boston(return_X_y=True)
5.feature_data = pd.DataFrame(X)
6.sel =VarianceThreshold(threshold=0)
7.sel.fit(feature_data)
8.#打印出常量 feature
9.print(
10.    len([
11.        xfor x in feature_data.columns
12.        if x not in feature_data.columns[sel.get_support()]
13.    ]))
14.[xfor x in feature_data.columns if x not in feature_data.columns[sel.get_support()]]
```

代码用到了 sklearn 的公开数据集 Boston 的房价数据作为案例，第 6 行使用了 sklearn 自带的 VarianceThreshold 方法做常量特征检测，即检测方差为 0 的特征为常量特征。代码第 9 行开始打印筛选出来方差为 0 的常量特征。

（2）准常量特征筛选

准常量特征和常量特征不同，常量特征仅有一个元素，准常量特征是大多数数值是同一个值，少部分是不同值。这类特征提供的信息量非常有限，通常情况下不足以提升模型预测的表现。但也有例外，如在样本极端不平衡的情况下，这类特征可能和要预测的值直接相关，因此要谨慎地处理准常量特征。下面给出相关的代码。

```
1.sel =VarianceThreshold(threshold=0.02)
2.sel.fit(feature_data)
3.#打印出准常量 feature
4.print(
5.    len([
6.        xfor x in feature_data.columns
7.        if x not in feature_data.columns[sel.get_support()]
8.    ]))
9.
10.[xfor x in feature_data.columns if x not in feature_data.columns[sel.get_support()]]
```

代码中同样使用了 VarianceThreshold 的方法进行筛选，只不过将阈值进行了调整，筛选出方差变动幅度比较小的特征视为准常量特征。

### 2. 单变量选择方法

单变量特征选择方法通过对单变量统计值的分析来选择最佳的特征，下面给出常用的两种单变量选择方法。

（1） SelectKBest

SelectKBest 是筛选出 $k$ 个最高分值的特征，对于特征的分值可以通过卡方检验或者其他的方法作为评分函数。下面给出回归问题通常使用的 F 检验和 SelectKBest 筛选出 $k$ 个最佳特征的代码。

```
1.from sklearn.feature_selection import SelectKBest, f_regression
2.sel_res =SelectKBest(f_regression, k=5).fit_transform(X, y)
```

需要注意的是，对于不同的任务有不同的检验方法。对于分类任务而言，通常用 chi2、f_classif、mutal_info_classif 的方法作为评分函数；对于回归任务而言，通常用 r_regression、f_regression、mutual_info_regression 作为评分函数。

（2） SelectPercentile

SelectPercentile 是根据最高分数的分位数进行特征筛选，下面给出相关的代码。

```
1.from sklearn.feature_selection import SelectPercentile, f_regression
2.sel_res =SelectPercentile(f_regression, percentile=10).fit_transform(X, y)
```

第二行代码使用了 sklearn 的 SelectPercentile 方法，参数 percentile = 10 表示对前 10% 的最高分数的特征进行筛选。

### 3. 信息增益法

信息增益或者互信息可以衡量特征对于模型做出正确的预测后能带来的信息量。互信息是衡量变量 $X$ 对预测目标 $y$ 的影响程度，如果 $X$ 和 $y$ 相互独立，那么 $X$ 对目标 $y$ 不会有任何影响。上文中介绍的 sklearn 中包含的 mutual_info_classif 是对分类任务中离散值的互信息的计算，mutual_info_regression 是对回归任务中的连续值的互信息的计算。下面给出回归任务的信息增益法做特征筛选的代码。

```
1.from sklearn.feature_selection import mutual_info_regression
2.importances = mutual_info_regression(X, y)
3.feat_importances = pd.DataFrame(importances)
```

代码中第 2 行使用 sklearn 中的 mutual_info_regression 函数计算特征 $X$ 和目标值 $y$ 之间的互信息。分值越高说明该特征对于 $y$ 值的影响越大，作为特征就越重要。

### 4. Fisher 分值法

Fisher 评分是使用最广泛的监督特征选择方法之一，通过计算特征 $X$ 和目标值 $y$ 之间的 Fisher 分数，根据分值进行特征筛选。下面给出相关实战代码。

```
1.from skfeature.function.similarity_based import fisher_score
2.fisher_scores = fisher_score.fisher_score(X, y)
```

5. 相关性矩阵

相关性是衡量两个或多个变量之间线性关系的指标，通过相关性可以从变量 $X$ 预测出变量 $y$，这里根据特征之间的相关性进行特征筛选。皮尔逊相关系数可以计算两个变量之间的相关性，且值在［-1,1］的区间内。当两个变量的皮尔逊相关系数为0时，说明两个变量相互独立；当两个变量的皮尔逊相关系数大于0时，说明两个变量有一定程度的正相关性；反之小于0时，说明两个变量有一定程度的负相关性。下面给出具体的应用代码。

```
1.corr_matrix = feature_data.corr()
2.print(corr_matrix)
3.plt.figure(figsize=(8,6))
4.plt.title('Correlation Heatmap of Boston House Data')
5.a =sns.heatmap(corr_matrix, square=True, annot=True, fmt='.2f', linecolor='black')
6.a.set_xticklabels(a.get_xticklabels(), rotation=30)
7.a.set_yticklabels(a.get_yticklabels(), rotation=30)
8.plt.show()
```

## 3.5.2 包装法

包装法是尝试使用特征的子集进行模型的训练，根据对比加入特征前后模型表现的变化决定是否加入特征或者删除特征。通常包装法需要用不同的特征子集训练模型，因此有非常高的计算代价。图3-15所示为包装法特征筛选流程图。

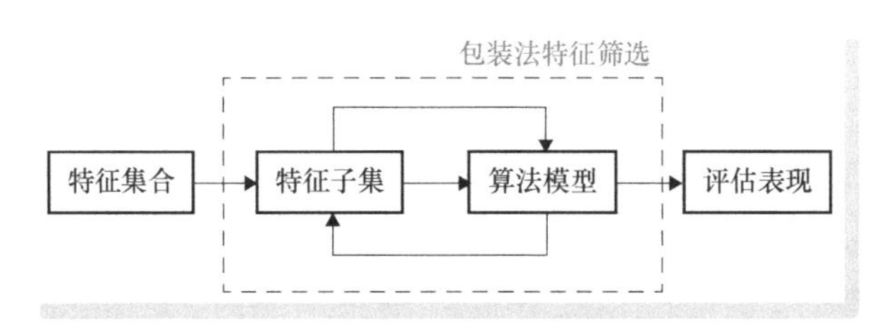


图 3-15　包装法特征筛选流程图

（1）前向选择

前向选择是一种迭代方法，一开始模型没有任何特征，每次迭代时不断添加最能改善模型效果的特征，直到添加新的特征无法提升模型效果为止。前向选择的过程是一种“贪心”的思想，如果特征空间特别大，可能计算会比较吃力。下面给出前向选择的实战代码。

```
1.from mlxtend.feature_selection import SequentialFeatureSelector as SFS
2.sfs1 = SFS(RandomForestRegressor(),
3.          k_features=5,
4.          forward=True,
5.          floating=False,
```

```
6.          verbose=2,
7.          scoring='r2',
8.          cv=3)
9.sfs1 = sfs1.fit(X, y)
10.sfs1.k_feature_idx_
```

代码中使用了 mlxtend 工具包中的 SequentialFeatureSelector 函数对特征进行筛选，其中 k_features 参数表示选择特征的个数，forward 表示是否是前向选择，scoring 表示评估指标。

（2）后向剔除

后向剔除是和前向选择相对应的一种迭代方法，一开始模型加载所有的特征，每次迭代时剔除最不重要的特征，从而提高模型的性能，直到无法再剔除任何特征为止。下面给出后向剔除法的代码。

```
1.sfs1 = SFS(RandomForestRegressor(),
2.          k_features=5,
3.          forward=False,
4.          floating=False,
5.          verbose=2,
6.          scoring='r2',
7.          cv=3)
8.sfs1 = sfs1.fit(X, y)
9.sfs1.k_feature_idx_
```

（3）穷举法特征选择

穷举法特征选择是简单粗暴地穷举所有的特征以及特征组合，并对其在模型中的表现进行评估，选择出最佳的特征。下面给出穷举法的应用代码。

```
1.from mlxtend.feature_selection import ExhaustiveFeatureSelector as EFS
2.efs = EFS(RandomForestRegressor(),
3.        min_features=2,
4.        max_features=6,
5.        scoring='r2',
6.        print_progress=True,
7.        cv=5)
8.efs = efs.fit(X, y)
9.efs.best_idx_
```

（4）递归特征消除

递归特征消除是一种"贪心"的优化算法，它旨在找到表现最好的特征子集。递归特征消除法是在每次迭代时保留表现最好的特征，剔除最不重要的特征，在特征集合上不断地递归这个步骤，直到特征数量满足要求为止。同时，可以将递归特征消除的方法结合交叉验证的方法以寻求最优的特征数量。下面给出上述两种方法的应用代码。

```
1.from sklearn.feature_selection import RFE, RFECV
2.# RFE 特征选择
3.rfe = RFE(RandomForestRegressor(), n_features_to_select=5)
4.rfe.fit(X,y)
5.print("N_features %s" % rfe.n_features_) # 保留的特征数
6.print("Support is %s" % rfe.support_) # 是否保留
7.print("Ranking %s" % rfe.ranking_) # 重要程度排名
8.# RFECV 特征选择
9.rfecv = RFECV(RandomForestRegressor(), cv=3)
10.rfecv.fit(X, y)
11.print("N_features %s" % rfecv.n_features_)
12.print("Support is %s" % rfecv.support_)
13.print("Ranking %s" % rfecv.ranking_)
14.print("Grid Scores %s" % rfecv.grid_scores_)
```

### 3.5.3 嵌入法

嵌入法是将特征的选择嵌入到模型的训练过程中，模型的每一次迭代都会提取对模型训练更重要的特征。在模型中常见的嵌入式特征选择的方法为在模型目标函数中引入 $L_1$ 正则化项，它旨在引导模型向着使用更少特征的方向优化，以避免过拟合。另外树模型的训练过程就是天然的特征选择过程，因为在建立树的过程中都要选择一个合适的特征进行分割。图 3-16 所示为嵌入法特征筛选流程图。

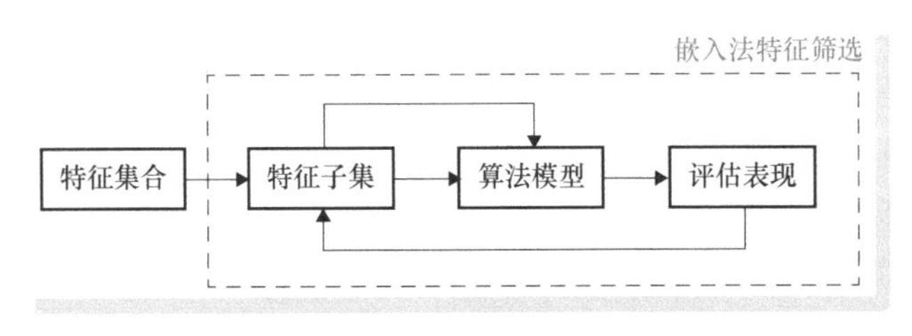


● 图 3-16　嵌入法特征筛选流程图

（1）LASSO 回归

LASSO 回归的方法加了 $L_1$ 正则化项，能够将一些特征的系数变为 0，从而达到自动剔除特征的目的。下面给出具体的应用代码。

```
1.from sklearn.linear_model import Lasso
2.from sklearn.feature_selection import SelectFromModel
3.from sklearn.preprocessing import StandardScaler
4.scaler =StandardScaler()
5.scaler.fit(X.fillna(0))
6.sel_ =SelectFromModel(Lasso(alpha=100))
7.sel_.fit(scaler.transform(X.fillna(0)), y)
8.selected_feat = feature_data.columns[(sel_.get_support())]
```

（2）树模型的特征重要性

树模型具有天然的特征筛选的特性。以随机森林建立一棵树结构为例，在从上至下建立一棵树的过程中，每一次选择节点都会根据分割前后提高节点纯度的程度进行排名，这个过程就是基于信息增益的特征筛选。因此，构造一棵树的过程就是进行了多次特征筛选的过程。下面给出使用随机森林进行特征筛选的代码。

```
1.from sklearn.ensemble import RandomForestRegressor
2.model = RandomForestRegressor(n_estimators=200)
3.model.fit(X, y)
4.fea_importances = model.feature_importances_
```

至此，本章内容就介绍完了。特征工程是入门机器学习算法、着手实战机器学习项目的基础，好的特征工程往往事半功倍，能够带来模型效果和业务效果的大幅提升。初学者在构建特征工程时，除了掌握基本方法之外，还应该充分理解自身业务场景和数据分析结果，以构建出真正有助于提升模型和业务效果的高效特征。

# 模型评估和模型选型

## 4.1 模型评估和模型选型概要

模型评估、模型选型是机器学习在工业界能够合理落地的关键环节。模型评估主要关注同一业务场景下使用不同模型的预测效果，模型选型主要是结合不同模型的预测效果并综合考虑模型性能等多种因素，选择最适合的模型。本章将简要介绍模型评估和模型选型概要，以及常见模型评估的方法、指标，重点讲解了业务中常用的典型模型和模型选型技术。

在介绍模型评估和模型选型具体的方法之前，先来了解下什么是模型评估、模型选型。

### 4.1.1 模型评估简介

在机器学习领域，选择与模型相匹配的评估方法，一方面可以定位在模型训练过程中出现的问题；另一方面通过评估指标的对比可以选择更优的模型参数或模型结构，进而对模型进行优化迭代。

1. 模型评估的目标

模型评估最终目标是为了筛选出泛化能力强的模型，完成机器学习模型在业务场景中的落地。泛化能力强指的是用历史数据训练好的模型对于未知的样本有很好的适应能力，预测结果的精度高，错误率低。为了更好地评估模型的泛化能力，会对数据集进行有效的划分，产生出训练集和测试集，不同的划分数据集的方法也常被称为模型评估方法。确定了有效的模型评估方法之后，不同类别的模型会有不同的评估指标，模型评估指标是量化评估模型性能好坏最重要的参考值之一。

2. 过拟合和欠拟合

过拟合和欠拟合是模型评估时表现未达预期的两种状态。过拟合的具体表现就是在训练集上模型效果很好，但是在测试集或者未知的新数据集上表现相差甚远；欠拟合的具体表现就是在训练集和测试集上模型效果均很差。图 4-1 描述了欠拟合、正常拟合、过拟合的三种状态。欠拟合的模型没有充分学习所有的训练样本，导致一些数据点的拟合效果较差。相反，过拟合的模型对训练样本学习过于充分，导致模型复杂度较高，对于未知数据的预测能力反而下降。

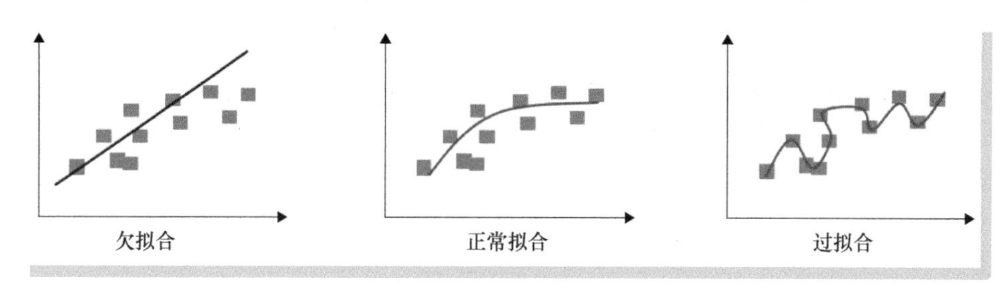


● 图 4-1　欠拟合、正常拟合和过拟合

欠拟合的模型往往是因为模型学习不充分导致的，可以通过添加新特征、提高模型复杂度等方法有效解决，而过拟合问题相对比较复杂，彻底地解决几乎不可能。过拟合问题往往可以通过增广训练样本、降低模型复杂度、加入正则化公式、集成学习的建模方法等一定程度地减少过拟合风险。

3. 离/在线实验评估

模型评估的实验方法可以分为离线（Offline）和在线（Online）两种。通常介绍的模型评估方法和评估指标都是对离线模型的评估，然而线上的真实业务场景往往复杂多变，离线模型的评估结果可能会和线上评估结果有偏差，因此为了准确评估模型在业务场景中应用的效果，往往需要对离/在线实验综合评估考量。

（1）离线实验评估

通常意义上的模型评估大多指的是离线实验所做的模型评估。离线实验的设计可以拆分成以下 4 个步骤。

1）结合业务场景设定预测目标。

2）结合预测目标选择合适的模型类型和模型离线评估指标，如销量预测场景下往往选择回归模型做销量值的预测，并用 MAE、MAPE 等作为模型效果评估指标。

3）用相关历史数据做数据分析、特征挖掘、数据集拆分、模型建模等。往往会把数据集拆分为训练集、验证集、测试集 3 部分，其中验证集是模型训练过程中对模型效果的评估，测试集是在模型训练完成后对模型效果的验证；验证集通常用于检查模型的状态、收敛情况，帮助模型调整选择最优参数，而测试集是用来评价训练完后的模型的泛化能力。

4）通过不同模型在测试集的评估指标的好坏来选择最佳模型。

（2）在线实验评估

真实的业务场景一般会调用离线训练好的模型，并将实时的线上数据“喂”给模型，实时地给出模型预测的结果。在线实验评估除了可以给出模型评估指标之外，还可以给出业务指标，而业务指标往往是在离线模型中无法测算的。最典型的在线实验方法就是 A/B Test，它是验证新模型、新方法在业务场景中是否取得业务收益、取得多少业务收益的主要测试方法。

进行 A/B Test 的关键是正确地对用户进行分组。一般会将用户随机分为实验组和对照组，实验组用新的方案 A，对照组用旧的方案 B，以此来对比新方案对业务指标的提升。在分组的时候一定要注意需要保证对照组和实验组用户的同质性、数据的无偏性。

### 4.1.2 模型选型简介

同一个业务场景下，当确定好业务目标和解决业务问题的模型类型之后，另一关键问题就是如何从多个模型中选取最优的模型。以销量预测为例，首先确定了销量预测需要用回归模型预测销量值，那么回归模型又有很多种，如线性回归、多项式回归、树模型回归等，怎么样从一系列不同的回归模型中选择合理的模型做最终的模型方案是机器学习实战中的一个挑战。

（1）模型选型的基本概念

模型选型是从候选模型集合中选择最适合的机器学习模型方案的过程。模型选型包含了不同类型模型之间的选择，也包含了同一个模型下不同超参数的选择。模型评估和模型选型是两件事情，模型评估的结果是模型选型参考的重要指标，而一旦模型选定后，模型评估的结果又是量化的评价该模型好坏的标准。

（2）模型选型的基本要素

模型评估指标是模型选型的一大要素，但在实际的业务场景中，仅仅考虑模型指标是不够的。由于数据中有统计噪声、样本不完整性以及模型本身局限性的存在，所以模型都会存在一些预测误差，因此不存在完美的模型，模型选型也只是寻求一个相比之下足够好的模型。模型选型的基本要素除了模型评估指标外，通常还会考虑以下因素。

1）选择的模型需要满足业务相关要求和约束。

2）考虑到需要保证线上服务的稳定性，需要用足够稳定成熟的模型。

3）在精确度和模型复杂度上做平衡，复杂的模型虽然可以带来精确度上的微小提升，但为此可能要付出训练耗时比较久的代价，尤其在要求训练周期短的情况下，往往需要牺牲精确度来保证模型训练时间。

## 4.2 模型评估方法

模型评估方法主要是对完整数据集的有效划分，常见的划分方法有留出法、K 折交叉验证法、自助法，下面逐一进行介绍。

### 4.2.1 留出法

留出法的基本操作主要是将训练数据划分为两个集合，其中一个作为训练集合，另一个作为测试集合。使用留出法划分数据集需要注意两点：一是这两个数据集的数据需要完全互斥，即训练集合中不能出现测试集合的数据，测试集合中不能出现训练集合数据；二是划分数据集时，一定要注意尽量保证训练集和测试集数据分布的一致性。以分类问题为例，需要保证训练集和测试集样本类别比例基本一致，通常可以采用分层抽样的方式达到类别比例平衡。很多时候，为了方便模型调参，往往会随机生成验证集作为模型训练时的调参依据，图 4-2 所示为留出法划分数据集的过程。

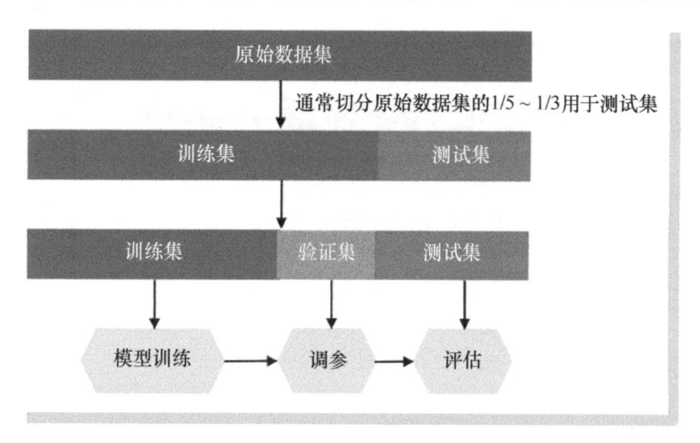


● 图 4-2　留出法划分数据集的过程

数据划分比例上并没有成文的规定，一般可以参考以下的规律：对于小规模的样本（几万量级），通常以 6：2：2 的比例划分训练集、验证集、测试集；对于大规模的样本（百万量级），通常保证验证集和测试集的数量足够即可。下面给出使用 sklearn 包实现留出法的代码。

```
1.import numpy as np
2.import matplotlib.pyplot as plt
3.from sklearn.datasets import make_classification
4.from sklearn.model_selection import train_test_split
5.from sklearn.model_selection import KFold
6.
7.X, y = make_classification(n_samples=10000,n_features=10, n_redundant=0,
8.                           n_informative=1, n_clusters_per_class=1, n_classes=2)
9.# 60%的训练集和 20%的测试集
10.X_train, X_test, y_train, y_test = train_test_split(X, y, test_size=0.2, random_state=1)
11.# 20%的验证集
12.X_train, X_val, y_train, y_val = train_test_split(X_train, y_train, test_size=0.25,
   random_state=1)# 0.25 x 0.8 = 0.2
```

## 4.2.2　K 折交叉验证法

K 折交叉验证法首先将数据集划分为分布一致的训练集和测试集两部分，然后再将训练集拆分为 $k$ 个大小相似的互斥子集，每个子集都尽可能保证数据分布的一致性。每次将 $k$-1 个子集合并起来作为模型训练集，剩下的那个子集作为验证集，这样最终是有 $k$ 组（训练集，验证集），模型进行 $k$ 次训练得到了 $k$ 个模型，最终测试集的预测结果可以是 $k$ 个模型预测结果的平均或者 $k$ 个模型中误差最小的模型对测试集进行预测评估。图 4-3 所示为 5 折交叉验证划分的数据集。

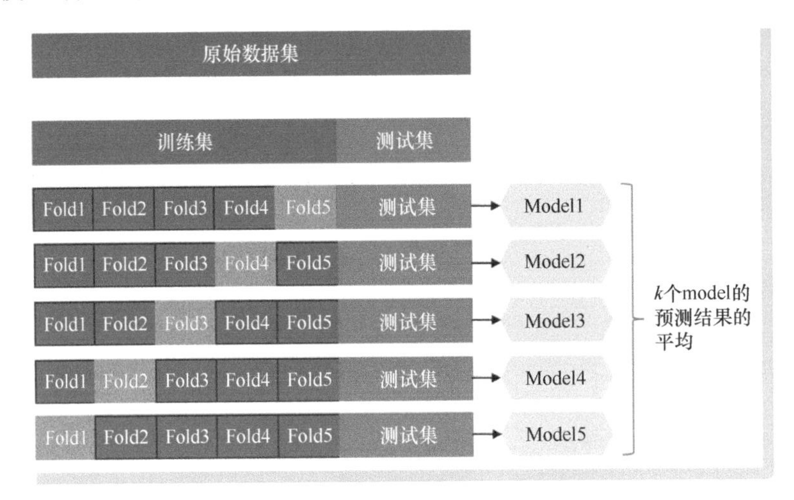


● 图 4-3　5 折交叉验证划分的数据集

K 折交叉验证一般适用于数据集比较小的情况，$k$ 次预测有助于提升模型的泛化性能，另外当 $k$ 等于样本个数 $m$ 的时候，称之为留一法，意思是只有一个样本留下做验证集。一般情况下，$k$ 选取范围为 5~10。下面给出调用 5 折交叉验证的代码。

```
1.X_train, X_test, y_train, y_test = train_test_split(X, y, test_size=0.2, random_state=1)
2.kf_5 =KFold(n_splits=5)
3.for train_index, val_index in kf_5.split(X_train):
4.    print("TRAIN:", train_index, "TEST:", val_index)
5.    X_train, X_val = X[train_index], X[val_index]
6.    y_train, y_val = y[train_index], y[val_index]
```

### 4.2.3　自助法

留出法和 K 折交叉验证都是通过划分数据集的方式保留了一部分样本用作测试集，随机划分数据集必然会引起样本偏差，不可能完全保证训练集和测试集的无偏性，尤其对于数据量较少的情况，样本偏差更为严重。自助法（Bootstrap）是通过采样的方式缓解小样本划分数据集的问题，具体的做法是：对 $m$ 个样本进行 $m$ 次有放回的采样，每次采样采一条数据，这样就得到了 $m$ 条样本的训练集；因为每次是有放回的采样，所以通过 Bootstrap 生成的训练集的样本有重复的可能性；另外还有一部分样本在 $m$ 次采样过程中都没被采样到，这部分样本作为测试集。样本在一次采样中没有被采到的概率为$\left(1-\frac{1}{m}\right)$，那么 $m$ 次均不被抽中的概率为$\left(1-\frac{1}{m}\right)^m$，去极限后等于$\frac{1}{e}$（约等于

0.368)，即 $m$ 条样本中有约 36.8%的样本在 $m$ 次抽样中无法被抽到，正好作为测试集。

## 4.3 模型评估指标

模型评估指标是量化模型效果的有效工具，根据模型类别和业务场景的不同选择正确的评估指标非常关键，本节分别列出分类问题和回归问题的评估指标。

### 4.3.1 分类问题评估指标

分类模型是机器学习领域最常见的问题之一，本小节将归纳总结出分类问题的评估指标表，并对比指标优缺点，最后附上实战代码。

1. 混淆矩阵

分类问题的一切指标来源于混淆矩阵。从分类模型要解决的问题入手，分类模型的关键是把正负样本分开，评估分类模型的标准无非就是看正负样本分得准不准。对于二分类问题来说，每一个类别会有一个预测值和真实值，那么两个类别合在一起考量就会生成一个 2×2 的混淆矩阵，见表 4-1。

表 4-1　混淆矩阵

| | Y-predict = 1 | Y-predict = 0 |
|---|---|---|
| Y-real = 1 | TP（True Positive） | FN（False Negative） |
| Y-real = 0 | FP（False Positive） | TN（True Negative） |

其中，Y-real = 1 表示真实类别为 1，Y-predict = 1 表示预测类别为 1。TP 表示真实值为 1，预测值为 1；FP 表示真实值为 0，预测值为 1；FN 表示真实值为 1，预测值为 0；TN 表示真实值为 0，预测值为 0。这里很容易记错或记不清楚混淆矩阵的组合方式，总结来说 P/N 表示预测结果，P（Positive）表示预测为正，N（Negative）表示预测为负；T/F 表示预测结果和真实结果是否一致，T（True）表示一致，F（False）表示不一致。弄清楚混淆矩阵的定义后，就可以学习基于混淆矩阵衍生出来的各种分类问题评估指标。

2. 常见评估指标表及其应用

为了方便对比指标的计算方式，下面直接给出分类问题常见评估指标表（见表 4-2）。

表 4-2　分类问题常见评估指标表

| 指标名称 | 计算公式 | 含　义 | 描　述 |
|---|---|---|---|
| Precision | TP/(TP+FP) | 精确率，分母是预测值为 1 的全部样本，分子是真实值和预测值均为 1 的样本个数 | 模型预测出来的正样本的精确程度 |

（续）

| 指标名称 | 计算公式 | 含义 | 描述 |
|---|---|---|---|
| Recall | TP/(TP+FN) | 召回率，分母是真实正样本，分子是真实值和预测值均为1的样本个数 | 模型从真实正样本中正确召回出正样本的程度 |
| F1-score | 2*P*R/(P+R) | 精确率和召回率的调和平均 | 同时兼顾了模型的精确率和召回率，认为召回率和精确率同等重要 |
| Sensitivity（Recall） | TP/(TP+FN) | 敏感性，同召回率 | 同召回率 |
| Specificity(1-FPR) | TN/(FP+TN) | 特异性，分母是真实负样本，分子是预测负样本为负的样本数量 | 模型从真实负样本中正确识别负样本的能力 |
| FPR | FP/(FP+TN) | 假阳率，分母是真实负样本，分子是预测负样本为正的样本数量 | 模型对真实负样本识别的错误程度，越小越好 |
| TPR(Recall/ Sensitivity) | TP/(TP+FN) | 同召回率 | 同召回率 |
| Accurary | (TP+TN)/(TP+TN+FP+FN) | 准确率 | 模型分类正确的占比 |

为了更方便读者快速学习应用分类模型指标，下面给出重要指标调用sklearn包的应用代码示例。

```
1.from sklearn.linear_model import LogisticRegression
2.
3.#制造数据集
4.X, y = make_classification(n_samples=10000,n_features=10, n_redundant=0,
5.                    n_informative=1, n_clusters_per_class=1, n_classes=2)
6.#逻辑回归建模
7.X_train, X_test, y_train, y_test = train_test_split(X, y, test_size=0.33, random_state=
  1)
8.lr_model =LogisticRegression(random_state=0)
9.lr_model.fit(X_train, y_train)
10.y_pred = lr_model.predict(X_test)
11.#混淆矩阵
12.from sklearn.metrics import confusion_matrix
13.confusion_matrix(y_test, y_pred)
14.#准确率
15.from sklearn.metrics import accuracy_score
16.accuracy_score(y_test, y_pred, normalize=True, sample_weight=None)
17.#精确率
18.from sklearn.metrics import precision_score
19.precision_score(y_test, y_pred)
20.#召回率
21.from sklearn.metrics import recall_score
22.recall_score(y_test, y_pred)
23.# F1-score
24.from sklearn.metrics import f1_score
```

### 3. ROC 曲线和 AUC

ROC 曲线又称感受性曲线，其横轴是 FPR（假阳率），纵轴是 TPR（真阳率，即召回率）。ROC 曲线的绘制步骤：首先，将测试样本的预测值从大到小排序；然后，依次将从大到小排序的样本值作为分类阈值（threshold），当测试样本预测值大于等于 threshold 时为预测正样本，否则为预测负样本，根据 FPR = FP/(FP+TN) 和 TPR = TP/(TP+FN) 的计算规则计算出该 threshold 下的（FPR，TPR）数据对；最后，这样如果有 $n$ 个样本值，就会得到 $n$ 个（FPR,TPR）数据对，即 ROC 曲线上得到 $n$ 个点，将所有点连成线即为 ROC 曲线。具体的实现代码如下。

```
1.from sklearn.metrics import roc_curve, auc
2.import matplotlib.pyplot as plt
3.
4.fpr, tpr, thresholds = roc_curve(y_test,y_pred_probs[:, 1], pos_label=None, sample_
  weight=None, drop_intermediate=True)
5.#两种方式计算 AUC
6.auc1 = auc(fpr, tpr)
7.auc2 = roc_auc_score(y_test, y_pred_probs[:, 1])
8.#绘制 ROC 曲线
9.plt.plot(fpr, tpr, 'b',label='AUC = %0.2f'% auc2)
10.plt.legend(loc='lower right')
11.plt.plot([0,1],[0,1],'r--')
12.plt.xlim([-0.1,1.1])
13.plt.ylim([-0.1,1.1])
14.plt.xlabel('FPR')                    #横坐标是 fpr
15.plt.ylabel('TPR')                    #纵坐标是 tpr
16.plt.title('Receiver operating characteristic example')
17.plt.show()
```

AUC 的全称是 Area Under Curve，顾名思义是 ROC 曲线下的面积，通常可以用积分的方法计算。AUC 的值越大越好，越大表示分类模型越可能把真正的正样本排在前面，分类的性能也就越好。

### 4. PR 曲线和 AP

PR 曲线的横轴是精确率，纵轴是召回率。PR 曲线的绘制过程和 ROC 曲线相似，不同之处在于每次计算的是不同阈值下的（Precision，Recall）数据对，最终将 $n$ 个这样的数据对连线绘制为 PR 曲线。PR 曲线反映的是分类模型正例识别准确程度和对正例的覆盖能力之间的平衡，而 AP 就是 PR 曲线与 $X$ 轴围成的面积，具体的实现代码如下。

```
1.from sklearn.metrics import precision_recall_curve
2.from sklearn.metrics import average_precision_score
3.
4.plt.plot([1,0],[0,1],'r--')
5.plt.xlim([-0.1,1.1])
6.plt.ylim([-0.1,1.1])
```

```
7.
8.precision, recall, _ = precision_recall_curve(y_test, y_pred_probs[:, 1])
9.ap = average_precision_score(y_test, y_pred_probs[:, 1])
10.plt.plot(recall, precision, 'b', label='AP = %0.2f'% ap)
11.plt.legend(loc='lower right')
12.plt.xlabel('Recall')
13.plt.ylabel('Precision')
14.plt.show()
```

## 4.3.2 回归模型评估指标

回归问题经常在业务场景中用到，所有有关连续值的预测都是通过回归模型求解的。下面给出回归模型常见的评估指标。

### 1. 常见评估指标表及其应用

为了方便对比指标的计算方式，下面直接给出回归问题常见评估指标表（见表 4-3）。

表 4-3　回归问题常见评估指标表

| 指标名称 | 计算公式 | 含　义 | 描　述 |
| --- | --- | --- | --- |
| MAE | $\mathrm{MAE}=\frac{1}{m}\sum_{i=1}^{m}\lvert f(x_i)-y_i\rvert$ | 平均绝对误差，$m$ 是样本的个数 | 真实值和预测值的偏差的绝对值的均值 |
| MAPE | $\mathrm{MAPE}=\frac{100}{m}\sum_{i=1}^{m}\left\lvert\frac{f(x_i)-y_i}{y_i}\right\rvert$ | 平均绝对百分比误差 | MAPE 考虑了真实值和预测值误差占真实值的比例 |
| MSE | $\mathrm{MSE}=\frac{1}{m}\sum_{i=1}^{m}(f(x_i)-y_i)^2$ | 均方误差 | 真实值和预测值的偏差的平方的均值 |
| MSLE | $\mathrm{MSLE}=\frac{1}{m}\sum_{i=1}^{m}\lvert\log(f(x_i)+1)-\log(y_i+1)\rvert^2$ | 对数均方误差 | 对真实值和预测值进行 log 转换，然后代入均方误差公式，适合 $y$ 值是长尾分布的情况 |
| RMSE | $\mathrm{RMSE}=\sqrt{\mathrm{MSE}}$ | 均方根误差 | 均方误差开平方 |
| NRMSE | $\mathrm{NRMSE}=\frac{\mathrm{RMSE}}{y_{max}-y_{min}}$ | 归一化均方根误差 | 均方根误差根据真实值的最大值最小值做归一化 |
| RMSLE | $\mathrm{RMSLE}=\sqrt{\frac{1}{m}\sum_{i=1}^{m}\lvert\log(y_i+1)-\log(f(x_i)+1)\rvert^2}$ | 对数均方根误差 | 对真实值和预测值进行 log 转换，然后代入均方根误差公式 |
| $R^2$ | $R^2=1-\frac{\sum_{i=0}^{m}(f(x_i)-y_i)^2}{\sum_{i=0}^{m}(y_{mean}-y_i)^2}$ | 决定系数 $R$ 平方 | 表示回归模型对真实值的拟合程度，$R$ 平方越接近 1 表示回归模型的拟合程度越好 |

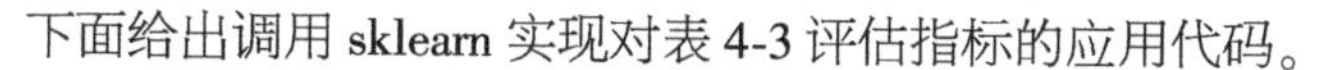

下面给出调用 sklearn 实现对表 4-3 评估指标的应用代码。

```
1.from sklearn.datasets import make_regression
2.from sklearn.linear_model import LinearRegression
3.
4.X, y = make_regression(n_samples=10000,n_features=10)
5.
6.X_train, X_test, y_train, y_test = train_test_split(X, y, test_size=0.33, random_state=1)
7.lg_model =LinearRegression()
8.lg_model.fit(X_train, y_train)
9.y_pred = lg_model.predict(X_test)
10.
11.# MAE
12.from sklearn.metrics import mean_absolute_error
13.mean_absolute_error(y_test, y_pred, sample_weight=None, multioutput='uniform_average')
14.
15.# MSE
16.from sklearn.metrics import mean_squared_error
17.mean_squared_error(y_test, y_pred, sample_weight=None, multioutput='uniform_average')
18.
19.# R 平方
20.from sklearn.metrics import r2_score
21.r2_score(y_test, y_pred, sample_weight=None, multioutput='uniform_average')
```

2. 回归指标优缺点比较

（1） MAE 和 MAPE 的比较

MAE 指标可以准确地评估真实值和预测值之间的绝对误差值，但是当真实值很大的时候，绝对误差无法衡量误差的程度。MAPE 评估了真实值和预测值的相对误差率，这样可以直观地衡量回归问题预测的相对准确程度。MAE 和 MAPE 的缺点是函数不光滑，在某些点上不可求导。

（2） MSE 和 RMSE 的比较

MAE 和 MAPE 是真实值和预测值直接相减得到的误差，MSE 通过对误差取平方使得损失函数可求导，但同时 MSE 相较于 MAE 会放大误差。如果数据中存在异常点，那么 MSE 计算的结果会非常大，因此当用 MSE 做损失函数进行模型训练时会对异常点赋予更大的权重。RMSE 是对 MSE 指标的开方，很大程度上减少了 MSE 对异常点的放大，使得 RMSE 的结果和 MAE 处于同一量纲。这样结果相对比较直观，如 RMSE=1 就可以认为预测结果比真实结果平均相差 1。

## 4.3.3 结合业务场景选择评估指标

即使是同一种类型的问题，在不同的业务场景也需要具体问题具体分析，选择合适的评估指标。本小节将结合几个业务案例分析不同类型模型的评估指标选择方法。

（1） 点击率预估场景

电商平台和视频网站最关注的就是用户对推荐内容的点击率。点击率直观地反映了平台给用户推荐的内容是否受喜欢。推荐场景下，平台会对同一个用户一次性推荐一个商品或者视频列表，排在列表头部的商品尽量是受用户青睐的商品类型。这样用户点击进去的可能性更大，平台收益的可能性也更大，故推荐场景下更关注对点击率排序的准确程度。因此，选择 AUC 指标作为评估点击率模型预估准确程度更契合该场景。

（2）病理检查、地震预测场景

病理检查、地震预测的场景都是“宁可错杀，不可漏掉”。不过可以理解，因为像癌症这样的重疾，确实敏感性比较高，即对从真实正样本中正确召回正样本的程度要求比较高。在类似这样的场景下，可以一定程度上牺牲精确率，保证高的召回率。

（3）房价预测场景

不同国家不同城市的房价差异较大，很有可能不是一个数量级的数据。针对数量级差异较大的数据集，评估预测值的准确程度时尽量选择 MAPE 指标，因为 MAPE 会在分母部分除以真实值，从而得到预估的相对误差率。但是 MAPE 指标也有自身的缺陷，如当真实值非常小时，微小的误差就会导致 MAPE 的计算结果很大。

## 4.4 典型模型介绍

人工智能从 1956 年的达特茅斯会议上诞生至今，经历过数次低潮与繁荣，整个发展的周期经历了硬规则推理、专家系统、机器学习 3 个阶段。硬规则推理期会在计算机内输入人类基于经验归纳好的规则，然后通过编写规则代码让计算机完成任务。专家系统则是知识库和知识推理的结合，专家系统的诞生将人工智能落地到解决实际应用场景上。而很多人脑做的判断是专家系统无法解决的，如视觉、语言等，为了解决这类的问题，人工智能转向让机器自己从数据中学习的探索。至此，机器学习开启了人工智能的新时代。本节将介绍近年来机器学习领域典型的算法模型，这里介绍的模型都围绕本书介绍的业务场景，因此不会深入介绍计算机视觉和自然语言处理领域的相关模型。

### 4.4.1 统计机器学习

统计机器学习是基于概率统计学模型对数据进行分析和预测的一种方法。近些年来，在人工智能、数据挖掘、计算机视觉、自然语言处理、智能医疗等领域均发挥了不可替代的作用，其主要特点是以数据为研究主题，以统计学模型为研究方法，通过对数据进行特征工程、模型预测，从而发现数据中所存在的数学规律，并对数据的未来表现做出合理的预测。传统的统计机器学习方法一般有如下的实现流程。

1）划分好训练数据集。

2）选择模型集合进行训练。

3）根据模型评估指标选择表现最优的模型。

4）用最优的模型对新数据集进行预测，需要注意的是，选择和处理数据集时一定不要出现特征穿越的情况，不然对模型的评估和预测结果将没有意义。

本小节将讲解统计机器学习的分类和常见的有监督学习和无监督学习模型。

### 1. 统计机器学习分类

统计机器学习并没有一个非常明确且约定俗成的分类规则，下面将介绍最常见也最广为人知的分类方法，以及几种其他分类方式。

（1）有监督、无监督学习模型

有监督学习的监督是指数据集存在输入变量和输出变量的对应关系，输入变量的集合又叫作输入空间，输出变量的集合也叫作输出空间。输入空间的每条样本数据有很多不同的特征，因此输入空间可以表达为 $M \times N$ 维的数据空间，表示输入空间有 $M$ 条样本，每条样本有 $N$ 维特征，相对应的输出空间可以表达为 $M \times 1$ 维的数据空间。如果将输入空间表达为 $x$，输出空间表达为 $y$，那么监督学习模型表达为 $y=f(x)$。

有监督学习分为学习和预测两个过程。学习的过程是有监督学习模型通过对训练数据集 $x$ 和对应的输出空间 $y$ 的关系的拟合，学习到一个训练好的模型 $f$。预测的过程将测试集的数据 $x\_test$ 输入到学习好的模型 $f$ 中，从而得到测试集上的预测结果 $y\_test$。

无监督学习和有监督学习不同，无监督学习没有输入和输出的对应关系，其本质是从历史的数据中学习其潜在的统计规律，如常见的聚类算法或者降维算法。和有监督学习相似之处是，无监督学习也分为学习和预测两部分，只不过输出的不是 $x$ 和 $y$ 这样一一对应的值。

（2）概率、非概率模型

除了上述最基本的分类方法外，通常还会根据模型内在的结构分为概率模型和非概率模型。有监督学习中的概率模型的输出形式为 $P(y|x)$，非概率模型的输出形式为 $y=f(x)$。无监督学习则与之类似，可以发现概率模型和非概率模型最大的区别是，非概率模型学习数据集 $x$ 拟合出来一个函数 $f$，而概率模型是拟合出来一个概率分布。常见的概率模型有决策树、贝叶斯网络、隐马尔可夫模型等，常见的非概率模型有感知机、KNN、神经网络等。另外需要注意的是，在有监督学习中，概率模型又叫作生成模型，非概率模型又叫作判别模型。

（3）参数化、非参数化模型

参数化模型和非参数化模型的参数并不是模型中的参数，而是数据分布的参数。参数化模型假设整体的数据服从某个分布，而这个分布可以由有限的参数确定，而非参数模型不对整体的数据做数据分布的假设，从而没有相关的参数。典型的参数化模型就是线性回归，其假设就是输入变量和输出变量之间存在线性关系，其目标函数为 $y=\omega x+b$，可以选用最小二乘法来拟合目标函数的参数值。除了线性回归之外，常见的参数化模型还有逻辑回归、感知机。参数化模型的优点很明显，相对来说比较简单，训练成本低，可以快速得到一个相对还不错的结果。但是缺点也很明显，对于复杂问题，参数化模型往往表现很差，对于不符合假设的数据分布的数据集更是不可能预测出精度高的结果。

非参数化模型没有在一开始就假定数据符合某种分布，因此会随着数据量的增加而不断增大。常见的非参数化模型有决策树、支持向量机、k 近邻、神经网络等。非参数化模型相对来说鲁棒性更强，对数据有更好的拟合性，但是其自身也存在模型复杂度高、容易过拟合、训练成本高等问题。

2. 常见有监督学习模型

有监督学习模型又可以分为分类问题和回归问题两大类，下面分别介绍常见的分类模型和回归模型。

(1) 线性回归

线性回归是用来解决回归问题的基本模型，它假定 $x$ 和 $y$ 存在线性关系，即存在 $y=\omega x+b$ 的公式表达 $x$ 和 $y$ 之间的映射关系，当 $x$ 只有一维时称之为一元线性回归，当 $x$ 是多维时称之为多元线性回归。为了评估线性回归模型对数据拟合的好坏，通常用均方损失函数作为线性回归的损失函数，其数学表达形式和 MSE 无异，具体如下：

$$L=\frac{1}{N}\sum_{i=0}^{N}[y_i-(\omega x_i+b)]^2$$

线性回归整体的求解目标就是求解相应的 $\omega$ 和 $b$，使得损失函数 $L$ 最小，求解 $\omega$ 和 $b$ 最普遍的方法就是最小二乘法。$L$ 显然是个凸函数，其导数为 0 时，$L$ 可以取得极值，于是对 $\omega$ 和 $b$ 分别求偏导数，并使得偏导数为 0，此时便可以求解出对应的 $\omega$ 和 $b$ 的值。

(2) 逻辑回归

逻辑回归是从线性回归演变而来的，用来解决分类问题的基本模型。为了简化问题，只考虑二元分类的情况，线性回归模型输入一系列的 $x$ 预测得到的是一系列连续的 $y$ 值。为了让 $y$ 值能够转换成 0，1 的二元分类值，可以考虑单位跃阶函数，如当线性回归函数预测的 $y\geqslant 0$ 时，认为其为正例，反之为负例。但是单位跃阶函数存在不连续的问题，这导致模型在最优化求解时，求导数会遇见困难，于是基于对数概率函数对线性函数的改造应运而生了，先来看下对数概率函数的形状，如图 4-4 所示。

图 4-4 中，$x$ 轴表示线性回归预测的 $y$ 值，$y$ 轴表示经过对数概率函数处理后的 $y$ 值，可以发现对数概率函数的形态完美地解决了单位跃阶函数存在的不连续的问题。将线性公式代入对数概率函数，其数学表达式为：

$$y=\frac{1}{[1+e^{-(\omega x+b)}]}$$

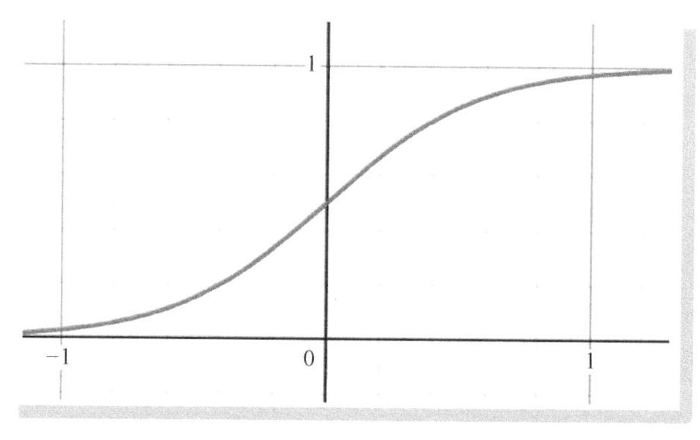

● 图 4-4　对数概率函数形状

对上述等式进行对数变换，可以得到以下的表达式：

$$\log \frac{y}{1-y}=\omega x+b$$

如果把 $y$ 视为 $P(y=1|x)$，那么在二元分类的情况下，$1-y=1-P(y=1|x)=P(y=0|x)$，所以上述公式可以改写为：

$$\log \frac{P(y=1|x)}{P(y=0|x)}=\omega x+b$$

那么：

$$P(y=1|x)=\frac{e^{\omega x+b}}{1+e^{\omega x+b}}$$

$$P(y=0|x)=\frac{1}{1+e^{\omega x+b}}$$

对于逻辑回归模型，通常用极大似然估计法估计模型的参数，似然函数为：

$$\prod_{i=1}^{N}[P(y_i=1|x_i)]^{y_i}[P(y_i=0|x_i)]^{1-y_i}$$

将似然函数取 log 转换为对数似然函数：

$$\begin{aligned} L &= \sum_{i=1}^{N}[y_i\log P(y_i=1|x_i)+(1-y_i)\log P(y_i=0|x_i)] \\ &= \sum_{i=1}^{N}[y_i(\omega x_i+b)-\log(1+e^{\omega x_i+b})] \end{aligned}$$

对对数似然函数 $L$ 求极大值，通常可以用梯度下降的最优化方法求解，从而得到逻辑回归模型对应的参数 $\omega$ 和 $b$。

（3）支持向量机

在介绍支持向量机之前，先来了解下感知机的概念。感知机是常见的二元线性分类器，通过训练数据得到一个线性超平面，将数据划分为正例和负例两类。下面用一张图形象地描述感知机如何做分类，如图 4-5 所示。

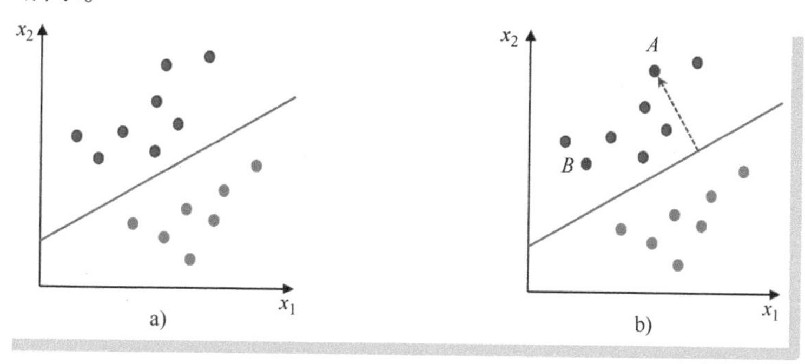


● 图 4-5　支持向量机做分类

a）感知机做分类任务图　b）支持向量机做分类任务图

图4-5a中，红色线是感知机在特征空间上形成的一个超平面$S$，在超平面$S$上的点均满足$\omega x+b=0$。超平面$S$上方蓝色的点为正例，超平面$S$下方橙色的点为负例，并以此划分成了正负例两个空间。感知机的损失函数是衡量误分类程度的，损失函数希望误分类的程度越小越好。对于误分类的数据来说一定有$-y_i(\omega x_i+b)>0$，假设所有的误分类点都属于$M$集合，那么其到超平面$S$的距离为$-\frac{1}{\|\omega\|}\sum_{x_i\in M}y_i(\omega x_i+b)$，其中$\|\omega\|$是$\omega$的$L_2$范数，因此可以得到感知机的损失函数为：

$$L=-\frac{1}{\|\omega\|}\sum_{x_i\in M}y_i(\omega x_i+b)$$

我们希望$L$越小越好，因此需要最小化$L$，如果$L=0$，说明不存在误分类点。$L$是可导的，因此可以通过梯度下降的方法求得使$L$最小的$\omega$和$b$的值。

感知机是支持向量机的基础，在了解了感知机的原理之后，再来看什么是支持向量机。支持向量机的全称是Support Vector Machines，简称为SVM，最基础的支持向量机是线性可分支持向量机，其和感知机之间的区别是其损失函数最大化了数据点到分隔超平面$S$的距离。除了基础的线性可分支持向量机之外，SVM还包括非线性支持向量机和线性不可分支持向量机。限于篇幅，这里不深入介绍后两者较为复杂的支持向量机算法，仅介绍线性可分支持向量机。如图4-5b所示，存在$A$、$B$两个点，均在超平面上方，$A$点相较于超平面$S$的距离相对$B$点来说更远，因此$A$点被认为是正例的置信度更高。支持向量机的基本思想就是训练出能够正确划分正负样本，且几何间隔最大的分割线超平面$S$。几何间隔是表达数据集中的数据点到超平面$S$的距离，假设超平面$S$上的点满足$\omega x+b=0$，那么对于任意一个数据点（$x_i,y_i$）到超平面$S$的几何间隔可以表达为：

$$d_i=y_i\left(\frac{\omega}{\|\omega\|}x_i+\frac{b}{\|\omega\|}\right)$$

那么对于全量数据集的几何间隔是所有样本离超平面$S$几何间隔的最小值，可以表达为：

$$d=\min d_i$$

支持向量机最大化几何间隔就可以表达为：

$$\max d$$

$$\text{s.t.}\quad y_i\left(\frac{\omega}{\|\omega\|}x_i+\frac{b}{\|\omega\|}\right)\geqslant d,\ i=1\cdots N$$

下面假设$\hat{d}=d\|\omega\|$，那么上面的公式可以表达为：

$$\max\frac{\hat{d}}{\|\omega\|}$$

$$\text{s.t.}\quad y_i(\omega x_i+b)\geqslant\hat{d},\quad i=1\cdots N$$

假设$\hat{d}$是常数，并将最大化公式变为最小化公式，可以得到线性可分支持向量机最终需要优化的损失函数：

$$\min \frac{1}{2}\|\omega\|^2$$

$$\text{s. t. } y_i(\omega x_i+b)-1\geqslant 0, \quad i=1\cdots N$$

这是一个典型的带约束的最优化问题，且优化函数是凸二次函数，所以可以用凸二次规划的方法进行求解，从而得到最佳的 $\omega$ 和 $b$。

（4）决策树模型

决策树是一种以树形结构为基础的分类与回归模型，即既可以解决回归问题又可以解决分类问题。决策树的建模是一个递归的过程，在这个过程中有以下几个要素。

1）决策树的生成，指的是递归构建决策树，在构建时关键是在于每个节点要选择哪个特征进行分裂，使得分裂后的每个分支节点的样本尽量属于同一类别。

2）决策树的剪枝，递归地生成决策树直到其不能再分裂为止，这样生成的决策树对于训练数据很友好，但是对于测试数据很有可能拟合不准，这就是典型的过拟合。为了解决这个问题，考虑对已经生成的决策树进行剪枝。

下面先给出决策树的树形结构，再结合树形结构和条件概率分布，具体讲解每个分裂节点的特征选择方法及常见的剪枝方法和具体的应用——CART 算法。

为了更清晰地理解树形结构如何做分类问题，这里举个简单的案例。某个线上化妆品店为了预测用户会不会购买口红，会使用用户的数据进行判断。这里有 4 个简单的特征，分别是性别、年龄、职业、是否结婚，决策树根据已知的 4 个特征最终生成树形结构，如图 4-6 所示。

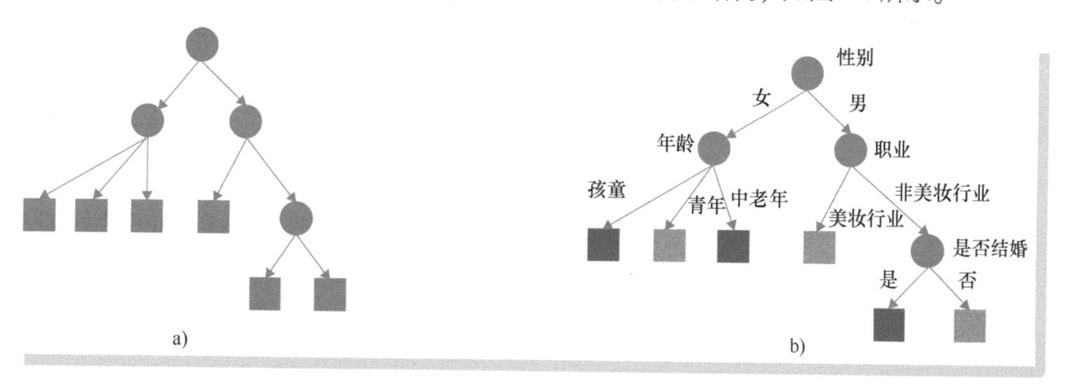


图 4-6　决策树生成图示

a）基础的树形结构　b）最终生成的树形结构

图 4-6a 是基础的树形结构，其中实心圆表示内部节点，实心方框表示叶子节点，内部节点还可以继续分裂，而一旦叶子节点出现表示分裂终止。图 4-6b 是上述实例的决策树建模产出的最终树形结构和其分类结果，红色方框表示不会购买口红，绿色方框表示会购买口红。下面具体讲一下决策树的生成、决策树的剪枝和 CART 算法。

**决策树的生成。**决策树的生成主要是指递归地将内部节点的区域划分为不同的几个区域，每次划分时需要选择一个特征使得划分后的数据集纯度尽可能的高。常见的特征选择的方法有 ID3、C4.5、Gini 指数，其中 ID3 和 C4.5 是在信息熵的基础上计算划分数据集前后的信息增益和信息增益率。但是信息熵的计算涉及大量的对数运算，为了降低运算成本，CART 算法选用 Gini 指数来近似代替信息增益率。信息熵表示的是随机变量的不确定程度，假设全量样本 $D$ 中可以拆分成 $k$ 类样本，第 $k$ 类样本的比例为 $p_k$，那么样本 $D$ 的信息熵为：

$$\mathrm{Ent}(D) = -\sum_{k=1}^{K} p_k \log p_k$$

假设使用选定的离散特征 $f$ 对 $D$ 数据集划分，且特征 $f$ 总共有 $M$ 个不同取值 $\{f_1, f_2, \cdots, f_m\}$，那么 $f$ 上取值为 $f_m$ 的样本空间为 $D_m$。为了评估使用 $f$ 特征对 $D$ 数据集划分的效果，有了信息增益的评估方式，其表达划分前后数据集纯度的变化，具体公式如下：

$$\mathrm{Gain}(D, f) = \mathrm{Ent}(D) - \sum_{m=1}^{M} \frac{|D_m|}{|D|} \mathrm{Ent}(D_m)$$

ID3 就是基于信息增益选择分裂的特征，保证每次分裂后，信息增益最大。但是信息增益存在一个问题，就是当某个特征取值的数目很多时，$p_k$ 接近于 0。那么 Gain 表达式的第二项趋近于 0，这种情况下 Gain 自然会很大，换句话说信息增益的算法会偏向于引导决策树选择取值数目多的特征。为了改进信息增益自身存在的选择偏好的问题，C4.5 算法采用了信息增益率选择分裂的特征，信息增益率公式如下：

$$\mathrm{Gain\_ratio}(D, f) = \frac{\mathrm{Gain}(D, f)}{\mathrm{IV}(f)}$$

其中，IV($f$) 的表达式为：

$$\mathrm{IV}(f) = -\sum_{m=1}^{M} \frac{|D_m|}{|D|} \log \frac{|D_m|}{|D|}$$

这样可以一定程度上避免 ID3 出现的问题，但是信息增益率会对取值数目少的特征有一定的偏好。因此，C4.5 算法并不会直接按信息增益率最大的选择分裂的特征，而是会对所有的特征计算一遍信息增益，把高于平均值的特征筛选出来，然后再从筛选出来的特征中选择信息增益率最高的特征作为最后分裂的特征。Gini 指数的划分方法是对信息增益和信息增益率的简化，后续会在 CART 算法全流程部分进行讲解。

**决策树的剪枝。**决策树剪枝是在生成的决策树的基础上对其进行简化以避免过拟合的问题，剪枝可以裁剪内部节点也可以裁剪叶子节点，裁剪之后将其父节点作为新的叶子节点。决策树的剪枝是通过极小化决策树的损失函数来具体实现的。假设一棵决策树 $T$ 有 $|T|$ 个叶子节点，第 $t$ 个叶子节点上有 $N_t$ 个样本，且其中包含了 K 个分类，则第 $t$ 个叶子节点的第 $k$ 个分类的样本数量为 $N_{kt}$，$\mathrm{Ent}(T_t)$ 表示第 $t$ 个叶子节点的信息熵，那么决策树的损失函数为：

$$\boldsymbol{L} = \sum_{t=1}^{|T|} N_t \mathrm{Ent}(T_t) + \alpha |T|$$

其中，第 $t$ 个叶子节点的信息熵为：

$$\mathrm{Ent}(T_t) = -\sum_{k=1}^{K} \frac{N_{kt}}{N_t} \log \frac{N_{kt}}{N_t}$$

损失函数 $L$ 的第一项表示决策树预测误差，第二项表示模型的复杂度，即叶子节点越多模型越复杂，$\alpha$ 是调节模型复杂度和预测误差的权重。在 $\alpha$ 确定的情况下，决策树的剪枝可以总结为以下几个步骤。

1）计算决策树内每个叶子节点的信息熵。

2）从叶子节点开始自底向上回溯，如图 4-7 所示，若树 a 最左侧的叶子节点回溯到其父节点 A 处进行剪枝，剪枝后将会得到一棵树 b，树 a 的损失函数为 $L_a$，树 b 的损失函数为 $L_b$。如果 $L_b \leqslant L_a$，则表示剪枝后的损失函数更小，则执行剪枝的操作，剪枝后的 A 节点变成了叶子节点。

3）继续步骤 2），直至损失函数最小。

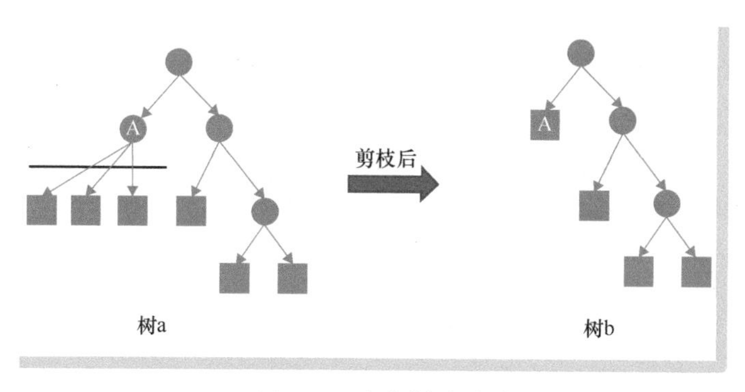


● 图 4-7　决策树的剪枝

**CART 算法**。CART 算法的全称是 Classification And Regression Tree，首先需要明确的是 CART 算法的基本树结构是二叉树，其次 CART 算法既可以处理分类问题又可以处理回归问题。同样 CART 算法也分为决策树生成和决策树剪枝两个主要步骤，不同之处是 CART 算法对回归问题和分类问题采用了不同的决策树生成算法。对于回归问题来说，假设选择第 $f$ 个特征和其取值 $m$ 为取值特征和切分点，那么可以将数据集 $D$ 的子空间 $R$ 划分为两个子空间，即 $R_1(f,m)=\{x \mid x_i \leqslant m\}$、$R_2(f,m)=\{x \mid x_i > m\}$。两个子空间分别对应着两个固定的输出值 $c_1$ 和 $c_2$，将特征 $f$ 和取值 $m$ 组成参数对，那么在（$f,m$）下的最小平方误差公式为：

$$\min\left[\min_{c_1} \sum_{R_1(f,m)} (y_i - c_1)^2 + \min_{c_2} \sum_{R_2(f,m)} (y_i - c_2)^2\right]$$

这样便可以求得在（$f,m$）下的最小平方差值。那么每次划分时，遍历所有特征及每个特征的取值并组成不同的参数对，均计算出最小平方误差，以选择最佳的取值特征和切分点。和回归问题不同的是，分类问题因为 $y$ 值不连续，没有对应的平方误差公式，所以分类问题选择的基尼指数的方式是基于 ID3、C4.5 上的改进。假设特征 $f$ 和其取值 $a$ 将数据集 $D$ 划分为了两部分，分别是 $D_1=\{x,y \mid f=a\}$、$D_2=D-D_1$，那么集合 $D$ 在以 $f$ 特征为划分的基尼指数为：

$$\text{Gini}(D,f)=\sum_{v=1}^{V}\frac{|D_v|}{|D|}\text{Gini}(D_v)$$

其中对于样本$D_v$来说，其基尼指数为：

$$\text{Gini}(D_v)=1-\sum_{k=1}^{K}p_k^2$$

其中，$K$为样本$D_v$中的取值个数，$p_k$是取值为$k$的样本比例。

（5）XGBoost/LightGBM

在介绍XGBoost和LightGBM之前，先来了解下随机森林（Random Forest）和梯度提升决策树（Gradient Boost Decision Tree，GBDT）。

**随机森林**是由多棵决策树构成的，每棵决策树之间没有关联，随机森林的生成过程可以概述成以下4个步骤。

1）从大小为$N$的全量样本空间$D$中有放回地随机抽样$N$次，得到一个大小为$N$的数据集。

2）在抽样出来的数据集上构建决策树。

3）重复1）、2）步骤$m$次，构建出$m$棵决策树。

4）预测时，每棵决策树都会产出一个结果，分类问题用多数投票法输出，回归问题用平均值或者带权重的均值输出。

随机森林的优点是构造简单，多棵树之间无关联可以并行训练，随机性和多棵树组合的结果使得模型的鲁棒性增强。但是随机森林仍有一些无法避免的缺点，如多异常值显著的数据很容易过拟合。

**梯度提升决策树（GBDT）**是以CART回归树为基学习器的迭代算法，需要注意的是，无论GBDT解决的是回归问题还是分类问题，都是以回归树为基学习器。这是因为GBDT每一次进行迭代时都会以上一轮训练的负梯度为基础，即计算出两轮的残差，如果是分类树的话，分类结果的残差值没有意义。GBDT的迭代是拟合残差值，对残差值拟合得越好，整体的损失函数值就越小。GBDT和随机森林最大的不同在于，组成随机森林的决策树之间没有关系，可以并行训练，而GBDT每一轮的迭代都要依赖上一轮训练的树的结果，因此不能并行训练。

**XGBoost**是在Gradient Boosting的框架下实现的树模型，并在GBDT算法的基础上进行了算法和工程上的改进。梯度提升决策树构建的要点有两个：一是每一棵树是如何构建的，尤其是分裂特征的选择问题；二是多棵树之间如何联动，即如何使得整体的目标函数最小。在了解XGBoost完整的构建流程之前，先明确XGBoost的目标函数，假设总共训练$K$棵树，每一棵树为$T_k$，那么目标函数的数学形式为：

$$\text{Obj}=\sum_{i=1}^{n}L(y_i,\hat{y}_i)+\sum_{k=1}^{K}\Omega(T_k)$$

其中，$\hat{y}_i$为预测结果，目标函数的第一项表示模型的损失函数，可以选用平方损失；第二项为正则化项，这里的正则化项是$K$棵树的复杂度之和。每一次迭代的时候都要选择合适的树使得目标函数最小，XGBoost 为了方便求解，对损失函数部分进行二阶泰勒展开：

$$\sum_i L(y_i,\hat{y}_i^{K-1}+f_K(x_i)) = \sum_i \left[L(y_i,\hat{y}_i^{K-1}) + L'(y_i,\hat{y}_i^{K-1})f_K(x_i) + \frac{1}{2}L''(y_i,\hat{y}_i^{K-1})f_K^2(x_i)\right]$$

需要注意的是，$\hat{y}_i^{K-1}$ 是第 $K-1$ 次迭代的结果。为了简化上式的表达，将第 $i$ 条数据的损失函数的一阶导数表达为 $g_i=L'(y_i,\hat{y}_i^{K-1})$，二阶导数表达为 $h_i=L''(y_i,\hat{y}_i^{K-1})$，那么目标函数可以简化为：

$$\text{Obj} = \sum_i \left[L(y_i,\hat{y}_i^{K-1}) + g_i f_K(x_i) + \frac{1}{2}h_i f_K^2(x_i)\right] + \sum_{k=1}^{K}\Omega(T_k)$$

其中，$L(y_i,\hat{y}_i^{K-1})$是常数，$f_K(x_i)$表示第 $K$ 棵树叶子节点的输出。为了进一步简化目标函数，假设第 $K$ 棵树有 $|T|$ 个叶子节点，样本 $x_i$ 在第 $K$ 棵树的取值会落在某个叶子节点里，其值计作 $\omega_{t(x_i)}$，那么有 $f_K(x_i)=\omega_{t(x_i)}$。另外正则项通过惩罚叶子节点的值和叶子节点的个数来控制模型的复杂度，那么目标函数可以进一步简化为：

$$\text{Obj} = \sum_i \left[g_i\omega_{t(x_i)} + \frac{1}{2}h_i\omega_{t(x_i)}^2\right] + \frac{1}{2}\lambda\sum_{t=1}^{|T|}\|\omega_t\|^2 + \gamma|T|$$

令$G_t=\sum g_i$、$H_t=\sum h_i$，代入上述的目标函数公式，可以得到最终简化后的公式：

$$\text{Obj} = \sum_{t=1}^{|T|}\left[G_t\omega_t + \frac{1}{2}(H_t+\lambda)\omega_t^2\right] + \gamma|T|$$

至此，简化后的 XGBoost 的目标函数已经表达清晰。除了损失函数与 GBDT 不同之外，XGBoost 建立树时节点的分裂算法也有所不同，XGBoost 的分裂算法和损失函数直接相关。假设 $C$ 节点分裂后为左节点 $L$ 和右节点 $R$，那么以 $C$ 节点分裂的损失函数的增益为：

$$\begin{aligned}\text{Gain}_{xgb} &= \text{Obj}_C - \text{Obj}_L - \text{Obj}_R \\ &= \frac{1}{2}\left[\frac{G_L^2}{H_L+\lambda}+\frac{G_R^2}{H_R+\lambda}-\frac{(G_L+G_R)^2}{H_L+H_R+\lambda}\right]-\gamma\end{aligned}$$

分裂的目标是分裂前后损失函数减少的程度尽可能大，以这样的分裂算法完整地建立起一棵树，然后再以第一棵树的预测结果为基础拟合第二棵树，直到生成 $K$ 棵树，XGBoost 建模完毕。

总结一下，XGBoost 原理部分相较于 GBDT 算法主要做了以下三点优化。

1）目标函数进行了二阶泰勒展开。

2）目标函数中加入了正则化项来进一步控制模型的复杂度，防止过拟合。

3）建树过程中分裂算法选择分裂节点的增益是目标函数导向。

除了原理上的优化之外，XGBoost 另一大贡献是对 GBDT 做了很多工程上的优化。

1）列抽样。为了一定程度上缓解过拟合的风险，XGBoost 参考了随机森林进行列抽样，同时减少了计算的复杂性。

2）并行计算特征增益。对每个特征的取值进行排序，并将排序结果保存在一个 block（块）中，每一个 block 存储以列为基础的数据，这样多个特征寻求最优切分点的操作可以多线程并行以减少耗时。

3）缓存访问的优化。块结构可以有效地减少节点分裂的耗时，但是特征值通过索引访问样本梯度值会导致访问的内存空间不连续、缓存的命中率低，影响算法的效率，所以每个线程在计算某个特征下的特征值增益时增加一个缓冲区存放其梯度信息，从而提高算法效率。

4）支持线性模型。可以选择用逻辑回归或者线性回归模型，增加了模型的可选范围。

XGBoost 算法是基于 GBDT 模型的一次成功的优化改造，不仅优化了算法原理部分使得预测精度提升，而且做了很多工程上的优化使得模型的速度得到了很大的提升。因此，在工业界非常受欢迎，在建模初期往往会选择做精细化的特征工程搭配 XGBoost 模型设计出一个 baseline 版本的业务解决方案。使用 XGBoost 模型时，还需要注意合理地对模型调参数，下面给出 XGBoost 常见的参数，见表 4-4。

表 4-4　XGBoost 常见参数

| 参数类别 | 参数名 | 描述 |
|---|---|---|
| 通用参数 | booster | 指定基学习器，可以选择树模型 gbtree 或者线性模型 gblinear |
| | silent | 静默模型，值为 1 时模型运行结果不输出 |
| | verbosity | 表示模型训练时日志打印等级：0-silent、1-warning、2-info、3-debug |
| | nthread | 使用线程数量，-1 表示使用所有线程 |
| Booster 参数 | n_estimator | 生成树的数量 |
| | learning_rate | 每次迭代的步长 |
| | gamma | 正则化项，控制叶子节点数量的系数 |
| | lambda | 正则化项，损失函数中 L2 正则化项系数 |
| | alpha | 正则化项，损失函数中 L1 正则化项系数 |
| | subsample | 样本抽样的比例 |
| | max_depth | 树的最大深度，一般取值在［3,10］比较合适 |
| | scale_pos_weight | 正负样本不均衡的情况下，需要设置此参数，通常为负样本/正样本 |
| | min_child_weight | 最小叶子节点的权重 |
| 学习目标参数 | objective | reg：linear——线性回归<br>reg：logistic——逻辑回归<br>binary：logistic——二元逻辑回归<br>binary：logitraw——二元逻辑回归，结果为矩阵<br>count：poisson——计数问题的 poisson 回归<br>muti：softmax——多分类问题 |
| | eval_metric | rmse——均方根误差<br>mae——平均绝对值误差<br>logloss——log 损失<br>error——二分类错误率<br>merror——多分类错误率<br>mlogloss——多分类 log 损失<br>auc——分类问题 ROC 曲线下面积 |

**LightGBM** 是在 XGBoost 的基础上进一步做了工程上的优化，工程化主要体现以下几个方面。

1）直方图算法。其基本原理是把连续的浮点数特征离散化成 $k$ 个分桶的直方图，然后根据直方图的离散值遍历寻找最优的切分点。直方图算法最明显的优点就是降低了内存消耗，另外大大降低了特征增益的计算代价，在节省时间和空间的同时，特征被离散化可能会导致切分点寻找得不够准确。

2）Leaf-wise 的叶子节点生长策略。XGBoost 采用的 Level-wise 方法是一种基于广度并一次生成同一层叶子节点的生长策略，这样会导致同一层的叶子节点有很多是冗余的；而 LightGBM 采用的 Leaf-wise 方法是一种基于深度的更为高效的叶子节点生成策略，同时会限制最大深度，减少过拟合。

3）支持类别特征。类别特征通常不能直接“喂”给模型进行训练，会将其转化为多维的 0/1 特征，这样往往需要额外的操作，而 LightGBM 可以支持类别特征的直接输入。

4）支持高效并行。LightGBM 同时支持特征并行和数据并行：特征并行是指将特征切分成多份，分布在多台机器在上分别寻找最优的切分点，多台机器之间通信同步最优的切分点；数据并行指的是不同的机器在本地构造直方图，然后再进行全局合并，寻找最优切分点。

下面给出 LightGBM 模型常用的参数，见表 4-5。

**表 4-5 LightGBM 常见参数表**

| 参数类别 | 参数名 | 描述 |
| --- | --- | --- |
| 核心参数 | boosting | 指定基学习器，默认是 GBDT，rf 是随机森林，dart 是带 Dropout 的多重线性叠加树，goss 是单侧梯度采样算法 |
| | data | 表示训练数据集 |
| | valid | 表示验证/测试数据集 |
| | num_iterations | 表示 boosting 迭代次数，默认值是 100 |
| | learning_rate | 表示学习率，默认值是 0.1 |
| | num_leaves | 表示一棵树上的叶子节点个数，默认值是 31 |
| | num_threads | 表示线程数 |
| | max_depth | 表示树的最大深度 |
| | min_data_in_leaf | 表示每个叶子节点上的最小数据量 |
| | feature_fraction | 表示对特征的随机采样，用于防止过拟合和加速训练 |
| | bagging_fraction | 表示对数据的随机采样 |
| | early_stopping_round | 表示训练循环中没有提升将停止训练 |
| | lambda_l1 | 表示 L1 正则化 |
| | lambda_l2 | 表示 L2 正则化 |
| | scale_pos_weight | 表示二分类中正样本的权重，常用于样本类别不平衡的状态 |
| 学习目标参数 | objective | 表示模型解决问题的类型，regression 表示回归问题，binary 表示二分类问题，muticlass 表示多分类问题 |
| | metric | 表示模型评估的指标 |

至此，常见的统计机器学习模型的有监督模型部分已经讲解完毕，在**后文的实战**中会结合真实的案例给出模型的具体应用。

3. 常见无监督学习模型

无监督学习的主要任务有 3 个：聚类、关联和降维。聚类算法是无监督学习最典型的一种算法模型，聚类的目的是根据特征的相似度或者距离将相似的数据归纳到不同的类别里。聚类算法的一般过程是数据准备→特征选取→聚类→聚类效果评估。常见的数据聚类方法主要可以分为划分式聚类方法（Partition-based Methods）、基于密度的聚类方法（Density-based Methods）和层次化聚类方法（Hierachical Methods）3 种。关联分析则是为了寻找数据各特征之间的关联影响，关联规则最出名的算法是 Apriori 算法。降维是在保证数据信息质量的情况下，降低数据的维度以提升机器学习算法的性能，常见的降维技术有主成分分析、奇异值分解、自编码器技术等。下文将对无监督学习模型进行一一介绍。

（1）划分式聚类算法——K-Means 算法

K-Means 算法是个迭代的过程，每次迭代都包含以下两个步骤。

1）选择 $K$ 个类别的样本中心，每条样本分别计算与 $k$ 个样本中心的距离，选择最近的距离作为每条样本的簇心，得到一个聚类的类别结果。

2）计算每个类别的样本空间的均值，作为类别的新的簇心，重复以上两步，直到算法收敛，即样本的划分不再改变。

K-Means 算法计算两条样本的距离公式为欧式距离，具体数学公式为：

$$d_{ij} = \left( \sum_{m=1}^{M} |x_{mi} - x_{mj}|^2 \right)^{\frac{1}{2}}$$

其中，$m$ 表示第 $m$ 个特征、$i$ 表示第 $i$ 条样本、$j$ 表示第 $j$ 条样本、$M$ 表示每条样本有 $M$ 个特征，欧式距离越小，两条样本相似度越大，反之相似度越小。需要注意的是，K-Means 聚类算法是启发式的学习方法，每次只会选择局部最优解，所以初始值的选择会直接影响到聚类的结果，往往可以通过层次聚类的方法先确定出 $k$ 个类，然后选择每个类离簇心最近的点作为初始中心。

除了需要注意初始中心值的选定之外，还需要注意 $k$ 值是事先确定好的，往往通过肘部图的方法选择 $k$ 值，肘部图的横轴是聚类的个数 $k$，纵轴是度量聚类质量的各个簇的误差平方综合公式：

$$\mathrm{SSE} = \sum_{k=1}^{K} \sum \mathrm{dist}(c_i, x)^2$$

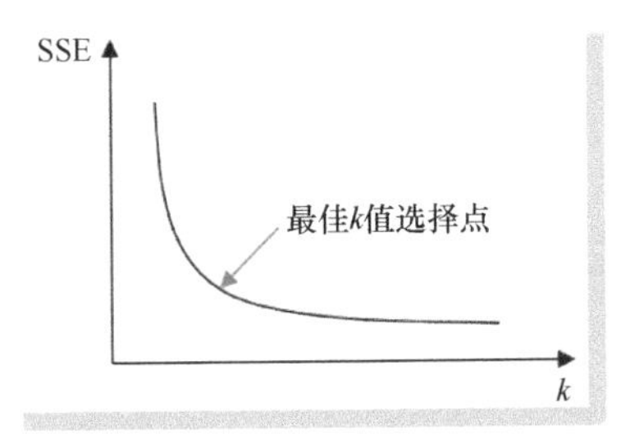


图 4-8　聚类 $k$ 值的选择

如图 4-8 所示，$k$ 值越大，SSE 的值越小，但当 $k$ 值达到某个点时，SSE 的值不再发生变化，此时的 $k$ 值就是最佳的聚类个数。

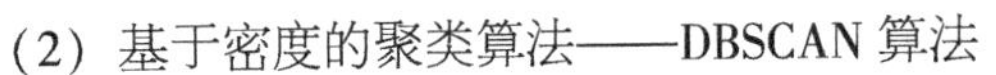

（2）基于密度的聚类算法——DBSCAN 算法

以 K-Means 为代表的聚类算法对于凸性数据可以很好地处理，根据距离将数据分为球状的簇，然而对于非凸的稠密数据来说，K-Means 算法显然不太适用。因此，可以考虑选择使用基于密度的聚类算法，最常见的就是 DBSCAN 算法。

DBSCAN 算法是基于一组领域来描述样本集的紧密程度的，通常用参数（$\epsilon$, Min$P_{ts}$）来描述邻域样本分布的紧密程度。其中 $\epsilon$ 表示某个样本的邻域距离阈值，即邻域的最大半径；Min$P_{ts}$表示邻域中样本距离为 $\epsilon$ 的样本个数的阈值，即邻域内最少的样本个数。在介绍 DBSCAN 算法原理之前，先明确几个 DBSCAN 算法中存在的概念，假设存在样本集 $D=(x_1,x_2,\cdots,x_m)$，那么有：

1）$\epsilon$-邻域：对于在样本集中的任意一点 $x_i$，其周围存在距离小于等于 $\epsilon$ 的子样本集，即称为邻域，$\epsilon$-邻域存在的子样本集中样本的个数记为$N_\epsilon(x_i)=\{x_j\in D|\text{distance}(x_i,x_j)\leqslant\epsilon\}$。

2）核心对象：对于任意样本 $x_i$，如果其邻域样本个数$N_\epsilon(x_i)$至少包含 Min$P_{ts}$个样本，那么样本 $x_i$ 称之为核心对象。

3）密度直达：样本 $x_j$位于 $x_i$ 的 $\epsilon$-邻域内，且 $x_i$ 为核心对象，那么称 $x_j$由 $x_i$ 密度直达。

4）密度可达：对于样本 $x_i$ 和 $x_j$，假设存在样本 $p_1$，$p_2$，…，$p_T$，满足 $p_1=x_i$、$p_T=x_j$，且 $p_{t+1}$可由 $p_t$ 密度直达，那么称 $x_j$由 $x_i$ 密度可达，即密度可达具有传递性。

5）密度相连：对于样本 $x_i$ 和 $x_j$，如果存在核心对象样本 $x_k$ 使得 $x_i$ 和 $x_j$均由 $x_k$ 密度可达，那么则称 $x_i$ 和 $x_j$密度相连。

图 4-9 所示为 DBSCAN 算法的聚类过程，假设 Min$P_{ts}=5$，那么红色的点为核心对象，绿色箭头连起来的核心对象组成了密度可达的样本序列，这些密度可达的核心对象的 $\epsilon$-邻域内的样本都是密度相连的。

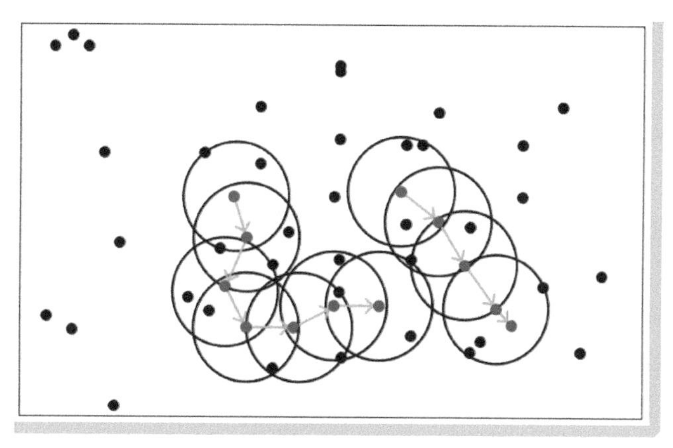

● 图 4-9 DBSCAN 算法的聚类过程

在有了以上概念后，DBSCAN 聚类算法的原理就很好理解了，DBSCAN 中的一个簇就是由密度可达关系推导出的最大密度相连的样本集合。相较于 K-Means 算法，DBSCAN 不需要输入聚类个数 $k$，且可以根据样本密度发现任意形状的簇。

（3）层次化聚类算法

层次化聚类算法是通过计算不同类别数据点间的相似度来创建一棵有层次的嵌套聚类树，通常层次聚类有两种生成数据簇形式：一种是自顶向下的拆解，另一种是自底向上的聚合。自顶向下的拆解是指分裂型的层次聚类，一开始所有的数据都属于同一个簇，按照距离准则将簇中相似的数据划分为同一类别，直到所有的数据最终都属于一个簇。自底向上的聚合是指一开始每个数据都属于不同的簇，按照距离准则将簇中相似的数据进行合并，直到无法再继续合并为止。

在介绍了上述3种不同的聚类算法之后，对于聚类算法比较重要的一环是聚类效果的评估，好的聚类算法聚出的簇应该符合簇之间相似度低、簇内部相似度高的特征。评估聚类效果的指标一般分为内部指标和外部指标两种。内部指标主要是评估聚类算法对数据划分的效果，包括数据的紧致性、分离性、连通性和重合度等多个维度，常见的内部指标有轮廓系数、Calinski-Harabaz 指数、Davies-Bouldin 指数等。外部指标主要是评估聚类算法之间的优劣，常见的外部指标有纯度、兰德系数、F-Score 等。由于篇幅有限，这里不再对具体的评估方法做详细的介绍，感兴趣的读者可以自行学习。

（4）关联规则生成——Apriori 算法

关联规则是寻找数据集各项之间的关联关系，而这种关系往往不是直接体现出来的，需要用一定的数据挖掘算法挖掘得出。通常不同项之间两两组合，导致关联规则搜索的空间非常大，而关联规则分析算法的出发点是减少搜索空间的大小和减少扫描数据的次数。Apriori 算法就是典型的通过连接候选项以及支持度，并通过剪枝的方法生成频繁项集的关联规则算法。

Apriori 算法的核心步骤包括连接步和剪枝步，连接步主要目的是找到 $K$ 项集，剪枝步紧接着连接步，主要是通过剪枝的方法缩小搜索空间，通过连接步和剪枝步，频繁项集会产生相应的强关联规则。

（5）降维技术——主成分分析法

主成分分析（Principal Component Analysis，PCA）是一种常见的无监督学习算法，通过分析变量之间相关性，把线性无关的变量保留下来并称之为主成分，从而达到降维的效果。它的本质是一种线性投射，将原来 $n$ 维的高维数据映射到 $m$ 维的低维数据空间上，新特征是旧特征的线性组合。

要想正确地分析出高维特征中的主成分，即找到最大差异性的主成分方向，通常可以计算矩阵的协方差矩阵。然后得到协方差矩阵的特征值特征向量，选择特征值最大（即方差最大）的 $k$ 个特征所对应的特征向量组成的矩阵。要得到协方差矩阵的特征值和特征向量有两种方法：一种是特征值分解协方差矩阵；另一种是奇异值分解协方差矩阵。因此，PCA 方法也分为对应的两种。下面分别简要介绍这两种算法。

假设有数据集 $X=\{x_1,x_2,x_3,\cdots,x_n\}$，那么基于特征值分解协方差矩阵的 PCA 算法步骤如下。

1）去中心化，将每维特征减去各自的平均值。

2）计算协方差矩阵 $\frac{1}{n}XX^{\mathrm{T}}$。

3）用特征值分解法求协方差矩阵的特征值与特征向量。

4）对特征值从大到小排序，选择其中最大的 $k$ 个，然后将其对应的 $k$ 个特征向量分别作为行向量组成特征向量矩阵 $\boldsymbol{P}$。

5）将数据转换到 $k$ 个特征向量构成的新空间中。

基于 SVD 分解协方差矩阵的 PCA 算法核心步骤都相同，唯一不同的是计算协方差矩阵的特征值和特征向量的方法使用的是 SVD 算法。SVD 的优点是在实现的过程中可以不必计算出协方差矩阵，也能求出右奇异矩阵，尤其是在样本量很大的时候，SVD 计算复杂度相比于特征值分解协方差矩阵的方法低得多。

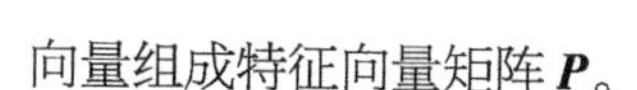

### 4.4.2 深度学习

1. 深度学习的历史进程

深度学习的发展历经波澜，在 2006 年彻底崛起之前经历了两次高潮和低谷。因此，可以将深度学习的历史进程分为三个不同的阶段，图 4-10 所示为深度学习发展史，直观地表达了深度学习的发展历程。

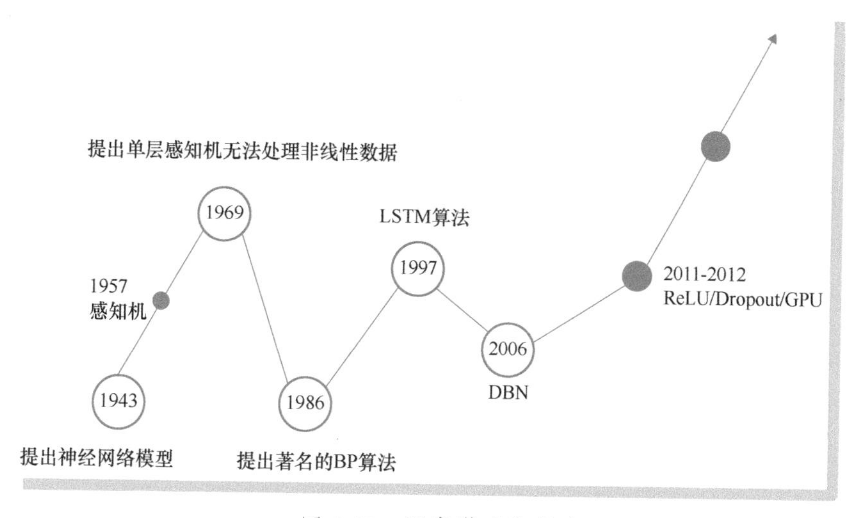


● 图 4-10 深度学习发展史

1943 年美国的神经生理学家沃伦·麦柯洛奇和逻辑学家沃尔特·匹茨提出了人类历史上第一个神经网络概念的模型 M-P，到了 1957 年，感知机概念的提出使得神经网络有了进一步的发展。1969 年人工智能奠基人之一马文·明斯基提出单层的感知机无法解决非线性数据分类的问题，而当时算力不足的原因无法支持多层感知机的探究，自此神经网络的发展进入了冰河期。幸运的是，在 1986 年深度学习的鼻祖杰弗里·辛顿提出了反向传播算法，解决了多层感知机难以训练的问题，于是神经网络开启了新一轮的复兴。然而好景不长，BP 算法也出现了新的问题，如存在的梯度消失、梯度爆炸、过拟合、参数不好调整等。而当时统计机器学习和集成学习的方法效果一般都比浅层的神经网络更好，于是神经网络的研究再次进入了寒冬时期。虽然在 1997 年尤尔根·施米德胡贝提出了 LSTM 算法在一定程度上解决了 BP 存在的问题，但因为算力的影响，当时并没有激起什么水花。到了 2004 年，神经网络走到了最低谷的状态，相关研究者甚少，然而杰弗里・辛顿依然没有放弃相关的研究。终于在 2006 年研究出了经典的 DBN 模型，DBN 模型通过无监督学习预先对每一层预训练，从而得到每一层的网络初始化值。然后再按照传统的 BP 算法进行训练，这时候只要局部微调每一层网络的参数，就能得到一个还算不错的结果。这个方法直接打破了当时由于算力不足导致人们认为深度神经网络不可训练的认知，深度学习走向了新一轮的复兴之路。而这一次的复兴到 2011 年左右引入了 ReLU、Dropout 的概念，使得深度学习的发展更为迅速。更重要的是，2012 年杰弗里・辛顿的研究生阿力克斯・克里泽夫斯基，以出色的学术和工程能力提出了 AlexNet 网络模型，并将其基于 GPU 实现，自此深度学习的算力问题得到了实质性的突破，深度学习时代全面到来。

2. MLP

MLP 模型的全称是 MutiLayer Perceptron，即多层感知机模型，也叫前馈神经网络。在传统机器学习章节介绍了感知机的概念，感知机是线性分类器，对于不符合线性规律的数据无法很好地处理。于是通过加入一个或者多个隐藏层来克服线性模型的限制，使得模型可以处理更为普通的函数关系的数据。将前 L-1 层的隐藏层当作数据的非线性表示，最后一层是线性预测器，这种框架下的网络结构称为多层感知机，图 4-11 所示为具有隐藏层的多层感知机。

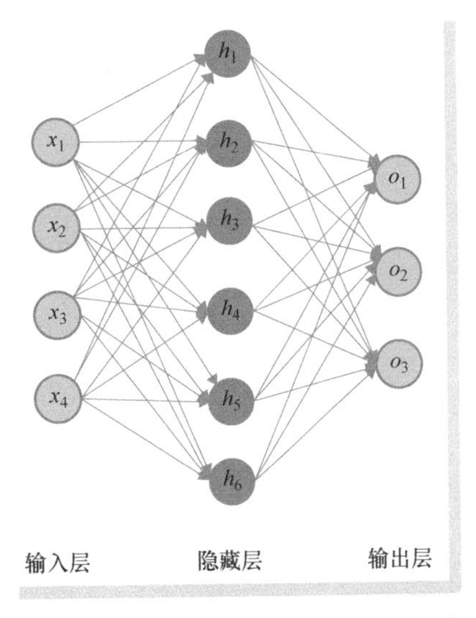

● 图 4-11　具有隐藏层的多层感知机

该感知机的输入层有 4 个输入神经元，3 个输出神经元，6 个隐藏层神经元，层与层之间的神经元通过全连接的方式进行连接。对于多层感知机而言有这几个要点：前向传播、非线性处理、损失函数、反向传播，下面针对分类问题依次介绍这四个要点。

（1）前向传播

前向传播指的是数据从输入层逐渐传向隐藏层、输出层的过程。假设从输入层到隐藏层的参数矩阵为$\boldsymbol{W}_1$、$\boldsymbol{b}_1$，从隐藏层到输出层的参数矩阵为$\boldsymbol{W}_2$、$\boldsymbol{b}_2$，那么隐藏层的输出为：

$$\boldsymbol{H}=X\boldsymbol{W}_1+\boldsymbol{b}_1$$

多层感知机的最终输出为：

$$\begin{aligned}\boldsymbol{O}&=H\boldsymbol{W}_2+\boldsymbol{b}_2\\&=(X\boldsymbol{W}_1+\boldsymbol{b}_1)\boldsymbol{W}_2+\boldsymbol{b}_2\end{aligned}$$

但是发现最终输出层 $O$ 的表达式还是线性模型的形态，为了更好地处理非线性的数据，往往会通过将隐藏层的线性输出输入到非线性的激活函数中。

（2）非线性处理

非线性处理一般是指激活函数处理，下面分别介绍几个常见的激活函数。

1）**ReLU 函数**。ReLU（Rectified Linear Unit）是一种非常简单的非线性变换，对于给定的元素 $x$，其输出为：

$$\text{ReLU}(x)=\max(x,0)$$

ReLU 函数仅保留正元素，并丢弃所有的负元素。图 4-12 所示为 ReLU 函数和其导数。

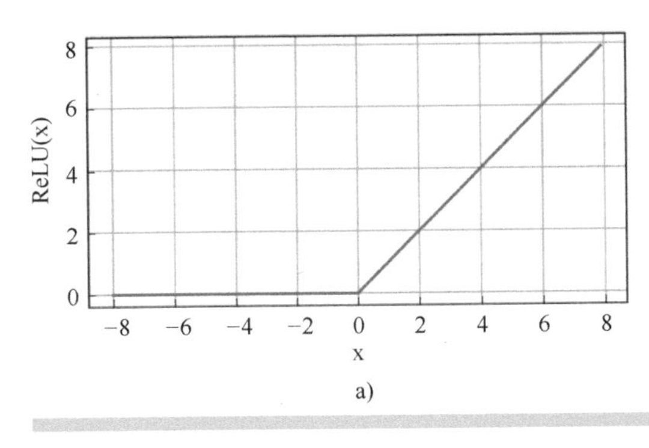


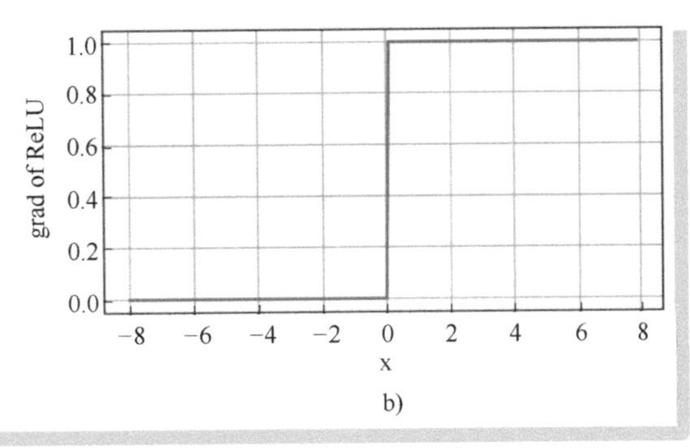


● 图 4-12　ReLU 函数和其导数

a）ReLU 函数　b）ReLU 函数的导数

ReLU 可以一定程度上缓解深度神经网络梯度消失的问题，因为其导数要么恒为 0，要么恒为 1。

2）**Sigmoid 函数**。Sigmoid 函数将输入在正负无穷区间的值压缩到（0,1）区间内，Sigmoid 函数如下：

$$\text{Sigmoid}(x)=\frac{1}{1+\exp(-x)}$$

Sigmoid 的函数可以很好地处理二分类问题，当求解问题是二元分类问题时，输出层往往可以通过接上一个 Sigmoid 函数达到分类的目的。但是在隐藏层中比较少使用，因为在 $x$ 取值很大的情况下，其 $y$ 值不会有很大的区别。这样隐藏层深了之后，层与层之间累乘起来就会导致值变得很小，最终出现梯度消失的问题。图 4-13 所示为 Sigmoid 函数和其导数。

3）**Tanh 函数**。Tanh 函数和 Sigmoid 函数比较类似，只不过是将输入 $x$ 压缩到（−1,1）的区间内，避免了 Sigmoid 函数输出总是正值导致收敛速度变慢的问题，Tanh 函数的表达式如下：

$$\text{Tanh}(x)=\frac{1-\exp(-2x)}{1+\exp(-2x)}$$

如图 4-14 所示，Tanh 函数和 Sigmoid 函数无论是本身函数形态还是导数形态都比较相似，Tanh 和 Sigmoid 存在一定的关系，关系如下：

$$\text{Tanh}(x)=2\text{Sigmoid}(2x)-1$$

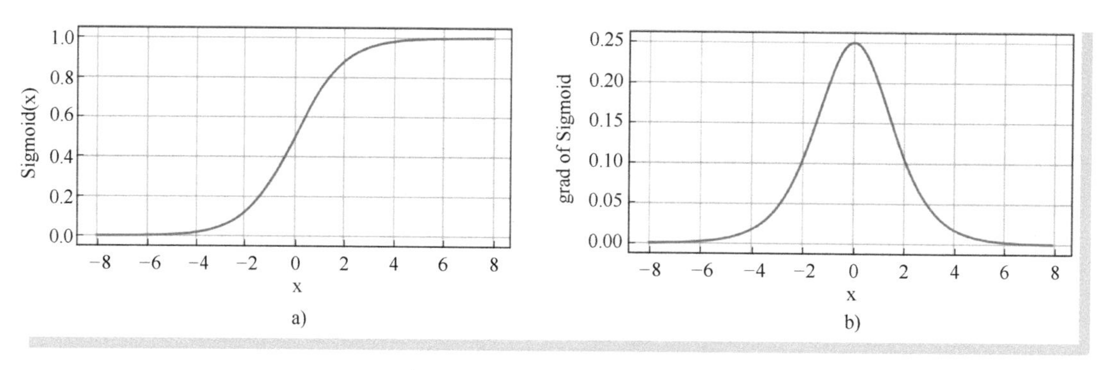


● 图 4-13　Sigmoid 函数和其导数

a）Sigmoid 函数　b）Sigmoid 函数的导数

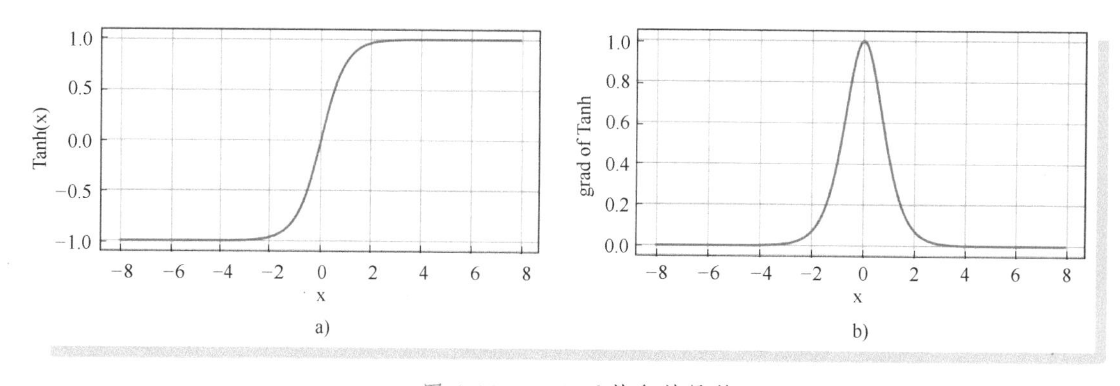


● 图 4-14　Tanh 函数和其导数

a）Tanh 函数　b）Tanh 函数的导数

（3）损失函数

深度学习的损失函数和机器学习相同，也是分为针对需要根据解决问题类型而选择损失函数。在二元分类场景下，输出层往往会接上 Sigmoid 激活函数做分类，因此损失函数和逻辑回归算法的损失函数可以保持一致，公式如下：

$$L=-[y\log(p)+(1-y)\log(1-p)]$$

其中，$p$ 为预测正样本的概率、$1-p$ 为预测负样本的概率，同理二分类的交叉熵损失函数也可以扩展到多分类问题上，具体的损失函数表达为：

$$L=-\sum_{k=1}^{K}y_i\log(p_i)$$

（4）反向传播

反向传播是深度学习的另一大核心，它是计算神经网络参数梯度的方法，当前向传播传递到输出层，将这个结果代入到损失函数中，计算此次传播能够让损失函数最小化的参数值（$W_2,b_2$），通常会用SGD的算法进行最优化求解。然后通过链式法则和最小化损失函数的思想，再去计算从隐藏层到输入层的最优参数（$W_1,b_1$）。

在训练神经网络时，前向传播和反向传播是相互依赖的关系。在模型训练开始，会先给定初始化参数，交替使用前向传播和反向传播。前向传播计算从输入到输出的所有变量，反向传播根据最优化损失函数的思想，计算出梯度值来更新模型参数。

至此，MLP模型的基本知识已经介绍完毕。MLP是最早的深度学习模型之一，2000年以后，深度学习在MLP模型的基础上增加了深度，增加了花式的模型结构。但无论模型结构如何复杂，都离不开最初MLP模型的4个要素。

3. CNN

计算机视觉和自然语言处理是深度学习影响最为深刻的两个领域，其实很多在计算机视觉和自然语言处理领域效果比较好的模型，在推荐系统、智能营销、时序预测等方向上也有很好的应用。下面分别介绍计算机视觉领域的卷积神经网络（CNN）和自然语言处理领域的循环神经网络（RNN）的基本原理。

CNN（Convolutional Neural Networks，卷积神经网络）是一种从多层感知机演变而来，用于分析视觉图像的深度学习模型。卷积神经网络主要由输入层（Input Layer）、卷积计算层（CONV Layer）、ReLU激活层（ReLU Layer）、池化层（Pooling Layer）、全连接层（FC Layer）组成，下面分别详细介绍CNN的每一层结构。

（1）输入层

卷积神经网络的输入通常是图片而非传统的表格数据，图片类型数据和表格数据有着很大的差别。一张黑白的图片一般可以表示为像素值的矩阵，图4-15所示为手写数字8的二维矩阵表示。

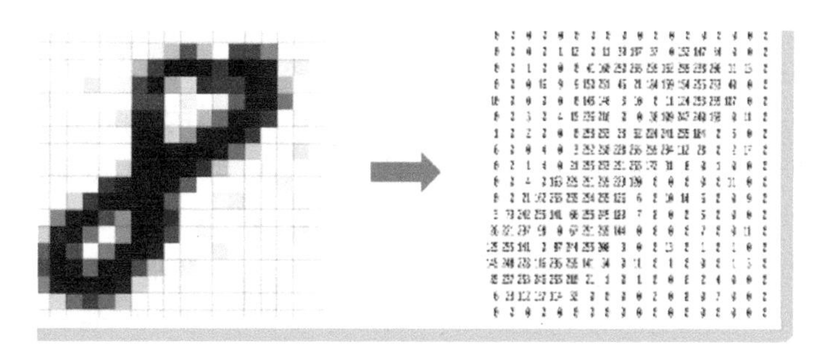

图4-15 手写数字8的二维矩阵表示

随着时代的发展，图片更多以彩色图片的形式存在。一个标准的数字相机拍摄的图片会有三个通道：红、绿、蓝，每个通道都是一张255×255大小的二维矩阵，彩色图片就是三个通道的二维矩阵堆叠在一起的效果。因此，一张彩色图片是三维立体结构（255,255,3），其中3表示通道数。

在明确了输入数据的结构之后，主要会在输入层对输入数据做一些预处理，最常见的方法包括归一化、去均值、PCA 等。归一化是为了解决图片红、绿、蓝通道的像素值分布不相似而引起权值更新时有倾向的情况，所谓的归一化通常是 Z-Score 标准化，将不同通道上的二维矩阵映射成均值=0、标准差=1 的新的二维矩阵上。去均值是指把输入数据各个维度都中心化到 0 坐标附近。PCA 是指用 PCA 降维的方法将图片数据特征轴上的幅度进行归一化的操作。

（2）卷积计算层

卷积计算层的主要目的是从输入的图像数据中提取特征。在介绍卷积操作之前，先来了解下滤波器和滑动窗口的概念。滤波器通常是指一个 3×3 或者 5×5 大小的矩阵，它通过在原始图像上先向左再向下滑动，计算每次滑动滤波器和所覆盖原始图像的矩阵的点积和一次滑动后从原始图像上提取的特征值。为了方便读者理解，下面给出 5×5 的原始图像被 3×3 滤波器提取特征的过程，如图 4-16 所示。

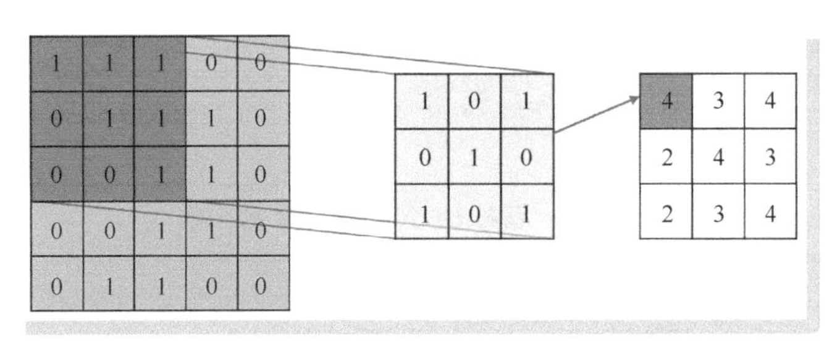


● 图 4-16　卷积计算层滤波器提取特征过程

图 4-16 中，绿色矩阵是 3×3 的滤波器，橙色矩阵是 5×5 的原始图像，第一次覆盖原始图像左上角的 3×3 的矩阵，两个矩阵做点积和：

$$1\times1+1\times0+1\times1+0\times0+1\times1+1\times0+0\times1+0\times0+1\times1=4$$

求得的 4 是此次滤波器从原始图像上提取的特征值，对应输出到图 4-16 最右侧矩阵的粉色方格处。然后滤波器以步长为 1 向右滑动一个像素，计算第二次覆盖的点积和，依次向右向下直至移动到原始图像的右下角。此次提取特征完毕，最终提取的结果就是图 4-16 最右侧的矩阵，这个矩阵也叫卷积特征（Convolved Feature）或者特征图（Feature Map）。

我们发现 5×5 的原始图像经过一个 3×3 的滤波器，最后输出的是一个 3×3 的特征图，特征提取之后发现原始图像的尺寸变小了。有时候为了使输入和输出的矩阵尺寸保持相同，会使用 0 填充的方法给原始图像周围添加几圈 0 值，这样保证输出的特征图的尺寸和原始图像尺寸一致。图 4-17 所示为卷积计算层的 0 填充，给出了 0 填充后的矩阵和卷积计算后的特征图。

不难发现，0 填充后的进行卷积计算输出的特征图的尺寸保持了 5×5 的大小，0 填充在原始图像基础上加厚的尺寸和滤波器的大小有关，公式如下：

$$\text{Zero Padding}=\frac{K-1}{2}$$

另外，卷积计算层还有一个要点，就是参数共享机制。何为参数共享机制，其含义就是滤波器

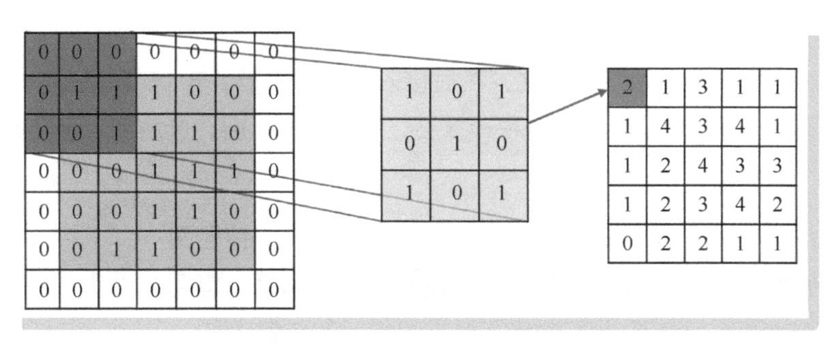


● 图 4-17 卷积计算层的 0 填充

在原始图像滑动过程中点积和的计算过程中使用的参数都是相同的。以 255×255×3 尺寸的原始图像、5×5×3 尺寸的滤波器为例，如果用神经网络的全连接算法，那么从原始图像到滤波器的连接需要用 3×(255×255)×(5×5)×3=14630625 个参数（这里忽略偏差值 b），显然这个参数量过于庞大。卷积计算层的参数共享机制使得一个 5×5 的滤波器对于一个 255×255 的原始图像层共用一套参数。那么总共有且仅有 3×(5×5)×3=225 个参数，其中第一项 3 表示原始图像的深度；第二项 5×5 表示滤波器的大小，也就是滤波器垂直覆盖原始图像的部分的线性参数；第三项 3 表示滤波器的个数。正是因为参数共享机制的存在，使得卷积计算层的参数数量大大削减。

（3） ReLU 激活层

通过上文对 MLP 的学习，知道了 ReLU 作为激活函数的必要性，对于卷积计算层的输出结果通常会输入到 ReLU 激活层以增加卷积神经网络的非线性。这里不再对 ReLU 层的原理做过多的讲解，读者可以参考 MLP 模型中的 ReLU 激活函数部分。

（4） 池化层

池化层是夹在各个卷积计算层之间的特征采样层，其主要是通过下采样的方法降低卷积计算层输出的特征图的维度，来达到数据压缩、参数量削减、防止过拟合的目的。常见的池化操作有最大池化（Max Pooling）、均值池化（Average Pooling）、加和池化（Sum Pooling）等，最常用的还是最大池化操作。下面以通过卷积计算层和 ReLU 层之后的 4×4 的特征图为例，简单介绍最大池化操作过程，如图 4-18 所示。

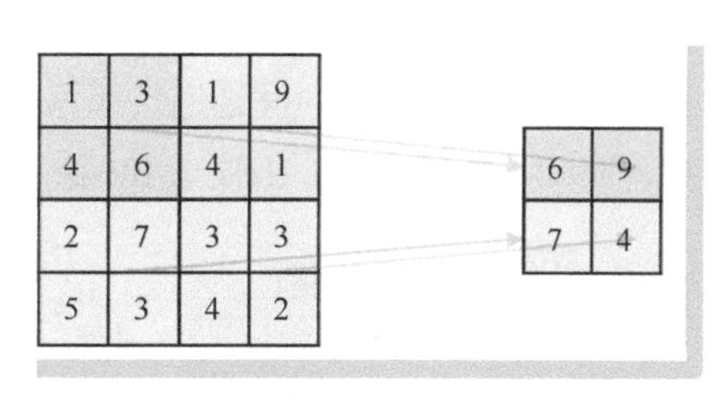


● 图 4-18 最大池化操作过程

选择 2×2 的窗口进行最大池化采样，最终采样后的矩阵为图 4-18 右侧所示。

（5） 全连接层

全连接层其实就是多层感知机，即所有的神经元之间都有权重连接。MLP 模型部分已经进行了详细的介绍，这里不再赘述。对于图像分类问题来讲，全连接层主要是为了将经过卷积操作、非线性激活操作、池化操作的特征图进行最终的分类。

（6）小结

一般的卷积神经网络一开始是输入层，然后接入卷积计算层、ReLU 激活层。通常一个卷积计算层后面一定会接一个 ReLU 层，然后卷积计算层之间加入池化层，最后加入全连接层。

4. RNN

RNN（Recurrent Neural Network，循环神经网络）是常见的神经网络的一种，它主要解决输入数据存在上下文依赖的关系的问题。想要解决这个问题，最直观的想法是将历史数据保存起来，作为输入的一部分，RNN 的本质就是实现记忆的能力，其输出不仅依赖输入数据也依赖记忆的数据。为了更直观地理解 RNN 的原理，下面给出了 RNN 的结构图，如图 4-19 所示。

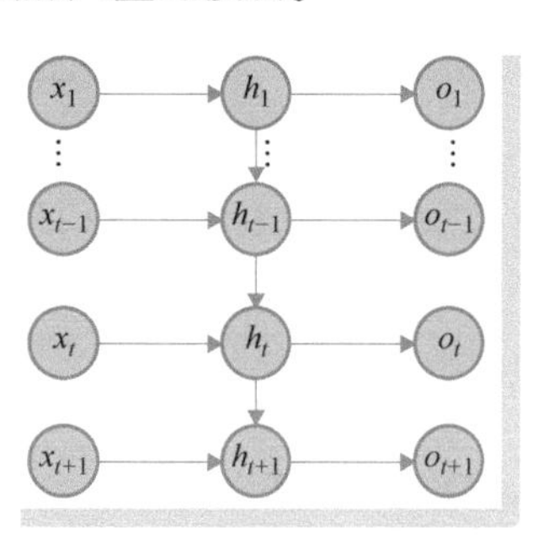


图 4-19　RNN 结构图

其中，$x_t$ 表示 $t$ 时刻的输入，$o_t$ 表示 $t$ 时刻的输出，$h_t$ 表示 $t$ 时刻的隐藏层。不难看出 $t$ 时刻的隐藏层由 $t$ 时刻的输入和 $t-1$ 时刻的隐藏层 $h_{t-1}$ 共同决定，而 $h_{t-1}$ 中包含着历史数据。假设从输入层到隐藏层的参数为（$\boldsymbol{W}_1,\boldsymbol{b}_1$），从 $t-1$ 的隐藏层到 $t$ 隐藏层的参数为（$\boldsymbol{W}_2,\boldsymbol{b}_2$），那么 $t$ 时刻隐藏层的输出公式为：

$$\boldsymbol{H}_t=\phi(X\boldsymbol{W}_1+\boldsymbol{b}_1+\boldsymbol{H}_{t-1}\boldsymbol{W}_2+\boldsymbol{b}_2)$$

其中，$\phi$ 表示隐藏层的激活函数。假设从隐藏层到输出层的参数为（$\boldsymbol{W}_3,\boldsymbol{b}_3$）那么对应的输出层的公式为：

$$\boldsymbol{O}_t=\boldsymbol{H}_t\boldsymbol{W}_3+\boldsymbol{b}_3$$

RNN 相较于 MLP 或者 CNN 而言，多了保存历史数据的功能，因此在反向传播的算法也和 MLP、CNN 有所不同，RNN 是根据时间进行反向传播，也称为 BPTT 算法（Back Propagation Through Time）。BPTT 算法和神经网络的 BP 算法主要不同是，除了沿着 $o_t \to h_t \to x_t$ 这条路径求偏导数之外，还需要沿着时间通道传播路径 $h_t \to h_{t-1} \to h_{t-2} \to \cdots \to h_1$ 求偏导。因此，可以用循环的方法计算各时间上的梯度值，相较于 BP 算法来说复杂不少。

### 4.4.3 因果推断

因果推断是近年来机器学习领域新兴的一个分支，它主要解决“先有鸡还是先有蛋”的问题。因此，因果推断和关联关系最主要的区别是：因果推断是试图通过变量 $X$ 的变化推断其对结果 $Y$ 带来的影响有多少，而关联关系则侧重于表达变量之间的趋势变化，如两个变量（$x_1,x_2$）之间有相关性关系，如果 $x_1$ 随着 $x_2$ 的递增而递增，则说明 $x_1$ 和 $x_2$ 正相关，如果 $x_1$ 随着 $x_2$ 递增而下降，则说明两者负相关。因此因果性（Causality）和相关性（Correlation）有着本质的不同，为了帮助读者更好地理解，下面举个例子。

某研究表明，吃早饭的人比不吃早饭的人体重更轻，因此“专家”得出结论——吃早饭可以减肥。但事实上，吃早饭和体重轻很有可能只是相关性关系，而并非因果关系。吃早饭的人可能是因为三餐规律、经常锻炼、睡眠充足等一系列健康的生活方式，最终导致了他们的体重更轻。图 4-20 所示为因果推断中的混杂因子，描述了健康的生活方式、吃早餐、体重轻三者的关系。

● 图 4-20 因果推断中的混杂因子

很显然，拥有健康的生活方式的人会吃早餐，健康生活方式同时也会导致体重轻，可见健康的生活方式是吃早餐和体重轻的共同原因。正是因为有这样的共同原因存在，导致我们不能轻易地得出吃早餐和体重轻之间存在因果关系，所以我们认为“专家”的结论是草率的。吃早餐和减肥之间只存在相关性，不存在因果性，并把这种阻断因果关系推断的共同原因称之为混杂因子。那么如图 4-20 右所示，消除混杂因子，寻找两个变量之间的因果关系，并量化出来某种自变量 $X$ 的改变，影响了因变量 $Y$ 的改变程度是因果推断主要探讨的内容。

1. 因果推断的前世今生

纵观因果推断在统计学、机器学习领域的发展史，不得不提及两位大牛人物，一位是在 1978 年提出大名鼎鼎的 RCM（Rubin Causal Model，等同于潜在结果框架）的 Donald Rubin，另一位是在 1995 年提出 Causal Diagram 框架的 Judea Pearl。2021 年 10 月诺贝尔经济学奖颁发给了在因果关系分析有突出贡献的 Joshua D. Angrist 和 Guido W. Imbens，而他们对因果关系的研究就是基于 Rubin 提出的潜在结果框架，Rubin 对因果推断领域的影响可见一斑。Rubin 的另一大贡献是提出 PSM（Propensity Score Matching）框架解决观测数据存在混杂因子的问题。Pearl 提出的 Causal Diagram 框架则完全脱离了 Rubin 的 RCM 框架，使用有向无环图来可视化地表示变量之间的因果关系，并因为提出 Causal Diagram 的思想做因果推断的研究而在 2011 年获得图灵奖。两位因果推断领域的大牛人物开创了该领域两种不同的框架，Pearl 在 2000 年证明过两种框架是等价的，而 Rubin 却不认同他的观点。Rubin 认为潜在结果框架能更清晰的表达因果推断问题，目前潜在结果框架相较于因果图而言也是因果推断领域更常用的分析框架，下面将分别介绍两种因果推断框架的分析视角。

（1）潜在结果框架（Potential Outcome Framework）

在介绍潜在结果框架之前，先列出两个需要声明的假设来描述个体因果效应，另外需要注意的是为了更快地帮助读者入门，本小节只描述二元处理，即个体只有接受处理和不接受处理两种情况，并对应两种不同处理方式的结果。

1）$T_i$ 表示第 $i$ 个体接受处理与否。$T_i=0$ 表示不接受处理，$T_i=1$ 表示接受处理。

2）$Y_i$ 表示个体 $i$ 的结果变量。$Y_i(0)$ 表示不接受处理的结果变量，$Y_i(1)$ 表示接受处理的结果变量。在上述的假设之下，对于个体 $i$ 而言，$Y_i(1)-Y_i(0)$ 表示个体 $i$ 接受处理的个体因果作用（ITE，Individual Treatment Effect）。

但是在现实世界中，个体 $i$ 在同一时刻要么接受处理，要么不接受处理，不可能同时既接受处理又不接受处理。因此，个体因果作用是不可识别的，个体的观测数据结果 $Y_i=T_iY_i(1)+(1-T_i)\ Y_i(0)$。

在已知个体因果作用无法识别的情况下，如何进行因果推断呢？或许把因果作用的识别从个体转移到了总体身上是个行之有效的解决方案，于是便有了平均因果作用（ATE，Average Treatment Effect）的概念。平均因果作用不再比较个体的因果作用，而是比较两组群体在不同的处理下的潜在结果。这两组群体除了接受的处理不同之外，必须具有同质的属性，这样计算出的平均因果作用才能无偏，随机对照实验（Random Controlled Trial，RCT）是保证两组群里无偏性的基本实验方法。把全量数据随机分为实验组（Treatment Group）和对照组（Control Group），其中实验组的 $T=1$，对照组的 $T=0$，那么平均因果作用的公式如下：

$$\mathrm{ATE}=E(Y(1)-Y(0))$$

其中，$Y(1)$ 和 $Y(0)$ 分别是接受处理情况下实验组的结果和不接受处理情况下对照组的结果。至此，潜在结果框架下做因果推断的基本理论知识已经讲解完毕，归纳起来主要有以下两点。

1）随机对照试验保证组别的同质性。

2）从不可评估的个体因果作用转移向评估总体的平均因果效应。

有了随机对照试验就万事大吉了吗？其实不然，设想这样一个问题，想要评估抗癌药物 A 对于患有癌症的病人的因果作用，这种情景下还适合做随机对照实验吗？答案显然是否定的。首先癌症是重疾，出于人道主义不可能完全随机出来一个对照组人群对其不进行抗癌药物干预；其次即使有奉献主义精神的癌症患者同意参与随机对照实验，在医疗的场景下，实验周期长、费用昂贵也是随机对照实验最大的弊病。通过上面这个实例，我们知道真实生活中并不是所有场景都适合做随机对照实验。于是研究者们设法通过对观测数据进行一系列处理达到随机对照实验的效果，其中最有名的就是 Rubin 提出的倾向分匹配算法（Propensity Score Matching，PSM），PSM 的具体原理会在本小节的因果推断基础知识部分详细讲解。

（2）结构因果模型（Structual Causal Model，SCM）

结构因果模型是基于图结构来描述两个变量之间的因果关系，因此在介绍 SCM 之前，先来了解下贝叶斯网络。贝叶斯网络是一种基于有向无环图（Directed Acyclic Graph，DAG）的概率图模型，其自身并不能表示因果关系，它表达的是变量之间的相关关系。但贝叶斯网络的有向无环图是结构因果模型的图结构基础，而贝叶斯网络的概率计算方式也是结构因果模型的推断基础。

有向无环图是由节点和有向边组成的，有向边的上游是父节点，有向边指向的方向是子节点。在 DAG 中的某个节点的父节点与其非子节点都独立，根据全概率公式和条件独立性，一个有向无环图中的所有节点的联合概率分布可以表达为：

$$P(x_1,x_2,...,x_n)=\prod_{i=1}^{n}P(x_i\mid pa_i)$$

其中，$pa_i$ 是所有指向 $x_i$ 的父节点，为了更好地帮助读者理解有向无环图中的联合分布表达，下面给出一个具体的 DAG 实例，如图 4-21 所示。

根据有向无环图的条件独立性和联合概率分布的公式，图 4-21 的联合分布可以表达为：$P(X_1,X_2,X_3,X_4,X_5,X_6,X_7)=P(X_1)P(X_2|X_1)P(X_3|X_2)P(X_4)P(X_5|X_2,X_3,X_4)P(X_6)P(X_7|X_4,X_5,X_6)$

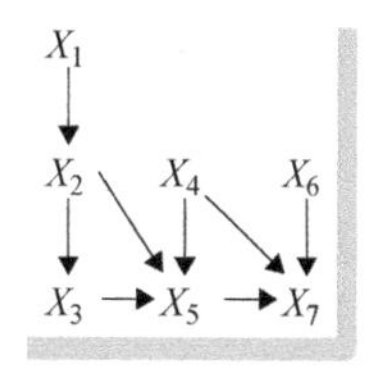


● 图 4-21　有向无环图实例

每一个有向无环图产出了唯一的联合分布，但是一个联合分布不一定只对应一个有向无环图，如 $P(X_1,X_2)$ 的联合概率分布有可能是 $X_1\rightarrow X_2$，也可能是图结构 $X_2\rightarrow X_1$，而两种图结构的因果关系完全相反，这也正是贝叶斯网络不适合做因果模型的原因。为了把 DAG 改造成可以表达因果关系的因果图，需要引入 do 算子。这里的 do 算子表达的是一种干预，$\mathrm{do}(X_i)$ 表示将指向节点 $X_i$ 的有向边全部切除掉，并且节点 $X_i$ 赋值为常数。在 do 算子干预后，DAG 的联合概率分布有了变化，表达为如下的形式：

$$P(x_1,x_2,...,x_n \mid \mathrm{do}(X)=a)=\prod_{i=1,x_i\notin X}^{n} P(x_i \mid pa_i) \mid X=a$$

还是以图 4-21 为例，假设 do 算子对节点 $X_3$ 进行了干预，那么干预后的 DAG 的联合概率分布表达为：

$$P(X_1,X_2,X_3,X_4,X_5,X_6,X_7|\mathrm{do}(X_3=a))=P(X_1)P(X_2|X_1)P(X_4)P(X_5|X_2,X_3,X_4)P(X_6)P(X_7|X_4,X_5,X_6)$$

综上所述，加入了 do 算子的 DAG 图可以表达因果关系，其平均因果作用公式如下：

$$\mathrm{ATE}=E(Y|\mathrm{do}(T)=1)-E(Y|\mathrm{do}(T)=0)$$

有了 do 算子的 DAG 图就有了因果推断的灵魂，但是新的问题来了，并不是所有的实际问题都给出显式的图结构。大部分的真实情况是，既无法得到图结构又无法观测到所有的变量。为了解决上述问题，Pearl 提出了后门准则的方法，在介绍后门准则之前，先来看下 d-分离的概念。

d-分离的全称是 Directional Separation，它是一种判断变量之间是否独立的方法。对于以图结构为主的因果图而言，常见的有三种路径结构，如图 4-22 所示。

A→B→C　链式（信息从A通过B流向C，AC不独立）
A←B→C　叉式（信息从B流向A也流向C，AC不独立）
A→B←C　反叉式（信息分别从A和C流向B(对撞子)，AC相互独立）

● 图 4-22　因果图的三种路径结构

在图 4-22 的链式、叉式、反叉式三种路径结构中，反叉式结构中的 A、C 天然相互独立，B 又被称为对撞子；链式或者叉式结构，以 B 为条件可以阻断 A 和 C 之间的关联关系，从而实现 A、C 相互独立。d-分离就是为了达到变量独立的目的，而对不同的路径结构采取的阻断操作，具体的 d-分离法则归纳起来如下。

1）当某条路径上有两个箭头同时指向某个变量时，那这个变量称为对撞子，并且这条路径被对撞子阻断。

2）如果某条路径含有非对撞子，那么当以非对撞子为条件时，这条路径可以被阻断。

3）当某条路径以对撞子为条件时，这条路径不仅不会被阻断，反而会被打开。

这里需要注意的是，以某个变量为条件指的是指定某个变量的值，如以年龄这个变量为条件，就是指定年龄为 0 或者 1。

在了解 d-分离法则是可以通过以某个变量为条件进行阻断，从而实现变量间的独立之后，便可以结合后门准则消除混杂因子对未知结构的因果图进行因果推断了。在弄清楚后门准则之前，需要了解后门路径、前门路径的概念。从变量 $X$ 到变量 $Y$ 的后门路径就是连接 $X$ 到 $Y$，但是箭头不从 $X$ 出发的路径，与之相应的前门路径是连接 $X$ 到 $Y$ 且箭头从 $X$ 出发的路径。后门准则的定义是可以通过 d-分离阻断 $X$ 和 $Y$ 之间所有的后门路径，那么我们认为可以识别从 $X$ 到 $Y$ 之间的因果关系，并把阻断后门路径的因子称为混杂因子。至此，知道了后门准则的方法无须观测到所有的变量，只需要观测到以哪个变量为条件可以消除后门路径，从而使得 $X$ 到 $Y$ 之间的因果关系可识别。

（3）总结

不管是潜在结果框架还是结构因果模型，因果推断主要是从原因 $X$ 推断结果 $Y$ 的过程。为了保证原因 $X$ 和结果 $Y$ 之间没有混杂因子，一般选择在数据样本充足且实验条件允许的情况下做随机对照实验。当条件不允许做随机对照实验时，通过对观察数据进行处理从而达到消除混杂因子对原因 $X$ 的影响的目的。

### 2. 因果推断基础知识

上文介绍了因果推断的基本框架，下面着重介绍因果推断的基础知识，包括辛普森悖论、基本术语、基本概念、因果推断的一些前提假设，以及因果推断常用的缓解混杂因子的方法。

（1）辛普森悖论

提到因果推断，不得不提及辛普森悖论。辛普森悖论是英国统计学家 E. H. 辛普森于 1951 年提出的一种现象，具体是指在某个条件下的两组数据，分别讨论会满足某种性质，但是合并起来就会得到相反的结论，如图 4-23 所示。辛普森悖论的存在导致观察性数据很难得到客观的因果结论，下面给出具体的案例来说明。

| | 组别 | 生存数量 | 死亡数量 | 生存率 |
|---|---|---|---|---|
| 整体人群 | Treatment | 20 | 20 | 50% |
| | Control | 16 | 24 | 40% |
| 男性 | Treatment | 18 | 12 | 60% |
| | Control | 7 | 3 | 70% |
| 女性 | Treatment | 2 | 8 | 20% |
| | Control | 9 | 21 | 30% |

● 图 4-23　辛普森悖论

图 4-23 中，观察整体人群的数据，很明显 Treatment 组的存活率高于 Control 组 10%，但是分性别看会发现 Treatment 组男性和女性的存活率均低于 Control 组。导致这种奇怪的现象的具体原因是，

Treatment 组和 Control 组不同性别群体的人数差异比较大，而性别因素就是 Treatment 组和 Control 组异质性的混杂因素，混杂因素的存在导致我们无法通过不同性别的存活率表现而推断整体的生存率表现。因此，在两组数据存在辛普森悖论的前提下，是不能做无偏的因果推断的。

（2）基本术语表

下面给出因果推断中常用的基本术语，如表 4-6 所示。

表 4-6　因果推断常用基本术语表

| 基本术语 | 含　义 |
|---|---|
| Unit（个体） | 研究观察的个体，个体可以是物理个体，也可以是生物个体 |
| Treatment（处理） | $T\in\{0,1,2,\cdots,N_T\}$，$N_T+1$ 表示的是可能存在的处理的个数，当是二元处理时，$T=0$ 表示不做处理的 Control 组，$T=1$ 表示做处理的 Treatment 组 |
| Confounders（混杂因子） | 影响 Treatment 分配和最终结果的共因，上文中健康的生活方式就是一个典型的混杂因子 |
| Potential Outcome（潜在结果） | 潜在结果 $Y$（$T=1$）表示当一个个体受到了 $T=1$ 的处理之后，个体潜在的结果 |
| Observed Outcome（观察结果） | 观测结果$Y^F(T=1)$表示当一个个体受到了 $T=1$ 的处理之后，个体真实的观察结果。潜在结果和观察结果的关系就是：当个体真正地接受了 $T=1$ 的处理后，$Y^F(T=1)=Y(T=1)$ |
| Counterfactual Outcome（反事实结果） | 反事实结果是当个体收到另一个处理时，个体观察到的真实结果，以二元处理为例子$Y^{CF}(T=0)=Y(T=0)$ |
| Propensity Score（倾向性得分） | 倾向性得分是指个体在协变量 $X$ 的条件下，被处理的概率，公式化表达：$e(x)=P(T=1\mid X=x)$ |

（3）基本概念表（如表 4-7 所示）

表 4-7　因果推断基本概念表

| 基本概念 | 含　义 |
|---|---|
| ITE（个体因果作用） | $\text{ITE}_i=Y_i(T=1)-Y_i(T=0)$ |
| ATE（平均因果作用） | $\text{ATE}=E[Y(T=1)-Y(T=0)]$ |
| ATT（实验组平均因果作用） | $\text{ATT}=E[Y(T=1)\mid T=1]-E[Y(T=0)\mid T=1]$ |
| CATE（条件平均因果作用） | $\text{CATE}=E[Y(T=1\mid X=x)]-E[Y(T=0\mid X=x)]$ |

表 4-7 给出了因果推断常用的一些基本概念，ATE 表示 Treatment 组和 Control 组之间个体的平均因果作用，ATT 表示 Treatment 组的个体在 $T=1$ 和 $T=0$ 的情况下的平均因果作用。

（4）因果推断的基本假设

因果推断需要满足以下三个假设，在假设成立的基础上，我们认为变量之间的因果关系可以推断。

1）对个体的 Treatment 稳定假设，这个假设指的是个体之间相互独立，任何一个个体不会因为其他个体处理与否而受到影响。

2）可忽略性，这个假设是指在给定协变量 $X$ 的情况下，Treatment 和潜在的结果相互独立，公式化表达为：$W \perp Y(T=1), Y(T=0) | X$，可忽略性也称为无混杂假设。

3）正向性，这个假设具体是指在协变量 $X$ 的条件下，Treatment 取值任意为 $t$ 的概率均大于 0，具体的公式可表达为：$P(W=\omega | X=x)>0$。

（5）Propensity Score Matching

上文提到，在观察性数据上做因果推断最重要的基础就是消除混杂因子对因果推断的影响。Rubin 在潜在结果框架的基础上提出了倾向性得分匹配的方法，在基础概念表给出了倾向性得分的概念，倾向性得分匹配是在倾向性得分的基础上为 Treatment 组的每个个体匹配出与之倾向性得分相似的 Control 组的个体，从而达到消除组别之间异质性的目的。倾向性得分的计算通常可以用简单的分类算法预测，预估在协变量 $X$ 的条件下，$T=1$ 的概率，常用算法有逻辑回归、XGBoost 等。在计算倾向性得分之后需要进行匹配，一般可以采用 K-近邻算法，找出与 Treatment 组中的每一个个体相似度最高的 Control 组的个体进行匹配，直到 Treatment 组的每个个体都找到了自己的匹配项。通过 PSM 算法可以在一定程度上消除组别之间存在的异质性，但是 PSM 也存在一定的问题，PSM 非常依赖倾向性得分计算的准确程度。如果倾向性得分计算本来就存在误差，很难保证 PSM 匹配后的 Treatment 组和 Control 组是完全同质的。

（6）缓解混杂因子的基本方法

除了上文提到的 PSM 方法可以在一定程度上缓解观测数据中混杂因子对因果推断结果的影响，还有很多常见的方法可以在一定程度上消除混杂因子。如重加权方法，其主要思想是根据倾向性得分重新调整 Treatment 组和 Control 组的样本权重，从而使得两个组别的混杂影响消减；如分层方法，其主要思想是将所有的数据分为同质的子组，这样认为每个子组的 Treatment 组和 Control 组是近似 RCT 数据的；如 Tree-Based 方法，最常见的用作因果推断的树模型是 BART 树（Bayesian Additive Regression Tree），BART 树是一系列 CART 树的集合，主要是训练一棵预测 Treatment 的树，然后在树的叶子节点做推断，利用了树模型在叶子节点分裂的思想，在叶子节点的内部将 Treatment 组的平均值减去 Control 组的平均值。此外随着深度学习的发展，使用表征学习进行消偏也是当下流行的方法，表征学习主要是利用深度神经网络从数据中提取学习和因果推断相关的变量。除了上面简单介绍的几种方法之外，还有 Meta-Learning 的方法，常见的元学习的方法有 T-Learner、S-Learner、X-Learner 等。在第 8 章智能营销部分，将会给出相关的实战案例。

### 3. 因果推断的应用场景

近年来，因果推断在工业界有着广泛的应用，下面给出最常见的几个业务场景。

（1）智能营销

智能营销通常是指通过智能算法给用户发优惠券，使得优惠券的钱效达到较高的状态。为了识

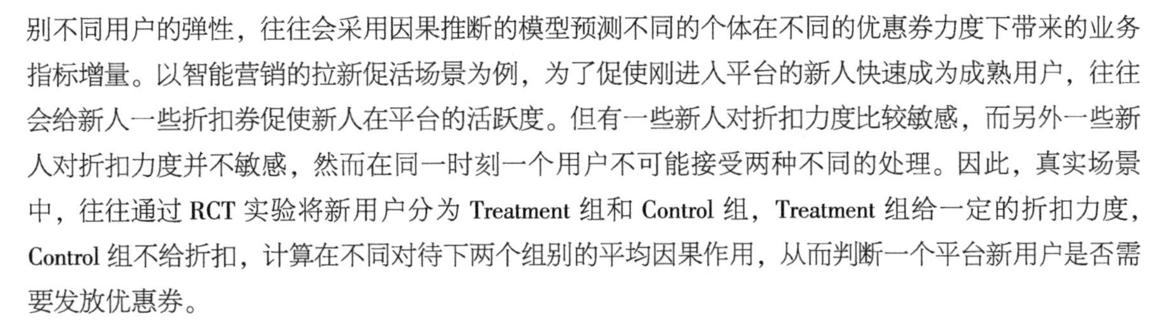

别不同用户的弹性，往往会采用因果推断的模型预测不同的个体在不同的优惠券力度下带来的业务指标增量。以智能营销的拉新促活场景为例，为了促使刚进入平台的新人快速成为成熟用户，往往会给新人一些折扣券促使新人在平台的活跃度。但有一些新人对折扣力度比较敏感，而另外一些新人对折扣力度并不敏感，然而在同一时刻一个用户不可能接受两种不同的处理。因此，真实场景中，往往通过 RCT 实验将新用户分为 Treatment 组和 Control 组，Treatment 组给一定的折扣力度，Control 组不给折扣，计算在不同对待下两个组别的平均因果作用，从而判断一个平台新用户是否需要发放优惠券。

（2）广告推荐

广告推荐通常是指平台使用智能算法给用户推荐合适的广告、内容，从而提升用户对内容或者广告的单击率、转化率等业务指标。因果推断模型通过计算用户在不同推荐内容下的单击率或者转化率的增量，而为平台用户匹配最合适的广告内容。广告推荐场景数据样本通常比较充足，在 RCT 实验中的两个分组完全可以认为是同质的两个组别。

（3）医疗

医疗场景和上述的两个场景有所不同，上述的应用场景都支持做 RCT 实验，但是在医疗场景下做 RCT 实验往往是费时、费力、费钱，且有违人道主义的。医疗场景下，通常会选择用观察数据做离线探究，因此可以用上文提到的消除混杂因子的基本方法做实验。

4. 常见因果推断模型

（1）Meta-Learner

Meta-Learner 的中文名是元学习，是基于潜在结果框架的一种模型类型。它的基本操作包括以下两个过程。

1）估计协变量 $X$ 下 $Y$ 的均值，公式表达形式为 $E(Y|X=x)$，这一步的预测模型作为基学习器。

2）在步骤 1）学习器的基础上做不同值之间的差值，从而得到条件平均因果作用。

常见的元学习的方法有 T-Learner、S-Learner、X-Learner、U-Learner、R-Learner 等，下面介绍最常用的 T-Learner、S-Learner、X-Learner。

T-Learner 采用两个树模型分别预估 Treatment 组和 Control 组的结果，其中 Control 组的模型输出结果$u_0(x)=E[Y(0)|X=x]$，Treatment 组的模型输出结果$u_1(x)=E[Y(1)|X=x]$，那么 T-Learner 的条件平均因果作用为 $\mathrm{CATE}=u_1(x)-u_0(x)$。T-Learner 选择对 Treatment 组和 Control 组分别建模，然后对模型预测结果做差值，这样难免会遇到两个模型累积误差的问题。S-Learner 相较之下是单模型的结构，T 作为一个特征放在模型中，模型的输出结果为 $u(x,t)=E[Y|X=x,T=t]$，相应的条件平均因果作用为 $\mathrm{CATE}=u(x,1)-u(x,0)$，S-Learner 有效地避免了 T-Learner 存在的累积误差问题。无论是 S-Learner 还是 T-Learner 都存在一个问题，当 Treatment 组和 Control 组的数据量差异非常大的时候，数据量大的那个组势必会更影响模型的表现。为了解决这个问题，提出了 X-Learner 模型。X-Learner采用了 Control 组的信息，使得 Treatment 组有一个更好的表现，X-Learner 建模分为以下 4

个步骤。

1）Treatment 组和 Control 组分别建模，得到模型的结果和 T-Learner 模型结果表达相同。

2）构造增量数据集，对 Control 组的数据集，增量数据的表达为$D_0=u_1(x)-Y(0)$，即 Control 组的数据喂给 Treatment 组训练的模型，并假设得到结果$u_1(x)$是 Control 组的数据反事实的结果。然后与 Control 组真实的 $Y$ 值相减，得到的$D_0$数据集便可以认为是 Control 组的增量数据集。同理，对 Treatment 组数据构造增量数据集，表达式为$D_1=Y(1)-u_0(x)$。

3）在增量数据集的基础上，再次对 Control 组和 Treatment 组分别构建增量模型，Control 组的增量模型为$\text{CATE}_0=E(D_0|X=x)$，Treatment 组的增量模型为$\text{CATE}_1=E(D_1|X=x)$。

4）在有了两个增量模型之后，获得最终的增量分 $\text{CATE}=g(x)*\text{CATE}_0+(1-g(x))*\text{CATE}_1$，$g(x)$是函数的权重项，其取值范围为 0~1 之间。

（2）因果森林

因果森林（Causal Forest）是由 Susan Athey 等人于 2015 年提出的因果推断的一种方法，是 Tree-Based Uplift Model 的一种。因果森林以随机森林为基础，通过重复对特征空间的划分，达到局部特征空间的数据同质性。下面对二元因果森林建树的过程进行详细的讲解，通过上文已知对于二元处理变量，条件平均因果作用的公式为：

$$\text{CATE}=E[Y(T=1|X=x)]-E[Y(T=0|X=x)]$$

二元因果森林建树时，节点分裂算法会比较分裂前后条件平均因果作用的增益，图 4-24 所示是开源因果森林包 grf 官网绘制的二元因果森林的节点分裂过程。

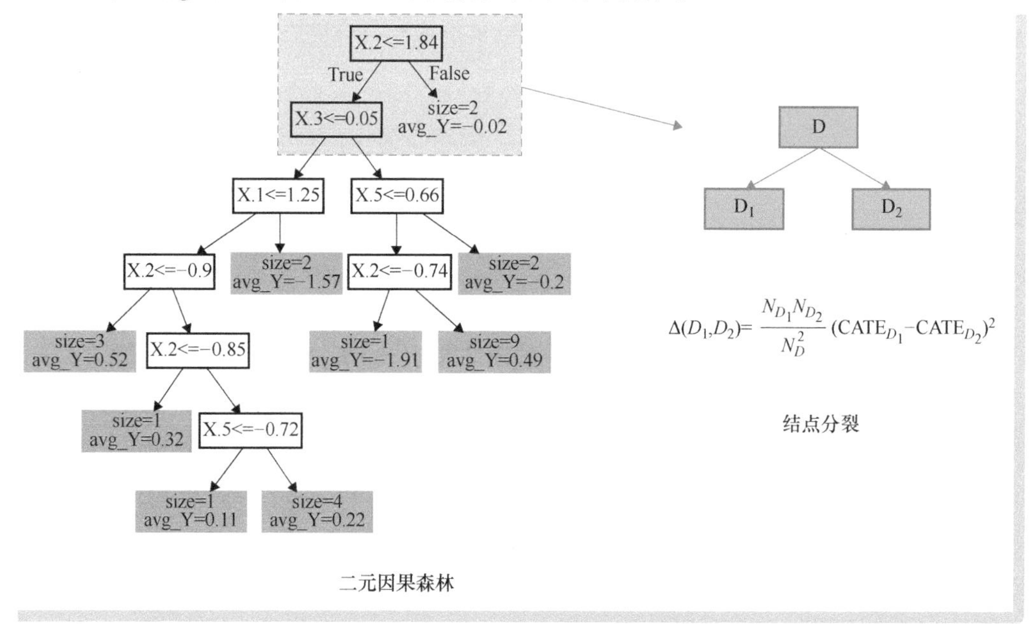


● 图 4-24 开源因果森林包 grf 官网绘制二元因果森林的节点分裂过程

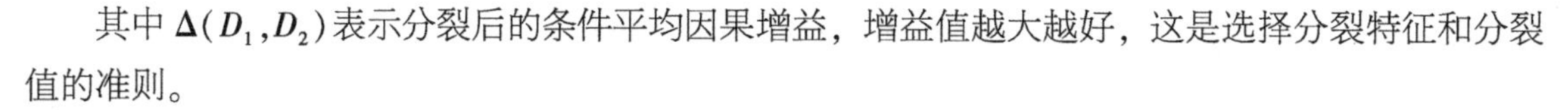

其中 $\Delta(D_1, D_2)$ 表示分裂后的条件平均因果增益，增益值越大越好，这是选择分裂特征和分裂值的准则。

（3）深度因果推断

深度因果推断是近几年发展比较迅猛的方向之一，通过因果推断的基础知识我们知道对于观察数据来说，由于混杂因子的存在，同时影响了 Treatment 和结果 $Y$，导致因果推断的结果并不真实可靠。除此之外，混杂因子对 Treatment 的影响，会使得不同 Treatment 下的数据分布大不相同，即数据存在选择偏差的问题，这样最终导致因果推断对反事实数据的评估变得更加困难。解决选择性偏差常用的方法就是创建一个虚拟组别，这个组别是通过跟 Treatment 组近乎同质的，创建出虚拟组别最直观的方法是上文提到的 PSM。除此之外，近些年随着表征学习的流行和发展，表征学习成了另一大解决上述问题的行之有效的方法。

表征学习是如何解决选择性偏差的问题的呢？表征学习会重点关注以下 3 个方面的优化。

1）对于事实数据预测的错误率尽可能低。

2）通过和事实数据的关联使得对于反事实数据的预测尽量准确。

3）最小化 Treatment 组和 Control 组数据分布的距离。

综合上述表征学习考虑的 3 个重点，2016 年的“Learning Representations for Counterfactual Inference”一文中提出了表征学习神经网络 BNN（Balancing Neural Network）的流程和损失函数。深度表征学习 BNN 的全过程如图 4-25 所示。

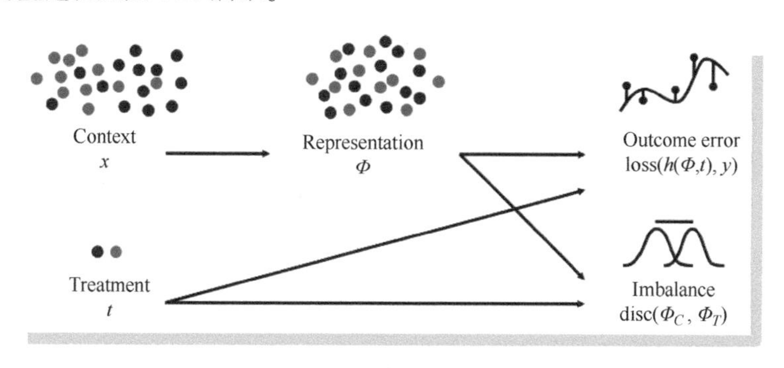


● 图 4-25　表征学习 BNN 的全过程

图 4-25 中，$x$ 是全部的样本，其中 Control 组和 Treatment 组的分布看起来很不相同。将全部样本输入表征网络 $\boldsymbol{\Phi}$，使得 Treatment 组和 Control 组的分布看起来比较相似。然后将表征网络的输出和 Treatment 一起输入到线性函数 $h$ 中，并计算预测的结果和真实结果 $y$ 之间的损失函数。除了考虑预测的准确性外，同时考虑两个分组数据分布的距离值最小。这里表达为 $\mathrm{disc}(\boldsymbol{\Phi}_C, \boldsymbol{\Phi}_T)$，那么该表征学习框架下的损失函数表达式为：

$$L(\boldsymbol{\Phi}, h) = \frac{1}{n}\sum_{i=1}^{n} |h(\boldsymbol{\Phi}(x_i), t_i) - y_i^F| + \frac{\gamma}{n}\sum_{i=1}^{n} |h(\boldsymbol{\Phi}(x_i), 1 - t_i) - y_{j(i)}^F| + \alpha \times \mathrm{disc}(P_{\boldsymbol{\Phi}}^F, P_{\boldsymbol{\Phi}}^{CF})$$

其中，$F$ 表示事实，$CF$ 表示反事实，$P_{\Phi}^{CF}$ 表示经过表征网络处理后的反事实数据的分布，$y_i^F$ 表示事实结果，$y_{j(i)}^F$ 表示从事实数据中选择出协变量和 $x_i$ 相似，但 Treatment 为 $1-t_i$ 的事实数据的 $x_j$ 的结果 $y_{j(i)}^F$ 近似为反事实 Treatment 的结果。因此 $L$ 表达式的第一项为事实数据的绝对值损失，第二项为反事实数据的绝对值损失，第三项为事实数据和反事实数据分布的距离公式。万变不离其宗，几乎所有的深度因果推断的模型结构都基于上面的表征学习的框架，进行模型结构的改造以及损失函数的改造。在智能营销章节将会对当前流行的深度因果模型做更详细的介绍。

## 4.5 模型选型技术

随着 SciKit-Learn 和 Keras 等简单易用的机器学习开源工具的不断发展和完善，可以直接在数据集上拟合出很多不同的机器学习模型。因此，如何在众多模型中选择最适合的模型成为机器学习落地的一大挑战。

### 4.5.1 模型选型依据

模型选型需要考虑的因素有很多，最基本的因素是考虑在同一业务场景下模型评估指标的表现，但是评估指标更好的模型就更适合该业务场景吗？其实不然，在真实的业务场景中，还需要考虑模型的性能、可解释性、时效性等多种因素。下文将详细讲解模型选型的要素以及相关的技术。

（1）模型选型要素

模型选型之前要摒弃“一定要选择最好的模型”的概念，选择最好的模型过于理想化，因为在模型选型时需要综合所有因素选择相对较好的模型。通常考虑的因素有：

1）模型的离线评估表现。主要是通过历史数据切分离线训练集和测试集，通过模型的离线评估指标选择合适的模型。

2）模型的离线训练耗时。虽然有时候复杂模型的离线评估指标表现得很好，但是面对海量数据集，如果模型过于复杂且算力不足导致离线模型训练非常耗时，这时候往往可以牺牲一部分模型的精度来选择更为简单的模型。

3）模型的可解释性。对于某些诸如借贷、医疗等模型判断结果对个体影响深远的业务场景，模型的可解释性和可信度是非常重要的。

4）模型泛化性能。模型泛化性是指模型在新样本上的适应能力，如果模型在新样本中的表现很差，不管离线训练再怎么好都不值得选择。

5）模型线上预估表现。模型的线上预估不仅包括模型在线上的评估指标表现，还应该包括其业务指标表现和线上性能等多个因素。

（2）模型选型技巧

常见的模型选型技巧通常分为两类：一类是概率度量，另一类是重采样。下面将分别介绍这两种模型选型技术。

概率度量的模型选择方法是一种统计学方法，模型的质量根据信息准则（Information Criterion，IC）进行评估。这种方法会使用最大似然估计的对数似然函数概率框架在候选模型集合中进行模型选择，它在考虑模型表现的同时也关注模型的复杂度。下面介绍常用的概率度量指标 AIC 和 BIC。

AIC 的全称是 Akaike Information Criterion，即赤池信息量准则。AIC 是捕捉两个不同模型之间信息差异的基本方法，AIC 值越小认为模型性能越好，下面给出 AIC 公式：

$$\mathrm{AIC}=\frac{(2K-2\log(L))}{N}$$

式中，$K$ 表示模型的参数数量，$L$ 表示模型的极大似然估计，$N$ 表示样本的大小。$K$ 值越小意味着模型越简单，$-\log(L)$ 越小意味着模型越精确，所以 AIC 值越小意味着模型简单且准确。

BIC 的全称是 Bayesian Information Criterion，即贝叶斯信息量准则。BIC 是源自于贝叶斯概率的一套信息准则法，具体的公式如下：

$$\mathrm{BIC}=K*\log(N)-2\log(L)$$

式中，$K$、$N$、$L$ 的含义和 AIC 公式中相同，相较于 AIC 公式，BIC 公式的第一项除了参数的数量 $K$ 之外，还考虑到了样本的数量 $N$，即样本数量对模型复杂度的影响。

重采样的方法则主要是评估模型在训练样本以外的数据集上的表现。4.2 节讲解的留出法、交叉验证法、自助法都属于重采样的基础方法，这里不再赘述。需要注意的是选择重采样的方法也要根据业务场景而定，如时序问题中数据规律跟时间有很大的相关性，因此在划分数据集的时候应该优先考虑按时间轴划分。

## 4.5.2 偏差和方差

偏差和方差是衡量机器学习算法泛化性能的重要工具。我们知道机器学习模型在训练之前都会定义好一个损失函数，每一轮模型的迭代都是通过损失函数最小化找到局部最优的参数。训练时只是保证了模型在训练数据集上的损失函数最小化，但是不能保证在新的数据集上有一样好的表现。评估模型在训练数据集和新的数据集上的误差上的差异就叫作泛化误差，泛化误差是评估模型泛化性能的重要指标。

泛化误差是由偏差、方差、噪声共同组合而成的。下面给出泛化误差组成成分的推导过程，假设已经有在训练数据集上训练好的模型 $f$，新的数据集为 $D$，那么对算法的期望泛化误差可以写作：

$$E(f;D)=\mathrm{bias}^2(x)+\mathrm{var}(x)+\varepsilon^2$$

式中，bias 是偏差项，偏差度量了模型预测结果的期望值与真实值的偏离程度，主要刻画模型本身拟合得准不准；var 是方差项，方差度量了同样大小的数据集的变动导致的模型学习性能的变化，主要刻画数据扰动对模型性能的影响；$\varepsilon$ 是噪声项，噪声项表达了任何模型所能达到的期望泛化误差的下限，主要刻画对数据集进行模型预测的本身难度。为了更直观地了解方差和偏差，下面给出经典的靶心图做解释，如图 4-26 所示。

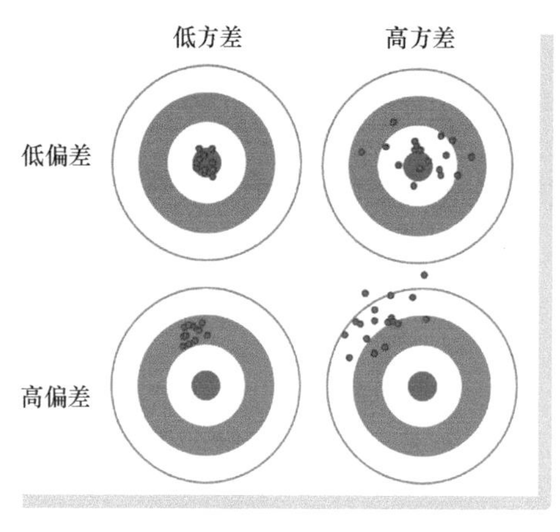

● 图 4-26　方差和偏差

图 4-26 中，假设红色的靶心是模型算法完全预测正确的区域，蓝色的点是训练样本训练出的模型在新样本空间上的预测值。预测结果低方差的表现是蓝色点分布比较集中，反之高方差表现为蓝色点较为离散；预测结果低偏差的表现是蓝色点分布在靶心周围，反之高偏差的表现为蓝色点分布偏离靶心较远。低方差-低偏差是模型的理想训练结果，高偏差-低方差说明样本对模型性能扰动不大，而模型自身的拟合能力较差，往往称之为欠拟合现象。低偏差-高方差说明样本对模型性能扰动较大，即模型对训练样本的拟合较好，但是换了份数据分布相同的新样本拟合能力就差了很多，往往称之为过拟合现象。欠拟合可以通过增加模型复杂度等调整手段在一定程度上避免，但是过拟合往往意味着模型泛化能力差，一旦模型的训练出现了过拟合现象需要格外地引起注意。

由上面对偏差和方差的讲解，我们知道方差和偏差来源于在训练集训练出来的模型不一定能够很好地贴近真实全量样本空间下的真实模型。注意真实模型是理想模型，不可能通过训练得到，只能无限贴近真实模型。那么在选择模型训练时，需要正确地选择模型的复杂度以尽可能地贴近理想模型，图 4-27 所示为模型复杂度和方差、偏差的关系。

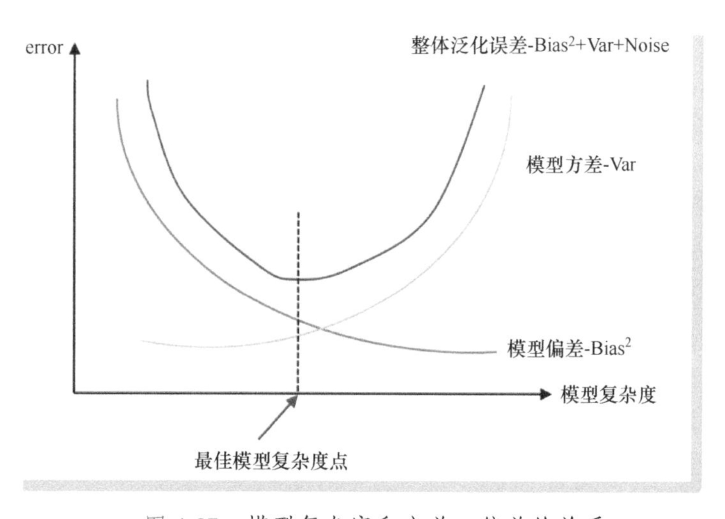

● 图 4-27　模型复杂度和方差、偏差的关系

图 4-27 中，绿色线是模型方差线，橙色线是模型偏差线，蓝色线是整体泛化误差。随着模型复杂度越高，模型的偏差越小，方差越大。那么遵循奥卡姆剃刀原则，即其他条件相等的情况下，选择模型复杂度低的算法，因此选择时需要在考虑方差和偏差的基础上选择使整体泛化误差最小的模型复杂度。

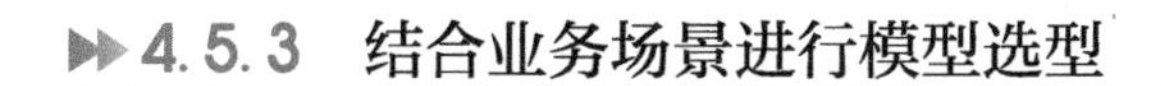

### 4.5.3 结合业务场景进行模型选型

前两个小节分别从模型选型依据和模型泛化性能两个方面来介绍模型选型的思路，然而在实际的应用场景中，结合业务本身的特点进行模型选型是更常见的方法。本小节以电商场景下的推荐业务为例，简单介绍如何结合业务场景进行模型选型。

当推荐系统推荐给用户一个商品时，最希望用户完成的是单击进入商品页面并产生购买行为，最终为平台带来 GMV。在这样和用户行为强相关的业务场景下，首先考虑的是对用户行为序列建模，通常可以考虑加入 Attention 网络结构的 DIN 或者 DIEN 算法对用户的行为序列进行挖掘。其次，需要考虑用户行为的长链路转化的特性，从推荐页面的曝光到用户支付主要经历了曝光-单击-加购-支付 4 个环节，这时候可以考虑对多个业务目标同时建模，使用多任务学习的方法用同一个模型预估多个任务来降低建模的复杂度。最后，还应该考虑将模型结合业务目标 GMV 进行运筹优化建模。

通过上述案例的简述，结合业务场景进行模型选型的核心是搞清楚业务本质和业务流程。业务本质往往影响建模的方向，如用户购买场景下，业务本质就是通过对用户行为挖掘并推荐转化率高的商品，那么就可以选取重点关注用户行为序列的模型。业务的流程往往影响模型的复杂度，如长链路场景下，需要对多个业务指标进行预估，如果对每个转化流程都单独建模，模型开销将非常大，因此考虑多任务学习的方法降低模型复杂度，节省建模的成本。

# 模型优化

模型优化是机器学习方法在工业界能够成功落地的重要影响因素。机器学习方法一般可以认为由数据集、模型、目标函数、求解目标函数的优化算法、模型参数5个要素组成，相对应的模型优化可以针对这5个要素进行优化，从而使机器学习模型更加准确可靠、泛化性能强，能够更好地解决复杂的业务问题。

## 5.1 数据集优化

数据是训练模型的基石，同时也决定了模型训练效果的上限。任何业务场景下，良好的数据质量对于获得预期的效果至关重要，因此在训练模型之前对数据集做合理的优化是不可或缺的一环。本节将从数据采样、数据降维两个方面讲解数据集优化的基本方法。

### 5.1.1 数据采样

数据采样是在真实的生产环境中应用机器学习算法的常见技术，在实际业务场景中遇到数据量级非常大的数据集时，处理整个数据集且对其进行特征工程通常是不切实际的，更有效的方法是从原始数据集中抽样出一个样本空间，该样本的所携带的信息量足以训练出一个效果良好的机器学习模型。同理，当实际业务场景中数据集数量过少时，需要通过过采样的方法对小样本数据集进行补充。

1. 逆变换采样法

采样本质上是通过从服从具体的 $p$ 概率分布的原始数据集 $D$ 中采样出 $N$ 个点，这 $N$ 个点组成的新的样本空间 $D'$ 同样服从概率分布 $p$。在真实的应用场景中，往往不知道原始数据集具体服从哪种分布，那么如何从原始数据集中采样出 $N$ 个点就成了难题。为了解决这个难题，通常可以通过从一些常见的标准分布中采样，然后通过某种数据变换或函数映射，使得从标准分布的采样可以推出从符合 $p$ 分布中采样的结果。

假设符合 $p$ 分布的随机变量 $x$ 和符合均匀分布的随机变量 $\mu$ 之间存在某种变换关系 $u=\varphi(x)$，那么如果在已知 $\mu$ 符合均匀分布的情况下，可以通过反函数关系 $x=\varphi^{-1}(\mu)$ 间接得到 $x$ 的分布。但是并不是所有的反函数都是容易求解或者可以求解的，这种情况下，逆变换采样法就不太适用，可以考虑拒绝采样和重要性采样法。

2. 拒绝采样法

拒绝采样（Rejection Sampling）又称为接受/拒绝采样（Accept-Reject Sampling）。对于原始数据集 $D$ 符合具体的分布 $p(x)$ 来说，选取一个比较容易采样（标准分布）的分布 $q(x)$，使得属于数据集中的任意一点 $x$ 都符合 $p(x)\leqslant k\times q(x)$，简而言之是选择一个 $k\times q(x)$ 的函数能够覆盖住 $p(x)$。那么拒绝采样法的采样过程可以总结为，先从标准分布 $q(x)$ 中随机抽取一个样本 $x_i$，然后从均匀分布 U(0,1) 中产生一个随机数 $\mu_i$，如果随机数 $\mu_i<\frac{p(x_i)}{k\cdot q(x_i)}$，则可以接受样本 $x_i$，否则拒绝该样本。需要注意的是 $k$ 越大，样本被拒绝的概率就越大，因此对于 $k$ 的选择要尽可能小，使其恰好能够覆盖 $p(x)$。

3. 重要性采样法

重要性采样（Importance Sampling）是直接计算函数在 $p$ 分布中的期望值，而不是从 $p$ 分布中采样，那么重要性采样的计算公式为：

$$E[f]=\int f(x)p(x)\mathrm{d}x$$

为了方便计算，这里还会提供一个比较容易采样的分布 $q(x)$，使得 $\omega=\frac{p(x)}{q(x)}$，即 $p(x)=\omega*q(x)$，$\omega$ 是样本 $x$ 的重要性权重。因此对期望值的计算可以先从分布 $q$ 中抽出样本，然后利用公式 $E[f]=\frac{1}{N}\sum_{i=1}^{N}f(x_i)\omega(x_i)$ 计算最终的期望值。

4. 不平衡样本处理

在真实的分类业务场景中，样本不平衡是常见的问题。样本不均衡会导致样本量少的数据所包含的信息量比较少，模型很难从中学习到有效的规律，因此当模型应用到新的数据集上时，准确性可能会很差。通常会用过采样、欠采样的方法对原始数据集进行处理，使得模型在不平衡样本上的表现相对较好。

（1）不平衡比

在介绍过采样和欠采样方法之前，先来了解下不平衡比的概念。假设少数类样本的数量为 $n_{\text{minority}}$，多数类的样本数量为 $n_{\text{majority}}$，而 $n_{\text{minority}}$ 的数量远远小于 $n_{\text{majority}}$，那么由此定义不平衡比 IR（Imbalance Ratio）为多数类样本与少数类样本的比值，即：

$$\mathrm{IR}=\frac{n_{\text{majority}}}{n_{\text{minority}}}$$

IR 值越大，数据集的不平衡程度越高。

（2）过采样

过采样（Over-Sampling）是指通过增加分类中少数类样本的数量实现整体样本的平衡，常见的方法有 SMOTE 算法。SMOTE 算法的原理是对于少数类样本集中的某个样本 $x_i$，从它在少数类样本集中通过 K 近邻的算法随机选择一个样本 $x_i'$，然后在 $x_i$ 和 $x_i'$的连线上随机选取一点作为新合成的样本，这种方法的好处是可以降低过拟合的风险，具体的代码如下。

```
1.import pandas as pd
2.from imblearn.over_sampling import SMOTE
3.import scipy.io as scio
4.import numpy as np
5.imb_data = scio.loadmat('cardio.mat')
6.X =imb_data['X']
7.y =imb_data['y'].ravel()
8.imb_data_df = pd.DataFrame(X)
9.imb_data_df['y'] = y
10.#查看不平衡比
11.print('IR=', imb_data_df[imb_data_df['y']==1].shape[0]/imb_data_df[imb_data_df['y']
   ==0].shape[0])
12.# SMOTE 采样
13.model_smote = SMOTE()
14.x_smote_resampled, y_smote_resampled = model_smote.fit_resample(X, y)
15.np.unique(y_smote_resampled, return_counts=True) # 采样后比例
```

除了 SMOTE 算法之外，常用的过采样方法还有 ADASYN、Borderline-SMOTE 等算法，这里不再赘述。过采样的方法可以提高少数类样本的比例，从而使得模型对少数类样本识别的能力得到提升。但是当多数类样本数量过大时，通过过采样算法生成少数类样本将非常耗时，同时也减缓了模型训练的速度以及增加了过拟合的可能性。

（3）欠采样

欠采样（Under-Sampling）是指通过减少分类中多数类样本的数量实现整体样本的平衡，常见的方法有随机欠采样、NearMiss、ENN 等。NearMiss 算法的原理是当两个不同类别的样本彼此非常接近时，利用 K 近邻算法删除附近的多数类样本以增加两个类别样本之间的空间。下面给出随机欠采样和 NearMiss 欠采样算法的实例，代码如下。

```
1.from imblearn.under_sampling import RandomUnderSampler
2.#随机欠采样
3.model_RandomUnderSampler=RandomUnderSampler()
4.x_random_resampled, y_random_resampled = model_RandomUnderSampler.fit_resample(X, y)
5.#NearMiss 欠采样
6.from imblearn.under_sampling import NearMiss
7.model_nearmiss = NearMiss()
8.x_nearmiss_resampled, y_nearmiss_resampled = model_nearmiss.fit_resample(X,y)
```

欠采样方法可以有效地删除一些多数类样本，提高分类性能的同时降低模型训练时的开销，但是与此同时欠采样也丢失了大量的样本信息，可能会导致分类的精度有所下降。对于不平衡数据集的处理除了采样的方法以外，还可以通过优化损失函数、集成学习等不同的方法进行优化，本小节主要关注样本采样的方法，因此不再赘述。

## 5.1.2 数据降维

维数灾难（Curse of Dimensionality）在机器学习中通常是指高维特征空间导致数据稀疏化的问题。缓解该问题的一个重要途径就是降维（Dimension Reduction），即通过某种变换使得高维空间转换成一个低维空间。常见的数据降维的方法可以分为两类，一类属于线性映射，代表算法有PCA（Principal Component Analysis）、LDA（Linear Discriminant Analysis）；另一类属于非线性映射，代表算法有ISOMAP（Isometric Mapping）、MDS（Muti Dimensional Scaling）、t-SNE（t-Distributed Stochastic Neighbor Embedding）、AutoEncoder等，下文将详细讲解上述降维算法原理，并给出相关的应用实例。

（1）PCA主成分分析

在4.4.1小节介绍过PCA算法的原理，它是一种线性变换的算法，这种变换是把数据变换到新的坐标系统中，使得数据投影的第一大方差在第一个坐标（称为第一主成分）上，依此类推。PCA是降低数据集维度，保持留存下来的特征是对方差贡献大的主成分特征。PCA的应用代码如下。

```
1.import numpy as np
2.import matplotlib.pyplot as plt
3.import seaborn as sns
4.import pandas as pd
5.from sklearn.preprocessing import StandardScaler
6.
7.url ='https://archive.ics.uci.edu/ml/machine-learning-databases/iris/iris.data'
8.features = ['sepal_length','sepal_width','petal_length','petal_width']
9.df=pd.read_csv(url, names=['sepal_length','sepal_width','petal_length','petal_width',
  'target'])
10.
11.X = df.loc[:, features].values
12.y = df.loc[:,'target'].values
13.X_ =StandardScaler().fit_transform(X)
14.
15.pca = PCA(n_components=2)
16.pca.fit(X_)
17.pca_components = pca.fit_transform(X_)
18.pca_components_df = pd.DataFrame(data = pca_components, columns = ['principal_
   component1','principal_components2'])
19.finalDf = pd.concat([pca_components_df, df[['target']]], axis = 1)
20.
21.print(pca.components_)
```

```
22.print(pca.explained_variance_)
23.print(pca.explained_variance_ratio_)
24.
25.#绘制 PCA 后的数据分布
26.fig =plt.figure(figsize = (8,8))
27.ax = fig.add_subplot(1,1,1)
28.ax.set_xlabel('Principal Component 1', fontsize = 15)
29.ax.set_ylabel('Principal Component 2', fontsize = 15)
30.ax.set_title('2 component PCA', fontsize = 20)
31.targets = ['Iris-setosa', 'Iris-versicolor', 'Iris-virginica']
32.colors = ['r', 'g', 'b']
33.for target, color in zip(targets,colors):
34.    indicesToKeep = finalDf['target'] == target
35.    ax.scatter(finalDf.loc[indicesToKeep, 'principal_component1']
36.               ,finalDf.loc[indicesToKeep, 'principal_components2']
37.               , c = color
38.               , s = 50)
39.ax.legend(targets)
40.ax.grid()
```

其中，第 15~19 行代码是对原始数据集使用 PCA 进行降维，由原来的 4 维降低为 2 维。第 23 行代码中 explained_variance_ratio_函数输出的第一项为 0.7277，其表示第一项主成分包含 72.77%的方差信息，输出的第二项为 0.2303，其表示第二项主成分包含 23.03%的方差信息，可见两项主成分包含了 95.8%的主要信息。代码从第 25 行开始绘制主成分分析后数据的分布，如图 5-1 所示。

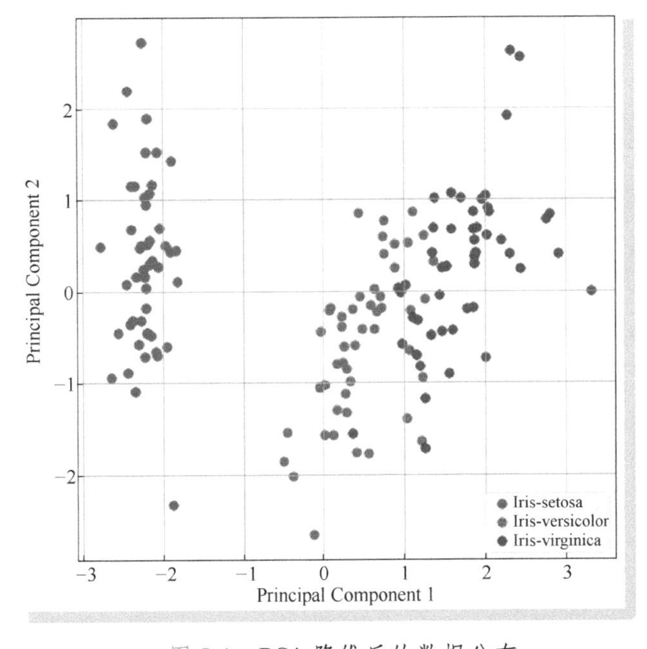


图 5-1　PCA 降维后的数据分布

可见使用PCA降维后，并没有过多损失数据集原本包含的信息，提高了模型分类的性能。

（2）LDA线性判别分析

LDA和PCA一样属于线性变换，不同之处在于PCA是无监督学习方法，而LDA属于有监督的学习方法。PCA并不关注类别标签，简而言之，PCA的降维不依赖分类标签，而是试图找到数据集中方差最大的方向。因此，PCA最终生成的特征集里的特征，彼此之间相关性最小、方差最大。与PCA不同的是，LDA在减少特征维度的同时要最大程度保留能区分出来类别的信息，因此LDA的核心思想是：最大化类别之间均值、最小化类别内部的方差。LDA的应用代码如下。

```
1.from sklearn.discriminant_analysis import LinearDiscriminantAnalysis as LDA
2.
3.lda = LDA(n_components=2)
4.lda_components = lda.fit_transform(X_,y)
5.lda_components_df = pd.DataFrame(data=lda_components, columns=['component1','compo-
  nent2'])
6.lda_df = pd.concat([lda_components_df, df[['target']]], axis = 1)
7.
8.#绘制 LDA 后的数据分布
9.fig =plt.figure(figsize = (8,8))
10.ax = fig.add_subplot(1,1,1)
11.ax.set_xlabel('Component 1', fontsize = 15)
12.ax.set_ylabel('Component 2', fontsize = 15)
13.ax.set_title('2 component LDA', fontsize = 20)
14.targets = ['Iris-setosa', 'Iris-versicolor', 'Iris-virginica']
15.colors = ['r', 'g', 'b']
16.for target, color in zip(targets,colors):
17.    indicesToKeep = lda_df['target'] == target
18.    ax.scatter(lda_df.loc[indicesToKeep, 'component1']
19.               ,lda_df.loc[indicesToKeep, 'component2']
20.               , c = color
21.               , s = 50)
22.ax.legend(targets)
23.ax.grid()
```

其中，第3~6行代码是使用LDA进行数据降维，和PCA不同的是LDA的fit_transform函数不仅需要特征$X$作为参数，也需要标签$y$作为参数，那么通过LDA降维后数据的分布如图5-2所示。

可见LDA降维后，不同类别的数据之间几乎没有耦合，而反观PCA降维后，绿色点类别和蓝色点类别有少部分耦合在一起。

（3）MDS多维尺度变换

MDS是一种常见的非线性变换法，它要求原始空间的样本之间的距离能够在低维空间中得以保持，即降维前后样本之间的距离尽可能相近。MDS的应用代码如下。

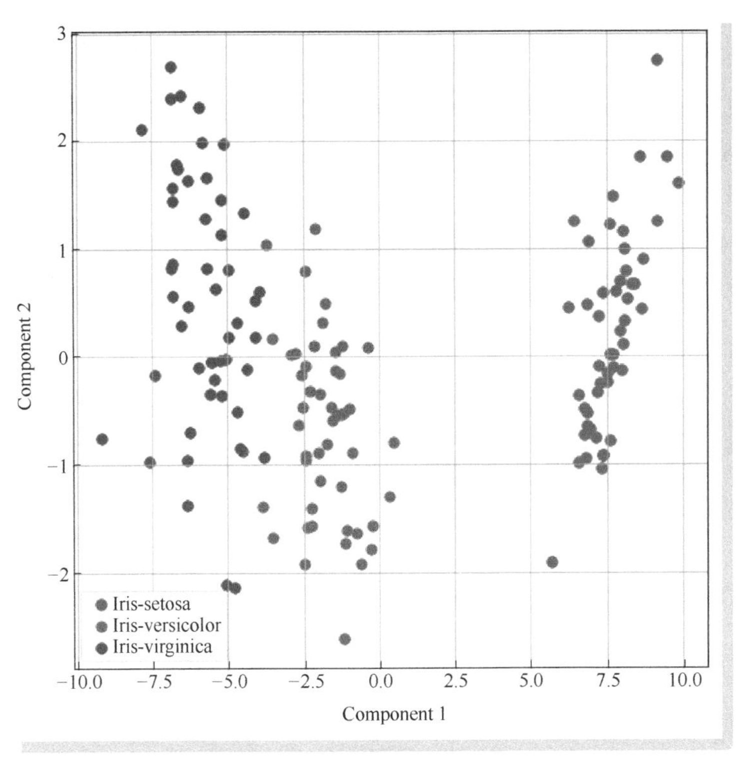


图 5-2 LDA 降维后的数据分布

```
1.from sklearn.manifold import MDS
2.
3.mds = MDS(n_components=2)
4.mds_components = mds.fit_transform(X_)
5.mds_components_df = pd.DataFrame(data=mds_components, columns=['component1', 'compo-
  nent2'])
6.mds_df = pd.concat([mds_components_df, df[['target']]], axis = 1)
7.
8.#绘制 MDS 降维后的数据分布
9.fig =plt.figure(figsize = (8,8))
10.ax = fig.add_subplot(1,1,1)
11.ax.set_xlabel('Component 1', fontsize = 15)
12.ax.set_ylabel('Component 2', fontsize = 15)
13.ax.set_title('2 component LDA', fontsize = 20)
14.targets = ['Iris-setosa', 'Iris-versicolor', 'Iris-virginica']
15.colors = ['r', 'g', 'b']
16.for target, color in zip(targets,colors):
17.    indicesToKeep = mds_df['target'] == target
18.    ax.scatter(mds_df.loc[indicesToKeep, 'component1']
19.               ,mds_df.loc[indicesToKeep, 'component2']
```

```
20.              , c = color
21.              , s = 50)
22.ax.legend(targets)
23.ax.grid()
```

其中，第3~6行代码是使用MDS算法进行降维，第8行代码以后是对MDS降维后的数据的可视化，如图5-3所示，鸢尾花的数据集并不能很好地展示PCA和MDS降维的区别，其实MDS相较于PCA来说保留了更多数据集在原始空间上的相对关系，可视化的效果会更好。

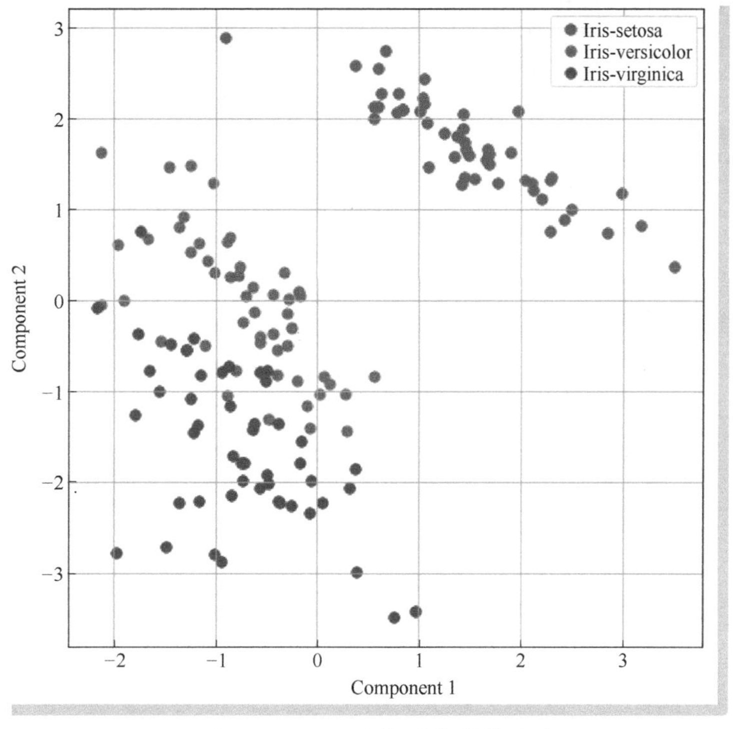


● 图5-3　MDS降维后的数据分布

（4）ISOMAP等距特征映射

ISOMAP是一种非线性的变换方法，是在MDS算法的基础上衍生出来的一种算法。MDS的核心思想在于原始数据集降维后保持样本之间的距离不变。ISOMAP算法引入了邻域图的思想，使得其对流形数据计算样本距离变得可能。具体的做法是设定邻域点的个数 $k$，每个样本都计算与 $k$ 个相邻样本的距离，与 $k$ 个邻接样本之外的距离设置为无穷大，这样得出每个样本的邻接矩阵。再用最短路径算法计算任意两个样本之间的最短距离，然后将两个样本之间的最短距离作为MDS算法的输入得到最终ISOMAP算法的结果。ISOMAP的应用代码如下。

```
1.from sklearn.manifold import Isomap
2.
```

```
3.isomap = Isomap(n_components=2)
4.isomap_components = isomap.fit_transform(X_)
5.isomap_components_df = pd.DataFrame(data=isomap_components, columns=['component1', '
  component2'])
6.isomap_df = pd.concat([isomap_components_df, df[['target']]], axis = 1)
7.
8.fig =plt.figure(figsize = (8,8))
9.ax = fig.add_subplot(1,1,1)
10.ax.set_xlabel('Component 1', fontsize = 15)
11.ax.set_ylabel('Component 2', fontsize = 15)
12.ax.set_title('2 component ISOMAP', fontsize = 20)
13.targets = ['Iris-setosa', 'Iris-versicolor', 'Iris-virginica']
14.colors = ['r', 'g', 'b']
15.for target, color in zip(targets,colors):
16.    indicesToKeep = isomap_df['target'] == target
17.    ax.scatter(isomap_df.loc[indicesToKeep, 'component1']
18.               ,isomap_df.loc[indicesToKeep, 'component2']
19.               , c = color
20.               , s = 50)
21.ax.legend(targets)
22.ax.grid()
```

ISOMAP 对鸢尾花数据进行降维后的数据分布如图 5-4 所示。

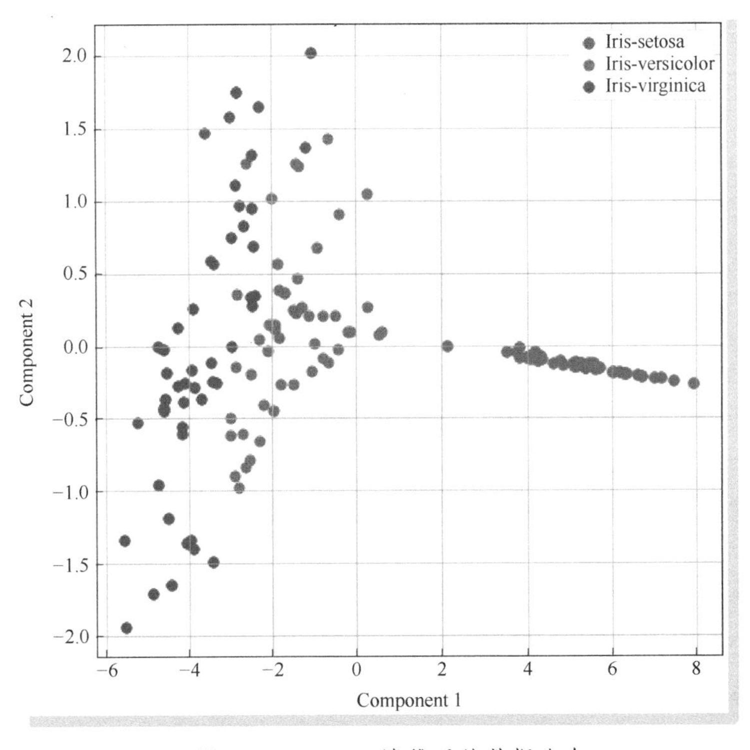


图 5-4　ISOMAP 降维后的数据分布

（5）t-SNE

在介绍t-SNE之前，先介绍下SNE的原理。SNE是一种通过仿射变换，将样本映射到概率分布上的非线性变换方法。SNE从高维空间降至低维空间时，如果两个数据在高维空间中是相似的，那么在低维空间中它们也应该相近，SNE使用条件概率计算两个数据之间的相似性。t-SNE是在SNE的基础上做的优化，SNE本身存在不对称导致梯度计算复杂的问题，而t-SNE采用更加通用的联合概率分布替代条件概率，从而达到对称的目的。除此之外，引入了t分布替代高斯分布，解决了拥挤问题，优化了SNE过于关注局部特征而忽略全局特征的问题。t-SNE的应用代码如下。

```
1.from sklearn.manifold import TSNE
2.
3.tsne = TSNE(n_components=2)
4.tsne_components = tsne.fit_transform(X_)
5.tsne_components_df = pd.DataFrame(data=tsne_components, columns=['component1', 'com-
  ponent2'])
6.tsne_df = pd.concat([tsne_components_df, df[['target']]], axis = 1)
7.
8.fig =plt.figure(figsize = (8,8))
9.ax = fig.add_subplot(1,1,1)
10.ax.set_xlabel('Component 1', fontsize = 15)
11.ax.set_ylabel('Component 2', fontsize = 15)
12.ax.set_title('2 component TSNE', fontsize = 20)
13.targets = ['Iris-setosa', 'Iris-versicolor', 'Iris-virginica']
14.colors = ['r', 'g', 'b']
15.for target, color in zip(targets,colors):
16.    indicesToKeep = tsne_df['target'] == target
17.    ax.scatter(tsne_df.loc[indicesToKeep, 'component1']
18.               ,tsne_df.loc[indicesToKeep, 'component2']
19.               , c = color
20.               , s = 50)
21.ax.legend(targets)
22.ax.grid()
```

图5-5所示为t-SNE降维后的数据分布，t-SNE对于不相似的点，用一个较小的距离会产生较大的梯度让这些点排斥开，因此t-SNE降维后的结果常常呈现簇状分布。t-SNE与PCA的不同之处在于，t-SNE更关注小的成对样本距离和局部相似性，而PCA更关注大的成对样本距离来最大化方差。

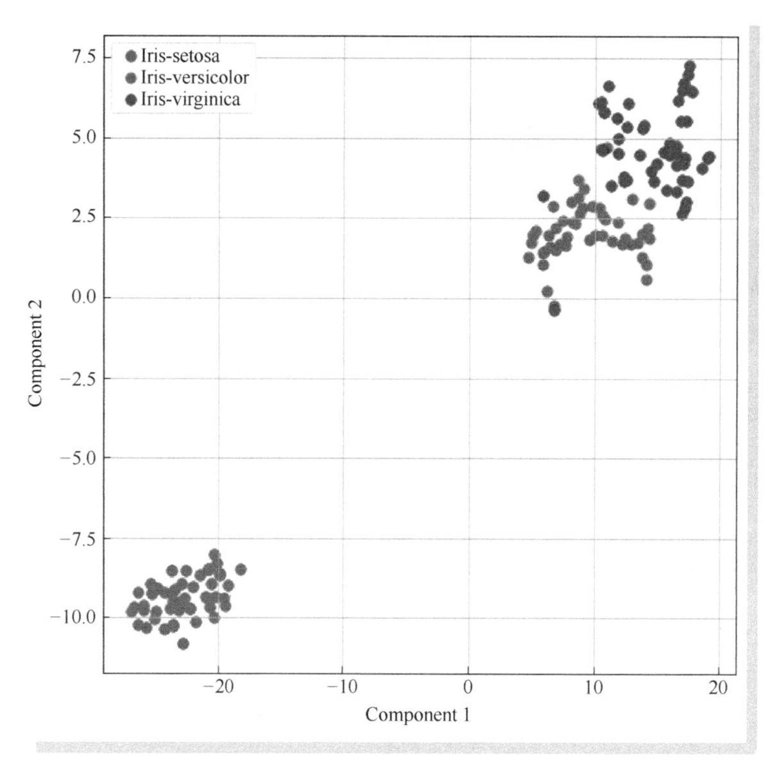


图 5-5　t-SNE 降维后的数据分布

## 5.2 目标函数优化

目标函数是机器学习模型优化的目标，通常由损失函数和正则化项构成，其中损失函数最小化多是对模型经验风险最小化，正则化项最小化则是模型结构风险最小化。本节将介绍常见的损失函数和正则化项，并针对一些常见的业务场景进行目标函数优化。

### 5.2.1 常见损失函数

损失函数通常是用来衡量模型的预测值和真实值之间不一样的程度，损失函数越小说明模型预测的精度越高。损失函数并不是一成不变的，往往需要算法工程师结合业务场景、数据分布、模型本身来选择和设计合适的目标函数。下面介绍常见的损失函数。

（1）绝对值损失函数

绝对值损失函数通常用于回归模型中，计算单条样本预测值和目标值的差值的绝对值，具体的数学表达式如下：

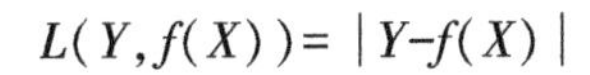

$$L(Y,f(X))=|Y-f(X)|$$

（2）平方损失函数

平方损失函数通常用于回归模型中，计算单条样本预测值和目标值的差值的平方，具体的数学表达式如下：

$$L(Y,f(X))=(Y-f(X))^2$$

（3）指数损失函数

指数损失函数通常用于回归模型中，计算单条样本预测值和目标值的乘积，作为指数项，对于噪声点非常敏感，具体的数学表达式如下：

$$L(Y,f(X))=\exp(-yf(X))$$

（4）Huber 损失函数

Huber 损失函数是基于平方损失函数上的优化，给定一个超参数 $\delta$，当真实值和预测值的误差的绝对值小于等于 $\delta$ 时，损失函数等价于平方损失函数；大于等于 $\delta$ 时，损失函数接近于绝对值损失函数，具体的数学表达式如下：

$$L(Y,f(X))=\begin{cases}\frac{1}{2}(y-f(X))^2, \text{if } |y-f(X)|\leqslant\delta \\ \delta|y-f(X)|-\frac{1}{2}\delta^2, \text{otherwise}\end{cases}$$

Huber 损失结合了绝对值损失和平方损失，误差接近 0 时使用平方损失，使得损失函数可导且梯度更加稳定，误差较大的时候使用绝对值损失可以降低离群点的对损失函数的影响。

（5）Tweedie 损失函数

Tweedie 损失函数是模型对长尾数据进行建模时的优化，更多具体的信息在第 8 章有详细的介绍和应用，这里给出具体的数学表达式：

$$L(Y,f(X))=-\sum_i Y\cdot\frac{f(X)^{1-p}}{1-p}+\frac{f(X)^{2-p}}{2-p}$$

（6）0-1 损失函数

0-1 损失函数通常用于分类模型中，当预测值和目标值相等的时候损失函数值为 0，否则为 1。具体的数学表达式如下：

$$L(Y,f(X))=\begin{cases}1, \text{if } Y\neq f(X) \\ 0, \text{if } Y=f(X)\end{cases}$$

0-1 损失函数直白地表达了模型分类结果正确与否，很显然其结构是不连续的分段函数，不利于进行最小化求导。

（7）对数损失函数

对数损失函数是分类模型中常用的损失函数，它通常对在协变量 $X$ 的条件下预测结果为类别 $Y$ 的概率值取对数，具体的数学表达式如下：

$$L(Y,P(Y|X)) = -\log P(Y|X)$$

（8）合页损失函数

合页损失函数又称为 Hinge 损失函数，一般用作分类模型的损失函数。支持向量机模型的损失函数即 Hinge 损失函数，具体的数学表达式如下：

$$L(Y,f(X)) = \max\{0,1-yf(X)\}$$

## 5.2.2 正则化项

正则化项是目标函数的组成部分，是充当对损失函数惩罚的角色。一般来说有两种正则化项，一种是 L1 正则又称为 L1 范数，它是指权值向量 $\boldsymbol{\omega}$ 中各个元素的绝对值之和，通常可以表示为 $||\boldsymbol{\omega}||_1$；另一种是 L2 正则又称为 L2 范数，它是指权值向量 $\boldsymbol{\omega}$ 中各个元素的平方和，然后再求平方根，通常可以表示为 $||\boldsymbol{\omega}||_2^2$。

不论是 L1 还是 L2，其目的都是通过在损失函数后增加一项对参数 $\boldsymbol{\omega}$ 的约束，使得参数逐渐变小，模型复杂度不至于过高而产生过拟合的现象。虽然两者的目的都相同，但是 L1 正则可以产生 0 的权值，即能够在防止过拟合的同时做一些特征选择，达到稀疏化的目的。而 L2 正则只能快速地得到比较小的权值，却无法产生 0 权值。

为了更方便理解 L1 和 L2 正则的不同，下面以线性回归的平方损失为例，并假设只有两个参数向量为 $\omega^1$ 和 $\omega^2$，那么加了 L1 正则化项的目标函数为：

$$\text{Obj} = \sum_{i=1}^{N} (f(x_i) - y_i)^2 + |\omega^1| + |\omega^2|$$

如果把上面的公式可视化为图 5-6a 所示的等高线图，图中彩色椭圆是平方损失函数的等值线，黑色的正方形线框是 L1 正则化项，而两者首次相交的地方就是最优解。图示中的最优解恰好是正方形线框的顶点，此时最优解的参数对是（$0,\omega^2$），此时相当于把第一维特征给剔除掉。当然，还有很多情况下是正方形线框的四条边与彩色线条相交，此时两个参数均不为 0，然而真实情况中，

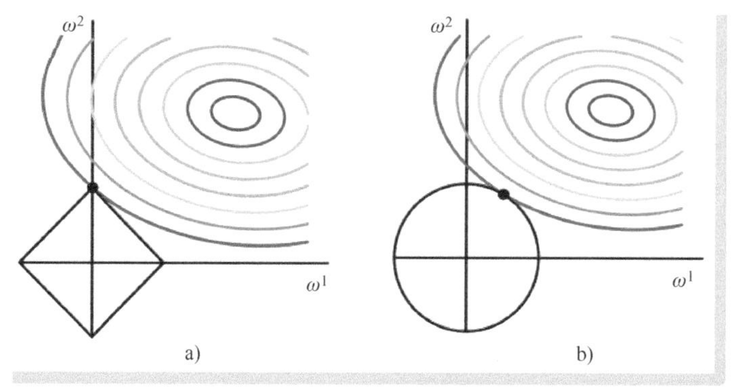


图 5-6　L1 和 L2 正则化

a）L1 正则化　b）L2 正则化

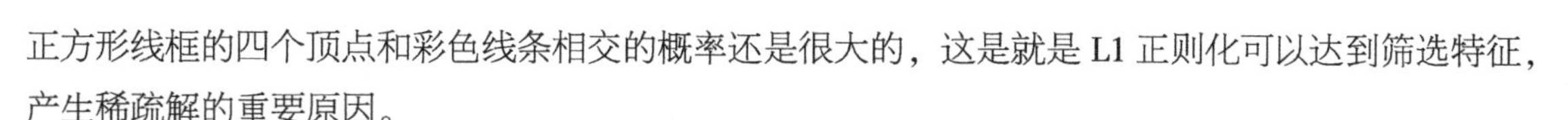

正方形线框的四个顶点和彩色线条相交的概率还是很大的，这是就是 L1 正则化可以达到筛选特征，产生稀疏解的重要原因。

同理，加了 L2 正则化项的目标函数为：

$$\text{Obj} = \sum_{i=1}^{N} (f(x_i) - y_i)^2 + |\omega^1|^2 + |\omega^2|^2$$

如图 5-6b 所示，L2 正则化的函数图像是个圆形，与 L1 正则化的正方形相比，在和损失函数的线条相交时，参数值等于 0 的概率小了许多。

## 5.2.3 不平衡数据集下对损失函数的优化

（1）Focal Loss

Focal Loss 的引入主要是解决样本不均衡的问题，其核心思想是把模型迭代优化的重心放在预测不准的样本上。Focal Loss 对于二分类问题的数学表达公式如下：

$$\text{Focal Loss} = \begin{cases} -\alpha(1-p)^{\gamma}\log(p), & \text{if } y=1 \\ -(1-\alpha)p^{\gamma}\log(1-p), & \text{if } y=0 \end{cases}$$

Focal Loss 通过超参数 $\alpha$ 和 $\gamma$ 对交叉熵损失权重的调控，将训练的重点转移到预测不准的样本上，Focal Loss 的实现代码如下。

```
1.def robust_pow(num_base, num_pow):
2.    return np.sign(num_base) * (np.abs(num_base)) ** (num_pow)
3.
4.def focal_loss_function(y_true, y_pred):
5.    """
6.    按 focal 公式设计的 focal loss function
7.    """
8.    print("Load focal loss")
9.    gamma_indct = function_params.get('gamma_indct')
10.   label = y_true
11.   sigmoid_pred = 1.0 / (1.0 + np.exp(-y_pred))
12.   g1 = sigmoid_pred * (1 - sigmoid_pred)
13.   g2 = label + ((-1) ** label) * sigmoid_pred
14.   g3 = sigmoid_pred + label - 1
15.   g4 = 1 - label - ((-1) ** label) * sigmoid_pred
16.   g5 = label + ((-1) ** label) * sigmoid_pred
17.   grad = gamma_indct * g3 * robust_pow(g2, gamma_indct) * np.log(g4 + 1e-9) + \
18.          ((-1) ** label) * robust_pow(g5, (gamma_indct + 1))
19.   hess_1 = robust_pow(g2, gamma_indct) + \
20.            gamma_indct * ((-1) ** label) * g3 * robust_pow(g2, (gamma_indct - 1))
21.   hess_2 = ((-1) ** label) * g3 * robust_pow(g2, gamma_indct) / g4
22.   hess = ((hess_1 * np.log(g4 + 1e-9) - hess_2) * gamma_indct +
23.           (gamma_indct + 1) * robust_pow(g5, gamma_indct)) * g1
24.   return grad, hess
```

（2）Dice Loss

Dice Loss 是通过调整损失函数来解决样本不均衡问题的另一种方法，它的原理和第 4 章介绍的分类问题评估指标 F1-score 值保持一致，因此 Dice Loss 也是直接对 F1-score 做优化，其数学表达公式为：

$$\text{Dice Loss} = 1 - \frac{2(1-p_1)^{\alpha} y_1 + \gamma}{p_1 + y_1 + \gamma}$$

Dice Loss 的实现代码如下。

```
1.def DiceLoss(targets, inputs, smooth=1e-6):
2.
3.    inputs = K.flatten(inputs)
4.    targets = K.flatten(targets)
5.
6.    intersection = K.sum(K.dot(targets, inputs))
7.    dice = (2 * intersection + smooth) / (K.sum(targets) + K.sum(inputs) + smooth)
8.    return 1 - dicev
```

## 5.3 模型结构优化——集成学习

第 4 章介绍了各种各样不同的机器学习模型，每个模型有各自的优缺点，而为了集成多个模型的能力，将多个模型组合在一起处理同一个预测任务来提高单个模型的预测精度的方法称为集成学习（Ensemble Learning）。常见的集成学习的方法有 Bagging、Boosting、Stacking，下面将一一介绍其原理和应用。

### 5.3.1 Bagging

Bagging 是最常见的集成学习方法之一，其核心思想是并行地训练多个基学习器，最终的预测结果由多个基学习器共同决定。为了更直观地了解 Bagging 的过程，图 5-7 给出了 Bagging 从数据采样到最终生成模型结果的过程。

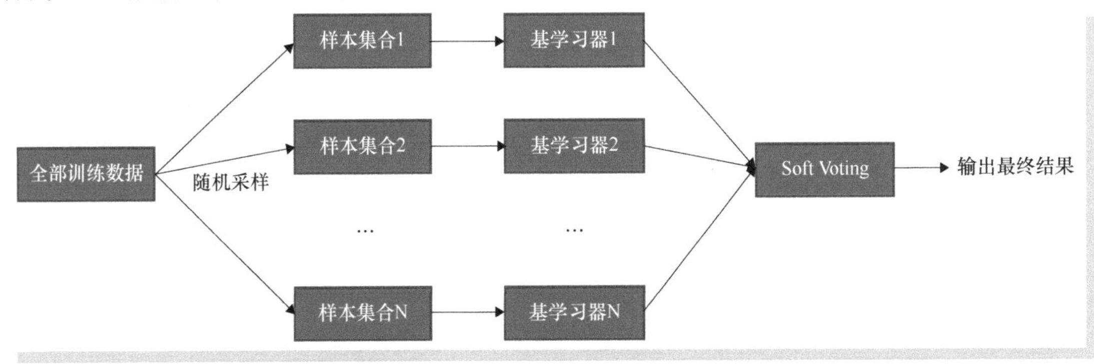


● 图 5-7　Bagging 从数据采样到最终生成模型结果的过程

采样为 $N$ 个不同的样本集合，每个样本集合上训练一个基学习器，Bagging 最终的结果是对所有的基学习器学习的结果进行综合处理。对于分类问题来说，综合处理的策略一般是投票法，投票法又分为软投票和硬投票两种。硬投票是同一条测试集样本被不同的基分类器给出多个预测类别结果，最终的结果是预测类别出现最多的类，软投票则是预测平均概率值最大的类别。对于回归问题来说，综合处理的策略一般是权值法，最简单的权值法就是将多个基回归模型的结果求平均。为了方便读者理解，下面以分类问题为例给出 Bagging 的实战代码。

```
1.import matplotlib.pyplot as plt
2.from sklearn import datasets
3.from sklearn.model_selection import train_test_split
4.from sklearn.metrics import accuracy_score
5.from sklearn.ensemble import BaggingClassifier
6.
7.data = datasets.load_wine(as_frame = True)
8.
9.X = data.data
10.y = data.target
11.
12.X_train, X_test, y_train, y_test = train_test_split(X, y, test_size = 0.25, random_
   state = 22)
13.
14.estimator_range = [2,4,6,8,10,12,14,16]
15.
16.models = []
17.scores = []
18.
19.for n_estimators in estimator_range:
20.    clf = BaggingClassifier(n_estimators = n_estimators, random_state = 22)

21.    clf.fit(X_train, y_train)
22.    models.append(clf)
23.    scores.append(accuracy_score(y_true = y_test, y_pred = clf.predict(X_test)))
24.
25.plt.figure(figsize=(9,6))
26.plt.plot(estimator_range, scores)
27.
28.plt.xlabel("n_estimators", fontsize = 18)
29.plt.ylabel("score", fontsize = 18)
30.plt.tick_params(labelsize = 16)
31.
32.plt.show()
```

代码的第 14 行给出了 Bagging 中不同基学习器的个数，第 25 行之后绘制了不同的基学习器个数的情况下，Bagging 的精度的变化，如图 5-8 所示。

可见并不是基学习器的个数越多越好，随着基学习器的个数的增加，模型最终预测的结果的精度可能会呈现下降的趋势，因此在选择 Bagging 做模型融合时，一定要选择合适的基学习器的个数。

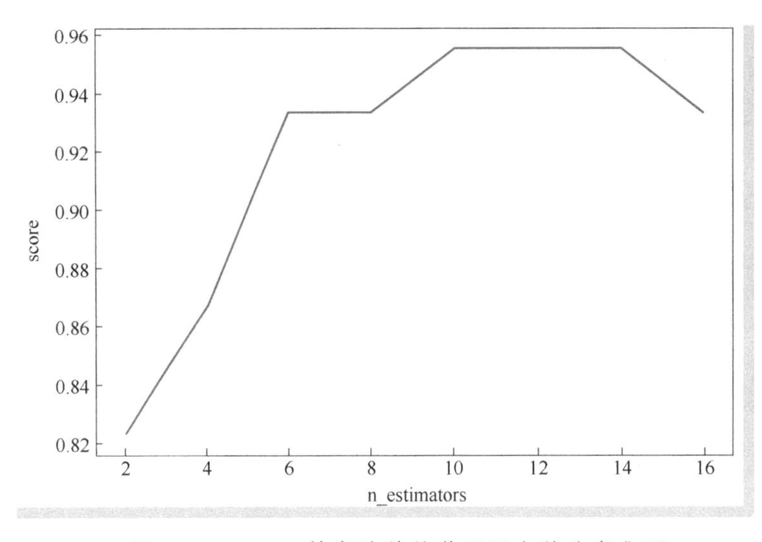


图 5-8　Bagging 精度随着基学习器个数的变化图

### 5.3.2　Boosting

Boosting 是和 Bagging 完全不同的一种集成学习方法，它的核心思想是串行地训练一系列基学习器，基学习器前后相互依赖，后一层的基学习器是对前一层基学习器预测错误的样本的修正和优化，最终的结果是每一层基学习器结果的加权。GBDT 是最主流的 Boosting 的方法之一，在第 4 章已经对 GBDT 算法有了详细的介绍，下面讲一下 Boosting 和 Bagging 两种集成学习方法的不同之处。

首先，Bagging 的训练数据集是在原始数据集中进行有放回的随机采样，这样每轮训练的样本是相互独立的，而 Boosting 每轮训练的样本都是原始数据集，只是每次权重发生变化。其次，最终的预测方式，Bagging 是将最终的结果进行平均或者采用投票法得出最终的结果，而 Boosting 每轮训练的弱分类器都有不同的权重，然后弱分类器带权重的结果加和为最终预测结果。最后，Bagging 的弱分类器相互独立，而 Boosting 每次的训练都依赖上一轮的训练结果。下面给出 Boosting 的应用代码。

```
1.from sklearn.ensemble import GradientBoostingClassifier
2.estimator_range = [2,4,6,8,16, 18, 20, 30]
3.
4.models = []
5.scores = []
6.
7.for n_estimators in estimator_range:
8.    clf = GradientBoostingClassifier(n_estimators = n_estimators, random_state = 22)
9.    clf.fit(X_train, y_train)
```

```
10.    models.append(clf)
11.    scores.append(accuracy_score(y_true = y_test, y_pred = clf.predict(X_test)))
12.
13.plt.figure(figsize=(9,6))
14.plt.plot(estimator_range, scores)
15.
16.plt.xlabel("n_estimators", fontsize = 18)
17.plt.ylabel("score", fontsize = 18)
18.plt.tick_params(labelsize = 16)
19.
20.plt.show()
```

### 5.3.3 Stacking

Stacking 不同于 Bagging 和 Boosting 模型，它是先训练多个不同的弱学习器，再用多个弱学习器对数据集分别进行预测，预测的结果作为新的训练数据，然后输入到新的基学习器中，从而得到最终的结果。为了方便读者理解，下面给出 Stacking 的训练过程，如图 5-9 所示。

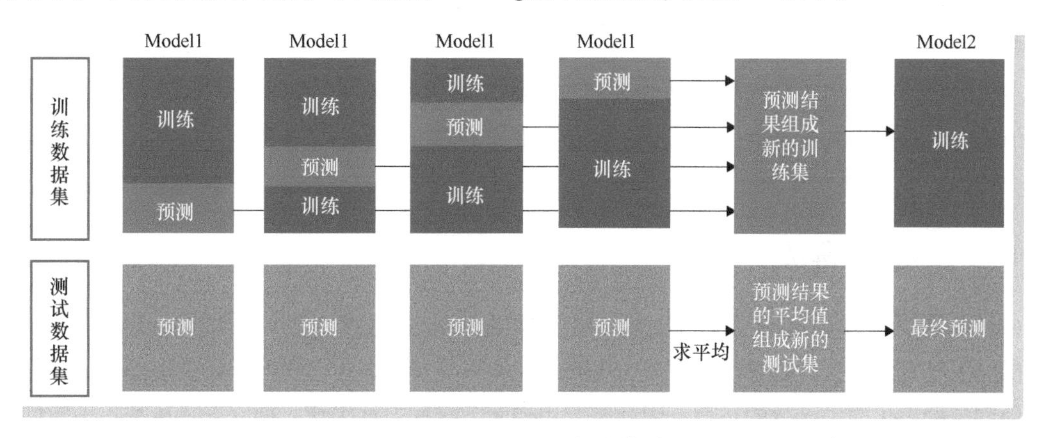


● 图 5-9 Stacking 的训练过程

图 5-9 中，首先将数据集分为训练集和测试集两部分，训练时选择 4 折交叉验证的方法，Model1 分别对验证集进行预测，然后将 4 份验证集合并为新的训练数据集。对测试集的处理是每一折交叉验证都用 Model1 对测试集进行预测，并将 4 份预测结果求平均作为新的测试集。此时，新的训练集和测试集均已生成，然后 Model2 对训练集和测试集分别进行训练和预测，这样得到测试集上最终的预测结果。下面给出 Stacking 的实战代码。

```
1.from sklearn.datasets import load_iris
2.from sklearn.model_selection import train_test_split
3.from sklearn import svm
4.from sklearn.tree import DecisionTreeClassifier
5.from sklearn.ensemble import GradientBoostingClassifier
```

```
6.from sklearn.linear_model import LogisticRegression
7.from mlxtend.classifier import StackingCVClassifier
8.from sklearn.metrics import accuracy_score
9.
10.svclf = svm.SVC(kernel='rbf', decision_function_shape='ovr', random_state=1024)
11.treeclf = DecisionTreeClassifier()
12.gbdtclf = GradientBoostingClassifier(learning_rate=0.7)
13.lrclf = LogisticRegression()
14.
15.stack_clf = StackingCVClassifier(
16.    classifiers=[svclf,treeclf, gbdtclf], meta_classifier=lrclf, cv=4)
17.
18.stack_clf.fit(X_train, y_train)
19.stack_clf_pred = stack_clf.predict(X_test)
20.print(accuracy_score(stack_clf_pred, y_test))
```

## 5.4 最优化算法

在机器学习模型中，对目标函数的求解方法称为最优化算法，最常见的求解方法是梯度下降法。但梯度下降也有其不足之处，因此在梯度下降的基础上衍生出了各种优化算法，本节将进行详细的介绍。

### 5.4.1 梯度下降法

（1）梯度下降

梯度下降算法的三大要素是出发点、下降方向和下降步长。对于机器学习模型而言，模型训练的过程均是最小化损失函数的过程，因此需要用梯度下降的方法求解。梯度下降法并不一定能求出全局最优解，对于凹凸不平的损失函数来说，梯度下降法很容易陷入局部最优中。当然如果损失函数是凸函数，那么梯度下降法一定可以找到全局最优解。

为了帮助读者更好地理解梯度下降的过程，下面给出线性回归模型的训练过程。假设线性回归模型的函数表达式为：$f(x)=\omega x+b$，其中 $\omega$、$b$ 是形状为 $n\times m$ 的矩阵，它表示梯度下降算法每次更新迭代的参数值，$n$ 代表样本数量，$m$ 代表特征数量，其对应的损失函数为：

$$L=\frac{1}{2n}\sum_{i=1}^{n}\left(f(x_i)-y_i\right)^2$$

对上述损失函数求梯度，其梯度表达式为$\frac{\partial(L)}{\partial(\omega,b)}$，然后用步长乘以损失函数的梯度值得到从当前位置下降的距离即 learning_rate * $\frac{\partial(L)}{\partial(\omega,b)}$，用当前的参数值减去当前位置的下降距离即为最新的参数值，以此类推，直到梯度下降距离收敛。

在整个梯度下降过程中，步长和初始值的选择尤为重要。步长过小，算法迭代过程中收敛得比较慢，需要增大步长，而步长过大又容易导致算法迭代过快，错过最优解。因此，步长的选择对算法的准确性和效率都至关重要。算法参数初始值的选择则有可能影响模型求解的最优值的结果，对于凸函数来说一定有全局最优，而对于非凸函数而言，初始参数值很容易影响模型选择的局部最优解。因此，在选择初始值时应该注意，需要选择使损失函数最小化的初始值。除了步长和初始值需要注意以外，样本是否进行归一化同样会影响梯度下降法求解最优值的效率，因此在建模之前最好对数据进行归一化的预处理。

（2）BGD/SGD/MBGD

BGD（Batch Gradient Descent，批量梯度下降）是梯度下降算法中最常见的形式，BGD每次迭代时都会批量使用所有的样本进行梯度更新，其优点是使用全量的样本能够更精确地找到梯度下降的方向。当损失函数为凸函数时，一定能慢慢收敛到全局最优值，其缺点也显而易见，当数据集过大时，使用全量的样本进行梯度值更新就会大大降低最优化求解的速度，尤其是有些样本对参数值更新并没有太大的作用。

SGD（Stochastic Gradient Descent，随机梯度下降）和BGD的原理类似，不同之处是求梯度时没有用全量数据而是随机选择一个样本来更新梯度值。很显然相较于BGD来说，SGD单次求解速度会快得多，但是由于每次只选择一个样本决定梯度方向和距离，其方向和距离很可能与理想的最优化方向背道而驰。因此，可能导致每次优化迭代的梯度方向变化很大，不是很容易收敛到局部最优解。

MBGD（Mini-batch Gradient Descent，小批量梯度下降）是批量梯度下降法和随机梯度下降法的折中，MGBD算法每次从$n$个样本中随机抽样出$x$条样本来更新梯度值。除了随机采样$x$条样本之外，MBGD算法的学习率会随着时间的推移而衰减。学习率衰减的好处是初期以比较大的步长锁定最优解所在区域，而当接近收敛时以比较小的步长在最优解附近震荡，以便更接近最优解。MBGD相较于BGD来说无须遍历所有样本，从而计算速度更快。随机采样$x$条样本同时也可以一定程度避免对参数更新贡献度较少的样本，相较于SGD来说，使用了多条样本，梯度更新的方向和距离相对较为精确。然而MBGD的梯度更新依然可能会出现震荡的情况，另外每一次随机抽样的样本数量对于MBGD寻找最优解也很重要。图5-10形象地展示了3种梯度下降算法寻找最优解的路径。

## 5.4.2 牛顿法和拟牛顿法

在机器学习求解无约束优化算法中，除了梯度下降算法之外，常见的还有牛顿法和拟牛顿法。牛顿法和梯度下降法的不同之处在于，牛顿法是通过计算二阶海森矩阵的逆矩阵进行求解，因此牛顿法收敛的速度更快，但是每次迭代计算二阶海森矩阵的逆矩阵比较耗时。下面具体介绍牛顿法和拟牛顿法的原理。

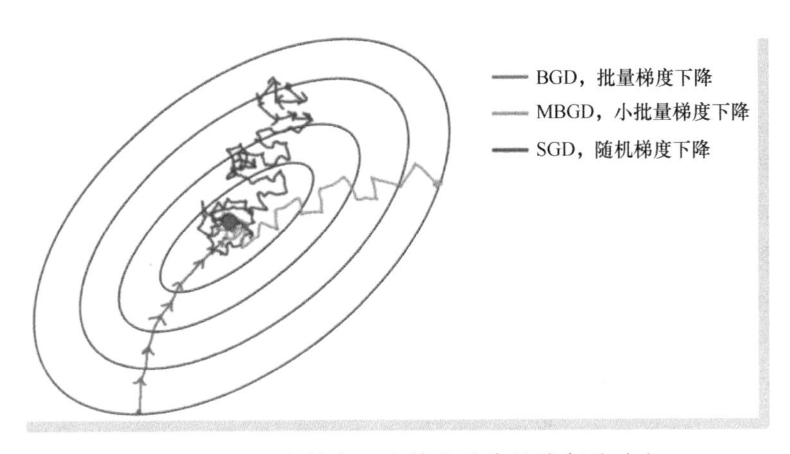


图 5-10　3 种梯度下降算法寻找最优解的路径

（1）牛顿法

假设无约束最优化求解的问题写成 $\min L(x)$ 的形式，$L(x)$ 为目标函数，假设 $L(x)$ 存在二阶连续偏导数，那么 $L(x)$ 在 $x_k$ 处的二阶泰勒展开式如下：

$$L(x)=L(x_k)+L'(x_k)(x-x_k)+\frac{1}{2}L''(x_k)(x-x_k)^2$$

上述二阶泰勒展开式对 $x$ 求导并令其等于 0：

$$L'(x_k)+L''(x_k)(x-x_k)=0$$

则得到梯度迭代公式：

$$x=x_k-\frac{L'(x_k)}{L''(x_k)}$$

令 $H(x_k)=\frac{1}{L''(x_k)}$，并将 $H(x_k)$ 命名为海森矩阵，令 $g(x_k)=L'(x_k)$，那么上式可以改写为：

$$x=x_k-H(x_k)^{-1}g(x_k)$$

上述公式即为牛顿法每次迭代的求解过程，比较耗时的是二阶海森矩阵的求解，故提出了用拟牛顿法解决这个问题。

相较于梯度下降法而言，虽然二阶海森矩阵比较耗时，但是求解出二阶导数大大加快了求解最优化值的路径，进而加快了模型的收敛速度。

（2）拟牛顿法

拟牛顿法是解决海森矩阵有时因无法保持正定而使得牛顿法失效的问题。拟牛顿法的基本思路是用近似于海森矩阵的正定对称矩阵来代替海森矩阵的逆，下面具体讲一下拟牛顿法做海森矩阵近似的过程。

通过对 $L(x)$ 进行二阶泰勒展开并求导数知道目标函数的导数形式可以写为：

$$\nabla L(x)=L'(x_k)+L''(x_k)(x-x_k)$$

用 $g_k$ 表示目标函数的一阶导数，$H_k$ 表示目标函数的二阶导数，那么上式可以改写为：

$$g_{k+1}=g_k+H_k(x_{k+1}-x_k)$$

令 $y_k=g_{k+1}-g_k$、$\delta_k=x_{k+1}-x_k$，那么则有：

$$y_k=H_k\,\delta_k$$

上式即为拟牛顿条件，拟牛顿法就是寻找一个和 $H_k$ 的近似矩阵来代替它。这个近似的矩阵需要满足上述的拟牛顿条件。常见的寻找近似的算法有 BFGS、L-BFGS 算法，这里不再赘述。

牛顿法相较于梯度下降算法而言，往往可以使模型的收敛速度变快，但是对于非凸函数而言的，牛顿法的收敛性往往难以保证，因此在深度学习中很少使用牛顿法做最优化求解方式。

### 5.4.3 Momentum/AdaGrad/RMSProp/Adam

本小节将介绍深度学习中常用的优化算法，分别有 Momentum、AdaGrad、RMSProp、Adam，它们基本都是基于梯度下降法的优化改造。

（1） Momentum

Momentum 又称为动量法，其通过给梯度下降法引入动量项的方法，达到加快梯度下降算法的收敛速度，减少震荡的目的。下面具体来看引入动量项的随机梯度下降过程。

1） 初始化参数值 $\theta$、初始动量 $v$、动量参数值 $\alpha$、学习率 $\epsilon$。

2） 第 $k$ 次迭代的参数值为 $\theta_k$，动量为 $v_k$。

3） 计算随机梯度下降的梯度值 $g_k$。

4） 更新动量项：$v_{k+1}=\alpha v_k-\epsilon g_k$。

5） 更新第 $k+1$ 次迭代的参数值：$\theta_{k+1}=\theta_k+v_{k+1}$。

6） 检查是否满足收敛的条件，如果满足停止迭代，否则返回到 2） 进行下一次的参数迭代。

动量法中动量的概念类似于物理学上的动量思想。动量项的更新包括两项：第一项是历史动量项 $v_k$ 和参数 $\alpha$ 的乘积，参数 $\alpha$ 控制历史动量的方向和距离对当前动量的影响程度；第二项是梯度项 $g_k$ 和学习率 $\epsilon$ 的乘积，这一项和随机梯度下降相同。

（2） AdaGrad

AdaGrad （Adaptive Gradient） 主要是对梯度下降法中的步长（学习率） 进行优化。我们知道梯度下降法的步长依赖于一开始的手动设定，如果设置得过小会导致模型收敛很慢，如果设置得过大会导致算法不容易找到最优值。因此，寻找一个合适的步长对于梯度下降算法来说是个重点也是个难点。AdaGrad 就是用来解决上述手动设定步长的问题，它依据历史梯度值来动态地调整学习率，而且每个参数的学习率均不相同，具体的参数更新公式如下：

$$\theta_{k+1}=\theta_k-\frac{\epsilon}{\sqrt{\sum_{i=0}^{k}(g_i)^2}}g_k$$

式中，$\epsilon$ 为步长，$g_k$ 为第 $k$ 次迭代计算的梯度值，通过 AdaGrad 梯度值 $g_k$ 前的系数 $\frac{\epsilon}{\sqrt{\sum_{i=0}^{k}(g_i)^2}}$ 可知，其步长的动态调整和历史的梯度值相关。随着梯度值的变大，系数项会越来越小，即整体的学习率会减少，从而达到当迭代收敛到最优解时，不轻易错过最优解的目的。

(3) RMSProp

RMSProp（Root Mean Square Prop）和 AdaGrad 算法很像，唯一不同之处在于对步长的处理上，其并不是直接除以累积平方梯度，而是通过增加一个衰减系数来控制历史梯度对步长的影响程度。具体的参数更新步骤如下。

1）初始化参数值 $\theta$、学习率 $\epsilon$、衰减系数 $\rho$、小常数 $\xi$。

2）第 $k$ 次迭代的参数值为 $\theta_k$。

3）计算梯度下降的梯度值 $g_k$。

4）更新累积平方梯度：$s_{k+1}=\rho s_k+(1-\rho)(g_k)^2$。

5）更新 $k+1$ 次迭代的参数值：$\theta_{k+1}=\theta_k-\frac{\epsilon}{\sqrt{s_{k+1}+\xi}}g_k$。

6）检查是否满足收敛条件，如果满足停止迭代，否则返回到 2）进行下一轮的参数迭代。

通过上述 RMSProp 的过程可知，其和 AdaGrad 最大的不同就是对于累积平方梯度的处理。AdaGrad 对于累积平方梯度的计算是 $s_{k+1}=s_k+(g_k)^2$，直接用到了全部的历史梯度的平方，而 RMSProp 通过衰减系数 $\rho$ 来控制有多少历史信息参与到对学习率 $\epsilon$ 的放缩中，从而解决了 AdaGrad 中因为用到全部的历史梯度引发的学习率急剧下降的问题。

(4) Adam

Adam（Adaptive Moment Estimation）是结合 RMSProp 算法和 Momentum 算法来进行自适应学习率计算的方法。下面给出 Adam 进行参数更新的步骤。

1）初始化参数值 $\theta$、学习率 $\epsilon$、衰减系数 $\rho_1$、衰减系数 $\rho_2$、小常数 $\xi$。

2）第 $k$ 次迭代的参数值为 $\theta_k$。

3）计算梯度下降的梯度值 $g_k$。

4）更新动量项：$v_{k+1}=\rho_1 v_k+(1-\rho_1)g_k$。

5）更新累积平方梯度项：$s_{k+1}=\rho_2 s_k+(1-\rho_2)(g_k)^2$。

6）更新第 $k+1$ 次迭代的参数值：$\theta_{k+1}=\theta_k-\frac{\epsilon}{\sqrt{s_{k+1}+\xi}}v_{k+1}$。

7）检查是否满足收敛条件，如果满足停止迭代，否则返回到 2）进行下一轮的参数迭代。

可见，Adam 完全结合了 RMSProp 和 Momentum 算法对参数值更新的方法，同时具有两者的优点，其中动量项可以使得梯度下降的速度加快，而累积平方梯度项可以动态地调节学习率，使得其迭代过程中的震荡幅度减小。

# 5.5 模型参数优化

机器学习模型的参数优化是指通过参数的调整使得模型在验证集的表现最佳。通常机器学习/深度学习模型中存在着成千上万的参数，一类参数是模型内部的权重，其随着模型训练过程动态优化；另一类是诸如学习率这样的超参数，其是在模型训练前就设定好的，通常情况下模型参数优化是指对模型超参数的优化。

## 5.5.1 模型调参要素

在模型调参之前需要明确的是损失函数，因为模型调参最主要的目标就是减少验证集上损失函数的大小，用数学公式表达如下：

$$\lambda^* = \operatorname{argmin} E_{(D_{\text{train}}, D_{\text{valid}}) \in D} V(L, \lambda, D_{\text{train}}, D_{\text{valid}})$$

式中，$V$ 表示验证集，$L$ 表示损失函数，$\lambda$ 表示模型的参数集合，$\lambda^*$ 表示在所有的模型参数集合里找到的能使验证集上损失函数最小的最佳参数。

在明确了损失函数之后，还需要关注所选模型的类型。不同类型的模型，参数的重要性自然也不同。对于树模型来说重要的参数是决定树结构的参数，如树的深度、叶子节点的个数等。对于深度学习模型来说是决定网络结构的参数，如神经元的个数、网络的深度等。在调参之前一定先弄清楚哪些参数对于模型来说是重要的，以此降低调参时间成本和参数复杂度。除了需要抓重点参数进行调整之外，还需要注意一开始调参的时候为了降低时间成本，一般在随机采样的小样本集上进行调整。

模型参数范围的选取和调参方法的选择同样影响调参的效率。对于一些通用的参数，如学习率、正则化项等，一般都有一些经验参数值，可参考并逐个进行尝试，对于参数范围的选择可以考虑用从粗到细分段的方法逐步调整。调参的方法一般分为手动调参和自动化调参两种，手动调参比较依赖经验，自动化调参可以减少对经验的依赖，输入参数范围即可自动找出最优的参数配置。自动化超参选择如图 5-11 所示。常见的自动化调参的方法可以分为 Model-Free 和 Model-Based 两种，Model-Free 的方法有网格搜索、随机搜索，常见的 Model-Based 方法有贝叶斯优化等。下面将分别介绍这几种调参方法，并给出实战案例。

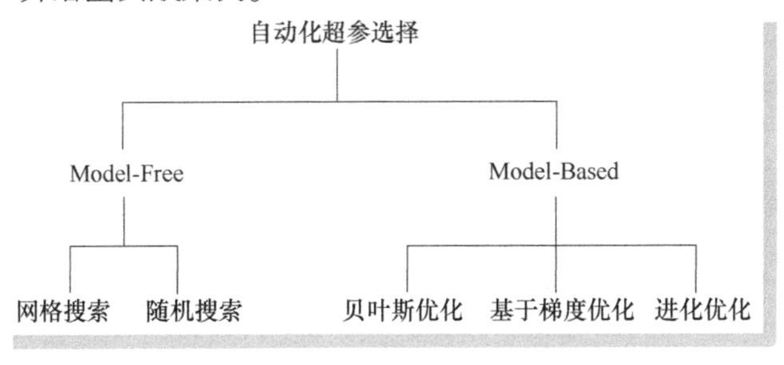


图 5-11　自动化超参选择

## 5.5.2 网格搜索

网格搜索是对每个超参数设置网格，针对所有超参数的组合训练模型，并在验证集上进行评分，将评分高的参数选择出来作为最优参数，图 5-12a 为标准的网格搜索。网格搜索遍历了所有参数的可能性组合，因此找出的参数配置一定是全局最优的，但问题是其十分消耗计算资源。

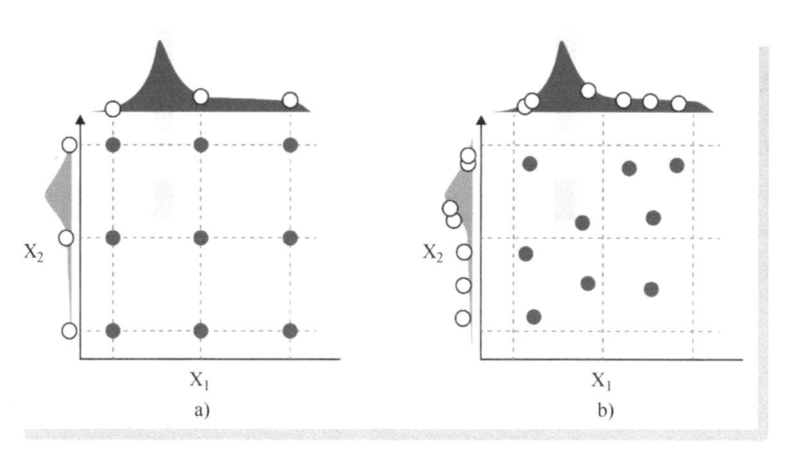


图 5-12 网格搜索和随机搜索

a）网格搜索 b）随机搜索

网格搜索的示例代码如下。

```
1.import lightgbm as lgb
2.import numpy as np
3.from sklearn.model_selection import GridSearchCV
4.from sklearn.datasets import load_boston
5.from sklearn.model_selection import train_test_split
6.
7.def GridSearch(clf, params, X, y):
8.    cscv = GridSearchCV(clf, params, scoring='neg_mean_squared_error', n_jobs=-1, cv=5)
9.    cscv.fit(X, y)
10.   print(cscv.cv_results_)
11.   print(cscv.best_params_)
12.
13.boston = load_boston()
14.X = boston['data']
15.y = boston['target']
16.X_train, X_test, y_train, y_test = train_test_split(X, y, test_size = 0.30,random_state =
   1024)
17.
18.param = {
19.       'objective':'regression',
```

```
20.         'n_estimators': 275,
21.         'max_depth': 6,
22.         'min_child_samples': 20,
23.         'lambda_l2': 0.1,
24.         'lambda_l1': 0.1,
25.         'metric': 'rmse',
26.         'colsample_bytree': 1,
27.         'subsample': 0.8,
28.         'num_leaves' : 40,
29.         'random_state': 2018}
30.regr = lgb.LGBMRegressor(**param)
31.adj_params = {'learning_rate': [0.01, 0.015, 0.025, 0.05, 0.1],
32.             'n_estimators': range(100, 400, 10),
33.             'min_child_weight': range(3, 20, 2),
34.             'colsample_bytree': np.arange(0.4, 1.0),
35.             'max_depth': range(5, 15, 2),
36.             'subsample': np.arange(0.5, 1.0, 0.1),
37.             'lambda_l2': np.arange(0.1, 1.0, 0.2),
38.             'lambda_l1': np.arange(0.1, 1.0, 0.2),
39.             'min_data_in_leaf': range(10, 30)}
40.
41.GridSearch(regr, adj_params, X_train, y_train)
```

其中，使用了 sklearn 自带的 GridSearchCV 的方法，这个方法中最重要的参数有两个，分别是 cv 和 scoring。cv 表示交叉验证的折数，scoring 表示对模型打分的方法，这里的 neg_mean_squared_error 方法等同于 mse。

### 5.5.3 随机搜索

随机搜索和网格搜索不同的地方在于它并不是遍历所有超参数的组合，而是随机选取一些组合进行建模和评分，它认为只要样本空间足够大，随机搜索也可以找到近似全局最优的参数配置。随机搜索如 5.5.2 小节中图 5-12b 所示，使用随机搜索选择最优参数的代码示例如下。

```
1.from sklearn.model_selection import  RandomizedSearchCV
2.
3.def RandomSearch(clf, params, X, y):
4.    rscv = RandomizedSearchCV(clf, params, scoring='neg_mean_squared_error', n_jobs=
  -1, cv=5)
5.    rscv.fit(X, y)
6.    print(rscv.cv_results_)
7.    print(rscv.best_params_)
8.
9.param = {
10.         'objective': 'regression',
11.         'n_estimators': 275,
```

```
12.        'max_depth': 6,
13.        'min_child_samples': 20,
14.        'lambda_l2': 0.1,
15.        'lambda_l1': 0.1,
16.        'metric':'rmse',
17.        'colsample_bytree': 1,
18.        'subsample': 0.8,
19.        'num_leaves' : 40,
20.        'random_state': 2018}
21.regr = lgb.LGBMRegressor(**param)
22.adj_params = {'learning_rate': [0.01, 0.015, 0.025, 0.05, 0.1],
23.            'n_estimators': range(100, 400, 10),
24.            'min_child_weight': range(3, 20, 2),
25.            'colsample_bytree': np.arange(0.4, 1.0),
26.            'max_depth': range(5, 15, 2),
27.            'subsample': np.arange(0.5, 1.0, 0.1),
28.            'lambda_l2': np.arange(0.1, 1.0, 0.2),
29.            'lambda_l1': np.arange(0.1, 1.0, 0.2),
30.            'min_data_in_leaf': range(10, 30)}
31.RandomSearch(regr, adj_params, X_train, y_train)
```

### 5.5.4 贝叶斯优化

网格搜索和随机搜索的问题在于，它们是一种不依赖任何历史评测结果，独立对每一组超参数进行搜索的参数优化工具。这种特性会导致它们的寻参效率比较低，面对海量样本空间和复杂的模型参数空间时，往往无法高效地给出参数优化的结果。贝叶斯优化会结合上一次的参数选择结果来选择本次最有可能最优的参数，从而避免在得分低的参数区域浪费时间。Hyperopt 是一个开源的 Python 库，它实现了贝叶斯优化，是常用的贝叶斯参数优化的开源工具，Hyperopt 使用实例的代码如下。

```
1.from sklearn.model_selection import cross_val_score
2.from sklearn.metrics import auc, confusion_matrix, classification_report, accuracy_
  score, roc_curve, roc_auc_score
3.from hyperopt import tpe
4.from hyperopt import STATUS_OK
5.from hyperopt import Trials
6.from hyperopt import hp
7.from hyperopt import fmin
8.
9.cancer = datasets.load_breast_cancer()
10.X = cancer['data']
11.y = cancer['target']
12.X_train, X_test, y_train, y_test = train_test_split(X, y, test_size = 0.30,random_state
   = 1024)
13.N_FOLDS = 5
```

```
14.MAX_EVALS = 10
15.
16.def objective(params, n_folds = N_FOLDS):
17.    clf = lgb.LGBMClassifier(is_unbalanced = True,
18.                            application ='binary',
19.                            objetive = 'binary',
20.                            metric ='auc',
21.                            **params,random_state=9700)
22.    scores = cross_val_score(clf, X_train, y_train, cv=n_folds,  scoring='roc_auc')
23.    best_score = max(scores)
24.    loss = 1 - best_score
25.    return {'loss': loss, 'params': params, 'status': STATUS_OK}
26.
27.space = {
28.    'num_leaves':  hp.choice('num_leaves', range(50,100)),
29.    'max_bin':  hp.choice('max_bin', range(20,100)),
30.    'min_data_in_leaf':  hp.choice('min_data_in_leaf', range(300,1000)),
31.    'num_iterations':  hp.choice('num_iterations', range(100,1000)),
32.    'min_sum_hessian_in_leaf':  hp.choice('min_sum_hessian_in_leaf', range(20,60)),
33.    'max_depth':  hp.choice('max_depth', range(3,8)),
34.    'feature_fraction':  hp.uniform('feature_fraction', 0.2, 0.5),
35.    'subsample':  hp.uniform('subsample', 0.5, 0.9),
36.    'bagging_fraction':  hp.uniform('bagging_fraction', 0.5, 0.9),
37.    'learning_rate':  hp.uniform('learning_rate', 0.001, 0.1),
38.    'lambda_l1':  hp.uniform('lambda_l1', 0.0001, 1),
39.    'lambda_l2':  hp.uniform('lambda_l2', 0.0001, 1)
40.
41.}
42.
43.tpe_algorithm = tpe.suggest
44.
45.# Trials object to track progress
46.bayes_trials = Trials()
47.
48.# Optimize
49.best = fmin(fn=objective, space=space,algo=tpe.suggest, max_evals=MAX_EVALS, trials
   =bayes_trials)
```

模型优化技术通常是机器学习模型从1~10优化迭代的利器，然而并不是所有的优化方法都适用，读者应结合实际的业务数据选择合适的优化方法。

# 计算广告：广告点击率预估

在互联网高速发展的时代，广告形式逐渐从传统的线下广告扩展为线上广告和线下广告相结合的方式。生活中，不管是浏览网页还是使用移动端App，都会发现在线广告无处不在。而计算广告就是基于在线广告的形态，结合大数据技术、机器学习、深度学习等多门人工智能学科发展而来的新领域。本章将介绍计算广告的基本概念和常见的业务场景，并重点给出点击率预估场景的实战案例。

## 6.1 业务场景介绍

### 6.1.1 计算广告概述

广告是相当庞大的行业，据统计广告行业的整体收入占美国GDP的2%，随着互联网时代的到来、计算机科学的爆发式成长、移动终端的迅速普及，在线广告在需求和供给两端得到了迅猛的发展。广告主不再满足“广撒网”式的广告投放，而更多地关注针对性强的在线广告投放方式，所谓的“针对性”强是指对不同偏好的用户进行定向投放，更精准地寻找有需求的用户，从而提升广告主的投入产出比。同样，用户作为需求方也不再一味地接受垃圾广告，而是希望广告能够精准地满足个体需求，有较好的广告质量。因此，随着供需双方对广告的诉求升级，应用大数据技术、机器学习技术来满足供需双方诉求的计算广告学应运而生。

1. 计算广告的概念和意义

在介绍计算广告之前，先来了解下什么是广告以及广告存在的意义。从狭义上讲，广告是一种市场营销行为，用于劝说用户，从而引发购买产品或者购买服务的行为；从广义上讲，广告是一切为了沟通信息、促进认识的广告传播活动。无论是否用于商业领域，是否以盈利为运营目标，只要具备广告的基本特征，都可以称为广告活动。可见，无论从狭义上还是广义上，广告都至少具有两个角色，一个是广告内容本身，另一个是广告受众。而广告的目的除了普遍的商业目的之外，还包含公益目的等，因此广告更像是广告主和用户之间沟通信息、促进认知的传播媒介。

（1）计算广告的概念

计算广告是随着互联网科技的发展而在广告领域新兴的一门学科，它涉及大数据技术、文本分析、机器学习、运筹优化、经济学、心理学等多门交叉学科。2008年，雅虎资深研究员Andrei Broder首次提出了计算广告学的概念，其英文全称为Computational Advertising，他认为计算广告在继承传统广告核心理论的同时，将计算理论方法应用到广告学中。本质上来说，计算广告学与传统广告学最大的不同有两点：一是运用多门交叉学科进行科学的广告决策；二是其通过计算技术的手段达到广告的精细化投放，从而实现广告主商业利益最大化的目的。而这两点也是“计算”的终极意义所在。

（2）计算广告的意义

传统广告的执行流程可以归结为策划、创意、投放、结案4个阶段，策划阶段通常是将整个广告活动的大纲方案和排期定下来，创意阶段通常是确定广告的内容这些更偏细节的事情，投放阶段通常是把确定好的完整方案通过纸媒或者电视广告的方式进行广而告之，结案阶段往往是在广告投放后的一段时间内，对带来的商业收益进行的评估。传统广告往往存在周期长、效果难解释、投放效率不高、难归因等各种各样的问题，在出现了在线广告之后，结合大数据技术和机器学习技术，广告商可以合理决策每次投放在线广告的时候应该定向哪部分人群，又如何对不同的人群进行个性化展示，从而进一步提高了广告的投入产出比。计算广告除了可以更合理地投放广告之外，广告的效果也可以进行实时追踪和分析，从而进一步指导投放决策的优化方向。

### 2. 在线广告的展示形态

现如今，随着媒体方式的不断丰富，在线广告的展现形式变得多种多样，尤其随着近几年短视频平台的爆发，直播带货、信息流视频广告成了影响人们生活的新兴在线广告。下面简单介绍一下主流的在线广告形态。

（1）展屏广告

用户打开Web网站或者打开一个移动端App时，往往会有一个展屏广告铺满整个屏幕，展屏广告一般会持续展示3~10s的时间，用户也可以选择跳过，展屏广告有点类似于传统广告中的品牌广告，旨在树立品牌形象，从而提高品牌的市场占有率。

（2）条幅广告

条幅广告往往是嵌入在页面固定位置的图片，图片上会给出广告展示的产品内容，为了引导用户对条幅广告进行点击，往往还会增加产品折扣信息和活动信息。条幅广告的位置很重要，在网页中醒目的位置的条幅广告容易有更高的曝光和点击量。

（3）邮件广告

邮件广告是指通过互联网把广告发送到用户的电子邮箱内，一般邮件广告是用户在网站上进行订阅的期刊、新闻，或者是一些商品的优惠降价信息等。但是邮件广告也经常会有垃圾广告的情况，用户可以通过对邮件软件进行设置来屏蔽垃圾广告。邮件广告有针对性强、费用低廉的优点，但是同样邮件广告被用户打开点击的概率比较低，同时垃圾邮件的存在会引起用户的反感。

（4）视频广告

视频广告是当今最主流的广告形式，它是将广告创意浓缩在一段动态视频里，通常在视频内容播放之前或者视频中间插放，或者在信息流中插入视频广告。现如今，随着短视频直播带货的火爆，直播广告也是视频广告的一种新形式。视频广告最大的优势是内容丰富更抓人眼球，因此可以吸引到更多的受众，此外优质的视频广告内容还可以达到宣传品牌的效果。

（5）游戏广告

游戏广告一般是指嵌入在各种各样的游戏中的广告。游戏广告大部分以激励视频的形式存在，主要是通过看视频来获得游戏中的积分以激励用户看视频或者图文广告。游戏广告一般观看率和观看完成度比较高，广告效果比较好。

### 3. 在线广告的种类

在线广告主要分为合约广告、竞价广告、程式化交易广告，在详细介绍这 3 类广告之前将会以表格的形式梳理下计算广告相关的术语。

（1）计算广告相关术语

表 6-1　计算广告相关术语

| 术　语 | 意　义 |
|---|---|
| 广告主 | 指有广告需求的商业公司，通常也称为需求方（Demand） |
| 媒体 | 指网站或者 App，有广告位可以租赁的平台，通常也称为供给方（Supply） |
| 受众 | 指广告活动的被动参与方，多指广告的观看者 |
| DSP | DSP（Demand-Side Platform，需求方平台）通常为需求方提供实时竞价的投放平台，用户可以在投放平台上管理各种各样的广告和针对性地投放策略，投放策略包括受众标签、投放频次、预算、时间、出价逻辑等，可以结合机器学习模型对投放策略进行个性化定制 |
| SSP | SSP（Supply-Side Platform，供给方平台）通常为供给方提供广告位管理、广告素材管理、广告活动配置等功能，满足供给方在广告位管理、投放、效果分析等多个环节中的自动化需求 |
| DMP | DMP（Data Management Platform，数据管理平台）通常为需求方和供给方提供整合数据、数据分析、数据管理等 |
| ADX | ADX（Ad Exchange，广告交易平台）通常广告交易平台同时接入大量的 DSP 和 SSP 数据，给供需双方提供一个安全高效的交易场所，如将 SSP 的广告位以拍卖的形式卖给 DSP 方，DSP 方决定广告具体的投放策略等 |
| CRM | CRM（Customer Relationship Management，客户关系管理平台）通常将企业来自不同渠道的用户汇总到同一个平台中，并为企业提供存储管理存量用户和潜在用户的服务 |
| PV | PV（Page View，一定周期内页面的浏览数量）通常是衡量一个页面受欢迎程度的重要指标 |
| UV | UV（Unique Vistor，一定周期内访问页面的独立用户数）通常是衡量页面受众广泛性的重要指标 |

（续）

| 术　语 | 意　义 |
| --- | --- |
| CTR | CTR（Click Through Rate，点击率）（以广告为例）通常是用广告的点击数量除以广告的展示数量，CTR是衡量广告效果的重要指标之一 |
| CVR | CVR（Click Value Rate，转化率）（以广告为例）通常是下载App或购买商品的数量除以点击广告并到达产品页面的数量 |
| CPM | CPM（Cost Per Mille，每千次展示收费）是最常见的广告收费模式，通常不考虑点击次数、转化次数，而是达到千次展现就进行收费 |
| CPA | CPA（Cost Per Action，每次动作收费），这里的动作通常是指有效转化，如用户进行App下载、平台注册、商品购买等 |
| CPC | CPC（Cost Per Click，每次点击收费），即无论广告被展示了多少次，只要用户没有产生点击行为就不收费 |
| CPT | CPT（Cost Per Time，按单次合约指定播放时长收费）通常用在合约广告中，表示某个广告位在指定的时间段播放指定广告主的广告，按广告播放的时长收费 |
| ROI | ROI（Return On Investment，投入产出比），即每投资一元，所获得的毛利占比有多少，ROI是衡量广告投放效果的重要指标之一 |
| RTB | RTB（Real Time Bidding，实时竞价）是计算广告形态中的一种，通过机器学习和运筹优化算法对在线广告进行实时估值并出价 |
| eCPM | eCPM（effective Cost Per Mille，预估的每千次展示收益）（和CPM略有不同，CPM通常指每千次成本，是指具体的结算方式）的计算可以分解为1000 * CTR * 单次点击价值，其中CTR是预估的点击率 |
| oCPM | oCPM（optimized Cost Per Mille，优化后的每千次展示收费）本质也是按照CPM结算，但是会根据点击率和转化率进行优化。oCPM的计算可以分解为1000 * CTR * CVR * 单次转化价格，其中CTR和CVR都是预测的值 |

（2）合约广告

合约广告主要是在线广告发展初期的产品形态，其逻辑和线下的合约广告类似，需求方委托广告代理公司进行广告的在线投放。广告代理公司和供给方签订商业合约，确保供给方固定的广告位在指定的时间段投放需求方的指定广告，同时需求方一次性按所签订的商业合约支付相应的广告费用。这种合约广告的优势是简单、直接、单次交易、无强技术依赖，但是同样相对粗粒度的投放方式会导致成本和收益不可控，并且不具备一个相对理性的投放策略。

合约广告为了解决粗粒度投放带来的成本、收益不可控的情况，逐渐演变出了以CPM为收费方式、担保式投送的受众定向广告。担保式投送（Guaranteed Delivery，GD）是指供给方按照合约上签订的投放量下限进行投放，若供给方未能达到合约中的投放量下限，那么可能需要需求方承担一定的赔偿。受众定向广告的核心是“广告位”和“人群标签”，通过对受众的分析进行定向投放。这种投放方式结合了在线广告的关键优势，同时也兼顾到了线下广告的传统习惯，因此早期被需求方和供给方接受的程度很高。综合来看，担保式投送的受众定向广告需要解决以下3个核心问题。

1）受众定向标签。如何给受众构建合理的标签？受众定向标签主要是根据收集到受众基本信息、历史行为、上下文等一切可以刻画用户特征的数据，通过数据分析或者机器学习的方法进行打标签，其中常用的机器学习方法有：无监督学习的聚类算法，有监督学习的主题挖掘、文本分类等算法。

2）事前流量预测。不同人群的流量不同，如何事先知晓广告位的总流量，以帮助事前签订合理的合约？流量预测的主要目的是为了指导合理的事前定量，作为在线流量分配的输入进行总流量的约束，对竞价广告中的价格进行指导。流量预测的业务问题可以描述为根据受众定向标签预估在未来一段时间内这些受众的广告展示量。流量预测更偏向于一个时序预测问题，对于周期性规律很强的流量数据，可以直接通过历史数据进行时序分析预测。而对于简单方法无法解决的时序数据，可以通过 ARIMA、Prophet、LSTM、Transformer、DeepAR 等常见的时序模型进行预估。相关的算法可以参考第 8 章的时序预测算法。

3）在线流量分配。如何进行合理的在线流量分配，以确保能够满足合约中的投放量下限？在线流量分配是个典型的有约束的最优化问题。假设 $i$ 表示第 $i$ 次广告展示、$r$ 表示收入、$q$ 表示成本、$d$ 表示投放量、$D$ 表示需求方的投放总量，那么在线流量分配问题用数学的方式描述如下：

$$\max \sum_{i=1}^{T} (r_i - q_i)$$

$$\text{s.t.} \sum_{i=1}^{T} d_i \leqslant D$$

最优化项表示对于每次展示的和需要找到最大利润，约束项表示 $T$ 次展示量的和需要满足合约广告所签订的投放总量 $D$。通常最优化问题分为无约束优化、带等式约束优化、带不等式约束优化 3 种，在线流量分配问题是典型的带线性不等式约束的最优化求解，一般可以通过动态规划、线性规划、整数规划等方法进行求解。

合约广告的核心在于广告的投放量在一开始签订合约时已经定好，对投放量需要有严格的约束，这样使得广告的投放缺乏灵活性，但同时对于品牌性质强的广告而言，投放量能够保证良好的优势。

（3）竞价广告

竞价广告是完全不同于合约广告的新的广告类型。“竞价”说明了广告位的售卖是通过多个需求方进行竞争、博弈而最终确定展示的价格，而非一次性指定统一价格。起初，竞价广告的出现是为了解决无法以合约形式售卖的剩余流量该如何变现的问题，供给方会把剩余流量以竞价广告的方式提供给中小广告主，后来随着竞价广告本身对人群细粒度的定向和对流量的合理分配变得越来越主流。竞价广告本身对 eCPM 需要有更准确的预估，另外参与竞价广告的中小广告主虽然规模有限，但数量却很多，因此竞价广告需要大数据、机器学习的技术对广告进行合理、高效的投放。

竞价广告有两种形式，其中一种是搜索式的竞价广告。它一般的展示形式是用户通过搜索引擎搜索某个关键词，关键词相关内容的展示位置从上到下优先级降低，排在前面的广告位更容易被用户看到，因此价格相对可能更高。而在用户一次搜索的过程中，搜索网站需要在毫秒级的时间内决策出将哪些广告放在哪些位置。由上述的过程可知，搜索广告关键环节有两个，一个是对用户搜索词进行广告匹配，另一个是综合广告主的出价策略决定特定广告位投放的内容。

在搜索词匹配阶段，供给方会根据用户搜索的关键词在广告库里进行匹配，匹配的方法一般有精准匹配、模糊匹配、短语匹配等。通过匹配产生一系列的相关广告候选集，此时的候选集往往是规模庞大的，无法在展示页面一一展示。那么如何在候选集合中挑选出更适合本次展示的广告呢？竞价广告的排序主要是根据 eCPM 的大小排序，表 6-1 中已知，eCPM 的计算主要是预估点击率乘以单条点击价值，通常点击率可以用机器学习模型进行精准的预估。

搜索网站的广告位置决策依据主要来源于拍卖机制中的定价策略，它主要是解决在同一时间的同一个广告位拍卖中，各广告主给出他们各自的出价，供给方由此结合预估的点击率计算出相应的 eCPM，供给方据此选择哪个广告主的出价使得市场收益最大化。为了更好地理解竞价广告的定价策略机制，表 6-2 给出了常见的拍卖机制。

表 6-2　常见的拍卖机制

| 拍卖类型 | 拍卖方式 | 分配规则 | 支付金额 | 竞价过程是否透明 | 常见拍卖场景 |
| --- | --- | --- | --- | --- | --- |
| 升价拍卖（又称英式拍卖） | 传统的拍卖方式，参与竞买者逐步加价，直至只剩下最后一个竞买者 | 最终出价最高者得 | 最高的报价 | 是 | 艺术品拍卖 |
| 降价拍卖（又称荷兰式拍卖） | 售出者从一个很高的价格开始喊价，并逐步降价直至有人愿意购买 | 最终出价最高者得 | 最高的报价 | 是 | 农产品拍卖 |
| 第一价格密封拍卖 | 在约定的时间公开所有竞买者的报价 | 出价最高者得 | 最高的报价 | 否 | 政府的招投标项目 |
| 第二价格密封拍卖 | 在约定的时间公开所有竞买者的报价 | 出价最高者得 | 次高的报价 | 否 | 竞价广告中常用的拍卖机制 |

参与第一价格密封拍卖的竞买者往往会以这样的思路进行竞拍：竞买者 A 评估物品价值 500 元，但 A 绝对不会以 500 元以及以上的价格进行拍卖，这样他的盈利为 0；因此竞买者 A 思考他的出价最好是低于 500 元，具体低多少还需要考虑出价最高者得的规则。低的幅度越小，赢的机会就越大，赢后利润越少；低的幅度越大，赢的机会就越小，赢后利润越多。因此竞买者往往在赢面的大小和赢后利润之间进行权衡，从而得出一个最优的价格，而第一价格拍卖策略会引导用户出价越来越低。除了竞买者自己的策略之外，其他竞买者的价格无从知晓，但最终赢的可能性却取决于所有竞买者的出价策略，因此参与第一价格拍卖的竞买者没有占优策略可以选择。

参与第二价格密封拍卖的竞买者往往是价高者赢得拍卖，但是实付的金额只需要是所有竞买者出价集合中的第二高价。假设竞买者 A 评估物品的价值为 500 元，那么竞买者 A 的最优出价策略就是 500 元，对于竞买者 A 而言，除了自身的出价策略外，还需要额外关注其他竞买者出的最高价 $R$，$R$ 对于竞买者 A 而言是未知数。为了更好地理解最优出价策略成立的原因，下面分析竞买者 A 在不同出价策略下的收益情况。

1）降价策略。假设竞买者 A 出了低于 500 元的价格 300 元，那么此时有且只有两种可能性：一是当 $R$ 在 300 元和 500 元之间时，那么 A 竞买失败且失去了获取利润的机会，因为如果 A 按估价 500 元出价，那么 A 将获取 $500-R$ 的利润；二是当 $R$ 低于 300 元或者 $R$ 高于 500 元时，这两种情况下竞买者 A 降价到 300 元或者维持 500 元没有区别，因为 $R$ 低于 300 时，A 出 300 或者 500 元均可竞买成功，最终获取的利润取决于 $R$ 的大小，而 $R$ 高于 500 时，A 出 300 或者 500 元均竞买失败。

2）加价策略。同样，假设竞买者 A 出了高于 500 元的价格 700 元，那么此时有且只有两种可能性：一是当 $R$ 在 500 元和 700 元之间时，那么 A 竞买成功且实付价为 $R$，但是对 A 而言，物品的价值只有 500 元，那么 A 为此多付出了 $R-500$ 元；二是当 $R$ 低于 500 或者高于 700 元时，这种情况下 A 加价到 700 元或者维持 500 元没有区别，因为当 $R$ 低于 500 元时，A 出 700 或者 500 均可竞买成功，并且最终获取的利润取决于 $R$ 的大小为 $500-R$，而 $R$ 高于 700 时，A 出 700 或者 500 均竞买失败。

因此，第二高价的竞买策略保证了每一位竞买者在不知道其他竞买者出价的情况下，使用最优的出价策略，报出自己真实愿意付出的价格，而赢得物品之后仅仅按照次高价进行付费，可见，第二高价拍卖的机制在竞买者出真实预估价的情况下是一个占优策略。

竞价广告除了在搜索广告上有相当成功的落地之外，目前在展示广告上也有着广泛的应用。我们知道合约广告通常是以需求方和供给方事前在合约中约定好的展示量进行约束，但这往往会存在一些问题：一是事前的流量预测不够准确，导致最后供给方无法严格达成约定的展示量；二是供给方仍然存在一部分剩余流量是无法以合约广告的形式售卖掉的。为了解决上述问题，通过广告网络将各个媒体的剩余流量聚合在一起，按照人群标签的流量切割方式卖给需求方。广告网络的流量投放策略对于各个媒体而言，往往是黑盒的，即媒体不需要关注具体的投放策略，只需要将剩余流量接入广告网络的投放接口。广告网络和搜索广告的相似之处是，两者都需要对广告候选集按照 eCPM 排序并给出合理的出价策略。不同之处在于，搜索广告是通过对搜索词的匹配筛选出广告候选集，而广告网络是根据受众标签选择对应的广告候选集。除此之外，相较于搜索广告而言，广告网络由于聚合了多家媒体的流量，点击率往往更加稀疏且波动范围很大，因此对点击率的预估难度相对较高。

（4）程式化交易广告

竞价广告的出现，大大提高了在线广告投放的精细化程度。一方面受众定向技术越来越细粒度使得在线广告的投放效果越来越好；另一方面竞价广告通过需求方市场竞争的出价策略使得多方利益同时最大化，因此逐渐取代了合约广告在在线广告领域的主导地位。然而随着需求方对广告投放效果提出了更深度的定制化需求，竞价广告的形式已经逐渐无法满足，于是实时竞价技术（RTB）应运而生。实时竞价技术不仅允许需求方按照受众标签进行投放，而且允许需求方进行流量选择和独立出价。这样需求方如果想在一轮竞价过程中出一个合理的价格，就需要更多实时环境信息的稳定输入来帮助进行精细化出价和预算控制，以帮助需求方收集实时数据，并在供给方按投放策略出价投放的平台就称为广告交易平台（ADX）。

为了更清晰地理解实时竞价的过程，并看清楚其中 ADX、DSP、SSP 是如何进行交互的，图 6-1 所示为计算广告中的 RTB 技术，形象地展示出了 RTB 的整个过程。

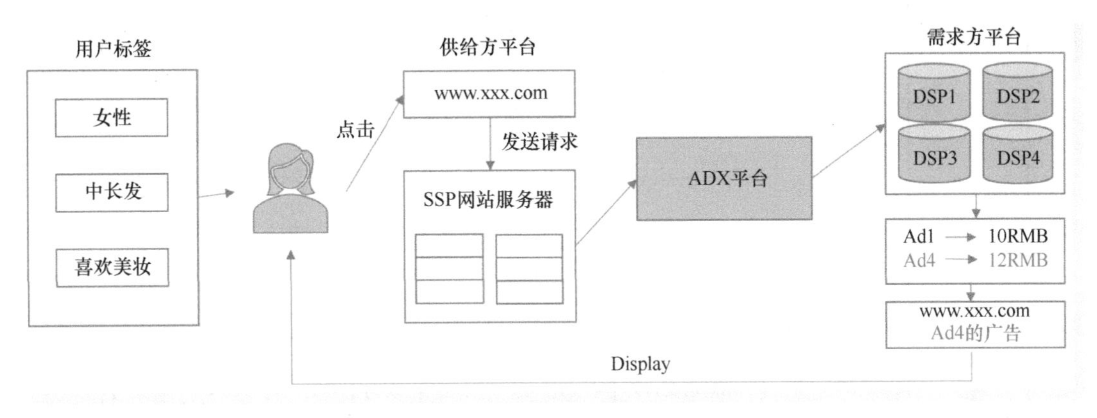


图 6-1　计算广告中的 RTB 技术

用户通过浏览器访问供给方网站 www. xxx. com，浏览器发送广告请求给 SSP（供给方平台）网站服务器；SSP 将广告展示的需求发送给 ADX 平台；ADX 发起一次广告位竞价，并将竞价请求广播给所有的 DSP（需求方平台），并将用户的 ID、相关上下文信息、广告位具体信息等传输给 DSP 方；各个 DSP 平台收到 ADX 的竞价请求后，根据预测结果决定是否参与本次竞价，如果参与竞价，将出价结果发送给 ADX 平台；ADX 收到所有 DSP 平台的出价响应后根据出价结果排序，通知出价最高的 DSP 平台竞买成功，并给出相应的竞价信息；DSP 收到 ADX 的竞价信息后将广告物料发送给浏览器展示给用户。至此，一次完整的竞价就结束了。整个实时竞价流程对实时性要求非常高，需要在百毫秒内完成，这样才不至于损伤到用户打开网站浏览的体验，因此实时竞价充分体现出了大数据、人工智能、计算广告存在的必要性。

程式化交易广告的参与方主要是需求方（DSP）、供给方（SSP）、广告交易平台方（ADX），ADX 提供给供给方和需求方一个安全、可靠、高效的交易平台，扮演着一个撮合交易的“中间人”角色。Google 的 DoubleClick 就是一个典型的 ADX 平台。

#### 4. 计算广告系统架构

在线广告的展示形式、结算方式等丰富多样，因此计算广告系统作为稳定高效支持在线广告科学投放的生态体系需要具有高并发、响应快、稳定性强、计算精准、投放合理的特性。图 6-2 所示为计算广告系统架构，将计算广告体系抽象成基础数据模块、特征工程模块、计算广告算法模块。

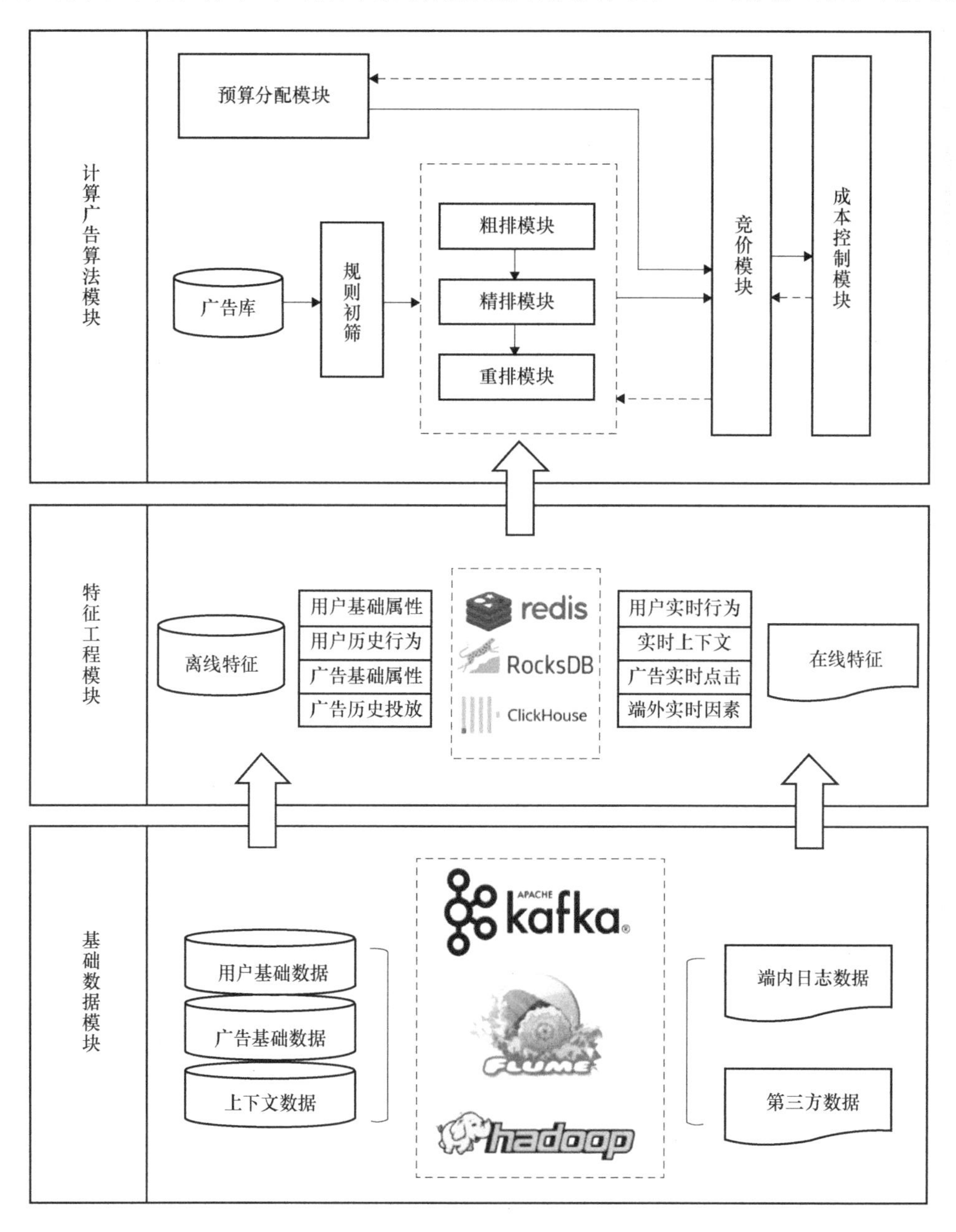


图 6-2　计算广告系统架构

（1）基础数据模块

基础数据模块是计算广告体系的基石。数据通常包括用户基础数据、广告基础数据、上下文数据、端内日志数据、第三方数据等。离线数据往往通过 Hadoop 的 MapReduce 进行数据处理计算，并存储在 HDFS 上。在线数据往往通过 Flume 进行数据采集并发送到 Kafka 队列，然后用 Flink 这种实时数据处理工具进行在线数据处理。

（2）特征工程模块

特征工程模块主要包括两大类：一类是离线特征，这类特征往往是根据用户、广告的历史数据进行特征挖掘；另一类是在线特征，这类特征往往是根据在线流式数据实时进行数据抽取和特征挖掘。离/在线特征都可以通过类似于 Redis 的工具进行数据交互。

（3）计算广告算法模块

计算广告算法模块是整个计算广告体系的核心，其主要分为粗排、精排、重排、竞价、预算分配、成本控制 6 大模块。其中粗排、精排、重排共同构成了排序模块，粗排负责对海量的广告进行初步筛选，得到一个规模不那么大的候选集合；精排从粗排的输出候选集合中进行“优中选优”，进一步缩小候选集合的规模；重排是将精排结果结合上下文广告、新颖度等问题的重新排序，经过排序模块的广告候选集规模达到预期，且排序结果符合广告业务预期。在计算广告体系中仅仅有排序模型是不够的，计算广告平台更像是撮合交易的角色，需要用价格去平衡广告主、用户、广告平台三方的利益。因此竞价模块、预算分配模块、成本控制模块在计算广告体系中扮演着不可或缺的角色。6.1.2 小节将对计算广告的核心模块进行展开介绍。

## 6.1.2 计算广告核心算法

稳定高效准确的计算广告框架需要很多基础技术的支持，如大数据技术、分布式平台、数据管理平台等。本小节主要按照计算广告系统架构中的核心算法模块进行计算广告核心算法的详细介绍。

1. 召回模块

（1）为什么要做召回

召回模块的主要目的是筛选出尽可能有效的广告来减少广告候选集合的数量，使得后续模块的计算性能和准确率提升。通常经过召回模块的筛选后，候选集有 1000 条左右的广告规模。召回模块最主要的特点就是“快”，因为大部分的计算广告系统需要毫秒级别的响应。召回模块在面对海量数据的情况下，只有尽可能降低模型的复杂度，使用少量特征来满足计算广告系统的需求。

（2）召回模块三阶段

广告系统中的召回模块通常由匹配、过滤、粗排三个阶段组成。第一阶段是匹配模块，这一部分会收到来自供需两端提供的广告信息、用户信息、上下文信息，匹配模块会根据用户信息、用户标签在广告库中检索，匹配出相应的广告候选集；第二阶段是过滤模块，这一部分的输入是匹配模块的输出，过滤模块通常都是一些规则、黑白名单等简单基础的筛选条件；第三阶段是粗排模块，这一部分的输入是过滤模块的输出，粗排模块通常会用简单的模型在用户-广告维度评分，将分值高的广告筛选进入最终的广告候选集作为召回模块的最终输出。

（3）常见的粗排算法

通常搭建召回模块的伊始，都会使用一些比较简单的粗排算法模型，常见的有基于内容的粗排算法，它通过计算 item 之间的相似性来推荐与用户感兴趣的 item1 相似的 item2。基于内容的召回算法往往只需要关注每个用户感兴趣的 item，不会去跟其他用户进行相关联的分析。

协同过滤是通过计算用户与用户之间的相似性来进行广告推荐的，如用户 A 和用户 B 相似，如果用户 A 喜欢广告 a 的内容，那么广告 a 同时也会向用户 B 投放，这种情况就是典型的基于用户的协同过滤。除了基于用户的协同过滤算法之外，还有基于 item 和基于 model 的协同过滤方法，其中基于 item 的方法是计算 item 之间的相似性，而基于 model 的方法是使用相关的协同过滤模型，常见的有矩阵分解、FM、聚类算法、深度学习模型等。

近些年来，召回模型也变得越来越复杂，逐渐朝着深度学习的方向发展，这里简单介绍两个深度召回模型的鼻祖 DSSM 和 YouTubeDNN 2013 年微软提出的 DSSM（Deep Structured Semantic Models），后来的很多召回模型都是基于 DSSM 双塔结构进行优化的。DSSM 有两个塔，一个塔是 user 侧塔结构，另一个塔是 item 侧塔结构。user 侧特征和 item 侧特征分别经过各自的 DNN，然后得到各自的 Embedding 向量，最终进行 item 侧和 user 侧向量的相似度计算。DSSM 的一大显著缺点就是没法对 user 侧和 item 侧做特征交叉。YouTubeDNN 是 2016 年 YouTube 提出来的网络结构，它是将每个类别特征都映射为一个 Embedding 向量，然后用平均池化的方法得到序列 Embedding。然后将所有的 Embedding 特征和连续变量拼接在一起送入一个三层 MLP 的 DNN 里。该模型做的主要改善是将各个侧的特征都放入 MLP 中进行特征交叉，克服了 DSSM 存在无法做多侧特征交叉的问题。近两年，知识图谱和图神经网络的快速发展，召回模块也在知识图谱和图神经网络上有了新的突破性探索，知识图谱和图神经网络做召回模块的优势是可解释性比较强，这里不做过多的讲解。

2. 精排模块

召回是从海量候选集合中挑选最有可能性的少样本集合，但是即使这样召回后的规模也依然有 1000 条左右，不可能全部推送给用户，而精排模块就是从粗排候选集中优中选优，选择最适合用户的广告内容推荐出来。一般来说，从粗排到精排会以 5∶1 的比例筛选，相当于粗排后的 1000 个候选广告集中，最终筛选剩下 200 条广告。

精排模型相较于粗排模型，在关注“快”的同时更关注“准”，因此精排模块往往是广告业务场景最为关注的模块之一。精排模型近年来发展得极为迅速，从 LR、树模型等传统的机器学习模型发展到深度学习模型，随着深度精排模型在工业场景上的成功落地，广告对用户的个性化投放越来越精准，平台收益和效率也随之越来越高。将在 6.2 节详细讲解工业界常见的精排模型，而本小节将简要介绍常见的精排模型的发展历史、类型，以及相应的特点。

（1）融合精排模型——LR+GBDT

广告推荐领域的精排算法最早是由简单的 LR+人工特征工程的机器学习方法“一统天下”。LR 模型构造简单，对于实时性要求高、需要在线学习的广告系统非常友好，但是简单的模型面对海量的广告数据很难充分学习到数据中的规律。因此，使用LR模型非常依赖优秀的特征挖掘。然而人工手动构造特征相对来说比较费时费力，不同的业务场景难以复用，因此在2014年Facebook提出了GBDT+LR的方法来一定程度上解决特征工程的问题。

GBDT+LR的组合中，GBDT部分负责自动生成组合特征，LR将GBDT输出的组合特征作为输入进行预测，从而得到最终的结果。其中GBDT生成组合特征的过程一般是离线模型，不需要实时更新参数；LR可以作为线上模型，根据实时数据输入更新模型参数。

（2）深度精排模型——DNN结构

随着深度学习模型在计算机视觉、自然语言处理领域的成熟落地，计算广告和推荐领域引入深度模型成为不可逆转的趋势。2016年前后，基于深度学习的精排模型如雨后春笋般涌现，最常见DNN类的模型有DeepCrossing、PNN、FNN、DRN等，下面对DeepCrossing、FNN模型进行简要介绍。

DeepCrossing是微软2016年发表的深度学习模型，核心思想借鉴了计算机视觉领域的残差模型（Residual Network），引入Embedding层解决稀疏特征的稠密化、多层神经网络深度特征交叉来增加特征表达能力等关键问题。DeepCrossing模型可以拆分成两个核心模块：一个模块是Embedding和Stacking层，Embedding层主要负责原始稀疏特征稠密化，Stacking层主要负责将稠密化后的embedding特征和数值类型特征拼接起来，进行模型融合；另一个模块是残差层，残差层借鉴了Residual Network的思想，Residual的结构起到了正则化的作用，使得模型的泛化能力得到了提升。这里额外提一下和DeepCrossing很相似的PNN模型，其全称是Product-based Neural Networks，它的Stacking层除了对一阶特征进行拼接之外，额外进行了二阶特征交叉，然后再进行拼接操作，PNN显然增加了特征的表达能力。

FNN模型的全称是Factorisation-Machine supported Neural Networks，即基于因子分解机的神经网络模型。FNN的核心思想是通过FM层实现Embedding层的初始化，即FM作为一种Embedding层预训练的方法。这样做的好处是使用FM训练好的Embedding向量作为Embedding层的初始化向量，相较于随机初始化来说引入了较强的先验知识，从而可以使得后续DNN训练得更准确，收敛得也更快。

总结来说，DNN类的深度精排模型奠定了深度精排模型的基础，其核心是在做特征层面的优化，引入Embedding层使得稀疏向量变得稠密，引入内积层获得交叉后的二阶特征，引入预训练提升特征的表达能力等优化操作。无论后续深度精排模型怎么复杂的进化，都包含了DNN类的深度精排模型的基本优化操作。

（3）深度精排模型——Wide&Deep结构

Wide&Deep模型是2016年谷歌提出来的一种深度精排模型结构，它在DNN类模型的基础上扩展出来了Wide部分以增加深度精排模型的记忆能力。时至今日，Wide&Deep模型结构仍然是工业界精排模型的主流结构，是深度精排模型里程碑式的存在。

Wide&Deep分为单层的Wide模型和多层的Deep模型。Wide部分通常是LR、协同过滤等简单的线性模型，用来记忆原始数据。在广告或者推荐场景中，原始数据往往蕴藏着直接和用户最终点击相关的关键特征，因此 Wide 部分一定程度上保证了原始数据不失真。Deep 部分通常是三层或者多层的深度网络，其主要负责深度特征交叉，提升模型的泛化性能。后来的深度精排模型优化基本是沿着 Wide 部分的改造和 Deep 部分的改造两条线路发展。

Wide 侧改造的经典模型有 DeepFM、Deep&Cross（DCN）模型等。DeepFM 是将 Wide 侧的 LR 模型升级为 FM 模型，FM 可以在保留一阶特征的基础上，增加二阶交叉特征，从而增强了特征的表达能力。DCN 模型是 2017 年谷歌的研究人员和斯坦福大学联合提出的模型，其主要将 Wide 侧的 LR 模型升级为 Cross Network。Cross Network 和 FM 的优化目的基本一致，主要是用于特征的自动化交叉编码。

Deep 侧改造的经典模型有 2017 年新加坡国立大学研究人员提出的 NFM 模型，NFM 模型的全称是 Neural Factorization Machines，即在 FM 模型基础上改造的神经网络。基于 FM 的方法有很强的通用性，一般是获取二阶交叉特征的首选方法。但是 FM 本质上仍然是多变量线性模型，因此即使 FM 可以将得到二阶的交叉特征。但是其表达能力依然有限，因此还需要依赖 DNN 部分组合高阶交叉特征。然而越是深层的 DNN 网络越是能学习到更高阶的特征，但是随着网络的加深，梯度消失、爆炸、过拟合、网络退化的问题就会逐渐凸显。NFM 的优化点是在 Embedding 层之后增加了 Bi-interaction Pooling 层的设计，使得特征有了类似 FM 的二阶交叉能力。交叉后的向量进行池化操作后送入 DNN 隐藏层，这样使得 NFM 就具有了获取高阶交叉特征的能力。

无论是 Wide 侧的改造还是 Deep 侧的改造，Wide&Deep 结构的深度精排模型本质上还是沿着做特征自动化层面的优化路线走，只不过相较于 DNN 结构的深度精排模型考虑到了原始数据集对最终预测结果的影响，即考虑到了对原始数据的记忆能力。

（4）深度精排模型——引入 Attention 机制

Attention 机制是自然语言处理领域最先引入使用的，后来逐渐在计算机视觉、深度推荐领域发展推广，其核心思想是将模型的注意力聚焦在重要的事情上。这样做的好处是模型在对海量数据处理时，可以挑选出“重点”的数据进行加权来使得模型预测的最终结果更精确。常见的加入 Attention 机制的深度精排模型有 AFM、DIN、DIEN、AutoInt、FiBiNet 等，下面重点介绍 AFM 和 DIN 模型。

AFM 模型是 2017 年浙江大学和新加坡国立大学合作提出的一种新的模型结构，它的全称是 Attentional Factorization Machines，顾名思义是结合了 Attention 机制的 FM 算法。它通过使用 Attention 网络隐式地对 FM 交叉后的二阶特征进行调权，将更多的注意力放在重要的特征上，因此 AFM 模型中的 Attention 网络担任起了深度学习模型中探查特征重要性的角色。

DIN 模型是 2018 年阿里妈妈团队在 KDD 上提出的一种模型结构，它的全称是 Deep Interest Network，它的核心思想是使用 Attention 机制动态对用户历史行为数据进行挖掘，构建用户兴趣的 Embedding，使得模型能够从海量的历史数据中挖掘出用户真正感兴趣的内容。在 2019 年，阿里妈妈团队又提出了 DIEN 模型，它是在 DIN 模型的基础上增加了序列的概念，即使得用户历史行为数据更具有即时性。

总结起来，引入Attention机制的深度精排模型本质上是利用Attention机制计算特征重要性，并根据特征重要性进行权重调整，使得模型训练向着正确的结果收敛，加速了模型训练的过程并提升预测的准确性。

### 3. 重排模块

重排模块紧接着精排模块之后，它距离展现给用户最终的结果页面最近。重排模块更注重用户体验，通过去重、打散等一系列策略保证给用户投放的广告的精准性和多样性。重排模块也更重视排序的效率，精排模型往往是离线训练好模型并在线上调用，离线训练的模型通常不善于捕捉实时数据的规律性，因此重排模块为弥补精排模块的不足会更重视实时数据，甚至会用一些在线学习模型对精排的结果结合实时性数据进行重新排序，这里的实时性数据往往包含一些上下文感知数据。在精排阶段主要是进行Point-Wise的方式进行评分，就相当于每一个user和候选集的每一个item之间有一个分值，以Point-Wise的方式评分时没有考虑到上下文环境。大多数情况下，用户在考虑是否点击一个item时，不仅和这个item本身特征有关，也和展示给用户的其他item有关，因此重排阶段会对上下文感知建模，常见的上下文感知建模方法有List-Wise和Pair-Wise两类。重排模块的短期目标是通过提升排序结果的多样性来提升用户点击率、转化率，长期目标是通过重排结果的新颖性来提升用户留存率和长期价值。

（1）重排评估指标——MAP

MAP的全称是Mean Average Precision，一个item列表里的每个候选item的准确率的平均值即MAP。为了更方便理解，这里举一个例子：假设对用户搜索词q进行搜索，候选列表$A$有4个相关的链接，检索出来4个且排名分别是1、2、5、7，候选列表$B$有6个相关的链接，检索出4个排名分别是1、3、4、6；那么对于列表A而言，$AP_A=(1/1+2/2+3/5+4/7)/4=0.7928$，对于列表B而言，$AP_B=(1/1+2/3+3/4+4/6+0+0)/6=0.5139$，那么$MAP=(AP_A+AP_B)/2=(0.7928+0.5139)/2=0.65335$。

（2）重排评估指标——NDCG

重排模块常用的评估指标有两个。一个是NDCG（Normalized Discounted Cumulative Gain），其表示归一化折损累计收益，它通常将用户对于投放内容的真实反馈行为作为基准。如果重排能够将用户点击的商品排在更靠前的位置，NDCG的值就越高，即重排的效果就越好。另一个是α-NDCG，其兼顾了重排的准确性和多样性，下文将重点介绍NDCG指标的原理。

NDCG指标来自于CG（Cumulative Gain）和DCG（Discounted Cumulative Gain）两个指标。CG意思是累计增益，它表示排序结果相关性分数总和，CG指标只考虑了排序结果的相关性，没有考虑到某个item所在排序结果中的位置因素。假设排序结果列表有$p$个item，那么该排序结果的CG指标公式为：

$$\mathrm{CG}_p=\sum_{i=1}^{p}\mathrm{rel}_i$$

式中，$\mathrm{rel}_i$表示排序结果中第$i$个item的相关度得分。为了方便读者理解，这里举一个例子：假设在搜索广告场景下，某个用户搜索了“美妆”，相应得到了两个排序结果列表，列表 $A$ 自上而下的结果为｛“淘宝美妆”“京东美妆”“美妆相机”｝，列表 $B$ 自上而下的结果为｛“京东美妆”“美妆相机”“淘宝美妆”｝；并且已知“淘宝美妆”和搜索词的相关性分数为3，“京东美妆”和搜索词的相关性分数也为3，“美妆相机”和搜索词的相关性分数为1；那么列表 $A$ 和列表 $B$ 的累计增益指标分别为：$CG_3(A)=3+3+1=7$、$CG_3(B)=3+1+3=7$，即只要排序列表内的 item 一样，CG 指标的值均相同，和 item 所在列表中的位置无关；但是事实上，item 在排序结果中的位置非常影响用户的体验。

DCG 表示折损累计增益，即在累计增益的基础上打一个“折扣”，而所谓的“折扣”就和 item 所在的位置有关。item 位置越靠前，表示 item 的价值越高，更有可能被用户点击，反之 item 位置越靠后，折损越厉害，价值越低。DCG 评估指标中，第 $i$ 个位置的价值用$\frac{1}{\log_2(i+1)}$表示，那么 $p$ 个排序结果列表的 DCG 指标公式为：

$$DCG_p=\sum_{i=1}^{p}\frac{rel_i}{\log_2(i+1)}$$

还是以上述用户搜索“美妆”为例，列表 $A$ 和列表 $B$ 的折损累计增益分别为：$DCG_3(A)=3+3/\log_2 3+1/\log_2 4=3+1.893+0.5=5.393$、$DCG_3(B)=3+1/\log_2 3+3/\log_2 4=3+0.631+1.5=5.131$，很明显，$DCG_3(A)>DCG_3(B)$，因此相对来说排序结果列表 $A$ 更优。DCG 存在很明显的问题，DCG 的值没有上界，受列表中 item 的个数影响严重，即只要列表中 item 的个数 $p$ 越大，DCG 值一定越大。因此为了全局的可比性，需要对 DCG 的值进行归一化，于是 NDCG 指标应运而生。

NDCG 表示归一化后的折损累计增益，其归一化因子为 IDCG（Ideal Discounted Cumulative Gain），IDCG 表示当前结果在最理想情况下的折损累计增益，如列表 $B$｛“京东美妆”“美妆相机”“淘宝美妆”｝的理想排序结果应该是列表 $A$｛“淘宝美妆”“京东美妆”“美妆相机”｝的展示顺序。那么列表 $B$ 的$IDCG_3(B)=DCG_3(A)=3+1.893+0.5=5.393$，而 NDCG 就是当前排序结果列表的 DCG 用 IDCG 进行归一化，表达式为：

$$NDCG=\frac{DCG}{IDCG}$$

那么对于上述实例中的列表 $B$ 而言，其归一化折损累计增益为$NDCG_3(B)=DCG_3(B)/IDCG_3(B)=5.131/5.393\approx0.9514$，NDCG 越高，说明其越接近理想的排序结果，而 NDCG 的最高值为1。

（3）重排算法的多样性策略

多样性策略是重排模块的基本方法。如果每次给用户投放的内容都是按照用户历史行为建模选择出来的相似性非常强的同一类型产品，而没有一丁点的新鲜度，那么长期来看，用户很容易对平台投放的内容感到厌烦，觉得了无新意，从而导致用户对平台的体验较差，因此在重排阶段进行多样性策略投放显得尤为重要。多样性策略一方面是对精排的结果进行打散，如对精排结果中存在同类型的推荐内容进行分桶离散化，即相似的内容产有一定的间隔距离，达到去同质化的目的。

最简单的多样性策略就是对同类目、同作者、相似封面图的 item 进行“打散”。“打散”的方法有很多种，一般可以基于规则或者基于 Embedding 向量。基于规则的打散一般是锚定 item 的一个属性进行离散分桶，每次从不同的分桶里依次取一个 item 组成新的 item 列表，重排算法的多样性策略如图 6-3 所示。

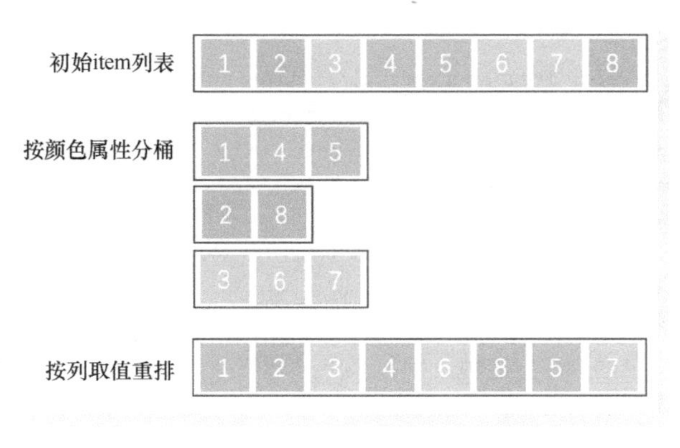


● 图 6-3　重排算法的多样性策略

图 6-3 描述了基于数据颜色属性进行分桶，并按列取值重排的过程。需要注意的是，为了保证序列的初始顺序信息，按列取值的结果会按原序排序。分桶打散的方法打散效果好且简单、直接易于实现，但是末尾处容易打散失效，且只能按一个属性进行切分，无法综合考虑到其他因素。“权重打散”则综合考虑多种因素，不同的因素根据其重要性赋予不同的权重，再对赋权后的结果进行重排，具体的权重公式如下：

$$f(x) = \sum_i W_i \times \mathrm{Count}_i$$

式中，$i$ 表示有 $i$ 个属性，$W_i$ 表示每个属性分配的权重，$\mathrm{Count}_i$ 表示同属性的 item 已经出现的次数，最终算出来的 $f(x)$ 即为权重值。

除了最简单的打散法之外，常见的多样性策略还有 MMR 和 DPP。MMR 的全称是 Maximal Marginal Relevance，即最大边际相关性算法；其数学公式表达如下：

$$\mathrm{MMR} = \mathrm{argmax}_{D_i \in R \backslash S}[\lambda(\mathrm{Sim}_1(D_i, Q) - (1-\lambda)\max_{D_j \in S}\mathrm{Sim}_2(D_i, D_j))]$$

式中，$Q$ 是搜索查询关键词，$D$ 是候选 item，这里通常是精排后的 item 列表，$S$ 表示经过 MMR 算法选取的物品，$\mathrm{Sim}_1$是表示候选$D_i$ 和 $Q$ 的相似度，$\mathrm{Sim}_2$是表示物品之间的相似度，$\max_{D_j \in S}\mathrm{Sim}_2(D_i, D_j)$是表示当前的候选物品$D_i$ 和已经经过 MMR 算法选取的物品的最大相似度，$\lambda$ 是表示相关性和相似度之间的平衡参数。MMR 在初始化阶段会选取一个相似度最高的 item，之后的每次选取按照和查询关键词 $Q$ 相似度高，但是和已选 item 相似度低的 item，直至 item 列表重排完毕。MMR 作为一个启发式的重排算法，在 Airbnb、京东等多家互联网公司的业务场景中均取得了成功的应用。

DPP 算法的全称是 Determinantal Point Processes，即行列式点过程，它通过将复杂的概率计算转换成行列式计算，提高了概率计算的运行效率。DPP 模型的输入包括 item 精排的分数和两个 item

之间的距离。DPP 模型分为基于 Kernel Parameterization 和基于深度学习的两个版本，这里不再详细介绍，感兴趣的读者可以阅读 2018 年 Hulu 公司发表的“Fast Gready MAP Inference for Determinantal Point Process to Improve Recommendation Diversity”进行深入学习。下面给出 MMR 和 DPP 算法的核心代码。

```
1.class MMR(object):
2.    def __init__(self, item_score_dict, similarity_mat, lambda_v, K):
3.        self.item_score_dict = item_score_dict
4.        self.simlarity_mat = similarity_mat
5.        self.lambda_v = lambda_v
6.        self.K = K
7.
8.    def mmr(self):
9.        res = []
10.        items = list(self.item_score_dict.keys())
11.        print("原始 item list:", items)
12.
13.        while len(items) > 0:
14.            score = 0
15.            sel_item = None
16.            for i in items:
17.                s1 = self.item_score_dict[i]
18.                s2 = 0
19.                for j in res:
20.                    if self.simlarity_mat[i][j]>s2:
21.                        s2 = self.simlarity_mat[i][j]
22.                inner_score = self.lambda_v * s1 - (1-self.lambda_v) * s2
23.                if inner_score > score:
24.                    score = inner_score
25.                    sel_item = i
26.            if not sel_item:
27.                sel_item = i
28.            res.append(sel_item)
29.            items.remove(sel_item)
30.        return res[:self.K]
31.
32.class DPP(object):
33.    def __init__(self, item_score_dict, sim_matrix, max_iter, epsilon):
34.        self.item_score_dict = item_score_dict
35.        self.sim_matrix = sim_matrix
36.        self.max_iter = max_iter
37.        self.epsilon = epsilon
38.
39.    def dpp(self):
40.        items = list(self.item_score_dict.keys())
```

```
41.         print("原始 item list:", items)
42.         N = len(items)
43.         init_matrix = np.zeros((self.max_iter, N))
44.         inner_sim_matrix = np.copy(np.diag(self.sim_matrix))
45.         j = np.argmax(inner_sim_matrix)
46.         res = [j]
47.         iter_ = 0
48.         while len(res) < self.max_iter:
49.             curr_items = set(items).difference(set(res))
50.             for i in curr_items:
51.                 if iter_ == 0:
52.                     score = self.sim_matrix[j,i]/np.sqrt(inner_sim_matrix[j])
53.                 else:
54.                     score = (self.sim_matrix[j, i]-np.dot(init_matrix[:iter_, j], init_
    matrix[:iter_, i]))/np.sqrt(inner_sim_matrix[j])
55.                 init_matrix[iter_,i] = score
56.                 inner_sim_matrix[i] = inner_sim_matrix[i]- score * score
57.             inner_sim_matrix[j]=0
58.             j = np.argmax(inner_sim_matrix)
59.             if inner_sim_matrix[j] < self.epsilon:
60.                 break
61.             res.append(j)
62.             iter_+=1
63.         return res
64.
65.def main():
66.     np.random.seed(1024)
67.
68.     K=10
69.     score = np.random.random(size=K)
70.     items = np.random.randint(K, size=K)
71.     # 搜索关键词和每个 item 之间的相似性打分
72.     item_score_dict = dict()
73.     for i in range(K):
74.         item_score_dict[i] = score[i]
75.     print(item_score_dict)
76.     # item 之间的相似性分值
77.     item_emb = np.random.randn(K, K)
78.     item_emb = item_emb/np.linalg.norm(item_emb, axis=1, keepdims=True)
79.     sim_matrix = np.dot(item_emb,item_emb.T)
80.
81.     epsilon=0.01
82.     max_iter=10
83.     lambda_v = 0.1
84.
85.     mmr = MMR(item_score_dict, sim_matrix, lambda_v, K)
86.     dpp = DPP(item_score_dict, sim_matrix, max_iter, epsilon)
```

```
87.    print("MMR 排序之后的 item list:", mmr.mmr())
88.    print("DPP 排序之后的 item list:",dpp.dpp())
89.main()
```

（4）上下文感知建模

精排模型一般来说需要处理的数据量大且模型复杂，为了保证广告系统的即时性，一般采用 Point-Wise 的方式并行地对每个 item 进行评分，这样精排时就会缺少很多上下文信息，从而导致最终精排的结果不是很精确。在重排模块，对上下文数据进行建模可以提高投放的准确率，上下文建模主要有 Pair-Wise 和 List-Wise 两种。

Pair-Wise 是对 item 之间两两关系的捕捉，体现了一定的上下文信息捕捉能力，但是它依然无法感知到全局上下文环境。Pair-Wise 相较于 Point-Wise 算法来说更倾向于关心两个 item 之间排序的正确性，因此 Pair-Wise 模型通常转化为对 item 对的分类，分类任务的输入是 item 对，优化目标是减少错误分类的 item 对。常见的基于 Pair-Wise 结构的模型可以分为基于 SVM 的 RankSVM 算法、基于 Boost 的 RankBoost 算法和基于神经网络的 RankNet 算法。下面将对经典的 RankSVM 和 RankNet 算法进行简单介绍。

RankSVM 算法是将排序问题转化成 Pair-Wise 的分类问题。假设用户搜索关键词 q，精排会根据点击率预估模型输出相应的 item 列表，RankSVM 会先将 item 列表的每个 item 组成 item 对的形式。那么每个 item 对可以表示为 $<item_i,\ item_j>$，并作为一条样本，这样就构成了模型输入特征部分。每个 item 对应 label 进行两两比较，若 $item_i$ 的 label 等级高于 $item_j$ 的 label 等级，那么 $<item_i,\ item_j>$ 这条新样本对应的 label 标签为 1；若 $item_i$ 的 label 等级低于 $item_j$ 的 label 等级，那么对应的新样本 label 为 −1，这样 Pair-Wise 模型的输入部分就构造完毕。使用 RankSVM 模型对上述结构的输入数据进行建模，可以将线性可分支持向量机学习的带约束的最优化问题表达为如下形式：

$$\min_{w,b} \frac{1}{2} || \omega ||^2 + C\sum_{i=1}^{m} \xi_i$$

$$\text{s.t.} \quad y_i \langle \omega, x_i^{(1)} -, x_i^{(2)} \rangle \geqslant 1-\xi_i$$

将带约束的最优化问题转化为无约束的优化问题，具体表达形式如下：

$$\min_{\omega,b} \sum_{i=1}^{m} [1 - y_i \langle \omega, x_i^{(1)} - x_i^{(2)} \rangle] + \lambda \|\omega\|^2$$

RankNet 是 2005 年微软提出的基于 Pair-Wise 的算法，其核心是提出了一种概率损失函数来学习排序模型。排序模型可以是任何对参数可微的模型，即概率损失函数不依赖特定的机器学习模型，RankNet 是基于神经网络实现的，但也可以用其他的机器学习模型来替代神经网络的角色。这里不再对 RankNet 的原理做详细深入的介绍，感兴趣的读者可以参考原论文。

List-Wise 是直接用整体的序列做样本，同时考虑 item 列表的多样性和排序精确性，并直接将 MAP 和 NDCG 指标放入损失函数中进行优化。常见的 List-Wise 的算法有基于树模型的 LambdaMart、基于 RNN 的 DLCM、结合 Attention 的 PRM，还有结合强化学习的 LIRD、GRN 等算法，这里不再一一讲解。List-Wise 算法相较于 Point-Wise 和 Pair-Wise 而言，更自然地解决了 item 在全量候选集中所处位置最优的问题，其重排结果考虑到了全局上下文最优，然而也正是因为 List-Wise 考虑了上下文序列的问题，使其训练复杂度非常之高。

（5）在线学习算法

在线学习的全称是 Online Learning，是一种在线训练模型的方法，和传统的离线学习最显著的不同是，在线学习通过线上流式数据在线更新模型，根据实时得到的数据样本进行特征加工“喂”给模型，从而达到模型能够在线优化的目的。在线学习的优势很明显，可以实时捕捉数据的变化以提高预测的准确率，不用担心离线学习模型中的应用在线上预测时存在的离/在线数据分布不一致的问题。

在线学习算法对数据的实时性要求非常高，因此对于数据的基础设施建设是计算广告生态系统不可缺少的一环。数据建设通常分为离线数据建设和在线数据建设两部分，两者主要的区别在于存储量和实时性上。离线数据存储量级大、实时性要求不高，往往可以选择 Hadoop 的分布式存储和 MapReduce 计算框架；在线数据实时性要求高、量级小，往往可以选择 Redis、Kafka、ClickHouse 等实时性比较强的存储容器，并选择 Storm、Flink 这样实时计算能力强的流计算平台。离线数据主要来自于用户的历史行为数据、上下文定向数据等日志型数据，这类数据处理、分析起来往往非常复杂且耗时很长；在线数据主要来自于用户的在线行为反馈等即时数据，往往量级比较小，却要求在毫秒级内加载计算，以免影响用户的产品体验。图 6-4 所示为离/在线算法架构。

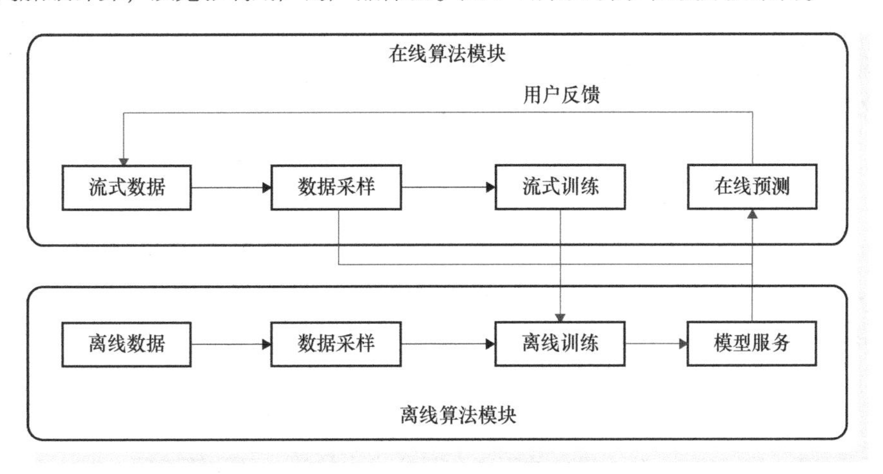


● 图 6-4　离/在线算法架构

除了对数据要求不同之外，在线学习和离线学习明显不同的一点是对模型训练的过程。在线学习每次获取一条数据样本，需要实时计算当前模型损失函数的值，并进行梯度更新。离线模型训练的时候往往会用 SGD 作为优化算法进行参数更新，但是在线学习中使用 SGD 优化算法会导致其无法有效产生大量的稀疏解，从而导致在线学习收敛速度还是很慢，存储空间也没有得到缓解。因此，便有了诸如 FOBOS、RDA、FTRL 等在线学习优化算法，它们的核心思想是采用简单粗暴截断为 0 的方式产生大量的稀疏解来加速计算。下面简单介绍 2013 年 Google 提出的 FTRL 算法，也是目前最常用的在线学习优化算法。

FTRL 算法的全称是 Follow-The-Regularized-Leader，是 Google 历时三年研究并工程化的一种稀疏性凸优化算法。从上文我们知道，在线学习对即时性要求非常高，如果“喂”给在线学习模型的数据足够稀疏，那么训练时梯度计算的复杂度将减少很多。通常解的稀疏性可以通过给损失函数增加 L1 正则化项来实现，但是由于浮点运算的存在，加入 L1 正则化项也很难出现真正的 0 值，因此最早出现了简单粗暴的直接截断法。

直接截断法是以 $k$ 为窗口，当 $t/k$ 不为整数时，采用标准的 SGD 算法迭代，当 $t/k$ 为整数时，采用如下公式进行参数更新：

$$\omega_{t+1}=T_0(\omega_t-\eta_t G_t,\theta)$$

$$T_0(v_i,\theta)=\begin{cases}0 & \text{if}\,|v_i|\leqslant 0\\ v_i & \text{otherwise}\end{cases}$$

使用直接截断法存在比较武断地进行特征截取，有可能会将重要特征错误截断，因此有了后续渐变截断算法（Truncated Gradient，TG），FOBOS 就属于渐变截断算法的一种特殊形式。

FOBOS 的全称是 Forward Backward Splitting，即前向后向切分。它把正则化的梯度下降问题分成了一个梯度下降问题和一个最优化问题，梯度下降问题和最常见的 SGD 类似，而最优化问题分解为两项：一项是为了保证当前步的求解与前一步的求解距离不要太远；另一项是限定模型的复杂度和产生稀疏化。L1-FOBOS 算法的参数更新表达式如下：

$$\omega_{t+1}=\arg\min_{\omega}\left\{g_t\omega+\lambda\|\omega\|_1+\frac{1}{2}\sigma_{1:t}\|\omega-\omega_t\|_2^2\right\}$$

RDA 算法是 2010 年微软提出的一种在线最优化算法，全称是 Regularized Dual Average。相较于 FOBOS 算法，RDA 算法除了保证算法的精度和稀疏性之外，还可以在精度和稀疏性之间做权衡。加入了正则化项的 L1-RDA 算法的参数更新表达式如下：

$$\omega_{t+1}=\arg\min_{\omega}\left\{g_{1:t}\omega+\lambda\|\omega\|_1+\frac{1}{2}\sigma_{1:t}\|\omega\text{-}0\|_2^2\right\}$$

可以发现，RDA 和 FOBOS 公式最大的不同在于公式中的第一项和第三项。RDA 第一项是累积了从第 1 次到第 t 次的梯度值，而 FOBOS 只用到了上一次的梯度值；RDA 第三项是表示参数解距离 0 值不要太远，而 FOBOS 的第三项表示参数解离上一次求解的结果不要太远。因此 RDA 算法相较于 FOBOS 算法在保证稀疏性上更为激进。

FOBOS 算法基于 SGD 算法上的优化，保证了算法的精度，RDA 算法牺牲一定的算法精度，获得了良好的稀疏性。而 FTRL 算法是结合两者的优点，在保证算法精度的情况下，又获得良好的稀疏性。FTRL 算法的参数更新表达式如下：

$$\omega_{t+1} = \arg\min_{\omega}\left\{g_{1:t}\omega+\lambda\ \|\omega\|_1+\frac{1}{2}\sigma_{1:t}\|\omega-\omega_t\|_2^2\right\}$$

在线算法相较于离线算法更关注数据的及时性和最优化算法求解性能，能够同时保证算法精度和稀疏性的在线算法可以称之为优秀的在线算法。

4. 竞价模块

竞价模块又称智能出价，是计算广告系统中不可或缺的重要一环，竞价的“好坏”直接决定了广告投放的效率。传统的广告定价一般由人工决定，这样的定价策略往往比较简单直接，但效果不确定性强。在线广告系统一般都是采用智能竞价策略和人工竞价策略相结合的方式，其中智能竞价策略往往会结合广告主和用户的历史行为、广告的相关性、上下文环境、外部因素（如节假日、天气等）等多重因素来决定竞价的金额和时机，从而达到全局最优的广告投放效益。

竞价策略属于运筹优化算法的应用案例，通常在实际业务场景中会根据不同的优化目标设定带约束的最优化公式，常见的优化目标有优化“转化”和优化“价值”两种形式。例如在 CPC 收费的投放模式下，广告主希望在一定预算约束下，最大化点击量或 GMV，那么竞价模块会根据业务目标运用线性规划、整数规划等常见的运筹优化算法求解出当前最佳出价，从而达到流量合理分配、提高广告投放效益的目的。

（1）带约束最优化求解案例

为了让读者更好地理解竞价策略，这里给出一个以 CPC 结算的应用案例。某供给方平台一天有 $N$ 个广告位需要广告主竞价投放，广告主对不同的广告位有着不同的价值判断。假设广告主对于第 $i$ 个广告位的价值判断为 $v_i$，广告主会根据实时的竞拍、供需情况在价值 $v_i$ 的基础上给出竞拍价格$\text{bid}_i$ 并发送给 ADX 平台。而 ADX 平台对多个广告主的竞拍价格进行比较并反馈给广告主是否竞拍成功，这里用 $x_i$ 表示竞拍成功与否。如果成功给出最终的竞拍价格$\text{wp}_i$，通常竞拍价格是第二高价。有了以上的定义，往往可以计算出当天所有广告活动对于广告主的价值 Value 和费用 Cost：

$$\text{Value} = \sum_{i=1,\cdots,N} x_i \cdot v_i$$

$$\text{Cost} = \sum_{i=1,\cdots,N} x_i \cdot \text{wp}_i$$

对应的 CPC 为：

$$\text{CPC} = \frac{\sum_{i=1,\cdots,N} x_i \cdot \text{wp}_i}{\sum_{i=1,\cdots,N} x_i \cdot \text{CTR}_i}$$

假设该业务场景是以在一定的预算和 CPC 金额的约束下最大化点击率和转化率为目标，那么业务目标可以抽象为以下表达式：

$$\max_{x_i} \sum_{i=1,\cdots,N} x_i \cdot \text{CTR}_i \cdot \text{CVR}_i$$

$$\text{s.t.} \quad \sum_{i=1,\cdots,N} x_i \cdot \text{wp}_i \leqslant B$$

$$\frac{\sum_{i=1,\cdots,N} x_i \cdot \mathrm{wp}_i}{\sum_{i=1,\cdots,N} x_i \cdot \mathrm{CTR}_i} \leqslant B$$

上述业务场景下抽象出来的最优化公式是典型的线性规划问题（又称为 LP 问题），通常可以用一些开源的求解器进行求解。

（2）常用开源求解器——OR-Tools

目前市面上已经有了很多成熟可用的开源求解器，如 Google 的 OR-Tools，支持解决线性规划、整数规划、约束规划、混合整数规划等多种复杂的最优化问题，并具有跨平台、多语言的特性，是工业界中常用的开源求解器。下面给出使用 OR-Tools 进行 LP 问题求解的示例代码。

```
1.from ortools.linear_solver import pywraplp
2.def LPExample():
3.    """线性规划代码示例"""
4.    solver =pywraplp.Solver.CreateSolver('GLOP')
5.    if not solver:
6.        return
7.    # 初始化两个非负变量 x、y
8.    x = solver.NumVar(0, solver.infinity(), 'x')
9.    y = solver.NumVar(0, solver.infinity(), 'y')
10.   print('Number of variables =', solver.NumVariables())
11.   # 约束条件 1: x + 2y <= 14.
12.   solver.Add(x + 2 * y <= 14.0)
13.   # 约束条件 2: 3x - y >= 0.
14.   solver.Add(3 * x - y >= 0.0)
15.   # 约束条件 3: x - y <= 2.
16.   solver.Add(x - y <= 2.0)
17.   print('Number of constraints =', solver.NumConstraints())
18.   # 最优化目标 3x + 4y.
19.   solver.Maximize(3 * x + 4 * y)
20.   # 求解状态定义
21.   status = solver.Solve()
22.   if status == pywraplp.Solver.OPTIMAL:
23.       print('Solution:')
24.       print('Objective value =', solver.Objective().Value())
25.       print('x =', x.solution_value())
26.       print('y =', y.solution_value())
27.   else:
28.       print('The problem does not have an optimal solution.')
29.   print('\nAdvanced usage:')
30.   print('Problem solved in %f milliseconds' % solver.wall_time())
31.   print('Problem solved in %d iterations' % solver.iterations())
```

虽然开源求解器的能力已经可以解决绝大多数业务场景下的最优化求解问题，但在海量数据规模和实效性要求高的业务场景下，直接用开源求解器对原问题建模可能性能上达不到要求，因此企业往往会将原问题转换为对偶问题等一系列优化方案来降低求解复杂度，这里就不再一一赘述了，感兴趣的读者可以自行阅读相关方向的论文。

5. 预算分配和成本控制模块

预算分配和成本控制是计算广告体系中关于“钱”的分配和控制的模块。预算分配是计算广告系统的前置模块，负责广告投放之前根据供需情况、效益曲线等决定把钱投在哪里。这里的哪里通常可以是不同的城市、不同的渠道，甚至是不同的时间段。成本控制是计算广告的后置模块，负责解决在计算广告系统在执行智能投放和竞价数据一段时间之后，广告的投放成本因影响成本的因素过多而造成的其实际成本不符合事前分配的预算的问题。

（1）预算分配模块

随着在线广告和人工智能技术的蓬勃发展，智能预算分配在计算广告系统中逐渐扮演了不可或缺的角色。在线广告出现之前，预算往往由商业数据分析师人工地通过对数据的分析来决定分配。这种分配方式极其依赖分析师对于商业环境变化的敏感度、业务场景的熟悉度，以及过往预算分配的经验，因此一名有能力精准预算分配的商业分析师的培养成本非常高。然而随着互联网和计算广告的发展，海量数据和各种各样的人工智能算法涌入广告系统，瞬息万变的数据单单凭借人力判断已经稍显吃力，建设完善智能预算分配模块成了计算广告系统中不可缺少的一环。

企业对于预算的把控往往是偏宏观层面的，这里的宏观层面是指企业对于一个国家、一个城市、一个渠道的事前预算分配，而非单个广告或者单个用户层面的预算分配，下面给出企业通用的预算（Budget）分配系统框架，如图6-5所示。

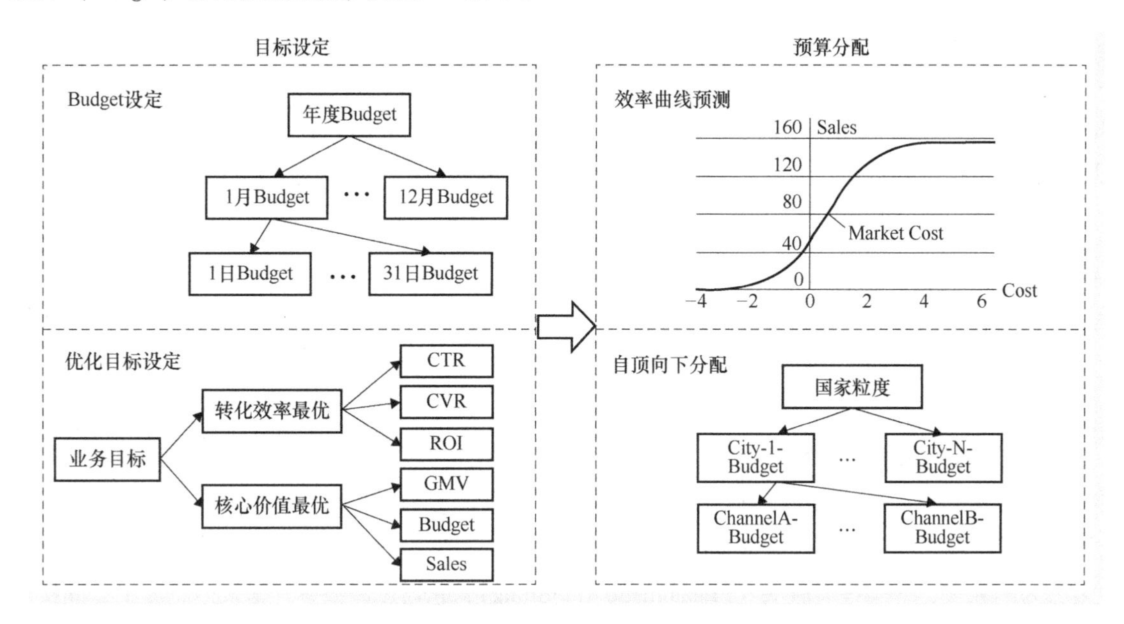


图6-5　预算（Budget）分配系统框架

图6-5中，预算分配分为目标设定和预算分配两大板块。目标设定板块偏配置层面，包括对预

算的设定和对优化目标的设定。对预算的设定通常是从年粒度的总预算拆解到季度、月度、周粒度、日粒度预算，自顶向下的预算拆解可以由经验丰富的商业分析师通过对历史 LTV 的统计设定，也可以通过用时序模型进行智能预测设定。而对优化目标的设定往往取决于业务场景，如 A 城市供给不足，需要提高销量，那么就可以设定在预算约束条件下的销量最大化的约束目标，不同的城市之间的业务目标可能不同，预算分配系统应支持多场景最优化目标配置。预算分配板块包括效率曲线预测和自顶向下分配算法，效率曲线往往是指花了多少钱能够给企业带来多少的收益，通常可以由线性、对数线性、常数弹性等多种效率曲线表达。而图 6-5 展示的 Cost 和 Sales 的效率曲线中，很明显，Sales 并不是随着 Cost 的增加而线性增长，增长到了一定程度的 Sales 会停止增长，这种效应统称为边际递减效应，而钱效最高的点就是效率曲线斜率最大的点，效率曲线的数学表达式如下：

$$d_i = \frac{D_i}{1+\exp\{-(a_i+b_i c)\}}$$

假设以预测城市效率曲线为例，$i$ 表示第 $i$ 个城市，$D_i$ 表示第 $i$ 个城市的总销量规模。可以通过简单的 LTV 模型预测得到，$a_i$ 和$b_i$ 是效率曲线模型的参数，$c$ 表示单位 Cost，那么 $d_i$ 就是表达城市 $i$ 的销量随着 Cost 变化的规律。有了效率曲线后，就知道了在不同的 Cost 情况下对应的 Sales 的数量，进而可以求出价格弹性即效率曲线上点的斜率，公式如下：

$$e_i = \Delta d_i \frac{c}{d_i}$$

在求解出了效率曲线之后，就得知了一定量的花费能够带来多少的销量，因此可以结合设定最优化目标使用优化求解器求解不同城市的预算花费。这里假设在总预算 $B$ 的约束下，求解每个城市的最佳预算使得销量最大，那么最优化约束公式可以表达为：

$$\max_c \sum_{i=1}^{N} d_i$$

$$\text{s.t.} \quad \sum_{i=1}^{N} d_i c_i \leqslant B$$

可以用动态规划或者整数规划的方法求解上述的最优化问题，这里不再赘述。

（2）成本控制模块

成本控制算法与预算分配不同的是：成本控制往往是通过对广告投放情况的实时监控，判断当前的实际成本和事前分配的预算是否有差异，如果有明显的差异，那么将在下一轮的广告投放中通过竞价策略或者投放流量的微调来动态调整投放花费用，从而达到控制成本的目的。成本控制算法主要分为两大类，一类是节流法（Probabilistic Throttiling），它通过调整参竞率来控制流量，间接达到控制成本的目的；另一类是出价调整法（Bid modification），它通过在原始出价的基础上微调价格来控制成本。图 6-6 所示为节流法和出价调整法，清晰地表达了两种方法对于成本控制的实现路径。

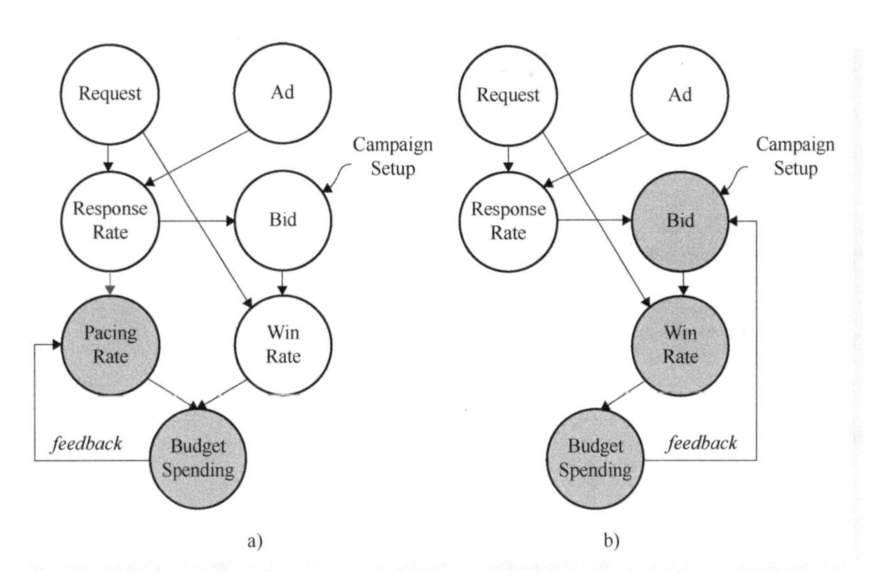


图 6-6 节流法和出价调整法

a）节流法 b）出价调整法

节流法是通过调整参与竞价的概率来影响参与竞价的次数，如果预算消耗过快则降低参竞概率，如果预算消耗慢了则提高参竞概率。企业会根据真实的业务情况制定调整参竞率的策略，这里介绍下 LinkedIn 于 2015 年发表的“Budget Pacing for Targeted Online Advertisements at LinkedIn”一文中介绍的 Budget Pacing 策略。假设广告计划 $j$ 按照时间片分配预算，一天有 $n$ 个时间片，根据广告计划 $j$ 的历史表现，预估出在各个时间片的流量分布为 $I_j=(i_1,i_2,i_3,\cdots,i_n)$，计划 $j$ 当天的总预算为 $B_j$，按照各个时间片流量比例分配预算分布为 $B_j=(b_1,b_2,b_3,\cdots,b_n)$，则在第 $t$ 个时间片的累积预估流量为 $F_{jt}=\sum_1^t i_t$，$n$ 个时间片的总的累积预估流量为 $F_{jn}=\sum_1^n i_t$，$t$ 时间片对应的预算累积计划消耗为 $A_{jt}=\frac{F_{jt}}{F_{jn}}B_j$，$t$ 时间片实际的预算消耗为 $S_{jt}$，计划参竞率为 $P_{jt}$，调整因子为 $R_{jt}$，那么 $t$ 时间片的参竞率为：

$$\begin{cases} P_{jt}=P_{jt-1}\times(1-R_{jt}) & \text{if } S_{jt}>A_{jt} \\ P_{jt}=P_{jt-1}\times(1+R_{jt}) & \text{if } S_{jt}\leqslant A_{jt} \end{cases}$$

上述策略公式通过实时对当前时间片预算实际消耗和计划消耗是否相符的判断，向上或者向下微调参竞率来实现对成本的控制。

出价调整法中最经典的算法之一就是 PID 控制算法，它是一种在工业生产中使用最为广泛的反馈控制算法，其优点是原理简单、易于实现，图 6-7 所示是通用的 PID 控制系统结构图。

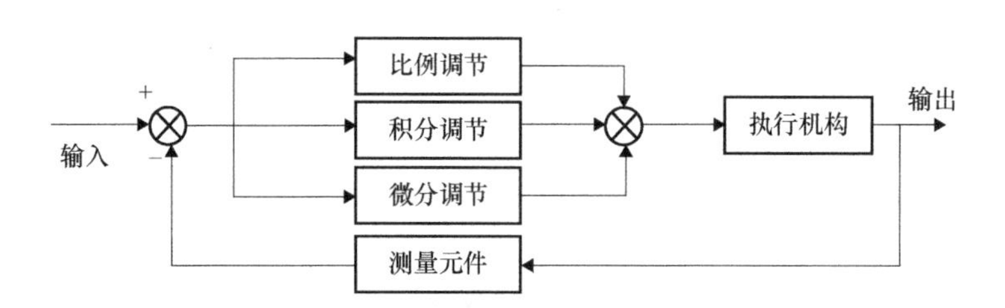


图 6-7 通用 PID 控制系统结构图

主要包括比例调节、积分调节、微分调节 3 个调节控制组件，初始输入信号经过 3 个组件的调节之后叠加输出，具体的表达式为：

$$u(t)=K_p\left[\mathrm{err}(t)+\frac{1}{T_I}\int \mathrm{err}(t)\mathrm{d}t+T_D\frac{\mathrm{derr}(t)}{\mathrm{d}t}\right]$$

式中，$K_p$ 表示比例增益，$\mathrm{err}(t)$表示 $t$ 时刻与目标的误差值，$T_I$表示积分时间常数，$T_D$表示微分时间常数。比例调节组件是以和误差值 err 为线性比例去调整输入信号的，它直接反映了当前值和目标值的误差，一旦偏差产生就向着减少误差的方向成比例减少。但是比例调节组件存在一定的问题：一是非常容易产生稳态误差，这样会导致输入信号永远无法达到目标值；二是比例调节组件对于调节系数 $K_p$ 更敏感，这样会使得输出结果振荡比较大。积分调节组件主要是为了解决稳态误差的问题，因为会累积过去的误差，所以很好地消除了稳态误差。微分调节组件主要是反应信号偏差的变化趋势，当偏差信号变太大之前就引入一个有效的修正信号来减少信号的震荡，起到平滑的作用。

节流法是干预参竞率，是和智能出价策略独立的算法模块，而出价调整法是在干预智能出价的结果，虽然也可以有效地达到成本控制的目的，但是会和智能出价策略耦合在一起，这也是出价调整法存在的一个缺陷。

## 6.2 点击率预估场景下的特征挖掘

本节将结合 2018 年阿里天池大赛中，淘宝展示广告点击率预估数据集来讲解计算广告体系中最常见也是最重要的 CTR 预估场景下的数据探索和特征挖掘。

### 6.2.1 数据集介绍

2018 年阿里天池大赛中的展示广告点击率预估数据集主要包含四个数据文件，记录并抽样出了淘宝网站从 2017 年 5 月 6 日到 2017 年 5 月 12 日 7 天内的广告展示/点击日志。

（1）主要数据清单（如表 6-3 所示）

表 6-3 主要数据清单

| 数据表名 | 数据描述 |
| --- | --- |
| raw_sample. csv | 用户-广告维度的用户展示/点击日志。<br>user：脱敏过的用户 ID。<br>time_stamp：日志时间戳。<br>adgroup_id：脱敏过的广告 ID。<br>pid：广告资源位。<br>nonclk：1 代表没有点击、0 代表点击。<br>clk：1 代表点击、0 代表没有点击，与 nonclk 互反 |
| ad_feature. csv | 广告基本信息表。<br>adgroup_id：脱敏过的广告 ID。<br>cate_id：脱敏过的商品类目 ID。<br>campaign_id：脱敏过的广告计划 ID。<br>customer：脱敏过的广告主 ID。<br>brand：脱敏过的品牌 ID。<br>price：商品价格。<br>注：一个广告对应一个商品，一个商品属于一种类目，一个商品属于一个品牌 |
| user_profile. csv | 用户基本信息表。<br>userid：脱敏过的用户 ID。<br>cms_segid：微群 ID。<br>cms_group_id：微群 ID。<br>final_gender_code：用户性别，1-男性、2-女性。<br>age_level：用户年龄层次。<br>pvalue_level：用户消费档次，1-低档、2-中档、3-高档。<br>shopping_level：用户购物深度，1-浅度用户、2-中度用户、3-重度用户。<br>occupation：是否大学生，1-是、0-否。<br>new_user_class_level：城市层级 |
| raw_behavior_log. csv | 用户行为日志。<br>user：脱敏过的用户 ID。<br>time_stamp：用户行为日志时间戳。<br>btag：用户行为类型，pv-浏览行为、cart-加入购物车行为、buy-购买行为、fav-喜欢行为。<br>cate：脱敏过的商品类目。<br>brand：脱敏过的品牌 ID |

（2）数据预处理

数据预处理部分会对相关联的数据表进行合并、NaN 值填充、数据下采样等一系列操作，具体的代码如下。

```
1.import os
2.import numpy as np
```

```
3.import pandas as pd
4.from sklearn.preprocessing import LabelEncoder
5.
6.
7.def load_data():
8.     user = pd.read_csv('data1/user_profile.csv')
9.     sample = pd.read_csv('data1/raw_sample.csv')
10.    user_behavior = pd.read_csv('data1/behavior_log.csv')
11.    ad_feature = pd.read_csv('data1/ad_feature.csv')
12.    # 对于 NaN 值进行处理
13.    ad_feature['brand'] = ad_feature['brand'].fillna(-1)
14.    user['pvalue_level'] = user['pvalue_level'].fillna(-1)
15.    user = user.rename({'new_user_class_level ': 'new_user_class_level'}, axis=1)
16.    user['new_user_class_level'] = user['new_user_class_level'].fillna(-1)
17.
18.    return user, sample,user_behavior, ad_feature
19.
20.def data_sample(frac, user, sample, user_behavior, ad_feature):
21.    sel_user = user.sample(frac=frac, random_state=1024).reset_index(drop=True)
22.    sel_user_ids = sel_user.userid.unique()
23.    sel_sample = sample[sample['user'].isin(sel_user_ids)].reset_index(drop=True)
24.    sel_user_behavior = user_behavior[user_behavior['userid'].isin(sel_user_ids)].re-
   set_index(drop=True)
25.    sel_ad_feature = ad_feature.copy()
26.
27.  return sel_user, sel_sample, sel_user_behavior, sel_ad_feature
28.
29.def data_preprocess(user_behavior, ad_feature):
30.    # 类别标签进行 labelencoder
31.    cate_lbe = LabelEncoder()
32.    cate_ids = np.concatenate((ad_feature['cate_id'].unique(), user_behavior['cate'].
   unique()))
33.    cate_lbe.fit(cate_ids)
34.    ad_feature['cate_id'] = cate_lbe.transform(ad_feature['cate_id'])+1
35.    user_behavior['cate'] = cate_lbe.transform(user_behavior['cate'])+1
36.
37.    brand_lbe = LabelEncoder()
38.    brand_ids = np.concatenate((ad_feature['brand'].unique(), user_behavior['brand'].
   unique()))
39.    brand_lbe.fit(brand_ids)
40.    ad_feature['brand'] = brand_lbe.transform(ad_feature['brand'])+1
41.    user_behavior['brand'] = brand_lbe.transform(user_behavior['brand'])+1
42.
43.    # 筛选掉没有时间戳的日志
44.    user_behavior = user_behavior[user_behavior['time_stamp']>0]
45.
46.    return user_behavior, ad_feature
47.
```

```
48.
49.def save_data(sel_user, sel_sample, sel_user_behavior, sel_ad_feature):
50.    sel_user.to_pickle('data1/final_data/user_data.pkl')
51.    sel_sample.to_pickle('data1/final_data/sample_data.pkl')
52.    sel_user_behavior.to_pickle('data1/final_data/user_behavior_data.pkl')
53.    sel_ad_feature.to_pickle('data1/final_data/ad_data.pkl')
54.
55.def main():
56.    frac = 0.1
57.    user, sample,user_behavior, ad_feature = load_data()
58.    user_behavior, ad_feature = data_preprocess(user_behavior, ad_feature)
59.    sel_user, sel_sample, sel_user_behavior, sel_ad_feature = data_sample(frac, user,
  sample, user_behavior, ad_feature)
60.    save_data(sel_user, sel_sample, sel_user_behavior, sel_ad_feature)
```

（3）数据概览（如表 6-4 所示）

表 6-4 为基本数据表进行广告侧、用户侧、用户行为侧的数据概览。

表 6-4　数据概览

| 数据集 | 统计属性 | 数量 |
| --- | --- | --- |
| 广告侧 | 广告品牌数量 | 99815 |
| | 商品类别数量 | 6769 |
| | 广告活动数量 | 423426 |
| | 广告主数量 | 255875 |
| | 广告资源位数量 | 2 |
| 用户侧 | 用户点击数量 | 128321 |
| | 用户不点击数量 | 2357424 |
| | 用户点击占比 | 5.44% |
| | 男性用户数量 | 37945 |
| | 女性用户数量 | 68232 |
| | 大学生数量 | 5907 |
| | 非大学生数量 | 100270 |
| 用户行为侧 | 近 22 天浏览数量 | 65948288 |
| | 近 22 天加入购物车数量 | 1518039 |
| | 近 22 天从浏览到加入购物车的转化率 | 2.3% |
| | 近 22 天喜欢数量 | 878478 |
| | 近 22 天从浏览到喜欢的转化率 | 1.33% |
| | 近 22 天购买数量 | 889377 |
| | 近 22 天从加入购物车到购买转化率 | 58.59% |

### 6.2.2 数据分析

本小节主要从用户侧数据、广告侧数据、用户-广告侧数据分别进行分析。

1. 用户画像分析

用户画像分析主要包括用户的基本属性分析、用户行为画像分析、用户兴趣偏好分析等。通过对用户画像的分析达到广告精准投放的目的。表 6-5 列举了一些通用的用户画像特征。

表 6-5 通用用户画像特征

| 一级类目 | 二级类目 | 三级类目 |
|---|---|---|
| 人口统计 | 基本属性 | 姓名 |
| | | 性别 |
| | | 出生日期 |
| | | 所在城市 |
| | | 婚姻状况 |
| | | 教育状况 |
| | | 债务状况 |
| | 新用户属性 | 注册渠道 |
| | | 注册时间 |
| | | 注册方式 |
| | | 注册 ID |
| | | 手机设备 ID |
| | | 手机品牌类型 |
| 社会属性 | 家庭属性 | 家庭角色 |
| | | 家庭成员数量 |
| | | 是否有孩子 |
| | | 资产数量 |
| | | 居住区域 |
| | | 资产具体情况 |
| | 公司属性 | 公司 ID |
| | | 工作地点 |
| | | 行业 |
| | | 职位 |
| | | 收入 |

（续）

| 一级类目 | 二级类目 | 三级类目 |
| --- | --- | --- |
| 消费属性 | 消费行为 | 3/7/15/30 天内消费金额 |
| | | 3/7/15/30 天内消费次数 |
| | | 3/7/15/30 天内消费渠道 |
| | | 消费时间间隔 |
| | | 首次消费时间 |
| | | 最近一次消费时间 |
| | 价值属性 | 价值层级 |
| | | 流失阶段 |
| | | 忠诚层级 |
| | 生命周期 | 潜在用户标签 |
| | | 新客标签 |
| | | 老客标签 |
| | | VIP 标签 |
| | | 流失用户标签 |
| 历史行为属性 | 活跃属性 | 3/7/15/30 天内登录次数 |
| | | 3/7/15/30 天内登录时长 |
| | | 3/7/15/30 天内登录深度 |
| | 行为属性 | 3/7/15/30 天内评论数 |
| | | 3/7/15/30 天内点赞数 |
| | | 3/7/15/30 天内收藏数 |
| | | 3/7/15/30 天内浏览数 |
| | 偏好属性 | 价格偏好 |
| | | 品牌偏好 |
| | | 品类偏好 |
| | | 下单地址偏好 |
| | | 下单时间偏好 |
| | 风险属性 | 债务风险 |
| | | 欺诈风险 |
| | | 注销风险 |
| | | 流失风险 |
| | | 违法违规风险 |

由表 6-5 可知，用户画像通常从人口统计、社会属性、消费属性、历史行为属性 4 个角度来进行分析构建，表中的特征仅供参考，读者应根据实际的业务场景构建相应的用户画像。

用户画像的构建一般分为目标分析、标签体系构建、画像构建3个步骤。目标分析是根据具体的业务场景确定用户画像构建的目标，如广告投放场景下，用户画像应该更多地关注用户的广告点击行为，从而提升用户广告点击率和转化率；再如提升用户体验的场景下，应该更多地关注用户使用产品的反馈等行为，从而改进产品提升用户体验。明确的用户画像构建目标是指导用户画像分析和标签体系建设的基础，脱离目标的用户画像构建是没有意义的。用户标签体系构建是用户画像构建的核心步骤，用户标签搭建的维度通常包括静态标签、动态标签、预测标签，其中静态标签一般是用户主动提供的数据，包括性别、年龄等；动态标签一般是指用户从注册平台开始，平台记录用户的所有行为标签，每过一段时间会随着用户的行为而发生动态变化；预测标签一般是指利用统计学习、数据挖掘、机器学习的方法对用户的历史数据进行建模，从而预测用户未来的行为标签。有了完整的用户标签体系后，便可以通过用户画像设定的业务目标构建用户画像，并依据目标人群进行广告智能投放。本小节将根据公开数据集提供的用户基本属性数据和用户点击行为日志来进行用户侧画像数据分析，在进行数据分析之前，首先对数据进行加载，代码如下。

```
1.import pandas as pd
2.pd.set_option('display.max_columns', 200)
3.pd.set_option('display.max_rows', 200)
4.import seaborn as sns
5.import matplotlib.pyplot as plt
6.import numpy as np
7.import warnings
8.warnings.filterwarnings('ignore')
9.
10.ad_data = pd.read_pickle('data/final_data/ad_data.pkl')
11.sample_data = pd.read_pickle('data/final_data/sample_data.pkl')
12.user_behavior_data = pd.read_pickle('data/final_data/user_behavior_data.pkl')
13.user_data = pd.read_pickle('data/final_data/user_data.pkl')
```

（1）用户基本属性分析

在数据集user_data中提供了用户的基本属性数据，包括性别、年龄分层、消费能力等，下面分别对用户的这些基础属性进行数据分析和探查。

1）不同年龄段的不同性别用户分析（如图6-8所示）。

图6-8中，柱状图显示出了不同年龄段（age_level）不同性别（final_gender_code，1表示男性，2表示女性）用户的数量。很明显，age_level = 3即30~40岁的用户在平台占比最多，且此年龄层级的女性用户数量几乎是男性用户数量的2倍，而60岁以上的用户，男性和女性的比例几乎持平，相关代码如下。

```
1.f, ax =plt.subplots(1,1,figsize=(8, 4))
2.sns.countplot(data=user_data, x='age_level', hue="final_gender_code", ax=ax)
```

2）不同年龄段的消费能力分析（如图6-9所示）。

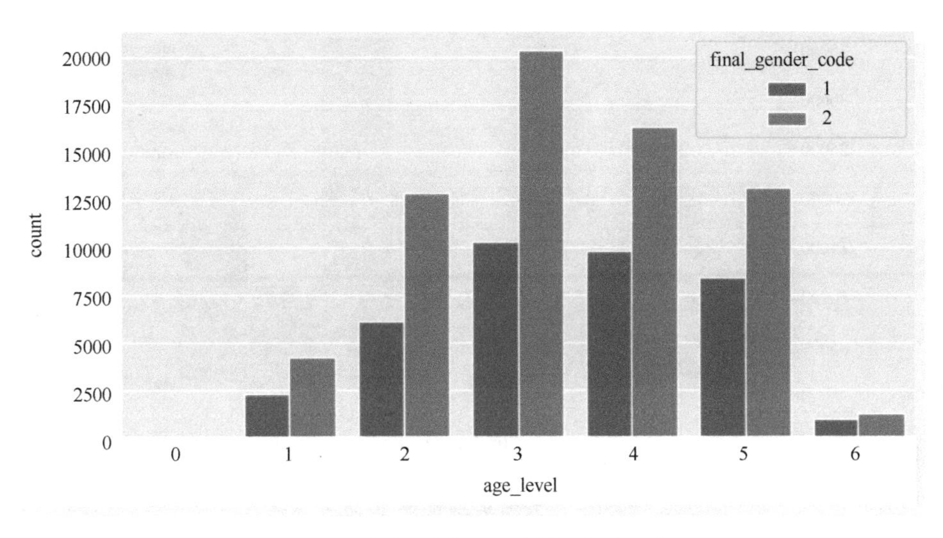


● 图 6-8　不同年龄段不同性别用户分析

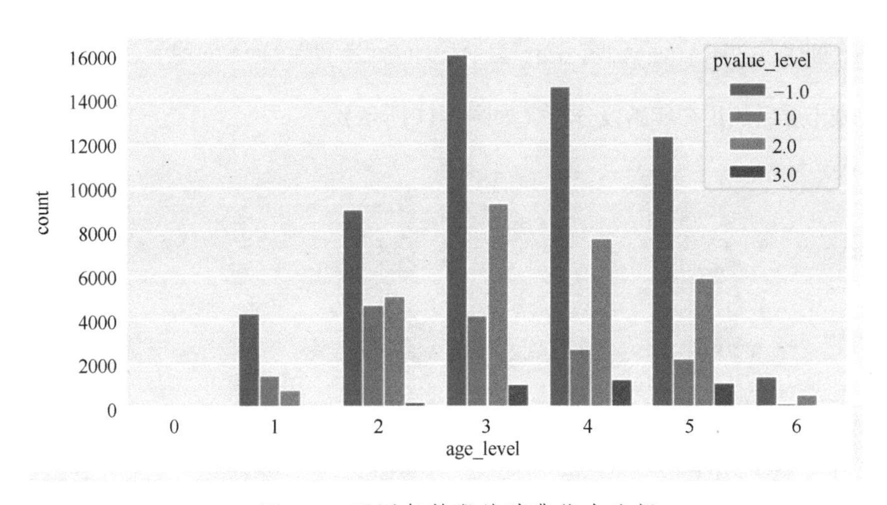


● 图 6-9　不同年龄段的消费能力分析

由图 6-9 可知，随着年龄（age_level）越大，pvalue_level = 3 的高档消费用户占比越高，说明年龄越大的用户消费能力越强，越倾向于购买高档的商品，相关代码如下。

```
1.f, ax =plt.subplots(1,1,figsize=(8, 4))
2.sns.countplot(data=user_data, x='age_level', hue="pvalue_level", ax=ax)
```

3）不同性别的消费能力分析（如图 6-10 所示）。

图 6-10 中，柱状图显示出了不同性别（final_gender_code）的消费能力分布，pvalue_level 的值越大消费档次越高。图中男女在消费档次的分布十分相似，相较来说男性高消费群体占所有男性用户的比例要高于女性高消费群体，即男性相较于女性来说潜在消费档次更高，相关代码如下。

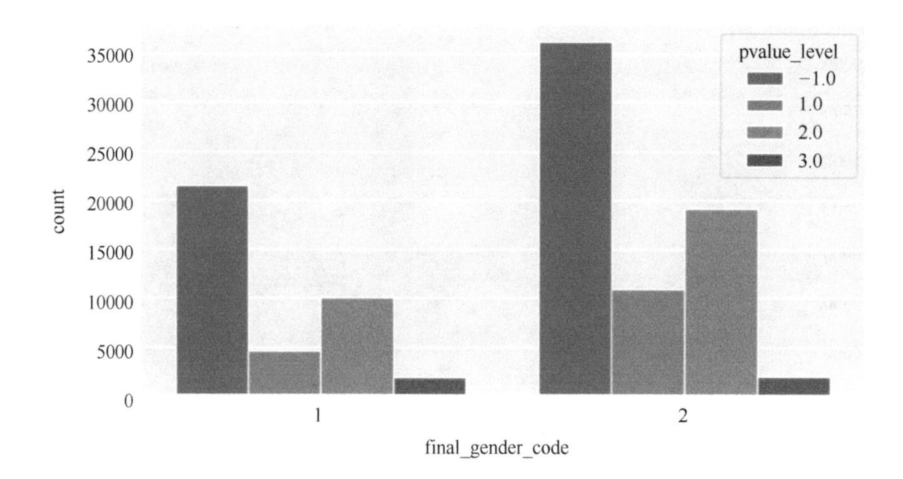


图 6-10 不同性别的消费能力分析

```
1.f, ax =plt.subplots(1,1,figsize=(8, 4))
2.sns.countplot(data=user_data, x='final_gender_code', hue="pvalue_level", ax=ax)
```

4）不同城市层级的用户年龄段分析（如图 6-11 所示）。

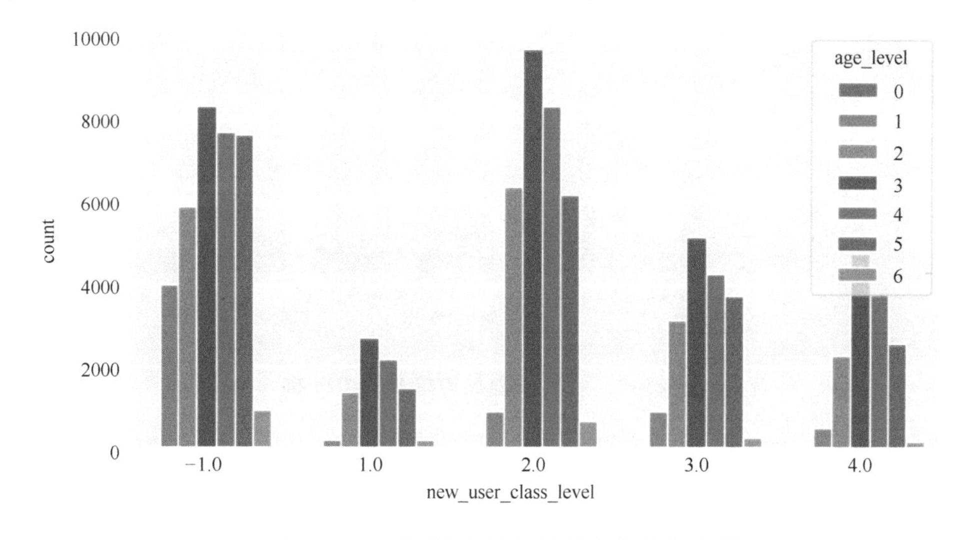


图 6-11 不同城市层级的用户年龄段分析

图 6-11 中，柱状图显示出了不同城市层级（new_user_class_level）的用户年龄段分析。显而易见，无论是哪个层级的城市，age_level = {2,3,4,5} 的用户群体是该平台用户的主要来源，相关代码如下。

```
1.f, ax =plt.subplots(1,1,figsize=(8, 4))
2.sns.countplot(data=user_data, x='new_user_class_level', hue="age_level", ax=ax)
```

5）不同城市层级的购物深度分析（如图6-12所示）。

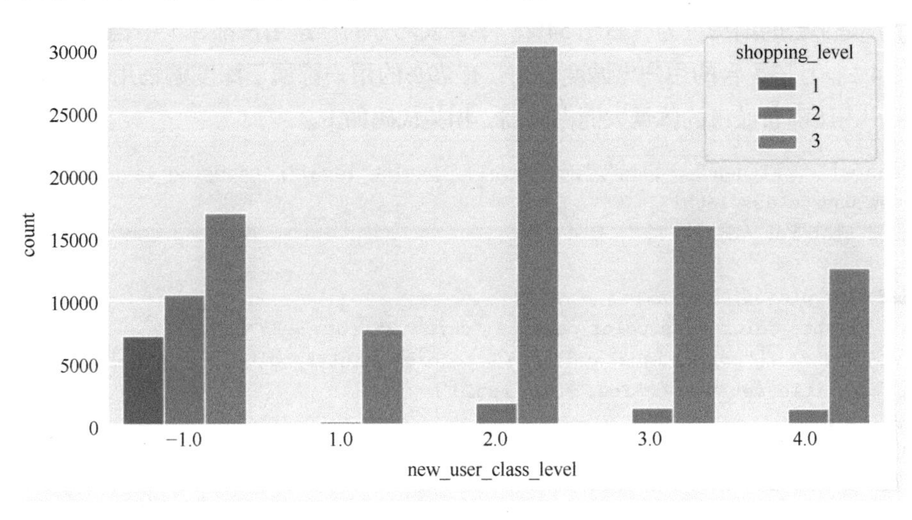


图6-12　不同城市层级的购物深度分析

由图6-12可知，该平台大部分用户都是深度购物用户，城市规模越大，深度购物用户的占比越高，相关代码如下。

```
1.f, ax =plt.subplots(1,1,figsize=(8, 4))
2.sns.countplot(data=user_data, x='new_user_class_level', hue="shopping_level", ax=ax)
```

6）不同属性用户占比分析（如图6-13所示）。

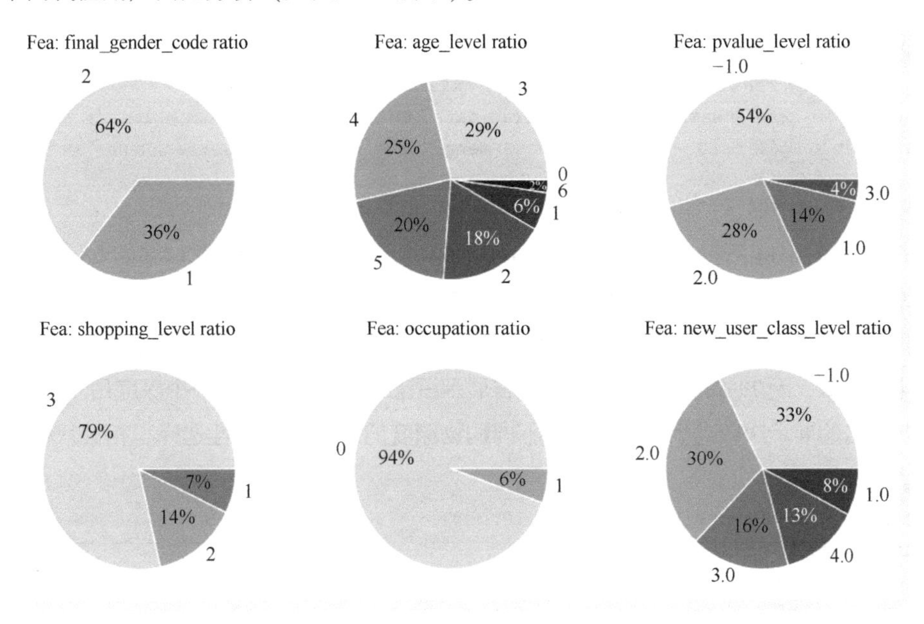


图6-13　不同属性用户占比分析

图6-13给出了用户不同属性的占比分析。平台的女性用户数是男性用户数的1.8倍，30~50岁年龄段的用户是平台的消费主力，占比54%。平台大部分的存量用户都属于中档消费用户，高档消费用户只占4%，且该平台的用户忠诚度较高，有79%的用户都属于深度购物用户。此外，不同层级的城市用户占比随着城市的体量大而占比高，相关代码如下。

```
1.feas = ['final_gender_code','age_level','pvalue_level','shopping_level','occupation',
  'new_user_class_level']
2.user_stat_res =dict()
3.
4.def plot_pie(df, fea, ax):
5.    palette_color =sns.color_palette("ch:s=.25,rot=-.25")
6.    ax.pie(df['cnt'], labels=df[fea], colors=palette_color, autopct='%.0f%%')
7.    ax.title.set_text(f'Fea: {fea} ratio')
8.#绘制饼图
9.f, ax =plt.subplots(2,3,figsize=(10, 6))
10.for i, fea in enumerate(feas):
11.    i_ax = i//3
12.    j_ax = i%3
13.    inner_stat = user_data[[fea]].value_counts().reset_index().rename({0:'cnt'}, axis=1)
14.    user_stat_res[fea] = inner_stat
15.    plot_pie(inner_stat, fea, ax[i_ax][j_ax])
16.plt.tight_layout()
```

（2）用户点击行为分析

在数据集sample_data中提供了用户8天内的广告展示/点击日志。下面将分析不同属性的用户的点击倾向。在分析之前先把user_data、sample_data和ad_data数据进行合并，代码如下。

```
1.# sample data 合并 ad&user data
2.sample_data.rename({'user':'userid'}, axis=1, inplace=True)
3.ad_sample_data = sample_data.merge(ad_data, on='adgroup_id', how='left')
4.ad_user_sample_data = ad_sample_data.merge(user_data, on='userid', how='left')
```

1）不同属性用户展示广告的占比分析（如图6-14所示）。

将图6-13和图6-14所示的final_gender_code ratio子图进行对比，发现64%的女性用户的广告展示占比72%，相当于每个女性用户平均展示1.125个广告，每个男性用户平均展示0.78个广告，向女性用户展示广告的频率高于男性用户。不同年龄和不同消费档次的用户广告展示次数分布和用户数量分布比较相似，而79%的深度购物用户广告展示占比85%，相当于向一个深度用户展示了1.07次广告。因此广告的展示次数对于不同性别、不同购物深度的用户有倾向性选择，相关代码如下。

```
1.stat_res =dict()
2.f, ax =plt.subplots(2,3,figsize=(10, 6))
3.for i, fea in enumerate(feas):
4.    i_ax = i//3
5.    j_ax = i%3
```

```
6.    inner_stat = ad_user_sample_data[[fea]].value_counts().reset_index().rename({0:
  'cnt'}, axis=1)
7.    stat_res[fea] = inner_stat
8.    plot_pie(inner_stat, fea, ax[i_ax][j_ax])
```

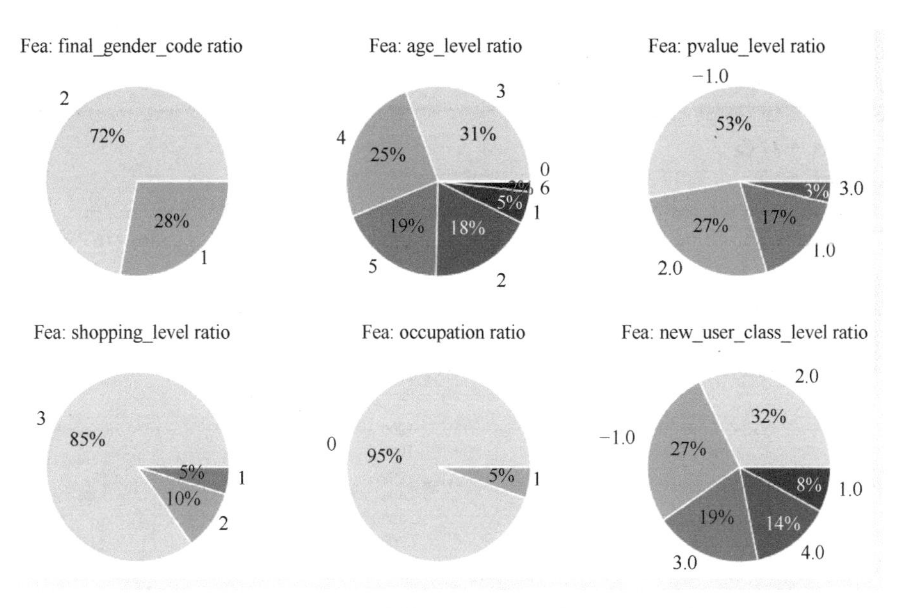


● 图 6-14　不同属性用户展示广告的占比分析

2）不同属性用户点击的占比分析（如图 6-15 所示）。

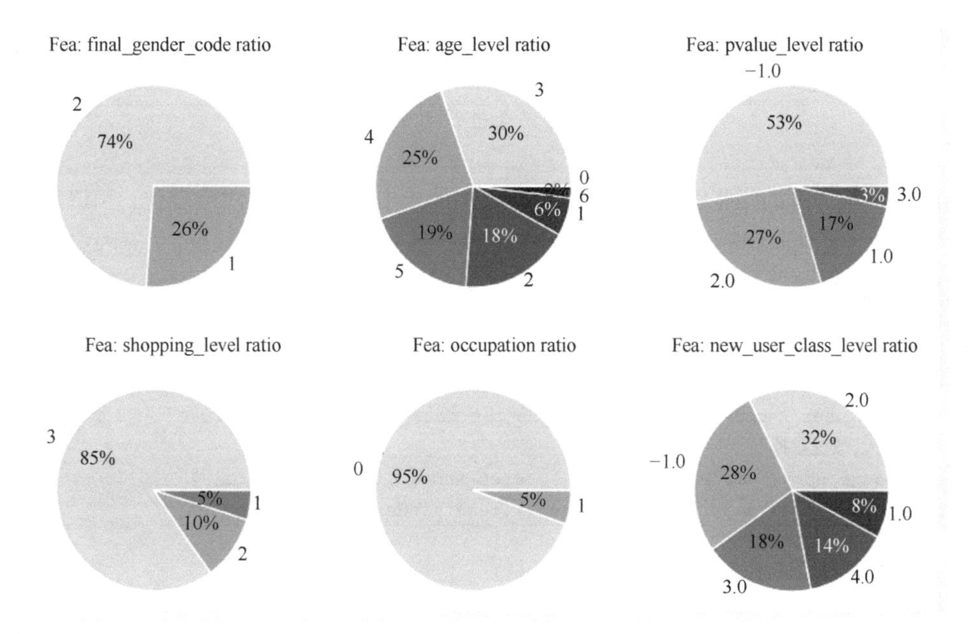


● 图 6-15　不同属性用户点击的占比分析

将图 6-13 与图 6-15 所示的 final_gender_code ratio 子图进行对比，发现 64%的女性用户提供了 74%的广告点击，相当于平均一个女性用户点击广告 1.16 次，而其他的属性的广告点击占比和广告展示占比相似。因此，广告点击跟用户性别相关，女性用户点击广告的概率更高，相关代码如下。

```
1.stat_res =dict()
2.f, ax =plt.subplots(2,3,figsize=(10, 6))
3.for i, fea in enumerate(feas):
4.    i_ax = i//3
5.    j_ax = i%3
6.    inner_df = ad_user_sample_data[ad_user_sample_data['clk']==1]
7.    inner_stat = inner_df[[fea]].value_counts().reset_index().rename({0:'cnt'}, axis=1)
8.    stat_res[fea] = inner_stat
9.    plot_pie(inner_stat, fea, ax[i_ax][j_ax])
```

3）用户点击行为的时序分析（如图 6-16 所示）。

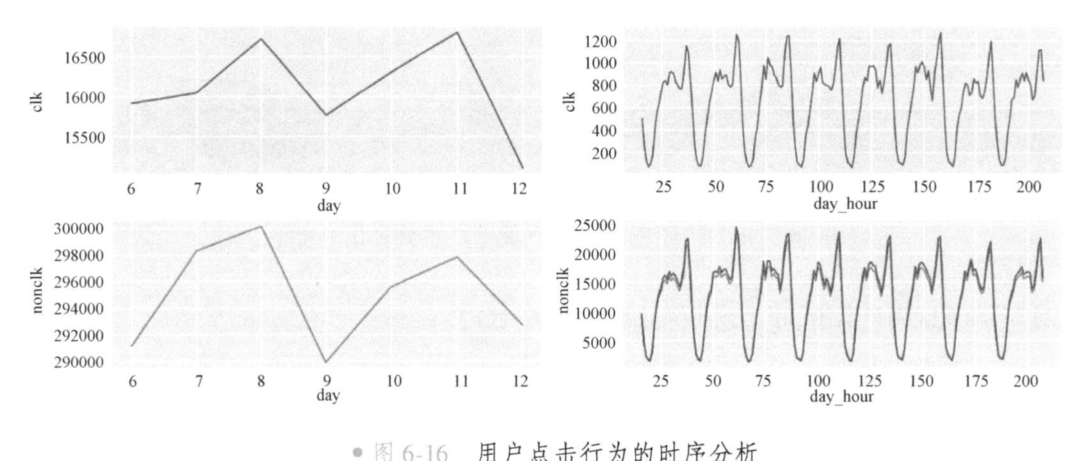


图 6-16　用户点击行为的时序分析

图 6-16 中，第一列的两张图是按天统计的 7 天内的点击和非点击的时序变化，可以发现波峰和波谷的位置一致，且随时间而增长和下降的趋势相同。第二列是按小时统计的 7 天内点击和非点击的时序变化，可以发现点击和非点击量是按小时较为规律的周期变化，因此在对点击率建模时，应充分考虑周期性，相关代码如下。

```
1.#按天粒度的周期性变化
2.tmp = ad_user_sample_data[~ad_user_sample_data['day'].isin([5,13])]  #5 号和 13 号的数据
  不足 1 天,故过滤掉
3.a =tmp.groupby('day')['clk'].sum().reset_index().set_index('day')
4.b =tmp.groupby('day')['nonclk'].sum().reset_index().set_index('day')
5.c = a.join(b)
6.f, ax =plt.subplots(2,1,figsize=(8, 6))
7.sns.lineplot(c['clk'], ax=ax[0])
```

```
8.sns.lineplot(c['nonclk'], ax=ax[1], color='orange')
9.plt.tight_layout()
10.
11.#按小时粒度的周期性变化
12.ad_user_sample_data['hour'] = ad_user_sample_data['date'].dt.hour
13.ad_user_sample_data['day_hour'] = ad_user_sample_data.apply(lambda x: (x['day']-5) *
   24 + x['hour'], axis=1)
14.a = ad_user_sample_data.groupby('day_hour')['clk'].sum().reset_index().set_index
   ('day_hour')
15.b = ad_user_sample_data.groupby('day_hour')['nonclk'].sum().reset_index().set_index
   ('day_hour')
16.c = a.join(b)
17.c['disp_cnt'] = c['clk']+c['nonclk']
18.f, ax =plt.subplots(2,1,figsize=(8, 6))
19.sns.lineplot(c['clk'], ax=ax[0])
20.sns.lineplot(c['nonclk'], ax=ax[1], color='orange')
21.sns.lineplot(c['disp_cnt'], ax=ax[1], color='green')
22.plt.tight_layout()
```

### 2. 广告侧数据分析

数据集 ad_data 给出了广告侧的基本特征，下面对广告侧数据进行基本分析。

（1）Top10 品牌和品类的广告及占比

广告总共有 99815 个不同的品牌，6769 个不同的品类，数目过多，因此只对有代表意义的 Top10 的品牌、品类进行分析，如表 6-6 所示。

表 6-6 不同品牌、品类广告分析

| 排　名 | 品牌 ID | 占　比 | 品类 ID | 占　比 |
|---|---|---|---|---|
| 1 | 1 | 29.09% | 6259 | 5.04% |
| 2 | 353600 | 0.77% | 4518 | 2.52% |
| 3 | 247663 | 0.54% | 1665 | 1.82% |
| 4 | 234733 | 0.36% | 4280 | 1.76% |
| 5 | 146049 | 0.35% | 6424 | 1.67% |
| 6 | 220363 | 0.33% | 6421 | 1.67% |
| 7 | 98887 | 0.28% | 4503 | 1.59% |
| 8 | 425355 | 0.28% | 4278 | 1. 39% |
| 9 | 342576 | 0.27% | 4278 | 1.3% |
| 10 | 453991 | 0.26% | 4281 | 1.27% |

（2）Top10 品牌和品类广告的价格分布（如图 6-17 所示）

从图 6-17 可以看出，很明显不同品牌的价格分布差异比较大，只有 146049 品牌的价格比较符合正态分布，品牌1、353600、234733，220363、425355、453991的价格比较符合长尾分布，大部分Top10品牌的价格都在0~400元区间内，相关代码如下。

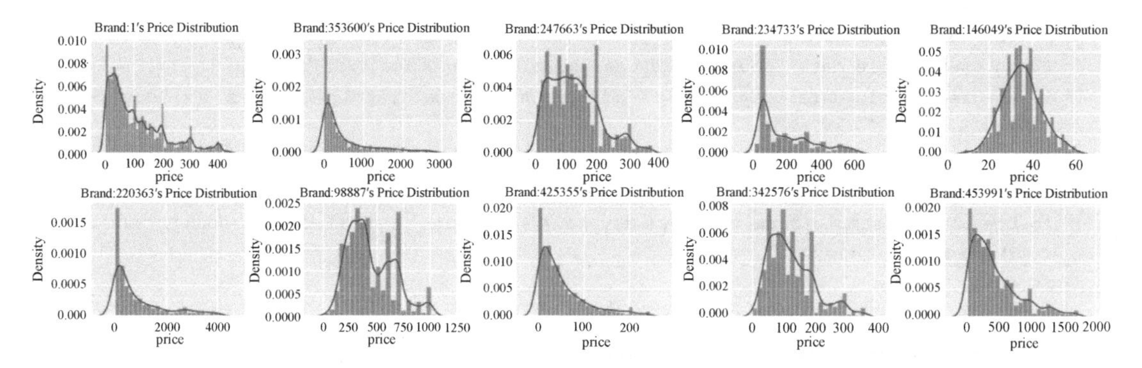


图6-17 Top10品牌和品类广告的价格分布图

```
1.def price_outliers(df):
2.    Q3 = np.quantile(df['price'], 0.75)
3.    Q1 = np.quantile(df['price'], 0.25)
4.    IQR = Q3 - Q1
5.    lower_price = Q1 - 1.5 * IQR
6.    upper_price = Q3 + 1.5 * IQR
7.    df_ = df[(df['price']<=upper_price)&(df['price']>=lower_price)]
8.
9.    return df_
10.
11.f, ax =plt.subplots(2,5,figsize=(20, 6))
12.for i, brand in enumerate(top10_brand):
13.    brand_df = ad_data[ad_data['brand']==brand]
14.    # 对异常值过滤
15.    brand_df = price_outliers(brand_df)
16.    i_ax = i//5
17.    j_ax = i%5
18.    sns.distplot(brand_df['price'], ax=ax[i_ax][j_ax]).set(title=f"Brand:{brand}'s
   Price Distribution ")
19.plt.tight_layout()
```

图6-18所示是不同品类广告的价格分布图。

由图6-18可知，不同品类广告之间的价格分布相似，大多数品类的价格集中在100~300元的区间内，代码如下。

```
1.f, ax =plt.subplots(2,5,figsize=(20, 6))
2.
3.for i, cate in enumerate(top10_cate):
4.    i_ax = i//5
```

```
5.    j_ax = i%5
6.    cate_df = ad_data[ad_data['cate_id']==cate]
7.    cate_df = price_outliers(cate_df)
8.    sns.distplot(cate_df['price'], ax=ax[i_ax][j_ax]).set(title=f"Cate:{cate}'s
  Price Distribution ")
9.
10.plt.tight_layout()
```

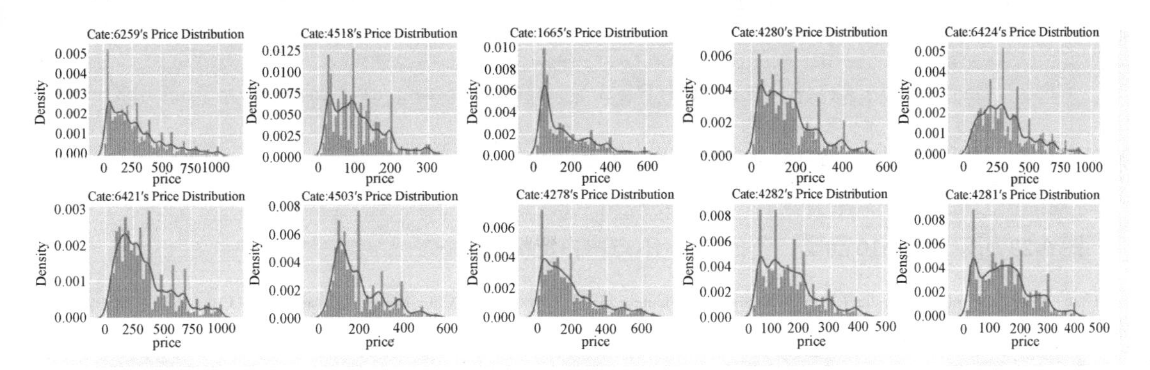


● 图 6-18　不同品类广告的价格分布图

（3）Top10 品牌和品类广告的点击分析（如图 6-19 所示）

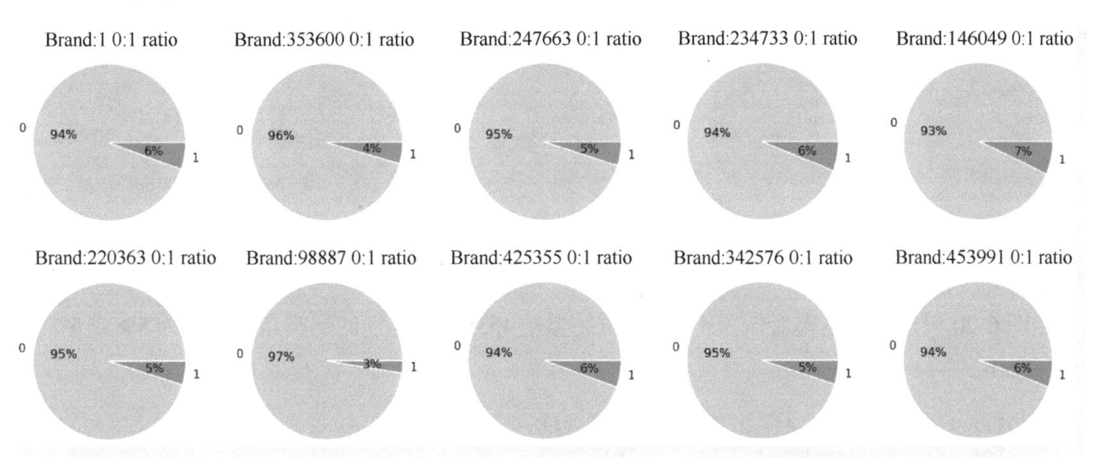


● 图 6-19　Top10 品牌广告的点击-不点击占比分析

图 6-19 展示了 Top10 品牌广告的点击-不点击占比分析，品牌 98887 的点击率最低仅有 3%，点击率最高的品牌是 146049，点击率为 7%，相关代码如下。

```
1.top10_brand_ad_user_df = ad_user_sample_data[ad_user_sample_data['brand'].isin(top10_
  brand)]
```

```
2.top10_cate_ad_user_df = ad_user_sample_data[ad_user_sample_data['cate_id'].isin(top10
  _cate)]
3.
4.f, ax =plt.subplots(2,5,figsize=(15, 6))
5.for i, brand in enumerate(top10_brand):
6.    i_ax = i//5
7.    j_ax = i%5
8.    brand_df = ad_user_sample_data[ad_user_sample_data['brand']==brand]['clk'].value_
  counts().reset_index()
9.    palette_color =sns.color_palette("ch:s=.25,rot=-.25")
10.    ax[i_ax][j_ax].pie(brand_df['clk'], labels=brand_df['index'], colors=palette_
   color, autopct='%.0f%%')
11.    ax[i_ax][j_ax].title.set_text(f'Brand:{brand} 0:1 ratio')
12.plt.tight_layout()
```

图 6-20 所示为 Top10 品类广告的点击-不点击占比分析。

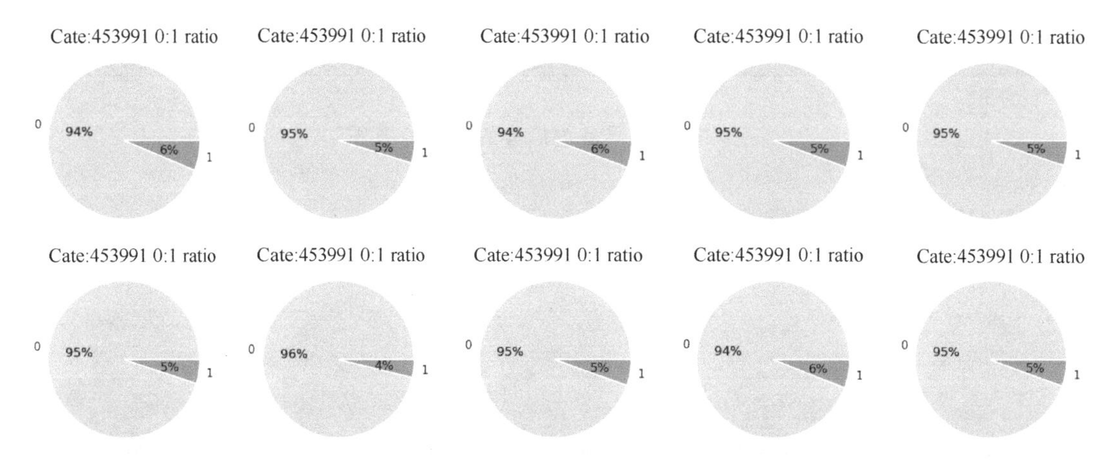


图 6-20 Top10 品类广告的点击-不点击占比分析

由图 6-20 可知，点击率最低为 4%，所属品类是 453991，其他的品类点击率均为 5%或 6%，相关代码如下。

```
1.f, ax =plt.subplots(2,5,figsize=(15, 6))
2.for i, cate in enumerate(top10_cate):
3.    i_ax = i//5
4.    j_ax = i%5
5.    cate_df = ad_user_sample_data[ad_user_sample_data['cate_id']==cate]['clk'].value_
  counts().reset_index()
6.    palette_color =sns.color_palette("ch:s=.25,rot=-.25")
7.    ax[i_ax][j_ax].pie(cate_df['clk'], labels=cate_df['index'], colors=palette_color,
  autopct='%.0f%%')
8.    ax[i_ax][j_ax].title.set_text(f'Cate:{brand} 0:1 ratio')
9.plt.tight_layout()
```

（4）Top 品牌广告点击覆盖率分析（如图 6-21 所示）

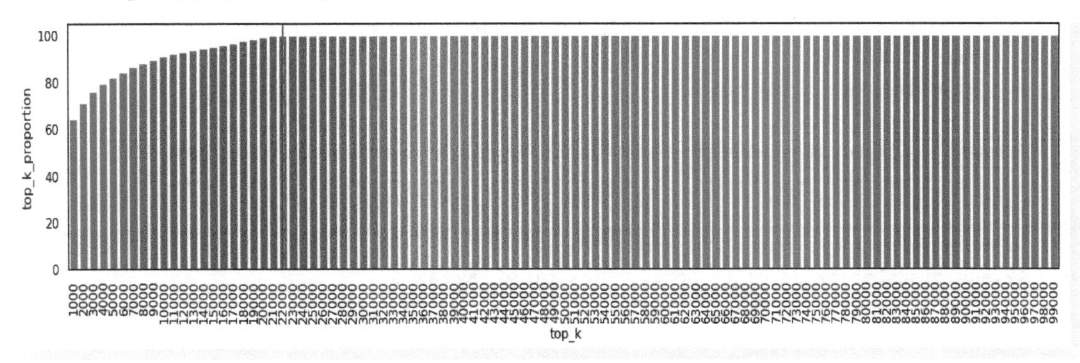


● 图 6-21　Top 品牌广告点击覆盖率分析

图 6-21 是 Top 品牌对于所有有点击广告数据的覆盖率分析，可以发现排名前 20000 的品牌已经可以覆盖到 100%的广告点击数据了，总共的品牌数量有 10000 个左右，可见排名前 20%的品牌覆盖了 100%的点击，比较符合二八定律。因此，在对广告投放时需要更多地关注排名前 20%的品牌的广告的投放精确性，相关代码如下。

```
1.a = ad_user_sample_data.groupby('brand')['clk'].sum().reset_index()
2.top_k_lists = list(range(1000, 100000, 1000))
3.N = a.clk.sum()
4.top_k_res_list = []
5.for top_k in top_k_lists:
6.    top_k_sum = a.sort_values(by='clk').tail(top_k)['clk'].sum()
7.    top_k_proportion = round(top_k_sum*100/N, 2)
8.    print(f"Top-{top_k} Brand Take {top_k_proportion}% Proportion")
9.    top_k_res_list.append(top_k_proportion)
10.
11.f, ax =plt.subplots(1,1,figsize=(15, 4))
12.b = pd.DataFrame.from_dict({'top_k': top_k_lists, 'top_k_proportion': top_k_res_list})
13.sns.barplot(data=b, x='top_k', y='top_k_proportion')
14.ax.axvline(x=21,linestyle='-.', color='red')
15.plt.xticks(rotation=90)
16.plt.tight_layout()
```

（5）不同品牌和品类广告点击率分析（如图 6-22 所示）

图 6-22a 的蓝色分布是不同品牌广告的点击率，大部分广告的点击率集中在 0，黄色分布是非 0 点击率分布，可见比较符合正态分布且集中在 7%左右。图 6-22b 是不同品类广告的点击率分布，大部分的点击率集中在 10%以内，相关代码如下。

```
1.def generate_click_ratio_by_col(df, col):
2.    inner_click = df.groupby(col)['clk'].sum().reset_index()
3.    inner_total = df.groupby(col)['userid'].count().reset_index().rename({'userid':
  'cnt'}, axis=1)
```

```
4.    inner_click_total = inner_click.merge(inner_total, on=col, how='left')
5.    inner_click_total['click_ratio'] = round(inner_click_total['clk']*100/inner_click_
  total['cnt'], 2)
6.    return inner_click_total
7.
8.brand_click_total = generate_click_ratio_by_col(ad_user_sample_data,'brand')
9.cate_click_total = generate_click_ratio_by_col(ad_user_sample_data,'cate_id')
10.
11.f, ax =plt.subplots(1,2,figsize=(18, 6))
12.sns.distplot(brand_click_total.click_ratio, ax=ax[0])
13.sns.distplot(brand_click_total[brand_click_total['click_ratio']! =0].click_ratio,
   ax=ax[0])
14.ax[0].title.set_text('Brand click Distribution:')
15.
16.sns.distplot(cate_click_total.click_ratio, ax=ax[1])
17.sns.distplot(cate_click_total[cate_click_total['click_ratio']! =0].click_ratio, ax=
   ax[1])
18.ax[1].title.set_text('Cate click Distribution:')
19.plt.tight_layout()
```

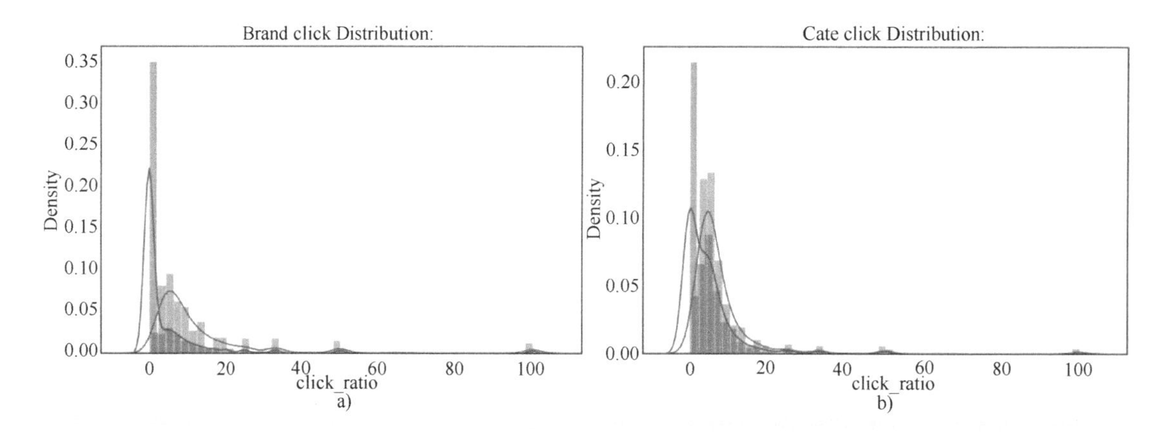


图 6-22　不同品牌和品类广告的点击率分析
a）不同品牌　b）不同品类

### 3. 用户-广告数据分析

下面将对用户侧和广告侧数据进行交叉分析，具体用到的数据集是在上文合并后的 ad_user_sample_data 数据集。

（1）ID 类特征的 Embedding 向量

ID 类特征是广告和推荐数据集中最常见的一类特征，一般指用户 ID、广告 ID、物品 ID 等。ID 类特征具有高维且稀疏的特性，因此使用之前一般会进行 Embedding 稠密化处理。ID 类特征单独看来意义不大，但是当 ID 类特征进行交互之后就变得有意义。例如某个用户的点击行为比较有倾向性，点击列表里的广告ID往往是重复的那几个，如果预测该用户对候选集广告的未来的点击率，那么用户ID和广告ID构成的点击行为序列将会非常有用。

Embedding最早来源于NLP领域的word2vec算法，这里不再详细介绍其原理，简单来说就是用低维稠密的向量来表达一个高维稀疏的item，使得相似的item的Embedding向量的距离接近，而无关的item对应的Embedding向量距离相远，因此在深度学习中Embedding操作得到了广泛的应用。下文给出端到端获取item的Embedding向量的代码示例，并给出其结合t-SNE进行可视化的案例。

```
1.from keras.layers import Input, Embedding, Dot, Reshape, Dense
2.from keras.models import Model
3.
4.#按照 userid-adgroup_id 去重
5.ad_user_sample_data_=ad_user_sample_data.drop_duplicates(subset=['userid','adgroup_
  id']).reset_index(drop=True)
6.user_length = ad_user_sample_data_.shape[0]
7.ad_length = ad_user_sample_data_.shape[0]
8.
9.# Embedding 建模
10.def ad_user_embedding_model(embedding_size=50):
11.    ad = Input(name='adgroup_id', shape=[1])
12.    user = Input(name='userid', shape=[1])
13.
14.    ad_embedding = Embedding(name='ad_embedding',
15.                             input_dim=ad_length,
16.                             output_dim=embedding_size
17.                                 )(ad)
18.    user_embedding = Embedding(name='user_embedding',
19.                               input_dim=user_length,
20.                               output_dim=embedding_size)(user)
21.    merged = Dot(name='dot_procduct', normalize=True, axes=2)([ad_embedding, user_em-
   bedding])
22.    merged = Reshape(target_shape=[1])(merged)
23.
24.    merged = Dense(1, activation ='sigmoid')(merged)
25.    model = Model(inputs = [ad, user], outputs = merged)
26.    model.compile(optimizer ='Adam', loss ='binary_crossentropy', metrics =['accuracy'])
27.
28.    return model
29.
30.embedding_model = ad_user_embedding_model()
31.embedding_model.summary()
```

上面代码是对用户和广告进行端到端的建模，具体的模型训练和应用代码如下。

```
1.input_data = ad_user_sample_data_[['userid','adgroup_id']].to_dict('list')
2.target_data = ad_user_sample_data_['clk'].values
```

```
3.dataset = tf.data.Dataset.from_tensor_slices((input_data, target_data)).batch(2048)
4.
5.embedding_model.fit(dataset, epochs=5)
6.embedding_model.save('ad_user_embedding_model1.h5')
7.
8.def extract_embedding_weights(layer_name, model):
9.    # 提取 Embedding
10.    embedding_layer = model.get_layer(layer_name)
11.    embedding_weights = embedding_layer.get_weights()[0]
12.    print(embedding_weights.shape)
13.    # 归一化
14.    embedding_weights = embedding_weights/np.linalg.norm(embedding_weights, axis=1).
   reshape((-1, 1))
15.    print("归一化后 check:")
16.    print(embedding_weights[0][:10])
17.    print(np.sum(np.square(embedding_weights[0])))
18.
19.    return embedding_weights
20.
21.ad_embedding_weights = extract_embedding_weights('ad_embedding', embedding_model)
22.user_embedding_weights = extract_embedding_weights('user_embedding', embedding_model)
```

上述代码第8行的 extract_embedding_weights 函数提取了 Embedding 层的权重作为 Embedding 向量，最终得到了广告 ID 的 Embedding 向量 ad_embedding_weights 和用户的 Embedding 向量 user_embedding_weights。通常在数据分析阶段可以根据 ID 类特征的 Embedding 向量进行 TSNE 或者 UMAP 的可视化探索，下面给出相关代码示例。

```
1.from sklearn.manifold import TSNE
2.from umap import UMAP
3.from IPython.core.interactiveshell import InteractiveShell
4.
5.InteractiveShell.ast_node_interactivity = 'last'
6.
7.def reduce_dim(weights, components = 3, method = 'tsne'):
8.    """对高维的 Embedding 向量降维,使其可以可视化"""
9.    if method == 'tsne':
10.        return TSNE(components, metric = 'cosine').fit_transform(weights)
11.    elif method == 'umap':
12.        # Might want to try different parameters for UMAP
13.        return UMAP(n_components=components, metric = 'cosine',
14.                    init ='random', n_neighbors = 5).fit_transform(weights)
15.
16.
17.def plot_by_col(orign_df, df_tsne, col, model='TSNE'):
18.    """进行可视化"""
19.
```

```
20.    plt.figure(figsize = (10, 8))
21.    plt.scatter(df_tsne[:, 0], df_tsne[:, 1],  marker = '.', color = 'lightblue', alpha =
  0.2)
22.    plt.xlabel(f'{model} 1'); plt.ylabel(f'{model} 2'); plt.title(f'Embeddings Visual-
  ized with {model}')
23.    top_10_col_ids = list(orign_df[col].value_counts().head(10).index)
24.    for id_ in top_10_col_ids:
25.        sel_indexs = list(orign_df[orign_df[col]==id_].index)
26.        plt.scatter(df_tsne[sel_indexs, 0], df_tsne[sel_indexs, 1], alpha = 0.6,
27.            cmap = plt.cm.tab10, marker = '.', s = 50)
28.    plt.show()
29.
30.
31.#获取降维后的结果
32.ad_tsne = reduce_dim(ad_embedding_weights_sample, components=2, method='tsne')
33.ad_umap = reduce_dim(ad_embedding_weights_sample, components=2, method='umap')
34.
35.user_tsne = reduce_dim(user_embedding_weights_sample, components=2, method='tsne')
36.user_umap = reduce_dim(user_embedding_weights_sample, components=2, method='umap')
37.#可视化
38.plot_by_col(ad_user_sample_data_, ad_tsne, 'cate_id')
```

（2）用户对于Top10品牌和品类广告的点击偏好（如图6-23所示）

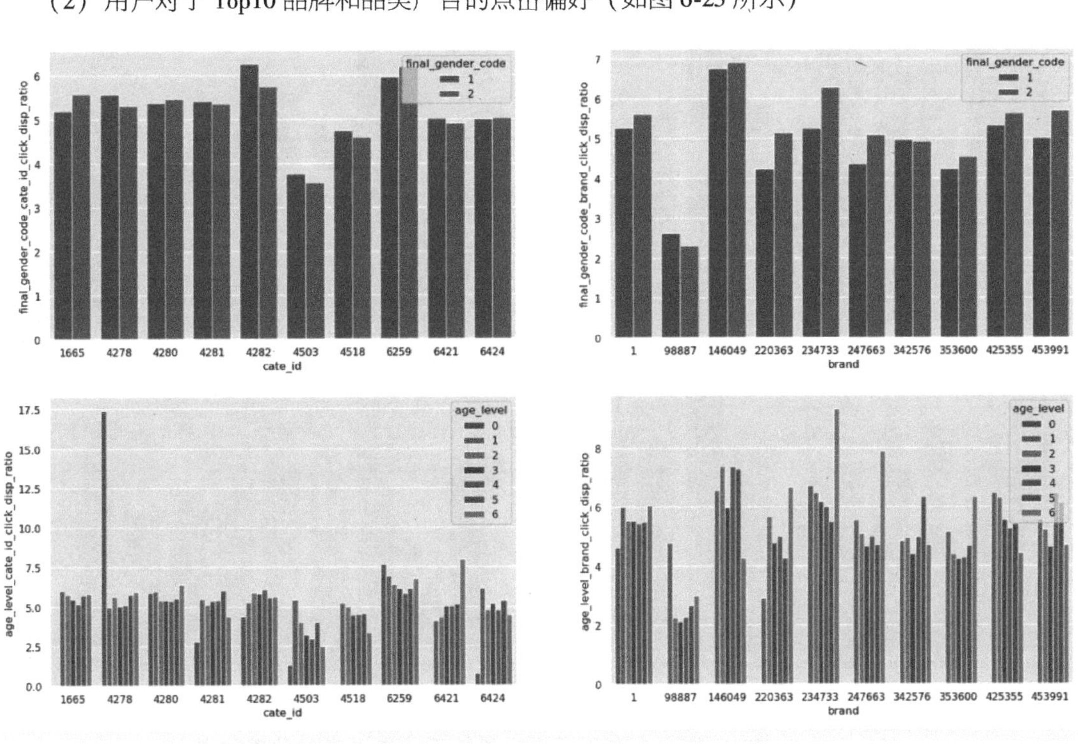


● 图6-23　Top10广告品类在不同用户属性下的点击率柱状图

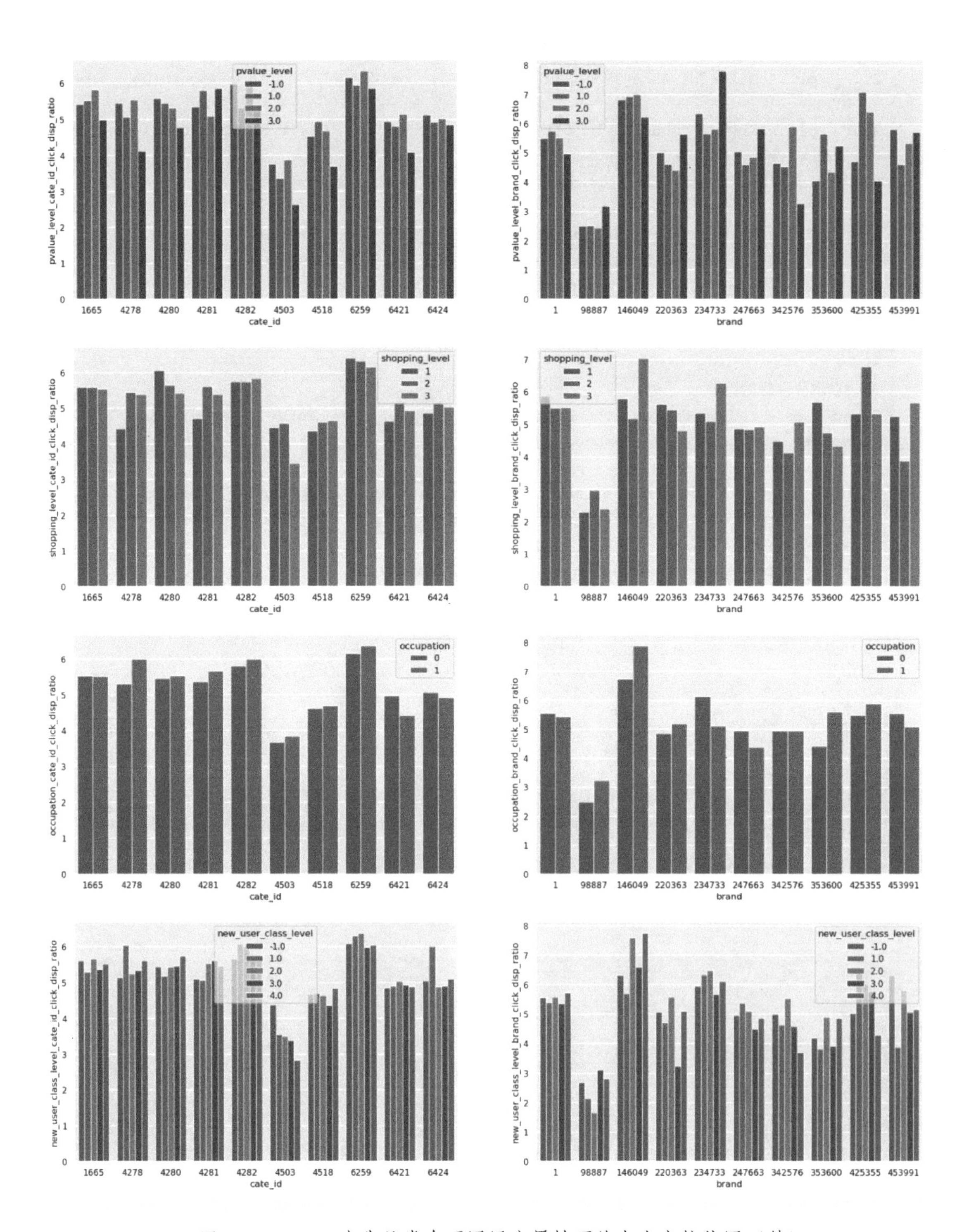


图 6-23　Top10 广告品类在不同用户属性下的点击率柱状图（续）

图 6-23 的左列是 Top10 的广告品类在不同用户基础属性下的点击率柱状图，右列是 Top10 的广告品牌在不同用户基础属性下的点击率柱状图。通过对图 6-23 的观察，可以得到以下结论。

1）男性用户对 4282 品类的广告点击率最高超过了 6%，女性用户对 6259 品类的广告点击率最高，男性用户在大部分广告品牌的点击率均低于女性用户，唯独在 98887 品牌的点击率高于女性用户。

2）60 岁以上的老年用户群体对 6421 品类的点击率最高，而偏年轻的消费群体对 6259 品类的广告点击率较高，老年用户群体对 234733 和 247663 品牌的点击率高达 8% 左右，年轻群体对 146049 品牌的点击率普遍偏高。

3）不同消费能力的用户对于 6259 品类的广告点击率偏高接近 6%，高消费用户对 234733 品牌广告点击率最高，接近 8%，而低消费用户对 425355 品牌点击率最高，接近 7%。

4）深度购物用户对 4282、6259 品类的广告点击率较高，而浅层用户则对 6259 品类的广告点击率较高，深度购物用户对 146049 品牌的点击率最高达到 7%，而浅层购物用户对 1 品牌广告点击率最高。

5）大学生用户在除了 6421 品类之外的不同品类广告点击率的表现均高于非大学生用户，大学生群体点击率最高的品牌是 146049，非大学生群里感兴趣的品牌是 234733 和 146049。

6）不同层级的城市群对于 4503 品类的广告点击率最低，大部分不到 4%，而对于 6259 品类的广告点击率最高，接近 6%，不同层级的城市群对 98887 品牌的点击率最低，大部分不到 3%，对 146049 品牌的点击率最高，接近 7%。

相关代码如下。

```
1.def ad_user_disp_click_ratio_top10(ax, df, user_col, ad_col, top_10_list):
2.
3.    disp_cnt_df = df.groupby([user_col, ad_col])['userid'].count().reset_index().
  rename({'userid':'disp_cnt'}, axis=1)
4.    click_cnt_df = df.groupby([user_col, ad_col])['clk'].sum().reset_index().rename
  ({'clk':'clk_cnt'}, axis=1)
5.    res = []
6.    for item in df[user_col].unique():
7.        inner_df_disp = disp_cnt_df[disp_cnt_df[user_col]==item]
8.        inner_df_click = click_cnt_df[click_cnt_df[user_col]==item]
9.        inner_df_disp_click = inner_df_disp.merge(inner_df_click, on=[user_col, ad_
col], how='left')
10.       new_col = f'{user_col}_{ad_col}_click_disp_ratio'
11.       inner_df_disp_click[new_col] = round(inner_df_disp_click['clk_cnt']*100/
   inner_df_disp_click['disp_cnt'], 2)
12.       top10_df = inner_df_disp_click[inner_df_disp_click[ad_col].isin(top_10_list)]
13.       res.append(top10_df)
14.    concat_res = pd.concat(res)
15.
16.    sns.barplot(data=concat_res, x=ad_col, y=new_col, hue=user_col, ax=ax)
```

```
17.
18.#绘制柱状图
19.fig, ax =plt.subplots(6, 2,figsize=(20, 40))
20.user_cate_feas = ['final_gender_code','age_level','pvalue_level','shopping_level',
   'occupation','new_user_class_level']
21.ad_cate_feas = ['cate_id','brand']
22.
23.for i, user_col in enumerate(user_cate_feas):
24.    for j, ad_col in enumerate(ad_cate_feas):
25.        if ad_col=='brand':
26.            ad_user_disp_click_ratio_top10(ax[i][j], ad_user_sample_data, user_col,
   ad_col, top10_brand)
27.        elif ad_col=='cate_id':
28.            ad_user_disp_click_ratio_top10(ax[i][j], ad_user_sample_data, user_col,
   ad_col, top10_cate)
```

（3）用户点击广告商品价格偏好

1）不同性别用户点击广告商品价格分布（如图 6-24 所示）。

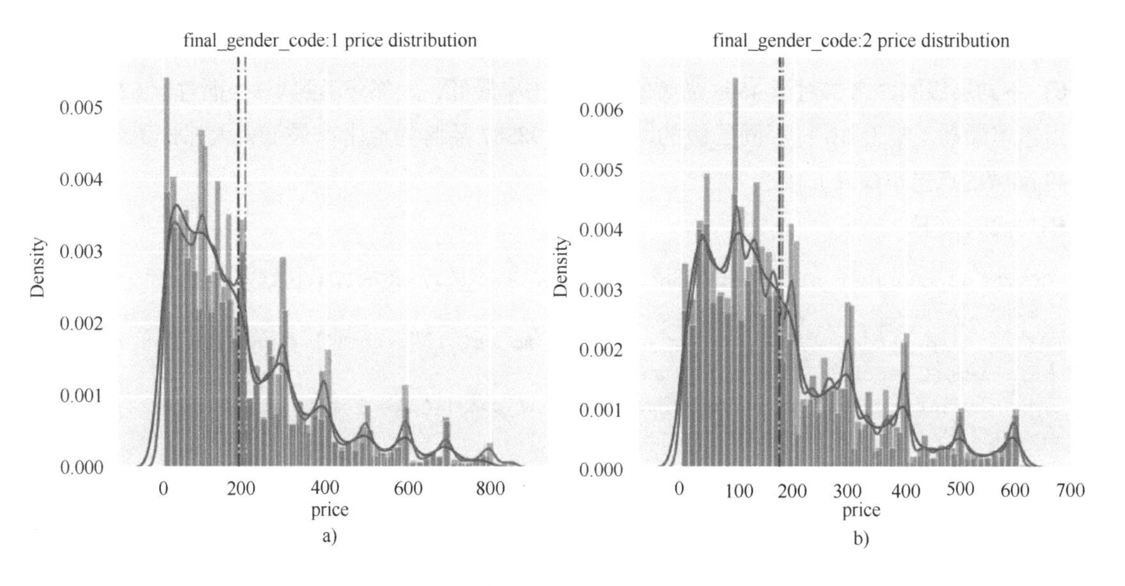


图 6-24　不同性别用户点击广告商品价格分布

a）男性　b）女性

图 6-24a 中的蓝色分布是男性用户群体点击广告商品的价格分布，蓝色虚线是点击广告商品价格均值，橙色分布是男性用户群体无点击广告商品的价格分布，橙色虚线是无点击广告商品价格均值；两者价格分布几乎重叠，可见价格不影响不同性别用户的点击行为，但是两者的价格均值是蓝色虚线所代表的均值更低一些。图 6-24b 中的分布和虚线的含义与图 6-24a 相对应，只不过是代表

女性用户群体点击和无点击广告商品的价格情况。左右两张图对比来看，女性用户的商品价格均值在 200 以内，明显低于男性用户群体。

2）不同年龄层级用户点击广告商品价格分布（如图 6-25 所示）。

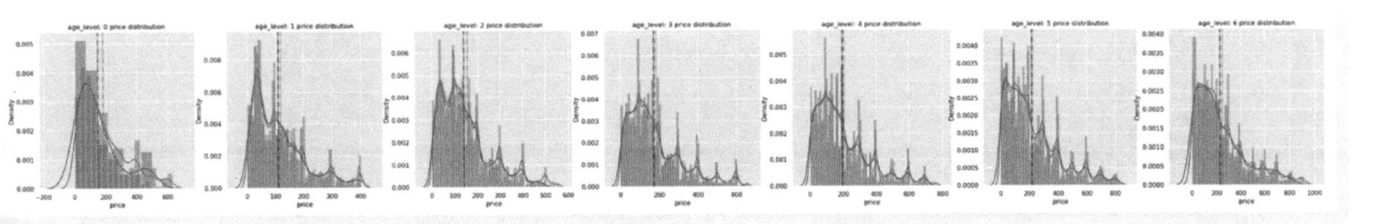

图 6-25　不同年龄层级用户点击广告商品价格分布

图 6-25 中，不同年龄层级用户点击广告商品价格分布差异比较大，点击的商品价格均值随着年龄的增长而增长，而且随着年龄的增长，点击和无点击均值的差距越来越小。即年轻用户群体点击的广告商品价格都比无点击的广告商品价格低，而这种特性在年龄大的用户群体中不够显著，因此可以得出年轻用户群体更关注商品价格。

3）不同消费档次用户点击广告商品价格分布（如图 6-26 所示）。

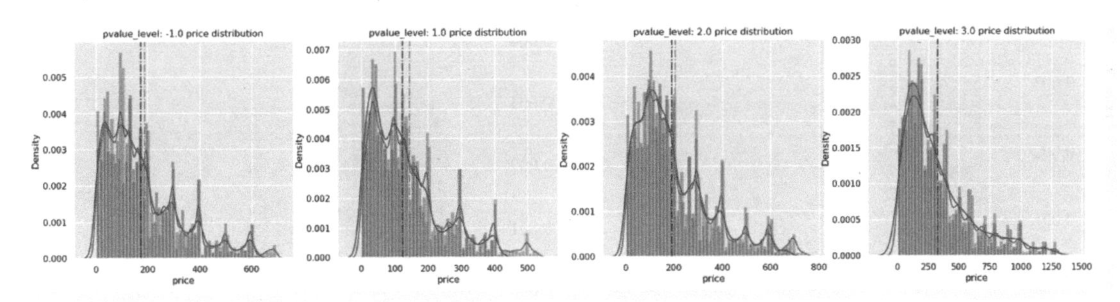


图 6-26　不同消费档次用户点击广告商品价格分布

图 6-26 显示，消费档次越高广告商品价格均值越高，而点击和无点击广告商品价格均值的差距会随着消费档次变高而消失，因此可以得出消费档次越高的用户消费能力越强，且对于广告商品价格越不在意。

4）不同购物深度用户点击广告商品价格分布（如图 6-27 所示）。

图 6-27 中，不同购物深度的用户在点击的广告商品价格上没有太大的差异，三种不同购物类型的用户点击的商品价格极为相似。

5）大学生/非大学生用户点击广告商品价格分布（如图 6-28 所示）。

图 6-28a 是非大学生用户的点击商品价格分布，图 6-28b 是大学生用户的点击商品价格分布，很明显大学生用户消费能力偏低，消费均值在 150 元左右。

上述图文相关代码如下。

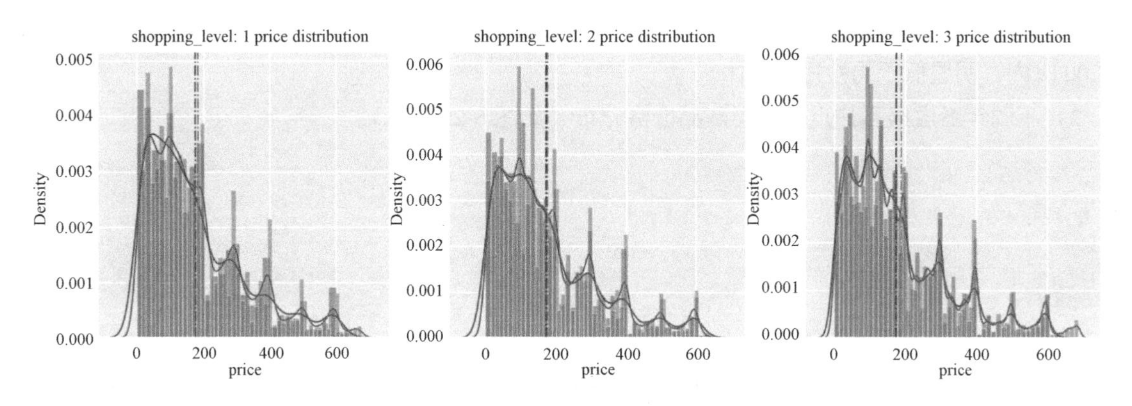


图 6-27　不同购物深度用户点击广告商品价格分布

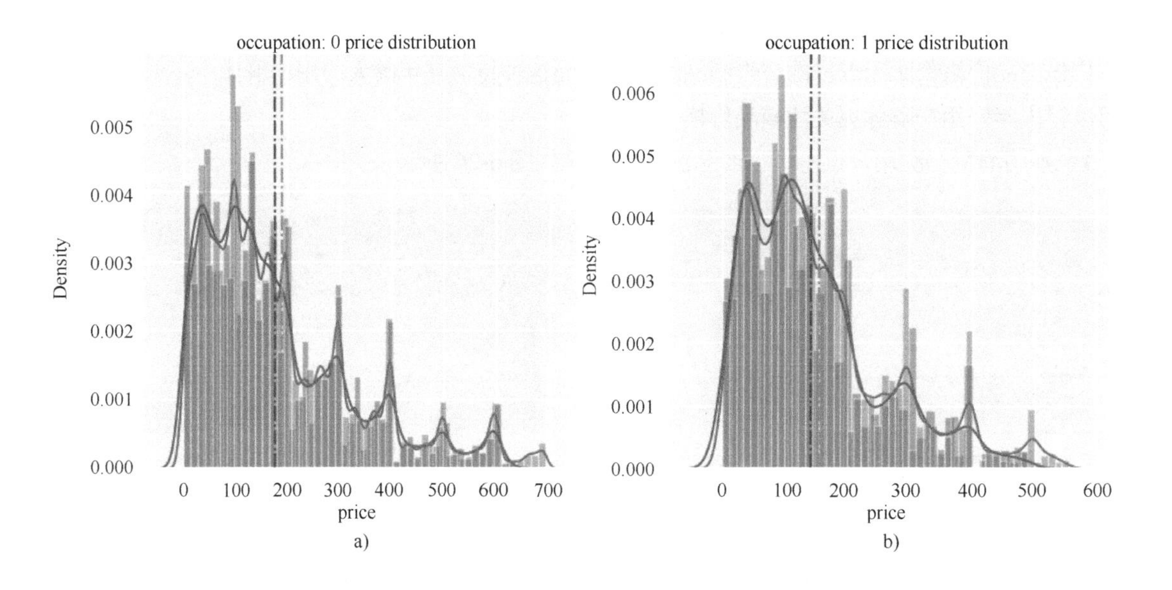


图 6-28　大学生/非大学生用户点击广告商品价格分布

a）非大学生　b）大学生

```
1.#去除价格离群点
2.def price_outliers(df):
3.     Q3 = np.quantile(df['price'], 0.75)
4.     Q1 = np.quantile(df['price'], 0.25)
5.     IQR = Q3 - Q1
6.     lower_price = Q1 - 1.5 * IQR
7.     upper_price = Q3 + 1.5 * IQR
8.     df_ = df[ (df['price']<=upper_price)&(df['price']>=lower_price)]
9.     return df_
```

```
10.
11.def plot_ad_user_price_distribution(df,ax):
12.    inner_df_clk = df[df['clk']==1]
13.    inner_df_nonclk = df[df['clk']==0]
14.    inner_df_clk_ = price_outliers(inner_df_clk)
15.    inner_df_clk_price = inner_df_clk_['price']
16.    inner_df_nonclk_ = price_outliers(inner_df_nonclk)
17.    inner_df_nonclk_price = inner_df_nonclk_['price']
18.    sns.distplot(inner_df_clk_price, ax=ax)
19.    ax.axvline(inner_df_clk_price.mean(), label='clk-mean',linestyle='-.', color=
   'blue')
20.    sns.distplot(inner_df_nonclk_price, ax=ax)
21.    ax.axvline(inner_df_nonclk_price.mean(), label='nonclk-mean',linestyle='-.', color
   ='orange')
22.
23.def ad_user_price_by_col(df, col):
24.    items = sorted(df[col].unique())
25.    n = df[col].nunique()
26.    fig, ax =plt.subplots(1, n,figsize=(n*6, 5))
27.    for i, item in enumerate(items):
28.        inner_df = df[df[col]==item]
29.        plot_ad_user_price_distribution(inner_df, ax=ax[i])
30.        ax[i].title.set_text(f'{col}: {item} price distribution')
31.
32.ad_user_price_by_col(ad_user_sample_data,'final_gender_code')
33.ad_user_price_by_col(ad_user_sample_data,'age_level')
34.ad_user_price_by_col(ad_user_sample_data,'pvalue_level')
35.ad_user_price_by_col(ad_user_sample_data,'shopping_level')
36.ad_user_price_by_col(ad_user_sample_data,'occupation')
```

（4）用户点击广告时间偏好（如图6-29所示）

图6-29中，给出了大学生用户和非大学生用户在24小时内的点击变化趋势，红色的虚线是24小时点击量均值，可见大学生用户在24小时内高于点击量均值的时间段是长于非大学生用户的，此外两者在10点之后的点击量变化趋势比较相似。除此之外，还可以查看不同用户属性下的点击广告时间偏好，这里不再一一陈列，相关代码如下。

```
1.def plot_user_per_hour_click_ad_sum(df, col):
2.    items = sorted(df[col].unique())
3.    n = df[col].nunique()
4.    fig, ax =plt.subplots(n, 1,figsize=(10, 3*n))
5.
6.    for i, item in enumerate(items):
7.        inner_df = df[df[col]==item].groupby('hour')['clk'].sum().reset_index()
8.        sns.lineplot(data=inner_df, x='hour', y='clk', ax=ax[i])
9.        ax[i].axhline(inner_df['clk'].mean(), label='clk-mean',linestyle='-.', color='red')
```

```
10.         ax[i].title.set_text(f'{col}: {item} change by hour')
11.     plt.tight_layout()
12.
13.plot_user_per_hour_click_ad_sum(ad_user_sample_data,'occupation')
```

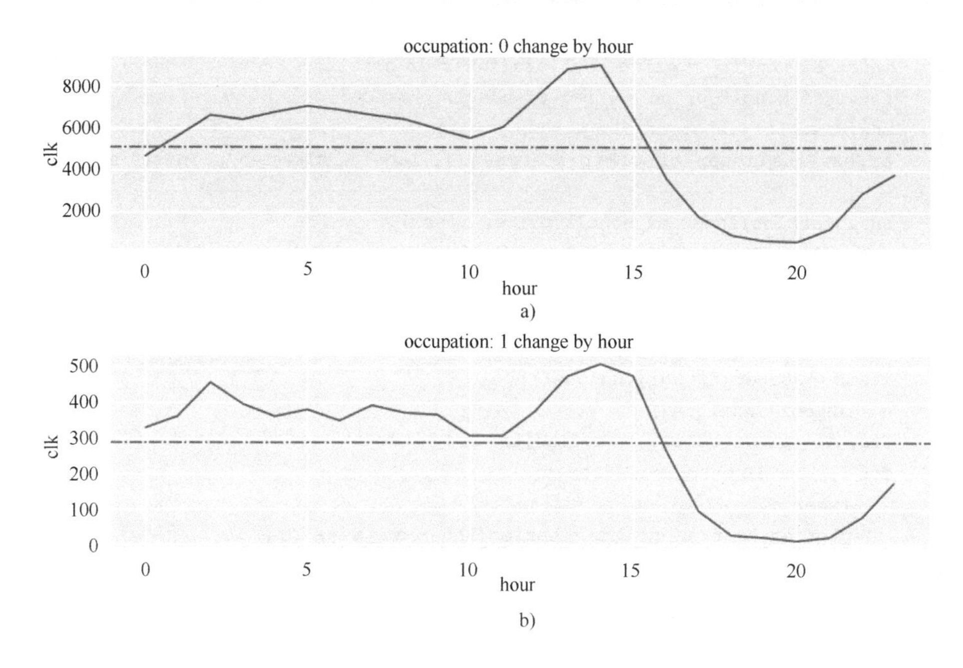


图 6-29　用户点击广告时间偏好

a）非大学生　b）大学生

## 6.2.3 特征构建

在 6.2.2 小节，分别从用户、广告、用户-广告交叉侧进行了数据分析，并得出了一些和用户点击行为相关的因素。本小节将基于 6.2.2 小节的数据分析对公开数据集进行特征构建，为后续的精排模型建模做准备。

### 1. 数据加载

在特征工程之前，需要把所用到的数据集加载进来。这里需要用到 6.2.2 小节合并好的 ad_user_sample_data 和原始数据集 ad_data、user_data、user_behavior_data，具体代码如下。

```
1.import pandas as pd
2.import numpy as np
3.import seaborn as sns
4.import matplotlib.pyplot as plt
5.import warnings
```

```
6.pd.set_option('display.max_columns', 200)
7.pd.set_option('display.max_rows', 200)
8.warnings.filterwarnings('ignore')
9.
10.def time_transform(df):
11.    df['date'] = pd.to_datetime(df['time_stamp'], unit='s')
12.    df['date_ymd'] = df['date'].dt.date
13.    df['year'] = df['date'].dt.year
14.    df['month'] = df['date'].dt.month
15.    df['day'] = df['date'].dt.day
16.    df['weekday'] = df['date'].dt.weekday
17.    return df
18.
19.ad_user_sample_data = pd.read_pickle('data/final_data/ad_user_sample_data.pkl')
20.ad_user_sample_data['date_ymd'] = ad_user_sample_data['date'].dt.date
21.ad_data = pd.read_pickle('data/final_data/ad_data.pkl')
22.user_data = pd.read_pickle('data/final_data/user_data.pkl')
23.user_behavior_data_pv = pd.read_pickle('data/final_data/user_behavior_data_pv.pkl')
24.user_behavior_data_cart = pd.read_pickle('data/final_data/user_behavior_data_cart.
   pkl')
25.user_behavior_data_fav = pd.read_pickle('data/final_data/user_behavior_data_fav.pkl')
26.user_behavior_data_buy = pd.read_pickle('data/final_data/user_behavior_data_buy.pkl')
27.user_behavior_data_pv = user_behavior_data_pv.rename({'user':'userid', 'cate': 'cate_
   id'},axis=1)
28.user_behavior_data_cart = user_behavior_data_cart.rename({'user':'userid', 'cate':
   'cate_id'},axis=1)
29.user_behavior_data_fav = user_behavior_data_fav.rename({'user':'userid','cate':'cate
   _id'},axis=1)
30.user_behavior_data_buy = user_behavior_data_buy.rename({'user':'userid','cate':'cate
   _id'},axis=1)

32.user_behavior_data_pv = time_transform(user_behavior_data_pv)
33.user_behavior_data_cart = time_transform(user_behavior_data_cart)
34.user_behavior_data_fav = time_transform(user_behavior_data_fav)
35.user_behavior_data_buy = time_transform(user_behavior_data_buy)
```

2. 用户侧特征

用户侧特征分为静态特征和统计特征两部分。静态特征主要是user_data中的用户基本属性特征，统计特征主要是根据用户的点击行为日志统计用户近期的点击表现。

(1) 用户近三天点击行为

用户近期的点击情况对未来是否点击有比较显著的影响，这里构造用户近三天的广告展示量、广告点击量、广告点击率特征。读者还可以根据需求计算近一周或者一个月的点击行为的max（最大值）、min（最小值）、std（方差）、mean（均值）等统计值情况，篇幅有限这里不做详细介绍。近三天点击行为特征相关代码如下。

```
1.user_by_date_data = ad_user_sample_data.groupby(['userid','date_ymd'])['clk'].agg
  (['count','sum']).rename({'count':'disp_count','sum':'clk_cnt'}, axis=1).reset_index()
2.user_by_date_data_ = user_by_date_data.sort_values(by='date_ymd').set_index('date
  _ymd')
3.a = user_by_date_data_.groupby('userid')['disp_count'].rolling(3, min_periods=1).sum
  ().reset_index().rename({'disp_count':'last_3days_disp_cnt'}, axis=1)
4.b = user_by_date_data_.groupby('userid')['clk_cnt'].rolling(3, min_periods=1).sum().
  reset_index().rename({'clk_cnt':'last_3days_clk_cnt'}, axis=1)
5.user_by_date_stat = a.merge(b, on=['userid','date_ymd'], how='left')
6.user_by_date_stat['last_3days_clk_disp_ratio'] = round(100 * user_by_date_stat['last_
  3days_clk_cnt']/user_by_date_stat['last_3days_disp_cnt'], 2)
```

（2）不同属性用户前一次点击情况

有一些用户近期点击行为比较稀疏，单纯用用户自身的行为数据可能会导致预测不够鲁棒，因此可以按照用户的基础属性去探查同一类型的用户最近的点击情况，相关代码如下。

```
1.def history_clk_by_col_stat(df, cols, cols_name):
2.
3.    grp_cols = cols+['date_ymd']
4.    inner_df = df.groupby(grp_cols)['clk'].agg(['count','sum']).rename({'count': f'
  disp_count_by_{cols_name}','sum': f'clk_cnt_by_{cols_name}'}, axis=1).reset_index()
5.    inner_df_ = inner_df.sort_values(by='date_ymd').set_index('date_ymd')
6.    inner_df_[f'lastday_disp_cnt_by_{cols_name}'] = inner_df_.groupby(cols)[f'disp_
  count_by_{cols_name}'].shift(1)
7.    inner_df_[f'lastday_clk_cnt_by_{cols_name}'] = inner_df_.groupby(cols)[f'clk_cnt_
  by_{cols_name}'].shift(1)
8.    inner_df_[f'lastday_clk_disp_ratio_by_{cols_name}'] = round(100 * inner_df_[f'
  lastday_clk_cnt_by_{cols_name}'] / inner_df_[f'lastday_disp_cnt_by_{cols_name}'], 2)
9.    inner_df_.drop([f'disp_count_by_{cols_name}', f'clk_cnt_by_{cols_name}'], axis=1,
  inplace=True)
10.    inner_df_.fillna(0, inplace=True)
11.    return inner_df_.reset_index()
12.
13.#groupby 一个 user 基础特征
14.lastday_user_clk_by_age = history_clk_by_col_stat(ad_user_sample_data, ['age_level'],
   'age')
15.lastday_user_clk_by_pvalue = history_clk_by_col_stat(ad_user_sample_data, ['pvalue_
   level'], 'pvalue')
16.lastday_user_clk_by_shopping_level = history_clk_by_col_stat(ad_user_sample_data,
   ['shopping_level'], 'shopping')
17.lastday_user_clk_by_new_user_class_level = history_clk_by_col_stat(ad_user_sample_da-
   ta, ['new_user_class_level'], 'new_user_class')
18.
19.#groupby 组合两个 user 基础特征
20.lastday_user_clk_by_age_gender = history_clk_by_col_stat(ad_user_sample_data, ['age_
   level','final_gender_code'], 'age_gender')
```

```
21.lastday_user_clk_by_age_occupation = history_clk_by_col_stat(ad_user_sample_data,
    ['age_level','occupation'],'age_occupation')
22.lastday_user_clk_by_age_pvalue = history_clk_by_col_stat(ad_user_sample_data, ['age_
    level','pvalue_level'],'age_pvalue')
```

上述代码段中 history_clk_by_col_stat 函数表示按照不同的基础属性特征进行分组，参数 cols 是分组的基础属性特征列表。当 cols 中只有一个特征时，表示数据只按照该特征和时间特征进行统计，当 cols 包含两个或两个以上的特征时，表示基础特征之间进行了交叉后再和时间特征一起进行统计。在得到用户侧统计特征之后，将其和用户点击广告行为数据合并，并生成新的特征数据集 ad_user_sample_data_fea，具体代码如下。

```
1.ad_user_sample_data_fea = ad_user_sample_data.copy()
2.ad_user_sample_data_fea = ad_user_sample_data_fea.merge(user_by_date_stat, on=
  ['userid','date_ymd'], how='left')
3.ad_user_sample_data_fea = ad_user_sample_data_fea.merge(lastday_user_clk_by_age, on=
  ['date_ymd','age_level'], how='left')
4.ad_user_sample_data_fea = ad_user_sample_data_fea.merge(lastday_user_clk_by_pvalue, on
  =['date_ymd','pvalue_level'], how='left')
5.ad_user_sample_data_fea = ad_user_sample_data_fea.merge(lastday_user_clk_by_shopping_
  level, on=['date_ymd','shopping_level'], how='left')
6.ad_user_sample_data_fea = ad_user_sample_data_fea.merge(lastday_user_clk_by_new_user_
  class_level, on=['date_ymd','new_user_class_level'], how='left')
7.ad_user_sample_data_fea = ad_user_sample_data_fea.merge(lastday_user_clk_by_age_
  gender, on=['date_ymd','age_level','final_gender_code'], how='left')
8.ad_user_sample_data_fea = ad_user_sample_data_fea.merge(lastday_user_clk_by_age_occu-
  pation, on=['date_ymd','age_level','occupation'], how='left')
9.ad_user_sample_data_fea = ad_user_sample_data_fea.merge(lastday_user_clk_by_age_
  pvalue, on=['date_ymd','age_level','pvalue_level'], how='left')
```

### 3. 广告侧特征

广告侧特征也分为静态特征和统计特征两部分，统计特征给出了广告近三天被点击状况和不同属性广告前一天的点击情况。

（1）广告近三天被点击情况

按广告 ID 维度统计广告近三天来被展示的总次数、被点击的总次数，以及点击率。这些特征可以描述该广告近期受欢迎程度，具体代码如下。

```
1.ad_by_date_data = ad_user_sample_data.groupby(['adgroup_id','date_ymd'])['clk'].agg
  (['count','sum']).rename({'count':'disp_count','sum':'clk_cnt'}, axis=1).reset_index
  ()
2.ad_by_date_data_ = ad_by_date_data.sort_values(by='date_ymd').set_index('date_ymd')
3.a = ad_by_date_data_.groupby('adgroup_id')['disp_count'].rolling(3, min_periods=1).
  sum().reset_index().rename({'disp_count':'last_3days_disp_cnt_ad'}, axis=1)
```

```
4.b = ad_by_date_data_.groupby('adgroup_id')['clk_cnt'].rolling(3, min_periods=1).sum
  ().reset_index().rename({'clk_cnt': 'last_3days_clk_cnt_ad'}, axis=1)
5.ad_by_date_stat = a.merge(b, on=['adgroup_id', 'date_ymd'], how='left')
6.ad_by_date_stat['last_3days_clk_disp_ratio_ad'] = round(100 * ad_by_date_stat['last_
  3days_clk_cnt_ad']/ad_by_date_stat['last_3days_disp_cnt_ad'], 2)
```

（2）不同属性广告前一次被点击的情况

广告前一次被点击的情况对广告该次是否被点击有一定的参考价值，因此这里统计不同属性的广告前一次被点击的情况。此外，读者还可以根据需要挖掘周环比、同比广告点击特征，这里不再赘述，相关代码如下。

```
1.#groupby 一个 ad 基础特征
2.lastday_ad_clk_by_cate = history_clk_by_col_stat(ad_user_sample_data, ['cate_id'], 'cate')
3.lastday_ad_clk_by_campaign = history_clk_by_col_stat(ad_user_sample_data, ['campaign_
  id'], 'campaign')
4.lastday_ad_clk_by_customer = history_clk_by_col_stat(ad_user_sample_data, ['customer'],
  'customer')
5.lastday_ad_clk_by_brand = history_clk_by_col_stat(ad_user_sample_data, ['brand'],
  'brand')
6.#groupby 组合两个 ad 基础特征
7.lastday_ad_clk_by_brand_campaign = history_clk_by_col_stat(ad_user_sample_data,
  ['brand', 'campaign_id'], 'brand_campaign')
8.lastday_ad_clk_by_customer_campaign = history_clk_by_col_stat(ad_user_sample_data,
  ['customer', 'campaign_id'], 'customer_campaign')
9.lastday_ad_clk_by_customer_cate = history_clk_by_col_stat(ad_user_sample_data, ['cus-
  tomer', 'cate_id'], 'customer_cate')
```

该代码复用了 history_clk_by_col_stat 函数，只不过 cols 里面的基础特征是广告侧基础属性，在得到广告侧统计特征后将其合并到特征数据集 ad_user_sample_data_fea 中，具体代码如下。

```
1.ad_user_sample_data_fea = ad_user_sample_data_fea.merge(ad_by_date_data, on=['adgroup
  _id', 'date_ymd'], how='left')
2.ad_user_sample_data_fea = ad_user_sample_data_fea.merge(lastday_ad_clk_by_cate, on=
  ['date_ymd', 'cate_id'], how='left')
3.ad_user_sample_data_fea = ad_user_sample_data_fea.merge(lastday_ad_clk_by_campaign, on
  =['date_ymd', 'campaign_id'], how='left')
4.ad_user_sample_data_fea = ad_user_sample_data_fea.merge(lastday_ad_clk_by_customer, on
  =['date_ymd', 'customer'], how='left')
5.ad_user_sample_data_fea = ad_user_sample_data_fea.merge(lastday_ad_clk_by_brand, on=
  ['date_ymd', 'brand'], how='left')
6.ad_user_sample_data_fea = ad_user_sample_data_fea.merge(lastday_ad_clk_by_brand_cam-
  paign, on=['date_ymd', 'brand', 'campaign_id'], how='left')
7.ad_user_sample_data_fea = ad_user_sample_data_fea.merge(lastday_ad_clk_by_customer_
  campaign, on=['date_ymd', 'customer', 'campaign_id'], how='left')
8.ad_user_sample_data_fea = ad_user_sample_data_fea.merge(lastday_ad_clk_by_customer_
  cate, on=['date_ymd', 'customer', 'cate_id'], how='left')
```

#### 4. 用户-广告侧交叉特征

（1）用户-广告侧过去三天点击特征

对用户ID、广告ID、时间特征date_ymd进行groupby，统计用户-广告侧过去三天的点击情况，相关的代码如下。

```
1.ad_user_by_date_data = ad_user_sample_data.groupby(['userid','adgroup_id','date_ymd'])
  ['clk'].agg(['count', 'sum']).rename({'count': 'disp_count', 'sum': 'clk_cnt'}, axis=1).
  reset_index()
2.ad_user_by_date_data_ = ad_user_by_date_data.sort_values(by='date_ymd').set_index
  ('date_ymd')
3.a = ad_user_by_date_data_.groupby(['userid', 'adgroup_id'])['disp_count'].rolling(3,
  min_periods=1).sum().reset_index().rename({'disp_count': 'last_3days_disp_cnt_ad_user
  '}, axis=1)
4.b = ad_user_by_date_data_.groupby(['userid', 'adgroup_id'])['clk_cnt'].rolling(3, min_
  periods=1).sum().reset_index().rename({'clk_cnt': 'last_3days_clk_cnt_ad_user'}, axis
  =1)
5.ad_user_by_date_stat = a.merge(b, on=['userid', 'adgroup_id', 'date_ymd'], how='left')
6.ad_user_by_date_stat['last_3days_clk_disp_ratio_ad_user'] = round(100 * ad_user_by_date_
  stat['last_3days_clk_cnt_ad_user']/ad_user_by_date_stat['last_3days_disp_cnt_ad_user'], 2)
```

（2）二阶、三阶交叉统计特征

这里分别对用户性别×广告品牌、用户年龄×广告品牌、用户性别×广告类别、用户年龄×广告类别进行二阶特征交叉，对用户性别×是否大学生×广告品牌、用户性别×是否大学生×广告品类进行三阶特征交叉，并按照交叉后的特征统计上一次的点击情况。这里依然复用history_clk_by_col_stat函数产生交叉特征，最终合并到特征表ad_user_sample_data_fea中，具体代码如下。

```
1.#groupby二阶交叉特征
2.lastday_ad_user_clk_by_gender_brand = history_clk_by_col_stat(ad_user_sample_data,
  ['final_gender_code', 'brand'], 'gender_brand')
3.lastday_ad_user_clk_by_age_brand = history_clk_by_col_stat(ad_user_sample_data, ['age_
  level', 'brand'], 'age_brand')
4.lastday_ad_user_clk_by_gender_cate = history_clk_by_col_stat(ad_user_sample_data,
  ['final_gender_code', 'cate_id'], 'gender_cate')
5.lastday_ad_user_clk_by_age_cate = history_clk_by_col_stat(ad_user_sample_data, ['age_
  level', 'cate_id'], 'age_cate')
6.#groupby三阶交叉特征
7.lastday_ad_user_clk_by_gender_occupation_brand = history_clk_by_col_stat(ad_user_
  sample_data, ['final_gender_code', 'occupation', 'brand'],'gender_occp_brand')

8.lastday_ad_user_clk_by_gender_occupation_cate = history_clk_by_col_stat(ad_user_
  sample_data, ['final_gender_code', 'occupation', 'cate_id'],'gender_occp_cate')
9.#特征合并
10.ad_user_sample_data_fea = ad_user_sample_data_fea.merge(ad_user_by_date_stat, on=
   ['userid', 'adgroup_id', 'date_ymd'], how='left')
```

```
11.ad_user_sample_data_fea = ad_user_sample_data_fea.merge(lastday_ad_user_clk_by_
   gender_brand, on=['date_ymd', 'final_gender_code', 'brand'], how='left')

12.ad_user_sample_data_fea = ad_user_sample_data_fea.merge(lastday_ad_user_clk_by_age_
   brand, on=['date_ymd', 'age_level', 'brand'], how='left')
13.ad_user_sample_data_fea = ad_user_sample_data_fea.merge(lastday_ad_user_clk_by_
   gender_cate, on=['date_ymd', 'final_gender_code', 'cate_id'], how='left')

14.ad_user_sample_data_fea = ad_user_sample_data_fea.merge(lastday_ad_user_clk_by_age_
   cate, on=['date_ymd', 'age_level', 'cate_id'], how='left')
15.ad_user_sample_data_fea = ad_user_sample_data_fea.merge(lastday_ad_user_clk_by_
   gender_occupation_brand, on=['date_ymd', 'occupation', 'brand', 'final_gender_code'],
   how='left')
16.ad_user_sample_data_fea = ad_user_sample_data_fea.merge(lastday_ad_user_clk_by_
   gender_occupation_cate, on=['date_ymd', 'occupation', 'cate_id', 'final_gender_code'],
   how='left')
```

5. 用户行为特征

用户行为特征主要是对基础数据表 user_behavior_data 里用户近期的浏览、加购、喜欢、购买行为进行特征挖掘。

(1) 近三天的用户行为特征统计

用户近期行为一定程度反映了用户近期在平台的活跃程度，有助于对用户的广告点击行为的预测，这里给出用户近三天的行为特征的统计值，具体代码如下。

```
1.def user_behavior_past_days(df, col, past_days):
2.    inner_df = df.groupby(['userid', 'date_ymd'])['btag'].count().reset_index().rename
  ({'btag': f'{col}_cnt'}, axis=1)
3.    inner_df = inner_df.sort_values(by='date_ymd').set_index('date_ymd')
4.    inner_df_max = inner_df.groupby('userid')[f'{col}_cnt'].rolling(past_days, min_pe-
  riods=1).max().reset_index().rename({f'{col}_cnt': f'last_{past_days}days_{col}_cnt_
  max'}, axis=1)
5.    inner_df_min = inner_df.groupby('userid')[f'{col}_cnt'].rolling(past_days, min_pe-
  riods=1).min().reset_index().rename({f'{col}_cnt': f'last_{past_days}days_{col}_cnt_
  min'}, axis=1)
6.    inner_df_mean = inner_df.groupby('userid')[f'{col}_cnt'].rolling(past_days, min_
  periods=1).mean().reset_index().rename({f'{col}_cnt': f'last_{past_days}days_{col}_
  cnt_mean'}, axis=1)
7.    inner_df_std = inner_df.groupby('userid')[f'{col}_cnt'].rolling(past_days, min_pe-
  riods=1).std().reset_index().rename({f'{col}_cnt': f'last_{past_days}days_{col}_cnt_
  std'}, axis=1)
8.
9.    inner_df_ = inner_df_max.merge(inner_df_min, on=['userid', 'date_ymd'], how='left')
10.    inner_df_ = inner_df_.merge(inner_df_mean, on=['userid', 'date_ymd'], how='left')
11.    inner_df_ = inner_df_.merge(inner_df_std, on=['userid', 'date_ymd'], how='left')
12.    inner_df_ = inner_df_.fillna(0)
```

```
13.
14.     del inner_df_max
15.     del inner_df_min
16.     del inner_df_mean
17.     del inner_df_std
18.     return inner_df_
19.
20.user_behavior_past3_days_pv = user_behavior_past_days(user_behavior_data_pv,'pv', 3)
21.user_behavior_past3_days_cart = user_behavior_past_days(user_behavior_data_cart,
   'cart', 3)
22.user_behavior_past3_days_fav = user_behavior_past_days(user_behavior_data_fav,'fav', 3)
23.user_behavior_past3_days_buy = user_behavior_past_days(user_behavior_data_buy,'buy', 3)
```

（2）用户前一次的浏览（pv）、加购（cart）、喜欢（fav）、购买（buy）数量特征

用户前一次的行为统计值对于用户下一次的行为预测有很大的价值。下面统计用户前一次的浏览、加购、喜欢、购买数量作为特征，具体代码如下。

```
1.def user_behavior_shift_stat(df, col, shift_days):
2.    df_ = df.copy()
3.    inner_df = df_.groupby(['userid', 'date_ymd'])['btag'].count().reset_index().
  rename({'btag': f'{col}_cnt'}, axis=1)
4.    inner_df_ = inner_df.sort_values(by='date_ymd').set_index('date_ymd')
5.    inner_df_[f'{col}_cnt_{shift_days}days_before'] = inner_df_.groupby('userid')
  [f'{col}_cnt'].shift(1)
6.    inner_df_ = inner_df_.reset_index().drop(f'{col}_cnt', axis=1)
7.    return inner_df_
8.
9.user_behavior_before_shift1_pv = user_behavior_shift_stat(user_behavior_data_pv,'pv', 1)
10.user_behavior_before_shift1_cart = user_behavior_shift_stat(user_behavior_data_cart,
   'cart', 1)
11.user_behavior_before_shift1_fav = user_behavior_shift_stat(user_behavior_data_fav,
   'fav', 1)
12.user_behavior_before_shift1_buy = user_behavior_shift_stat(user_behavior_data_buy,
   'buy', 1)
```

将上两部分的统计特征合并到特征表 ad_user_sample_data_fea 中，并保存名为 ad_user_sample_data_fea. pkl 的文件，具体代码如下。

```
1.from functools import reduce
2.
3.dfs_past = [user_behavior_past3_days_pv, user_behavior_past3_days_cart, user_behavior_
  past3_days_fav, user_behavior_past3_days_buy]
4.df_past_final = reduce(lambda df_left, df_right: pd.merge(df_left, df_right, on=
  ['userid', 'date_ymd'],how='left'), dfs).fillna(0)
5.dfs_shift = [user_behavior_before_shift1_pv, user_behavior_before_shift1_cart, user_
  behavior_before_shift1_fav, user_behavior_before_shift1_buy]
```

```
6.df_shift_final = reduce(lambda df_left,df_right: pd.merge(df_left, df_right, on=['use-
  rid', 'date_ymd'],how='left'), dfs_shift).fillna(0)
7.ad_user_sample_data_fea = ad_user_sample_data_fea.merge(df_past_final, on=['userid',
  'date_ymd'], how='left')
8.ad_user_sample_data_fea = ad_user_sample_data_fea.merge(df_shift_final, on=['userid',
  'date_ymd'], how='left')
9.ad_user_sample_data_fea.to_pickle('ad_user_sample_data_fea.pkl')
```

## 6.3 常见的点击率预估模型

点击率预估模型是精排模块的重要组成部分，在计算广告系统中点击率预估又称为 CTR 预估，其目的是对粗排后的广告候选集进行排序。计算广告中的点击率预估和推荐场景下的点击率预估模型建模过程很像，但是要求却更高，其不仅追求排序的正确性，还要求对点击率值的预估非常准确，因为点击率值具备物理意义，其直接影响到后续的出价策略和价格。点击率预估模型在计算广告上的应用在近些年来更是发展飞速，包括从一开始的“特征工程+机器学习”组合模式到现如今各种各样的深度学习模型。本节将由浅及深、由远及近地介绍业务场景中常用的点击率预估模型，帮助读者快速掌握真实业务场景中从 0 到 1 搭建点击率预估模型的过程。

### 6.3.1 基线模型建设

在业务初期，往往要求模型能够快速落地应用，对离在线模型的精度要求不会过高，因此基线模型的建设“快”大于“准”，该阶段往往选择特征工程+机器学习的组合方式进行模型搭建。特征工程的构建非常考验算法工程师的业务能力，往往需要有一定经验的算法工程师通过对数据的洞察来构建和点击率相关的业务特征，机器学习模型选型上尽量以简单搭建、快速部署、稳定上线为核心目标。本小节将综合 6.2 节的特征工程，并选用高效率的 LightGBM 模型作为基线模型。LightGBM 模型的原理已经在 4.4.1 小节介绍过，此处不再赘述，下面给出基线模型搭建的过程和代码。

（1）特征预处理

在建模之前需要对构建好的特征进行预处理，通过第 3 章特征工程的介绍，知道特征一般可以分为类别特征和数值特征两种。下面对特征分别进行预处理，相关代码如下。

```
1.from tqdm import tqdm
2.from sklearn.preprocessing import LabelEncoder, StandardScaler
3.#特征分类,分为 id 类特征、稀疏特征、稠密特征、预测目标、组合特征
4.id_feas = ['userid','adgroup_id','time_stamp']
5.sparse_feas = ['pid','cate_id','campaign_id','customer','brand','cms_segid','cms_
  group_id','final_gender_code',
6.          'age_level','pvalue_level','shopping_level','occupation','new_user_class_
  level']
```

```
7.dense_feas = ['price']
8.date_feas = ['date', 'year', 'month', 'day', 'weekday', 'hour', 'day_hour', 'date_ymd']
9.target = ['nonclk', 'clk']
10.other_feas = [col for col in ad_user_sample_data_fea.columns if col not in id_feas+
   sparse_feas+dense_feas+target+date_feas ]
11.data = ad_user_sample_data_fea.copy()
12.
13.#类别特征和数值特征处理
14.for fea in tqdm(sparse_feas):
15.    lbe = LabelEncoder()  # or Hash
16.    value =lbe.fit_transform(data[fea])
17.    data[fea] = value
18.mms =StandardScaler()
19.data[dense_feas+other_feas] = mms.fit_transform(data[dense_feas+other_feas])
```

（2）数据划分和建模

处理好的特征往往划分为训练集和测试集，将训练集“喂”给模型进行训练，并对测试集做出预测。训练的过程中可以使用交叉验证法选择最优模型，相关代码如下。

```
1.import gc
2.from lightgbm import LGBMClassifier
3.from sklearn.metrics import roc_auc_score, roc_curve
4.from sklearn.model_selection import KFold, StratifiedKFold
5.
6.#数据划分
7.X = data[all_feas]
8.y = data['clk']
9.from sklearn.model_selection import train_test_split
10.X_train, X_test, y_train, y_test = train_test_split(X, y, test_size=0.33, random_state=42)
11.
12.#LightGBM 建模
13.def display_importances(feature_importance_df_):
14.    cols = feature_importance_df_[["feature", "importance"]].groupby("feature").mean
   ().sort_values(by="importance", ascending=False)[:40].index
15.    best_features = feature_importance_df_.loc[feature_importance_df_.feature.isin
   (cols)]
16.    plt.figure(figsize=(8, 10))
17.    sns.barplot(x="importance", y="feature", data=best_features.sort_values(by="im-
   portance", ascending=False))
18.    plt.title('LightGBM Features (avg over folds)')
19.    plt.tight_layout()
20.    plt.savefig('lgbm_importances01.png')
21.
22.
23.def kfold_lightgbm_model(train_df, test_df, y_train, y_test, num_folds, model_params,
   stratified = False):
```

```
24.    print("Starting LightGBM. Train shape: {}, test shape: {}".format(train_df.shape,
   test_df.shape))
25.    if stratified:
26.        folds =StratifiedKFold(n_splits= num_folds, shuffle=True, random_state=1001)
27.    else:
28.        folds =KFold(n_splits= num_folds, shuffle=True, random_state=1001)

29.    oof_preds = np.zeros(train_df.shape[0])
30.    sub_preds = np.zeros(test_df.shape[0])
31.    feature_importance_df = pd.DataFrame()
32.
33.    for n_fold, (train_idx, valid_idx) in enumerate(folds.split(X_train, y_train)):
34.        train_x, train_y = train_df[all_feas].iloc[train_idx], y_train.iloc[train_idx]
35.        valid_x, valid_y = train_df[all_feas].iloc[valid_idx], y_train.iloc[valid_idx]
36.        gc.collect()
37.        clf = LGBMClassifier(n_jobs=4)
38.        clf.fit(train_x, train_y, eval_set=[(train_x, train_y), (valid_x, valid_y)],
39.            eval_metric='auc', verbose= 200, early_stopping_rounds= 200)
40.        oof_preds[valid_idx] = clf.predict_proba(valid_x, num_iteration=clf.best_it-
   eration_)[:, 1]
41.        sub_preds += clf.predict_proba(test_df[all_feas], num_iteration=clf.best_it-
   eration_)[:, 1] / folds.n_splits
42.        fold_importance_df = pd.DataFrame()
43.        fold_importance_df["feature"] = all_feas
44.        fold_importance_df["importance"] = clf.feature_importances_
45.        fold_importance_df["fold"] = n_fold + 1
46.         feature_importance_df = pd.concat([feature_importance_df, fold_importance_
   df], axis=0)
47.        print('Fold %2d AUC : %.6f' % (n_fold + 1, roc_auc_score(valid_y, oof_preds[val-
   id_idx])))
48.        del clf, train_x, train_y, valid_x, valid_y
49.
50.    print('Full AUC score %.6f' % roc_auc_score(y_train, oof_preds))
51.    display_importances(feature_importance_df)
52.    return feature_importance_df
53.
54.kfold_lightgbm_model(X_train, X_test, y_train, y_test, 10, None, stratified = True)
```

这里关键的函数有两个，一个是 display_importances 函数，其主要负责展示特征重要性，另一个是 kfold_lightgbm_model 函数，其主要负责 LightGBM 树模型的 k 折交叉训练。kfold_lightgbm_model 需要提供 7 个参数，前 4 个参数为训练和测试数据集，第 5 个参数为 k 折交叉验证的折数，第 6 个参数为模型的参数，第 7 个参数为选择交叉验证的方式。这里提供了两种分层的方法，一种是 KFold 随机分层，另一种是 StratifiedFold 正负样本比例分层，在不平衡数据集的情况下可以考虑优先选择 StratifiedFold 的分层方法。

### 6.3.2 DeepCrossing 模型

在前两节，通过对业务数据的分析，挖掘了 100 多维的数据，其中基于业务视角的交叉特征占了绝大多数。我们发现手动做基础特征的相互交叉无穷无尽，如果仅仅依靠人工去挖掘构建，不仅费时费力，而且很大概率不够全面。因此，深度学习时代的到来一定程度地解决了手动构建交叉特征的烦琐问题，通过层层网络结构增加数据表达能力。本小节将介绍经典的深度学习架构 DeepCrossing 模型。

（1）DeepCrossing 模型原理

DeepCrossing 模型是微软在 2016 年发表的“Deep Crossing：Web-Scale Modeling without Manually Crafted Combinatorial Features”一文中提出的深度学习模型，它主要的工作是通过深度模型结构来实现自动化特征交叉，图 6-30 所示为 DeepCrossing 模型的具体结构。

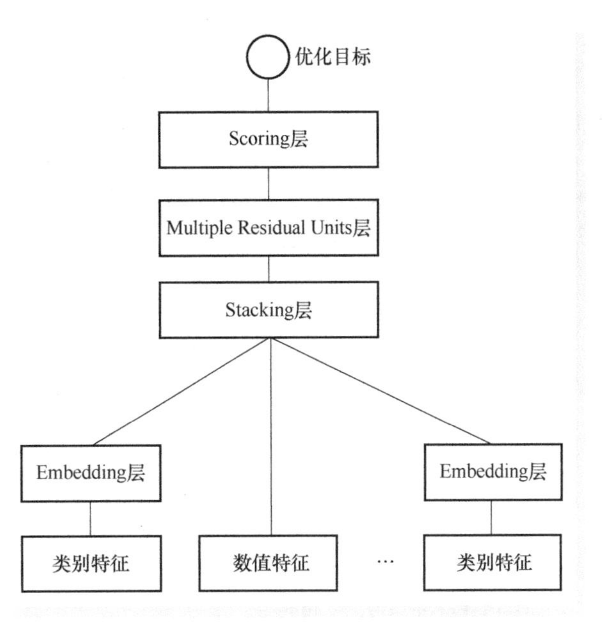


图 6-30　DeepCrossing 模型的具体结构

DeepCrossing 大体可以分为 4 层：Embedding 层、Stacking 层、Multiple Residual Units 层、Scoring 层。Embedding 层主要是将稀疏特征通过降维操作变成稠密的 Embedding 向量。需要注意的是，一般情况下类别特征属于稀疏特征，数值类特征本身稠密不需要 Embedding 化处理。Stacking 层是将所有的输入特征拼接在一起，Multiple Residual Units 是利用残差网络的思想，对各个维度的特征进行充分的交叉，残差网络的结构如图 6-31 所示。

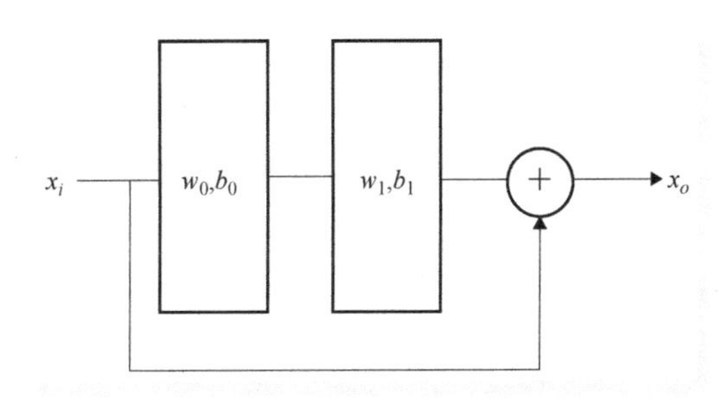


图 6-31　残差网络的结构

残差网络是将通过短路通路将输入 $x_i$ 直接连接到两层 MLP 后的输出值上，然后将输入 $x_i$ 和两层 MLP 的输出结果进行元素加，得到最终的输出结果 $x_o$。这样做的好处是通过短路操作直接将输入作为输出的一部分，可以有效地缓解深度网络因为过深带来的过拟合的风险。DeepCrossing 的最后一层 Scoring 层是针对优化目标产出最终的预测结果，二分类问题一般是用逻辑回归，多分类问题一般是用 Softmax。DeepCrossing 是早期利用深度学习的思想解决人工构造特征问题的模型，克服了 FM 类型的模型表达能力有限的问题，为后续深度学习在解决自动化特征构建方向上的持续发展奠定了坚实的基础。

（2）模型应用

结合公开数据集的模型给出具体的应用代码，在模型训练之前先进行数据处理，将原始数据转换成 tensor 格式。除此之外，训练模型之前需要将类别特征做 Embedding 处理。因此下面抽象出来前置的数据处理部分代码，供后续的模型公用。

```
1.CATEGORICAL_FEATURES_WITH_VOCABULARY =dict()
2.data_ = pd.concat([train_data, test_data]).reset_index(drop=True)
3.for fea in sparse_feas:
4.    CATEGORICAL_FEATURES_WITH_VOCABULARY[fea] = list(data_[fea].unique())
5.TARGET_FEATURE_NAME ='clk'
6.CSV_HEADER = list(train_data.columns)
7.NUMERIC_FEATURE_NAMES = dense_feas + other_feas
8.CATEGORICAL_FEATURE_NAMES = sparse_feas
9.FEATURE_NAMES = NUMERIC_FEATURE_NAMES + CATEGORICAL_FEATURE_NAMES
10.NUM_CLASSES = 2
11.
12.#模型参数
13.learning_rate = 0.1
14.dropout_rate = 0.5
15.batch_size = 4096
16.num_epochs = 1
17.hidden_units = [200, 80]
18.
19.#样本不均衡处理
20.neg = train_data.clk.value_counts()[0]
21.pos = train_data.clk.value_counts()[1]
22.total = train_data.shape[0]
23.weight_for_0 = (1 / neg) * (total)/2.0
24.weight_for_1 = (1 / pos) * (total)/2.0
25.class_weights = {0: weight_for_0, 1: weight_for_1}
26.print('Weight for class 0: {:.2f}'.format(weight_for_0))
27.print('Weight for class 1: {:.2f}'.format(weight_for_1))
28.
29.# tensor 转换
30.def get_dataset_from_csv(csv_file_path, batch_size, shuffle=False):
31.
32.     dataset = tf.data.experimental.make_csv_dataset(
33.         csv_file_path,
34.         batch_size=batch_size,
35.         column_names=CSV_HEADER,
36.         label_name=TARGET_FEATURE_NAME,
37.         num_epochs=1,
38.         header=True,
39.         shuffle=shuffle,
40.     )
```

```
41.     return dataset.cache()
42.
43.#输入输出处理
44.def create_model_inputs():
45.     inputs = {}
46.     for feature_name in FEATURE_NAMES:
47.         if feature_name in NUMERIC_FEATURE_NAMES:
48.             inputs[feature_name] = layers.Input(
49.                 name=feature_name, shape=(),dtype=tf.float32
50.             )
51.         else:
52.             inputs[feature_name] = layers.Input(
53.                 name=feature_name, shape=(),dtype=tf.string
54.             )
55.     return inputs
56.
57.#进行 Embedding 处理
58.def encode_inputs(inputs, use_embedding=False):
59.     encoded_features = []
60.     for feature_name in inputs:
61.         if feature_name in CATEGORICAL_FEATURE_NAMES:
62.             vocabulary = CATEGORICAL_FEATURES_WITH_VOCABULARY[feature_name]
63.             lookup =StringLookup(
64.                 vocabulary=vocabulary,
65.                 mask_token=None,
66.                 num_oov_indices=0,
67.                 output_mode="int" if use_embedding else "binary",
68.             )
69.             if use_embedding:
70.                 encoded_feature = lookup(inputs[feature_name])
71.                 embedding_dims = int(math.sqrt(len(vocabulary)))
72.                 embedding = layers.Embedding(
73.                     input_dim=len(vocabulary), output_dim=embedding_dims
74.                 )
75.                 encoded_feature = embedding(encoded_feature)
76.             else:
77.                 encoded_feature = lookup(tf.expand_dims(inputs[feature_name], -1))
78.         else:
79.             encoded_feature = tf.expand_dims(inputs[feature_name], -1)
80.         encoded_features.append(encoded_feature)
81.     all_features = layers.concatenate(encoded_features)
82.     return all_features
83.
84.#实验运行
85.def run_experiment(model):
86.
87.     model.compile(
88.         optimizer=keras.optimizers.Adam(learning_rate=learning_rate),
```

```
89.         loss=tf.keras.losses.BinaryCrossentropy(),
90.         metrics=['binary_crossentropy'],
91.     )
92.     train_dataset = get_dataset_from_csv(train_data_file, batch_size, shuffle=True)
93.     test_dataset = get_dataset_from_csv(test_data_file, batch_size)
94.     print("Start training the model...")
95.     history = model.fit(train_dataset, epochs=num_epochs, class_weight=class_
weights)
96.     print("Model training finished")
97.     _, accuracy = model.evaluate(test_dataset, verbose=0)
98.     print(f"Test accuracy: {round(accuracy * 100, 2)}%")
99.
100.#模型构建
101.def mlp_model():
102.    inputs = create_model_inputs()
103.    features = encode_inputs(inputs)
104.
105.    for units in hidden_units:
106.        features = layers.Dense(units)(features)
107.        features = layers.BatchNormalization()(features)
108.        features = layers.ReLU()(features)
109.        features = layers.Dropout(dropout_rate)(features)
110.
111.    outputs = layers.Dense(units=1, activation="softmax")(features)
112.    model =keras.Model(inputs=inputs, outputs=outputs)
113.    return model
114.mlp_model = mlp_model()
115.run_experiment(mlp_model)
```

代码第30行的get_dataset_from_csv函数表示从文件中读取数据并转化成tensor的数据格式，第44行的create_model_inputs函数表示将模型的输入按照类别特征和数值特征进行数据类型处理，第58行的encode_inputs函数表示对稀疏特征进行Embedding处理，第85行的run_experiment函数表示对深度学习模型的编译和评估。上面的这几个函数都属于基础函数，为了方便读者掌握怎么使用，在101行给出了一个简单的DNN模型的构造与应用。有了这些基础函数之后，下面给出DeepCrossing模型的代码。

```
1.residual_block_nums = 2
2.#残差网络
3.class ResidualBlock(layers.Layer):
4.
5.    def __init__(self, units): # units 表示的是 DNN 隐藏层神经元数量
6.        super(ResidualBlock, self).__init__()
7.        self.units = units
8.
9.    def build(self, input_shape):
```

```
10.         out_dim = input_shape[-1]
11.         self.dnn1 = layers.Dense(self.units, activation='relu')
12.         self.dnn2 = layers.Dense(out_dim, activation='relu') #保证输入的维度和输出的维度
    一致才能进行残差连接
13.     def call(self, inputs):
14.         x = inputs
15.         x = self.dnn1(x)
16.         x = self.dnn2(x)
17.         x = layers.Activation('relu')(x + inputs) #残差操作
18.         return x
19.#DeepCrossing模型
20.def deepCrossing_model():
21.     inputs = create_model_inputs()
22.     features = encode_inputs(inputs)
23.     residual_inputs = features
24.
25.     for i in range(residual_block_nums):
26.         residual_inputs =ResidualBlock(64)(residual_inputs)
27.
28.     # scoring Layer
29.     score_layer = layers.Dense(units=1, activation='softmax')(residual_inputs)
30.     model =keras.Model(inputs=inputs, outputs=score_layer)
31.     return model
32.
33.deepCrossing_model = deepCrossing_model()
34.run_experiment(deepCrossing_model)
```

代码第3行的ResidualBlock函数构造了残差网络结构，第20行的deepCrossing_model函数创建了DeepCrossing模型，模型结构相对简单，这里不再赘述。

### 6.3.3 Wide&Deep模型

本小节将介绍计算广告经典模型之一Wide&Deep模型的原理和应用。

（1）Wide&Deep模型原理

Wide&Deep模型是Google在2016年发表的“Wide&Deep Learning for Recommender Systems”论文中提到的一种新的模型结构，其奠定了一大类别的精排模型结构，即将模型分为Wide侧和Deep侧两部分来提升模型的整体表现。在6.1.2小节介绍过Wide&Deep结构的优点，下面来具体介绍Wide&Deep模型的原理，Wide&Deep模型结构如图6-32所示。

图6-32中，左边是Wide结构，这里是简单的线性模型，右边是Deep结构，是一个三层的DNN网络，需要注意的是稀疏高维的类别特征输入Deep侧之前会先转化成低维稠密的实数向量，通常使用Embedding层进行降维。Wide侧和Deep侧的输出作为最后一层网络的输入进行模型训练，最终得到预测结果。

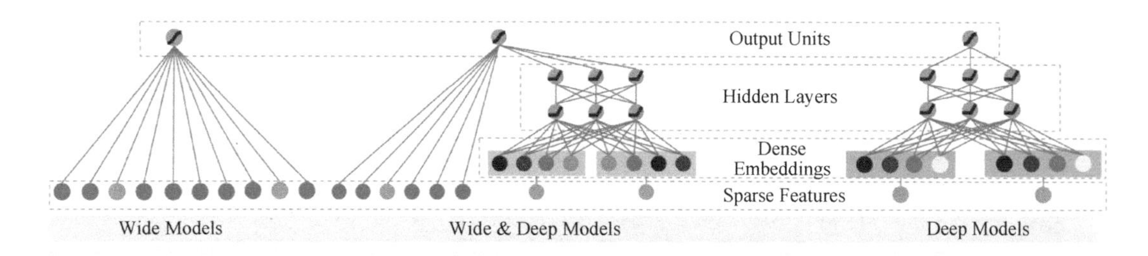


图 6-32　Wide&Deep 模型结构

（2）模型应用

整体的 Wide&Deep 代码如下。

```
1.# Wide&Deep 模型
2.def wide_and_deep_model():
3.
4.    inputs = create_model_inputs()
5.    wide = encode_inputs(inputs)
6.    wide = layers.BatchNormalization()(wide)
7.
8.    deep = encode_inputs(inputs, use_embedding=True)
9.    for units in hidden_units:
10.        deep = layers.Dense(units)(deep)
11.        deep = layers.BatchNormalization()(deep)
12.        deep = layers.ReLU()(deep)
13.        deep = layers.Dropout(dropout_rate)(deep)
14.
15.    merged = layers.concatenate([wide, deep])
16.    outputs = layers.Dense(units=1, activation="softmax")(merged)
17.    model =keras.Model(inputs=inputs, outputs=outputs)
18.    return model
19.
20.#模型训练
21.wide_and_deep_model = wide_and_deep_model()
22.run_experiment(wide_and_deep_model)
23.wide_and_deep_model.summary()
```

其中第 2 行的 wide_and_deep_model 函数构建了 Wide&Deep 模型，模型结构分为 wide 和 deep 两部分，第 15 行将 wide 和 deep 部分进行 concatenate 操作，然后输入到模型的 softmax 层进行输出。

### 6.3.4 Deep&Cross 模型

（1）Deep&Cross 模型原理

Deep&Cross 模型（简称 DCN）是斯坦福大学和 Google 在 2017 年联合发表的“Deep&Cross Network for Ad Click Predictions”一文中提出的新的模型结构。它主要是对 Wide&Deep 模型后续的

优化，即将 Wide 侧替换成由特殊网络结构实现的 Cross 网络，Cross 网络主要负责自动特征交叉。先来看 Deep&Cross 模型的整体结构，如图 6-33 所示。

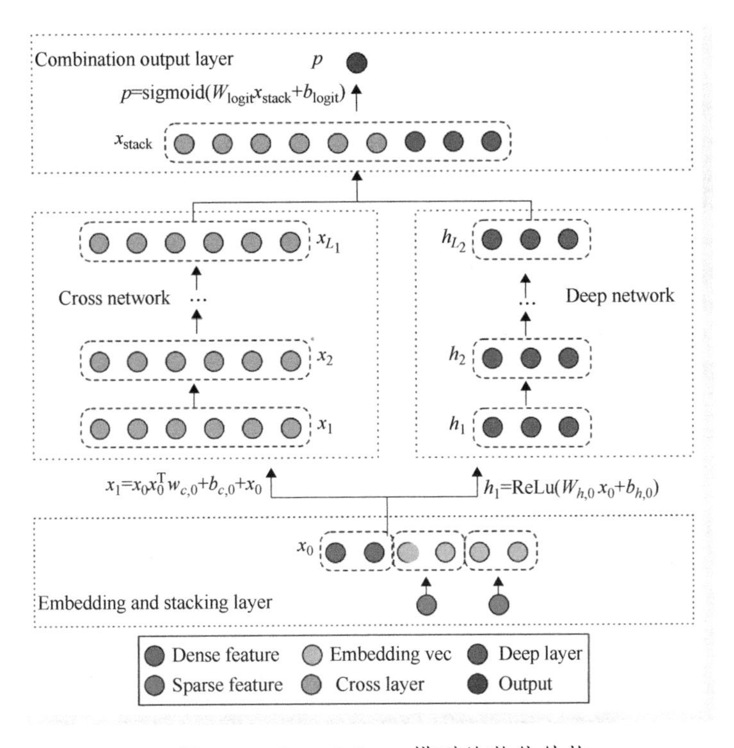


图 6-33　Deep&Cross 模型的整体结构

Cross 网络的主要目的是增加 Wide 侧的特征交互程度，它使用了交叉层（Cross Layer）来具体实现，第 l+1 交叉层的数学表达式为：

$$x_{l+1}=x_0x_l^{\mathrm{T}}\omega_l+b_l+x_l=f(x_l,\omega_l,b_l)+x_l$$

式中的第一项是带权重 $x_l$ 和初始向量 $x_0$ 的外积操作，第二项是偏置向量，第三项是前一层的输出向量。Cross 结构的好处是在 Wide 的基础上增加了自动化的特征交叉，降低了人工构造特征的成本，使得模型有了更强的特征表达能力。

（2）模型应用

下面给出基于公开数据集的模型应用，其中复用上文中数据处理函数和实验运行函数，因此仅给出 Deep&Cross 模型的代码。

```
1.def dcn_model():
2.     inputs = create_model_inputs()
3.     x0 = encode_inputs(inputs, use_embedding=True)
4.     cross = x0
5.     for _ in hidden_units:
```

```
6.         units = cross.shape[-1]
7.         x = layers.Dense(units)(cross)
8.         cross = x0 * x + cross
9.     cross = layers.BatchNormalization()(cross)
10.    deep = x0
11.    for units in hidden_units:
12.        deep = layers.Dense(units)(deep)
13.        deep = layers.BatchNormalization()(deep)
14.        deep = layers.ReLU()(deep)
15.        deep = layers.Dropout(dropout_rate)(deep)
16.    merged = layers.concatenate([cross, deep])
17.    outputs = layers.Dense(units=1, activation="softmax")(merged)
18.    model =keras.Model(inputs=inputs, outputs=outputs)
19.    return model
20.dcn_model = dcn_model()
21.run_experiment(dcn_model)
```

### 6.3.5 DeepFM 模型

（1）DeepFM 模型原理

DeepFM 模型是华为和哈工大在 2017 年发表的“DeepFM：A Factorization-Machine based Neural Network for CTR prediction”一文中提到的新模型，它属于 Wide&Deep 模型结构，将 Wide 侧的线性模型替换成 FM 模型，从而提高了 Wide 侧的特征交叉能力。图 6-34 所示为 DeepFM 的模型结构。

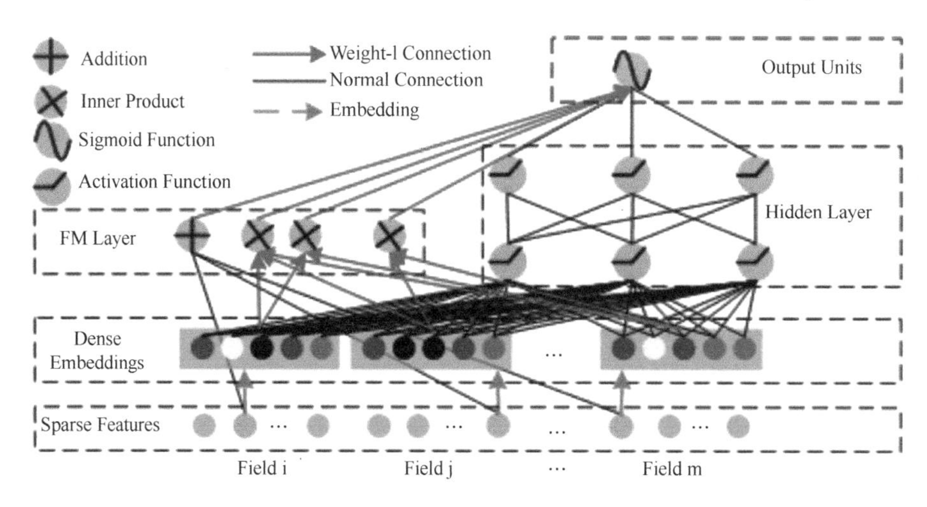


图 6-34　DeepFM 的模型结构

DeepFM 和 DCN 模型都是对 Wide 侧的优化，唯一不同的是 DeepFM 的 Wide 侧使用的是 FM 模型。

（2）模型应用

下面给出 DeepFM 的核心代码。

```
1.class FM_Layer(layers.Layer):
2.    def __init__(self):
3.        super(FM_Layer, self).__init__()
4.
5.    def call(self, inputs):
6.        # 优化后的公式为：0.5×求和(和的平方-平方的和)
7.        concated_embeds_value = inputs
8.        square_of_sum = tf.square(tf.reduce_sum(concated_embeds_value, axis=1, keep-
  dims=True))
9.        sum_of_square = tf.reduce_sum(concated_embeds_value * concated_embeds_value,
  axis=1, keepdims=True)
10.       cross_term = square_of_sum - sum_of_square
11.       cross_term = 0.5 * tf.reduce_sum(cross_term, axis=2,keepdims=False)
12.       return cross_term

14.   def compute_output_shape(self, input_shape):
15.       return (None, 1)
16.
17.def deepFM_model():
18.   inputs = create_model_inputs()
19.   x0 = encode_inputs(inputs)
20.   # fm 部分
21.   x0_ = tf.expand_dims(x0, 1)
22.   fm = FM_Layer()(x0_)
23.   # deep 部分
24.   deep = x0
25.   for units in hidden_units:
26.       deep = layers.Dense(units)(deep)
27.       deep = layers.BatchNormalization()(deep)
28.       deep = layers.ReLU()(deep)
29.       deep = layers.Dropout(dropout_rate)(deep)
30.
31.   merged = layers.concatenate([fm, deep])
32.   outputs = layers.Dense(units=1, activation="softmax")(merged)
33.   model =keras.Model(inputs=inputs, outputs=outputs)
34.   return model
35.
36.deepfm_model = deepFM_model()
37.run_experiment(deepfm_model)
```

代码中的 FM_Layer 类是 FM 层的构造，负责实现使用 FM 模型进行二阶特征交叉，代码第 17 行的 deepFM_model 函数是对 DeepFM 模型的创建，分为 FM 和 Deep 两侧。

## 6.3.6 AFM 模型

（1）AFM 模型原理

AFM 是 2017 年浙江大学和新加坡国立大学合作发表的“Attention Factorization Machines: Learning the Weight of Feature Interactions via Attention Network”一文中提出的将 Attention 网络结构加入 FM 模型中进行特征提取改造的新模型。AFM 模型的结构如图 6-35 所示。

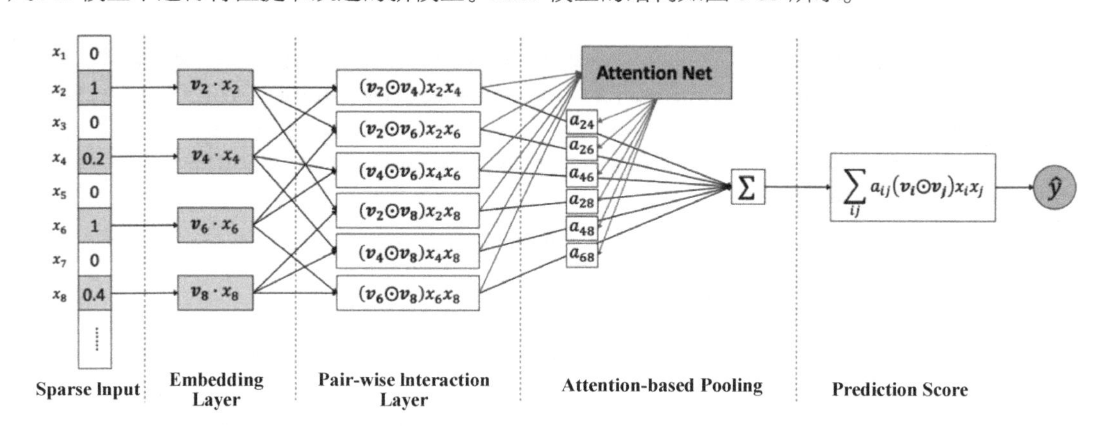


图 6-35 AFM 模型的结构

AFM 最大的特点是在特征交叉层和输出层之间加入了 Attention Net，即注意力网络。注意力网络最大的特点是能将模型的“注意力”集中在重要的事情上，本质上是通过调整特征权重来帮 FM 抓住重要的信息。

（2）模型应用

下面给出 AFM 模型实现核心部分的参考代码。

```
1.class AFMLayer(Layer):
2.    def __init__(self, attention_factor=4, l2_reg_w=0, dropout_rate=0, seed=1024, **
  kwargs):
3.        self.attention_factor = attention_factor
4.        self.l2_reg_w = l2_reg_w
5.        self.dropout_rate = dropout_rate
6.        self.seed = seed
7.        super(AFMLayer, self).__init__(**kwargs)
8.
9.    def build(self, input_shape):
10.        if not isinstance(input_shape, list) or len(input_shape) < 2:
11.            raise ValueError('A `AttentionalFM` layer should be called '
12.                             'on a list of at least 2 inputs')
13.
```

```
14.         shape_set = set()
15.         reduced_input_shape = [shape.as_list() for shape in input_shape]
16.         for i in range(len(input_shape)):
17.             shape_set.add(tuple(reduced_input_shape[i]))
18.
19.         if len(shape_set) > 1:
20.             raise ValueError('A `AttentionalFM` layer requires '
21.                 'inputs with same shapes '
22.                 'Got different shapes: %s' % (shape_set))
23.
24.         if len(input_shape[0]) != 3 or input_shape[0][1] != 1:
25.             raise ValueError('A `AttentionalFM` layer requires '
26.                     'inputs of a list with same shape tensor like\
27.                     (None, 1, embedding_size)'
28.                     'Got different shapes: %s' % (input_shape[0]))
29.
30.         embedding_size = int(input_shape[0][-1])
31.
32.         self.attention_W = self.add_weight(shape=(embedding_size,self.attention_factor),initializer=glorot_normal(seed=self.seed),regularizer=l2(self.l2_reg_w), name="attention_W")
33.         self.attention_b = self.add_weight(shape=(self.attention_factor,), initializer=Zeros(), name="attention_b")
34.         self.projection_h = self.add_weight(shape=(self.attention_factor, 1),initializer=glorot_normal(seed=self.seed), name="projection_h")
35.         self.projection_p = self.add_weight(shape=(embedding_size, 1),initializer=glorot_normal(seed=self.seed), name="projection_p")
36.         self.dropout = tf.keras.layers.Dropout(self.dropout_rate, seed=self.seed)
37.         self.tensordot = tf.keras.layers.Lambda(lambda x: tf.tensordot(x[0], x[1], axes=(-1, 0)))
38.         super(AFMLayer, self).build(input_shape)
39.
40.     def call(self, inputs, training=None, **kwargs):
41.
42.         if K.ndim(inputs[0]) != 3:
43.             raise ValueError(
44.             "Unexpected inputs dimensions %d, expect to be 3 dimensions" % (K.ndim(inputs)))
45.
46.         embeds_vec_list = inputs
47.         row = []
48.         col = []
49.
50.         for r, c in itertools.combinations(embeds_vec_list, 2):
51.             row.append(r)
52.             col.append(c)
53.
54.         p = tf.concat(row, axis=1)
```

```
55.         q = tf.concat(col, axis=1)
56.         inner_product = p * q
57.
58.         bi_interaction = inner_product
59.         attention_temp = tf.nn.relu(tf.nn.bias_add(tf.tensordot(
60.             bi_interaction, self.attention_W, axes=(-1, 0)), self.attention_b))
61.
62.         self.normalized_att_score = tf.nn.softmax(tf.tensordot(
63.             attention_temp, self.projection_h, axes=(-1, 0)))
64.         attention_output = tf.reduce_sum(
65.             self.normalized_att_score * bi_interaction, axis=1)
66.
67.         attention_output = self.dropout(attention_output) # training
68.         afm_out = self.tensordot([attention_output, self.projection_p])
69.         return afm_out
70.
71.     def compute_output_shape(self, input_shape):
72.         if not isinstance(input_shape, list):
73.             raise ValueError('A `AFMLayer` layer should be called'
74.                 'on a list of inputs.')
75.         return (None, 1)
76.
77.     def get_config(self, ):
78.         config = {'attention_factor': self.attention_factor,
79.             'l2_reg_w': self.l2_reg_w, 'dropout_rate': self.dropout_rate, 'seed': self.seed}
80.         base_config = super(AFMLayer, self).get_config()
81.         return dict(list(base_config.items()) + list(config.items()))
```

### 6.3.7 DIN模型

（1）DIN模型原理

DIN模型是阿里巴巴在2018年发表的“Deep Interest Network for Click-Through Rate Prediction”一文中提出的将Attention和深度学习结合在一起的新模型。DIN模型最大的创新点是Attention网络的引入，可以将用户感兴趣的内容通过注意力机制提取出来。其次DIN还提出了一种新的激活函数，即DICE激活函数，它能够根据每层的输入来自适应地调整激活点的位置，而不是像ReLU和PReLU激活函数那样只能在0处进行变化。DIN模型线下的评估指标也不是简单的AUC，而是用了GAUC。GAUC通过对曝光点击进行加权平均，旨在解决不同用户点击率分布差异的问题。图6-36所示为DIN模型的网络结构。

（2）模型应用

由于篇幅有限，下面仅给出DIN模型核心部分的参考代码。

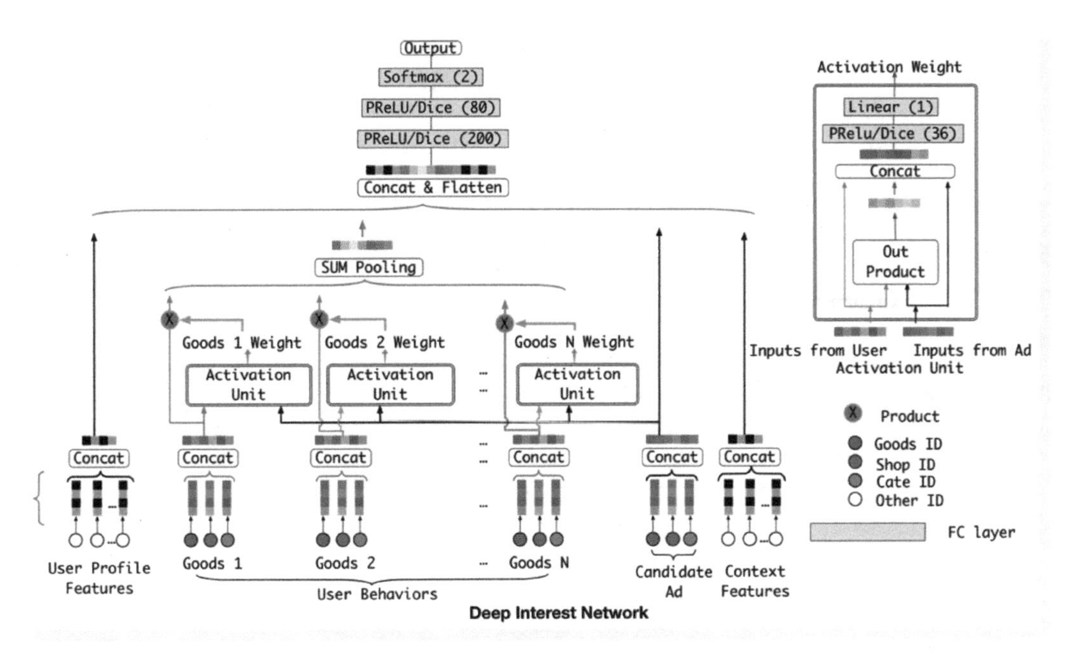


● 图 6-36　DIN 模型的网络结构

```
1.class Dice(Layer):
2.    def __init__(self):
3.        super(Dice, self).__init__()
4.        self.bn =BatchNormalization(center=False, scale=False)
5.    def build(self, input_shape):
6.        self.alpha = self.add_weight(shape=(input_shape[-1],),dtype=tf.float32, name
='alpha')
7.    def call(self, x):
8.        x_normed = self.bn(x)
9.        x_p = tf.sigmoid(x_normed)
10.       return self.alpha * (1.0-x_p) * x + x_p * x
11.
12.
13.class LocalActivationUnit(Layer):
14.    def __init__(self, hidden_units=(256, 128, 64), activation='prelu'):
15.        super(LocalActivationUnit, self).__init__()
16.        self.hidden_units = hidden_units
17.        self.linear = Dense(1)
18.        self.dnn = [Dense(unit, activation=PReLU() if activation =='prelu' else Dice
()) for unit in hidden_units]
19.
20.    def call(self, inputs):
21.        query, keys = inputs
22.        keys_len = keys.get_shape()[1]
```

```
23.         queries = tf.tile(query, multiples=[1, keys_len, 1])
24.         att_input = tf.concat([queries, keys, queries - keys, queries * keys], axis=-1)
25.         att_out = att_input
26.         for fc in self.dnn:
27.             att_out = fc(att_out)
28.         att_out = self.linear(att_out)
29.         att_out = tf.squeeze(att_out, -1)
30.
31.         return att_out
32.
33.
34.class AttentionPoolingLayer(Layer):
35.     def __init__(self, att_hidden_units=(256, 128, 64)):
36.         super(AttentionPoolingLayer, self).__init__()
37.         self.att_hidden_units = att_hidden_units
38.         self.local_att =LocalActivationUnit(self.att_hidden_units)
39.
40.     def call(self, inputs):
41.         queries, keys = inputs
42.         key_masks = tf.not_equal(keys[:,:,0], 0)
43.         attention_score = self.local_att([queries, keys])
44.         paddings = tf.zeros_like(attention_score)
45.         outputs = tf.where(key_masks, attention_score,paddings)
46.         outputs = tf.expand_dims(outputs, axis=1)
47.         outputs = tf.matmul(outputs, keys)
48.         outputs = tf.squeeze(outputs, axis=1)
49.
50.         return outputs
```

至此，CTR预估技术的主流模型已介绍完毕。不难发现，计算广告中的CTR预估技术和推荐系统中的CTR预估技术几乎相同，只不过计算广告中的CTR值具有物理含义，因此更关注CTR值预估的准确性，而推荐系统中更关注排序的准确性。除此之外，推荐系统和计算广告最大的不同点在于计算广告的智能竞价模块，其需要平衡三方利益给出满足预算约束下的最优出价，这本身并非易事。由于篇幅有限，本章仅详细讲解了推荐系统和计算广告通用的CTR预估技术，感兴趣的读者朋友可以自行关注计算广告生态体系中的其他算法模块。

# 供需预测："新零售"之供需时序建模

随着人工智能日新月异的发展，基于供需预测算法的智能零售、智能供应链、智能物流应运而生。因为其能准确预测出未来一定时间周期内供给和需求的数量，被各大相关企业所追捧。企业根据供需数据决策规划、合理经营，大大降低了生产成本，增加了生产利润。本章将简要介绍"新零售"场景下的供需预测业务，并重点讲解时序建模方法和相关实战案例。

## 7.1 业务场景介绍

### 7.1.1 为什么需要供需预测

要了解供需预测，不得不从供需的概念说起。供需两字经常出现在经济学场景中，对经济活动起着至关重要的作用。供给是指在特定的时间内以特定价格提供给消费者的某种特定产品的总量，需求是指消费者购买某种特定产品的意愿，供给和需求之间既相互影响，又决定了经济体中特定产品的价格以及生产消费的数量。有交易行为的群体都会产生供需，大到国家，小到企业、家庭，对于生产某种产品或者提供特定服务的企业来讲，了解供需可以帮助企业做战略层面的生产规划，合理制定价格、分配资源，达到收益最大化的目的。

（1）供需与价格的关系

供需最直接的影响就是价格，供需平衡状态下产生的产品价格称为均衡价格。为了更直观地理解供需对价格的影响，下面展示出供需曲线与均衡价格，如图7-1所示。

图7-1中 $D$ 线是需求曲线（需求量与价格的关系曲线），$S$ 线是供给曲线（供给量与价格的关系曲线）。需求曲线清晰地展示了当价格仅与需求相关的情况下，呈下降趋势，即价格越高，需求量越低。因为随着价格的上涨，购买该产品的机会成本（机会成本指为了某件产品而放弃另一件产品产生的代价）会随之增加，增加的机会成本阻碍了消费者在该产品上的消费。与需求曲线不同的

是，供给曲线则在价格仅与供给相关的情况下，呈上升趋势，即价格越高，供应量就越高。从生产者的角度看，生产成本不变的情况下，产品价格越高，盈利空间越大，因此会提高供应量。供给曲线和需求曲线交汇点 $a$ 是均衡价格，此时供需数量一致，达到平衡状态。因此研究供需并提供精准的供需预测，有助于找到交易市场的均衡价格，从而辅助企业对生产的产品或者提供的服务进行合理定价。

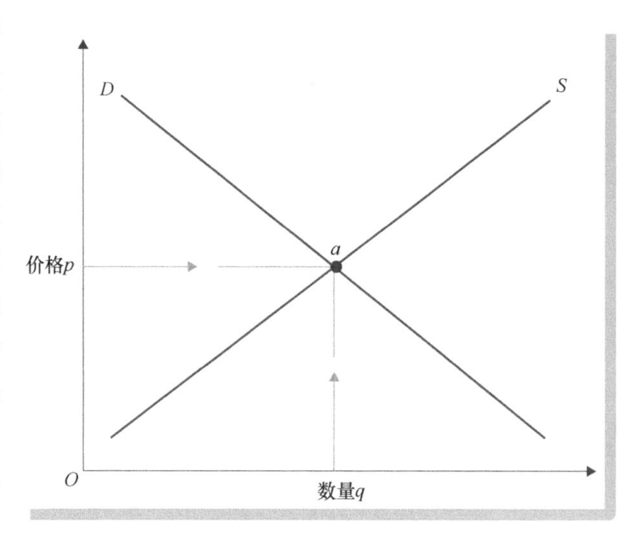


图 7-1 供需曲线与均衡价格

（2）供给曲线的移动以及对产品价格产生的影响

上述的供需曲线是假设不考虑其他因素，供需与价格的关系呈现稳定的线性关系，但当其他因素影响到了既定价格下的供需关系时，供需曲线会沿着 $x$ 轴向左或向右移动。假设需求曲线不变，当因为某种因素导致在同一价格下的供给量减少时，供给曲线沿着 $x$ 轴向左平移，如图 7-2 所示，在既定价格 $p$ 下，供给量由 $q$ 降低为 $q'$，供给曲线由 $S$ 向左平移到 $S'$。

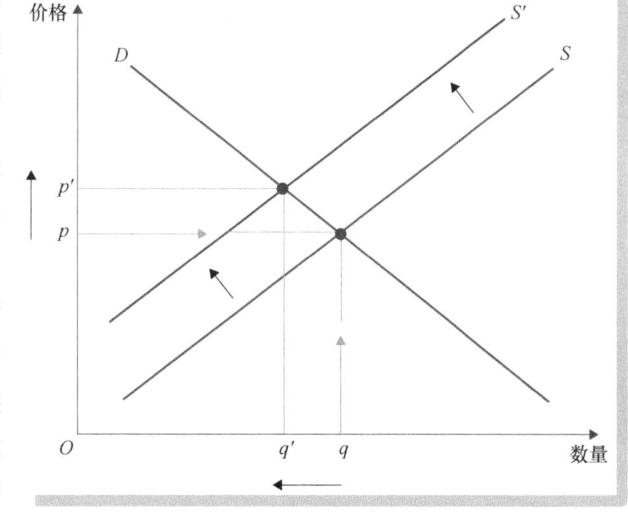


图 7-2 供给曲线随价格的变化

同时，伴随着供给曲线的左移，均衡价格由原来的 $p$ 提高到 $p'$，同时达到供给平衡态下的产品数量由原来的 $q$ 降低到 $q'$。换言之，需求不变时，当某种外界因素导致供给减少时，会引起产品价格上升，销售数量下降。同理，当某种外界因素导致供给增加时，则引起供给曲线右平移，从而产品价格下降，销售数量上升。

（3）需求曲线的移动以及对产品价格产生的影响

如同分析供给曲线，需求曲线同样会因为其他因素的影响，沿着 $x$ 轴向左或向右移动。假设供给曲线不变，当因为某种因素导致在同一价格下的需求量增加时，需求曲线沿着 $x$ 轴向右平移，如图 7-3 所示，在既定价格 $p$ 下，需求量由 $q$ 降低为 $q'$，需求曲线由 $D$ 向右平移到 $D'$。

从而均衡价格由 $p$ 提升至 $p'$，供给平衡态下的产品数量由 $q$ 增加至 $q'$。换言之，供给不变时，当某种外界因素导致需求增加时，会引起产品价格上升，销售数量上升。同理，需求减少时，则引起需求曲线右移，从而产品价格下降，销售数量下降。

（4）供需预测的必要性

由上述三条分析，供需关系可以帮助企业对产品进行合理定价，供需关系的变化可以帮助企业衡量外界因素对产品价格和销量产生的影响。当预测出供需数量相等时，说明此时产品的定价是合理的，当预测出供过于求时，说明出现了产能过剩，需要适当降低产品价格，反之，预测出供不应求时，可以适当提升产品价格，达到新的供需平衡的状态。

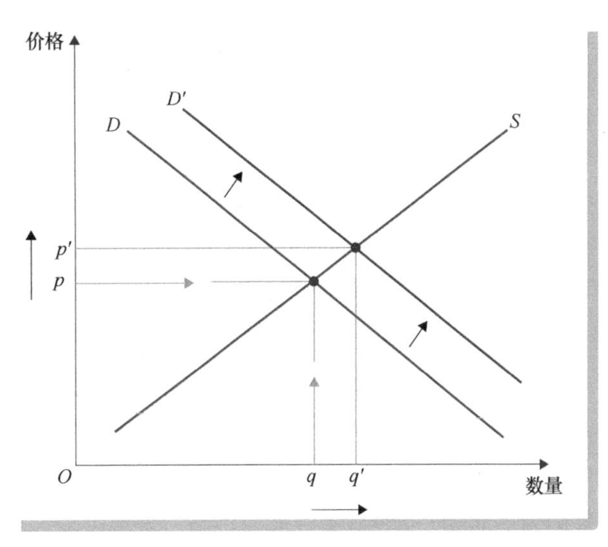


● 图 7-3 需求曲线随价格的变化

## 7.1.2 新零售场景下的供需预测

（1）为什么做新零售？

自 21 世纪以来，随着互联网的兴起，尤其是移动互联网和智能手机的流行，网购日渐成为人们购物消费的主要方式。然而近几年，随着线上流量红利规模的萎缩，应运而生了"互联网+"的新概念。"互联网+"是通过大数据和人工智能的技术优势，对传统行业进行优化升级转型，从而实现互联网+实体经济的蓬勃发展。"新零售"是"互联网+"时代的重要产物之一，在近些年逐渐影响和改变了人们的消费方式和生活习惯。

（2）什么是新零售？

新零售是围绕着人、货、场三大主体，依托互联网天然的大数据和人工智能的科技优势，实现以线上线下和现代化物流相结合的方式，最终达到人、货、场的合理重组、高效运行的目的。下面以超市零售链路为例介绍新零售的落地案例，超市的人、货、场三主体如图 7-4 所示。

人：在新零售超市场景中，人主要是指参与购买商品的消费者。

货：主要指消费者需要的实物商品，这些商品往往是顾客最需要的。

场：主要指购物场景，一切消费者能与商品接触的终端，都可以称之为"场"，包括线下门店、电商

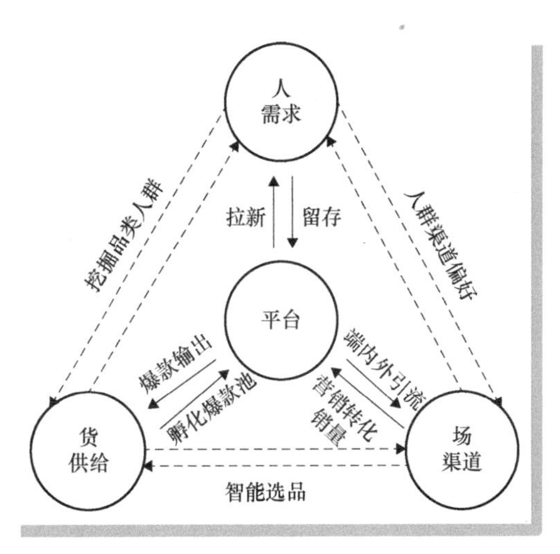


● 图 7-4 超市的人、货、场三主体

平台、小程序等。

其中，“人”产生需求，“货”提供供给，而“场”则负责促进和完成“人”“货”双方的交易。新零售就是通过互联网技术的方法，提高“场”作为撮合平台的交易效率和质量。新零售超市就是典型的“场”，通过线上线下收集用户的行为偏好，挖掘用户需求，精细化到不同城市、门店、货架，按需提供商品，及时调整货仓，从而避免因库存不足或过剩导致的销售受阻，达到人、货、场三方收益最大化。

（3）供需预测在新零售场景下的具体应用。

精准的供需预测是搭建高效“场”的关键因素。宏观上，每个超市都会制定中长期的盈利目标，这就需要深刻洞察未来一个月或者一个季度，不同商品的需求量和供给量。微观上，不同的城市、门店，甚至货架在不同时间周期都有着不同的供需，比如开在CBD的超市，在夏季早高峰时间段，打工人最需要的可能是冰咖啡，这时候超市可以把冰咖啡摆放在最显眼的货架，或者展开相关的营销活动，促使顾客在超市消费。宏观供需可以帮助超市制定中长期的商品供需计划和资源调度，微观供需可以实时调整不同货架的商品，精细化辅助超市的运营。因此，宏观供需预测一般都是中长期粗粒度预测，微观预测一般都是时分级别细粒度预测。本章将以新零售场景下的销量预测为例，用机器学习模型的方法预测零售店不同品类的商品在未来15天的需求情况。

## 7.2 时序问题的数据分析和特征挖掘

### 7.2.1 数据集介绍

便利店销量预测是最典型的供需预测场景之一。本章以Kaggle比赛Store Sales（https://www.kaggle.com/competitions/store-sales-time-series-forecasting/overview）的公开数据集为实战案例，下面从数据背景和数据集组成两部分做简要介绍。

1. 数据背景

本案例背景是预测位于厄瓜多尔的Favorita商店的销售情况，数据集提供不同位置的Favorita商店在售的数千件商品的销量和售价等详情，用来预测未来15天不同门店、不同商品的销量（sales）。

2. 主要数据清单（如表7-1所示）

表7-1　公开数据集数据清单

| 数据表名 | 数据描述 |
| --- | --- |
| train.csv | 训练数据集：<br>id：数据ID。<br>date：日期。<br>store_nbr：销售某类别商品的商店ID。<br>family：某类别商品的类别。<br>sales：某类别商品的销售额。<br>onpromotion：给定日期和商店的情况下，某类别商品在促销的总数 |

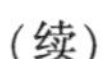

（续）

| 数据表名 | 数据描述 |
|---|---|
| test. csv | 测试集数据，各列与训练集相同 |
| store. csv | 商店信息数据集：<br>store_nbr：商店 ID。<br>city：商店所在城市名。<br>state：商店所在州。<br>type：商店的类型。<br>cluster：商店的组别信息，按照相似商店划分组 |
| transactions. csv | 交易信息数据集：<br>date：日期。<br>store_nbr：商店 ID。<br>transactions：给定日期和商店的总销售量 |
| oil. csv | 油价信息：<br>date：日期。<br>dcoilwtico：每天的油价 |
| holidays_events. csv | 节假日信息数据集：<br>date：日期。<br>type：节假日类型。<br>locale：节假日是本地节日或者国家节日。<br>locale_name：节假日举办地。<br>description：对节假日的描述信息。<br>transferred：表示节假日是否变动日期 |

3. 数据整合

将所有的信息表整合起来，形成新的训练数据集和测试数据集，代码如下。

```
1.import pandas as pd
2.train = pd.read_csv('data/train.csv')
3.test = pd.read_csv('data/test.csv')
4.stores = pd.read_csv('data/stores.csv')
5.oil = pd.read_csv('data/oil.csv')
6.holidays_events = pd.read_csv('data/holidays_events.csv')
7.transacations = pd.read_csv('data/transactions.csv')
8.
9.train = train.merge(stores, on='store_nbr', how='left')
10.train = train.merge(oil, on='date', how='left')
11.train = train.merge(holidays_events, on='date', how='left')
12.train = train.merge(transacations, on=['date', 'store_nbr'], how='left')
13.train = train.rename(columns={"type_x" : "store_type", "type_y" : "holiday_type"})
14.test = test.merge(stores, on='store_nbr', how='left')
15.test = test.merge(oil, on='date', how='left')
16.test = test.merge(holidays_events, on='date', how='left')
```

```
17.test = test.merge(transacations, on=['date','store_nbr'], how='left')
18.test = test.rename(columns={"type_x": "store_type", "type_y": "holiday_type"})
```

4. 数据概览

(1) 统计便利店数据的基本信息（如表 7-2 所示）

表 7-2 便利店数据的基本信息

| 数据集 | 州数 | 城市数 | 商品类别数 | 天数 | 最早日期 | 最晚日期 |
|---|---|---|---|---|---|---|
| 训练集 | 16 | 22 | 33 | 1684 | 2013-01-01 | 2017-08-15 |
| 测试集 | 16 | 22 | 33 | 16 | 2017-08-16 | 2017-08-31 |

(2) 不同城市平均销售情况（如图 7-5 所示）

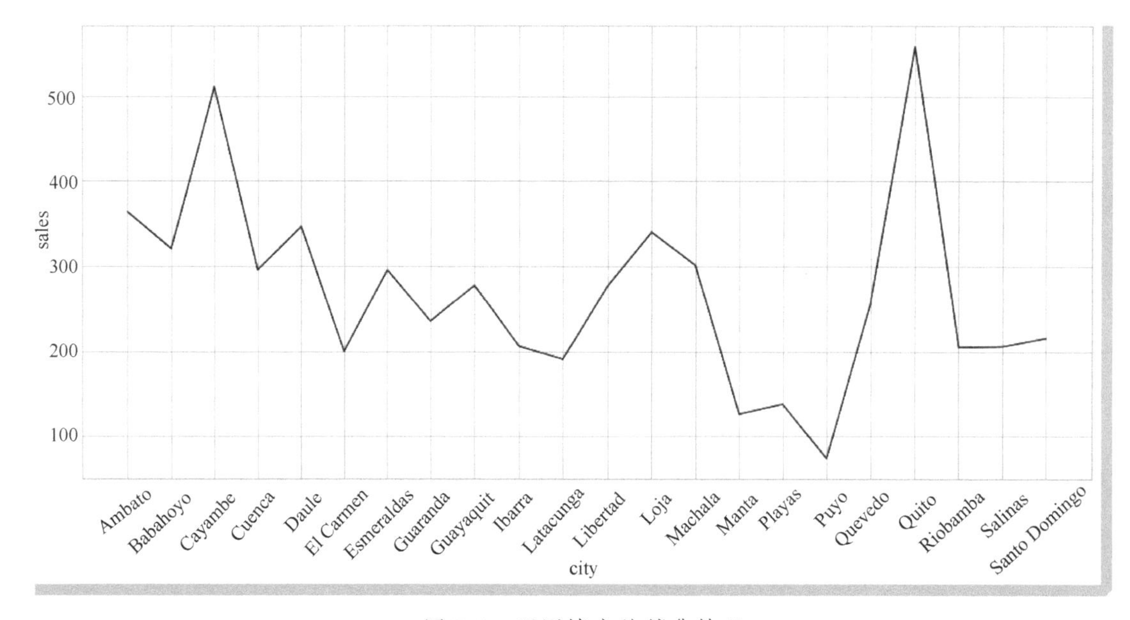


● 图 7-5 不同城市的销售情况

图 7-5 中，不同城市之间，平均销售情况差异比较大，Quito 作为厄瓜多尔的首都，平均销量最高，代码如下。

```
1.import seaborn as sns
2.import matplotlib.pyplot as plt
3.sns.set(style="whitegrid")
4.palette_color =sns.color_palette("ch:s=.25,rot=-.25")
5.
6.#按照 city 进行分组统计
7.df_cy_sa = train.groupby('city').agg({"sales": "mean"}).reset_index()
```

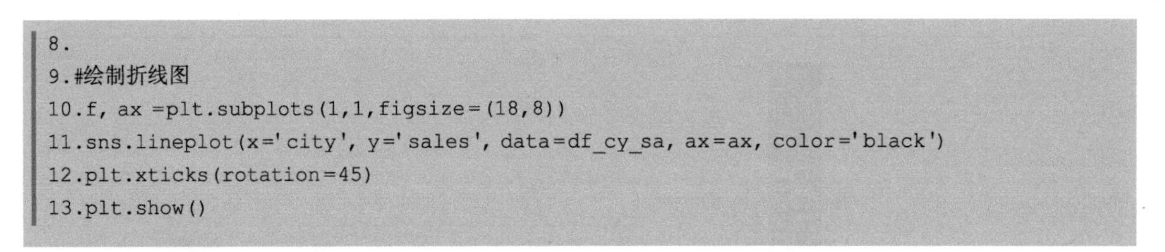

```
8.
9.#绘制折线图
10.f, ax =plt.subplots(1,1,figsize=(18,8))
11.sns.lineplot(x='city', y='sales', data=df_cy_sa, ax=ax, color='black')
12.plt.xticks(rotation=45)
13.plt.show()
```

（3）不同类型商店、不同类型商品的销售情况（如图 7-6 所示）

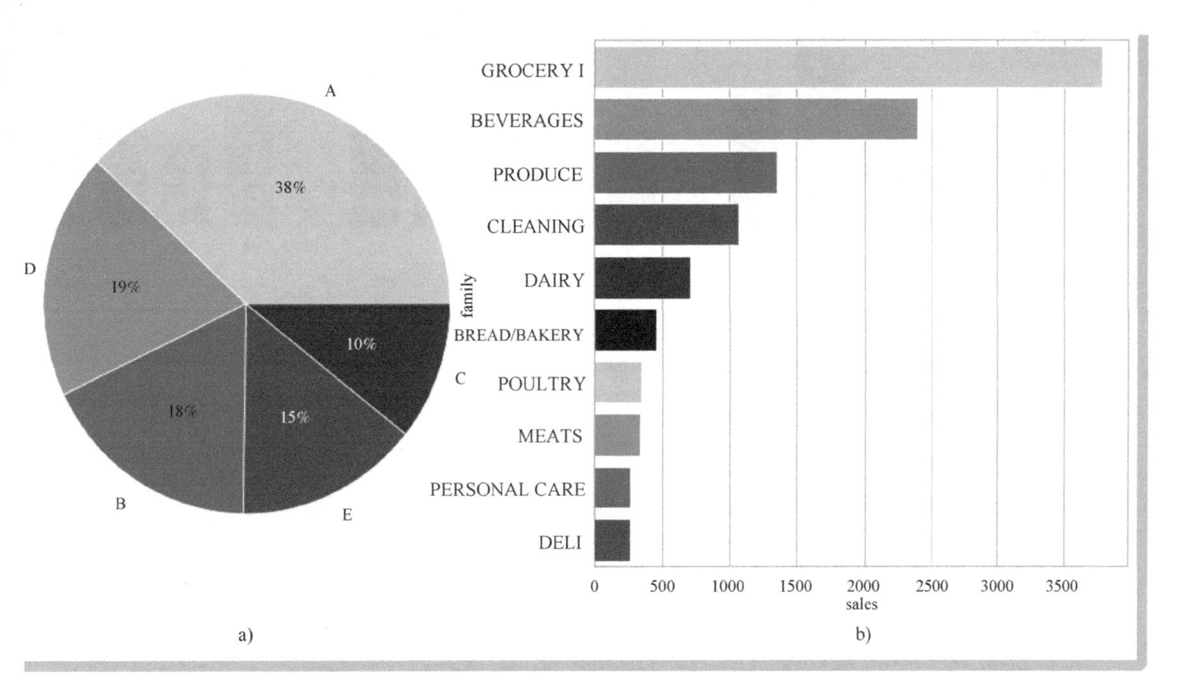


• 图 7-6　不同类型商店、不同类型商品的销售情况
a）不同类型商店　b）不同类型商品

图 7-6a 中，A 类商店的销售占比最高，高达 38%，C 类商店的销售占比最低，只有 11%，说明 A 类商店更受人们欢迎，而 C 类商店偏小众；图 7-6b 中，食品杂货类商品销售最多（GROCERY I），其次是饮料类商品（BEVERAGES），销量较少的是个人护理类商品（PERSONAL CARE）和熟食类商品（DELI），说明人们对杂货类和饮料类商品需求更大，而对个人护理和熟食类商品需求不高。

不同商店组别的销售情况如图 7-7 所示。

图 7-7 中，销售额最高的是 cluster = 5 的商店组别，而 cluster = 7 的商店组别销售额最低，说明不同组别的商店之间有销售能力的差异，代码如下。

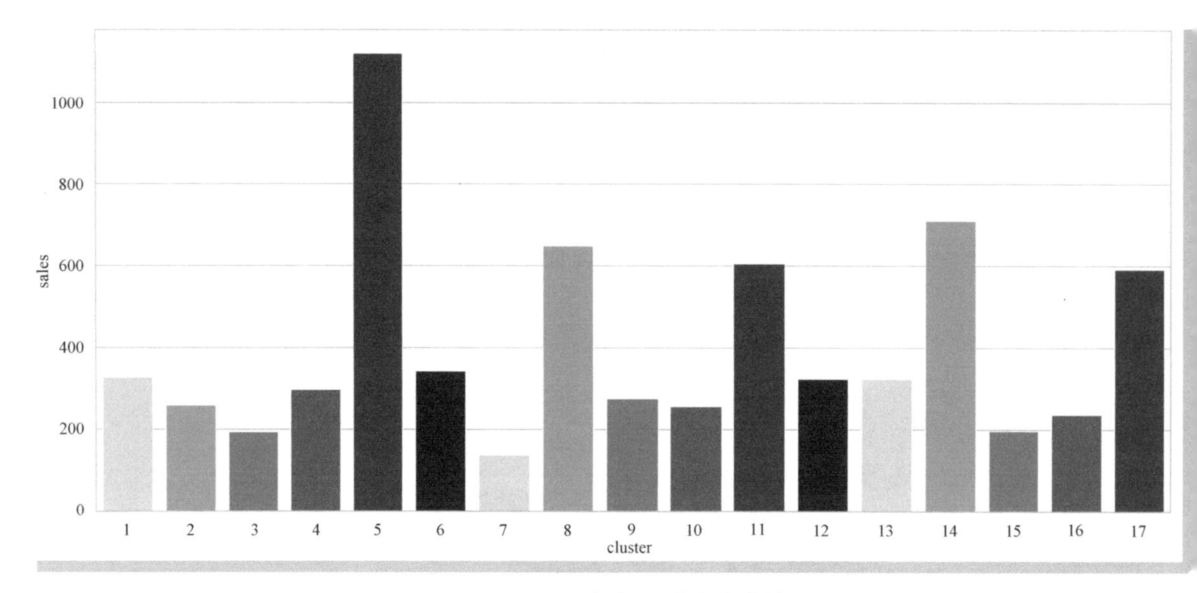


● 图 7-7　不同商店组别的销售情况

```
1.#按照 store_type 和 family 和 cluster 进行分组统计
2.df_st_sa = train.groupby('store_type').agg({"sales" : "mean"}).reset_index().sort_values(by='sales', ascending=False)
3.df_fa_sa = train.groupby('family').agg({"sales" : "mean"}).reset_index().sort_values(by='sales', ascending=False)[:10]
4.df_cl_sa = train.groupby('cluster').agg({"sales" : "mean"}).reset_index()
5.
6.#绘制不同商店类型(store_type)的销售占比饼图
7.f, ax =plt.subplots(1,2,figsize=(18,8))
8.ax[0].pie(df_st_sa['sales'], labels=df_st_sa['store_type'], colors=palette_color, autopct='%.0f%%')
9.#绘制不同商品类别的销售柱状图
10.sns.barplot(x='sales', y='family', data=df_fa_sa, palette=palette_color, ax=ax[1])
11.#绘制不同商店组别(cluster)的销售柱状图
12.f, ax =plt.subplots(1,1,figsize=(18,8))
13.sns.barplot(x='cluster', y='sales', data=df_cl_sa, palette=palette_color, ax=ax)
```

（4）不同年份、不同月份的平均销售情况（如图 7-8 所示）

图 7-8 中，2017 年的 9，10，11，12 月还没有销售数据，从 2013~2016 年，销量呈现逐年递增的态势。同年度相比，从年初到年底呈递增趋势，尤其在 12 月全年销量最高，代码如下。

```
1.from matplotlib.colors import ListedColormap
2.
3.df_2013 = train[train['year']==2013][['month','sales']]
4.df_2013 = df_2013.groupby('month').agg({"sales" : "mean"}).reset_index().rename(columns={'sales':'2013'})
```

```
5.df_2014 = train[train['year']==2014][['month','sales']]
6.df_2014 = df_2014.groupby('month').agg({"sales" : "mean"}).reset_index().rename
  (columns={'sales':'2014'})
7.df_2015 = train[train['year']==2015][['month','sales']]
8.df_2015 = df_2015.groupby('month').agg({"sales" : "mean"}).reset_index().rename
  (columns={'sales':'2015'})
9.df_2016 = train[train['year']==2016][['month','sales']]
10.df_2016 = df_2016.groupby('month').agg({"sales" : "mean"}).reset_index().rename(col-
  umns={'sales':'2016'})
11.df_2017 = train[train['year']==2017][['month','sales']]
12.df_2017 = df_2017.groupby('month').agg({"sales" : "mean"}).reset_index()
13.df_2017_no = pd.DataFrame({'month': [9,10,11,12],'sales':[0,0,0,0]})
14.df_2017 = df_2017.append(df_2017_no).rename(columns={'sales':'2017'})
15.df_year = df_2013.merge(df_2014,on='month').merge(df_2015,on='month').merge(df_
  2016,on='month').merge(df_2017,on='month')
16.df_year['month'] =['Jan','Feb','Mar','Apr','May','Jun','Jul','Aug','Sep','Oct','Nov','
  Dec']
17.df_year = df_year.set_index('month')
18.
19.#绘制不同年份不同月份的平均销售情况
20.df_year.plot(kind='barh', stacked=True, colormap=ListedColormap(palette_color), fig-
  size=(15,8))
21.plt.xlabel('Sales')
22.plt.ylabel('Months')
```

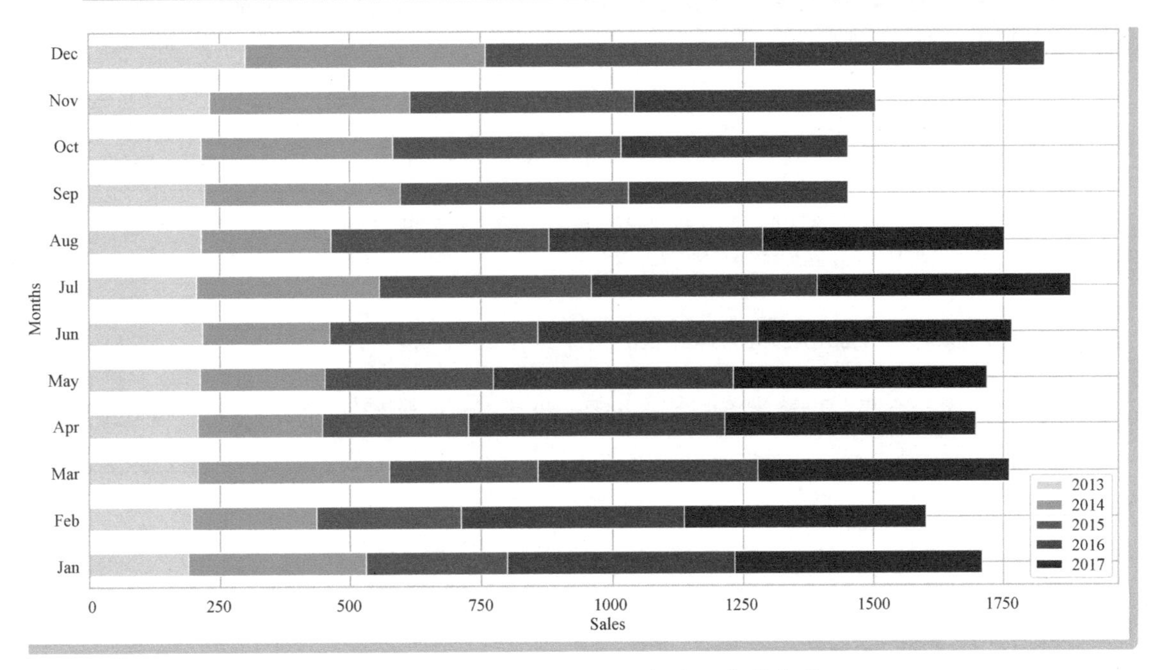


图 7-8　不同年份、不同月份的平均销售情况

通过数据概览，从时间和空间维度对 Favorita 商店的销售情况有了大致的了解，但是不足以理解数据的全貌，因此在 7.2.2 小节将进行更全面的数据分析。

## 7.2.2 数据分析

数据分析是梳理业务场景，构造特征，建立模型的关键环节。本小节通过对交易市场、油价，节假日等外界因素对交易的影响分析，以及数据的相关性分析和周期性分析，来探查影响销量的重要因素，为后续的特征构建做准备。

1. 交易市场分析

在本案例中，描述交易市场情况的特征有 sales 和 transactions，下面通过绘制日粒度、周粒度、月粒度的全国交易情况，来观察交易市场的大盘变化趋势。

（1）日粒度、周粒度、月粒度的大盘交易时序图（如图 7-9 所示）

图 7-9 中，红色线是交易量 transactions 变化趋势，蓝色线是交易额 sales 变化趋势。相对来说，transactions 的趋势更加平稳，4 年多来没有太大的变化，且在每年的年底都有一个销售高峰期，而 sales 随着年份呈现明显的递增。日粒度的时序数据过于密集不方便观察时序变化趋势，通常会做周粒度和月粒度的采样，方便观察长周期的趋势变化，代码如下。

```
1.day_total_sales = pd.DataFrame(train.groupby(['date'])['sales'].sum()).reset_index()
2.week_total_sales = train[['date','sales']].resample('7D', on='date').sum().reset_index
  (drop=False)
3.month_total_sales = train[['date', 'sales']].resample('M', on='date').sum().reset_
  index(drop=False)
4.
5.day_total_transcations = pd.DataFrame(transacations.groupby(['date'])['transactions
  '].sum()).reset_index()
6.week_total_transcations = transacations[['date','transactions']].resample('7D', on=
  'date').sum().reset_index(drop=False)
7.month_total_transcations = transacations[['date','transactions']].resample('M', on=
  'date').sum().reset_index(drop=False)
8.
9.
10.fig, ax =plt.subplots(nrows=3, ncols=1, figsize=(15, 15))
11.
12.sns.lineplot(day_total_sales['date'], day_total_sales['sales'], ax=ax[0], color='blue')
13.ax1 = ax[0].twinx()
14.sns.lineplot(day_total_transcations['date'], day_total_transcations['transactions'],
   ax=ax1, color='red')
15.ax[0].grid(True)
16.ax[0].set_title('Daily Sum Sales&Transactions',  size=16)
17.
18.sns.lineplot(week_total_sales['date'], week_total_sales['sales'], ax=ax[1], color='blue')
19.ax2 = ax[1].twinx()
20.sns.lineplot(week_total_transcations['date'], week_total_transcations['transactions'],
   color='red', ax=ax2)
```

```
21.ax[1].grid(True)
22.ax[1].set_title('Weekly Sum Sales&Transactions', size=16)
23.
24.sns.lineplot(month_total_sales['date'], month_total_sales['sales'], ax=ax[2], color='blue')
25.ax3 = ax[2].twinx()
26.sns.lineplot(month_total_transcations['date'], month_total_transcations
    ['transactions'], ax=ax3, color='red')
27.ax[2].grid(True)
28.ax[2].set_title('Monthly Sum Sales&Transactions', size=16)
29.
30.plt.tight_layout()
```

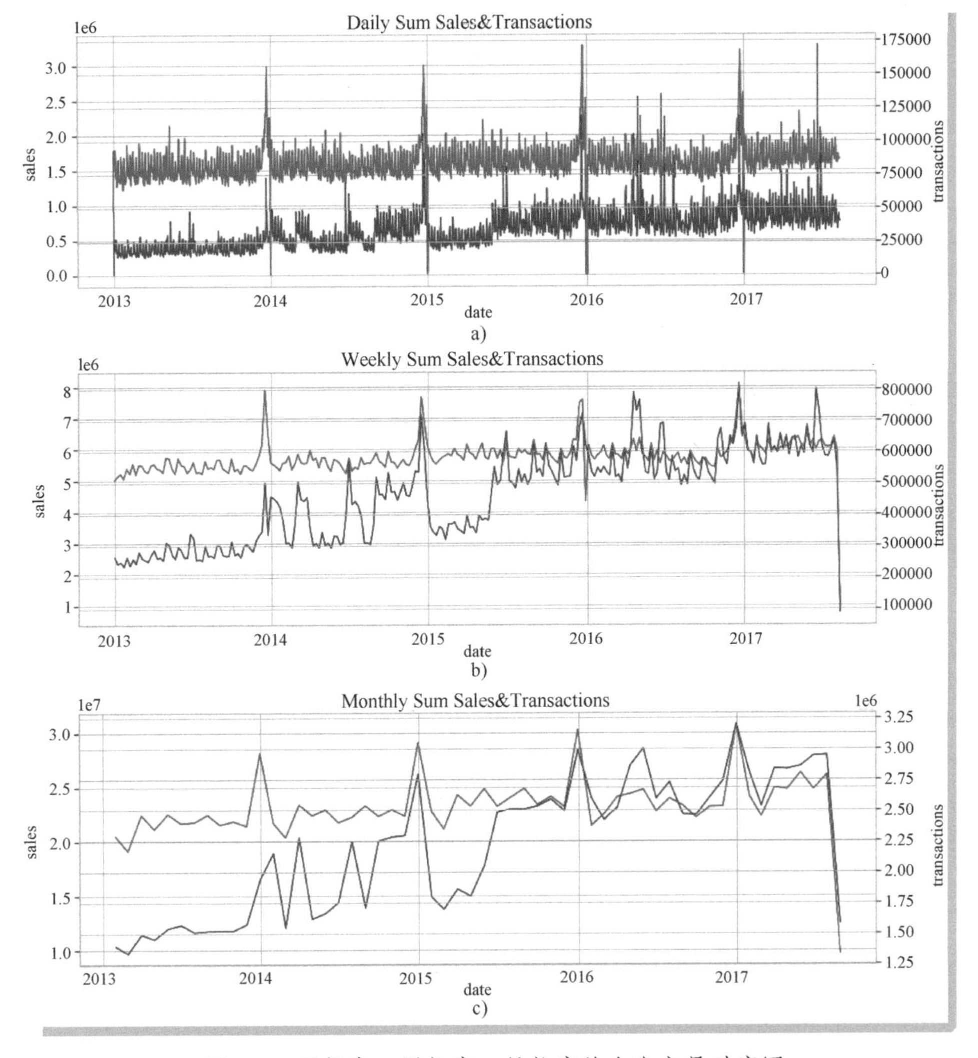


● 图 7-9 日粒度、周粒度、月粒度的大盘交易时序图

a）日粒度大盘交易变化 b）周粒度大盘交易变化 c）月粒度大盘交易变化

为了更好地探查不同年份的交易情况，绘制销售量在不同年份的周、月、季等维度的趋势。

（2）不同年份销售量的变化趋势（如图 7-10 所示）

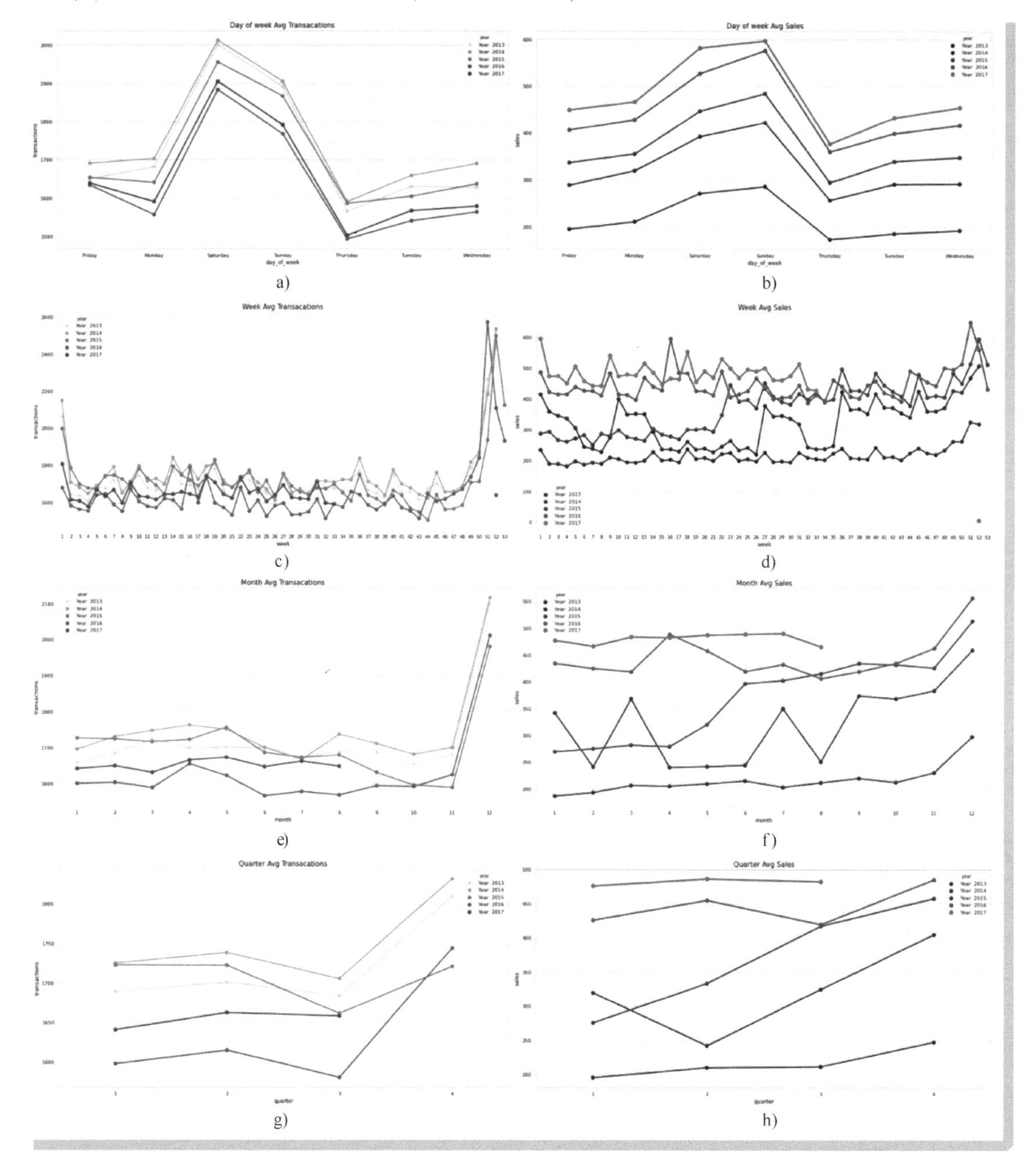


● 图 7-10　不同年份的销售情况

a）不同年份一周内平均每天交易量　b）不同年份一周内平均每天交易额　c）不同年份每周平均交易量　d）不同年份每周平均交易额　e）不同年份每月平均交易量　f）不同年份每月平均交易额　g）不同年份每个季度平均交易量　h）不同年份每个季度平均交易额

图 7-10 显示，每周内的销售趋势非常稳定，这里的趋势指的是销售量在周内增长或下跌的变化趋势。每年的 11~12 月销售量都会有陡峭的增幅，从图中可以看出每年这个时间段增幅的斜率基本保持一致，而不同年份平均销售量随时间的变化趋势却不尽相同，代码如下。

```
1.transacations['date'] = pd.to_datetime(transacations['date'])
2.transacations['year'] = transacations['date'].dt.year
3.transacations['month'] = transacations['date'].dt.month
4.transacations['week'] = transacations['date'].dt.isocalendar().week
5.transacations['quarter'] = transacations['date'].dt.quarter
6.transacations['day_of_week'] = transacations['date'].dt.day_name()
7.transacations['day_of_year'] = transacations['date'].dt.day_of_year
8.
9.year_transactions_day_of_week =transacations.groupby(["year", "day_of_week"]).trans-
  actions.mean().reset_index()
10.year_sales_day_of_week = train.groupby(['year','day_of_week']).sales.mean().reset_
   index()
11.year_transactions_day_of_week['year'] = year_transactions_day_of_week['year'].apply
   (lambda x: f"Year: {x}")
12.year_sales_day_of_week['year'] = year_sales_day_of_week['year'].apply(lambda x: f
   "Year: {x}")
13.year_transactions_week =transacations.groupby(['year','week']).transactions.mean().
   reset_index()
14.year_sales_week = train.groupby(['year','week']).sales.mean().reset_index()

15.year_transactions_week['year'] = year_transactions_week['year'].apply(lambda x: f
   "Year: {x}")
16.year_sales_week['year'] = year_sales_week['year'].apply(lambda x: f"Year: {x}")
17.year_transactions_month =transacations.groupby(['year','month']).transactions.mean
   ().reset_index()
18.year_sales_month = train.groupby(['year','month']).sales.mean().reset_index()
19.year_transactions_month['year'] = year_transactions_month['year'].apply(lambda x: f
   "Year: {x}")
20.year_sales_month['year'] = year_sales_month['year'].apply(lambda x: f"Year: {x}")
21.
22.year_transactions_quarter =transacations.groupby(['year','quarter']).transactions.
   mean().reset_index()
23.year_sales_quarter = train.groupby(['year','quarter']).sales.mean().reset_index()
24.year_transactions_quarter['year'] = year_transactions_quarter['year'].apply(lambda
   x: f"Year: {x}")
25.year_sales_quarter['year'] = year_sales_quarter['year'].apply(lambda x: f"Year: {x}")
26.
27.fig, ax =plt.subplots(nrows=4, ncols=2, figsize=(30, 30))
28.sns.pointplot(x='day_of_week', y='transactions', hue='year', color='blue', data=year
   _transactions_day_of_week, ax=ax[0][0])
29.ax[0][0].set_title('Day of week Avg Transacations', fontsize=15)
30.sns.pointplot(x='day_of_week', y='sales', hue='year', color='red', data=year_sales_
   day_of_week, ax=ax[0][1])
```

```
31.ax[0][1].set_title('Day of week Avg Sales', fontsize=15)
32.sns.pointplot(x='week', y='transactions', hue='year', color='blue', data=year_trans-
   actions_week, ax=ax[1][0])
33.ax[1][0].set_title('Week Avg Transacations', fontsize=15)
34.sns.pointplot(x='week', y='sales', hue='year', data=year_sales_week, color='red', ax
   =ax[1][1])
35.ax[1][1].set_title('Week Avg Sales', fontsize=15)
36.
37.sns.pointplot(x='month', y='transactions', hue='year', color='blue', data=year_
   transactions_month, ax=ax[2][0])
38.ax[2][0].set_title('Month Avg Transacations', fontsize=15)
39.sns.pointplot(x='month', y='sales', hue='year', data=year_sales_month, color='red',
   ax=ax[2][1])
40.ax[2][1].set_title('Month Avg Sales', fontsize=15)
41.
42.sns.pointplot(x='quarter', y='transactions', hue='year', color='blue', data=year_
   transactions_quarter, ax=ax[3][0])
43.ax[3][0].set_title('Quarter Avg Transacations', fontsize=15)
44.sns.pointplot(x='quarter', y='sales', hue='year', data=year_sales_quarter, color=
   'red', ax=ax[3][1])
45.ax[3][1].set_title('Quarter Avg Sales', fontsize=15)
46.
47.plt.tight_layout()
```

上述的交易情况分析都是基于时间维度的，除了时间外也应该结合空间，考虑销售量在不同时空的变化，尤其是不同城市、不同门店，销售量可能存在巨大的差异。

（3）不同城市的销量情况（如图 7-11 所示）

由图 7-11 可以看出，不同的城市销售趋势基本趋同，但是量级上却有很大的差异。因此，在做城市粒度的预测时，从特征工程或者建模层面，均要考虑城市之间的差异性，代码如下。

```
1.city_sales_date = pd.DataFrame(train.groupby(['city', 'date'])['sales'].sum()).reset_
  index()
2.city_sales_transacations = pd.DataFrame(train.groupby(['city', 'date'])['transactions
  '].sum()).reset_index()
3.
4.fig, ax =plt.subplots(nrows=2, ncols=1, figsize=(15, 10))
5.sns.lineplot(x='date', y='sales', hue='city', data=city_sales_date, ax=ax[0])
6.sns.lineplot(x='date', y='transactions', hue='city', data=city_sales_transacations,
  ax=ax[1])
```

（4）不同商店的销量情况（如图 7-12 所示）

由图 7-12 可以看出不同商店随时间有不同的变化趋势，由于商店的总数过多，这里随机选取 5 个商店对比其销售情况变化。商店 49 的销量从 2013~2017 年几乎翻倍，而商店 30 的销量这些年变化一直比较稳定，没有大幅增长或下跌。因此，在做商店粒度的销量预测时，需要考虑用特征刻画

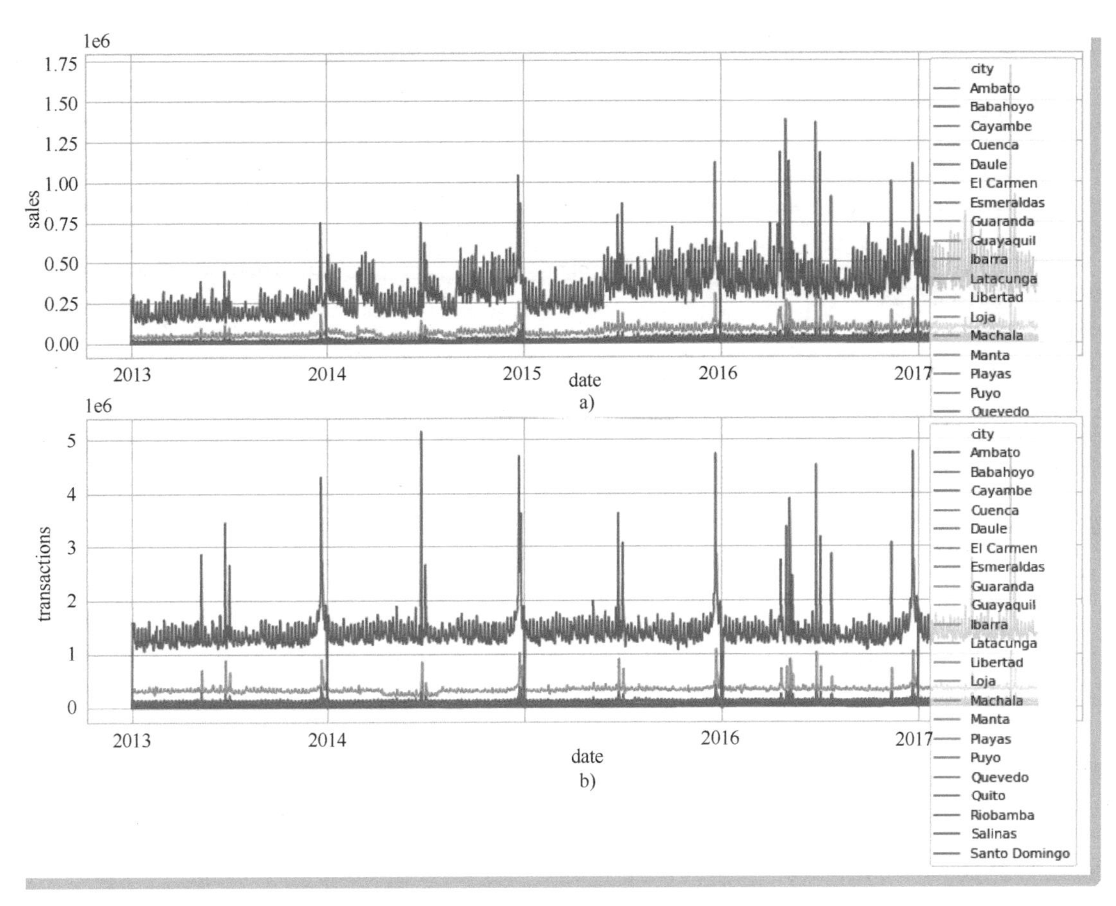


● 图 7-11　不同城市的销售情况

a）不同城市的销售额随时间变化趋势　b）不同城市的销售量随时间变化趋势

不同商店的销售情况，代码如下。

```
1.import random
2.stores_sales = train.groupby(['store_nbr', 'date'])['sales'].sum().reset_index()
3.stores_transactions =transacations.groupby(['store_nbr', 'date'])['transactions'].sum
  ().reset_index()
4.random.seed(1024)
5.random_select_stores = random.sample(list(stores_sales['store_nbr'].unique()), 5)
6.select_stores_sales = stores_sales[stores_sales['store_nbr'].isin(random_select_
  stores)]
7.select_stores_transactions = stores_transactions[stores_transactions['store_nbr'].
  isin(random_select_stores)]
8.select_stores_sales['store_nbr'] = select_stores_sales['store_nbr'].apply(lambda x:
  "store nbr: " + str(x))
9.select_stores_transactions['store_nbr'] = select_stores_transactions['store_nbr'].
  apply(lambda x: "store nbr: " + str(x))
```

```
10.
11.#随机选取一些商店
12.print("Random Select Store nbr is :", random_select_stores)
13.
14.fig, ax =plt.subplots(nrows=2, ncols=1, figsize=(15, 10))
15.sns.lineplot(x='date', y='sales', hue='store_nbr', data=select_stores_sales, ax=ax
   [0])
16.sns.lineplot(x='date', y='transactions', hue='store_nbr', data=select_stores_trans-
   actions, ax=ax[1])
```

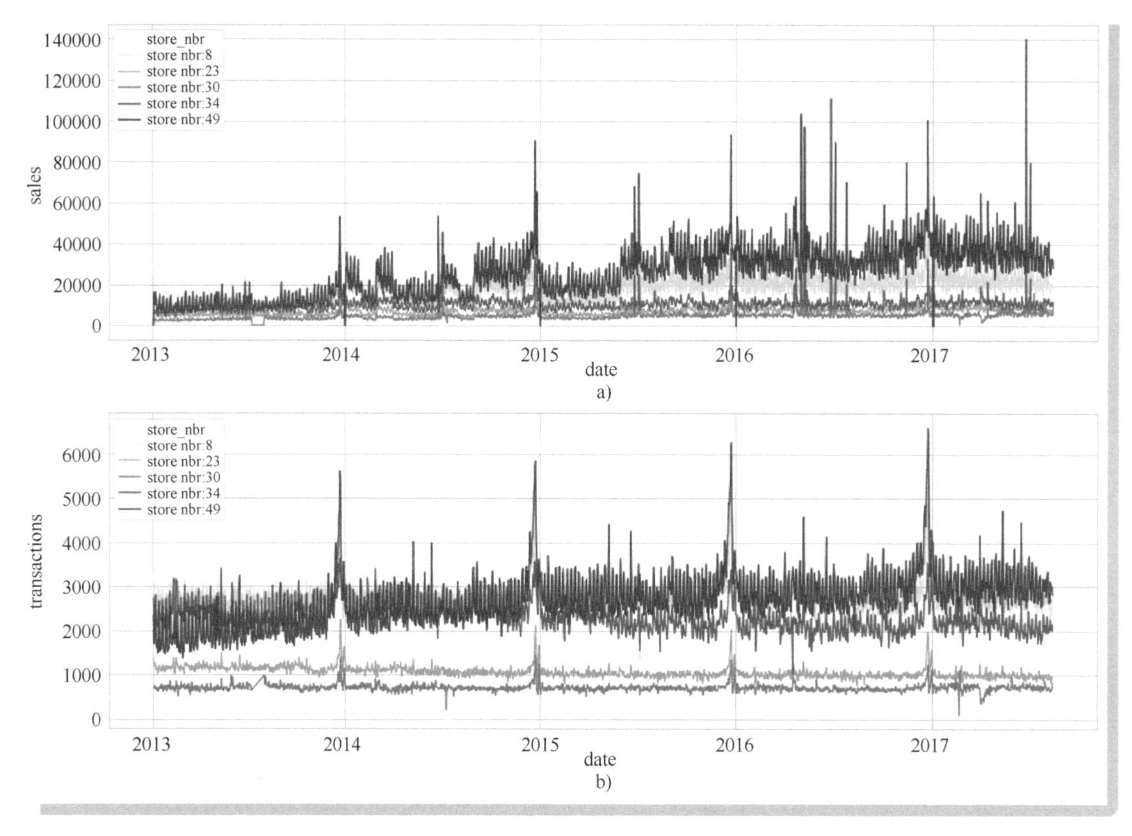


● 图 7-12　不同商店的销售情况

a）不同商店销售额随时间变化趋势　b）不同商店销售量随时间变化趋势

（5）不同品类商品的销售情况（如图 7-13 所示）

由于商品的品类过多，这里只取常见的 7 种品类商品对比其变化趋势。图 7-13 显示不同品类的商品销售情况也大不相同，杂货类商品销售额随年份稳定递增，而酒水类商品从 2013~2017 年基本翻倍，增速更快。

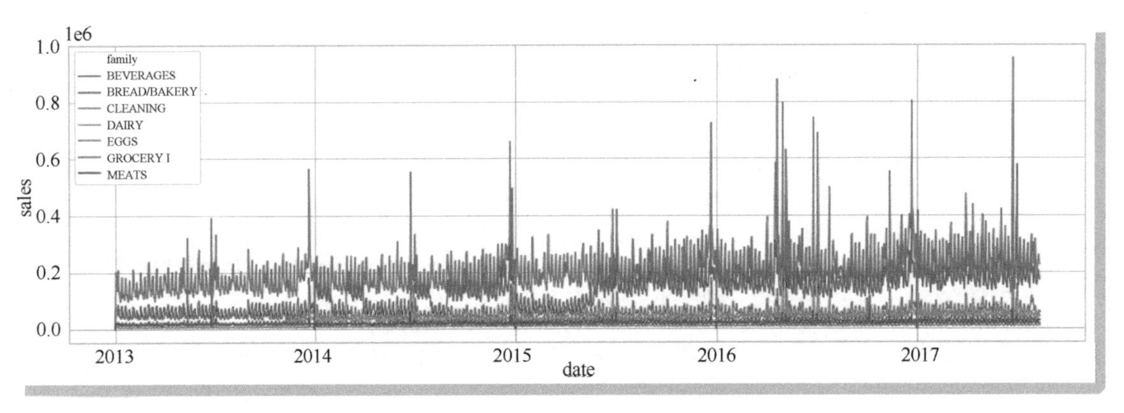


● 图 7-13 不同品类商品的销售情况

2. 外部因素对交易市场影响分析

不同的时间和空间影响了商品的销售情况，除了时空因素之外，外部因素同样影响了商品的销售。外部因素有正向和负向之分，例如油价的上涨可能会抑制人们的消费，导致商品销售量下降，因此可以认为油价上涨是影响商品销售的负向外部因素；再例如某些类型的商品进行打折促销会引发人们的购物欲，从而促进商品销售，因此促销活动可以被认为是影响销售量的正向外部因素。

通常外部因素很难考虑周全，因为很多外部事件具有偶发性，而这些偶发的外部因素却对交易市场产生了很大的影响。通常把历史天气数据、节假日、油价、股价变化加入到供需预测中，这大大地提升了预测的准确率。除了上述跟自然环境、经济环境相关的外部因素外，通常也会考虑业务相关的外部因素，如商店制定的促销活动等。

（1）厄瓜多尔油价变化

厄瓜多尔油价涨跌趋势图如图 7-14 所示。

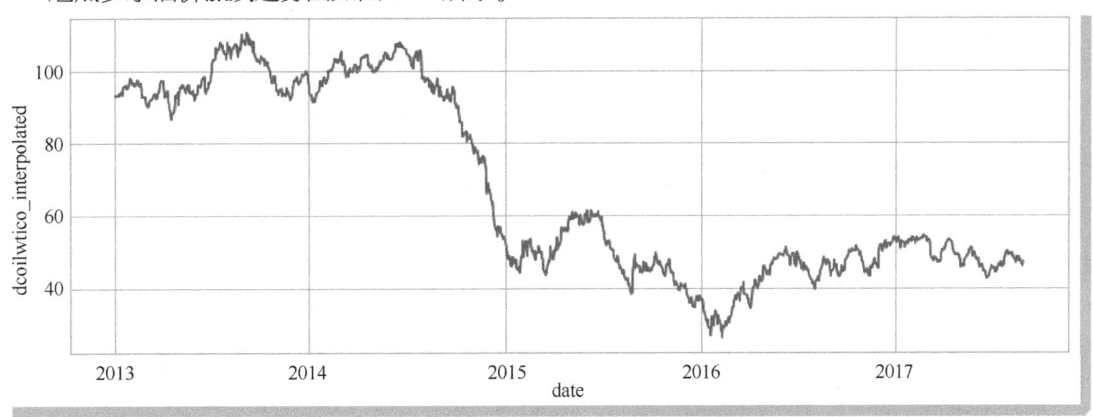


● 图 7-14 厄瓜多尔油价涨跌趋势图

由图 7-14 可知，厄瓜多尔的油价从 2015 年开始有了明显的大幅下跌，结合图 7-9 的 sales 在 2015 年后有了明显的涨幅，可以明显感知到油价的下降提升了人们的消费能力。为了验证油价对销售量的影响，绘制油价和销售情况的散点图，代码如下。

```
1.oil["date"] = pd.to_datetime(oil.date)
2.oil = oil.set_index("date").dcoilwtico.resample("D").sum().reset_index()
3.# Interpolate
4.oil["dcoilwtico"] = np.where(oil["dcoilwtico"] == 0, np.nan, oil["dcoilwtico"])
5.oil["dcoilwtico_interpolated"] =oil.dcoilwtico.interpolate()
6.fig, ax =plt.subplots(nrows=1, ncols=1, figsize=(15, 5))
7.sns.lineplot(oil['date'], oil['dcoilwtico_interpolated'], color='red')
```

（2）油价对整体销售量的影响

油价和交易情况的散点图如图 7-15 所示。

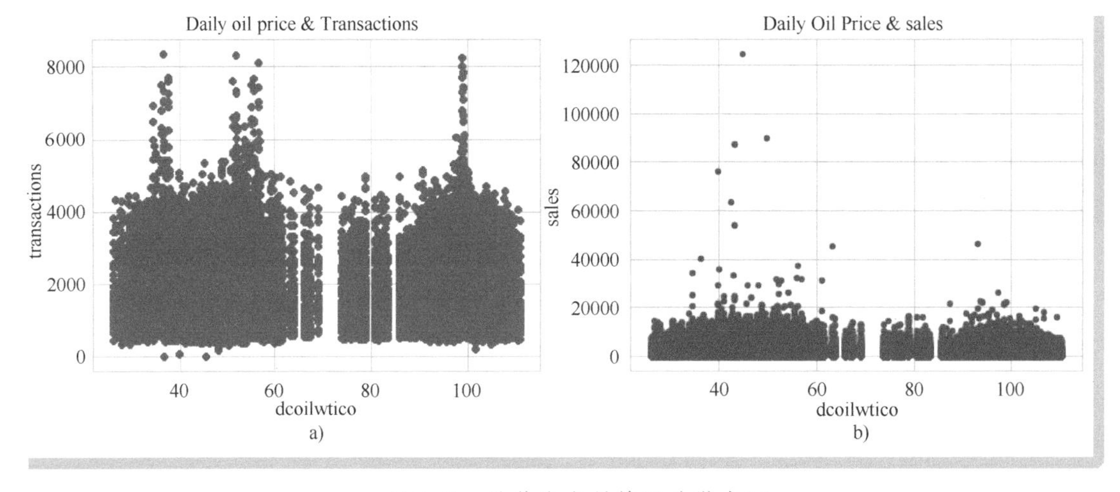


● 图 7-15 油价和交易情况的散点图

a）油价和销售量的散点图 b）油价和销售额的散点图

由图 7-15 的散点图可知，油价在 70 以上的销售量低于油价在 70 以下的，这说明油价确实会对所有商品的销售量产生一定的影响。油价上升可能会引起经济不景气，导致商品的价格上涨，而销量下降。但可能并非所有的商品售量都和油价呈负相关，油价的上升也可能会引起某些类别商品销量的上升，代码如下。

```
1.fig, axes =plt.subplots(1, 2, figsize = (15,5))
2.train.plot.scatter(x ="dcoilwtico", y = "transactions", ax=axes[0], color='b')
3.train.plot.scatter(x ="dcoilwtico", y = "sales", ax=axes[1], color = "r")
4.axes[0].set_title('Daily oil price & Transactions', fontsize = 15)
5.axes[1].set_title('Daily Oil Price & Sales', fontsize = 15)
```

### 3. 周期性分析

(1) 日、周、月、季、年度交易情况

时间序列的数据一般都具有很强的周期性，因此做时序预测时，对数据周期性的分析十分有必要，一般会观察时序数据日、周、月、季、年度销售趋势，如图 7-16 所示。

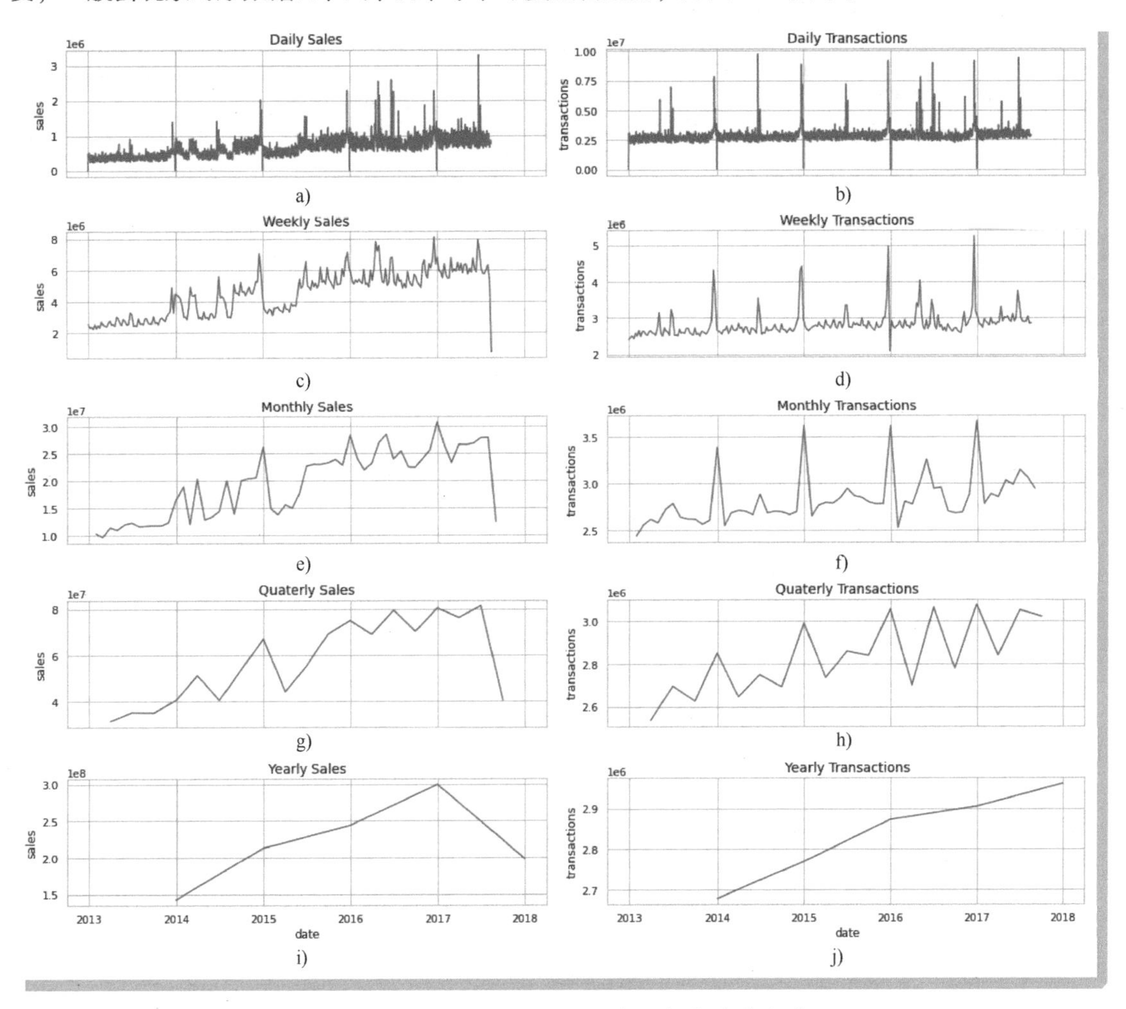


● 图 7-16　日、周、月、季、年度销售趋势

a）按日聚合的销售额变化趋势　b）按日聚合的销售量变化趋势　c）按周聚合的销售额变化趋势
d）按周聚合的销售量变化趋势　e）按月聚合的销售额变化趋势　f）按月聚合的销售量变化趋势
g）按季聚合的销售额变化趋势　h）按季聚合的销售量变化趋势
i）按年聚合的销售额变化趋势　j）按年聚合的销售量变化趋势

由图 7-16 可以看出，交易量逐年攀升，交易指标有明显的周期性规律，每年年底都会产生交易高峰，代码如下。

```
1.total_sales = train.groupby('date')['sales'].sum().reset_index()
2.total_transactions = train.groupby('date')['transactions'].sum().reset_index()
3.fig, ax =plt.subplots(ncols=2, nrows=5, sharex=True, figsize=(16,12))
4.
5.sns.lineplot(total_sales['date'], total_sales['sales'], color='dodgerblue', ax=ax[0, 0])
6.ax[0, 0].set_title('Daily Sales', fontsize=14)
7.
8.resampled_df = total_sales[['date','sales']].resample('7D', on='date').sum().reset_in-
  dex(drop=False)
9.sns.lineplot(resampled_df['date'], resampled_df['sales'], color='dodgerblue', ax=ax
  [1, 0])
10.ax[1, 0].set_title('Weekly Sales', fontsize=14)
11.
12.resampled_df = total_sales[['date','sales']].resample('M', on='date').sum().reset_in-
   dex(drop=False)
13.sns.lineplot(resampled_df['date'], resampled_df['sales'], color='dodgerblue', ax=ax
   [2, 0])
14.ax[2, 0].set_title('Monthly Sales', fontsize=14)
15.
16.resampled_df = total_sales[['date','sales']].resample('Q', on='date').sum().reset_in-
   dex(drop=False)
17.sns.lineplot(resampled_df['date'], resampled_df['sales'], color='dodgerblue', ax=ax
   [3, 0])
18.ax[3, 0].set_title('Quaterly Sales', fontsize=14)
19.
20.resampled_df = total_sales[['date','sales']].resample('Y', on='date').sum().reset_in-
   dex(drop=False)
21.sns.lineplot(resampled_df['date'], resampled_df['sales'], color='dodgerblue', ax=ax
   [4, 0])
22.ax[4, 0].set_title('Yearly Sales', fontsize=14)
23.
24.
25.sns.lineplot(total_transactions['date'], total_transactions['transactions'], color=
   'dodgerblue', ax=ax[0, 1])
26.ax[0, 1].set_title('Daily Transactions', fontsize=14)
27.
28.resampled_df = total_transactions[['date','transactions']].resample('7D', on='date').
   mean().reset_index(drop=False)
29.sns.lineplot(resampled_df['date'], resampled_df['transactions'], color='dodgerblue',
   ax=ax[1, 1])
30.ax[1, 1].set_title('Weekly Transactions', fontsize=14)
31.
32.resampled_df = total_transactions[['date','transactions']].resample('M', on='date').
   mean().reset_index(drop=False)
33.sns.lineplot(resampled_df['date'], resampled_df['transactions'], color='dodgerblue',
   ax=ax[2, 1])
34.ax[2, 1].set_title('Monthly Transactions', fontsize=14)
```

```
35.
36.resampled_df = total_transactions[['date','transactions']].resample('Q', on='date').
   mean().reset_index(drop=False)
37.sns.lineplot(resampled_df['date'], resampled_df['transactions'], color='dodgerblue',
   ax=ax[3, 1])
38.ax[3, 1].set_title('Quaterly Transactions', fontsize=14)
39.
40.resampled_df = total_transactions[['date','transactions']].resample('Y', on='date').
   mean().reset_index(drop=False)
41.sns.lineplot(resampled_df['date'], resampled_df['transactions'], color='dodgerblue',
   ax=ax[4, 1])
42.ax[4, 1].set_title('Yearly Transactions', fontsize=14)
43.
44.plt.tight_layout()
45.plt.show()
```

（2）时间序列分解介绍

时间序列数据可以分解为水平项（Level）、趋势项（Trend）、季节项（Seasonality）、噪声项（Noise）等，其中 Level 和 Noise 是构成时序数据的必选分量，而 Seasonality 和 Trend 是可选分量。

**Level**：随时间推移，时序数据的平均值。

**Trend**：随时间推移，导致时序数据上升或者下降的值。

**Seasonality**：在时序序列中短时间发生的循环，并导致循环中的数据产生上升或下降。

**Noise**：时间序列中的随机变化项。

时序分解出的四项，一般有两种组合方式，一种是加法组合（Additive），另一种是乘法组合（Multiplicative）。下面分别介绍两种不同的组合方式。

**Additive**：如果将时间序列的分解项以加法的形式组合在一起，那么这个时间序列称为加法时间序列。通过对时间序列数据的可视化判断，如果整个时间序列随时间是线性地增长或下降，那么这个时间序列大概率是加法时间序列，其函数可以表示为：

$$y(t)=\text{Level}+\text{Trend}+\text{Seasonality}+\text{Noise}$$

**Multiplicative**：如果将时间序列的分解项以乘法的形式组合在一起，那么这个时间序列称为乘法时间序列。通过对时间序列数据的可视化判断，如果时间序列数据随着时间有指数级的增长或下降，那么应考虑其为乘法时间序列，其函数可以表示为：

$$y(t)=\text{Level}\times\text{Trend}\times\text{Seasonality}\times\text{Noise}$$

（3）时序分解趋势项变化分析

观察趋势变化，最常用的是绘制移动平均值图的方法。以计算某一天的移动均值为例，从某天开始向前或者向后取特定时间窗口内的所有时序数据的平均值为某天的移动均值。移动均值法可以有效地消除短期波动，便于观测长期波动。如图 7-17 所示，是时间窗口为 365 天（年）的移动均值图。

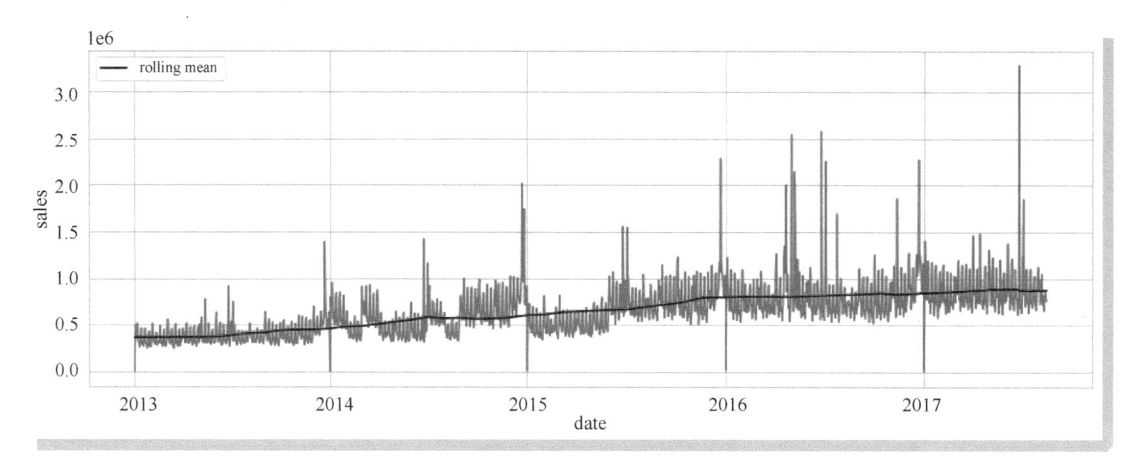


● 图 7-17　时间窗口为 1 年的移动均值变化

很显然，销售数据随着年份呈现不断增长的趋势，代码如下。

```
1.fig, ax =plt.subplots(ncols=1, nrows=1, sharex=True, figsize=(15,5))
2.
3.moving_average_sales = total_sales.rolling(
4.    window=365,          #移动均值时间窗口为 1 年
5.    center=True,
6.    min_periods=183,
7.).mean()
8.moving_average_sales['date'] = total_sales['date']
9.
10.sns.lineplot(x = total_sales['date'], y = total_sales['sales'], ax = ax, color =
   'dodgerblue')
11.sns.lineplot(x=moving_average_sales['date'], y=moving_average_sales['sales'], ax=
   ax, color='black', label='rolling mean')
```

（4）时序分解季节项变化分析

当时序数据具有规律性变化时，时间序列就会表现出周期性。周期性通常遵循时间规律，如一天、一周、一月、一年等。周期性通常是由自然因素和一些社会行为决定的，如人们会集中在休息日外出采买物品，因此休息日的销售额要高于工作日。Scipy 工具包中的 periodogram 函数是分析数据固有频率的工具，下面对 sales 进行固有频率分析，如图 7-18 所示。

很明显，sales 有比较强的周（weekly）、半周（semiweekly）的周期性，比较弱的月（Monthly）、双周（Biweekly）周期性，这可能跟数据集中提示的每月 15 号和最后一天支付工资相关，代码如下。

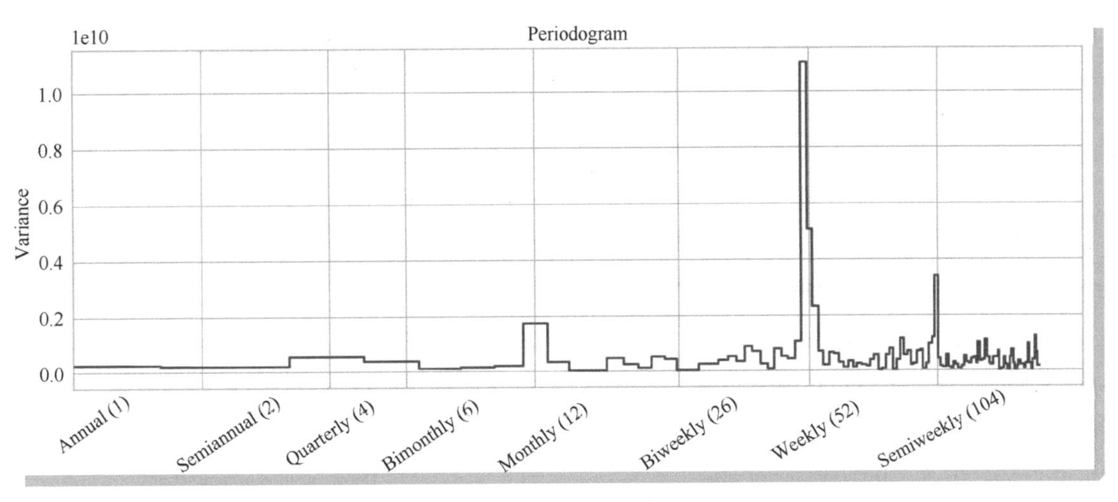


● 图 7-18 sales 固有频率周期图

```
1.total_sales = train.groupby('date')['sales'].sum()
2.
3.def plot_periodogram(ts, detrend='linear', ax=None):
4.    from scipy.signal import periodogram
5.    fs = pd.Timedelta("1Y") / pd.Timedelta("1D")
6.    freqencies, spectrum = periodogram(
7.        ts,
8.        fs=fs,
9.        detrend=detrend,
10.       window="boxcar",
11.       scaling='spectrum',
12.   )
13.   if ax is None:
14.       _, ax =plt.subplots(figsize=(15,5))
15.   ax.step(freqencies, spectrum, color="purple")
16.   ax.set_xscale("log")
17.   ax.set_xticks([1, 2, 4, 6, 12, 26, 52, 104])
18.   ax.set_xticklabels(
19.       [
20.           "Annual (1)",
21.           "Semiannual (2)",
22.           "Quarterly (4)",
23.           "Bimonthly (6)",
24.           "Monthly (12)",
25.           "Biweekly (26)",
26.           "Weekly (52)",
27.           "Semiweekly (104)",
28.       ],
29.       rotation=30,
```

```
30.     )
31.     ax.ticklabel_format(axis="y", style="sci", scilimits=(0, 0))
32.     ax.set_ylabel("Variance")
33.     ax.set_title("Periodogram")
34.     return ax
35.
36.plot_periodogram(total_sales.loc['2017']);
```

（5）时序分解项综合分析

通过 seasonal_decompose 函数可以一次性按照加法或乘法的方式分解时序数据的组成项。由于 sales 数据随着时间明显是线性缓慢增长的趋势，所以这里选择加法的方式分解时序数据，交易情况的时序分解图如图 7-19 所示。

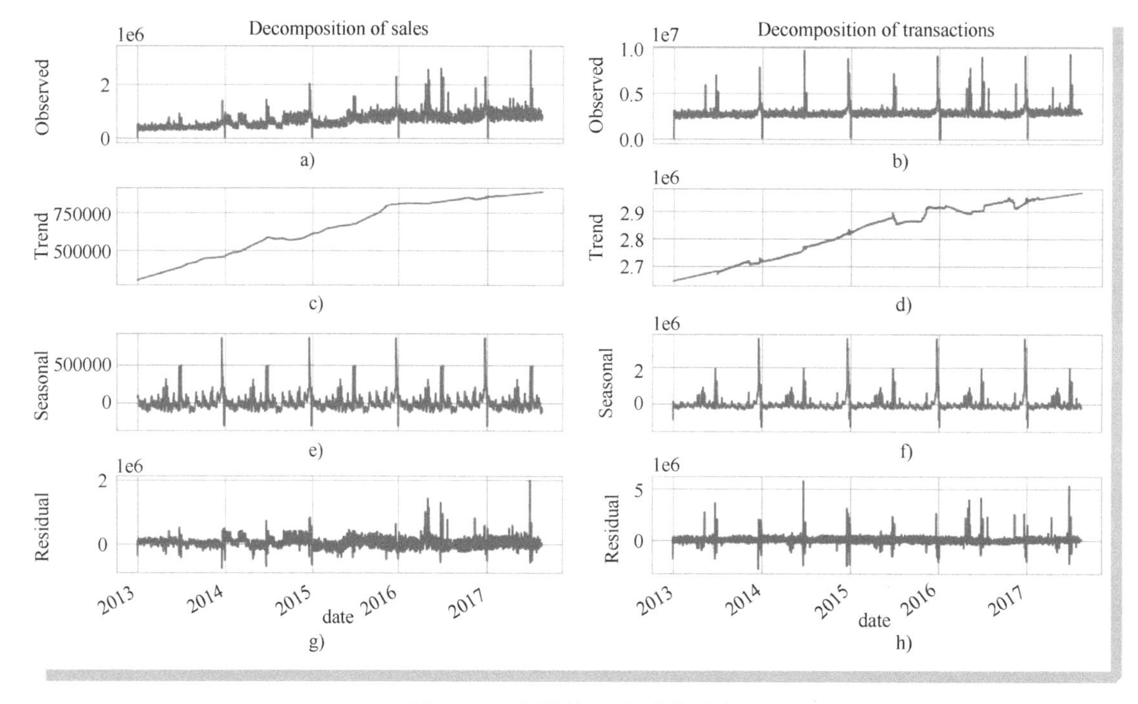


● 图 7-19　交易情况的时序分解图

a）交易量的观测趋势　b）交易额的观测趋势　c）交易额的增长变化趋势　d）交易量的增长变化趋势　e）交易额的季节性变化　f）交易量的季节性变化　g）交易额的残差变化　h）交易量的残差变化

相关代码如下。

```
1.from statsmodels.tsa.seasonal import seasonal_decompose
2.
3.fig, ax =plt.subplots(ncols=2, nrows=4, sharex=True, figsize=(16,8))
4.total_sales = pd.DataFrame(train.groupby('date')['sales'].sum())
5.total_transactions = pd.DataFrame(train.groupby('date')['transactions'].sum())
```

```
6.
7.sales_res = seasonal_decompose(total_sales['sales'], freq=365, model='additive', ex-
  trapolate_trend='freq')
8.transactions_res = seasonal_decompose(total_transactions['transactions'], freq=365,
  model='additive', extrapolate_trend='freq')
9.ax[0,0].set_title('Decomposition of {}'.format('sales'), fontsize=16)
10.ax[0,1].set_title('Decomposition of {}'.format('transactions'), fontsize=16)
11.
12.sales_res.observed.plot(ax=ax[0,0], legend=False, color='dodgerblue')
13.ax[0,0].set_ylabel('Observed', fontsize=14)
14.transactions_res.observed.plot(ax=ax[0,1], legend=False, color='dodgerblue')
15.ax[0,1].set_ylabel('Observed', fontsize=14)
16.
17.
18.sales_res.trend.plot(ax=ax[1,0], legend=False, color='dodgerblue')
19.ax[1,0].set_ylabel('Trend', fontsize=14)
20.transactions_res.trend.plot(ax=ax[1,1], legend=False, color='dodgerblue')
21.ax[1,1].set_ylabel('Trend', fontsize=14)
22.
23.sales_res.seasonal.plot(ax=ax[2,0], legend=False, color='dodgerblue')
24.ax[2,0].set_ylabel('Seasonal', fontsize=14)
25.transactions_res.seasonal.plot(ax=ax[2,1], legend=False, color='dodgerblue')
26.ax[2,1].set_ylabel('Seasonal', fontsize=14)
27.
28.sales_res.resid.plot(ax=ax[3,0], legend=False, color='dodgerblue')
29.ax[3,0].set_ylabel('Residual', fontsize=14)
30.transactions_res.resid.plot(ax=ax[3,1], legend=False, color='dodgerblue')
31.ax[3,1].set_ylabel('Residual', fontsize=14)
32.
33.plt.show()
```

4. 相关性分析

(1) 不同商店之间的相关性分析

整体的预测目标是预测每个商店的不同类型商品的销售额，观察不同商店之间的相关性，有助于更准确地做预测。下面绘制出不同商店销售额数据的热图，如图7-20所示。

由图7-20可以明显看出，大部分商店的相关性都在0.7以上，即有强相关性。极个别的商店，像20、21、22、52号商店和其他商店的相关性不强，在预测的时候可能需要单独考虑，代码如下。

```
1.a = train[["store_nbr", "sales"]]
2.a["ind"] = 1
3.a["ind"] = a.groupby("store_nbr").ind.cumsum().values
4.a = pd.pivot(a, index ="ind", columns = "store_nbr", values = "sales").corr()
5.mask = np.triu(a.corr())
6.plt.figure(figsize=(20, 20))
7.sns.heatmap(a,
```

```
8.          annot=True,
9.          fmt='.1f',
10.         cmap='coolwarm',
11.         square=True,
12.         mask=mask,
13.         linewidths=1,
14.         cbar=False)
15.plt.title("Correlations among stores",fontsize = 20)
16.plt.show()
```

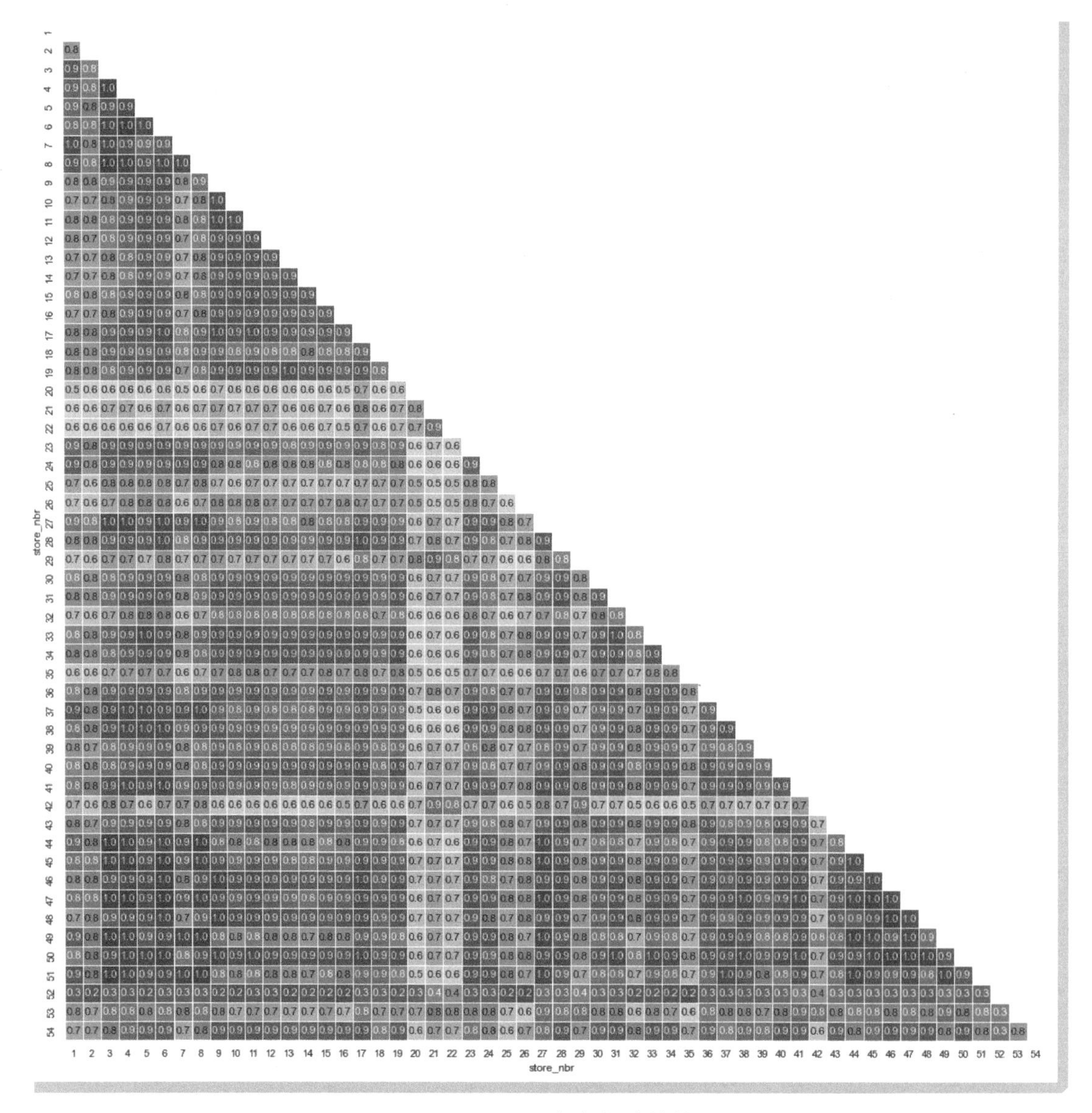


● 图 7-20　不同商店相关性热图

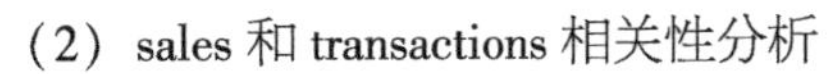

(2) sales 和 transactions 相关性分析

transactions 表示交易频次，是和交易额（sales）最直接相关的业务特征，下面用皮尔逊相关系数来计算两个特征之间的相关性，如图 7-21 所示。

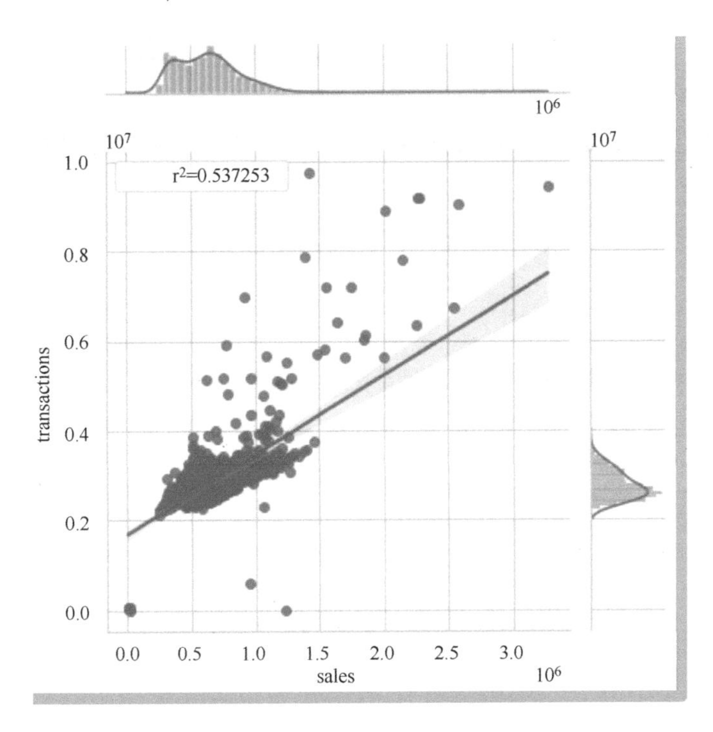


● 图 7-21　sales 和 transactions 相关性

$r^2=0.54$，sales 和 transactions 有弱相关性，这表明平均每单的交易额随着时间的波动比较大，相关代码如下。

```
1.import numpy as np
2.import matplotlib.pyplot as plt
3.x, y = np.random.randn(2, 40)
4.
5.
6.from scipy import stats
7.def r2(x, y):
8.    return stats.pearsonr(x, y)[0] ** 2
9.
10.sns.jointplot(train['sales'], train['transactions'],kind='reg', stat_func=r2)
```

(3) 自相关性分析

自相关性是相关性的一种特殊形态。相关性可以衡量两个变量之间的线性相关关系，自相关性顾名思义衡量的是变量与自己的相关性。自相关性是指在 $t$ 时刻的序列值 $X_t$ 与自身的滞后值 $X_{t-k}$ 的线性关系，其中 $k$ 表示滞后的阶数。通常用到的皮尔逊相关系数公式为：

$$r(X,Y)=\frac{\mathrm{Cov}(X,Y)}{\sqrt{\mathrm{Var}[X]\mathrm{Var}[Y]}}=\frac{\sum_{i=1}^{n}(X_i-\overline{X})(Y_i-\overline{Y})}{\sqrt{\sum_{i=1}^{n}(X_i-\overline{X})^2}\sqrt{\sum_{i=1}^{n}(Y_i-\overline{Y})^2}}$$

式中，$\mathrm{Cov}(X,Y)$ 为 $X$ 和 $Y$ 的协方差，$\mathrm{Var}[X]$ 为 $X$ 的方差，$\mathrm{Var}[Y]$ 为 $Y$ 的方差。而自相关系数只不过把皮尔逊相关系数中的 $Y$ 变成 $X$ 的滞后值 $X_{t-k}$，自相关系数可以通过自相关函数（Autocorrelation Function，ACF）计算，其公式为：

$$r_k=\frac{\sum_{t=k+1}^{T}(X_t-\overline{X})(X_{t-k}-\overline{X})}{\sum_{t=1}^{T}(X_t-\overline{X})^2}$$

式中，$r_k$ 表示 $k$ 阶自相关系数，$T$ 是时序数据的长度，$k$ 表示 lag=$k$ 的滞后值。为了更直观地观察时序数据的自相关性，一般会绘制 ACF 图辅助观察。sales 的 ACF 图如图 7-22 所示。

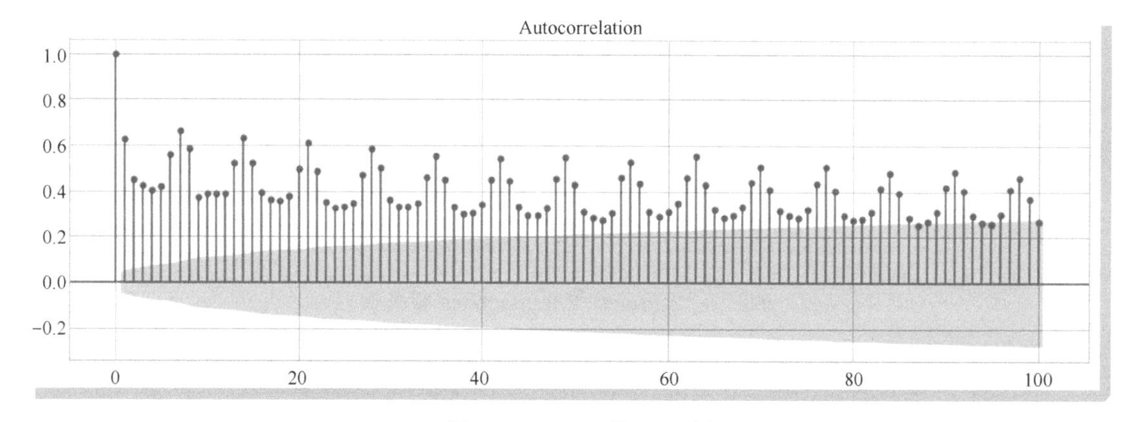


● 图 7-22　sales 的 ACF 图

图 7-22 的 ACF 图显示，横轴为滞后值（lag），这里选取最大的滞后值为 100，纵轴是自相关函数计算出的自相关系数，蓝色区域为误差范围（Error Band）。该区域内的数据被认为是不显著的，而当 ACF 的振幅随着 $x$ 轴呈现逐渐缩小的情况时，一般意味着存在自相关性。通过对图 7-22 的观察，可以发现自相关性以 7 天为一个小周期，在小周期内发生相关性强弱的变化。lag=1 时，自相关性较强；lag=2、3、4、5 时，逐渐递减；而 lag=6、7 时，相关性又变得很强，代码如下。

```
1.from statsmodels.graphics.tsaplots import plot_acf
2.from statsmodels.graphics.tsaplots import plot_pacf
3.
4.f, ax =plt.subplots(nrows=1, ncols=1, figsize=(16, 5))
5.plot_acf(total_sales['sales'], lags=100, ax=ax)
6.plt.show()
```

（4）偏自相关性分析

自相关性虽然旨在计算当前序列值与其滞后值的相关关系，但是通过ACF公式可以发现，在计算自相关系数时，除了$t$和$t-k$时刻的序列值之外，还受到了$t-1$，$t-2$，…，$t-k$时刻序列值的影响，具体体现在计算公式的分母和分子的均值部分。因此，自相关性系数并不是单纯地体现$t$和$t-k$时刻序列值的相关性关系。

为了能够单纯地观测$t$时刻序列值$X_t$与自身的滞后值$X_{t-k}$的关系，引入了偏自相关函数（Partial Autocorrelation Function，PACF）来试图消除上述其他时刻序列值的间接影响，其公式为：

$$pr_k = \frac{\sum_{t=k+1}^{T}(X_t - \overline{X_t})(X_{t-k} - \overline{X_{t-k}})}{\sum_{t=t-k}^{T}(X_{t-k} - \overline{X_{t-k}})^2}$$

同样，为了更好地观测时序数据的偏自相关性，sales数据的偏自相关性（PACF）图，如图7-23所示。

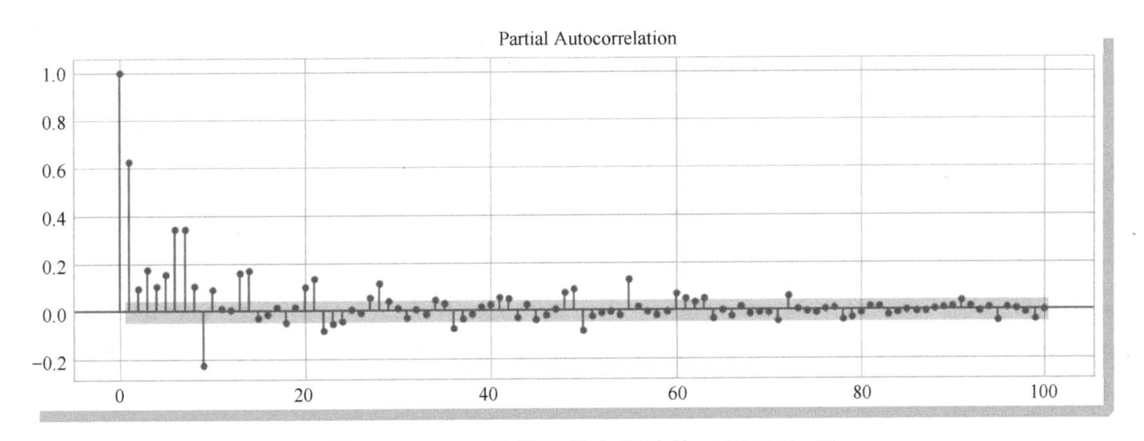


● 图7-23 sales数据的偏自相关性（PACF）图

图7-23显示，当前值（lag=0）和lag=1、5、6、8时的滞后值有强的偏自相关性，因此在预测sales时，可以考虑加入上述的滞后值，来提升模型预测的准确率，代码如下。

```
1.f, ax =plt.subplots(nrows=1, ncols=1, figsize=(16, 5))
2.plot_pacf(total_sales['sales'], lags=100, ax=ax)
3.plt.show()
```

（5）自相关性和偏自相关性的应用

自相关性和偏自相关性旨在找当前值和滞后值的线性相关性关系，可以据此构造特征。除此之外，ACF和PACF图的绘制还可以辅助做AR和MA模型的选择以及两者的定阶。在7.3.1小节会具体地讲解ACF和PACF如何帮助AR、MA、ARIMA模型选型和定阶。

### 7.2.3 特征构建

构建时序问题的特征，往往从业务结合时间出发，结合时序数据的周期性、趋势性、历史数据的表现等构造出一系列有助于提升预测准确性的特征。在构建特征之前，通常会做数据预处理，旨在提升数据质量。时序数据一般会对训练集的空值做处理。

1. 数据预处理

对于值为0或者NaN的时序数据，直接丢弃或者填充是常见的处理方式。填充方式一般有极值填充（0、-999、np.inf）、均值填充、前一个值填充、线性插值法填充等。线性插值法一般是根据空值附近的值线性推断出来的值进行填充，相对更合理。下面使用线性插值法进行空值填充，代码如下。

```
1.train = train.sort_values(by=['store_nbr','family'])
2.
3.train['sales'] = train['sales'].interpolate()
4.train['transactions'] = train['transactions'].interpolate()
5.train['transactions'] = train['transactions'].fillna(0)
```

2. 时序特征构建

这里将时序特征总结为以下几类，并结合Favorita商店的案例一一给出相关代码。

（1）时间序列滞后值特征

将时序数据向后移动$n$步，将得到时序数据lag=$n$的值，该值称为滞后值，和时间序列数据在$t-n$时刻的值对齐。使用和当前预测值相关性强的滞后值，可以大大提升模型预测的准确率，因此lag值的挑选对于构建滞后值特征非常重要。由7.2.2小节的自相关性分析知道，sales的lag值可以通过ACF、PACF图的方法挑选出来，lag=1、5、6、7、8时，相关性较强，据此构建滞后值特征，代码如下。

```
1.def generate_lag_feature(col, df, lags):
2.    for lag in lags:
3.        df[f'{col}_lag_{lag}'] = df.groupby(['store_nbr','family'])[col].shift(lag)
4.    return df
5.
6.#这里以 sales 为 feature,lags=[1,5,6,7,8],对于测试集缺失的 lag 需要后续用 sales 的预测值做单独
  处理
7.df = pd.concat([train, test]).reset_index(drop=True)
8.
9.train = generate_lag_feature('sales', train, [1,5,6,7,8])
10.train = generate_lag_feature('transactions', train, [1,5,6,7,8])
```

需要注意的是，这里仅训练集可以全量构建lag特征。因为训练集的$t$时刻和测试集$t+1$时刻sales的滞后值可以通过历史数据获取，但是对于预测长度为未来15天的测试集，在$t+1$时刻到$t+15$时刻的sales数据是空白的，因此无法通过历史数据获取测试集上的lag值。处理测试集和预测

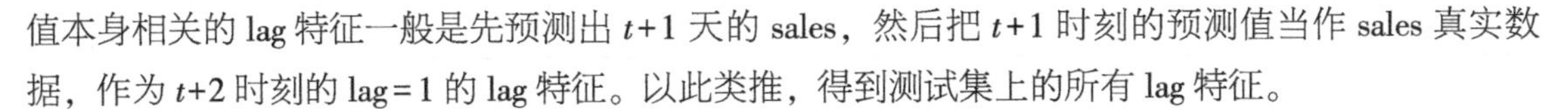

值本身相关的 lag 特征一般是先预测出 $t+1$ 天的 sales，然后把 $t+1$ 时刻的预测值当作 sales 真实数据，作为 $t+2$ 时刻的 lag=1 的 lag 特征。以此类推，得到测试集上的所有 lag 特征。

（2）基于时间滑动窗口的统计特征

统计特征是特征工程中常见的构建特征方式，尤其是时序数据具有一定的趋势性和季节性的情况下，选择合适时间滑动窗口的统计特征，非常有助于提升模型预测的准确性和稳定性。常见的统计值有最大值、最小值、均值、中值、方差、分位数等。时间窗口的选定同样重要，可以参考 7.2.2 小节的数据分析部分，Favorita 商店的 sales 具有强的周和双周的周期性，稍弱的月、季、年的周期性，因此可以根据 sales 数据的周期性选择滑动窗口，代码如下。

```
1.def generate_stat_feature(col, df, rolling_days, shift_days):
2.    df_list = [df]
3.    for r_day in rolling_days:
4.        min_df = df.groupby(['store_nbr', 'family'])[col].rolling(r_day, min_periods=
  1).min().reset_index().rename({f"{col}":f"min_{col}_rolling_{r_day}"}, axis=1)
5.        max_df = df.groupby(['store_nbr', 'family'])[col].rolling(r_day, min_periods=
  1).max().reset_index().rename({f"{col}":f"max_{col}_rolling_{r_day}"}, axis=1)
6.        mean_df = df.groupby(['store_nbr', 'family'])[col].rolling(r_day, min_periods=
  1).mean().reset_index().rename({f"{col}":f"mean_{col}_rolling_{r_day}"}, axis=1)
7.        std_df = df.groupby(['store_nbr', 'family'])[col].rolling(r_day, min_periods=
  1).std().reset_index().rename({f"{col}":f"std_{col}_rolling_{r_day}"}, axis=1)
8.        dfs = [min_df, max_df, mean_df, std_df]
9.        df_final = reduce(lambda left,right: pd.merge(left,right,on=['store_nbr', 'fam-
  ily', 'level_2']), dfs)
10.        df_final = df_final.rename({'level_2': 'id'}, axis=1).drop(['store_nbr', '
   family'], axis=1)
11.        df_list.append(df_final)
12.
13.    df = reduce(lambda left,right: pd.merge(left,right,on=['id']), df_list)
14.    for s_day in shift_days:
15.        df[f'last_{s_day}_day_{col}'] = df.groupby(['store_nbr', 'family'])[col].shift
   (s_day)
16.
17.    return df
18.
19.train = generate_stat_feature('sales', train, [7, 14, 30], [15, 30, 120, 365])
```

（3）日期和时间类特征

抽取时序数据中的时间特征是常见的操作，常用的时间特征如表 7-3 所示。

表 7-3　常用的时间特征

| 时间特征 | 描　述 |
| --- | --- |
| year | 表示所在的年份 |
| month | 表示所在的月份 |

（续）

| 时间特征 | 描　述 |
| --- | --- |
| day | 表示所在月的几号 |
| weekday | 表示所在周的周几 |
| day_of_year | 表示所在年的第几天 |
| week_of_year | 表示所在年的第几周 |
| quarter | 表示所在年的第几季度 |
| season | 表示所在年的第几个季度 |
| month_sin | 表示所在月份的 sin 形式表达值 |
| month_cos | 表示所在月份的 cos 形式表达值 |

下面简单介绍一下为什么要对 month 进行 sin 和 cos 的转换处理。一年有 12 个月，相邻的月之间相差 1，但是从当前年年底到下一年年初就会有月份数值的突变，从 12 月到 1 月，相差-11，这往往会让一些模型预测因此而产生偏差，所以 sin 和 cos 的操作就是消除不同年度切换导致的月差值的变化，代码如下。

```
1.def generate_time_feature(df):
2.    df['year'] = pd.DatetimeIndex(df['date']).year - 2019
3.    df['month'] = pd.DatetimeIndex(df['date']).month
4.    df['day'] = pd.DatetimeIndex(df['date']).day
5.    df['weekday'] = pd.DatetimeIndex(df['date']).weekday
6.    df['day_of_year'] = pd.DatetimeIndex(df['date']).dayofyear
7.    df['week_of_year'] = pd.DatetimeIndex(df['date']).weekofyear
8.    df['quarter'] = pd.DatetimeIndex(df['date']).quarter
9.    df['season'] = df['month'] % 12 // 3 + 1
10.    df['month_sin'] = np.sin(2 * np.pi * df['month'] / 12)
11.    df['month_cos'] = np.cos(2 * np.pi * df['month'] / 12)
12.    return df
13.train = generate_time_feature(train)
```

（4）周期性相关特征

一般会抽取时序数据周期性相关的特征，如时序数据的历史趋势、历史季节性特征等，代码如下。

```
1.def generate_seasonal_trend_feature(df, col):
2.   decomp = seasonal_decompose(df[col], period=365, model='additive', extrapolate_
  trend='freq')
3.   df[f'{col}_trend_all'] = decomp.trend
4.   df[f'{col}_seasonal_all'] = decomp.seasonal
5.
6.   return df
7.
8.train = generate_seasonal_trend_feature(train,'sales')
9.train = generate_seasonal_trend_feature(train,'transactions')
```

# 7.3 时序模型探索过程

## 7.3.1 传统时序模型——ARIMA

最常使用的时序问题建模方式就是传统的时序模型。常见的时序模型有 ARIMA 和 Facebook 开源的 Prophet 模型，本小节将重点介绍 ARIMA 模型和其变种 SARIMA 模型的底层原理，并给出在 Favorita 商店销售数据集上的应用。

1. ARIMA 模型原理

（1）模型简介

ARIMA 模型的中文全称是整合移动平均自回归模型（Autoregressive Integrated Moving Average Model）。常见的传统时序预测方法有：AR（Auto Regressive，自回归）模型，MA（Moving Average，滑动平均）模型，ARMA（自回归-滑动平均混合）模型等。ARIMA 是结合 AR 模型和 MA 模型，并应用了差分的方法实现对时序数据的预测。在详细介绍 ARIMA 之前，先来了解下组成 ARIMA 的 AR 模型、MA 模型和差分的概念。

（2）AR 模型

AR 模型也称为自回归模型。自回归模型描述的是历史值（同滞后值）$X_{t-1}$和当前值 $X_t$ 的关系，如当前的 sales 和历史的 sales 很强的线性关系，那么就可以通过历史的 sales 值预测未来的 sales 值。用数学公式表达 $p$ 阶的 AR 模型如下：

$$X_t = \alpha_1 X_{t-1} + \alpha_2 X_{t-2} + \alpha_3 X_{t-3} + \cdots + \alpha_p X_{t-p} + \mu_t$$

式中，$\mu_t$ 是噪声项，通常表示随机因素对当前值的影响，如果 $\mu_t$ 是常数项，则该噪声项称为白噪声（$\varepsilon_t$），此时 AR 模型称为纯 AR 过程。$p$ 表示阶数，决定了 AR 模型向前参考 $p$ 周期的历史值来预测当前值，$\alpha_p$ 是历史值的权重，表示不同时刻的历史值对当前值影响的重要程度不同。

对于时序平稳、当前值与历史值有强相关性（自相关性强）的时序数据，AR 模型是首选。但现实中，往往时序数据受多方面因素（随机因素）的影响，此时仅仅考虑把历史值输入 AR 模型，并不能准确地预测当前值。

（3）MA 模型

MA 模型也称为移动平均模型。从 AR 模型了解到噪声项并不总是常数，当前值的预测可能会受噪声项 $\mu_t$ 的干扰，产生很大的波动。MA 模型就是弱化历史值，重点描述噪声项对当前值的影响。用数学公式表达 $q$ 阶的 MA 模型如下：

$$X_t = \varepsilon_t + \beta_1 \varepsilon_{t-1} + \beta_2 \varepsilon_{t-2} + \beta_3 \varepsilon_{t-3} + \cdots + \beta_q \varepsilon_{t-q}$$

式中，$\varepsilon_t$ 是白噪声时间序列，由上式可知，MA 模型表示对当前值的预测只取决于历史白噪声的线性组合，完全忽视了历史值对当前值的影响。这里需要注意，AR 模型考虑到了噪声项，而且历史值中自然地包含了噪声项，通过历史值间接地考虑到了噪声项对当前值的影响。

（4）差分法

时序数据中的差分法是指对相邻时间的数值进行相减的操作，这里一般是 $t$ 时刻的值减去 $t-1$ 时刻的值。最常用的是一阶差分，即做一次差分动作，以 sales 数据为例，即用 $t$ 时刻的 sales 数据减去 $t-1$ 时刻的 sales 数据得到 sales 的一阶差分值。如果在一阶差分值的基础上，再次进行差分操作，得到的差分值称为二阶差分，通常不会对时序数据做太多阶差分，以避免数据失真，将做过 $d$ 次差分后的时序数据称为 $d$ 阶差分值。差分法常常用于减轻时序数据的波动性，使数据变得更加平稳。

（5）ARIMA 模型

ARIMA 模型是将 AR 模型和 MA 模型和差分法结合起来，同时考虑历史值和随机因素产生的噪声值对当前值的影响，并用差分的方法进行数据平滑。完整的数学公式如下：

$$X_t'=c+\alpha_1X_{t-1}'+\cdots+\alpha_pX_{t-p}'+\varepsilon_t+\beta_1\varepsilon_{t-1}+\cdots+\beta_q\varepsilon_{t-q}$$

式中，$X_t'$是差分后的序列（有可能做了多次差分）。可以明显地看出，ARIMA 公式是由 AR 模型的公式和 MA 模型的公式组合而成，称之为 ARIMA$(p,d,q)$ 模型，其中 $p$ 是 $p$ 阶自回归，$d$ 是 $d$ 阶差分，$q$ 是 $q$ 阶移动平均。

2. ARIMA 建模过程

1）检查稳定性。ARIMA 模型由 AR 模型和 MA 模型组成，AR 模型是探查预测值和历史值的相关性，MA 模型是探查当前值和噪声值的相关性，因此选择 ARIMA 模型做预测适用于预测值仅受历史值、噪声值的影响的情况。根据 7.2.2 小节对时序数据的分解了解到，时序数据常常还包含 trend、seasonality 两项并影响了时序数据的稳定性，此时需要对时序数据进行平稳处理，最常用的方法是差分法。

2）差分处理。不平稳的时序数据需要进行差分处理，直到时序数据变得平稳，每次差分处理后，需要再次检测其平稳性。

3）选择 $p$，$q$ 阶数。对差分后的时序数据绘制 ACF、PACF 图，并结合其振幅变化，选定 AR 的 p 阶数和 MA 的 q 阶数。

4）划分验证集，建立 ARIMA 模型。

下面将以 sales 数据为例，详细讲解每一步骤的原理和过程。

3. 稳定性检查

ARIMA 建模的第一步就是稳定性检查，常用的稳定性检查方法有以下 3 种。

1）时序分解观察法。对时序数据进行时序分解，观察组成项是否包含趋势项和季节项。

2）基本数据分析法。观察小周期内时序数据的均值和方差是否稳定变化。

3）ADF（Augmented Dickey Fuller）检验，一种常见通用的检查平稳性的工具。

对时序分解的方法在 7.2.2 小节已经介绍，下面详细介绍基本数据分析法和 ADF 测试。

(1) 时序数据均值和方差变化观察（如图 7-24 所示）

大盘 sales 和 transactions 的 mean 和 std 随时间变化图如图 7-24 所示。

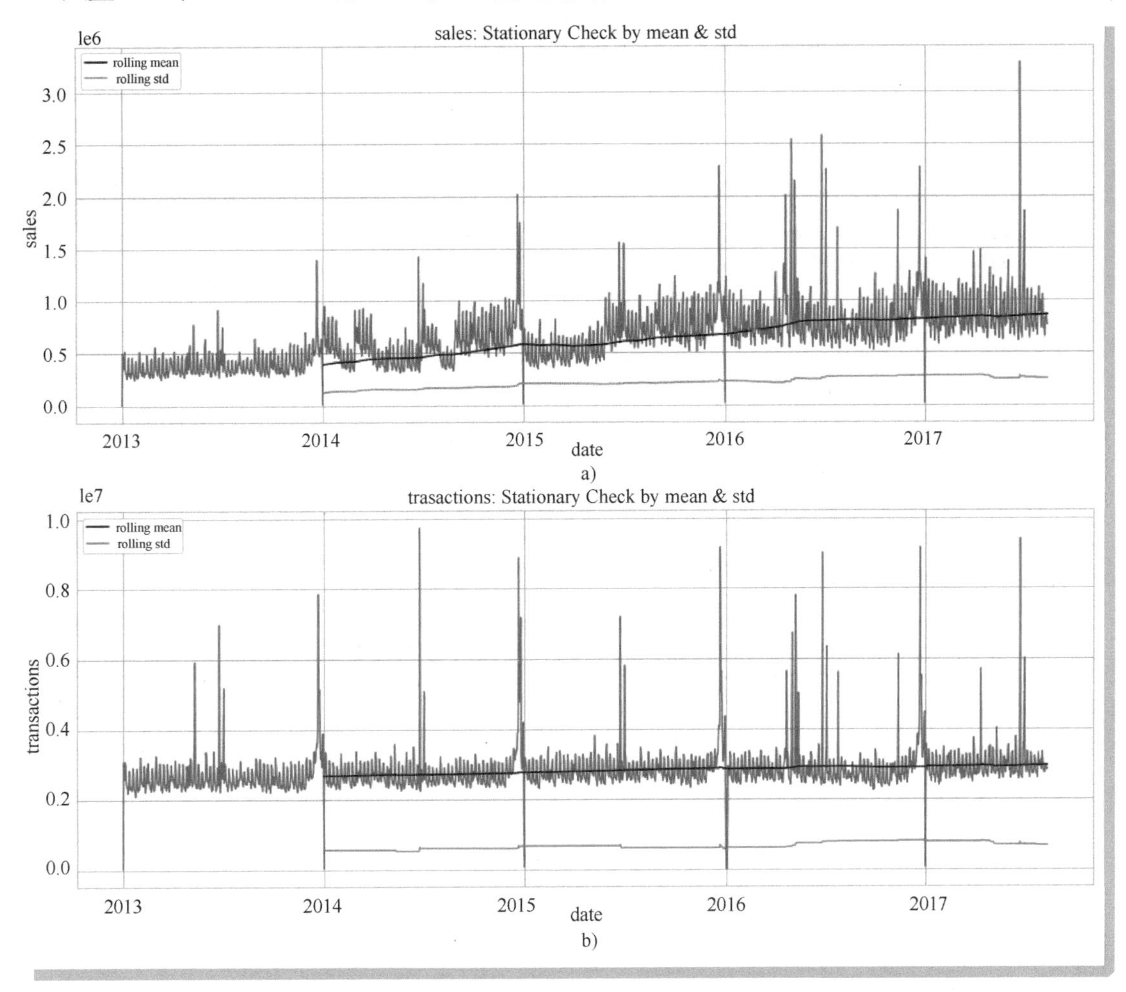


● 图 7-24　大盘 sales 和 transactions 的 mean 和 std 随时间变化图

a) sales　b) transactions

图 7-24 显示，当 rolling_window = 365 时，sales 的 rolling mean 并非常量，随时间呈现递增的趋势，rolling std 是常量，不依赖时间变化。transactions 的 rolling mean 和 rolling std 看起来都是常数，不依赖时间发生变化，因此 transactions 相较于 sales 更加稳定，代码如下。

```
1.rolling_window = 365
2.f, ax =plt.subplots(nrows=2, ncols=1, figsize=(15, 12))
3.total_sales_ = total_sales.reset_index()
4.total_transactions_ = total_transactions.reset_index()
5.sns.lineplot(x=total_sales_['date'], y=total_sales_['sales'], ax=ax[0], color='dodgerblue')
```

```
6.sns.lineplot(x=total_sales_['date'], y=total_sales_['sales'].rolling(rolling_window).mean(), ax=ax[0], color='black', label='rolling mean')
7.sns.lineplot(x=total_sales_['date'], y=total_sales_['sales'].rolling(rolling_window).std(), ax=ax[0], color='orange', label='rolling std')
8.
9.ax[0].set_title('Sales: Stationary Check by mean & std', fontsize=14)
10.ax[0].set_ylabel(ylabel='Sales', fontsize=14)
11.
12.
13.sns.lineplot(x=total_transactions_['date'], y=total_transactions_['transactions'], ax=ax[1], color='dodgerblue')
14.sns.lineplot(x=total_transactions_['date'], y=total_transactions_['transactions'].rolling(rolling_window).mean(), ax=ax[1], color='black', label='rolling mean')
15.sns.lineplot(x=total_transactions_['date'], y=total_transactions_['transactions'].rolling(rolling_window).std(), ax=ax[1], color='orange', label='rolling std')
16.ax[1].set_title('Transactions: Stationary Check by mean & std', fontsize=14)
17.ax[1].set_ylabel(ylabel='Transactions', fontsize=14)
18.
19.plt.tight_layout()
```

（2）ADF 检验

ADF 检验是一种比较严格的平稳性检验方法，它是单位根检验的一种。ADF 是 DF（Dickey Fuller）检验方法的增广形式，DF 是基于一阶自相关性的检验方法，而 ADF 是适应高阶自相关性的拓展方法。

**单位根概念**：在自回归模型的数学表达式中，如果滞后值 $X_{t-1}$ 的系数 $\alpha_1$ 为 1，则称之为单位根。举个例子，当单位根存在于一阶 ARMA 模型中（AR(1,1)）中时，ARMA(1,1)的数学公式变为：

$$X_t = X_{t-1} + \varepsilon_t = \sum_{i=0}^{\infty} \varepsilon_{t-i}$$

此时，距离 $t$ 时刻很久远的噪声值对当前值的影响依然没有衰减的趋势，这种情况下无异于随机漫步。单位根存在时，很难捕捉时序数据的规律性，因此很难做出准确的预测，ADF 检验就是用于检查时序数据是否存在单位根。

**ADF 检验原理**：ADF 用假设检验的方法来检测单位根是否存在。

下面有两个关于单位根的假设。

H0 假设：时间序列有单位根，意味着不稳定。

H1 假设：时间序列无单位根，意味着稳定。

根据假设检验理论，如果能够拒绝 H0 假设，那么自然可以认为 H1 假设是成立的，即数据是稳定的。下面从两个方面去拒绝 H0 假设。

1）如果数据的 p-value 小于设置的显著性值，那么可以拒绝 H0 假设，这里默认的显著性值为 0.05。即当 p-value<0.05 时，认为数据有单位根，不稳定；当 p-value>0.05 时，认为数据没有单位根，稳定。

2）如果 ADF statistic 值（ADF 显著性统计量）小于临界值，那么可以拒绝 H0 假设。即当 ADF statistic > 临界值时，不稳定；反之，具有稳定性。其中临界值在不同的置信度下并不相同，如果时序数据的 ADF statistic < 1%置信度下的临界值，那么可以称其为 99%的拒绝 H0 假设。

图 7-25 所示为大盘 sales、transactions 数据的 ADF 检验图。

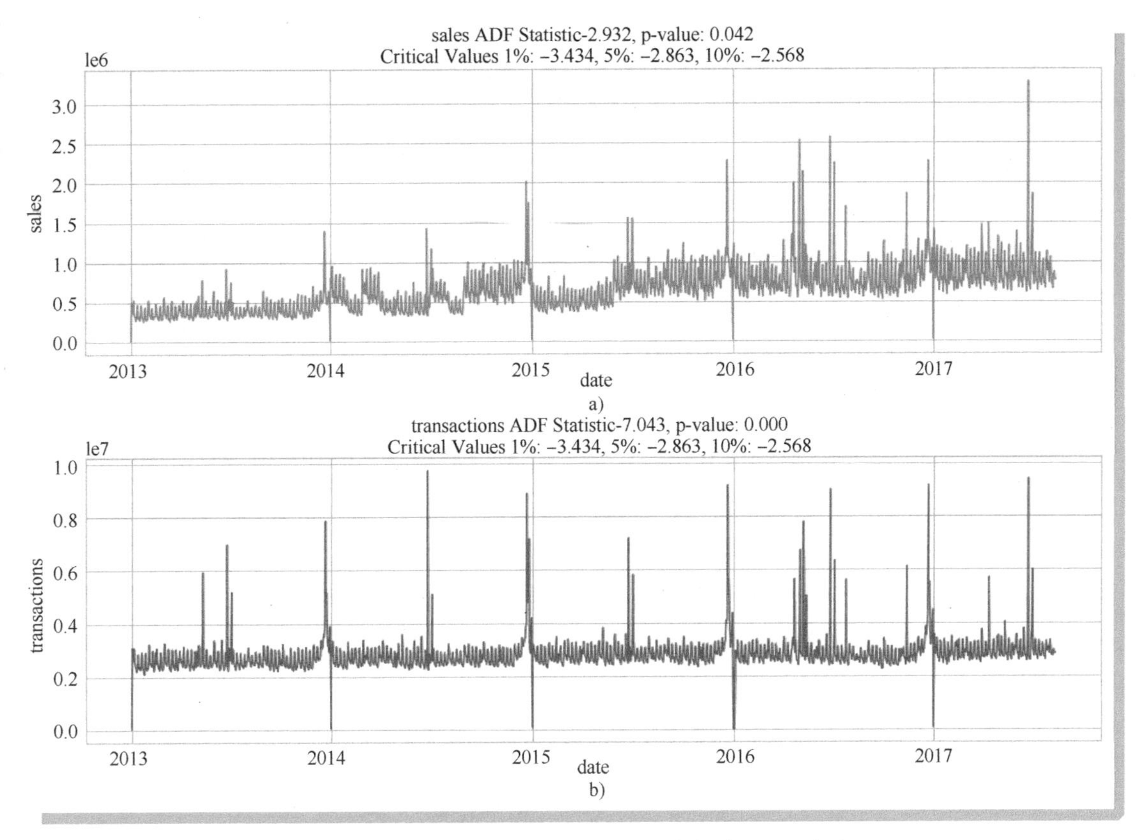


● 图 7-25　大盘 sales、transactions 数据的 ADF 检验图

a）sales 的 ADF 检验图　b）transactions 的 ADF 检验图

图 7-25 显示，大盘的 transactions 数据相较于 sales 数据的稳定性更强，这样的结果和用均值、方差观测稳定性的方法得到的结论相同，代码如下。

```
1.from statsmodels.tsa.stattools import adfuller
2.
3.f, ax =plt.subplots(nrows=2, ncols=1, figsize=(15, 12))
4.
5.def visualize_adfuller_results(df, title, ax):
6.    result =adfuller(df[title])
7.    significance_level = 0.05
8.    adf_stat = result[0]
```

```
9.      p_val = result[1]
10.     crit_val_1 = result[4]['1%']
11.     crit_val_5 = result[4]['5%']
12.     crit_val_10 = result[4]['10%']
13.
14.     if (p_val < significance_level) & ((adf_stat < crit_val_1)):
15.         linecolor = 'forestgreen'
16.     elif (p_val < significance_level) & (adf_stat < crit_val_5):
17.         linecolor = 'orange'
18.     elif (p_val < significance_level) & (adf_stat < crit_val_10):
19.         linecolor = 'red'
20.     else:
21.         linecolor = 'purple'
22.     sns.lineplot(x=df['date'], y=df[title], ax=ax, color=linecolor)
23.     ax.set_title(f'{title} ADF Statistic {adf_stat:0.3f}, p-value: {p_val:0.3f} \nCriti-
    cal Values 1%: {crit_val_1:0.3f}, 5%: {crit_val_5:0.3f}, 10%: {crit_val_10:0.3f}',
    fontsize=14)
24.     ax.set_ylabel(ylabel=title, fontsize=14)
25.
26.visualize_adfuller_results(total_sales_, 'sales', ax[0])
27.visualize_adfuller_results(total_transactions_, 'transactions', ax[1])
28.
29.plt.tight_layout()
```

ARIMA 模型适用于时序数据稳定的情况，因此在用 ARIMA 的方法预测 sales 数据前，需要对 sales 做差分处理。通常一阶差分后数据会比较平滑，一阶差分后再次用 ADF 检测 sales 差分值的稳定性，如果此时 sales 具有稳定性，那么可以用 ARIMA 进行预测，否则继续进行差分。图 7-26 所示为一阶差分后的 sales_diff_1 的 ADF 检验图，展示了 sales_diff_1 数据一阶差分后的稳定性。

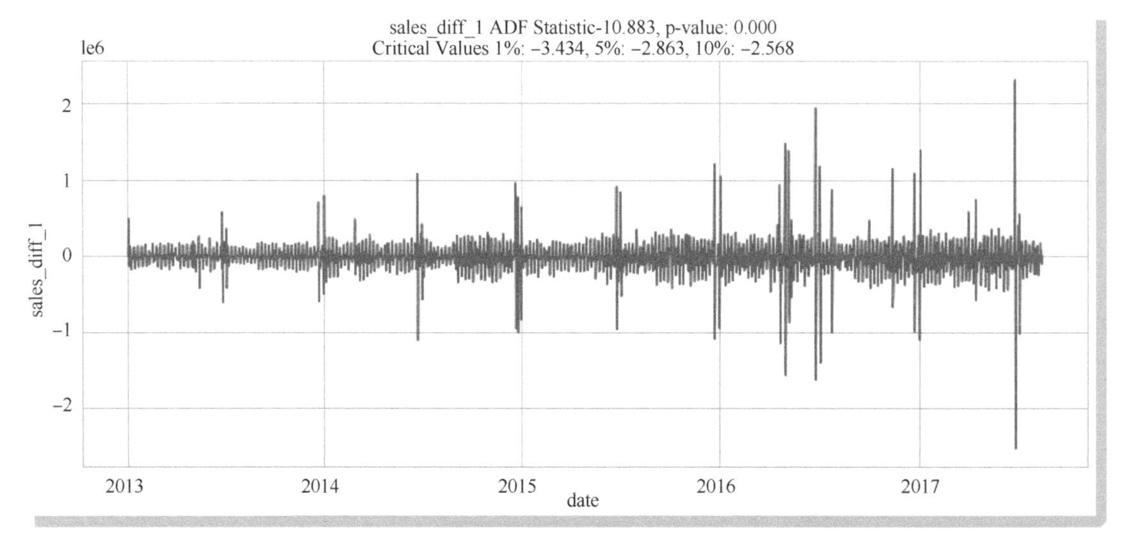


● 图 7-26　一阶差分后的 sales_diff_1 的 ADF 检验图

很明显，一阶差分后的 sales_diff_1 数据具有了平稳性，可以考虑用 ARIMA 建模预测，代码如下。

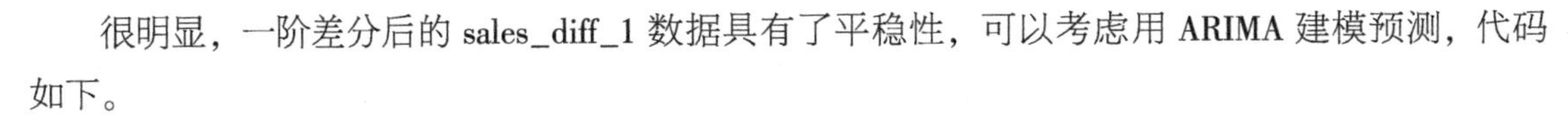

```
1.ts_diff = np.diff(total_sales_['sales'])
2.total_sales_['sales_diff_1'] = np.append([0], ts_diff)
3.f, ax =plt.subplots(nrows=1, ncols=1, figsize=(15, 6))
4.visualize_adfuller_results(total_sales_, 'sales_diff_1', ax)
```

4. ARIMA 模型参数 $p$、$d$、$q$ 的选定

(1) 根据 ACF、PACF 图定阶

ARIMA 模型有三个基本参数 $p$、$d$、$q$ 需要在训练模型前确定，$p$ 是 AR 模型阶数，$q$ 是 MA 模型阶数，$d$ 是差分阶数，通常用稳定性检测确定 $d$ 值。最常见的 $p$、$q$ 定阶的方法是通过观察 ACF 和 PACF 图的变化趋势，表 7-4 给出了不同模型选型定阶的方法。

表 7-4 不同模型选型定阶的方法

| 模型 | ACF 图表现 | PACF 图表现 | 选型定阶 |
|---|---|---|---|
| AR | ACF 图呈现缓慢下降（又称拖尾） | PACF 图呈现在 lag=$p$ 后急剧下降（又称 $p$ 阶后截断） | 此时选择 AR($p$) |
| MA | ACF 图呈现在 lag=$q$ 后急剧下降（又称 $q$ 阶后截断） | PACF 图呈现缓慢下降（又称拖尾） | 此时选择 MA($q$) |
| ARMA | ACF 图呈现缓慢下降（又称拖尾） | PACF 图呈现缓慢下降（又称拖尾） | 此时选择 ARMA 模型 |

为了更好地理解如何确定 $p$ 和 $q$ 的值，下面以 sales 数据为例，绘制差分后的 ACF 和 PACF 图，选定 $p$ 和 $q$ 值。图 7-27 所示是一阶差分后的 sales_diff_1 的 ACF 图和 PACF 图。

通过对图 7-27 的观察，差分后的 sales 的 ACF 图呈现拖尾的情况，PACF 图呈现在 lag=8 后截断的情况，那么可以对 $p$ 定阶为 8，$q$ 定阶为 0。再结合对 sales 进行了一阶差分后，sales 变得平稳，因此选取 $p=8$、$d=1$、$q=0$ 作为 ARIMA 模型的参数。

(2) 根据 AIC、BIC 准则定阶

通过对 ACF 图、PACF 图观测拖尾和截断的方法定阶，有很强的主观性，有时候可能并不能得到效果最好的预测值。通常估计模型参数是通过对损失和正则项的加权评估，需要在预测的误差和模型的复杂度之间平衡，因此可以借助 AIC、BIC 准则（信息准则函数法）来自动化确定模型阶数。

AIC 准则（最小化信息量准则），数学表达式为：

$$\mathrm{AIC}=-2\ln(L)+2K$$

式中，$L$ 是模型的极大似然函数，$K$ 表示模型参数的个数。

BIC 准则（贝叶斯信息准则），数学表达式为：

$$\mathrm{BIC}=-2\ln(L)+K\ln(n)$$

式中，$n$ 表示样本的容量。

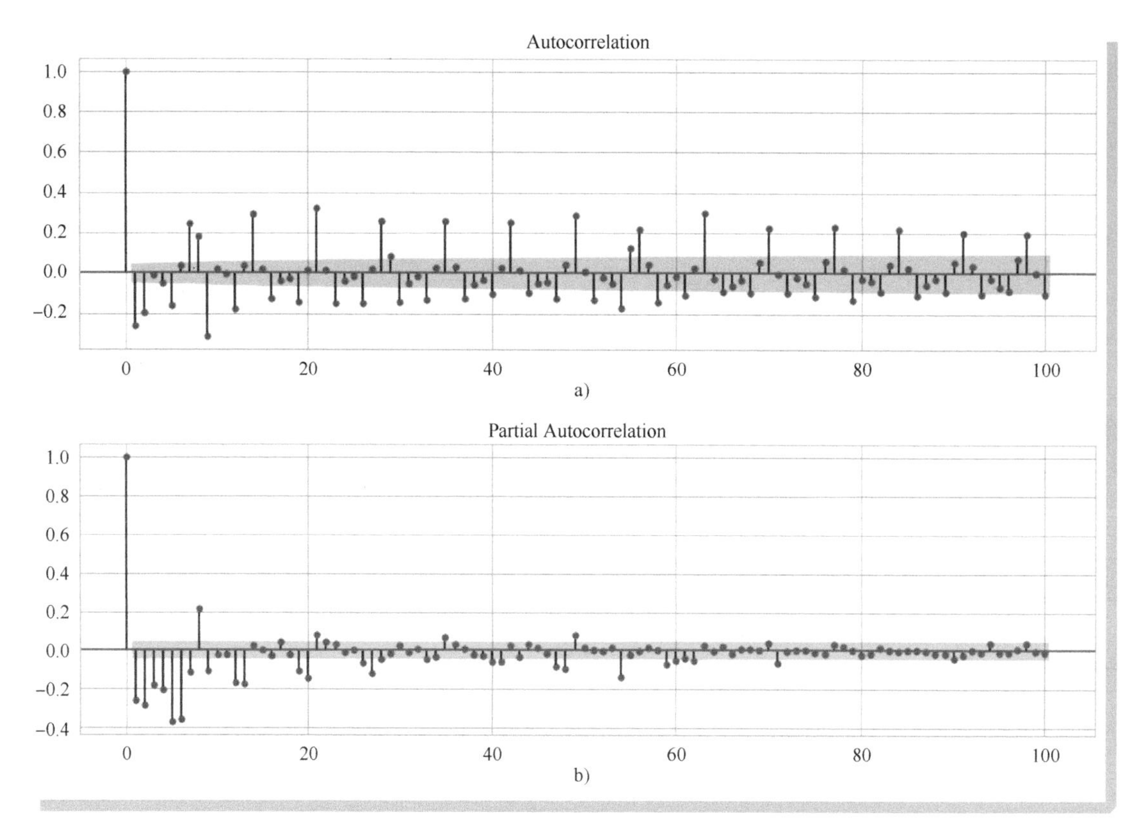


● 图 7-27　一阶差分后的 sales_diff_1 的 ACF 图和 PACF 图

a）ACF 图　b）PACF 图

BIC 和 AIC 的前半部分相同，都是通过对极大似然函数取对数和负值来表示对损失函数最小化，不同的是后半部分。后半部分虽然都是对参数 *K* 的惩罚项（正则项），但是当数据量很大时，AIC 的惩罚项还是不变为 2*K*，BIC 的罚项 ln（n）则更大，此时做参数选择时为了使 BIC 更小，那么就会倾向于选择 *K* 值较小（参数较少）的简单模型。

总结起来，AIC 和 BIC 都是模型参数选择的方法，两者的值都是越小越好，BIC 相较于 AIC 来说，考虑到了样本容量的问题。

5. ARIMA 模型的应用

在完成了对 sales 的稳定性检查、差分变换、定阶之后，使用 ARIMA 模型对 sales 数据进行时序预测。这里用 Auto ARIMA 的方法对 sales 进行预测。Auto ARIMA 可以根据 AIC、BIC 准则自动定阶，而不需要人工根据 ACF、PACF 图定阶，这样避免了人工判断 ACF、PACF 产生的误差，代码如下。

```
1.class AUTO_ARIMA(object):
2.    def __init__(self, df, target):
3.        self.df = df
4.        self.target = target
5.        self.auto_arima_model(self.target)
6.        self.train_test_split()
7.    def auto_arima_model(self, target):
8.        self.model = auto_arima(self.df[target], m=1, seasonal=True, start_p=0, start_
q=0,
9.                                max_order=1, test='adf',error_action='ignore',
10.                                suppress_warnings=True,
11.                                stepwise=True, trace=True)
12.    def train_test_split(self):
13.
14.        self.train = self.df[0:-15]
15.        self.test = self.df[-15:]
16.
17.    def train_arima(self):
18.        self.model.fit(self.train[self.target])
19.
20.    def predict_arima(self):
21.        self.predict = self.model.predict(n_periods=self.test.shape[0], return_conf_
   int=True)
22.        self.predict_df = pd.DataFrame(self.predict[0], columns=['predict_results'])
23.        return self.predict_df
24.
25.    def predict_real_plot(self):
26.        fig, ax =plt.subplots(nrows=1, ncols=1, figsize=(16,10))
27.        sns.lineplot(self.test['date'], self.test[self.target], ax=ax, color='blue')
28.        sns.lineplot(self.test['date'], self.predict_df['predict_results'].values, ax
   =ax, color='orange')
29.
30.    def evaluation(self):
31.        test_RMSLE= mean_squared_log_error(self.test[self.target], self.predict_df['
   predict_results'].values)
32.        error = mean_squared_error(self.test[self.target], self.predict_df['predict_
   results'].values)
33.        print('Test MSE: %.3f' % error)
34.        print('Test RMSLE{}'.format(test_RMSLE))
35.
36.
37.def arima_main():
38.    auto_arima_model = AUTO_ARIMA(train_store1_automotive, 'sales')
39.    auto_arima_model.train_arima()
40.    predict_df = auto_arima_model.predict_arima()
41.    auto_arima_model.predict_real_plot()
42.    auto_arima_model.evaluation()
```

```
43.
44.if __name__ == "__main__":
45.    arima_main()
```

下面以预测 store_nbr=1、family= “train_store1_automotive” 为例，图 7-28 所示为 ARIMA 预测 2017 年 8 月 1 日后的销售额与真实销售额的对比。

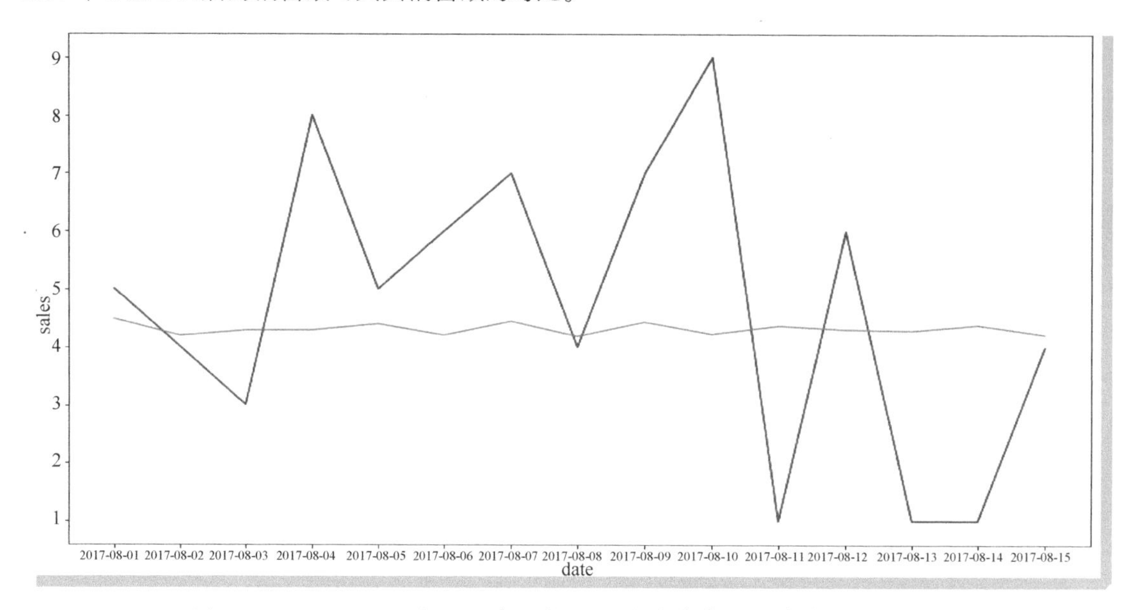


● 图 7-28　ARIMA 预测 2017 年 8 月 1 日后的销售额和真实销售额的对比

图 7-28 中，橙色线是 ARIMA 的预测结果，蓝色线是真实销售额，很显然 ARIMA 不能很好地捕捉 sales 日粒度的变化，给出的结果更倾向于一个均值，在 4~5 之间小范围浮动。

## 7.3.2 Prophet 模型

Prophet 模型是 Facebook 于 2017 年开源的时序预测模型，可以处理时间序列存在的异常值、缺失值的情况，并能够自动化地预测未来趋势。与传统的时序模型不同的是，Prophet 是基于时序分解的基础上，结合机器学习算法得到最终的预测结果。

1. Prophet 模型原理

从 7.2.2 小节的时序分解了解到，时间序列数据往往可以分解为 4 项：level、trend、seasonality、noise，这 4 项以加法或乘法的方式组成时序数据。现实中的时序数据往往受节假日因素的影响比较大，Prophet 在上述 4 项的基础上，增加了对节假日效应的考虑，具体的数学表达式如下：

$$X_t = g_t + s_t + h_t + \varepsilon_t$$

式中，$g_t$ 是趋势项、$s_t$ 是季节项、$h_t$ 是节假日项、$\varepsilon_t$ 是噪声项。Prophet 通过机器学习算法对这 4 项建模，并将 4 项的预测值以加法的形式得到最终的预测值，下面介绍每一项具体的算法模型。

（1）趋势项模型

趋势项是描述时间序列值随时间增加或减少的变化，这种变化往往有线性和非线性两种形式。因此，Prophet 提供了基于逻辑回归函数的非线性算法和基于分段线性函数的线性算法来做趋势项的预测。下面分别介绍这两种不同的算法。

1）基于逻辑回归的趋势项算法：

$$g(t)=\frac{C(t)}{1+\mathrm{e}^{(-(k+\alpha(t)^{\mathrm{T}}\delta)*(t-(m+\alpha(t)^{\mathrm{T}}\gamma)))}}$$

这个公式看起来有点复杂，为了更好的理解，先回顾一下逻辑回归模型：

$$\mathrm{sigmoid}(x)=\frac{1}{1+\mathrm{e}^{-x}}$$

由上式可知，当 $x$ 趋向于正无穷时，sigmoid$(x)$逼近于 1；当 $x$ 趋向于负无穷时，sigmoid$(x)$逼近于 0。sigmoid 可以拓展出更通用的一种表达方式：

$$f(x)=\frac{C}{1+\mathrm{e}^{-k(x-m)}}$$

式中，$C$ 是曲线的最大渐进值，$k$ 表示曲线的增长率，$m$ 表示曲线的中点。其实$f(x)$公式的形式和 $g(t)$公式很相像，只不过 $g(t)$公式给$f(x)$函数中的 $C$、$k$、$m$ 常数赋予了和时间 $t$ 相关的函数，即 $C=C(t)$，$k=(k+\alpha(t)^{\mathrm{T}}\delta)$，$m=(m+\alpha(t)^{\mathrm{T}}\gamma)$。

这里将增长率 $k$ 表示为与 $t$ 相关的函数而不是简单的常数是因为：现实生活中的时序数据的趋势不会一直不变，在某些时刻会发生增长或下跌的趋势变化，这些时刻称之为**变点**，变点处带来了增长率的变化，因此将变化率 $k$ 和偏移量 $m$ 均和变点处的变化趋势相关。Prophet 算法中默认变点的个数为 25 个，变点设置在前 80%的时序数据中。下面举例介绍增长率 $k=(k+\alpha(t)^{\mathrm{T}}\delta)$的计算公式：假设变点的个数为 $S$，以第 $j$ 个变点 $s_j$为例（$1\leqslant j\leqslant S$），$\delta_j$表示在变点 $s_j$上增长率 $k$ 的变化量，$\alpha(t)\in\{0,1\}^S$，那么在变点 $s_j$的指示函数为

$$\alpha_j(t)=\begin{cases}1, & \text{when } t\geqslant s_j\\ 0, & \text{otherwise}\end{cases}$$

那么就可以算出在第 $j$ 个变点处最终的增长率 $k$。

2）基于分段线性函数的趋势项算法：

$$g(t)=(k+\alpha(t)^{\mathrm{T}}\delta)*t+m+\alpha(t)^{\mathrm{T}}\gamma$$

分段线性函数的表达形式和线性函数一致，这点和基于逻辑回归的趋势项完全不同。在该公式中增长率 $k$ 和偏移量 $m$ 也是和时间 $t$ 相关的函数，与逻辑回归形式的趋势项基本相同，这里不再赘述。

除此之外，基于逻辑回归的趋势项中，额外对曲线的最大渐进值 $C(t)$项作了约束，这一参数

需要用户提前手动指定，代码如下。

```
1.m = Prophet(growth='logistic')
2.df['cap'] = 6
3.m.fit(df)
4.future = m.make_future_dataframe(periods=prediction_length, freq='min')
5.future['cap'] = 6
```

3）变点的选择。

不管是基于逻辑回归还是线性回归的趋势项算法，都是在变点的基础上计算增长率 $k$ 和偏移量 $m$，因此需要了解变点的个数、位置、变点处增长率的变化量 $\delta$ 的设定。前文中提到 Prophet 默认设置 25 个变点在前 80%的时序区间内，这 25 个变点的位置是通过等分的方法确定的，而变点处增长率的变化量$\delta_j=\text{Laplace}(0,\tau)$，$\tau$ 决定了增长率变化量的弹性空间。

（2）季节项模型

季节项表达的是时序数据的周期性变化，正余弦函数是最常见也是最简单的周期性函数，常用来描述时序数据的周期性变化。假设时序数据呈现以 2π 为周期的周期性，那么其傅立叶级数可以表达为：

$$f(t) = a_0 + \sum_{n=1}^{N} (a_n\cos(nx) + b_n\sin(nx))$$

Prophet 算法同样以傅立叶级数来描述时序数据的周期性，$P$ 表示时序数据的周期，常用的周期有：$P=365.25$ 表示以年为周期，$P=7$ 表示以周为周期。不管 $P$ 是多少，季节项模型的数学表达形式为：

$$s(t) = \sum_{n=1}^{N}\left(a_n\cos\left(\frac{2\pi nt}{P}\right) + b_n\sin\left(\frac{2\pi nt}{P}\right)\right)$$

当 $P$ 以年为周期时，$N$ 常常为 10，以周为周期时，$N$ 常常为 3。$a_n$ 和$b_n$ 是参数对，可以写作$\beta$ 的形式，与时间相关的正余弦函数可以归纳为 $X(t)$的形式，那么$s(t)$可以简化为：

$$s(t)=X(t)\beta$$

式中，$\beta\sim\text{Normal}(0,\sigma^2)$，参数 $\sigma$=seanality_prior_scale 控制着季节项对时序数据的影响程度，值越大表示季节项对时序数据的影响程度越大。

（3）节假日项模型

节假日因素是影响时序数据变化的关键外部因素，很多传统的时序模型，诸如 ARIMA 系列模型，并没有考虑其对时序因素的影响。而 Prophet 模型中单独设置了节假日项模型，用来评估节假日因素对时序数据变化的影响。现实生活中，每个节假日时长、庆祝方式不同，对时序数据的影响程度也不同，所以将不同的节假日看成相互独立的模型，并为不同的节假日设置不同的前后时间窗口，以表示节假日不仅会对节假日周期内的数据造成影响，也会对前后一定时间的数据造成一定的影响。

假设有 $L$ 个节假日，对于其中第 $i$ 个节假日，$D_i$ 表示节假日前后的一段时间，$k_i$ 表示节假日对时序数据的影响程度，那么节假日项的数学表达式为：

$$h(t)=Z(t)k=\sum_{i=1}^{L}k_i * 1_{t\in D_i}$$

式中，$Z(t)$是指示函数，有且仅有 $t$ 属于节假日 $i$ 选定的时间窗口区间$D_i$ 时，$Z(t)$值为 1 表示节假日会对$D_i$ 窗口内的时序数据产生 $k_i$ 程度的影响，其中 $k_i \sim \text{Normal}(0,v^2)$，其中 $v$ = holidays_prior_scale，默认值是 10，$v$ 越大表示节假日对时序数据的影响越大。

2. Prophet 模型调参

在应用 Prophet 模型建模之前，先来了解下模型需要设置的参数，下面给出了 Prophet 按照趋势项、季节项、节假日项分类归纳的参数列表。

（1）趋势项参数

表 7-5 所示为趋势项参数列表。

表 7-5　趋势项参数列表

| 参　数 | 描　述 |
| --- | --- |
| growth | 表示选择线性或者逻辑回归模型作为趋势模型，有 linear 和 logistic 两个选项 |
| changepoints | 表示变点的列表，这里可以指定变点的日期，形式诸如［'2022-01-01'，'2022-02-01'，'2022-03-01'］，当手动设置了 changepoints 参数后，模型将不会自动设定变点的位置和变点的数量 |
| n_changepoints | 表示变点的数量，默认值为 25 |
| changepoint_range | 表示变点所在的时序区间范围，默认是 0.8，自动在前 80%的时序区间设定变点，这里可以手动设置时序区间范围 |
| changepoint_prior_scale | 表示变点处增长率变化量参数 $\tau$ 的设置，用来控制趋势的灵活度，默认值为 0.05 |

（2）周期项参数

表 7-6 所示为周期项参数列表。

表 7-6　周期项参数列表

| 参　数 | 描　述 |
| --- | --- |
| yearly_seasonality | 表示年周期性，True 表示启用，False 表示关闭，$N$ 表示傅立叶级数的项数。当为年周期性时，$N$ 一般设置为 10；当时序数据的长度大于一年时，默认开启，$N$ 默认为 10 |
| weekly_seasonality | 表示周周期性，True 表示启用，False 表示关闭，同理 $N$ 表示傅立叶级数的项目。当为周周期性时，$N$ 一般设置为 3；当时序数据的长度大于一周时，默认开启，$N$ 默认为 3 |
| daily_seasonality | 表示天周期性，当时间序列数据为小时级别时，默认开启 |
| seasonality_mode | 表示季节项模型组合方式，分为 additive（加法）（默认选择）和 multiplicative（乘法）两种组合方式 |
| seasonality_prior_scale | 表示季节项的模型参数 $\sigma$，值越大表示季节项对时序数据的影响越大 |

（3）节假日项参数

表 7-7 所示为节假日项参数列表。

表 7-7　节假日项参数列表

| 参　数 | 描　述 |
| --- | --- |
| holidays | 表示节假日，具体是 DataFrame 的格式，包含 4 列，分别是 ds 表示节假日具体的日期，upper_window 表示节假日向后影响天数，lower_window 表示节假日向前影响天数 |
| holiday_prior_scale | 表示节假日项模型参数 $v$，默认值是 10，值越大，表示节假日对时序数据的影响越大 |

（4）其他常用参数

表 7-8 所示为其他常用参数列表。

表 7-8　其他常用参数列表

| 参　数 | 描　述 |
| --- | --- |
| capacity | 表示曲线的最大渐进值，当趋势项的函数为逻辑回归函数时，需要设置 $C$ 值 |
| freq | 表示预测未来时序数据的统计单位（频率），默认是 $D$，按天统计 |
| periods | 表示预测未来时间的个数，如预测未来 30 天，则 periods = 30 |
| interval_width | 表示置信区间（不确定性区间）的宽度，为了表达对未来预测的不确定性，可以对 interval_width 进行调整，调整预测结果的上限值和下限值。如果 mcmc_samples = 0，则 interval_width 仅表示趋势项的不确定性的宽度，如果 mcmc_samples>0，则表示季节项和趋势项对预测未来不确定性的综合影响 |
| mcmc_samples | 表示 mcmc 采样，用于获得季节项对预测未来的不确定性的影响。如果 $n$>0，会以 $n$ 个马尔可夫采样样本做全贝叶斯推断 |
| uncertainty_samples | 表示估计不确定性区间时采样的次数，默认值是 1000，如果设置为 0 或者 False，就不会进行不确定性区间的估计 |

3. Prophet 模型应用

根据上述对 Prophet 模型的原理介绍，了解到 Prophet 有很多可以调参优化的地方，尤其是可以针对节假日的数据做专门的处理。下面的案例应用：把非工作日和 holiday_type == 'Holiday'的日期作为节假日；除了节假日的处理外，还设置了置信区间的宽度为 0.8。

```
1.class Prophet_Model(object):
2.    def __init__(self, df, target, params={'interval_width':0.8, 'weekly_seasonality':
  True}):
3.        self.df = df
4.        self.target = target
5.        self.params = params
6.        self.prepare_holiday()
7.        self.prepare_data()
8.        self.train_test_split()
9.
10.    def prepare_holiday(self):
11.        holiday_dates = self.df[self.df['holiday_type']=='Holiday'].date.unique()
```

```
12.         weekend_dates = self.df[self.df['weekday'].isin([5,6])].date.unique()
13.         holiday_dates = list(set(list(holiday_dates)+list(weekend_dates)))
14.         holiday_df = pd.DataFrame(pd.to_datetime(holiday_dates), columns=['ds'])
15.         holiday_df['holiday'] ='Holiday'
16.         holiday_df['upper_window'] = 1
17.         holiday_df['lower_window'] = -1
18.         holiday_df = holiday_df[['holiday','ds','upper_window','lower_window']]
19.         self.holiday_df = holiday_df
20.         del holiday_df
21.     def prepare_data(self):
22.         self.df = self.df[['date', self.target]].rename({'date':'ds', self.target:
    'y'}, axis=1)
23.
24.     def train_test_split(self):
25.         self.train = self.df[0:-15]
26.         self.test = self.df[-15:]
27.
28.     def train_prophet(self):
29.         self.params['holidays'] = self.holiday_df
30.         self.model = Prophet(**self.params)
31.         self.model.fit(self.train)
32.
33.     def predict_prophet(self):
34.         self.future = self.model.make_future_dataframe(periods=self.test.shape[0])
35.         self.predict = self.model.predict(self.future)
36.         return self.predict
37.
38.     def predict_real_plot(self):
39.         fig, ax =plt.subplots(nrows=1, ncols=1, figsize=(16,8))
40.         sns.lineplot(self.test['ds'], self.test['y'], ax=ax, color='blue')
41.         sns.lineplot(self.test['ds'], self.predict['yhat'].values[-15:], ax=ax, color
    ='orange')
42.         sns.lineplot(self.test['ds'], self.predict['yhat_upper'].values[-15:], ax=
    ax, color='grey', style=True, dashes=[(2,2)])
43.         sns.lineplot(self.test['ds'], self.predict['yhat_lower'].values[-15:], ax=
    ax, color='grey',style=True, dashes=[(2,2)])
44.         plt.show()
45.
46.     def plot_prediction(self):
47.         self.model.plot(self.predict)
48.
49.     def evaluation(self):
50.         test_RMSLE = mean_squared_log_error(self.test['y'], self.predict['yhat'].
    values[-15:])
51.         error = mean_squared_error(self.test['y'], self.predict['yhat'].values[-15:])
52.         print('Test MSE: %.3f' % error)
53.         print('Test RMSLE{}'.format(test_RMSLE))
```

```
54.
55.def prophet_main():
56.    prophet_model = Prophet_Model(train_store1_automotive,'sales')
57.    prophet_model.train_prophet()
58.    predict_prophet = prophet_model.predict_prophet()
59.    prophet_model.predict_real_plot()
60.    prophet_model.plot_prediction()
61.    prophet_model.evaluation()
62.
63.if __name__ == "__main__":
64.    prophet_main()
```

用 Prophet 模型预测 store_nbr = 1、family = “train_store1_automotive” 的具体效果如图 7-29 所示。

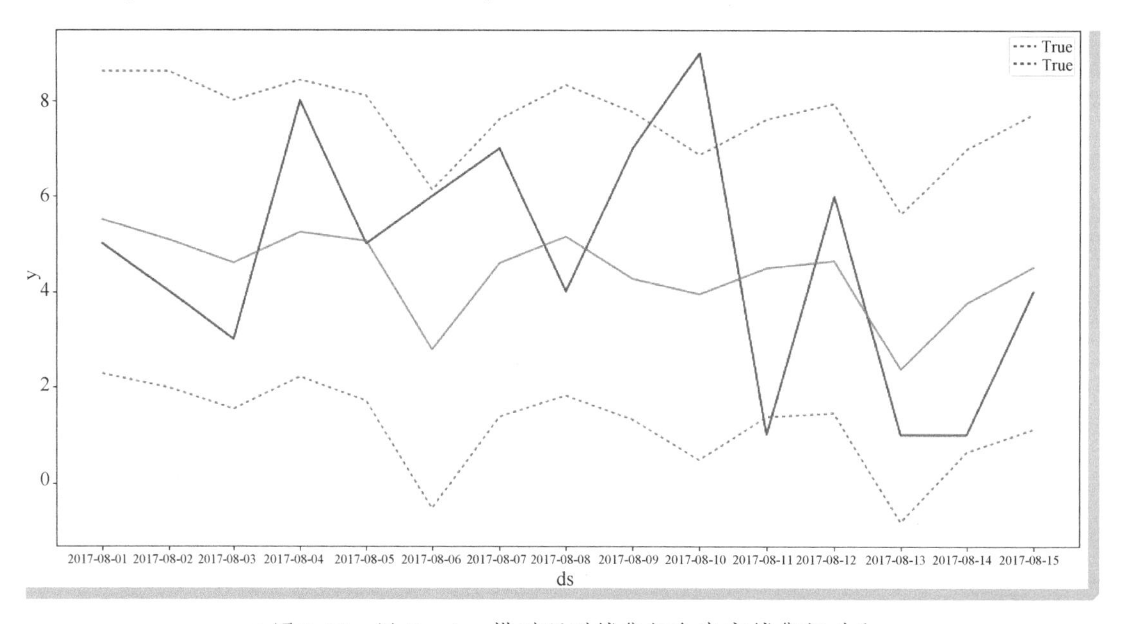


● 图 7-29　用 Prophet 模型预测销售额和真实销售额对比

其中蓝色线是真实值，黄色线是预测值，上方的灰色虚线为上限值，下方的灰色虚线为下限值。可以发现，相较于 ARIMA，Prophet 对日粒度波动的捕捉显然要好得多。Prophet 可调的参数众多，而手动地一个个去尝试寻找最优参数过于麻烦，下面给出利用网格搜索自动寻参的函数，具体代码如下。

```
1.def grid_search():
2.
3.    changepoint_range = [i / 10 for i in range(3, 10)]
4.    seasonality_mode = ['additive', 'multiplicative']
5.    seasonality_prior_scale = [0.05, 0.1, 0.5, 1, 5, 10, 15]
6.    holidays_prior_scale = [0.05, 0.1, 0.5, 1, 5, 10, 15]
```

```
7.
8.     for sm in seasonality_mode:
9.         for cp in changepoint_range:
10.            for sp in seasonality_prior_scale:
11.                for hp in holidays_prior_scale:
12.                    params = {
13.                        "seasonality_mode": sm,
14.                        "changepoint_range": cp,
15.                        "seasonality_prior_scale": sp,
16.                        "holidays_prior_scale": hp,
17.                    }
18.                    prophet_model = Prophet_Model(train_store1_automotive,'sales', params)
19.                    prophet_model.train_prophet()
20.                    predict_prophet = prophet_model.predict_prophet()
21.                    prophet_model.predict_real_plot()
22.                    prophet_model.evaluation()
23.grid_search()
```

## 7.3.3 树模型——LightGBM

树模型是机器学习实践中最常用的模型之一，常用来做分类问题和回归问题的预测，同样树模型也可以做时序问题的预测。LightGBM 模型是微软在 2018 年开源的树模型，原理知识在第 4 章已经详细讲解，本小节将以实战的形式给出 LightGBM 模型结合特征工程预测 Favorita 商店的销售额。

（1）LightGBM 模型应用

ARIMA 和 Prophet 更偏向于捕捉数据的长期趋势，但是对于细节的处理并不理想，这可能和做预测时能够考虑的特征因素比较单一有关。因此，用树模型和特征一起做时序预测是常见的方案，具体代码如下。

```
1.from sklearn.model_selection import KFold
2.import lightgbm as lgb
3.from sklearn.metrics import mean_squared_log_error, mean_absolute_error, mean_squared
  _error
4.
5.class LightGBM_Model(object):
6.
7.    def __init__(self, df, target, params):
8.        self.df = df
9.        self.df['sales'] = np.log1p(self.df['sales'].values)
10.       self.KFOLD = 5
11.       self.params = params
12.       self.target = target
13.       self.feature_importances = pd.DataFrame()
14.       self.useful_features = [colfor col in self.df.columns if col not in ['Unnamed: 0',
   'id','date','sales']]
```

```
15.         self.feature_importances['feature'] = self.useful_features
16.         self.train_test_split()
17.         self.y_preds = np.zeros(self.test.shape[0])
18.         self.prepare_data()
19.
20.
21.     def prepare_data(self):
22.         self.df.loc[:,"store_nbr"] = self.df["store_nbr"].astype("category")
23.         self.df.loc[:,"family"] = self.df["family"].astype("category")
24.         self.df.loc[:,"onpromotion"] = self.df["onpromotion"].astype("int64")
25.         self.df.loc[:,"city"] = self.df["city"].astype("category")
26.         self.df.loc[:,"state"] = self.df["state"].astype("category")
27.         self.df.loc[:,"store_type"] = self.df["store_type"].astype("category")
28.         self.df.loc[:,"holiday_type"] = self.df["holiday_type"].astype("category")
29.         self.df.loc[:,"locale"] = self.df["locale"].astype("category")
30.         self.df.loc[:,"locale_name"] = self.df["locale_name"].astype("category")
31.         self.df.loc[:,"description"] = self.df["description"].astype("category")
32.         self.df.loc[:,"transferred"] = self.df["transferred"].astype("category")
33.
34.
35.     def train_test_split(self):
36.         self.train = self.df[self.df['date']<'2017-08-01']
37.         self.test = self.df[self.df['date']>='2017-08-01']
38.
39.     def build_model(self):
40.         self.folds =KFold(n_splits=self.KFOLD)
41.         X = self.train[useful_features]
42.         y = self.train[label]
43.         X_test = self.test[useful_features]
44.         y_test = self.test[label]
45.
46.
47.         y_oof = np.zeros(X.shape[0])
48.         mean_mae = 0
49.
50.         splits = self.folds.split(X, y)
51.
52.         for fold_n, (train_index, valid_index) in enumerate(splits):
53.             X_train, X_valid = X[useful_features].iloc[train_index], X[useful_fea-
    tures].iloc[valid_index]
54.             y_train, y_valid = y.iloc[train_index], y.iloc[valid_index]
55.
56.             dtrain = lgb.Dataset(X_train, label=y_train)
57.             dvalid = lgb.Dataset(X_valid, label=y_valid)
58.
59.             clf = lgb.train(self.params, dtrain, 10000, valid_sets=[dtrain,dvalid],
    early_stopping_rounds=500)
```

```
60.
61.             self.feature_importances[f'fold_{fold_n}'] = clf.feature_importance()
62.             y_pred_valid = clf.predict(X_valid, num_iteration=clf.best_iteration)
63.             y_oof[valid_index] = y_pred_valid
64.             mae = mean_absolute_error(y_valid, y_pred_valid)
65.             mean_mae += mean_absolute_error(y_valid, y_pred_valid)/self.KFOLD
66.
67.             self.y_preds += clf.predict(X_test)/self.KFOLD
68.
69.         print(f'Mean MAE: {mean_mae}')
70.
71.     def plot_feature_importance(self):
72.         self.feature_importances['average'] = self.feature_importances[[f'fold_{fold
   _n}' for fold_n in range(self.folds.n_splits)]].mean(axis=1)
73.         self.feature_importances.to_csv('feature_importances.csv')
74.
75.         plt.figure(figsize=(16, 16))
76.         sns.barplot(data=self.feature_importances.sort_values(by='average',
   ascending=False).head(50), x='average', y='feature');
77.         plt.title('50 TOP feature importance over {} folds average'.format(self.folds.n
   _splits));
78.
79.
80.     def predict_real_plot(self):
81.         fig, ax =plt.subplots(nrows=1, ncols=1, figsize=(16,10))
82.         sns.lineplot(self.test['date'], np.expm1(self.test[self.target]), ax=ax,
   color='blue')
83.         sns.lineplot(self.test['date'], np.expm1(self.y_preds), ax=ax, color='orange')
84.
85.
86.     def evaluation(self):
87.         test_RMSLE= mean_squared_log_error(self.test[self.target], self.y_preds)
88.         error = mean_squared_error(self.test[self.target], self.y_preds)
89.         print('Test MSE: %.3f' % error)
90.         print('Test RMSLE{}'.format(test_RMSLE))
91.
92.
93.
94.def lgb_main():
95.     lgb_params = {'metric': {'mse'},
96.                 'boosting_type' : 'gbdt',
97.                 'num_leaves': 8,
98.                 'learning_rate': 0.2,
99.                 'feature_fraction': 0.8,
100.                  'max_depth': 7,
101.                  'verbose': 0,
```

```
102.                    'num_boost_round': 5000,
103.                    'early_stopping_rounds': 200,
104.                    'nthread': -1,
105.                    'force_col_wise':True}
106.
107.     lgb_model = LightGBM_Model(train_fea, 'sales', lgb_params)
108.     lgb_model.build_model()
109.     lgb_model.predict_real_plot()
110.     lgb_model.plot_feature_importance()
111.
112.if __name__ == "__main__":
113.     lgb_main()
```

需要注意的是，对类别特征进行 Category 类型强制转换，LightGBM 可以自动处理 Category 类型特征。另外，建模用到了 5 折交叉验证，以确保模型的鲁棒性。LightGBM 加时序特征预测 2017 年 8 月 1 日之后的销售额与真实销售额的对比，如图 7-30 所示。

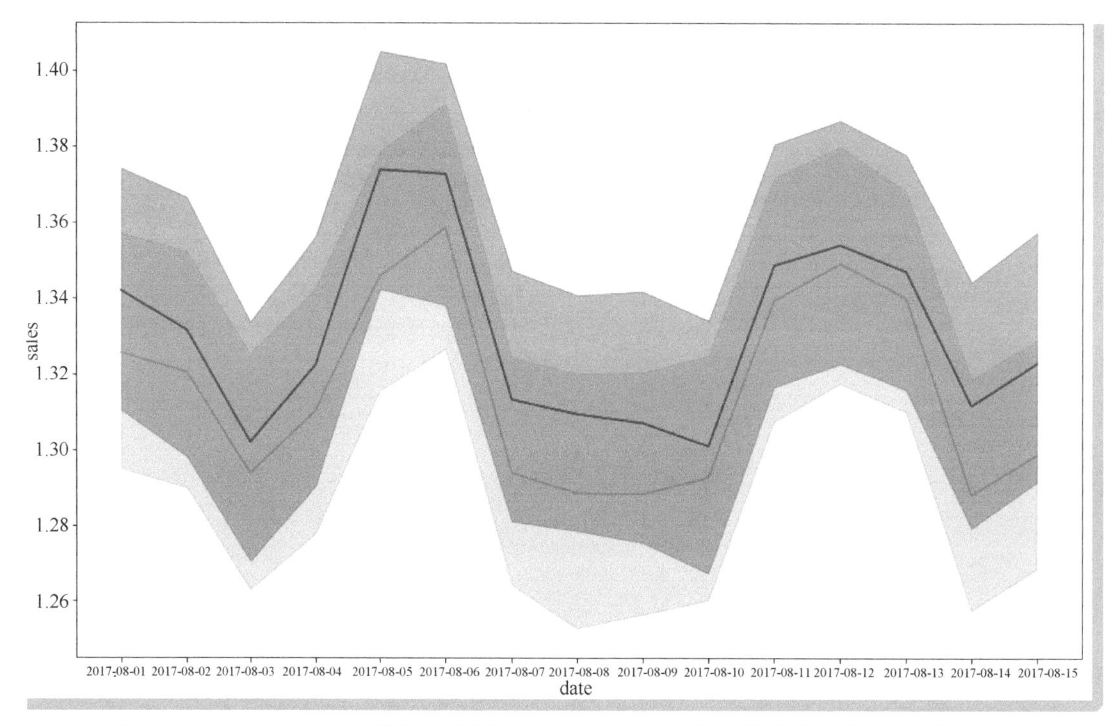


● 图 7-30　LightGBM 加时序特征预测 2017 年 8 月 1 日之后的销售额与真实销售额对比

其中蓝色线和蓝色带状区域是真实值，橙色线和橙色带状区域是预测值，可以发现，LightGBM 对时序数据的拟合效果更好。

（2）特征重要性

下面给出 LightGBM 模型的特征重要性，如图 7-31 所示。

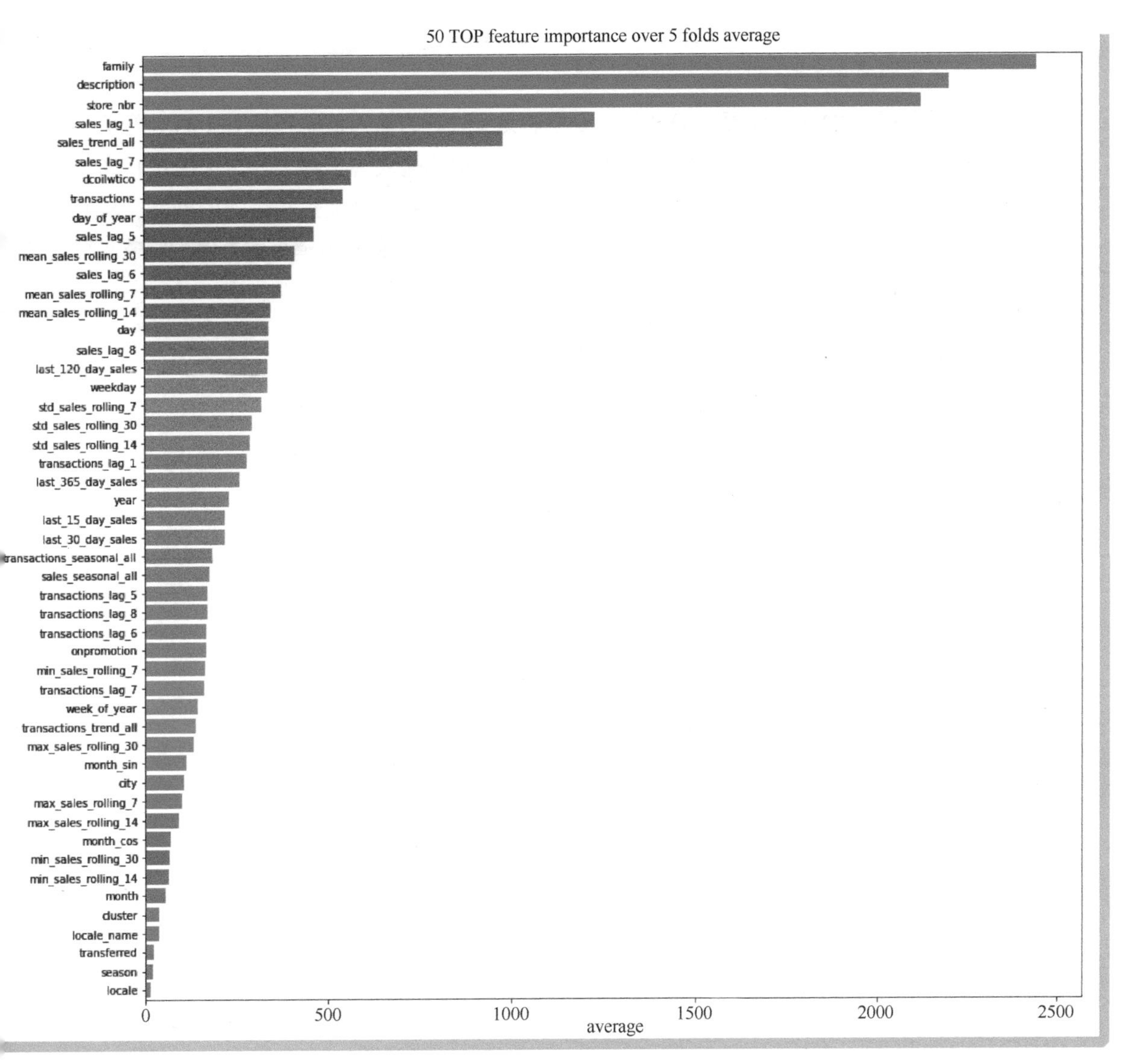


● 图 7-31 LightGBM 模型的特征重要性

对于 sales 的预测来说，滞后值和统计值的特征重要性排名均很高，而不同种类和不同商店的 sales 差别也很大，因此滞后值、统计值、类别特征是做时序预测时，重要性排名较高的特征。

## 7.3.4 深度学习模型——LSTM 模型

LSTM（Long Short-Term Memory，长短期记忆网络）是于 1997 年由 Hochreiter&Schmidhuber 提出的深度学习神经网络，并在近些年进行了改良和推广。LSTM 的设计是为了一定程度上解决 RNN 无法处理的长期依赖问题，本小节将讲解 LSTM 的基本原理，并应用 LSTM 模型预测 Favorita 商店的销售额。

1. LSTM 模型的基本原理

第 4.2 节介绍了 RNN 的原理，RNN 的核心思想是 $t$ 时刻的输入值既包括 $t-1$ 时刻隐藏层的输出，又包括 $t$ 层自身的输入。这样做的好处是将 $t$ 时刻之前的输入（又称之为记忆信息）考虑进来做当前时刻的预测，但随着时间的累积，RNN 网络很容易产生梯度消失和爆炸的问题，从而导致其无法很好地处理长期依赖问题。LSTM 就是为了解决 RNN 产生的梯度消失或者爆炸导致长期信息丢失的问题。LSTM 的网络结构如图 7-32 所示。

图 7-32 所示为 LSTM 在 $t$ 时刻的单元，与 RNN 不同的是，LSTM 的单元除了输出 $h_t$ 之外，还会额外输出 $c_t$，称为 cell state，表示单元状态（或称细胞状态）。单元状态的通路上只有乘法和加法的运算，这样使得 cell state 可以通过较少的改变传送给下一单元。LSTM 最巧妙的地方在于使用门控的思想，增加了各种门控结构，去除或增加信息到单元状态的能力。图 7-32 中，$f$ 表示 Forget Gate（遗忘门），$i$ 表示 Input Gate（输入门），$o$ 表示 Output Gate（输出门），下面将从左到右逐一介绍这三种门控在三支分路上的原理和作用。

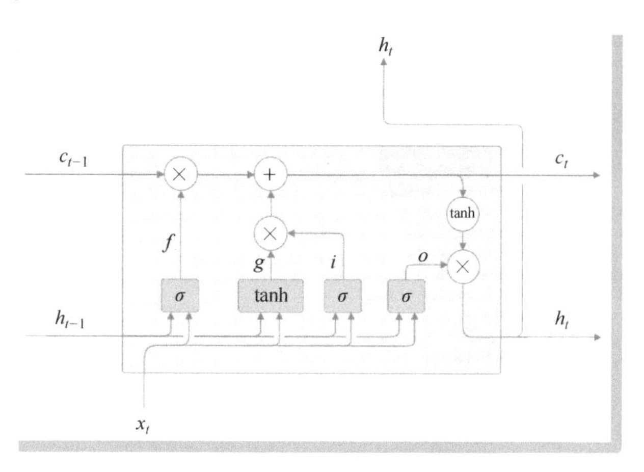


图 7-32　LSTM 的网络结构

(1) Forget Gate（遗忘门）

遗忘门决定了是否保留上一个单元状态。遗忘门的输出 $f_t$ 的公式如下：

$$f_t=\text{sigmoid}(W_f \times h_{t-1}+U_f \times x_t+b_f)$$

式中，$h_{t-1}$ 是 $t-1$ 时刻的隐藏层状态，$x_t$ 是当前时刻 $t$ 的输入，两者作为输入变量以线性表达的形式输入到 sigmoid 函数，输出 $f_t$ 映射在［0，1］区间作为遗忘门的输出。

$t-1$ 时刻的单元状态 $c_{t-1}$ 与 $t$ 时刻遗忘门的输出 $f_t$ 做相乘的操作得到第一支路的最终输出，决定 $t-1$ 的单元状态的信息有多少能通过遗忘门，相关公式如下：

$$\text{branch1\_output}_t=f_t \times c_{t-1}$$

注：×表示元素乘积，＊表示矩阵乘积。

(2) Input Gate（输入门）

输入门决定了 $t$ 时刻的输入信息是否保留。输入信息包括两部分，分别是 $t-1$ 时刻的隐藏层输出 $h_{t-1}$ 和当前 $t$ 时刻的输入。这两部分的线性组合经过 sigmoid 函数得到输入门的输出结果 $i_t$。输入信息还会经过一个 tanh 函数来存储 $t$ 时刻的输入信息，得到 $t$ 时刻的实时状态 $g_t$。$g_t$ 和 $i_t$ 函数的结果相乘，并与上一支路的输出 branch1_output 相加，得到第二支路的输出结果。

输入门 $i_t$ 的公式如下：

$$i_t = \text{sigmoid}(W_i \times h_{t-1} + U_i \times x_t + b_i)$$

实时输入状态的公式如下：

$$g_t = \tanh(W_g \times h_{t-1} + U_g \times x_t + b_g)$$

第二支路输出结果公式如下：

$$\text{branch2\_output}_t = \text{branch1\_output}_t + i_t \times g_t$$

branch2_output 的值就是 $t$ 时刻的单元状态$c_t$。

（3） Output Gate （输出门）

输出门决定了 $t$ 时刻的输入是否作为 $t$ 时刻隐藏层最终的输出。输出门$o_t$ 的公式如下：

$$o_t = \text{sigmoid}(W_o \times h_{t-1} + U_o \times x_t + b_o)$$

在给出三个门控的结构之后，最终 $t$ 时刻的隐藏层输出如图 7-32 所示，相关公式如下：

$$h_t = o_t \times \tanh(c_t)$$

式中，tanh 函数将 $t$ 时刻的单元状态$c_t$ 压缩到 $[-1,1]$ 的区间内。综合起来，LSTM 的单元输出包括单元状态$c_t$ 和隐藏层输出 $h_t$。

2. GRU 的设计

GRU（Gated Recurrent Unit，门控循环单元）是 LSTM 变体的一种，它的结构如图 7-33 所示。

先来了解一下 GRU 在 LSTM 的基础上做了哪些重要改变：

1） 单元状态$c_t$ 的取消，只保留隐藏层的输出。

2） 门控的简化，将三个门控结构简化成了两个：重置门（Reset Gate）和更新门（Update Gate）。

GRU 简化了 LSTM 的单元内部结构，和 LSTM 的实验结果相似，却更容易计算，从而很大程度上提高了训练效率。

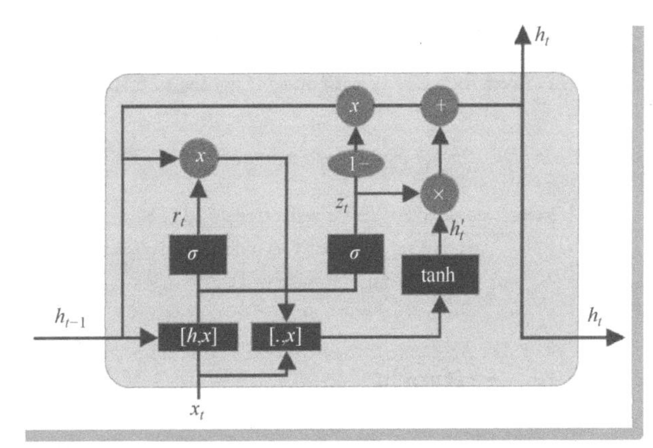


● 图 7-33 GRU 的结构

（1） Reset Gate （重置门）

重置门和 LSTM 的遗忘门几乎一样，都是决定输入信息是否被保留。不同的是，重置门的输出和前一个隐藏层 $h_{t-1}$做乘积，而遗忘门是和前一个单元状态$c_{t-1}$做乘积。重置门公式如下：

$$r_t = \text{sigmoid}(W_r \times h_{t-1} + U_r \times x_t + b_r)$$

重置门决定了前一隐藏层的输出是否作为本层的输入，通过和当前时刻的输入组合，经过 tanh 函数得到了实时输入状态 $h'_t$，$h'_t$的公式如下：

$$h_t'=\tanh(W_h\times(r_t\times h_{t-1})+U_h\times x_t+b_h)$$

（2）Update Gate（更新门）

更新门也是对输入信息进行 sigmoid 函数的 0、1 处理，得到的结果一路向右走向实时输入状态 $h_t'$并做乘积，另一路向上走向前一隐藏层 $h_{t-1}$，两路是互斥关系，即如果完全保留实时输入状态 $h_t'$，就无法保留前一隐藏层 $h_{t-1}$。更新门的公式如下：

$$z_t=\text{sigmoid}(W_z*h_{t-1}+U_z*x_t+b_z)$$

向右走向的支路公式为：

$$\text{branch\_right}=z_t\times h_t'$$

向上走向的支路公式为：

$$\text{branch\_up}=(1-z_t)\times h_{t-1}$$

两个支路的结果做加和得到当前隐藏层的最终输出，公式如下：

$$\begin{aligned}h_t&=\text{branch\_right}+\text{branch\_up}\\&=z_t\times h_t'+(1-z_t)\times h_{t-1}\end{aligned}$$

更新门 $z_t$ 实现了对上一隐藏层的遗忘和当前层的记忆，当 $z_t$ 越趋近于 1 时，对当前层的信息记忆得就越多，对上一隐藏层的信息遗忘得越多；反之，当 $z_t$ 越趋近于 0 时，则对当前层的信息记忆越少，对上一隐藏层的遗忘越少。

### 3. LSTM 模型实战

下面给出 LSTM 模型的代码，注意 LSTM 无法像 LightGBM 一样对类别特征自动处理，因此这里要对 family 进行额外的编码，具体代码如下。

```
1.from sklearn.preprocessing import MinMaxScaler, OrdinalEncoder
2.
3.df_train = train_[['id','date','store_nbr','family','sales']]
4.
5.def category_fea_preprocess(df):
6.    ordinal_encoder =OrdinalEncoder(dtype=int)
7.    for fea in ['family']:
8.        df[[fea]] = ordinal_encoder.fit_transform(df[[fea]])
9.
10.   return df
11.
12.lstm_train_df = category_fea_preprocess(df_train)
```

对类别特征 family 处理完之后，需要对数值类型特征做 MinMaxScaler 的处理，使其量纲统一。然后对处理后的特征进行 train（训练）和 test（测试）的划分，并进行预测，具体代码如下。

```
1.import tensorflow as tf
2.from tensorflow.keras import Sequential
3.from tensorflow.keras.layers import LSTM,  Dropout, Dense, BatchNormalization, TimeDis-
  tributed
4.from tensorflow.keras.optimizers import Adam
```

```
5.from tensorflow.keras.callbacks import EarlyStopping
6.
7.
8.class DataPrepare () :
9.    def __init__(self,df) :
10.        self.df = df
11.        self.train_test_split()
12.        self.data_scaled()
13.
14.    def train_test_split(self):
15.        train_samples = int(1684 * 0.95)
16.        self.train_df = self.df[: train_samples]
17.        self.test_df = self.df[train_samples:]
18.
19.    def data_scaled(self):
20.        minmax = MinMaxScaler()
21.        minmax.fit(self.train_df)
22.
23.        self.scaled_train_df =minmax.transform(self.train_df)
24.        self.scaled_test_df =minmax.transform(self.test_df)
25.
26.    def split_series(self, series, n_past, n_future):
27.        X, y = list(), list()
28.        for window_start in range(len(series)):
29.            past_end = window_start + n_past
30.            future_end = past_end + n_future
31.            if future_end > len(series):
32.                break
33.            past, future = series[window_start:past_end,:], series[past_end:future
_end,:]
34.            X.append(past)
35.            y.append(future)
36.
37.        return np.array(X), np.array(y)
38.
39.
40.def lstm_model():
41.
42.
43.    model = Sequential()
44.
45.    model.add(LSTM(units=256, return_sequences=True,input_shape=[16, 1782]))
46.    model.add(BatchNormalization())
47.    model.add(Dropout(0.2))
48.    model.add(LSTM(units=128, return_sequences=True))
49.    model.add(BatchNormalization())
50.    model.add(Dropout(0.2))
```

```
51.    #TimeDistributed layer
52.    model.add(TimeDistributed(Dense(1782)))
53.
54.    model.compile(loss="mae", optimizer=Adam(learning_rate=0.001), metrics=['mae'])
55.    return model
56.
57.
58.
59.def lstm_main():
60.    lstm_train_df = lstm_train_df.pivot(index=['date'], columns=['store_nbr', 'family'],
   values='sales')
61.    dp =DataPrepare(lstm_train_df)
62.    X_train, y_train = dp.split_series(dp.scaled_train_df, 16,16)
63.    X_test, y_test = dp.split_series(dp.scaled_test_df, 16, 16)
64.
65.    model =lstm_model()
66.    print(model.summary())
67.    early_stop =EarlyStopping(monitor='val_mae',
68.                              min_delta=0.0001,
69.                              patience=100,
70.                              restore_best_weights=True)
71.
72.    epochs= 1000
73.
74.    model_history = model.fit(X_train, y_train,
75.                                   epochs = epochs,
76.                                   callbacks = [early_stop],
77.                                   batch_size=512,
78.                                   shuffle=True)
79.
80.    X_test_pred = X_test[-16:,:].reshape((1, 16, 1782))
81.    scaled_test_predict = model.predict(X_test_pred)
82.    y_predict = pd.DataFrame(minmax.inverse_transform(scaled_test_predict.reshape((n
   _future, n_features))),columns=dp.scaled_test_df.columns)
83.
84.    return y_predict
```

训练完成后，可以通过训练中损失函数训练轮次的变化来感知模型训练的效果，如图 7-34 所示，损失函数随着轮次的增加呈现收敛的状态，因此 LSTM 的训练效果较好。

### 7.3.5 深度学习模型——Transformer 模型

Transformer 是 2017 年由谷歌发表的论文“Attention is all you need”中提出的模型结构，旨在用 Attention 的方法替代传统的 CNN 和 RNN 解决 NLP 领域的机器翻译问题，整个网络结构完全由 Attention 机制和前馈神经网络组成。Transformer 在 NLP 领域的重大成功证明了其对时序数据建模的强大能力，本小节将讲解 Transformer 的原理以及在时序数据中的应用。

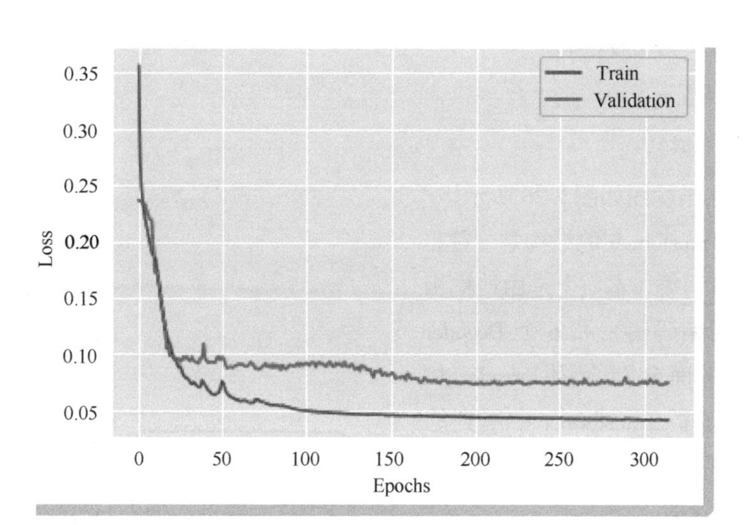


● 图 7-34　LSTM 的损失函数的变化过程

1. Attention

Attention 的中文名是注意力机制，其核心思想就是关注重点。Attention 对于重点的关注是通过赋权值的方法实现的。图 7-35 所示为 Attention 的结构，展现了在输入 $Q$（Query）、$K$（Key）、$V$（Value）的情况下计算权重的过程。

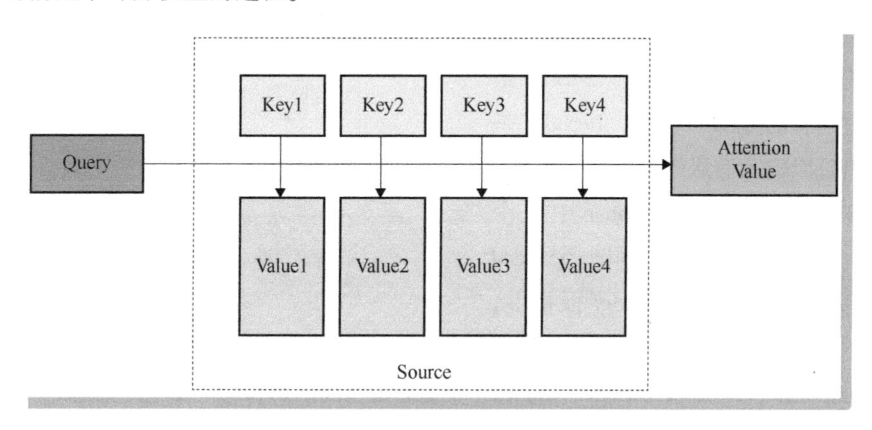


● 图 7-35　Attention 的结构

1）使用 $Q$ 和 $K$ 计算权重 $\alpha$，并用 softmax 函数对权重值进行归一化，公式如下：

$$\alpha=\text{softmax}(f(QK))$$

式中，$f$ 的运算方式很多种，常见的是加性 Attention（$f(QK)=\tanh(W_1Q+W_2K)$）和乘性 Attention（$f(QK)=QK^{\mathrm{T}}$），不管是加性还是乘性的 Attention，$f$ 的计算都是表达向量 $Q$ 和向量 $K$ 之间的相似程度。

2）用权重 $\alpha$ 对结果加权得到：

$$out = \sum \alpha_i * v_i$$

2. Transformer 网络结构

Transformer 网络结构图如图 7-36 所示。

图 7-36 显示，Transformer 的结构乍一看非常复杂，但其实有章可循，本质上是由结构相似的 6 个 Encoder（编码器）和 6 个 Decoder（解码器）组成。下面分别介绍 Encoder 和 Decoder的结构，并解析 Transformer 中用到的基于 Attention 延展出来的 Self-Attention 和 Muti-Head Attention 结构。

（1）Encoder 和 Decoder

Encoder 可以理解为提炼信息的过程，将复杂冗长的信息输入编码器，抽象出低维的关键信息。Decoder 可以理解为将 Encoder 提炼的关键信息和原始的一些其他信息作为输入，通过 Decoder 还原成和原本输入相同的形状。对 Encoder 和 Decoder 的解读可以抽象成人脑对信息的处理和运用的过程，Encoder 是对输入的关键信息的提炼和理解，Decoder 是对抽象出的信息以输入信息的方式表达出来。

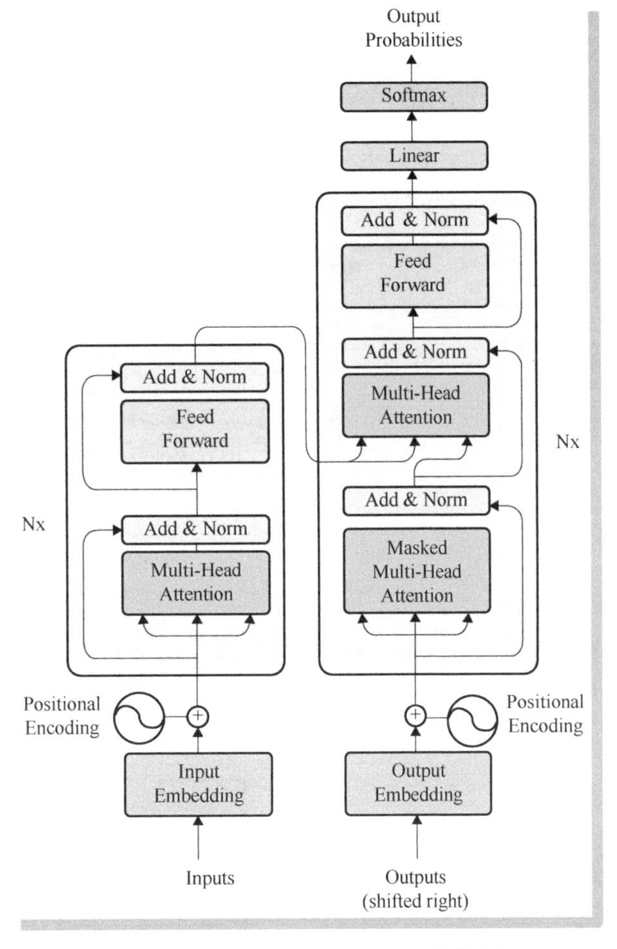


• 图 7-36　Transformer 网络结构图

如图 7-37 所示，在 Transformer 中一个 Encoder 由一个 Self-Attention 层和一个 Feed Forward 层组成，Decoder 和 Encoder 很相似，相比之下多了 Encoder-Decoder Attention 的网络层结构。其中 Self-Attention 层表达的是当前时刻信息和前文信息之间的关系，Encoder-Decoder Attention 表达的是当前信息和编码器输出信息之间的关系。

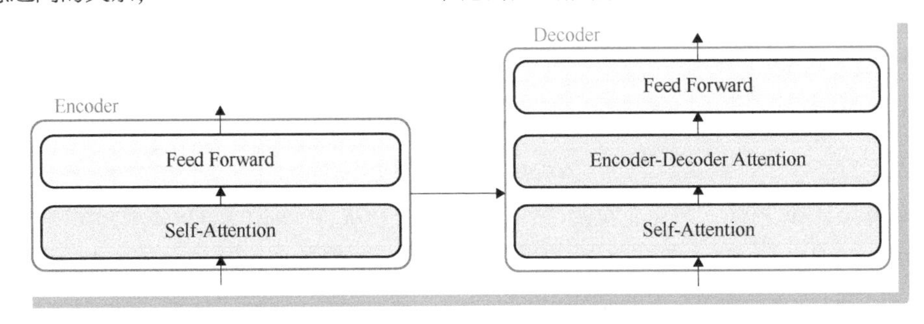


• 图 7-37　Transformer 的结构

（2）Self-Attention

Self-Attention 又称为自注意力机制，其整体结构符合 Attention 的框架，如图 7-38 所示。

图中 $Q$、$K$、$V$ 均和输入矩阵 $X$ 相关，$Q=X\times WQ$，$K=X\times WK$，$V=X\times WV$，$WQ$、$WK$、$WV$ 分别是随机初始化的线性变换矩阵。Self-Attention 之所以称为 Self，不难发现是因为 $Q$、$K$、$V$ 的初始化都只和自身输入 $X$ 相关。有了 $Q$、$K$、$V$ 之后，就可以代入 Attention 框架，不同的是 Self-Attention 多了 Scale 和 Mask 的操作。Scale 的操作是除以$\sqrt{d_k}$，$d_k$ 是向量维度，这么做是为了防止 $Q$ 和 $K$ 的内积过大，Mask 操作是为了防止信息泄露，会遮掩一部分下文信息。Self-Attention 公式如下：

$$\text{Self-Attention}(Q,K,V)=\text{SoftMax}\left(\frac{QK^{\mathrm{T}}}{\sqrt{d_k}}\right)V$$

（3）Multi-Head Attention

Multi-Head Attention 又称为多头注意力机制，其是将多个 Self-Attention 层结合起来，结构如图 7-39 所示。

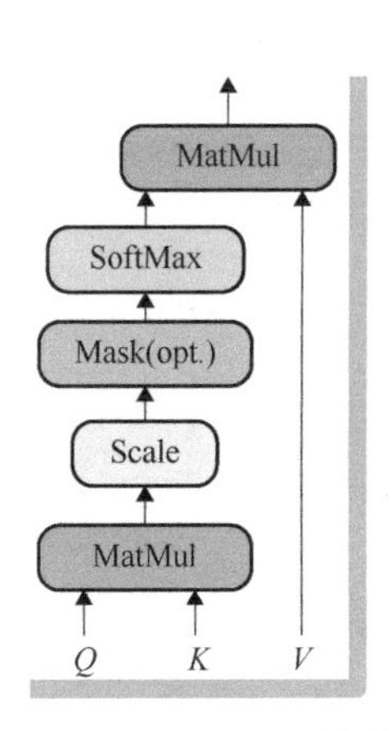


● 图 7-38　Self-Attention 的整体结构

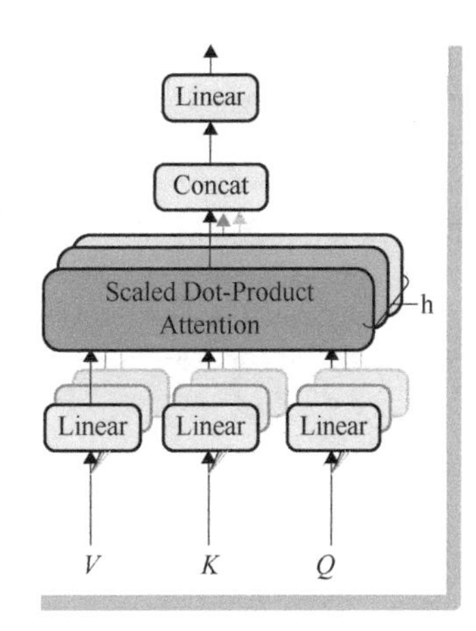


● 图 7-39　Multi-Head Attention 结构

$Q$、$K$、$V$ 分别送入 $h$ 个 Self-Attention 中，然后将 $h$ 个 Self-Attention 的输出拼接起来传递给一个 Linear 层，得到最终的输出。多头注意力机制主要是为了改善自注意力机制存在的缺陷，即其在对当前位置的信息进行编码时，会过度地将注意力集中到自身的位置上，而多头注意力机制可以将注意力给予不同位置并进行编码表示，从而增强了模型的表达能力。

3. Transformer 在时序数据中的应用

由于 Transformer 模型结构庞大，下面给出关键部分的伪代码作为参考，具体的细节实现可以参考代码库中的代码。

```
1.from tensorflow.keras.layers import MultiHeadAttention
2.
3.class MutiHeadAttention(keras.Model):
```

```
4.     def __init__(self, name='MutiHeadAttention', num_heads=2, head_size=128, ff_dim=
  None, dropout=0, ** kwargs):
5.         super().__init__(name=name, ** kwargs)
6.
7.         if ff_dim is None:
8.             ff_dim = head_size
9.
10.         self.attention =MultiHeadAttention(num_heads=num_heads, head_size=head_size,
  dropout=dropout)
11.         self.attention_dropout =keras.layers.Dropout(dropout)
12.         self.attention_norm =keras.layers.LayerNormalization(epsilon=1e-6)
13.
14.           self. ff _conv1  =  keras. layers. Conv1D ( filters = ff _ dim,  kernel _ size = 1,
  activation='relu')
15.         # self.ff_conv2 at build()
16.         self.ff_dropout =keras.layers.Dropout(dropout)
17.         self.ff_norm =keras.layers.LayerNormalization(epsilon=1e-6)
18.
19.     def build(self, input_shape):
20.         self.ff_conv2 = keras.layers.Conv1D(filters=input_shape[-1], kernel_size=1)
21.
22.     def call(self, inputs):
23.         x = self.attention([inputs, inputs])
24.         x = self.attention_dropout(x)
25.         x = self.attention_norm(inputs + x)
26.
27.         x = self.ff_conv1(x)
28.         x = self.ff_conv2(x)
29.         x = self.ff_dropout(x)
30.
31.         x = self.ff_norm(inputs + x)
32.         return x
33.
34.
35.
36.class Encoder(tf.keras.layers.Layer):
37.     def __init__(self, d_model, n_h, d_ff, dropout, ** kwargs):
38.         super().__init__(** kwargs)
39.         self.mha = MultiHeadAttention(d_model, n_h, dropout)
40.         self.dropout_1 = tf.keras.layers.Dropout(dropout)
41.         self.position_feed_forward =PositionFeedForward(d_model, d_ff)
42.         self.dropout_2 = tf.keras.layers.Dropout(dropout)
43.
44.         self.layer_norm_1 = tf.keras.layers.LayerNormalization(epsilon=0.0001)
45.         self.layer_norm_2 = tf.keras.layers.LayerNormalization(epsilon=0.0001)
46.
47.     def call(self, inputs, padding_mask, training=False, ** kwargs):
```

```
48.         # Self-Attention 层结构
49.         attended_output, attention_weights = self.mha(
50.             inputs, inputs, inputs, mask=padding_mask)
51.         attended_output_drop = self.dropout_1(
52.             attended_output, training=training)
53.         attended_output_norm = self.layer_norm_1(attended_output_drop+inputs)
54. 
55.         # Feed-Forward 层结构
56.         output_encoder_unnorm = self.position_feed_forward(
57.             attended_output_norm)
58.         output_encoder_unnorm_drop = self.dropout_2(
59.             output_encoder_unnorm, training=training)
60.         output_encoder = self.layer_norm_2(
61.             output_encoder_unnorm_drop+attended_output_norm)
62. 
63.         return output_encoder
64. 
65. 
66.class Decoder(tf.keras.layers.Layer):
67.     def __init__(self, d_model, n_h, d_ff, dropout, ** kwargs):
68.         super().__init__(** kwargs)
69. 
70.         self.mha_mask = MultiHeadAttention(d_model, n_h, dropout)
71.         self.layer_norm_1 = tf.keras.layers.LayerNormalization(epsilon=0.0001)
72. 
73.         self.mha = MultiHeadAttention(d_model, n_h, dropout)
74.         self.layer_norm_2 = tf.keras.layers.LayerNormalization(epsilon=0.0001)
75. 
76.         self.position_feed_forward =PositionFeedForward(d_model, d_ff)
77.         self.layer_norm_3 = tf.keras.layers.LayerNormalization(epsilon=0.0001)
78. 
79.         self.dropout_1 = tf.keras.layers.Dropout(dropout)
80.         self.dropout_2 = tf.keras.layers.Dropout(dropout)
81.         self.dropout_3 = tf.keras.layers.Dropout(dropout)
82. 
83.     def call (self, encoder_output, inputs, padding_mask, look_ahead_mask=None,
   training=False, ** kwargs):
84.         # Masked Self-Attention
85.         attended_output_mask, attention_weights_mask = self.mha_mask(
86.             inputs, inputs, inputs, mask=look_ahead_mask)
87.         attended_output_drop_mask = self.dropout_1(
88.             attended_output_mask, training=training)
89.         attended_output_norm_mask = self.layer_norm_1(
90.             attended_output_drop_mask+inputs)
91. 
92.         # Self-Attention 层结构
93.         attended_output, attention_weights = self.mha(
```

```
94.            attended_output_norm_mask, encoder_output, encoder_output, mask=padding_
   mask)
95.         attended_output_drop = self.dropout_2(
96.             attended_output, training=training)
97.         attended_output_norm = self.layer_norm_2(
98.             attended_output_drop + attended_output_norm_mask)
99.
100.         # Feed-Forward 层结构
101.         output_decoder_unnorm = self.position_feed_forward(
102.             attended_output_norm)
103.         output_decoder_unnorm_drop = self.dropout_3(
104.             output_decoder_unnorm, training=training)
105.         output_decoder = self.layer_norm_3(
106.             output_decoder_unnorm_drop + attended_output_norm)
107.
108.         return output_decoder
```

### 7.3.6 深度学习模型——DeepAR 模型

DeepAR 是一种基于自回归递归网络（Autoregressive Recurrent Networks）架构的深度学习模型，它是由 Amazon 公司在 2017 年提出的，目前已经集成在 Amazon 自有的机器学习云平台 Amazon SageMaker 和自有的开源时序预测工具 GluonTS 中。主流的时序模型（如 ARIMA、Prophet、LSTM 等）通常基于历史数据建模输出对未来的预测值，DeepAR 不只是输出一个预测值，而是输出一个预测值的概率分布。相较于简单的预测值来说，预测值的概率分布可以更好地描述事情发生的随机性，从而提升预估结果的精度。除了对预测结果的改进之外，DeepAR 还可以从大量复杂且有相关性的时序数据中，学习到全局模型并准确地做出单条时间序列的预测。

（1）自回归的概念

下面先介绍自回归的概念，DeepAR 属于自回归模型的范畴，自回归模型是通过对变量 $x$ 在 $i\sim t-1$ 时刻的表现预测 $x$ 变量在 $t$ 时刻的结果。因为不像普通回归模型一样使用 $x$ 预测 $y$，而是 $x$ 自身预测 $x$，因此起名为自回归模型，其数学定义为：

$$X_t = c + \sum_{i=1}^{p} \omega_i X_{t-i} + \varepsilon_t$$

式中，$c$ 是常数项，$\omega_i$ 是自相关系数，$\varepsilon_t$ 是平均数为 0、标准差为常数的随机误差。

（2）DeepAR 模型原理

DeepAR 是在自回归模型的基础上，结合 RNN 模型优化出的深度学习时序模型。下面介绍一下该模型的定义。首先，定义 $z_{i,t}$ 为第 $i$ 个时间序列在 $t$ 时刻的值，模型的求解目标是得到联合概率分布 $\boldsymbol{P}(\boldsymbol{z}_{i,t_0:T} | \boldsymbol{z}_{i,1:t_0-1}, \boldsymbol{x}_{i,1:T})$，其中 $z_{i,t_0:T}$ 是时间序列 $i$ 在未来时间 $t_0$ 到 $T$ 的序列值，$z_{i,1:t_0-1}$ 是时间序列 $i$ 在过去时间 1 到 $t_0-1$ 的序列值，$\boldsymbol{x}_{i,1:T}$ 是已知的时序特征，求解目标 $P$ 相当于用过去时间的序列值建模，并对未来时间序列值进行预测。把 DeepAR 模型的分布写成如下似然函数的形式：

$$Q_{\Theta}(z_{i,t_0:T} \mid z_{i,1:t_0-1}, x_{i,1:T}) = \prod_{t=t_0}^{T} Q_{\Theta}(z_{i,t} \mid z_{i,1:t-1}, x_{i,1:T}) = \prod_{t=t_0}^{T} l[z_{i,t} \mid \theta(h_{i,t}, \Theta)]$$

式中，$h_{i,t}$是自回归递归网络的输出，$l$（likehood）是似然函数，表示 DeepAR 基于自回归递归网络预测 $z_{i,t}$ 的概率分布。下面介绍自回归递归网络的工作原理，如图 7-40 所示。

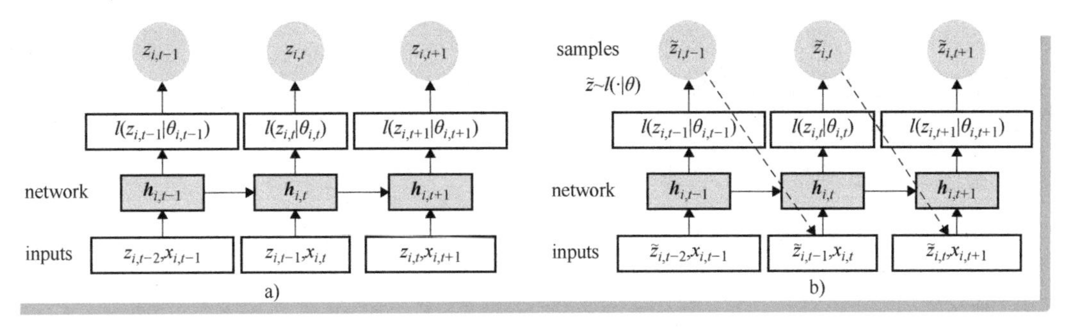


● 图 7-40　自回归递归网络的工作原理图
a）模型训练　b）模型预测

图 7-40a 是模型训练，图 7-40b 是模型预测，其中 network 层是自回归递归模型以前馈方式传递。

在训练过程中，$t$ 时刻的神经元的输入分为以下 3 部分。

1）$t-1$ 时刻神经元的输出 $h_{i,t-1}$。

2）$t-1$ 时刻的真实时序值 $z_{i,t-1}$。

3）$t$ 时刻的时序特征 $x_{i,t}$。

3 部分的输入经过 $z_t$ 时刻的自回归递归模型输出为 $h_{i,t}$，$h_{i,t}$经过似然函数 $l$ 的计算，得到本层神经元最终的结果 $z_{i,t}$。其中自回归递归模型就是最常见的 RNN 模型，整个训练过程和 RNN 的不同之处是神经元的输出做了似然函数的处理。而似然函数是 DeepAR 实现输出概率分布的关键，在 DeepAR 中针对两种类型的序列采用了不同的似然函数。

1）对于实值序列，认为其输出符合高斯分布，因此用高斯似然函数来计算，公式如下：

$$l_G(z|\mu,\sigma) = (2\pi\sigma^2)^{-\frac{1}{2}}\exp(-(z-\mu)^2/(2\sigma^2))$$

式中，$\mu(h_{i,t}) = w_{\mu}^{\mathrm{T}} h_{i,t} + b_{\mu}, \sigma(h_{i,t}) = \log[1+\exp(w_{\sigma}^{\mathrm{T}} h_{i,t} + b_{\sigma})]$。

2）对于计数序列，用负二项分布似然函数来计算，公式如下：

$$l_{NB}(z|\mu,\alpha) = \frac{\Gamma\left(z+\frac{1}{\alpha}\right)}{\Gamma(z+1)\Gamma\left(\frac{1}{\alpha}\right)}\left(\frac{1}{1+\alpha\mu}\right)^{\frac{1}{\alpha}}\left(\frac{\alpha\mu}{1+\alpha\mu}\right)^{z}$$

式中，$\mu(h_{i,t}) = \log[1+\exp(w_{\mu}^{\mathrm{T}} h_{i,t} + b_{\mu})]$，$\alpha(h_{i,t}) = \log[1+\exp(w_{\alpha}^{\mathrm{T}} h_{i,t} + b_{\alpha})]$。

模型训练过程中，损失函数使用对数似然函数，公式如下：

$$L = -\sum_{i=1}^{N}\sum_{t=t_0}^{T}\log l[z_{i,t} \mid \theta(\boldsymbol{h}_{i,t})]$$

训练结束后，得到 DeepAR 模型的参数，将模型保存到本地，用于预测。

预测过程和训练过程的模型稍有不同，如图 7-40b 所示，由于预测阶段是无法拿到在未来$t-1$时刻的真实序列值$z_{i,t-1}$的，所以从预测的$t-1$时刻之前每层求出的$\tilde{z}_{i,t_0:t-1}$中抽样得到一个估计值作为$t$时刻真实序列值的输入，其余部分输入和训练阶段相同。

（3） DeepAR 模型的应用

下面给出 DeepAR 模型的核心代码。

```
1.import tensorflow as tf
2.import tensorflow_probability as tfp
3.
4.
5.class DeepAR(tf.keras.models.Model):
6.    """
7.    DeepAR
8.    """
9.    def __init__(self, lstm_units):
10.        super().__init__()
11.        # LSTM
12.        self.lstm = tf.keras.layers.LSTM(lstm_units,return_sequences=True, return_
   state=True)
13.        self.dense_mu = tf.keras.layers.Dense(1)
14.        self.dense_sigma = tf.keras.layers.Dense(1, activation='softplus')
15.
16.    def call(self, inputs, initial_state=None):
17.        outputs, state_h, state_c = self.lstm(inputs, initial_state=initial_state)
18.        mu = self.dense_mu(outputs)
19.        sigma = self.dense_sigma(outputs)
20.        state = [state_h, state_c]
21.        return [mu, sigma, state]
22.
23.    def log_gaussian_loss(mu, sigma, y_true):
24.        return -tf.reduce_sum(tfp.distributions.Normal(loc=mu, scale=sigma).log_prob
    (y_true))
```

其中，第 7 行代码用了 LSTM 模型作为自回归递归网络模型，第 23 行的 log_gaussian_loss 函数是自定义的损失函数。下面给出 DeepAR 预测未来 15 天 sales 的核心代码。

```
1.#数据加载、预处理
2.def dataloader(data,target_title,pred_length):
3.    max_encoder_length = 60
4.    max_prediction_length =pred_length
5.    training_cutoff = data["time_idx"].max() - max_prediction_length
```

```
6.
7.     context_length = max_encoder_length
8.     prediction_length = max_prediction_length
9.
10.    training =TimeSeriesDataSet(
11.        data[lambda x: x.time_idx <= training_cutoff],
12.        time_idx="time_idx",
13.        target=target_title,
14.        group_ids=["store_nbr"],
15.        time_varying_unknown_reals=[target_title],
16.        max_encoder_length=context_length,
17.        max_prediction_length=prediction_length,
18.    )
19.
20.    validation =TimeSeriesDataSet.from_dataset(training, data, min_prediction_idx=
   training_cutoff + 1)
21.    batch_size = 128
22.    train_dataloader = training.to_dataloader(train=True, batch_size=batch_size)
23.    val_dataloader = validation.to_dataloader(train=False, batch_size=batch_size)
24.    return train_dataloader,val_dataloader,training
25.
26.
27.
28.#训练测试
29.def train(train_dataloader,val_dataloader,training):
30.    early_stop_callback =EarlyStopping(monitor="val_loss", min_delta=1e-4, patience=
   10, verbose=False, mode="min")
31.    logger =TensorBoardLogger("deepar_logs")
32.    trainer = pl.Trainer(
33.        max_epochs=50,
34.        gpus=0,
35.        weights_summary="top",
36.        gradient_clip_val=0.01,
37.        callbacks=[early_stop_callback],
38.        limit_train_batches=50,
39.        enable_checkpointing=True,
40.        logger=logger
41.    )
42.
43.
44.    net =DeepAR.from_dataset(
45.        training,
46.        learning_rate=0.01,
47.        log_interval=10,
48.        log_val_interval=1,
49.        hidden_size=32,
50.        rnn_layers=4,
```

```
51.         loss=LogNormalDistributionLoss(),
52.     )
53.
54.     trainer.fit(
55.         net,
56.         train_dataloaders=train_dataloader,
57.         val_dataloaders=val_dataloader,
58.     )
59.     best_model_path = trainer.checkpoint_callback.best_model_path
60.     best_model =DeepAR.load_from_checkpoint(best_model_path)
61.
62.
63.     return best_model
```

至此，常见的时序模型讲解完毕，对于稳定的时间序列数据来说，用简单的模型就能取得不错的效果。但在真实的业务场景中，时间序列数据受到诸多外界因素的干扰，如节假日、天气、自然灾害等，因此除了用时序模型建模之外，通常还需要对上述外界干扰因素单独建模或者用数据分析、挖掘规则的方法对时序模型产出的结果进行辅助修正。

# 智能营销：优惠券发放

## 8.1 业务场景介绍

### 8.1.1 智能营销的概念和架构

生活中经常会遇见各种营销手段，在互联网还未普及的年代，最常见的传统营销手段就是商场促销，通过给各种商品贴上不同的折扣标签来吸引顾客。随着移动互联网的普及，越来越多的人选择网上获取资讯、购买商品等。商家的营销手段由线下转为线上，智能营销也就应运而生。智能营销是通过用大数据、人工智能等技术手段，实现营销人群的精准刻画和投放、营销实体的智能生成、营销效果的自动化追踪。本章将简要介绍智能营销的业务场景，重点结合优惠券发放讲解智能营销体系常见的算法模型。

本小节将从智能营销的必要性、智能营销和传统营销的差异、智能营销通用框架 3 方面进行介绍。

1. 智能营销的必要性

互联网、大数据、人工智能技术的加速创新，日益成为传统行业数字化转型的坚定技术基石，“把握数字经济发展趋势和规律，促进数字技术与实体经济深度融合，赋能传统产业转型升级，催生新产业、新业态、新模式”成为时代发展的主旋律。智能营销是数字经济时代数字化转型的核心场景之一，越来越多的企业意识到智能营销是作为最接近“盈利”目标的环节，是企业实现拓客增销、快速盈利、营销效果归因的关键。因此，大多数传统企业把智能营销作为企业数字化转型的第一步，为企业后续全面数字化转型奠定基础。图 8-1 所示为 2019~2025 年中国人工智能产业规模及能带动的相关产业规模。

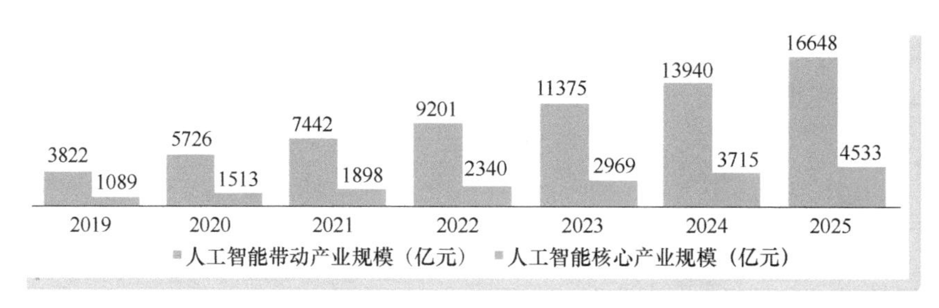


图 8-1　2019~2025 年中国人工智能产业规模及能带动的相关产业规模

2. 智能营销和传统营销的差异

智能营销和传统营销有诸多的差异，下面主要介绍两者在营销场景、营销策略、营销效果三个方面的差异。

（1）营销场景的差异

传统营销场景大多数是线下销售的产品或服务，主要的营销方式包括线下广告、纸媒、电视、广播等，通过上述的营销方式吸引顾客到店完成交易。智能营销的场景大多数基于互联网平台，常见的营销方式包括 Web 页面的广告推送、电商 App 的营销推广、短视频的直播带货等。通过平台式的互联网产品连接商家和客户，最终完成线上交易并通过物流的方式进行线下配送。在互联网时代，连接企业和用户的是硬件入口、营销渠道和多种多样的营销形式。图 8-2 所示为互联网时代多元化的智能营销场景。

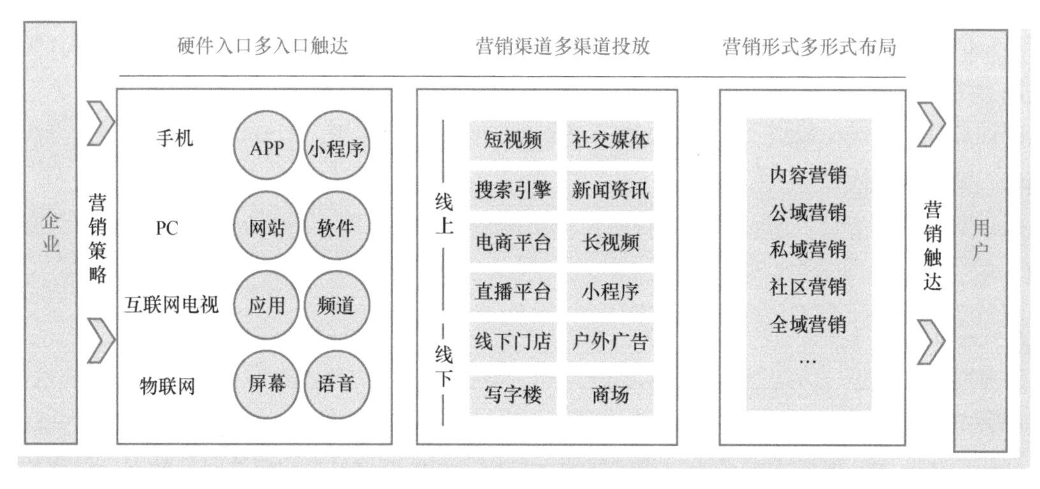


图 8-2　互联网时代多元化的智能营销场景

（2）营销策略的差异

传统营销策略的主角是产品，品牌方通过介绍产品的特性、包装产品的性能优势和价格优势，来吸引用户的注意，并带来购买行为。这种营销方式的优点是简单直观，但缺点是面向全部用户群体，很难满足所有人的需求。智能营销策略的主角是用户，通过大数据和人工智能技术深度挖掘用户的潜在需求，实现千人千面的精准有效营销，从而使得用户免于被无效信息打扰。

（3）营销效果的差异

传统营销效果没有一个科学的统计方式，大多是通过营销后一定周期内产品的销售表现来评估营销效果。智能营销基于对海量用户数据的智能化管理，因此可以有效地追踪用户维度的营销效果，从而实现个性化营销以及细粒度到用户维度的营销效果评估。

3. 智能营销的通用框架

随着营销场景的多元化发展，营销活动日趋丰富，营销数据呈现爆炸式的增长，不同的营销场景有不同的营销诉求。下面把复杂的智能营销解决方案抽象和提炼出一套通用的技术框架，如图 8-3 所示。

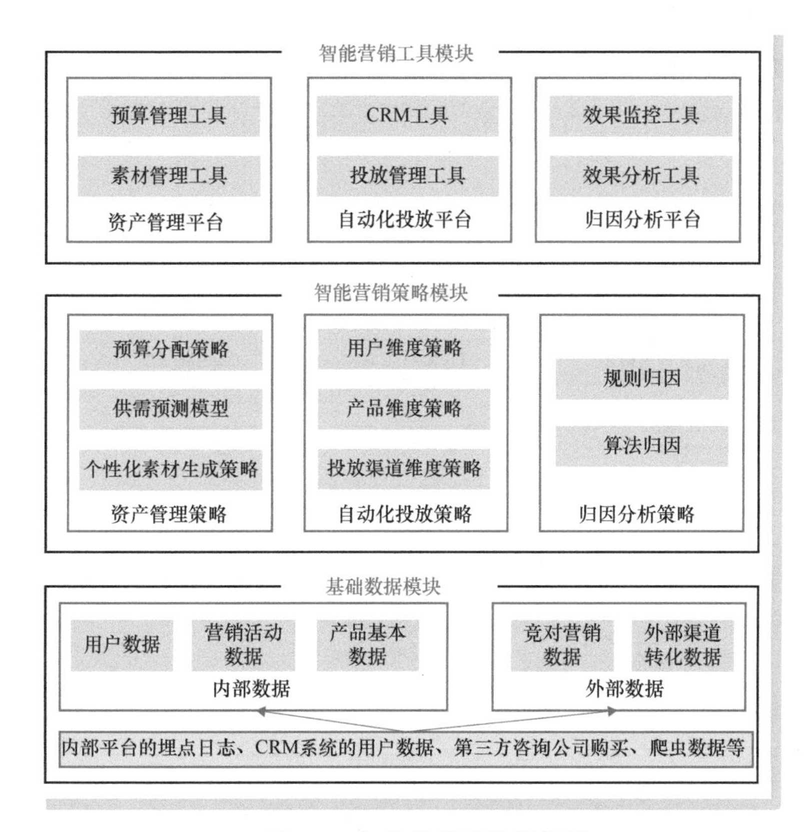


● 图 8-3　智能营销通用框架图

（1）基础数据模块

基础数据模块是智能营销的基石，主要包括内部数据和外部数据两大部分。内部数据包括用户数据、营销活动数据、产品基本数据等；外部数据包括竞对营销数据、外部渠道转化数据等。收集数据的渠道主要包括自建平台的埋点日志、CRM 系统的用户数据、通过第三方咨询公司购买等。

（2）智能营销策略模块

策略模块是在数据模块之上实现智能化营销替代人工配置的关键。智能营销策略主要包括 3 部分：资产管理策略、自动化投放策略和归因分析策略，它们分别对应智能营销投放前、投放中、投放后 3 个阶段。

资产管理策略主要包括预算分配策略、供需预测模型、个性化素材生成策略等，它主要负责营销投放前的准备工作。预算分配策略负责合理配置资源，供需预测模型负责预测市场环境的实时变化，并作为预算分配策略输入中重要的一部分。个性化素材生成策略是将图片、视频、文字等多种素材按一定策略合理融合在一起，生成个性化的营销素材，生成策略主要考虑用户对生成素材内容的感兴趣程度。

自动化投放策略作为智能营销策略的核心部分，主要负责给用户合理投放营销内容，使得用户点击率、转化率等指标效果最优，为了达到这个目标，自动化投放策略主要分为对用户、产品、投放渠道三个维度的策略建设。图 8-4 从以上三个维度总结了自动化投放策略对应的具体模型和机器学习算法。

图 8-4　自动化投放策略核心模型和算法

用户维度的模型主要包括对用户价值、用户行为、用户偏好、用户生命周期、社交关系等建模，其可以充分刻画用户在平台的表现，并针对不同用户精准营销，提高人群层面的运营效率。产品维度的模型主要包括产品销量预测模型、宣传素材生成模型、黏性模型、价格模型、归因分析模型、产品×用户投放模型等，其可以实现不同产品的精准定位，提高产品素材融合效率，并结合用户对不同产品的倾向性表现来实现营销收益最大化。渠道维度的模型包括渠道效率模型、渠道健康度模型、渠道转化漏斗模型、产品×用户×渠道投放模型，其可以帮助企业判断最高效的投放渠道，并从产品×用户×渠道角度合理将产品投放到不同的渠道上，触达不同的人群，从而使得渠道收益最大化。为了实现上述模型，通常会用到一些有监督和无监督的机器学习算法，图 8-4 的核心算法模块列举了常用的一些算法供读者参考。

（3）智能营销工具模块

智能营销工具模块体现在图 8-3 智能营销通用框架图的最上层的应用部分，它将智能营销策略可视化、可操作性变得更强。工具模块主要包括资产管理平台、自动化投放平台、归因分析平台。资产管理平台主要是包括预算管理和素材管理两部分，自动化投放平台主要包括 CRM（客户管理管理系统，Customer Relationship Management System）系统和投放管理工具两部分，其中 CRM 用来管理用户、商机、线索等，投放管理工具来实现智能投放策略的参数化配置，归因分析平台营销效果评估和效果归因分析。智能营销体系的工具模块支持一站式创建营销活动，并将智能营销的全流程可视化出来，大大提高了工作效率。

## 8.1.2 优惠券发放业务场景

### 1. 常见的优惠券发放业务价值

互联网时代，流量为本，很多平台商家为了吸引客户，往往会以发放优惠券的形式给产品降价博取用户的青睐。常见的优惠券使用场景可以分为：日常促销，日常降价的营销活动。常见的活动形式有：天降红包，这种优惠券金额固定、力度有限，一般需要用户主动领取并限制其在优惠券的有效期内使用；节日促销，通常有全场满减和品牌折扣两种方式，这种优惠券力度相对比较大，如 618，双 11 等电商节的优惠活动，通常也需要用户主动点击领取并在指定店铺和时间段使用；随单立减，用户每次下单都会有一个优惠折扣，折扣力度偏小，根据用户的历史表现千人千面地发放优惠券，这种优惠券一般在用户下单时会自动使用。

优惠券的业务价值主要体现在以下几个方面。

1）提升大盘 GMV（商品交易总额，Gross Merchandise Volume），如常见的满减券一般是用户购买达到使用优惠券的门槛金额后核销发放，因此提升了大盘的 GMV。

2）促使用户消费，随单立减的优惠券往往会在用户下单之前弹出，直接引导用户下单，促进用户的下单转化率。

3）提升用户拉新和留存率，大额的新人券和随单立减券都是平台拉新和留存的有效途径。

在图 8-5 所示的智能营销优惠券发放业务场景图中，最底层是智能化发券需要的平台服务依赖，其中包括平台提供的商品服务、促销服务、订单服务、算法服务、投放引擎、用户权益中心等。在完备的基础服务之上，衍生出各种各样的优惠券规则，图中给出了常见的优惠券类型、使用范围、使用对象、发放方式、数量限制、退还流程等。在明晰了优惠券规则之后，平台需要将优惠券的信息合理的展示给用户。一些促销活动中，优惠券一般展示在促销活动页面、搜索页面、用户消息中心等，而日常活动中，优惠券一般展示在购物车、下单页面中。

图 8-5 智能营销优惠券发放业务场景图

2. 智能营销优惠券发放的策略核心

智能营销的优惠券发放场景涉及的核心问题可以抽象为三个方面：发多少、发给谁、怎么发。这里把这三个核心要素抽象成宏观、微观的策略层面。简单来讲，宏观策略主要负责粗粒度的目标制定，常见的就是城市粒度的预算、业务目标制定；微观策略主要负责细粒度的人群分层和折扣分发。图 8-6 所示为智能营销算法层面的基本框架。

（1）发多少

“发多少”主要解决的是预算问题，如何在达到业务目标的情况下，合理设置不同颗粒度的预算。常见的业务场景是，全国有一个智能营销的预算总包，由“发多少”来解决不同城市之间的预算合理分配问题。“发多少”通常需要使用传统的时序模型或回归模型做出准确的供给和需求的预测。

（2）发给谁

“发给谁”主要解决的是优惠券发给哪些用户的问题。不同用户有不同的下单偏好、下单行

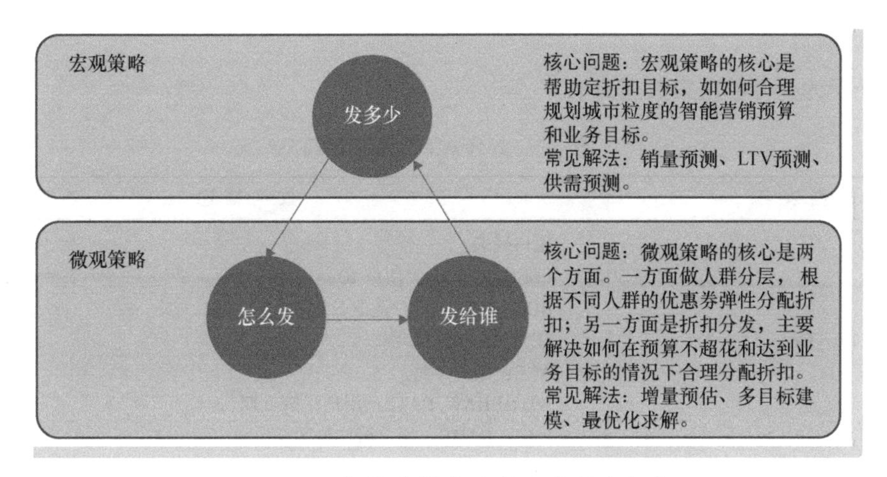


● 图 8-6　智能营销算法层面的基本框架

为、GMV 贡献度，除此之外，不同用户对优惠券的敏感度也有差异。“发给谁”就是通过算法模型和特征工程的方法对人群进行不同的分层，从而对优惠券进行差异化发放。

(3) 怎么发

“怎么发”主要是解决在有预算约束的情况下，保证优惠券的配置可以最大程度达到业务目标。

## 8.2 智能营销场景下的特征挖掘

优惠券的智能发放是智能营销的典型场景之一。本节以日本一家名为 Recruit Ponpare 网站的公开数据集作为实战案例。

### 8.2.1 数据集介绍

为了让读者朋友快速熟悉数据集的基本情况，本小节从数据背景、数据清单、数据预处理、数据概览 4 部分来详细介绍。

1. 数据背景

Recruit Ponpare 是日本早期建立的一个优惠券网站，网站上提供了各种各样的商品交易，而每种商品对应着不同的优惠券。该网站提供了用户过去购买和浏览行为、用户的具体信息、优惠券具体信息等数据，旨在分析优惠券对用户购买行为产生的影响。本节的案例将不局限于解决该网站提出的优惠券购买意愿预测问题，而是通过这份真实场景的数据对智能营销场景中“发给谁”“发多少”“怎么发”的核心策略进行实战。

2. 数据清单

表 8-1 所示为公开数据集数据清单。

表 8-1 公开数据集数据清单

| 数据表名 | 数据描述 |
| --- | --- |
| user_list. csv | 用户列表：<br>USER_ID_hash：用户 ID。<br>REG_DATE：用户注册日期。<br>SEX_ID：用户性别。<br>AGE：用户年龄。<br>WITHDRAW_DATE：用户注销日期。<br>PREF_NAME：用户居住地区 |
| coupon_list_train. csv | 优惠券列表：<br>CAPSULE_TEXT：描述文字。<br>GENRE_NAME：类别名称。<br>PRICE_RATE：折扣率。<br>CATALOG_PRICE：标签价。<br>DISCOUNT_PRICE：折后价。<br>DISPFROM：发售日期。<br>DISPEND：销售截止日期。<br>DISPPERIOD：销售周期（天）。<br>VALIDFROM：优惠券有效开始日期。<br>VALIDEND：优惠券有效截止日期。<br>VALIDPERIOD：优惠券有效周期（天）。<br>USABLE_DATE_MON：周一是否可用。<br>USABLE_DATE_TUE：周二是否可用。<br>…<br>USABLE_DATE_SUN：周日是否可用。<br>USABLE_DATE_HOLIDAY：节假日是否可用。<br>USABLE_DATE_BEFORE_HOLIDAY：节假日前一天是否可用。<br>large_area_name：店铺所在大区域名字。<br>ken_name：商店名称。<br>small_area_name：店铺所在小区域名字。<br>COUPON_ID_hash：优惠券 ID |
| coupon_visit_train. csv | 用户浏览日志：<br>PURCHASE_FLG：是否购买。<br>PURCHASEID_hash：购买 ID。<br>I_DATE：浏览时间，如果购买即购买时间。<br>REFERRER_hash：推荐人 ID。<br>VIEW_COUPON_ID_hash：浏览的优惠券 ID。<br>USER_ID_hash：用户 ID。<br>SESSION_ID_hash：Session ID |

（续）

| 数据表名 | 数据描述 |
|---|---|
| coupon_detail_train. csv | 用户购买日志：<br>ITEM_COUNT：购买数量。<br>I_DATE：购买日期。<br>SMALL_AREA_NAME：小区域名称。<br>PURCHASEID_hash：购买ID。<br>USER_ID_hash：用户ID。<br>COUPON_ID_hash：优惠券ID |

3. 数据预处理

本节数据集的预处理主要包括文字转换和日期转换两部分。文字转换主要是因为该数据集中的产品描述都是日文，为了方便阅读，都转换成对应的英文字符串，具体的代码如下。

```
1.import pandas as pd
2.import json
3.
4.user_list = pd.read_csv('data/user_list.csv')
5.coupon_list_train = pd.read_csv('data/coupon_list_train.csv')
6.coupon_visit_train = pd.read_csv('data/coupon_visit_train.csv')
7.coupon_detail_train = pd.read_csv('data/coupon_detail_train.csv')
8.
9.###日文转换为英文:商品描述的转换
10.f = pd.read_excel('data/documentation/CAPSULE_TEXT_Translation.xlsx', usecols=[2,3,
   6,7], skiprows=4, header=1)
11.first_col = f[['CAPSULE_TEXT', 'English Translation']]
12.second_col = f[['CAPSULE_TEXT.1','English Translation.1']].dropna().rename({'CAPSULE_
   TEXT.1': 'CAPSULE_TEXT', 'English Translation.1': 'English Translation'}, axis=1)
13.all_capsule_text = pd.concat([first_col, second_col]).drop_duplicates('CAPSULE_TEXT').
   reset_index(drop=True)
14.text_translation_map = {k:v for (k,v) in zip(all_capsule_text['CAPSULE_TEXT'], all_cap-
   sule_text['English Translation'])}
15.
16.###日文转换为英文:地理位置的转换
17.area_translation_map =json.loads(json_translations)
18.coupon_detail_train['SMALL_AREA_NAME'] = coupon_detail_train['SMALL_AREA_NAME'].map
   (area_translation_map)
19.coupon_list_train['CAPSULE_TEXT'] = coupon_list_train['CAPSULE_TEXT'].map(text_trans-
   lation_map)
20.coupon_list_train['GENRE_NAME'] = coupon_list_train['GENRE_NAME'].map(text_
   translation_map)
21.coupon_list_train['large_area_name'] = coupon_list_train['large_area_name'].map(area
   _translation_map)
22.coupon_list_train['ken_name'] = coupon_list_train['ken_name'].map(area_translation_
   map)
```

```
23.coupon_list_train['small_area_name'] = coupon_list_train['small_area_name'].map(area
   _translation_map)
24.user_list['PREF_NAME'] = user_list['PREF_NAME'].map(area_translation_map)
25.
26.###时间戳转换
27.coupon_detail_train['I_DATE'] = pd.to_datetime(coupon_detail_train['I_DATE'])
28.user_list['REG_DATE'] = pd.to_datetime(user_list['REG_DATE'])
29.coupon_list_date_cols = ['DISPFROM', 'DISPEND', 'VALIDFROM', 'VALIDEND']
30.for col in coupon_list_date_cols:
31.    coupon_list_train[col] = pd.to_datetime(coupon_list_train[col])
32.coupon_visit_train['I_DATE'] = pd.to_datetime(coupon_visit_train['I_DATE'])
```

4. 数据概览

下面从优惠券、商品等多个角度分析数据集的概况。

（1）整体情况

表 8-2 所示为数据集整体概况。

表 8-2 数据集整体概况

| 类　别 | 数　量 |
|---|---|
| 用户数 | 22873 |
| 优惠券数 | 19413 |
| 用户浏览日志条数 | 2833180 |
| 用户购买日志条数 | 168996 |
| 最早购买日期 | 2011-07-01 00：10：42 |
| 最晚购买日期 | 2012-06-23 23：54：47 |

如表 8-2 所示，这份公开数据集给出的是该平台一年以来的购买情况数据，其中用户有 2 万左右，优惠券的种类数也有 2 万左右。

（2）优惠券的统计数据

优惠券的统计数据如表 8-3 所示。

表 8-3 优惠券的统计数据

| | PRICE_ RATE | CATALOG_ PRICE | DISCOUNT_ PRICE | DISPPERIOD | VALIDPERIOD |
|---|---|---|---|---|---|
| count | 19413.000000 | 19413.000000 | 19413.000000 | 19413.000000 | 13266.000000 |
| mean | 58.478391 | 11818.368258 | 4332.877659 | 3.166950 | 125.955902 |
| std | 11.266571 | 16881.898880 | 5459.667448 | 1.346859 | 46.599249 |
| min | 0.000000 | 1.000000 | 0.000000 | 0.000000 | 0.000000 |
| 25% | 50.000000 | 3675.000000 | 1550.000000 | 2.000000 | 89.000000 |

（续）

| | PRICE_ RATE | CATALOG_ PRICE | DISCOUNT_ PRICE | DISPPERIOD | VALIDPERIOD |
|---|---|---|---|---|---|
| 50% | 53.000000 | 6500.000000 | 2750.000000 | 3.000000 | 128.000000 |
| 75% | 65.000000 | 13650.000000 | 4800.000000 | 4.000000 | 177.000000 |
| max | 100.000000 | 680000.000000 | 100000.000000 | 36.000000 | 179.000000 |

相关代码如下。

```
1.print("用户数:", user_list.USER_ID_hash.nunique())
2.print("优惠券数:", coupon_list_train.COUPON_ID_hash.nunique())
3.print("用户浏览日志条数:", coupon_visit_train.shape[0])
4.print("用户购买日志条数:", coupon_detail_train.shape[0])
5.print("最早购买日期:", coupon_detail_train.I_DATE.min())
6.print("最晚购买日期:", coupon_detail_train.I_DATE.max())
7.coupon_list_train[['GENRE_NAME','PRICE_RATE','CATALOG_PRICE','DISCOUNT_PRICE','DISP-
  PERIOD','VALIDPERIOD']].describe()
```

（3）优惠券商品类别分布

优惠券商品类别分布如图 8-7 所示。

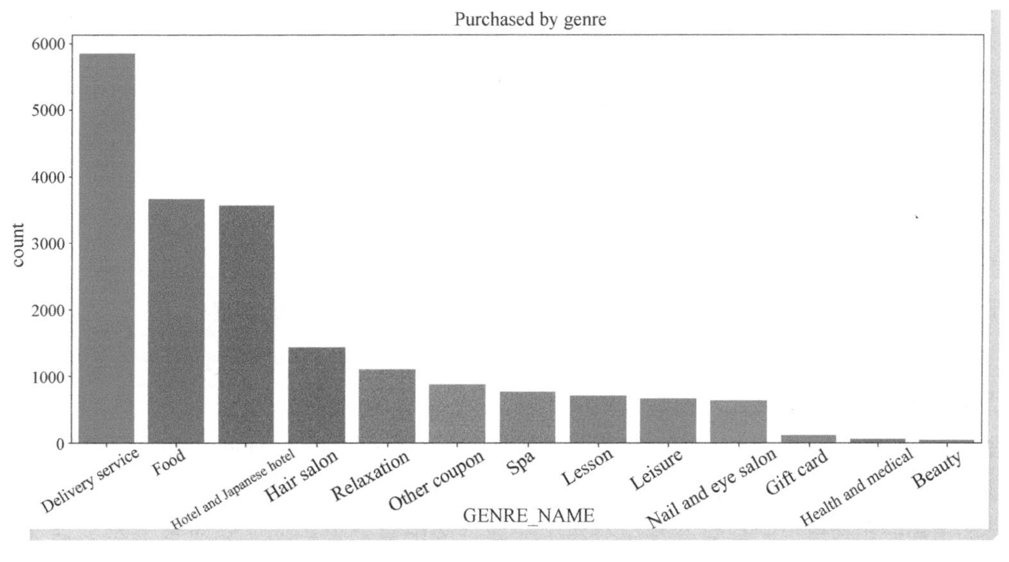


● 图 8-7 优惠券商品类别分布

图 8-7 的横坐标 GENRE_NAME 代表商品类别，纵坐标是商品类别对应的商品数。不难发现，优惠券商品最多的类别是 Delivery Service（配送服务），其次是 Food（食品类）和 Hotel and Japanese hotel（酒店类）的优惠券，最少的是 Beauty（美妆类）和 Health and medical（医疗保健类）的优惠券。同时，优惠券集中在前三类别的商品上，这说明该平台此类别商品销售情况较好，

而其他类别的商品相对来说可能销售状况较差。

（4）优惠券所属区域分布

优惠券所属区域分布如图 8-8 所示。

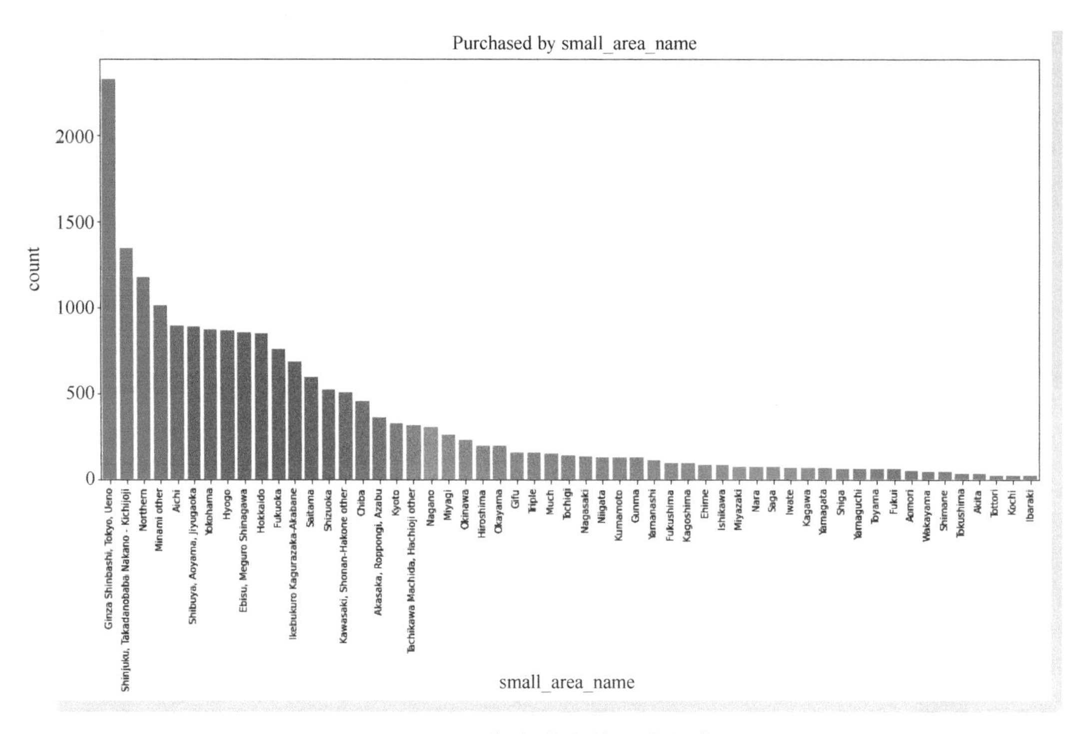


图 8-8　优惠券所属区域分布

图 8-8 的横坐标 small_area_name 表示区域名字，纵坐标表示不同区域的优惠券数量。由图可知，优惠券集中在日本大城市的某些核心区域，显然大城市的消费能力更强。

（5）优惠券累积使用数量统计

优惠券累积使用数量统计如图 8-9 所示。

图 8-9 是按照优惠券 ID 统计每种优惠券的累积购买频次后用 seaborn 的 distplot 函数展示累积购买频次的分布，故横坐标 ITEM_COUNT 表示累积购买频次，纵坐标表示分布密度。通过图发现，优惠券的累积使用数量很明显复合长尾分布，大部分的优惠券累积购买频次集中在 1～5 次之内，相关代码如下。

```
1.#优惠券商品类别分布
2.f, ax =plt.subplots(1,1,figsize=(18,8))
3.tmp = coupon_list_train['GENRE_NAME'].value_counts().reset_index().rename({'index':
  'GENRE_NAME','GENRE_NAME':'count'}, axis=1)
4.sns.barplot(x='GENRE_NAME', y='count', data=tmp, ax=ax)
```

```
5.ax.set_title('Purchased by genre')
6.plt.xticks(rotation=30)
7.#优惠券所属区域分布
8.f, ax =plt.subplots(1,1,figsize=(18,8))
9.tmp = coupon_list_train['small_area_name'].value_counts().reset_index().rename
  ({'index':'small_area_name','small_area_name':'count'}, axis=1)
10.sns.barplot(x='small_area_name', y='count', data=tmp, ax=ax)
11.ax.set_title('Purchased by small_area_name')
12.plt.xticks(rotation=90)
13.#优惠券累积使用数量
14.tmp = coupon_detail_train.groupby('COUPON_ID_hash')['ITEM_COUNT'].sum().reset_index
   ()
15.f, ax =plt.subplots(1,1,figsize=(18,8))
16.sns.distplot(tmp[tmp['ITEM_COUNT']<=100].ITEM_COUNT)
```

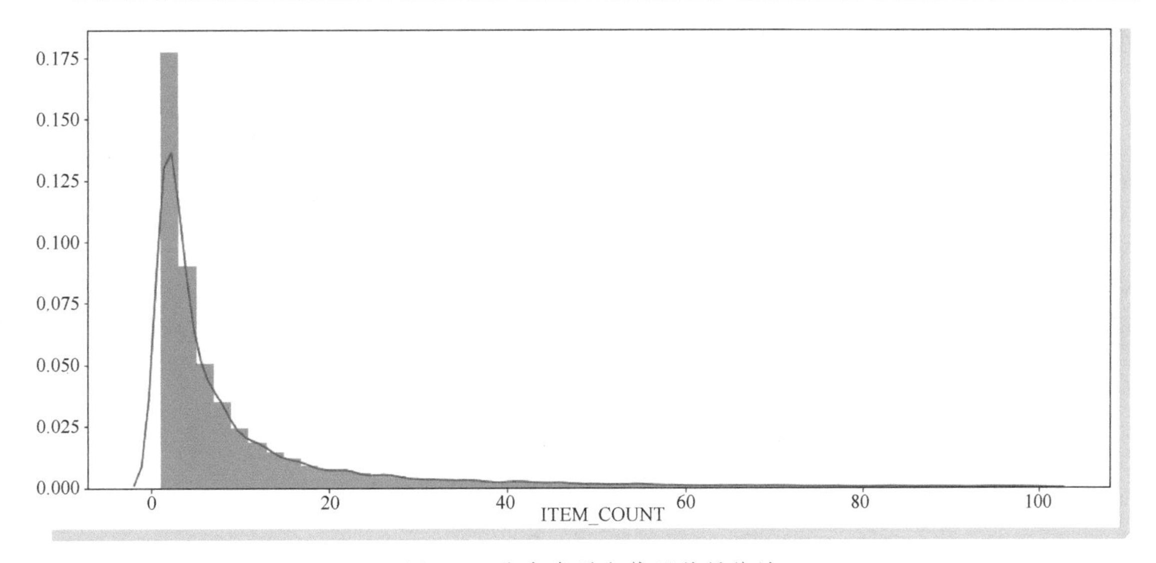


● 图 8-9　优惠券累积使用数量统计

（6）商品价格分布

商品价格分布如图 8-10 所示。

图 8-10a 所示为标签价格分布，图 8-10b 所示为折后价格分布。很明显不管是标签价格还是折后价格，均符合长尾分布的特点。通常在预测时可以对长尾分布做对数变换，转换后的数据分布更贴合正态分布，图 8-10c、图 8-10d 所示为标签价格和折后价格分别做了对数变换后的结果。

（7）商品折扣率分布

商品折扣率分布如图 8-11 所示。

图 8-11 显示，商品的折扣率集中分布在 50%～60%的区间内，明显符合长尾分布的特点。

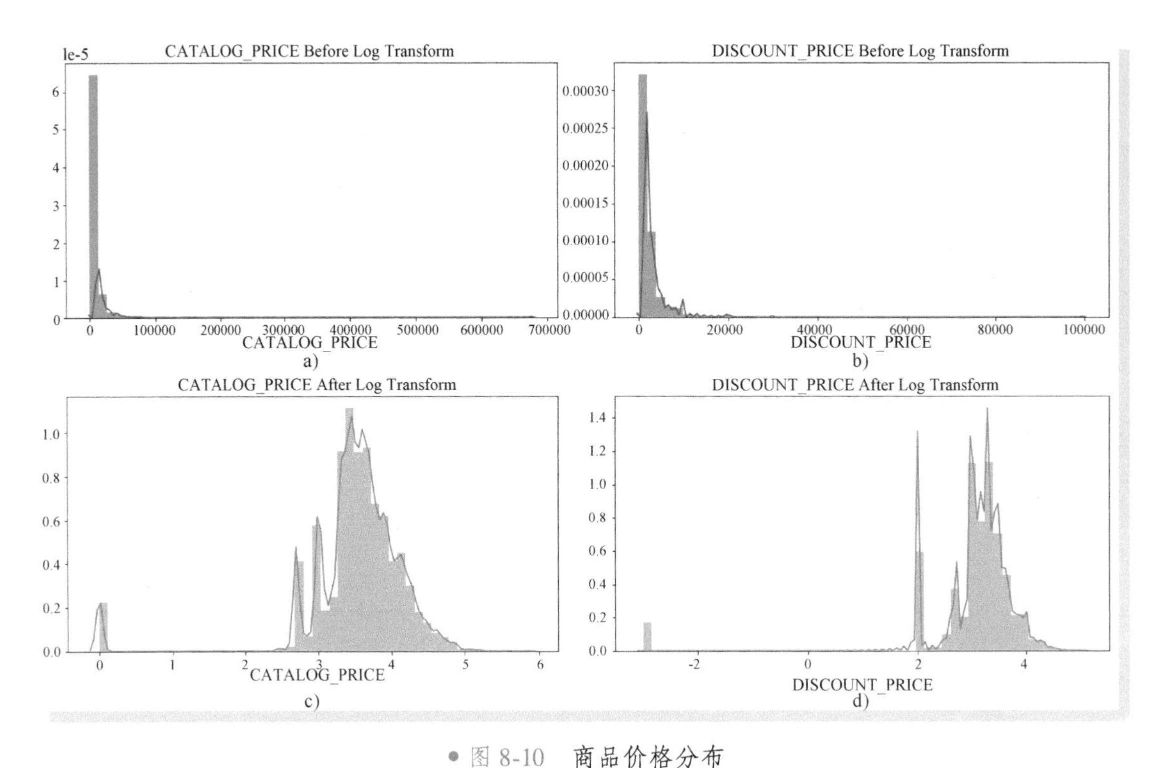


图 8-10 商品价格分布

a）标签价格分布 b）折后价格分布 c）标签价格对数变换 d）折后价格对数变换

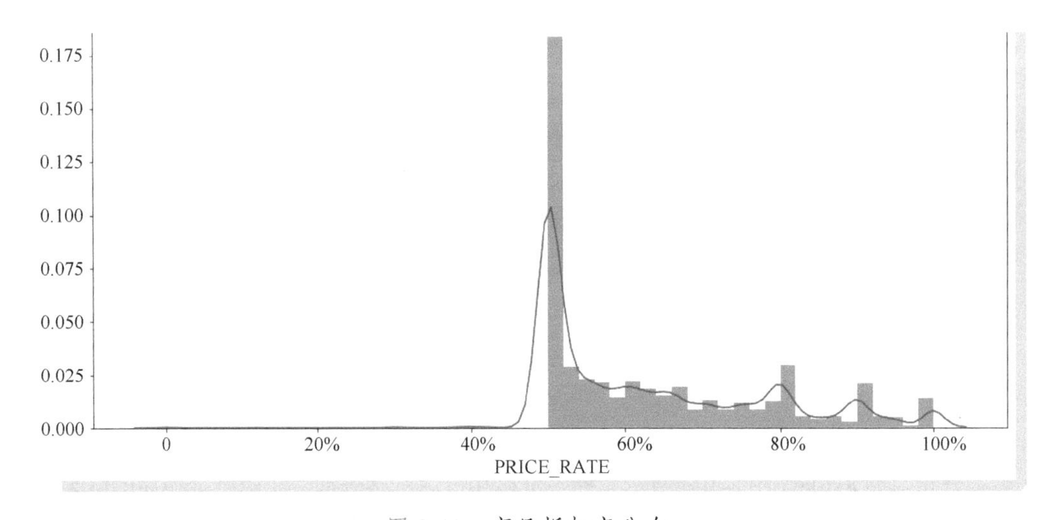


图 8-11 商品折扣率分布

（8）不同类别商品的折扣率分布

不同类别商品的折扣率分布如图 8-12 所示。

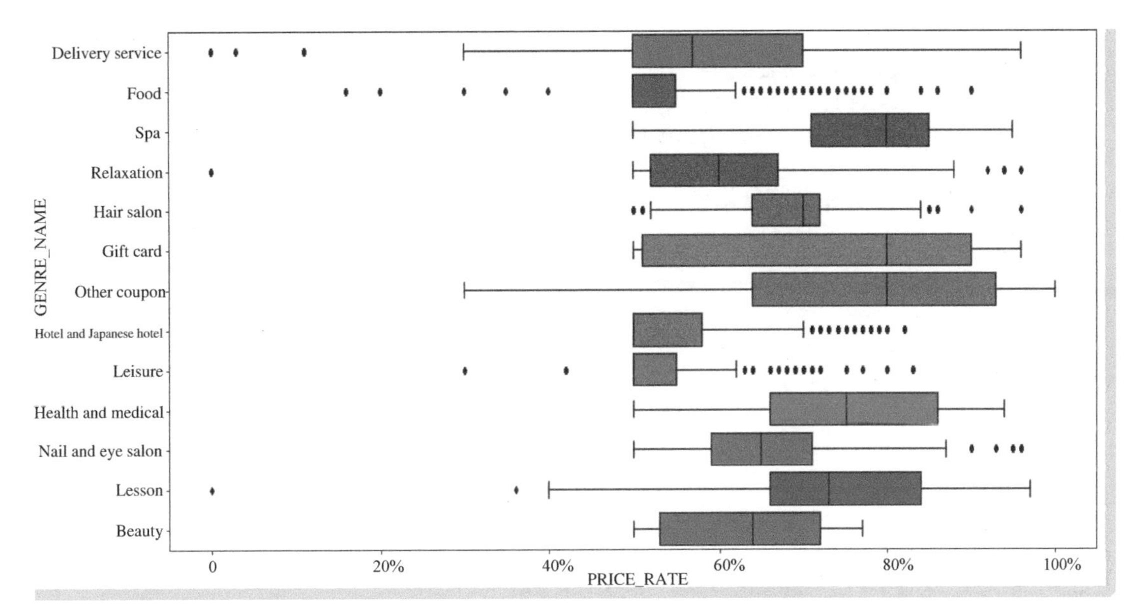


● 图 8-12　不同类别商品的折扣率分布

不同类别的商品之间会有折扣的差异，通过箱式图 8-12 可以很好地区分不同类别商品折扣率。图 8-12 中的横轴是折扣率，纵轴是商品类别，明显发现优惠券数量多的商品类别，给予的优惠券力度也相对较大，且折扣率的区间相对比较集中，相关代码如下。

```
1.#商品价格分布
2.temp = coupon_detail_train.merge(coupon_list_train, on='COUPON_ID_hash', how='left')
3.f, ax =plt.subplots(2,2,figsize=(18,10))
4.sns.distplot(temp['CATALOG_PRICE'], ax=ax[0][0])
5.ax[0][0].set_title('CATALOG_PRICE Before Log Transform')
6.
7.sns.distplot(temp['DISCOUNT_PRICE'], ax=ax[0][1])
8.ax[0][1].set_title('DISCOUNT_PRICE Before Log Transform')
9.
10.sns.distplot(temp['CATALOG_PRICE'].apply(lambda x: math.log10(x+0.001)), ax=ax[1]
   [0], color='orange')
11.ax[1][0].set_title('CATALOG_PRICE After Log Transform')
12.
13.sns.distplot(temp['DISCOUNT_PRICE'].apply(lambda x: math.log10(x+0.001)), ax=ax[1]
   [1], color='orange')
14.ax[1][1].set_title('DISCOUNT_PRICE After Log Transform')
15.plt.tight_layout()
16.
17.#优惠券折扣率分布
18.f, ax =plt.subplots(1,1,figsize=(18,8))
19.sns.distplot(temp['PRICE_RATE'], ax=ax)
```

```
20.
21.#不同类别商品的折扣率分布
22.f, ax =plt.subplots(1,1,figsize=(18,10))
23.sns.boxplot(y='GENRE_NAME', x='PRICE_RATE', data=temp, ax=ax)
```

（9）商品优惠券购买和浏览量趋势

商品优惠券购买和浏览量趋势如图 8-13 所示。

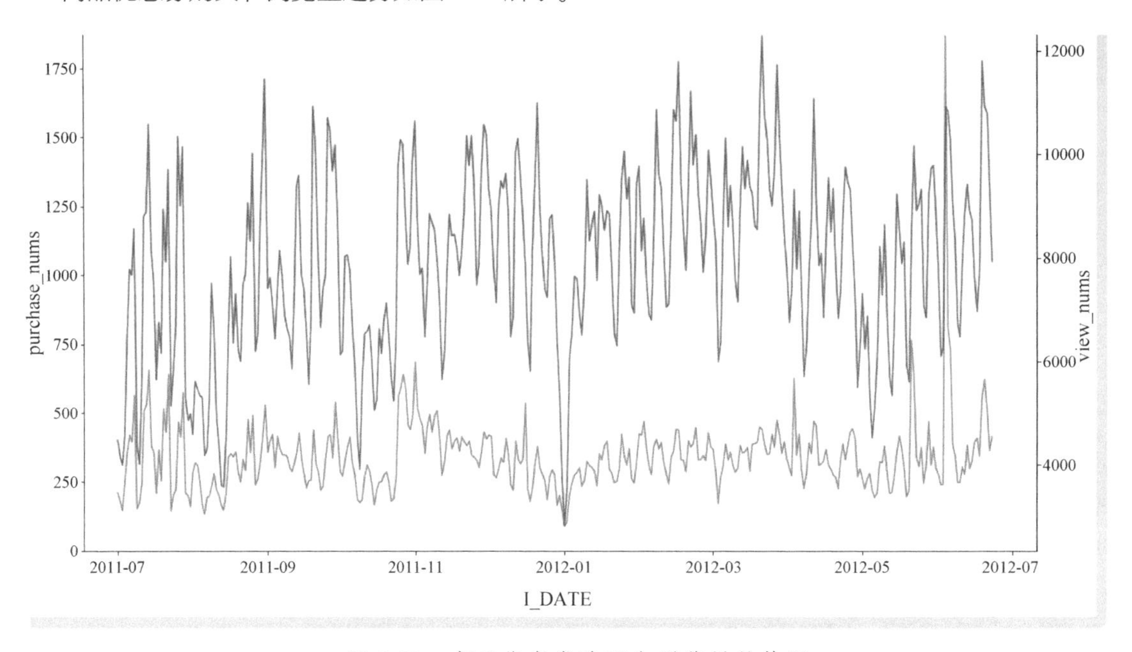


● 图 8-13　商品优惠券购买和浏览量趋势图

图 8-13 中，蓝色线是商品优惠券浏览数量，橙色线是商品优惠券购买数量，两者量级相差 10 倍左右。虽然有数量级的差异，但是两者波峰波谷的变化规律比较一致，相关代码如下。

```
1.fig, ax =plt.subplots(figsize=(18, 10))
2.temp = coupon_visit_train.set_index('I_DATE')
3.daily_purchase = temp.PURCHASE_FLG.resample('D').sum().reset_index().rename
  ({'PURCHASE_FLG':'purchase_nums'}, axis=1)
4.daily_view = temp.PURCHASE_FLG.resample('D').size().reset_index().rename({'PURCHASE_
  FLG':'view_nums'}, axis=1)
5.ax2 = ax.twinx()
6.sns.lineplot(x='I_DATE', y='purchase_nums', data=daily_purchase, ax=ax, color='orange')
7.sns.lineplot(x='I_DATE', y='view_nums', data=daily_view, ax=ax2)
```

### 8.2.2　用户侧特征挖掘

用户侧的特征在智能营销算法策略中起着至关重要的作用，对用户的描述一般分为用户基本特征和用户历史行为特征两部分。用户基本特征用来描述用户的基础信息，如用户的年龄、性别等；用户的历史行为特征主要通过历史购买行为分析用户的购买偏好，从而帮助智能营销算法更精准地做个性化营销。

1. 用户基本特征

用户基本特征一般包括用户自然属性特征（主要包括年龄、性别等）、社会属性特征（主要包括受教育程度、社会角色等）、会员属性特征（主要包括是否加入会员、会员等级等）、营销属性特征（主要包括是否对优惠券信息敏感等）等。本小节用到的 user_list 表主要给出了用户的性别、年龄、地理位置、注册时间等基础信息，结合这些基本信息和用户的行为表做一些数据分析和特征挖掘。

（1）用户年龄、性别分布以及特征构造

用户年龄、性别分布如图 8-14 所示。

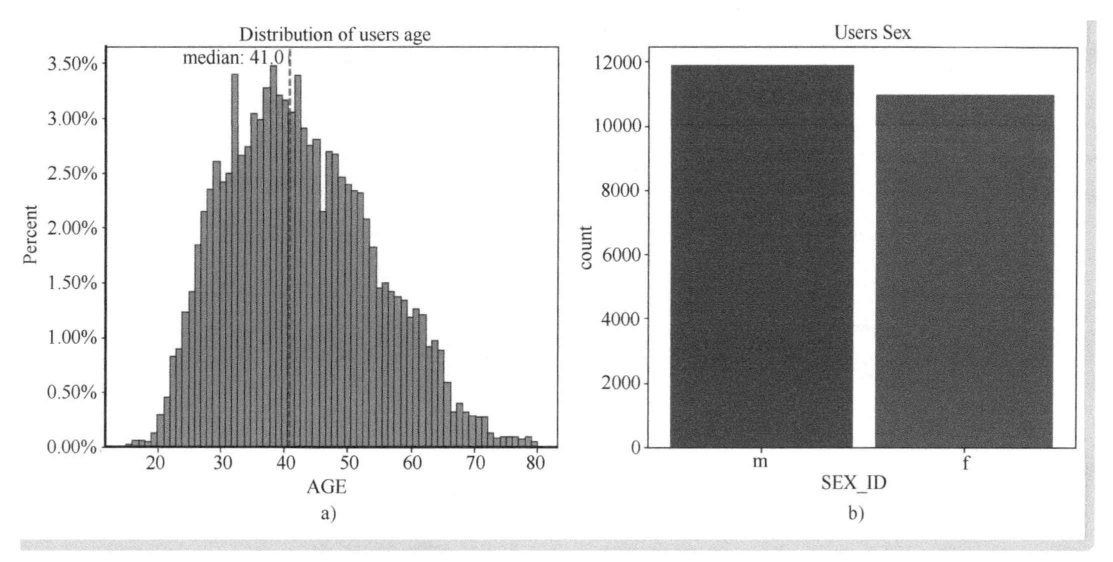


图 8-14　用户年龄、性别分布
a）用户年龄分布　b）用户性别分布

图 8-14a 是用户的年龄分布，可以发现用户年龄基本在 20~80 岁之间，呈现正态分布，年龄的中位数是 41 岁。图 8-14b 是用户的性别分布，m 是 male 表示男性，f 是 female 表示女性，该网站男性的用户数量要比女性用户数量略高，相关代码如下。

```
1.import matplotlib.ticker as mtick
2.fig, ax =plt.subplots(1,2,figsize=(15,6))
3.sex_df = user_list.SEX_ID.value_counts().reset_index().rename({"index": "SEX_ID",
  "SEX_ID": "count"}, axis=1)
4.sns.histplot(data=user_list, x='AGE', bins=user_list['AGE'].nunique(), color='orange',
  stat='percent', ax=ax[0])
5.ax[0].set_title('Distribution of users age')
```

```
6.for loc in ['bottom', 'left']:
7.    ax[0].spines[loc].set_visible(True)
8.    ax[0].spines[loc].set_linewidth(2)
9.    ax[0].spines[loc].set_color('black')
10.ax[0].yaxis.set_major_formatter(mtick.PercentFormatter())
11.median = user_list['AGE'].median()
12.ax[0].axvline(x=median, color='green', ls='--')
13.ax[0].text(median, 3.5,'median: {}'.format(round(median, 1)), ha='right')
14.
15.sns.barplot(x='SEX_ID', y='count', data=sex_df, ax=ax[1])
16.ax[1].set_title('Users Sex')
17.plt.show()
```

根据用户所处的年龄段构造年龄层标签。一般 0~17 岁为青少年期，17~25 岁为青年期，25~35 岁为成年期，35~45 岁为中年期，45~60 岁为中老年期，60~75 岁为初老年期，75~90 岁为老年期。构造年龄层标签的好处：一是不同年龄阶段的用户往往有不同的购买行为，按年龄阶段打标签容易归纳不同年龄阶段用户的行为有何不同（方便后续做特征交叉），二是将连续的年龄数据离散化可以提升数据的鲁棒性，尤其是对异常数据的兼容，相关代码如下。

```
1.bins = [0, 17, 25, 35, 45, 60, 75, 90]
2.# label 的 0 对应青少年期、1 对应青年期、2 对应成年期、3 对应中年期、4 对应中老年期、5 对应初老年期、6 对应老年期
3.labels=[0, 1, 2, 3, 4, 5, 6]
4.user_list['age_level'] = pd.cut(user_list['AGE'], bins=bins, labels=labels, include_lowest = True)
```

（2）用户地理位置分布以及特征构造（如图 8-15 所示）

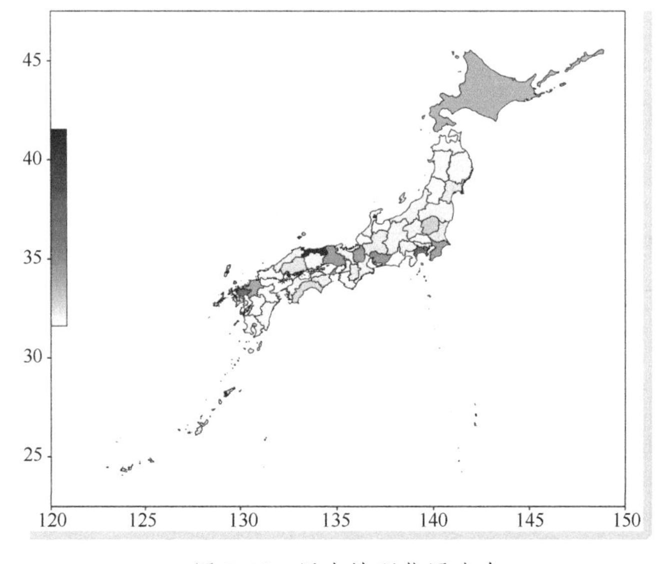


图 8-15　用户地理位置分布

用户地理位置分布如图 8-15 所示。

图 8-15 的横坐标是经度，纵坐标是纬度，根据用户所在位置的地理坐标绘制出用户数量的热力图，发现该网站的用户比较分散地分布在日本的各个城市，以东京为中心向外呈带状辐射，且用户密度越来越低，具体代码如下。

```
1.import matplotlib as mpl
2.import geopandas
3.from shapely.geometry import Point,Polygon,shape
4.shp = r'data/map_data/jpn_admbnda_adm1_2019.shp'
5.japan =geopandas.GeoDataFrame.from_file(shp,encoding = 'utf-8')
6.
7.pref_location_df = pd.read_csv('data/prefecture_locations.csv')
8.pref_location_df['PREF_NAME'] = pref_location_df['PREF_NAME'].map(area_translation_
  map)
9.pref_location_df['PREFECTUAL_OFFICE'] = pref_location_df['PREFECTUAL_OFFICE'].map
  (area_translation_map)
10.
11.user_list = user_list.merge(pref_location_df, on='PREF_NAME', how='left')
12.pref_count_df = user_list['PREF_NAME'].value_counts().reset_index().rename({'index':
   'PREF_NAME','PREF_NAME':'count'}, axis=1)
13.pref_count_df['PREF_NAME'] = pref_count_df['PREF_NAME'].apply(lambda x: x.split('')
   [0])
14.
15.japan = japan.sort_values(by='ADM1_EN')
16.pref_count_df = pref_count_df.sort_values(by='PREF_NAME')
17.geo_loc = []
18.for i in range(0, len(japan)):
19.    geo_loc.append(japan['geometry'].iloc[i])
20.pref_count_df['geometry'] = geo_loc
21.pref_count_df =geopandas.GeoDataFrame(pref_count_df)
22.
23.fig, ax =plt.subplots(1,1, figsize=(10, 8), dpi=250)
24.plt.sca(ax)
25.
26.vmax = max(pref_count_df['count'])
27.vmin = min(pref_count_df['count'])
28.
29.norm = mpl.colors.Normalize(vmin=vmin, vmax=vmax)
30.cmapname = 'Reds'
31.cmap = mpl.cm.get_cmap(cmapname)
32.
33.for i in range(0, len(pref_count_df)):
34.    pref = pref_count_df['PREF_NAME'].iloc[i]
35.    pref_draw = pref_count_df[pref_count_df['PREF_NAME'] == pref]
36.
37.    color_i =cmap(norm(pref_draw['count'].iloc[0]))
```

```
38.     color_i = color_i[:3] + (0.9, )
39.     pref_draw.plot(ax=ax,edgecolor=(0,0,0,1), facecolor=color_i, linewidth=0.5)
40.
41.plt.imshow([[vmin, vmax]], cmap=cmap)
42.
43.cax =plt.axes([0.15, 0.4, 0.02, 0.3])
44.plt.colorbar(cax=cax)
45.#这里设置 x 和 y 轴的起止范围
46.ax.set_xlim(120, 150)
47.ax.set_ylim(22.5, 47.5)
48.plt.axis('off')
49.
50.plt.show()
```

根据不同地理位置的用户密度构造地理位置标签。将用户量在 0~500 之间的地区视为低密度区域，500~1000 用户量的视为中低密度区域，1000~2000 用户量的视为中高密度区域，2000 以上用户量的成为高密度区域，相关代码如下。

```
1.bins = [0, 500, 1000, 2000, 3000]
2.# label 的 0 对应低密度区域、1 对应中低密度区域、2 对应中高密度区域、3 对应高密度区域
3.labels=[0, 1, 2, 3]
4.pref_count_df['area_density_level'] = pd.cut(pref_count_df['count'], bins=bins, labels
  =labels, include_lowest = True)
5.user_list = user_list.merge(pref_count_df[['PREF_NAME', 'area_density_level']], how=
  'left', on='PREF_NAME')
```

（3）用户注册周期分析以及特征构造

用户注册周期分析如图 8-16 所示。

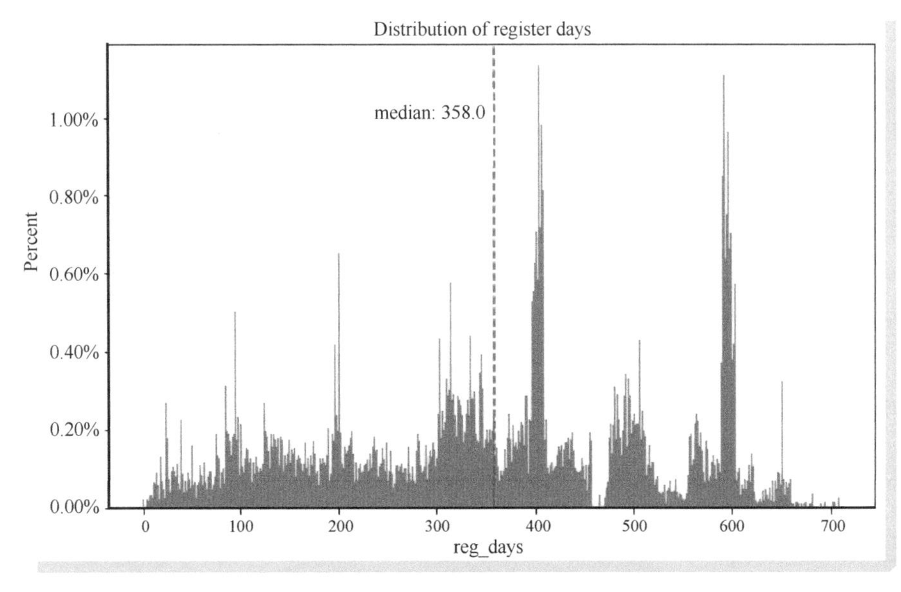


● 图 8-16　用户注册周期分析

图 8-16 显示，用户的注册时间分布相对比较均匀，中值在 358 天。根据注册时间区分用户在平台的成熟度并给用户打上成熟度标签，如注册 0～100 天为新手期用户，注册 100～300 天为成长期用户，注册 300～400 天为过渡期用户，注册 400～500 天为成熟期用户，注册 500～700 天为老用户。这里需要注意，注册时间越长不代表用户在平台的活跃度越高，用户的活跃度还应该结合用户的行为数据进行判定，相关代码如下。

```
1.import matplotlib.ticker as mtick
2.user_list['reg_days'] = user_list['REG_DATE'].apply(lambda x: (np.datetime64('2012-06-
  30')-x).days)
3.fig, ax =plt.subplots(1,1,figsize=(10,6))
4.sns.histplot(data=user_list, x='reg_days', bins=user_list['reg_days'].nunique(),
  color='orange', stat='percent', ax=ax)
5.ax.set_title('Distribution of register days')
6.for loc in ['bottom', 'left']:
7.    ax.spines[loc].set_visible(True)
8.    ax.spines[loc].set_linewidth(2)
9.    ax.spines[loc].set_color('black')
10.ax.yaxis.set_major_formatter(mtick.PercentFormatter())
11.median = user_list['reg_days'].median()
12.ax.axvline(x=median, color='green', ls='--')
13.ax.text(median, 1,'median: {}'.format(round(median, 1)), ha='right')
14.
15.#标签构造部分
16.bins = [0, 100, 300, 400, 500, 700]
17.# label 的 0 对应新手期用户、1 对应成长期用户、2 对应过渡期用户、3 对应成熟期用户、4 对应老用户
18.labels=[0, 1, 2, 3, 4]
19.user_list['user_maturity_level'] = pd.cut(user_list['reg_days'], bins=bins, labels=
   labels, include_lowest = True)
```

（4）小结

至此，用户侧的基本特征标签构造完毕，构造后的用户侧特征表（user_list）结构如表 8-4 所示。

**表 8-4　用户侧特征表（user_list）结构**

| 特　征 | 描　述 | 数据样例 |
| --- | --- | --- |
| USER_ID_hash | 用户 ID | 617b343271094ed99f3226c2535d0a11 |
| REG_DATE | 注册时间 | 2011-02-28 16：11：53 |
| SEX_ID | 性别 | m |
| AGE | 年龄 | 34 |
| WITHDRAW_DATE | 注销时间 | 2012-01-26 11：54：33 |
| PREF_NAME | 用户所在地址 | Hokkaido |
| age_level | 年龄阶段 | 2 |

（续）

| 特　征 | 描　述 | 数据样例 |
|---|---|---|
| LATITUDE | 纬度 | 43.063968 |
| LONGITUDE | 经度 | 141.347899 |
| area_density_level | 所在地区域密度 | 1.0 |
| reg_days | 用户注册天数 | 487 |
| user_maturity_level | 用户成熟度 | 3 |

需要注意的是，本节用到的公开数据集用户侧的特征有限，读者应结合项目实际的数据情况、数据分布和业务场景决定需要构造的特征。

2. 用户历史行为特征

用户历史行为主要体现在 coupon_detail_train 和 coupon_visit_train 这两张表里，coupon_detail_train 包含了 168996 条用户的购买日志，coupon_visit_train 包含了 2833180 条用户的浏览日志。分别从用户的浏览、购买行为分析用户历史行为并构造相关特征。

（1）用户购买行为分析和特征构造

用户的购买行为主要用这三个指标来衡量：最近一次购买间隔（Recency）、购买数量（Frequency）、购买金额（Monetary），将三个指标简称为 RFM 特征。下面通过用户购买行为表 coupon_detail_train 构造用户近一年来的购买行为侧的特征，相关代码如下。

```
1.temp = coupon_detail_train.merge(coupon_list_train[['COUPON_ID_hash','DISCOUNT_PRICE
  ']], on='COUPON_ID_hash', how='left')
2.temp['purchase_gap_days'] = temp['I_DATE'].apply(lambda x: (np.datetime64('2012-06-30')-
  x).days)
3.FM_df = temp.groupby('USER_ID_hash')['ITEM_COUNT','DISCOUNT_PRICE'].sum().reset_index()
4.R_df = temp.groupby('USER_ID_hash')['purchase_gap_days'].agg(min).reset_index()
5.user_RFM_df = R_df.merge(FM_df, on='USER_ID_hash', how='left').rename({'ITEM_COUNT':
  'Frequency','DISCOUNT_PRICE':'Money','purchase_gap_days':'Recency'}, axis=1)
```

对构造的用户行为表 RFM_df 进行简单的数据描述，如表 8-5 所示。

表 8-5　用户行为特征的统计信息

| | count | mean | std | min | 25% | 50% | 75% | max |
|---|---|---|---|---|---|---|---|---|
| Recency（天） | 22765 | 128.682 | 112.444 | 6.0 | 25.0 | 92.0 | 224.0 | 364.0 |
| Frequency（次） | 22765 | 10.621 | 15.595 | 1.0 | 2.0 | 4.0 | 13.0 | 331.0 |
| Monetary（元） | 22765 | 18188.142 | 29218.707 | 100 | 1830 | 5780 | 22580 | 521243 |

根据用户过去一年的购买行为，添加了 Recency、Frequency、Monetary 三个特征。通常还可以通过调整时间窗口观察用户近期购买行为，如观察用户近一个月、近一周、近三天的购买行为并构造相关特征。

（2）用户浏览行为分析和特征构造

用户的浏览行为主要通过 coupon_visit_train 表记录，通过分析用户历史上从浏览到购买的转化率、用户浏览商品类型偏好等分析用户的购买意向和购买偏好。用户浏览行为分析如图 8-17 所示。

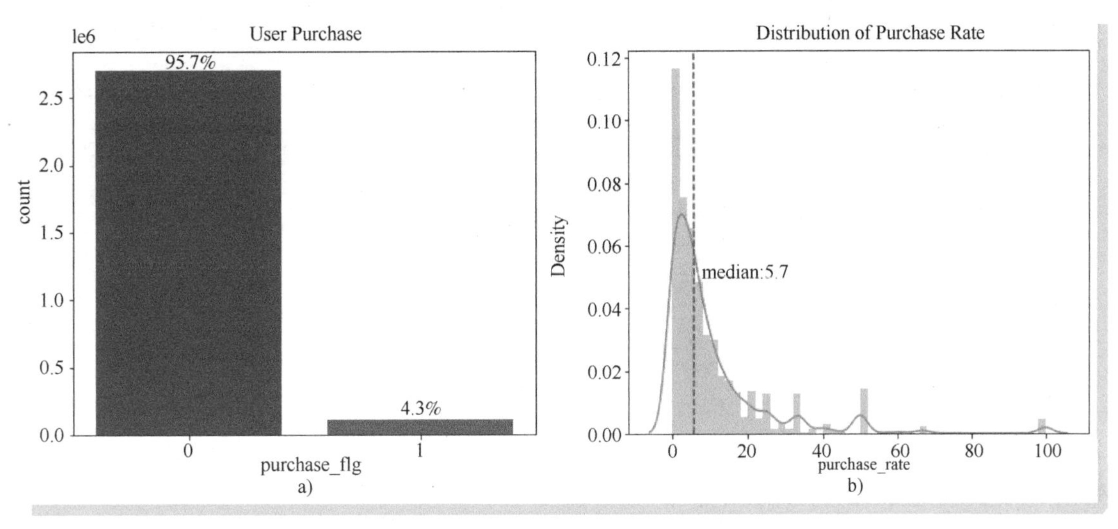


● 图 8-17　用户浏览行为分析

a）用户浏览中购买—不购买比例　b）用户购买率的分布

如图 8-17a 所示，从整体数据来看，用户从浏览到购买的转化率为 4.3%，相当于 100 次的浏览行为中，只有 4.3 个有效购买行为。图 8-17b 表示每个用户从浏览到购买的转化率分布，转化率集中在 20%以内，转化率中值为 5.7%，相关代码如下。

```
1.fig, ax =plt.subplots(1,2, figsize=(16, 6))
2.
3.#整体转化率比例
4.visit_stat_df = coupon_visit_train.PURCHASE_FLG.value_counts().reset_index().rename
  ({'index':'purchase_flg','PURCHASE_FLG':'count'}, axis=1)
5.visit_stat_df['ratio'] = round(visit_stat_df['count']*100/visit_stat_df['count'].sum
  (), 2)
6.sns.barplot(x='purchase_flg', y='count', data=visit_stat_df, ax=ax[0])
7.ax[0].set_title('User Purchase')
8.patches = ax[0].patches
9.percentage = visit_stat_df.ratio.to_list()
10.for i in range(len(patches)):
11.    x = patches[i].get_x() + patches[i].get_width()/2
12.    y = patches[i].get_height()+.05
13.    ax[0].annotate('{:.1f}%'.format(percentage[i]), (x, y), ha='center')
14.
15.#用户转化率分布
```

```
16.user_purchase_df = coupon_visit_train.groupby(['USER_ID_hash'])['PURCHASE_FLG'].sum
   ().reset_index().rename({'PURCHASE_FLG':'purchase_cnt'}, axis=1)
17.user_view_df = coupon_visit_train.groupby('USER_ID_hash')['PURCHASE_FLG'].size().
   reset_index().rename({'PURCHASE_FLG':'view_cnt'}, axis=1)
18.user_view_to_purchase_df = user_purchase_df.merge(user_view_df, on='USER_ID_hash',
   how='left')
19.user_view_to_purchase_df['purchase_rate'] = round(user_view_to_purchase_df['purchase
   _cnt']*100 / user_view_to_purchase_df['view_cnt'], 2)
20.sns.distplot(user_view_to_purchase_df['purchase_rate'], color='orange', ax=ax[1])
21.ax[1].set_title('Distribution of Purchase Rate')
22.median = user_view_to_purchase_df['purchase_rate'].median()
23.ax[1].axvline(x=median, color='green', ls='--')
24.ax[1].text(median, .05,'median: {}'.format(round(median, 1)))
25.
26.plt.show()
```

（3）用户浏览偏好分析和特征构造

不同的用户有不同的购买偏好，如图 8-18 所示，统计了不同用户对不同类别商品浏览偏好的占比，并据此构造用户的购买偏好特征，相关代码如下。

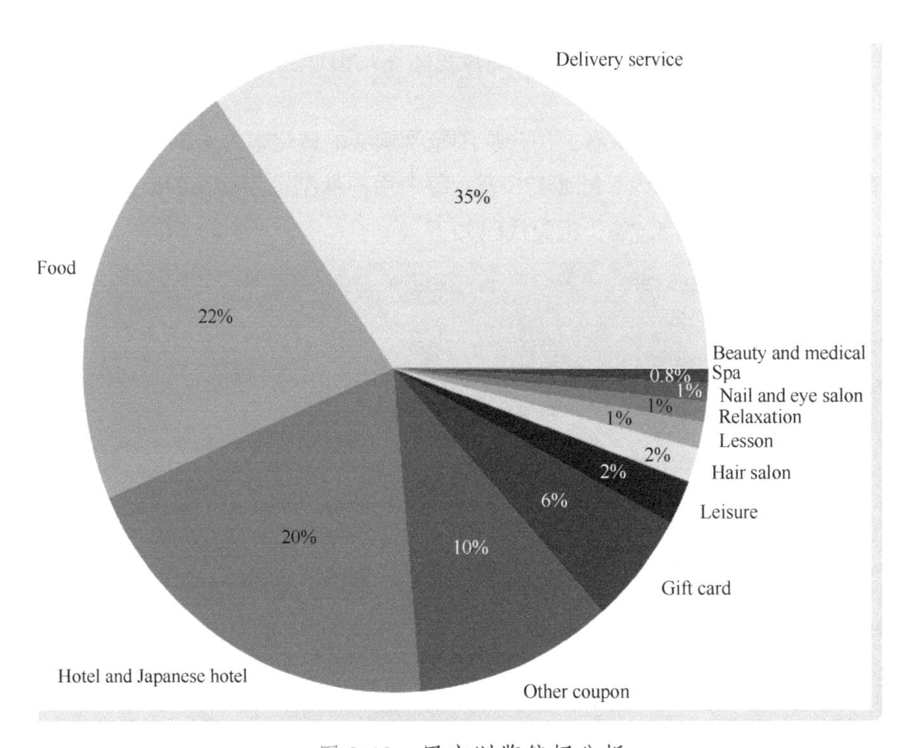


● 图 8-18　用户浏览偏好分析

```
1.coupon_visit_train['COUPON_ID_hash'] = coupon_visit_train['VIEW_COUPON_ID_hash']
2.coupon_visit_train = coupon_visit_train.merge(coupon_list_train[['COUPON_ID_hash',
  'GENRE_NAME']], on='COUPON_ID_hash',how='left')
3.visit_by_genre_df = coupon_visit_train.groupby(['USER_ID_hash', 'GENRE_NAME'])['PUR-
  CHASE_FLG'].size().reset_index().rename({'PURCHASE_FLG': 'purchase_cnt_by_genre'},
  axis=1)
4.visit_by_genre_df.sort_values('purchase_cnt_by_genre', ascending = False, inplace=
  True)
5.user_most_visit_genre_df = visit_by_genre_df.groupby('USER_ID_hash').head(1).rename
  ({'GENRE_NAME': 'most_visit_genre'}, axis=1)
6.user_most_visit_genre_stat = user_most_visit_genre_df['most_visit_genre'].value_
  counts().reset_index().rename({'index': 'most_visit_genre_name', 'most_visit_genre':
  'most_visit_genre_cnt'}, axis=1)
7.f, ax =plt.subplots(1,1,figsize=(10, 10))
8.palette_color =sns.color_palette("ch:s=.25,rot=-.25")
9.plt.pie(user_most_visit_genre_stat['most_visit_genre_cnt'], labels=user_most_visit_
  genre_stat['most_visit_genre_name'], colors=palette_color, autopct='%.0f%%')
10.plt.tight_layout()
```

第 6 行代码对用户最常浏览的商品按照商品类型进行用户数的加和统计生成 user_most_visit_genre_stat 表并绘制饼状图（如图 8-18 所示），以此来直观判断不同商品类型的受用户欢迎程度。很明显，最受欢迎的三类商品分别是 Delivery service、Food、Hotel and Japanese hotel，77%的用户最常访问的就是这三类商品，对比图 8-7 所示的最受欢迎的这三类商品的优惠券的数量也是最多的。

（4）小结

至此，用户历史行为侧特征构造完毕，这里将构造出的用户购买行为特征表（user_RFM_df）、用户转化率特征表（user_view_to_purchase_df）、用户购买偏好特征表（user_most_visit_genre_df）合并，得到最终用户历史行为特征表（user_behavior_df），具体的表结构见表 8-6。

表 8-6　用户历史行为特征表（user_behavior_df）

| 特　征 | 描　述 | 数据样例 |
|---|---|---|
| USER_ID_hash | 用户 ID | 617b343271094ed99f3226c2535d0a11 |
| Recency | 用户近期购买时间间隔 | 207 |
| Frequency | 用户近一年购买总数量 | 3 |
| Monetary | 用户近一年总花费 | 1500 |
| purchase_cnt | 用户近一年购买行为次数 | 1 |
| view_cnt | 用户近一年浏览行为次数 | 5 |
| purchase_rate | 用户维度购买率 | 20% |
| most_visit_genre | 用户最常浏览的商品类型 | Leisure |
| visit_cnt_by_genre | 最常浏览商品类型的购买次数 | 3 |

注意，这里的 Frequecy 是用户购买的总数量，purchase_cnt 是用户购买行为的次数，前者更偏向于表达用户的购买能力，后者更偏向于表达用户对平台的使用程度。除此之外，用户历史行为还有很多特征值得挖掘，读者应结合实际的业务场景挖掘相关特征。

3. 交叉特征构造

(1) 不同年龄用户购买行为分析

每个用户在浏览优惠券之后，有购买和不购买两种行为，分析不同购买行为的用户年龄分布是否有差距，可以辅助判断年龄对购买行为的影响，如图 8-19 所示。

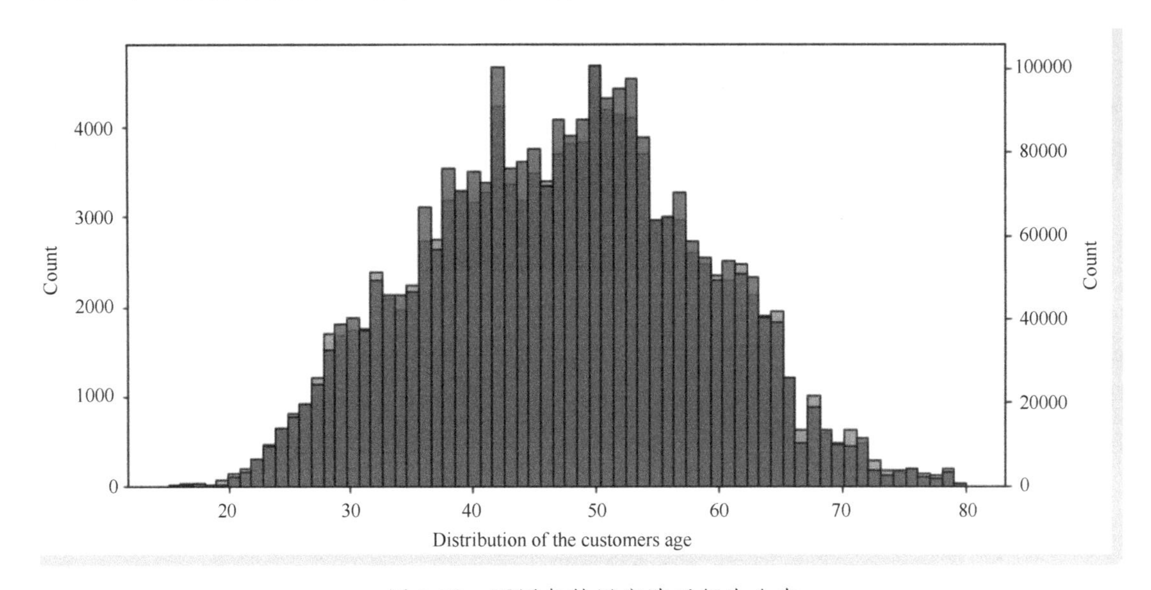


图 8-19　不同年龄用户购买行为分布

图 8-19 的 $x$ 轴是用户的年龄，左 $y$ 轴是购买数量，右 $y$ 轴是不购买数量，可见购买/不购买的数量级差异比较大。橙色是按用户年龄的购买数量分布，蓝色是按用户年龄的不购买数量的分布，可以发现蓝色部分和橙色部分重叠的面积较大，因此可以判断无论购买与否，其数据集的年龄分布差异不大，均集中在 30~70 岁的年龄区间内，年龄不是区分用户是否购买的关键特征。相关代码如下。

```
1.temp = coupon_visit_train.merge(user_list[['USER_ID_hash', 'AGE']], on='USER_ID_hash',
  how='left')[['USER_ID_hash', 'AGE', 'PURCHASE_FLG']]
2.temp_purchase = temp[temp['PURCHASE_FLG']==1]
3.temp_no_purchase = temp[temp['PURCHASE_FLG']==0]
4.fig, ax =plt.subplots(figsize=(10,5))
5.ax =sns.histplot(data=temp_purchase, x='AGE', bins=temp_purchase['AGE'].nunique(),
  color='orange')
6.ax2 = ax.twinx()
```

```
7.sns.histplot(data=temp_no_purchase, x='AGE', bins=temp_no_purchase['AGE'].nunique())
8.ax.set_xlabel('Distribution of the customers age')
9.
10.plt.show()
```

接下来具体分析下不同年龄用户的购买率、近期平均消费时间间隔、平均购买量、平均花费，如图 8-20 所示。

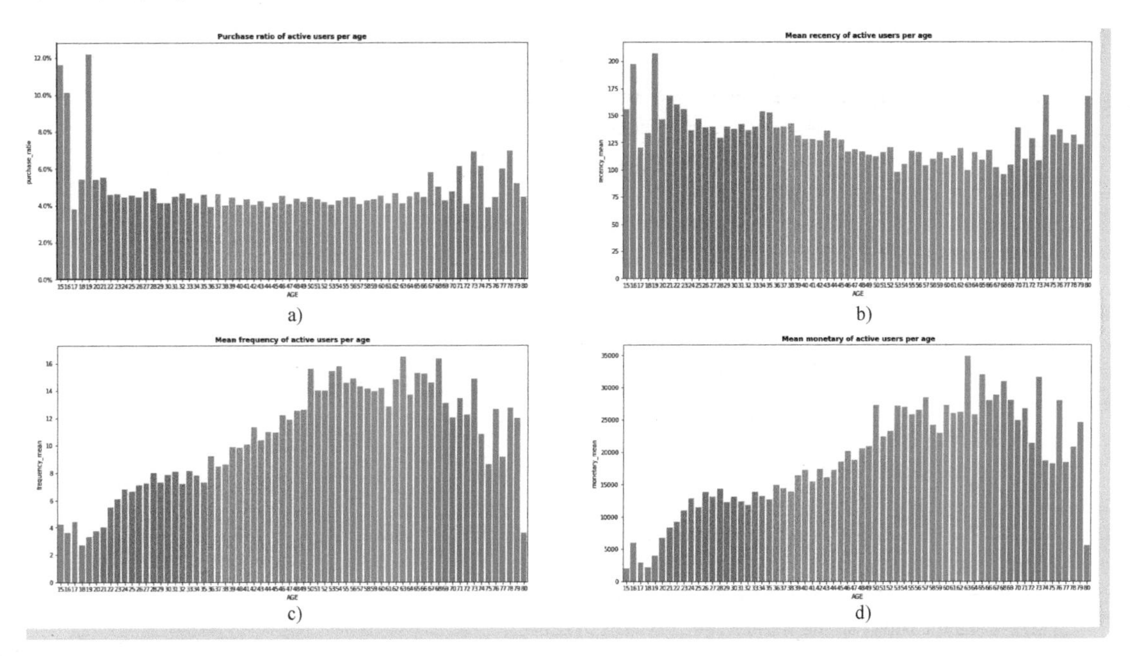


● 图 8-20　不同年龄的用户购买率、近期平均消费时间间隔、平均购买量、平均花费分布
a）购买率分布　b）近期平均消费时间间隔分布　c）平均购买量分布　d）平均花费分布

图 8-20 显示，20 岁以前的用户购买率要明显高于其他年龄阶段的平均水平，但是消费金额、消费次数这些体现用户购买力的指标显然低于 35 岁以后的消费群体。图 8-20 一定程度上说明了年轻的用户群体购物欲更强，但购买能力较差，年龄大的用户群体对产品更挑剔，但购买能力较强，相关代码如下。

```
1.#数据表构造
2.purchase_age_ratio = temp.groupby('AGE')['PURCHASE_FLG'].value_counts(normalize=
  True).mul(100)
3.purchase_age_ratio = purchase_age_ratio.rename('purchase_ratio_by_age', inplace=
  True).reset_index()
4.purchase_age_ratio = purchase_age_ratio[purchase_age_ratio['PURCHASE_FLG']==1]
5.purchase_age_ratio['PURCHASE_FLG'] = purchase_age_ratio['PURCHASE_FLG'].astype(int)
6.purchase_age_ratio['AGE'] = purchase_age_ratio['AGE'].astype(int)
```

```
7.temp = user_list[['USER_ID_hash','AGE','SEX_ID']].merge(user_behavior[['USER_ID_hash
  ','Recency','Frequency','Monetary']], on='USER_ID_hash', how='inner')
8.recency_age_mean = temp.groupby('AGE')['Recency'].mean().rename('recency_mean_by_age
  ', inplace=True).reset_index()
9.frequency_age_mean = temp.groupby('AGE')['Frequency'].mean().rename('frequency_mean_
  by_age', inplace=True).reset_index()
10.monetary_age_mean = temp.groupby('AGE')['Monetary'].mean().rename('monetary_mean_by_
   age', inplace=True).reset_index()
11.purchase_age_ratio_ = purchase_age_ratio[['AGE','purchase_ratio_by_age']].set_index('AGE
   ')
12.recency_age_mean_ = recency_age_mean.set_index('AGE')
13.df1 = purchase_age_ratio_.join(recency_age_mean_)
14.frequency_age_mean_ = frequency_age_mean.set_index('AGE')
15.df2 = df1.join(frequency_age_mean_)
16.monetary_age_mean_ = monetary_age_mean.set_index('AGE')
17.purchase_by_age_df = df2.join(monetary_age_mean_).reset_index()
18.
19.#不同年龄用户群的购买行为分析
20.fig, ax =plt.subplots(2,2,figsize=(32,16))
21.sns.barplot(x='AGE', y='purchase_ratio_by_age', data=purchase_age_ratio, ax=ax[0]
   [0])
22.sns.barplot(x='AGE', y='recency_mean_by_age', data=recency_age_mean, ax=ax[0][1])
23.sns.barplot(x='AGE', y='frequency_mean_by_age', data=frequency_age_mean, ax=ax[1]
   [0])
24.sns.barplot(x='AGE', y='monetary_mean_by_age', data=monetary_age_mean, ax=ax[1][1])
25.
26.for loc in ['bottom','left']:
27.    ax[0][0].spines[loc].set_visible(True)
28.    ax[0][0].spines[loc].set_linewidth(2)
29.    ax[0][0].spines[loc].set_color('black')
30.ax[0][0].yaxis.set_major_formatter(mtick.PercentFormatter())
31.
32.ax[0][0].set_title("Purchase ratio of active users per age", color='black', fontsize=
   12, weight='bold')
33.ax[0][1].set_title("Mean recency of active users per age", color='black', fontsize=12,
   weight='bold')
34.ax[1][0].set_title("Mean frequency of active users per age", color='black', fontsize=
   12, weight='bold')
35.ax[1][1].set_title("Mean monetary of active users per age", color='black', fontsize=
   12, weight='bold')
36.
37.plt.show()
```

（2）不同性别用户购买行为分析

不同性别的用户群体往往在购买行为上存在一定的差异性，图 8-21 所示为不同性别用户购买行为分布，分别列举了不同性别近期购买时间间隔、总购买次数、总消费等购买行为的分布。

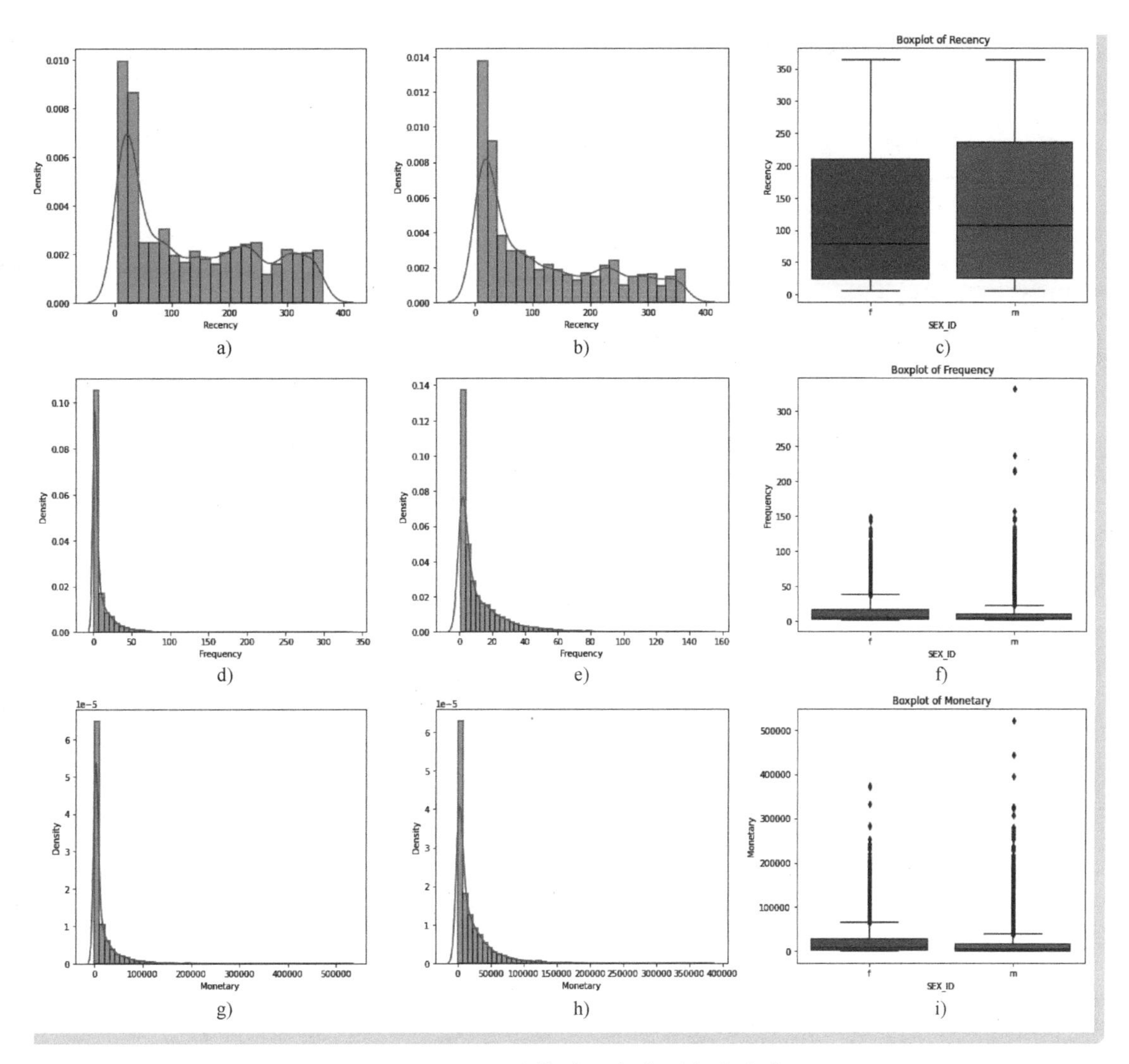


● 图 8-21 不同性别用户购买行为分布

a）男性近期购买时间间隔分布 b）女性近期购买时间间隔分布 c）不同性别近期购买时间间隔箱线图
d）男性购买次数分布 e）女性购买次数分布 f）不同性别购买次数箱线图 g）男性花费金额分布
h）女性花费金额分布 i）不同性别花费金额箱线图

观察图 8-21 可以得出以下结论：女性用户群体的购买频率相对男性用户群体更频繁，花费金额大多集中在低金额区域，相关代码如下。

```
1.males_RFM = temp[temp['SEX_ID']=='m'][['Recency','Frequency','Monetary']]
2.females_RFM = temp[temp['SEX_ID']=='f'][['Recency','Frequency','Monetary']]
3.fig, ax =plt.subplots(3, 3, figsize=(18,15))
4.for i, col in enumerate(['Recency','Frequency','Monetary']):
```

```
5.    # males histogram
6.    sns.distplot(males_RFM[col], color='#0066ff', ax=ax[i][0], hist_kws=dict
  (edgecolor="k", linewidth=2))
7.    # females histogram
8.    sns.distplot(females_RFM[col], color='#cc66ff', ax=ax[i][1], hist_kws=dict
  (edgecolor="k", linewidth=2))
9.
10.    # boxplot
11.    sns.boxplot(x='SEX_ID', y=col, data=temp, ax=ax[i][2])
12.    ax[i][2].set_title(f'Boxplot of {col}')
13.plt.tight_layout()
14.plt.show()
```

（3）用户对不同类型优惠券的购买行为分析

不同的用户有不同的购买需求，图 8-22 所示为用户对不同类型优惠券购买率的分布。大部分类别优惠券的购买率都集中在 0%～5%之间，Delivery service 和 Food 这两种类型还有一部分分布在 5%～20%之间。

相关代码如下。

```
1.purchase_by_user_genre_df = coupon_visit_train.groupby(['USER_ID_hash', 'GENRE_NAME'])
  ['PURCHASE_FLG'].sum().rename('purchase_cnt_by_genre', inplace=True).reset_index()
2.view_by_user_genre_df = coupon_visit_train.groupby(['USER_ID_hash', 'GENRE_NAME']).
  size().rename('view_cnt_by_genre', inplace=True).reset_index()
3.purchase_view_by_user_genre_df = purchase_by_user_genre_df.merge(view_by_user_genre_
  df, on=['USER_ID_hash', 'GENRE_NAME'], how='left')
4.purchase_view_by_user_genre_df['purchase_ratio_by_genre'] = round(purchase_view_by_
  user_genre_df['purchase_cnt_by_genre'] * 100 / purchase_view_by_user_genre_df['view_cnt
  _by_genre'], 2)
5.
6.fig, ax =plt.subplots(4,3, figsize=(18, 18))
7.genres = ['Delivery service', 'Food', 'Hair salon','Hotel and Japanese hotel', 'Leisure',
  'Gift card',
8.         'Lesson', 'Nail and eye salon', 'Relaxation', 'Spa', 'Health and medical', 'Beauty']
9.for i, genre in enumerate(genres):
10.    i_i, i_j = i%4, i//4
11.    sns.distplot(purchase_view_by_user_genre_df[purchase_view_by_user_genre_df
     ['GENRE_NAME']==genre].purchase_ratio_by_genre, hist_kws=dict(edgecolor="k", line-
     width=2), ax=ax[i_i][i_j])
12.    ax[i_i][i_j].set_title(f'Genre Name: {genre}-Distribution of Purchase Rate')
13.
14.plt.tight_layout()
```

（4）小结

至此，用户侧的交叉特征构造完毕，多个特征之间做特征交叉主要是为了通过捕捉特征之间的非线性关系来提升预测的准确率。这里主要是将年龄和用户购买行为交叉生成了 purchase_by_age_

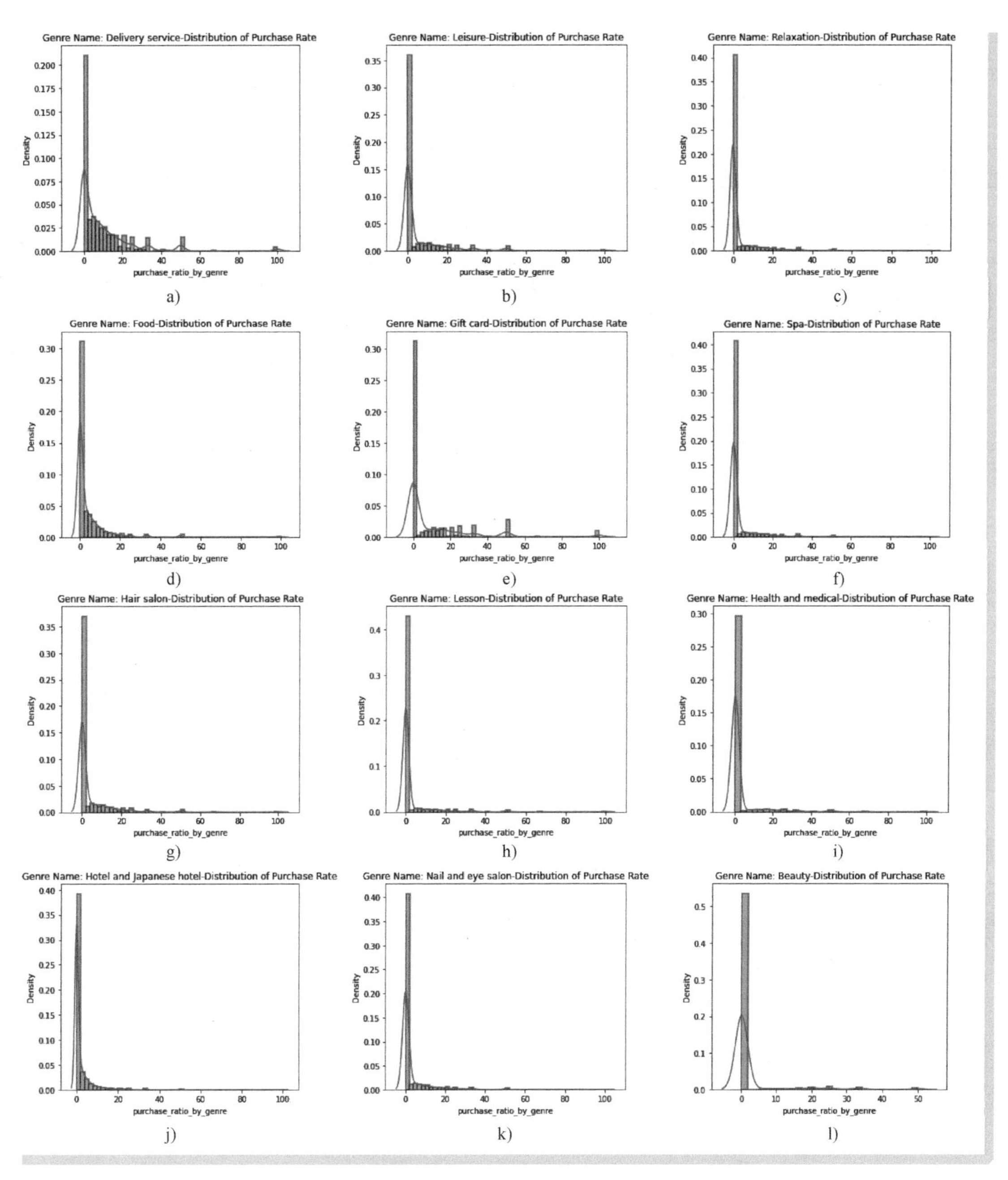


● 图 8-22　用户对不同类型优惠券购买率的分布

a) Delivery service　b) Leisure　c) Relaxation　d) Food　e) Gift card　f) Spa　g) Hair salon
h) Lesson　i) Health and medical　j) Hotel and Japanese hotel
k) Nail and eye salon　l) Beauty

df特征表，将优惠券类别和用户购买行为交叉生成了purchase_view_by_user_genre_df特征表，分别如表8-7、表8-8所示。

表8-7 用户年龄和购买行为交叉特征表

| 特 征 | 描 述 | 数据样例 |
| --- | --- | --- |
| AGE | 用户年龄 | 15 |
| purchase_ratio_by_age | 该年龄下所有用户的平均购买率 | 11.613 |
| recency_mean_by_age | 该年龄下所有用户近期购买时间间隔 | 156.25 |
| frequency_mean_by_age | 该年龄下所有用户购买总次数均值 | 4.25 |
| monetary_mean_by_age | 该年龄下所有用户总花费均值 | 2053.75 |

表8-8 优惠券类别和购买行为交叉特征表

| 特 征 | 描 述 | 数据样例 |
| --- | --- | --- |
| USER_ID_hash | 用户ID | 617b343271094ed99f3226c2535d0a11 |
| GENRE_NAME | 类别名称 | Leisure |
| purchase_cnt_by_genre | 该用户对指定类别优惠券总购买次数 | 1 |
| view_cnt_by_genre | 该用户对指定类别优惠券总浏览次数 | 3 |
| purchase_ratio_by_genre | 该用户对指定类别优惠券的购买率 | 33.33% |

### 8.2.3 产品侧特征挖掘

智能营销体系的另一大主体是营销产品。智能营销体系和推荐系统看起来很相似，都是通过对用户和产品进行特征挖掘、建立模型，最后达成业务目标，然而和推荐系统不同的是，智能营销更关注算法对营销产品带来的业务增益，这一点并不像推荐系统，侧重于关注对用户进行个性化推荐。因此，相较于推荐系统来说，智能营销更为关注营销产品自身的特征。

1. 产品的基本特征

本小节用到的公开数据集的“产品”是优惠券。coupon_list_train表包含了优惠券详细的基本信息，下文将在已有信息的基础上构造产品侧特征。

（1）折扣率、折后价分析以及特征构造

在8.2.1小节已经分别分析了优惠券的折扣率、折后价的分布，下面将折扣率、折后价分别等频分为5个桶，其中折扣率构造折扣力度等级标签，折后价构造产品价值等级。折扣率越高表示折扣力度越大，折扣率越低表示折扣力度越小；折后价越大表示产品为平台提供的GMV价值越高，折后价越小则GMV价值越低，特征构造代码如下。

```
1.temp = coupon_list_train[['COUPON_ID_hash','PRICE_RATE','DISCOUNT_PRICE']]
2.temp = temp.sort_values(by='PRICE_RATE')
```

```
3.temp['price_rate_level'] = pd.qcut(temp['PRICE_RATE'],5,labels= False,duplicates=
  'drop')
4.temp = temp.sort_values(by='DISCOUNT_PRICE')
5.temp['discount_price_level'] = pd.qcut(temp['DISCOUNT_PRICE'], 5, labels=False, dupli-
  cates='drop')
```

值得注意的是，通过对 price_rate_level 进行标签统计可以发现，price_rate_level = 0 的样本数远远大于其他标签的样本数。这是因为 PRICE_RATE 为 0 的样本数量比较多，0 值和其他非 0 值的跨度比较大，因此出现了样本条数不均的现象。

（2）营销周期分析以及特征构造

coupon_list_train 表中有两个字段是和营销周期相关的，一个是 DISPPERIOD 表示在网站的展示周期，另一个是 VALIDPERIOD 表示优惠券的有效期。图 8-23 分别显示两个基础特征的分布。

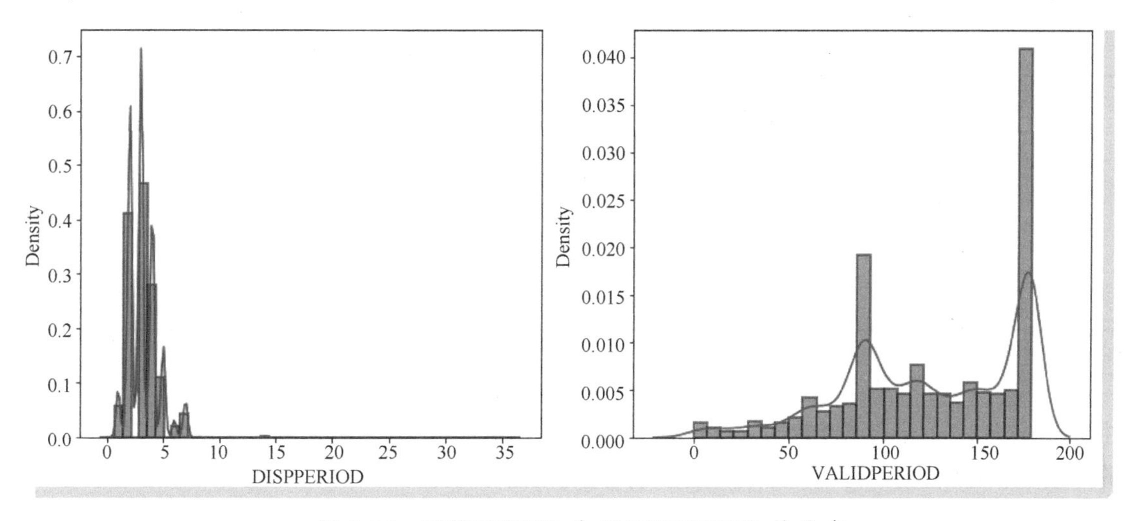


● 图 8-23　DISPPERIOD 和 VALIDPERIOD 的分布

不难发现，优惠券的展示周期集中在 1~10 天内，有效周期大多数在 100 天以上。这里将展示周期在 0~4 天的优惠券视为短周期展示，4~7 天的为中长周期展示，7 天以上的为长周期展示。将有效周期在 0~100 天的优惠券视为短周期优惠券，100~150 天的优惠券视为中长周期优惠券，150 天以上的视为长周期优惠券，相关代码如下。

```
1.fig, ax =plt.subplots(1,2, figsize=(15, 6))
2.sns.distplot(coupon_list_train['DISPPERIOD'], color='#0066ff', hist_kws=dict
  (edgecolor="k", linewidth=2), ax=ax[0])
3.sns.distplot(coupon_list_train['VALIDPERIOD'], color='#cc66ff', hist_kws=dict
  (edgecolor="k", linewidth=2), ax=ax[1])
4.
5.#展示周期离散化分桶
6.bins = [0, 4, 7, 40]
```

```
7.labels=[0, 1, 2]
8.coupon_list_train['disp_period_level'] = pd.cut(coupon_list_train['DISPPERIOD'], bins
  =bins, labels=labels, include_lowest = True)
9.
10.#有效期离散化分桶
11.bins = [0, 100, 150, 200]
12.labels=[0, 1, 2]
13.coupon_list_train['valid_period_level'] = pd.cut(coupon_list_train['VALIDPERIOD'],
   bins=bins, labels=labels, include_lowest = True)
```

（3）小结

至此，产品侧的基本特征构造完毕，通过产品侧的连续值特征衍生出了相应的离散特征，增加的特征详情如表 8-9 所示。

表 8-9　产品侧特征

| 特　征 | 描　述 | 数据样例 |
|---|---|---|
| COUPON_ID_hash | 优惠券 ID | 6b263844241eea98c5a97f1335ea82af |
| disp_period_level | 展示周期等级 | 0 |
| valid_period_level | 有效期等级 | 2 |
| price_rate_level | 折扣力度等级 | 0 |
| discount_price_level | 折扣价等级 | 1 |

本章节对用户侧和产品侧的连续值特征均做了简单离散化处理，其基本逻辑是先将连续值排序，再根据数据的分布选择数据分桶的切分点，或者直接进行等频、等距分桶。还有很多更为复杂的离散化方法，这里不再一一介绍，读者有兴趣可以自行探究。

2. 产品维度历史交易特征

coupon_visit_train 表提供了优惠券的浏览日志，coupon_detail_train 提供了优惠券的购买日志，通过对这两张表的基本信息构造优惠券维度的历史交易特征。

（1）优惠券周期性交易情况分析以及特征构造

在 8.2.1 小节的图 8-13 中显示了优惠券在一年内日粒度的交易情况（这里指优惠券购买量和浏览量）。为了更好地观察交易情况的周期性波动，下面给出周/月粒度的交易情况箱形图，分别如图 8-24、图 8-25 所示。

图 8-24 横轴表示周粒度的时间，左 y 轴表示购买的数量，右 y 轴表示浏览的数量，蓝色的箱型图表示浏览量的周变化趋势，绿色的箱型图表示购买数量的周变化趋势，可以明显发现第 23~30 周（年中）的周内浏览量、购买量波动比较大。

从图 8-25 同样可以发现在 6、7 月的月内交易波动比较大，其他月相对来说比较平稳。为了刻画周内和月内交易变动情况，可以挖掘周/月内的最大值、最小值、中值，相关代码如下。

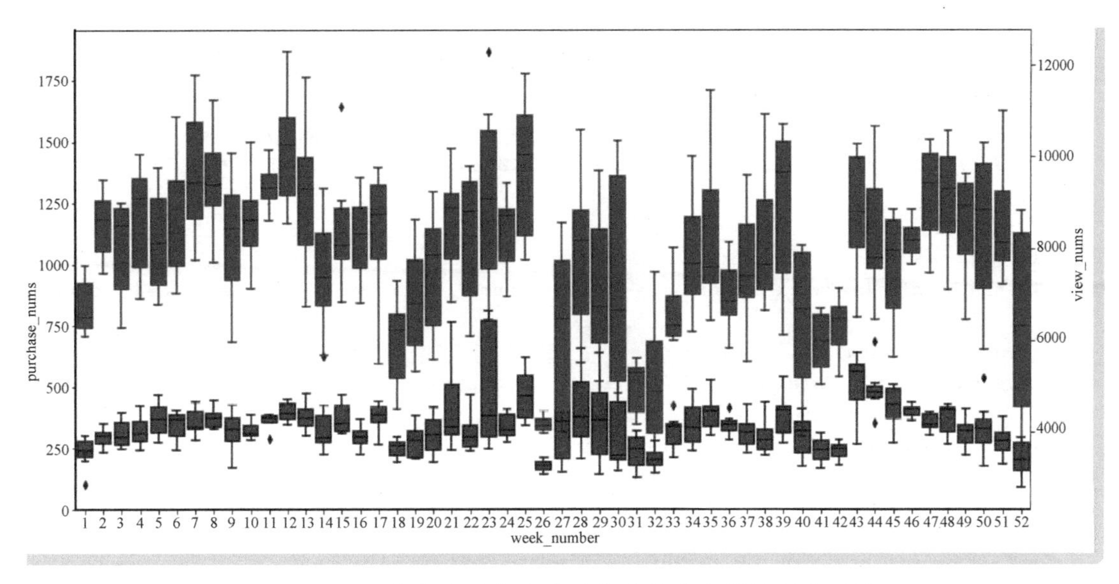


● 图 8-24　优惠券浏览和购买的周粒度交易情况箱形图

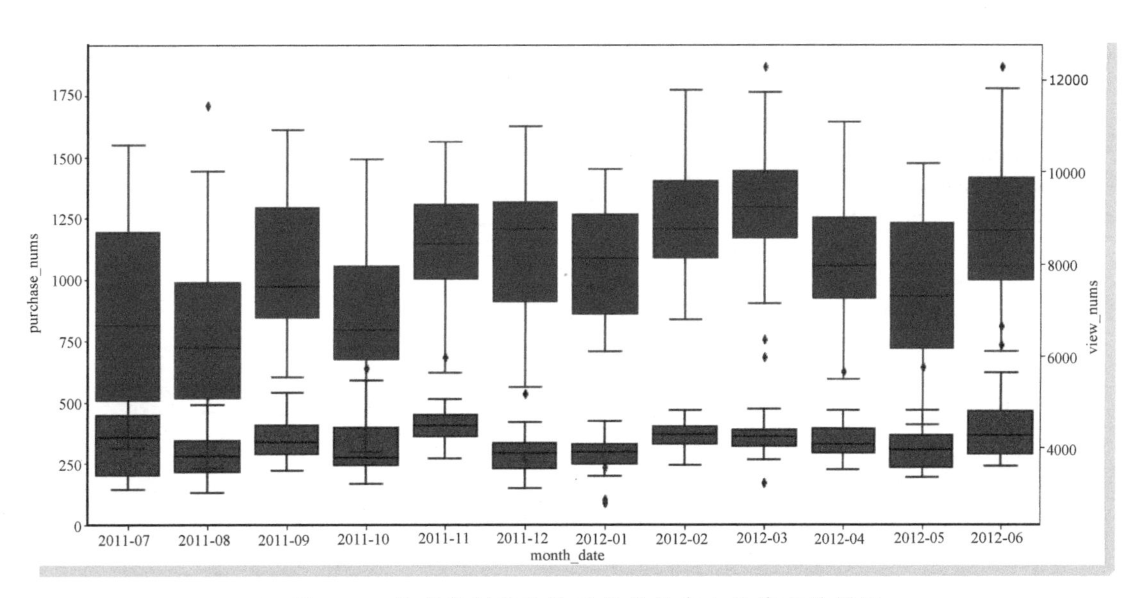


● 图 8-25　优惠券浏览和购买的月粒度交易情况箱形图

```
1.temp = coupon_visit_train.set_index('I_DATE')
2.daily_purchase = temp.PURCHASE_FLG.resample('D').sum().reset_index().rename
  ({'PURCHASE_FLG':'purchase_nums'}, axis=1)
3.daily_view = temp.PURCHASE_FLG.resample('D').size().reset_index().rename({'PURCHASE_
  FLG':'view_nums'}, axis=1)
```

```
4.
5.daily_purchase['week_number'] = daily_purchase['I_DATE'].dt.isocalendar().week
6.daily_purchase['month_date'] = daily_purchase['I_DATE'].dt.to_period('M')
7.daily_view['week_number'] = daily_view['I_DATE'].dt.isocalendar().week
8.daily_view['month_date'] = daily_view['I_DATE'].dt.to_period('M')
9.
10.#周粒度
11.fig, ax =plt.subplots(figsize=(16,8))
12.sns.boxplot(x="week_number", y='purchase_nums', data=daily_purchase, ax=ax, color=
   'green')
13.ax2 = ax.twinx()
14.sns.boxplot(x="week_number", y='view_nums', data=daily_view, ax=ax2, color='blue')
15.for loc in ['bottom', 'left']:
16.    ax.spines[loc].set_visible(True)
17.    ax.spines[loc].set_linewidth(2)
18.    ax.spines[loc].set_color('black')
19.
20.plt.xticks(rotation=90)
21.plt.show()
22.
23.#月粒度
24.fig, ax =plt.subplots(figsize=(16,8))
25.sns.boxplot(x="month_date", y='purchase_nums', data=daily_purchase, ax=ax, color=
   'green')
26.ax2 = ax.twinx()
27.sns.boxplot(x='month_date', y='view_nums', data=daily_view, ax=ax2, color='blue')
28.plt.xticks(rotation=90)
29.for loc in ['bottom', 'left']:
30.    ax.spines[loc].set_visible(True)
31.    ax.spines[loc].set_linewidth(2)
32.    ax.spines[loc].set_color('black')
33.
34.plt.show()
35.
36.#特征构造
37.daily_purchase_view = daily_purchase.merge(daily_view[['I_DATE', 'view_nums']], on=
   'I_DATE', how='left')
38.
39.daily_purchase_view_stat_by_week = daily_purchase_view.groupby('week_number')[['pur-
   chase_nums', 'view_nums']].agg(['max', 'min', 'mean', 'median'])
40.daily_purchase_view_stat_by_week.columns = ["_per_week_".join(x) for x in daily_pur-
   chase_view_stat_by_week.columns.ravel()]
41.
42.daily_purchase_view_stat_by_month = daily_purchase_view.groupby('month_date')[['pur-
   chase_nums', 'view_nums']].agg(['max', 'min', 'mean', 'median'])
43.daily_purchase_view_stat_by_month.columns = ["_per_month_".join(x) for x in daily_pur-
   chase_view_stat_by_month .columns.ravel()]
```

(2) 优惠券购买率分析以及特征构造

用户侧历史行为特征构造部分分析了用户维度购买率的分布，下面分析优惠券维度购买率的分布，如图 8-26 所示。大部分优惠券的购买率在 10%以内，因此可以构造优惠券侧的购买率特征来表达优惠券的受欢迎程度。

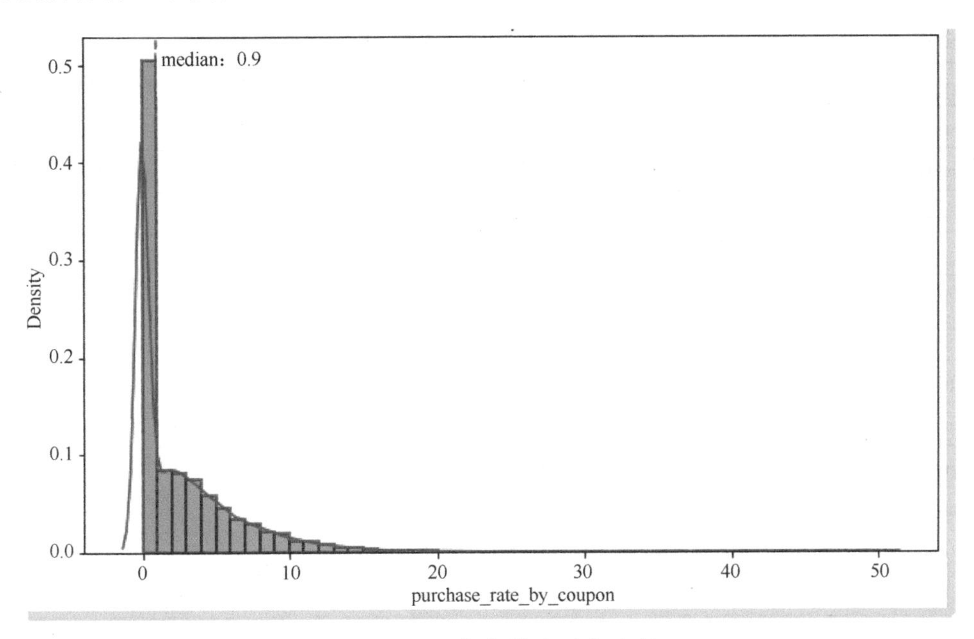


● 图 8-26 优惠券购买率分析

相关代码如下。

```
1.coupon_view_cnt = coupon_visit_train.groupby('VIEW_COUPON_ID_hash').size().rename
  ('coupon_view_cnt').reset_index()
2.coupon_purchase_cnt = coupon_visit_train.groupby('VIEW_COUPON_ID_hash')['PURCHASE_FLG'].
  sum().rename('coupon_purchase_cnt').reset_index()
3.coupon_view_purchase = coupon_view_cnt.merge(coupon_purchase_cnt, on='VIEW_COUPON_ID_
  hash', how='left')
4.coupon_view_purchase['purchase_rate_by_coupon'] = round(coupon_view_purchase['coupon_
  purchase_cnt']*100 / coupon_view_purchase['coupon_view_cnt'], 2)
5.
6.fig, ax =plt.subplots(1, 1, figsize=(10,6))
7.ax.set_title('Distribution of Coupon Purchase Rate')
8.median = coupon_view_purchase['purchase_rate_by_coupon'].median()
9.ax.axvline(x=median, color='green', ls='--')
10.ax.text(median, .5,'median: {}'.format(round(median, 1)))
11.
12.sns.distplot(coupon_view_purchase['purchase_rate_by_coupon'], hist_kws=dict
   (edgecolor="k", linewidth=2))
```

（3）小结

至此，产品维度的历史交易特征构造完毕，增加的特征详情表如表 8-10 所示。

表 8-10　产品侧历史交易特征表

| 特　征 | 描　述 | 数据样例 |
| --- | --- | --- |
| purchase_nums_per_month_max | 每个月购买数量的最大值 | 655 |
| purchase_nums_per_month_min | 每个月购买数量的最小值 | 142 |
| purchase_nums_per_month_mean | 每个月购买数量均值 | 337.81 |
| purchase_nums_per_month_median | 每个月购买数量中值 | 356.0 |
| view_nums_per_month_max | 每个月浏览数量最大值 | 10580 |
| view_nums_per_month_min | 每个月浏览数量最小值 | 3987 |
| view_nums_per_month_mean | 每个月浏览数量均值 | 6862.19 |
| view_nums_per_month_median | 每个月浏览数量中值 | 6681.0 |
| purchase_nums_per_week_max | 每周购买数量的最大值 | 301 |
| purchase_nums_per_week_min | 每周购买数量的最小值 | 102 |
| purchase_nums_per_week_mean | 每周购买数量均值 | 233 |
| purchase_nums_per_week_median | 每周购买数量中值 | 243 |
| view_nums_per_week_max | 每周浏览数量最大值 | 7636 |
| view_nums_per_week_min | 每周浏览数量最小值 | 3570 |
| view_nums_per_week_mean | 每周浏览数量均值 | 6403.14 |
| view_nums_per_week_median | 每周浏览数量中值 | 6526.0 |
| coupon_view_cnt | 优惠券维度的浏览量 | 62 |
| coupon_purchase_cnt | 优惠券维度的购买量 | 1 |
| purchase_rate_by_coupon | 优惠券维度的购买率 | 1.61% |

3. 用户-优惠券维度交叉特征

（1）用户-优惠券维度交易情况分析以及特征构造

统计每个用户对某种优惠券的浏览数、购买数、购买率，有助于分析用户对每种优惠券的交易行为偏好，相关代码如下。

```
1.view_df = coupon_visit_train.groupby(['USER_ID_hash','VIEW_COUPON_ID_hash']).size().
  rename('view_cnt_cu').reset_index()
2.purchase_df = coupon_visit_train.groupby(['USER_ID_hash', 'VIEW_COUPON_ID_hash'])['PUR-
  CHASE_FLG'].sum().rename('purchase_cnt_cu').reset_index()
3.purchase_view_df_cu = view_df.merge(purchase_df, on=['USER_ID_hash', 'VIEW_COUPON_ID_
  hash'])
4.purchase_view_df_cu['purchase_rate_cu'] = round(100*purchase_view_df_cu['purchase_cnt
  _cu']/purchase_view_df_cu['view_cnt_cu'], 2)
```

此外，构造用户在一定时间滑动窗口（t=3/7/14/30）内的浏览行为和购买行为，相关代码如下。

```
1.rolling_days = [3, 7, 14, 30]
2.for rolling_day in rolling_days:
3.    coupon_visit_train[f'view_sum_by_{rolling_day}'] = coupon_visit_train.set_index('I_DATE').groupby(['VIEW_COUPON_ID_hash','USER_ID_hash'], sort=False)['PURCHASE_FLG']\
4.                .rolling(rolling_day, closed='both').count().to_list()
5.    coupon_visit_train[f'purchase_sum_by_{rolling_day}'] = coupon_visit_train.set_index('I_DATE').groupby(['VIEW_COUPON_ID_hash','USER_ID_hash'], sort=False)['PURCHASE_FLG']\
6.                .rolling(rolling_day, closed='both').sum().to_list()
```

（2）用户-优惠券维度购买行为分析以及特征构造

统计每个用户对某种优惠券的历史购买行为以及在指定滑动窗口内的购买频次、近一次购买时间间隔、购买花费等统计特征，有助于分析用户在一段时间内对每种优惠券的购买倾向，相关代码如下。

```
1.temp = coupon_detail_train.merge(coupon_list_train[['COUPON_ID_hash','DISCOUNT_PRICE']], on='COUPON_ID_hash', how='left')
2.temp['purchase_gap_days'] = temp['I_DATE'].apply(lambda x: (np.datetime64('2012-06-30')-x).days)
3.FM_df_cu = temp.groupby(['USER_ID_hash','COUPON_ID_hash'])['ITEM_COUNT','DISCOUNT_PRICE'].sum().reset_index()
4.R_df_cu = temp.groupby(['USER_ID_hash','COUPON_ID_hash'])['purchase_gap_days'].agg(min).reset_index()
5.user_RFM_df_cu = R_df_cu.merge(FM_df_cu, on=['USER_ID_hash','COUPON_ID_hash'], how='left').rename({'ITEM_COUNT':'Frequency_cu',
6.                        'DISCOUNT_PRICE':'Monetary_cu',
7.                        'purchase_gap_days':'Recency_cu'}, axis=1)
8.
9.#滑动窗口特征
10.rolling_days = [3, 7, 14, 30]
11.for rolling_day in rolling_days:
12.    temp[f'M_by_{rolling_day}'] = temp.set_index('I_DATE').groupby(['COUPON_ID_hash','USER_ID_hash'], sort=False)['DISCOUNT_PRICE']\
13.                .rolling(rolling_day, closed='both').count().to_list()
14.
15.    temp[f'F_by_{rolling_day}'] = temp.set_index('I_DATE').groupby(['COUPON_ID_hash','USER_ID_hash'], sort=False)['ITEM_COUNT']\
16.                .rolling(rolling_day, closed='both').sum().to_list()
17.
18.    temp[f'R_by_{rolling_day}'] = temp.set_index('I_DATE').groupby(['COUPON_ID_hash','USER_ID_hash'], sort=False)['purchase_gap_days']\
19.                .rolling(rolling_day, closed='both').min().to_list()
```

（3）小结

至此，用户维度和产品维度交叉特征构造完毕，具体增加的特征详情如表 8-11 所示。

表 8-11 用户和产品特征交叉表

| 特征 | 描述 | 数据样例 |
| --- | --- | --- |
| view_cnt_cu | 用户对于特定优惠券的浏览量 | 4 |
| purchase_cnt_cu | 用户对于特定优惠券的购买量 | 1 |
| purchase_rate_cu | 用户对于特定优惠券的购买率 | 25% |
| view_sum_by_3 | 过去 3 天用户对于特定优惠券的浏览总量 | 4 |
| purchase_sum_by_3 | 过去 3 天用户对于特定优惠券的购买总量 | 1 |
| view_sum_by_7 | 过去 7 天用户对于特定优惠券的浏览总量 | 4 |
| purchase_sum_by_7 | 过去 7 天用户对于特定优惠券的购买总量 | 0 |
| view_sum_by_14 | 过去 14 天用户对于特定优惠券的浏览总量 | 4 |
| purchase_sum_by_14 | 过去 14 天用户对于特定优惠券的购买总量 | 0 |
| view_sum_by_30 | 过去 30 天用户对于特定优惠券的浏览总量 | 4 |
| purchase_sum_by_30 | 过去 30 天用户对于特定优惠券的购买总量 | 1 |
| Recency_cu | 用户对于某张优惠券的近期购买时间间隔 | 280 |
| Frequency_cu | 用户对于某张优惠券的购买频次 | 2 |
| Monetary_cu | 用户对于某张优惠券的购买金额 | 2980 |
| R_by_3 | 过去 3 天用户对于特定优惠券的最近购买时间间隔 | 149 |
| R_by_7 | 过去 7 天用户对于特定优惠券的最近购买时间间隔 | 4 |
| R_by_14 | 过去 14 天用户对于特定优惠券的最近购买时间间隔 | 4 |
| R_by_30 | 过去 30 天用户对于特定优惠券的最近购买时间间隔 | 176 |
| F_by_3 | 过去 3 天用户对于特定优惠券的购买总频次 | 4 |
| F_by_7 | 过去 7 天用户对于特定优惠券的购买总频次 | 0 |
| F_by_14 | 过去 14 天用户对于特定优惠券的购买总频次 | 0 |
| F_by_30 | 过去 30 天用户对于特定优惠券的购买总频次 | 4 |
| M_by_3 | 过去 3 天用户对于特定优惠券的购买总金额 | 0 |
| M_by_7 | 过去 7 天用户对于特定优惠券的购买总金额 | 0 |
| M_by_14 | 过去 14 天用户对于特定优惠券的购买总金额 | 4 |
| M_by_30 | 过去 30 天用户对于特定优惠券的购买总金额 | 4 |

## 8.3 智能营销建模流程

智能营销是企业数字化的必经之路，智能营销建模围绕“发给谁”“发多少”“怎么发”三个核心要素展开，最终形成通用的智能营销算法框架。

### 8.3.1 发给谁——人群分层模型（RFM、Uplift Model、ESMM）

发给谁是精细化智能营销的重要一环，通常在智能营销从 0 到 1 的建模阶段，会选用 RFM 模型离线快速实现对人群的分层，而在从 1 到 10 的优化阶段会选用基于因果推断思想实现的增益模型建模，通过实时计算不同用户在不同折扣下的营销增益而划分用户。此外，也会选择基于多目标学习的模型，同时对多个目标进行优化，最终根据人群四象限的方法对人群进行划分。

1. RFM 模型

（1） RFM 模型原理

RFM 模型分别由 R、F、M 三元素组成，是基于用户的历史购买行为将其划分为不同的类别或者层级，以确定那些在营销活动期间做出反应的用户，并相应地分析不同层次人群的盈利能力。

Recency （R）：表示用户最近一次购买距离今天的天数。

Frequency （F）：表示用户总共购买的数量。

Monetary （M）：表示用户总共花费的金钱。

越近期购买的用户表示对营销活动的感知力越强，越高频购买的用户表示对营销活动的参与度越高，花费金额越高的用户表示盈利能力越强。RFM 模型通常适用于将用户做离线分群，根据用户的 RFM 营销属性，用无监督聚类算法将其分为几类用户群体，后续用作对用户分发折扣的指导。

（2） RFM 模型实战

在 8.2.2 小节的用户行为特征构造中，着重对用户侧的 RFM 特征进行了分析并生成了 user_RFM_df 表。下面根据用户侧的 RFM 特征进行 KMeans 聚类建模，在使用 KMeans 聚类之前先进行特征预处理，使得数据集的特征尽量满足数据分布对称，多个特征有相同的均值、方差。RFM 数据分布如图 8-27 所示。

如图 8-27 所示，第一行是 RFM 的原始数据分布，第二行是对原始数据做了 log 转换，以使其尽量贴近正态分布。除了 log 转换之外，三个特征还有均值和方差的差异，因此需要做标准化处理，第三行是标准化处理后的三特征分布。相关数据预处理代码如下。

```
1.from sklearn.preprocessing import StandardScaler
2.#数据预处理
3.user_RFM_df = pd.read_csv('user_RFM_df.csv', sep='\t')
4.user_RFM_df = user_RFM_df[user_RFM_df['Monetary']>0]
5.X_numerics = user_RFM_df[['Recency','Frequency','Monetary']]
6.
7.# log 处理
8.X_numerics_log = X_numerics[['Recency','Frequency','Monetary']].apply(np.log, axis =
  1).round(3)
9.
10.#特征归一化
11.scaler =StandardScaler()
```

```
12.X_numerics_log_scaled = scaler.fit_transform(X_numerics_log)
13.
14.#原始 RFM 特征的分布
15.fig,ax =plt.subplots(3, 3, figsize=(15, 10))
16.sns.distplot(X_numerics['Recency'], ax=ax[0][0])
17.sns.distplot(X_numerics['Frequency'], ax=ax[0][1])
18.sns.distplot(X_numerics['Monetary'], ax=ax[0][2])
19.# log 处理后 RFM 特征的分布
20.sns.distplot(X_numerics_log['Recency'], ax=ax[1][0])
21.sns.distplot(X_numerics_log['Frequency'], ax=ax[1][1])
22.sns.distplot(X_numerics_log['Monetary'], ax=ax[1][2])
23.#归一化处理后 RFM 特征分布
24.sns.distplot(X_numerics_log_scaled[:, 0], ax=ax[2][0])
25.sns.distplot(X_numerics_log_scaled[:, 1], ax=ax[2][1])
26.sns.distplot(X_numerics_log_scaled[:, 2], ax=ax[2][2])
```

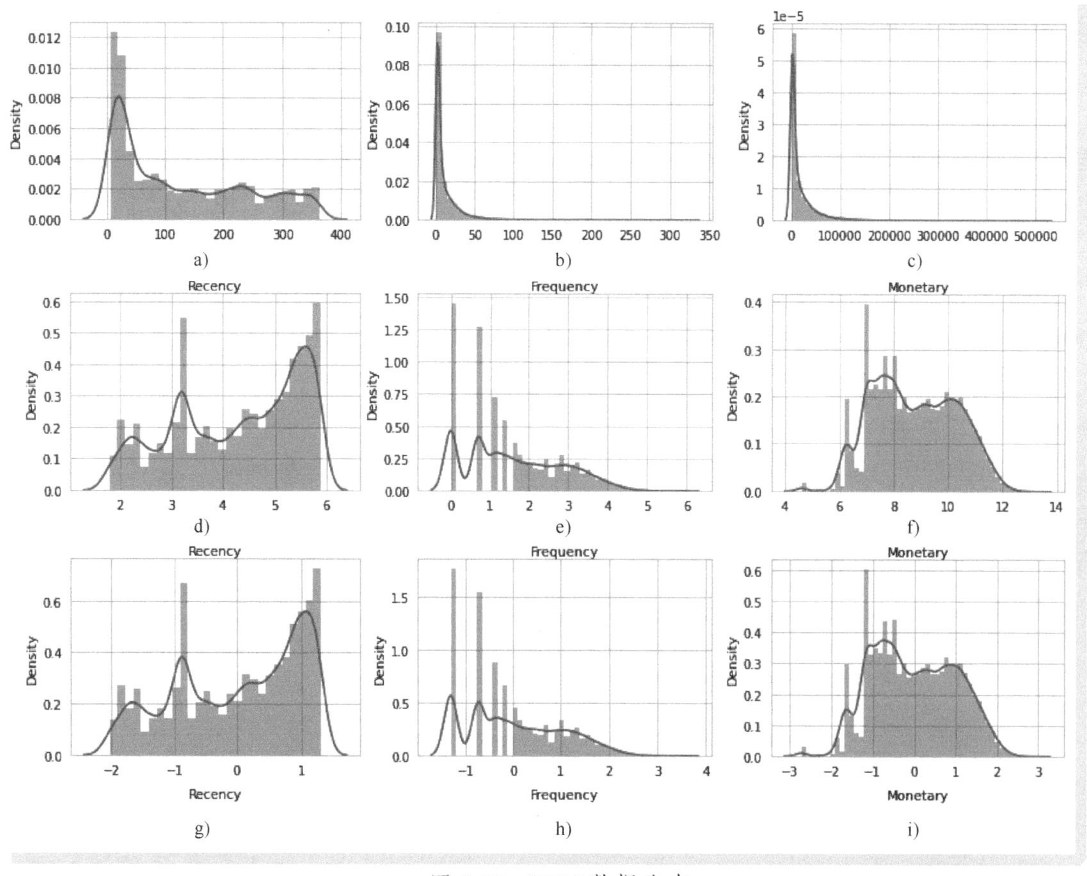


图 8-27 RFM 数据分布

a）用户购买时间间隔分布 b）用户购买频次分布 c）用户购买金额分布 d）对数转化后的购买时间间隔分布 e）对数转化后的购买频次分布 f）对数转化后的购买金额分布 g）标准化处理后的购买时间间隔分布 h）标准化处理后的购买频次分布 i）标准化处理后的购买金额分布

数据预处理之后，绘制肘部图寻求最佳聚类个数，如图 8-28 所示，选择 $k=4$ 作为聚类的类别个数。

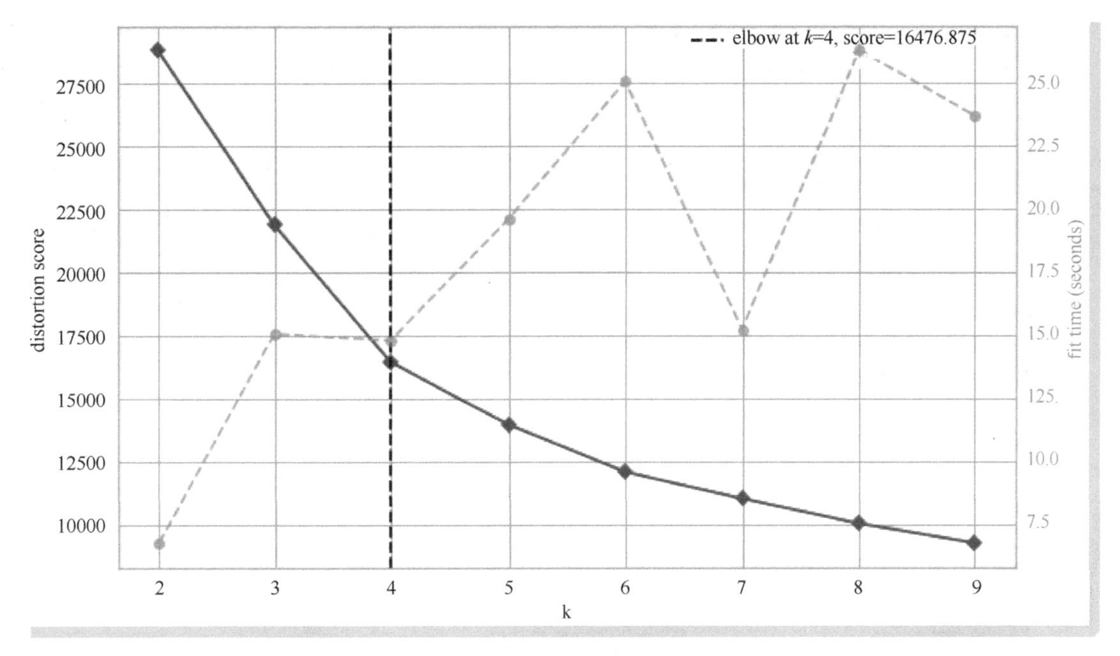


● 图 8-28　聚类算法肘部图的绘制

绘制肘部图的代码如下。

```
1.from yellowbrick.cluster import KElbowVisualizer
2.#肘部图绘制,选取最佳 k 值
3.fig, ax =plt.subplots(1, 1, figsize=(10, 6))
4.model =KMeans(random_state=1)
5.visualizer =KElbowVisualizer(model, k=(2,10))
6.visualizer.fit(X_numerics_log_scaled)
7.visualizer.show()
8.plt.show()
```

在 $k$ 值确定之后，参考聚类结果对用户进行划分。聚类算法相关代码如下。

```
1.#聚类算法对用户分群
2.KM_4_clusters =KMeans(n_clusters=4, init='k-means++').fit(X_numerics_log_scaled)
3.KM4_cluster = X_numerics.copy()
4.KM4_cluster.loc[:,'Cluster_label'] = KM_4_clusters.labels_
5.#绘制分群结果
6.fig1, (axes) =plt.subplots(1,3,figsize=(18,5))
7.sns.scatterplot(x='Recency', y='Monetary', data=KM4_cluster,hue='Cluster_label', ax=
  axes[0], palette='Set1', legend='full')
```

```
8.sns.scatterplot(x='Recency', y='Frequency', data=KM4_cluster,hue='Cluster_label',
  palette='Set2', ax=axes[1], legend='full')
9.sns.scatterplot(x='Frequency',y='Monetary', data=KM4_cluster,hue='Cluster_label',
  palette='Set3', ax=axes[2], legend='full')
10.
11.axes[0].scatter(KM_4_clusters.cluster_centers_[:,0],KM_4_clusters.cluster_centers_
   [:,2], marker='s', s=40, c="blue")
12.axes[1].scatter(KM_4_clusters.cluster_centers_[:,0],KM_4_clusters.cluster_centers_
   [:,1], marker='s', s=40, c="blue")
13.axes[2].scatter(KM_4_clusters.cluster_centers_[:,1],KM_4_clusters.cluster_centers_
   [:,2], marker='s', s=40, c="blue")
14.plt.show()
```

上面的代码不仅对 RFM 数据进行了聚类，并且绘制了聚类后的 2D 聚类结果，如图 8-29 所示。

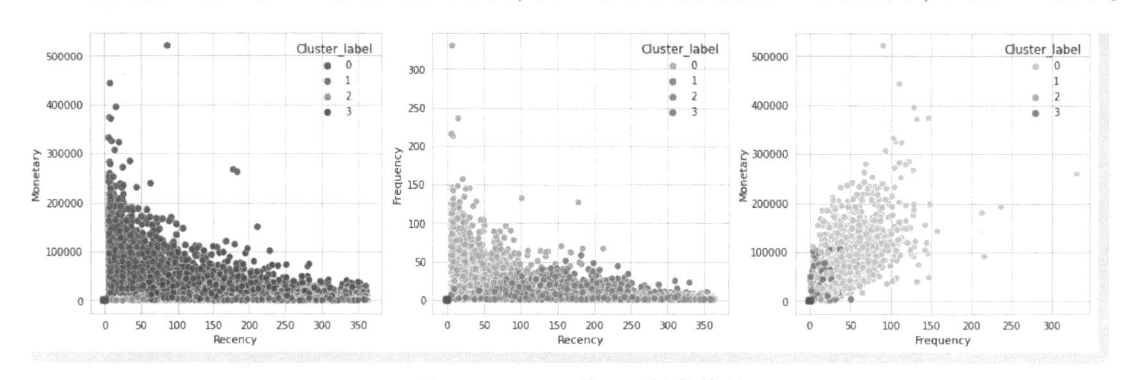


图 8-29　RFM 的 2D 聚类结果

有了聚类结果之后计算每个 cluster 下 RFM 特征的均值，如表 8-12 所示。

表 8-12　对聚类结果进行分析和人群划分

| 聚类标签 | 购买间隔 | 购买频次 | 购买金额 | 结果分析 | 用户类型 | 营销动作 |
|---|---|---|---|---|---|---|
| 0 | 234 | 2 | 2692 | 购买时间间隔最久、频次最低、花钱最少 | 流失用户（Churn User） | 通过 push 短信或者定向投放广告的方式对流失用户触达，期望召回流失用户 |
| 1 | 23 | 30 | 51916 | 购买时间间隔最短、频次最高、花钱最多 | 活跃用户（Active User） | 通过会员卡或者其他方式保持用户黏性 |
| 2 | 27 | 4 | 4079 | 购买时间间隔短、频次低、花费较多 | 新用户（New User） | 通过加大新人折扣力度、提升产品品质来吸引新用户转化为活跃用户 |

（续）

| 聚类标签 | 购买间隔 | 购买频次 | 购买金额 | 结果分析 | 用户类型 | 营销动作 |
|---|---|---|---|---|---|---|
| 3 | 129 | 9 | 17727 | 购买间隔较久、购买频次较低、花费较多 | 潜在流失用户（Potential Churn User） | 通过加大折扣力度、推荐更吸引人的产品来挽留用户 |

相关代码如下。

```
1.#确定每个用户群的类型
2.KM4_cluster.groupby('Cluster_label').agg({'Recency':'mean',
3.                                         'Frequency':'mean',
4.                                         'Monetary':'mean'})
5.#观察每个分群的 RFM 特征均值,确定其用户类型
6.segments_map = {0:'Churn User', 1:'Active User', 2:'New User', 3:'Potential Churn User'}
7.KM4_cluster['User_segment'] = KM4_cluster['Cluster_label'].apply(lambda x: segments_
  map.get(x))
8.
9.#绘制不同类型用户的数量占比和 GMV 占比图
10.temp1 = KM4_cluster['User_segment'].value_counts().sort_values(ascending=True)
11.temp2 = KM4_cluster.groupby('User_segment')['Monetary'].sum().sort_values(ascending=
   True)
12.
13.fig, ax =plt.subplots(1, 2, figsize=(20, 6))
14.
15.
16.def plot_different_user_type(ax, df):
17.
18.    bars = ax.barh(range(len(df)),
19.                   df,
20.                   color='silver')
21.    ax.set_frame_on(False)
22.    ax.tick_params(left=False,
23.                   bottom=False,
24.                   labelbottom=False)
25.    ax.set_yticks(range(len(df)))
26.    ax.set_yticklabels(df.index)
27.
28.    for i, bar in enumerate(bars):
29.        value = bar.get_width()
30.        if df.index[i] in ['Churn User']:
31.            bar.set_color('firebrick')
32.        ax.text(value,
33.                bar.get_y() + bar.get_height()/2,
34.                '{:,} ({:}%)'.format(int(value),
35.                                     int(value*100/df.sum())),
```

```
36.              va='center',
37.              ha='left'
38.              )
39.plot_different_user_type(ax[0], temp1)
40.plot_different_user_type(ax[1], temp2)
41.plt.tight_layout()
42.plt.show()
```

不同类别用户的表现如图 8-30 所示，在 Recruit Ponpare 平台，流失用户（Churn User）的比例最高约 39%，其次是活跃用户（Active User）约 24%。24%的活跃用户提供了该平台 70%的 GMV，15%的新用户（New User）仅提供了 3%的 GMV，因此对于新用户的促活非常重要。

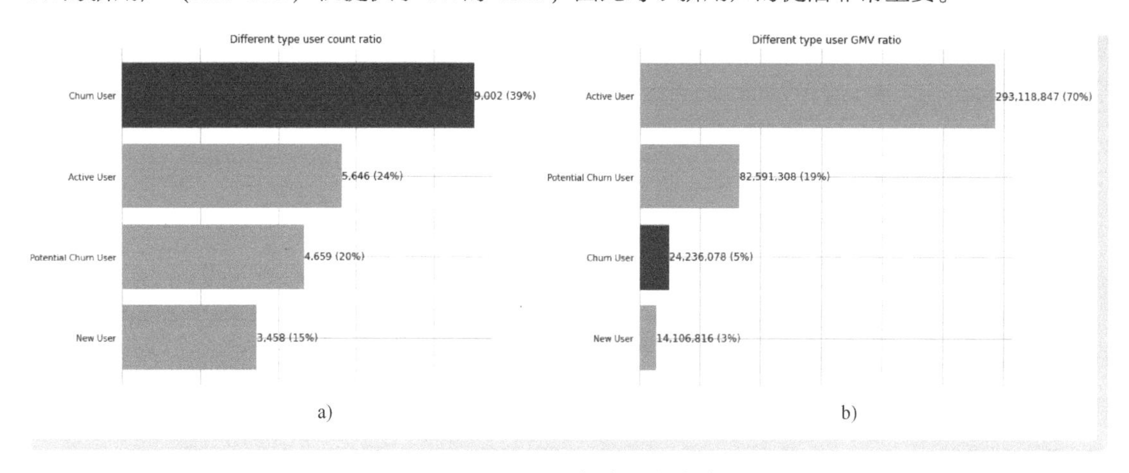


● 图 8-30　不同类别用户的表现

a）数量占比　b）GMV 占比

2. 因果推断模型

（1）深度因果前沿

在第 4.4.3 小节介绍了因果推断模型原理以及常见的因果推断基本模型，常见的因果推断模型包括 Meta-Learner、因果森林、深度表征学习等方法。在本小节会深入展开讲解目前深度因果方向比较前沿的几种模型结构，其模型结构都是由第 4.4.4 小节提到的深度表征学习框架演变而来的。为了更方便读者阅读，表 8-13 按时间顺序给出 4 篇深度因果前沿模型的论文出处和发表时间。

表 8-13　深度因果模型前沿论文

| 发表时间/年 | 模型名字 | 论文名字 |
| --- | --- | --- |
| 2017 | TARNet | Estimating individual treatment effect：generalization bounds and algorithms |
| 2019 | DragonNet | Adapting Neural Networks for the Estimation of Treatment Effects |

（续）

| 发表时间/年 | 模型名字 | 论文名字 |
|---|---|---|
| 2021 | VCNet | VCNet and Functional Targeted Regularization For Learning Causal Effects of Continuous Treatments |
| 2022 | DESCN | DESCN：Deep Entire Space Cross Networks for Individual Treatment Effect Estimation |

TARNet 模型

TARNet 模型的全称是 Treatment-Agnostic Representation Network，其是在 2016 年提出的基于深度表征学习 BNN 网络上进行优化改造而来的，具体的模型结构如图 8-31 所示。

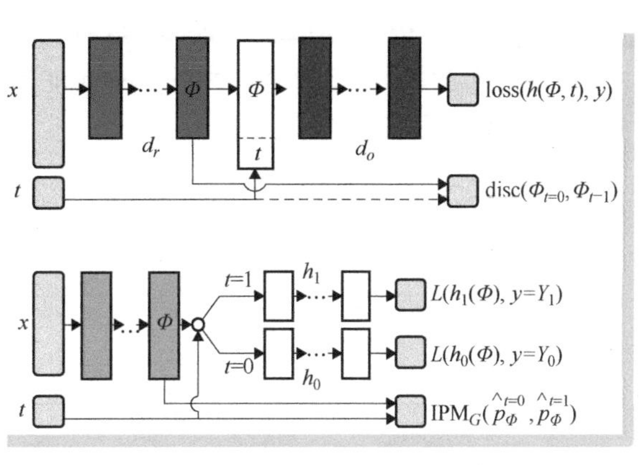


● 图 8-31　TARNet 模型结构

图 8-31 上半部分是 BNN 结构，下半部分是 TARNet 结构，可以发现整体结构非常相似，区别是 TARNet 做样本分布的距离计算时选择了 IPM 公式。另外在计算损失函数时不再通过事实数据的近似得到一个反事实样本组，而是直接对事实数据做优化，具体的目标函数为：

$$\min_{h,\Phi} \frac{1}{n}\sum_{i=1}^{n} \omega_i * L(h(\Phi(x_i),t_i),y_i) + \lambda * \Re(h) + \alpha * \mathrm{IPM}_G(\{\Phi(x_i)\}_{i:t_i=0},\{\Phi(x_i)\}_{i:t_i=1})$$

式中的第一项是不同 Treatment（处理）下的损失函数，第二项是模型复杂度项作为模型的惩罚项，第三项是使用 IPM（Integral Probability Metric）度量两个数据分布之间的距离。TARNet 相较于 BNN 模型来说，省去了对反事实数据的损失函数，因此不必再构造反事实数据组，此外增加了模型复杂度作为惩罚项，一定程度上避免了过拟合的问题。

DragonNet 模型

DragonNet 是于 2019 年基于 TARNet 框架，并综合考虑倾向性得分进行优化的模型结构。如图 8-32 所示，DragonNet 使用了一个三头的端到端的结构，其中两个头和 TARNet 中的 $t=1$（接受处理）和 $t=0$（不接受处理）的两个分支结构相同，不同的是多了一路倾向性得分分支 $g$。

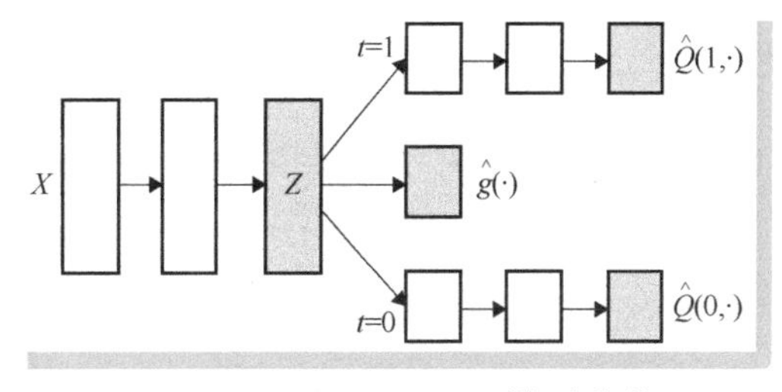


● 图 8-32　DragonNet 模型结构

$g$ 分支是使用倾向分的方式做特征选择的，即训练一个神经网络拟合 $T$，达到最后只保留和 $T$ 相关的特征和样本信息预测最终的结果 $y$。如果把 $g$ 分支去掉，那么网络结构和 TARNet 的结构一样。在增加了 $g$ 网络分支之后，目标函数也做了优化，DragonNet 的目标函数如下：

$$\min \frac{1}{n}\sum_{i}[(Q^{nn}(t_i,x_i;\theta)-y_i)^2+\alpha \text{CrossEntropy}(g^{nn}(x_i;\theta),t_i)]$$

式中第一项是不同于 Treatment 下网络预测的损失函数，第二项是对 Treatment 这个二元分类问题预测的交叉熵损失函数。

VCNet 模型

VCNet 是于 2021 年提出的一种变参数的模型，它设计了一种将不同的 Treatment 作为变量，并为之训练一个参数网络，从而达到多 Treatment 的情况下不必建立多头结构的效果。具体的网络结构如图 8-33 右所示。

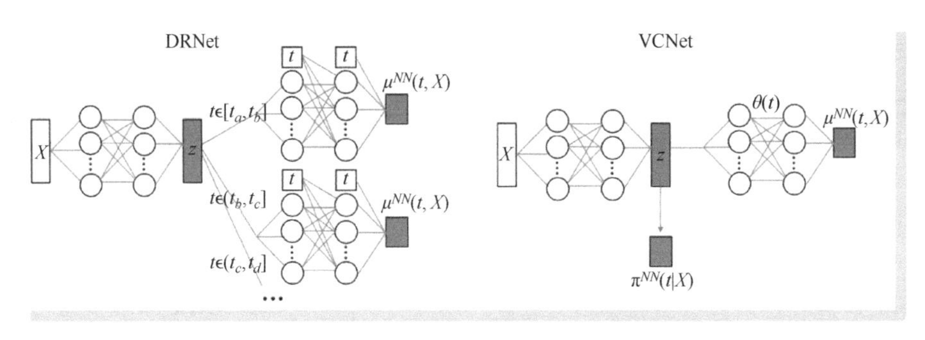


图 8-33　DragonNet 模型结构

VCNet 相比于左边的 DRNet 而言，从 $X$ 到 $Z$ 的表征学习部分都相同，不同的是网络结构的后半部分，VCNet 将多个 $t$ 分支抽象成了一个 $\theta$ 网络，训练出的参数辅助预测最终的结果 $y$，这可以使得 Treatment 变得连续而非 DRNet 一样的离散区间。除了参数网络之外，VCNet 加入了 $\pi$ 网络分支，这个网络其实就是 DragonNet 中的 $g$ 网络分支。那么 VCNet 的目标函数如下：

$$L[\mu^{NN},\pi^{NN}]=\frac{1}{n}\sum_{i=1}^{n}(y_i-\mu^{NN}(t_i,x_i))^2-\frac{\alpha}{n}\sum_{i=1}^{n}\log(\pi^{NN}(t_i\mid x_i))$$

式中的第一项损失函数是评估预测最终结果的准确性，第二项损失函数是 $\pi^{NN}$ 的负对数似然损失（等价于交叉熵损失），$\alpha$ 是调节两个损失函数的权重项。

DESCN 模型

DESCN 模型是于 2022 年提出的结合 X-Learner 框架和多任务模型的思想设计的新模型框架，其全称是 Deep Entire Space Cross Networks。DESCN 的主要贡献是提出了一种 ESN（Entire Space Network）的框架结构，具体的结构如图 8-34 所示。

其结构和 ESMM 结构十分相似，是典型的双塔结构。其中 ESTR 的全称是 Entire Space Treated Response，即在全量样本空间上建立的 Treatment 为 1 的响应模型 $P(Y,W=1|X)$。ESCR 的全称是 Entire Space Control Response，即在全量样本空间上建立的 Treatment 为 0 的相应模型 $P(Y,W=0|X)$。根据贝叶斯公式改写 ESTR 和 ESCR 如下：

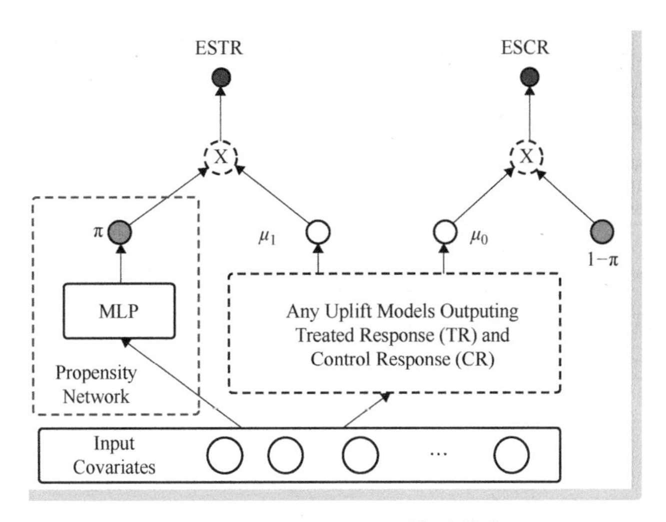


● 图 8-34 DragonNet 模型结构

$$\underbrace{P(Y,W=1|X)}_{\text{ESTR}}=\underbrace{P(Y,W=1,X)}_{TR}\cdot\underbrace{P(W=1|X)}_{\pi}$$
$$=\mu_1\cdot\pi$$
$$\underbrace{P(Y,W=0|X)}_{\text{ESCR}}=\underbrace{P(Y|W=0,X)}_{CR}\cdot\underbrace{P(W=0|X)}_{1-\pi}$$
$$=\mu_0\cdot(1-\pi)$$

很明显，其中 ESTR 和 ESCR 等式右边的第一项分别是 TR（Treatment Response，等同于网络结构中的 $\mu_1$）项和 CR（Control Response，等同于网络结构中的 $\mu_0$）项，第二项是倾向性得分项，对于个体来说 $ITE=P(Y|W=1,X)-P(Y|W=0,X)=TR-CR$。那么模型在已知 ESTR、ESCR 和倾向性得分的基础上，可以通过除以倾向性得分 $\pi$ 和 $1-\pi$ 得到 TR 和 CR 的值，从而计算得到 ITE。在 ESN 框架的黑色虚线框部分是自定义的 Uplift Model，DESCN 提出了一种 X-Network 的结构。X-Network 是基于 X-Learner 思想进行改造的一种网络模型，由于篇幅原因这里不再详细讲解，感兴趣的读者可自行查阅相关资料。

（2）因果推断建模实战

为了帮助读者由浅入深地学习因果推断模型，由于篇幅有限，下面仅给出 Meta-Learner、因果森林、深度因果推断 DragonNet 的实战，对于上文中提到的深度因果模型实战代码感兴趣的读者可以从表 8-14 中的 github 链接找到相关的代码实现。

表 8-14 深度因果模型前沿模型实现开源代码表

| 模 型 名 | 开源代码链接 |
|---|---|
| TARNet | https：//github. com/kochbj/Deep-Learning-for-Causal-Inference/blob/main/Tutorial_3_Semi_parametric_extensions_to_TARNet_. ipynb |

（续）

| 模 型 名 | 开源代码链接 |
| --- | --- |
| DragonNet | https：//github. com/claudiashi57/dragonnet |
| VCNet | https：//github. com/lushleaf/varying-coefficient-net-with-functional-tr |
| DESCN | https：//github. com/kailiang-zhong/DESCN |

因果推断可以解决回归问题，也可以解决分类问题，故根据此开源数据集求解两个问题。问题一是回归问题，即优惠额度对商品购买数量 ITEM_COUNT 的影响，问题二是分类问题，即优惠额度对用户是否会下单的影响。考虑到篇幅有限，下面仅筛选出两种不同的折扣当作二元 Treatment 处理。

Step1. 数据预处理

```
1.import pandas as pd
2.import numpy as np
3.from matplotlib import pyplot as plt
4.from sklearn.linear_model import LinearRegression, LogisticRegression
5.from sklearn.model_selection import train_test_split
6.import statsmodels.api as sm
7.from xgboost import XGBRegressor, XGBClassifier
8.from lightgbm import LGBMRegressor,LGBMClassifier
9.from causalml.inference.meta import LRSRegressor
10.from causalml.inference.meta import XGBTRegressor, MLPTRegressor
11.from causalml.inference.meta import BaseXRegressor, BaseRRegressor, BaseSRegressor, Base-
   TRegressor
12.from causalml.inference.meta import BaseXClassifier, BaseRClassifier, BaseSClassifier,
   BaseTClassifier
13.from causalml.match import NearestNeighborMatch, MatchOptimizer, create_table_one
14.from causalml.propensity import ElasticNetPropensityModel
15.from causalml.dataset import *
16.from causalml.metrics import *
17.from causalml.inference.meta import LRSRegressor
18.import warnings
19.
20.#分类数据处理
21.data = pd.read_csv('coupon_feature_engineering_data.csv')
22.data = data.fillna(0)
23.data['SEX_ID'] = data['SEX_ID'].apply(lambda x: 0 if x=='f' else 1)
24.exclude_cols = ['Unnamed: 0','I_DATE','REFERRER_hash','VIEW_COUPON_ID_hash','USER_ID
   _hash','SESSION_ID_hash', 'PURCHASEID_hash','COUPON_ID_hash','REG_DATE','month_date',
   'WITHDRAW_DATE']
25.category_cols = ['GENRE_NAME','PREF_NAME','PREFECTUAL_OFFICE','most_visit_genre']
26.without_category_cols = [col for col in data.columns if col not in exclude_cols+category
   _cols]
```

```
27.with_category_cols = [col for col in data.columns if col not in exclude_cols]
28.#选择 100、85 的折扣作为 Treatment,采样 10000 条数据
29.data_sample = data[data['PRICE_RATE'].isin([100, 85])].sample(10000, random_state=
   1024).reset_index(drop=True)
30.data_sample = data_sample[without_category_cols]
31.
32.#回归数据处理
33.user_list = pd.read_csv('data/user_list.csv')
34.coupon_list_train = pd.read_csv('data/coupon_list_train.csv')
35.coupon_visit_train = pd.read_csv('data/coupon_visit_train.csv')
36.coupon_detail_train = pd.read_csv('data/coupon_detail_train.csv')
37.data_reg_temp = coupon_detail_train.merge(coupon_list_train, on='COUPON_ID_hash', how
   ='left')
38.data_reg = data_reg_temp.merge(user_list, on='USER_ID_hash', how='left')
39.exclude_cols = ['I_DATE', 'REFERRER_hash', 'VIEW_COUPON_ID_hash', 'USER_ID_hash', 'SES-
   SION_ID_hash','PURCHASEID_hash', 'COUPON_ID_hash', 'REG_DATE', 'month_date', 'WITHDRAW_
   DATE','GENRE_NAME', 'PREF_NAME', 'PREFECTUAL_OFFICE', 'SMALL_AREA_NAME','CAPSULE_TEXT',
   'DISPFROM','DISPEND','VALIDFROM','VALIDEND', 'large_area_name','ken_name','small_area_
   name']
40.cols = [col for col in data_reg.columns if col not in exclude_cols]
41.data_reg['SEX_ID'] = data_reg['SEX_ID'].apply(lambda x: 0 if x=='f' else 1)
42.data_reg = data_reg[cols]
43.for i in data_reg.columns[data_reg.isnull().any(axis=0)]:
44.    data_reg[i].fillna(data_reg[i].mean(), inplace=True)
45.#选择 80、51 的折扣作为 Treatment,采样 10000 条数据
46.data_reg_sample = data_reg[data_reg['PRICE_RATE'].isin([51, 80])].sample(10000,
   random_state=1024).reset_index(drop=True)
47.
48.#分类回归数据的 Treatment 构造
49.data_sample['is_treatment'] = data_sample['PRICE_RATE'].apply(lambda x: 1 if x==100
   else 0)
50.data_reg_sample['is_treatment'] = data_reg_sample['PRICE_RATE'].apply(lambda x: 1 if x
   ==80 else 0)
```

代码第 20～30 行是对分类问题的数据处理，推断不同 Treatment 下对于用户下单意愿 PURCHASE_FLG 的影响，代码第 33～46 行是对回归问题的数据处理，推断不同 Treatment 下对用户购买数量 ITEM_COUNT 的影响。

Step2. 计算倾向性得分

通过第 4.4.4 小节的因果推断模型简介，知道 PSM 算法可以一定程度上消除混杂因子对因果推断结果的影响，下面给出使用 Psmpy 包进行倾向性得分的计算的案例。

```
1.from sklearn.preprocessing import StandardScaler
2.from psmpy import PsmPy
3.from psmpy.functions import cohenD
4.from psmpy.plotting import *
```

```
5.
6.psm_exclude_cols = ['Unnamed: 0', 'I_DATE', 'REFERRER_hash', 'VIEW_COUPON_ID_hash', 'USER
  _ID_hash', 'SESSION_ID_hash', 'PURCHASEID_hash', 'COUPON_ID_hash', 'REG_DATE', 'month_
  date', 'WITHDRAW_DATE', 'ITEM_COUNT', 'PRICE_RATE','CATALOG_PRICE','DISCOUNT_PRICE',
  'price_rate_level', 'discount_price_level','PURCHASEID_hash']
7.psm_category_cols = ['GENRE_NAME', 'PREF_NAME', 'PREFECTUAL_OFFICE', 'most_visit_genre']
8.psm_treatment_col = 'is_treatment'
9.psm_use_cols = [col for col in data_sample.columns if col not in psm_exclude_cols+psm_
  category_cols+[psm_treatment_col]]
10.reg_psm_use_cols = [col for col in data_reg_sample.columns if col not in psm_exclude_
   cols+psm_category_cols+[psm_treatment_col]]
11.
12.def cal_psm_score(df, use_cols):
13.    df_X = df[use_cols]
14.    #归一化
15.    scaler =StandardScaler()
16.    data_psm_X_ = scaler.fit_transform(df_X)
17.    data_psm_X_ = pd.DataFrame(data_psm_X_)
18.    data_psm_X_['is_treatment'] = df['is_treatment'].values
19.    data_psm_X_.columns = ['f_'+str(col) for col in data_psm_X_.columns]
20.    psm = PsmPy(data_psm_X_.reset_index(), treatment='f_is_treatment', indx='index')
21.    psm.logistic_ps(balance=True)
22.    psm_res = psm.predicted_data
23.    psm_score_df = psm_res[['index', 'propensity_score', 'propensity_logit']]
24.    data_psm = df.reset_index().merge(psm_score_df, on='index', how='left')
25.    return data_psm
26.
27.data_sample_psm = cal_psm_score(data_sample, psm_use_cols)
28.data_reg_sample_psm = cal_psm_score(data_reg_sample, reg_psm_use_cols)
```

代码中第 12~25 行的 cal_psm_score 函数是计算倾向分的过程，得出的 data_sample_psm 和 data_reg_sample_psm 是两个表格型数据，其中 propensity_score 字段是计算得到的倾向性得分。

Step3. Meta-Learner 建模

首先对回归问题进行 Meta-Learner 建模，is_treatment 表示是否有折扣，需要预测的目标是购买的数量 PURCHASE_FLG 字段。

```
1.#数据预处理
2.reg_features = ['PRICE_RATE', 'CATALOG_PRICE', 'DISCOUNT_PRICE',
3.           'DISPPERIOD', 'VALIDPERIOD', 'USABLE_DATE_MON', 'USABLE_DATE_TUE',
4.           'USABLE_DATE_WED', 'USABLE_DATE_THU', 'USABLE_DATE_FRI',
5.           'USABLE_DATE_SAT', 'USABLE_DATE_SUN', 'USABLE_DATE_HOLIDAY',
6.           'USABLE_DATE_BEFORE_HOLIDAY', 'SEX_ID', 'AGE']
7.y = data_reg_sample_psm['ITEM_COUNT']
8.X = data_reg_sample_psm[reg_features]
9.scaler =StandardScaler()
```

```
10.X_ = scaler.fit_transform(X)
11.treatment = data_reg_sample_psm['is_treatment']
12.e = data_reg_sample_psm['propensity_score']
13.
14.#数据集划分
15.X_train, X_test, y_train, y_test = train_test_split(X_, y, test_size=0.2, random_state
   =1)
16.train_indexes = list(y_train.index)
17.test_indexes = list(y_test.index)
18.train_e = e.iloc[train_indexes]
19.train_treatment = treatment.iloc[train_indexes]
20.test_e = e.iloc[test_indexes]
21.test_treatment = treatment.iloc[test_indexes]
22.
23.# Meta-Learner 建模
24.# S-LR Learner
25.learner_s =LRSRegressor()
26.learner_s.fit(X=X_train, treatment=train_treatment, y=y_train)
27.learner_s_pred = learner_s.predict(X_test, treatment=test_treatment, y=y_test)
28.
29.#做了 PSM 处理的 S-LR Learner
30.learner_s_e =LRSRegressor()
31.learner_s_e.fit(X=X_train, treatment=train_treatment, y=y_train, p=train_e)

32.learner_s_e_pred = learner_s_e.predict(X_test, treatment=test_treatment, y=y_test, p
   =test_e)
33.
34.# S-XGB Learner
35.learner_s_xgb = BaseSRegressor(XGBRegressor())
36.learner_s_xgb.fit(X=X_train, treatment=train_treatment, y=y_train)
37.learner_s_xgb_pred = learner_s_xgb.predict(X_test, treatment=test_treatment, y=y_
   test)
38.
39.#做了 PSM 处理的 S-XGB Learner
40.learner_s_xgb_e = BaseSRegressor(XGBRegressor())
41.learner_s_xgb_e.fit(X=X_train, treatment=train_treatment, y=y_train, p=train_e)
42.learner_s_xgb_e_pred = learner_s_xgb_e.predict(X_test, treatment=test_treatment, y=y
   _test, p=test_e)
43.
44.# T Learner
45.learner_t =BaseTRegressor(learner=XGBRegressor())
46.learner_t.fit(X=X_train, treatment=train_treatment, y=y_train)
47.learner_t_pred = learner_t.predict(X_test, treatment=test_treatment, y=y_test)
48.
49.#做了 PSM 处理的 T Learner
50.learner_t_e =BaseTRegressor(learner=XGBRegressor())
51.learner_t_e.fit(X=X_train, treatment=train_treatment, y=y_train, p=train_e)
```

```
52.learner_t_e_pred = learner_t_e.predict(X_test, treatment=test_treatment, y=y_test, p
   =test_e)
53.
54.#做了 PSM 处理的 X Learner
55.learner_x_e =BaseXRegressor(learner=XGBRegressor())
56.learner_x_e.fit(X=X_train, treatment=train_treatment, y=y_train, p=train_e)
57.learner_x_e_pred = learner_x_e.predict(X_test, treatment=test_treatment, y=y_test, p
   =test_e)
58.
59.# R Learner
60.learner_r =BaseRRegressor(learner=XGBRegressor())
61.learner_r.fit(X=X_train, treatment=train_treatment, y=y_train)
62.learner_r_pred = learner_r.predict(X_test)
63.
64.#做了 PSM 处理的 R Learner
65.learner_r_e =BaseRRegressor(learner=XGBRegressor())
66.learner_r_e.fit(X=X_train, treatment=train_treatment, y=y_train, p=train_e)

67.learner_r_e_pred = learner_r_e.predict(X_test)

68.#整合预测结果
69.df_preds = pd.DataFrame([learner_s_pred.ravel(),
70.                         learner_s_e_pred.ravel(),
71.                         learner_s_xgb_pred.ravel(),
72.                         learner_s_xgb_e_pred.ravel(),
73.                         learner_t_pred.ravel(),
74.                         learner_t_e_pred.ravel(),
75.                         learner_x_e_pred.ravel(),
76.                         learner_r_pred.ravel(),
77.                         learner_r_e_pred.ravel(),
78.                         y_test.values, test_treatment.values],
79.                     index=['S-Learner',
80.                            'S-Learner with Propensity score',
81.                            'S-Learner-XGB',
82.                            'S-Learner-XGB with Propensity score',
83.                            'T-Learner-XGB',
84.                            'T-Learner-XGB with Propensity score',
85.                            'X-Learner-XGB with Propensity score',
86.                            'R-Learner-XGB',
87.                            'R-Learner-XGB with Propensity score',
88.                            'y_test','treatment']).T
89.
90.#计算 auuc 并可视化增益
91.auuc_score(df_preds, outcome_col='y_test', treatment_col='treatment', normalize=
   True)
92.plot_gain(df_preds,outcome_col='y_test', treatment_col='treatment', normalize=True)
```

代码第 23 行开始使用 causalml 包里的 Meta-Learner 方法进行因果推断建模，代码的第 92 行开始计算因果推断的评估指标 auuc，并绘制增益图，如图 8-35 所示。

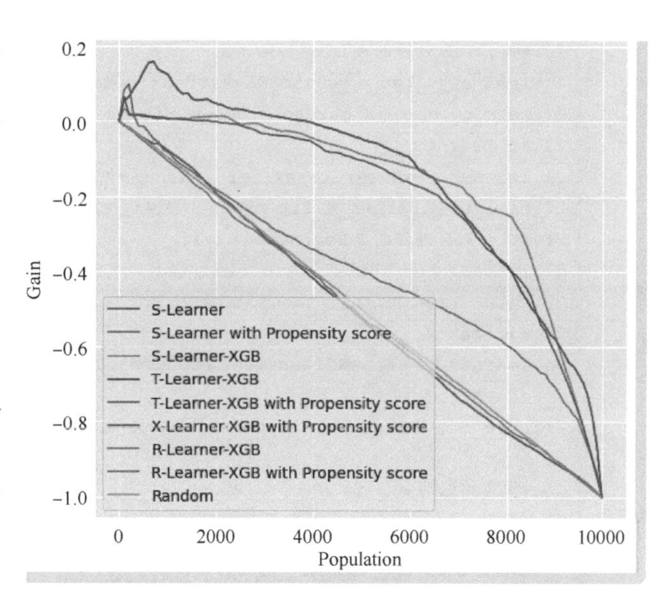


● 图 8-35 增益图

需要注意的是，PRICE_RATE 表示的是折扣的力度，如果 PRICE_RATE = 51，表示标签价格 CATALOG_PRICE 减少了 51% 后，得到了折扣价 DISCOUNT_PRICE，即 DICOUNT_PRICE = （1-PRICE_RATE） * CATALOG_PRICE。那么显然 PRICE_RATE 越大，折扣力度越大，即 80%的折扣力度要大于 51%的折扣力度，图 8-35 的因果推断增益图表示了在折扣力度大的情况下，ITEM_COUNTS 会随之减少，这可能是因为折扣为 80%的商品普遍是滞销品，并不受用户欢迎。下面再对用户的购买意愿进行因果推断建模，即预测的是表示是否购买的 PURCHASE FLG 字段，具体的代码如下。

```
1.#数据预处理
2.clf_features = [fea for fea in data_sample_psm.columns if fea not in ['index', 'PURCHASE_
  FLG', 'is_treatment','propensity_score','ITEM_COUNT','propensity_logit','PRICE_RATE',
  'CATALOG_PRICE','DISCOUNT_PRICE', 'price_rate_level', 'discount_price_level']]
3.X = data_sample_psm[clf_features]
4.scaler =StandardScaler()
5.X_ = scaler.fit_transform(X)
6.y = data_sample_psm['PURCHASE_FLG']
7.treatment = data_sample_psm['is_treatment']
8.e = data_sample_psm['propensity_score']
9.
10.# Meta-Learner 建模
11.# S-XGB Learner
12.learner_s_xgb = BaseSClassifier(XGBClassifier(booster='gbtree', objective='binary:
   logistic', eval_metric='auc'))
13.cate_s_xgb = learner_s_xgb.fit_predict(X=X, treatment=treatment, y=y)
14.#做了 PSM 处理的 S-XGB Learner
15.learner_s_xgb_e = BaseSClassifier(XGBClassifier(booster='gbtree', objective='binary:
   logistic', eval_metric='auc'))
16.cate_s_xgb_e = learner_s_xgb_e.fit_predict(X=X, treatment=treatment, y=y, p=e)
17.# S-LGBM Learner
18.learner_s_lgb = BaseSClassifier(LGBMClassifier())
19.cate_s_lgb = learner_s_xgb.fit_predict(X=X, treatment=treatment, y=y)
```

```
20.#做了 PSM 处理的 S-LGBM Learner
21.learner_s_lgb_e = BaseSClassifier(LGBMClassifier())
22.cate_s_lgb_e = learner_s_xgb_e.fit_predict(X=X, treatment=treatment, y=y, p=e)
23.# T Learner
24.learner_t =BaseTClassifier(learner=XGBClassifier())
25.cate_t = learner_t.fit_predict(X=X, treatment=treatment, y=y)
26.#做了 PSM 处理的 T Learner
27.learner_t_e =BaseTClassifier(learner=XGBClassifier())
28.cate_t_e = learner_t_e.fit_predict(X=X, treatment=treatment, y=y)
29.# R Learner
30.learner_r =BaseRClassifier(outcome_learner=XGBClassifier(), effect_learner=XGBR
   egressor())
31.cate_r = learner_r.fit_predict(X=X, treatment=treatment, y=y)
32.
33.#整合预测结果
34.df_preds_clf = pd.DataFrame([
35.                    cate_s_xgb.ravel(),
36.                    cate_s_xgb_e.ravel(),
37.                    cate_s_lgb.ravel(),
38.                    cate_s_lgb_e.ravel(),
39.                    cate_t.ravel(),
40.                    cate_t_e.ravel(),
41.                    cate_x_e.ravel(),
42.                    cate_r.ravel(),
43.                    y.values, treatment.values],
44.                  index=['S-Learner-XGB',
45.                         'S-Learner-XGB with Propensity score',
46.                         'S-Learner-LGB',
47.                         'S-Learner-LGB with Propensity score',
48.                         'T-Learner-XGB',
49.                         'T-Learner-XGB with Propensity score',
50.                         'X-Learner-XGB with Propensity score',
51.                         'R-Learner-XGB',
52.                         'y','treatment']).T
53.
54.#计算 auuc 并可视化增益,如图 8-36 所示
55.auuc_score(df_preds_clf, outcome_col='y', treatment_col='treatment', normalize=True)
56.plot_gain(df_preds_clf, outcome_col='y', treatment_col='treatment', normalize=True)
```

在图8-36中，发现T-learner的方法计算出的AUUC分值最高，达到0.9左右，这说明，在选择折扣100%和折扣85%作为二元Treatment时，随着折扣力度增加，一定程度上提升了用户的购买意愿。

Step4. Tree-Based 建模

下面给出使用causalml包的Tree-Based因果推断模型建模的应用，回归因果树模型有Causal-TreeRegressor、CausalRandomForestRegressor两种，分类因果树模型有UpliftTreeClassifier、UpliftRan-

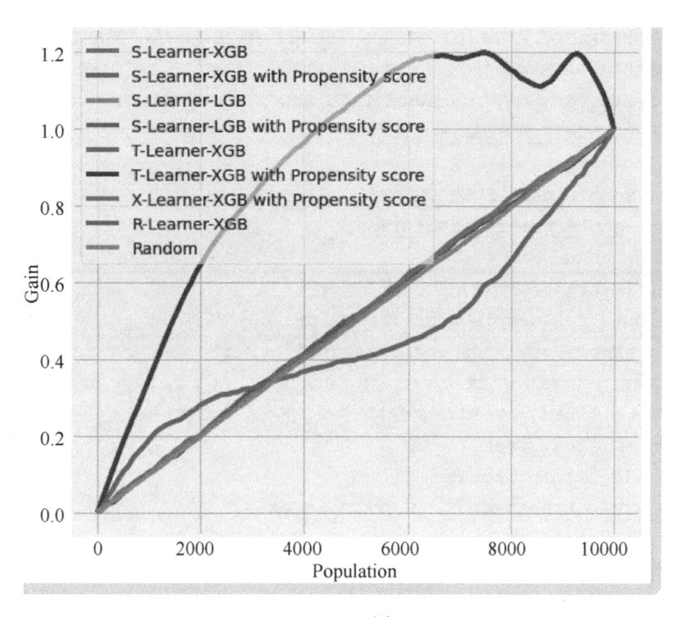


● 图 8-36　增益图

domTreeClassifier 两种。下面给出回归问题用 Tree-Based 因果推断模型建模的具体代码。

```
1.import pandas as pd
2.import numpy as np
3.import multiprocessing as mp
4.from sklearn.tree import plot_tree
5.np.random.seed(42)
6.from sklearn.model_selection import train_test_split
7.from sklearn.inspection import permutation_importance
8.import shap
9.from IPython.display import Image
10.import causalml
11.from causalml.metrics import plot_gain, plot_qini, qini_score
12.from causalml.dataset import synthetic_data
13.from causalml.inference.tree import plot_dist_tree_leaves_values, get_tree_leaves
  _mask
14.from causalml.inference.tree import CausalRandomForestRegressor, CausalTreeRegressor
15.from causalml.inference.tree import UpliftRandomForestClassifier, UpliftTreeClassifi-
  er
16.from causalml.inference.tree.utils import timeit
17.import matplotlib.pyplot as plt
18.import seaborn as sns
19.%configInlineBackend.figure_format = 'retina'
20.
21.#数据预处理
22.reg_features = ['PRICE_RATE', 'CATALOG_PRICE', 'DISCOUNT_PRICE',
```

```
23.          'DISPPERIOD', 'VALIDPERIOD', 'USABLE_DATE_MON', 'USABLE_DATE_TUE',
24.          'USABLE_DATE_WED', 'USABLE_DATE_THU', 'USABLE_DATE_FRI',
25.          'USABLE_DATE_SAT', 'USABLE_DATE_SUN', 'USABLE_DATE_HOLIDAY',
26.          'USABLE_DATE_BEFORE_HOLIDAY', 'SEX_ID', 'AGE']
27.
28.y = data_reg_sample_psm['ITEM_COUNT']
29.X = data_reg_sample_psm[reg_features]
30.scaler =StandardScaler()
31.X_ = scaler.fit_transform(X)
32.treatment = data_reg_sample_psm['is_treatment']
33.e = data_reg_sample_psm['propensity_score']
34.X_train, X_test, y_train, y_test = train_test_split(X_, y, test_size=0.2, random_state=1)
35.train_indexes = list(y_train.index)
36.test_indexes = list(y_test.index)
37.train_e = e.iloc[train_indexes]
38.train_treatment = treatment.iloc[train_indexes]
39.test_e = e.iloc[test_indexes]
40.test_treatment = treatment.iloc[test_indexes]
41.
42.#回归因果树模型
43.tree1 =CausalTreeRegressor(criterion='standard_mse',
44.                            control_name=0,
45.                            min_impurity_decrease=0,
46.                            min_samples_leaf=200,
47.                            leaves_groups_cnt=True)
48.tree1.fit(X=X_train, treatment=train_treatment.values, y=y_train.values)
49.tree2 =CausalTreeRegressor(criterion='causal_mse',
50.                            control_name=0,
51.                            min_samples_leaf=200,
52.                            leaves_groups_cnt=True)
53.tree2.fit(X=X_train, treatment=train_treatment.values, y=y_train.values)
54.
55.#整合预测结果
56.tree1_pred = tree1.predict(X_test)
57.tree2_pred = tree2.predict(X_test)
58.df_preds_tree = pd.DataFrame([tree1_pred,
59.                              tree2_pred,
60.                              y_test.values,
61.                              test_treatment.values],
62.                              index=['tree1_mse', 'tree2_causal_mse', 'y_test', 'test_
   treatment']
63.                            ).T
64.#计算 auuc 和绘制增益图
65.auuc_score(df_preds_tree, outcome_col='y_test', treatment_col='test_treatment', nor-
   malize=True)
66.plot_gain(df_preds_tree, outcome_col='y_test', treatment_col='test_treatment', nor-
   malize=True)
```

```
67.
68.#绘制树结构
69.plt.figure(figsize=(20,20))
70.plot_tree(tree2,
71.          feature_names = reg_features,
72.          filled=True,
73.          impurity=True,
74.          proportion=False,
75.          )
```

下面给出分类问题用 Tree-Based 因果推断模型建模的代码。

```
1.#数据预处理
2.clf_features = [fea for fea in data_sample_psm.columns if fea not in ['index', 'PURCHASE_
  FLG','is_treatment','is_treatment_str',  'propensity_score','ITEM_COUNT','propensity_
  logit','PRICE_RATE','CATALOG_PRICE','DISCOUNT_PRICE', 'price_rate_level', 'discount_
  price_level']]
3.data_sample_psm['is_treatment_str'] = data_sample_psm['is_treatment'].apply(lambda x:
  'control' if x==0 else 'treatment')
4.X = data_sample_psm[clf_features]
5.scaler =StandardScaler()
6.X_ = scaler.fit_transform(X)
7.y = data_sample_psm['PURCHASE_FLG']
8.treatment = data_sample_psm['is_treatment_str']
9.e = data_sample_psm['propensity_score']
10.X_train, X_test, y_train, y_test = train_test_split(X_, y, test_size=0.2, random_state=1)
11.train_indexes = list(y_train.index)
12.test_indexes = list(y_test.index)
13.train_e = e.iloc[train_indexes]
14.train_treatment = treatment.iloc[train_indexes]
15.test_e = e.iloc[test_indexes]
16.test_treatment = treatment.iloc[test_indexes]
17.
18.#分类因果树模型
19.uplift_rf_model = UpliftRandomForestClassifier(max_depth = 4,
20.                                  min_samples_leaf = 200,
21.                                  min_samples_treatment = 50,
22.                                  n_reg = 100,
23.                                  evaluationFunction='KL',
24.                                  control_name='control')
25.
26.uplift_rf_model.fit(X_train,
27.                 treatment=train_treatment.values,
28.                 y=y_train.values)
29.uplift_rf_pred = uplift_rf_model.predict(X_test, full_output=True)
30.uplift_rf_pred['test_treatment'] = test_treatment.apply(lambda x:1 if x=='treatment'
   else 0).values
```

```
31.uplift_rf_pred['y_test'] = y_test.values
32.
33.#计算 auuc 和绘制增益图
34.auuc_score(uplift_rf_pred[['delta_treatment', 'y_test', 'test_treatment']], outcome_
   col='y_test', treatment_col='test_treatment', normalize=True)
35.plot_gain(uplift_rf_pred[['delta_treatment', 'y_test', 'test_treatment']], outcome_col
   ='y_test', treatment_col='test_treatment', normalize=True)
```

上面给出了 causalml 部分的因果树模型的应用，更多其他因果树的应用可以查看随书代码。

Step5. 深度因果 DragonNet 建模

下面给出使用 causalml 工具包里集成好的 DragonNet 模型进行深度因果建模，建模代码如下。

```
1.from causalml.inference.tf import DragonNet
2.
3.#回归问题建模
4.dragon =DragonNet(neurons_per_layer=5, targeted_reg=True)
5.dragon_ite = dragon.fit_predict(X_, treatment.astype(float).values, y.astype(float).
  values, return_components=False)
6.dragon_ate = dragon_ite.mean()
7.df_dragonnet_preds = pd.DataFrame([dragon_ite.ravel(),
8.                                  y.values,
9.                                  treatment.values],
10.                                 index=['DragonNet', 'y', 'treatment']
11.                                ).T
12.auuc_score(df_dragonnet_preds, outcome_col='y', treatment_col='treatment', normalize
   =True)
13.plot_gain(df_dragonnet_preds, outcome_col='y', treatment_col='treatment', normalize=
   True)
14.
15.#分类问题建模
16.dragon =DragonNet(neurons_per_layer=5, targeted_reg=False)
17.dragon_ite = dragon.fit_predict(X_, treatment.astype(float).values, y.astype(float).
   values, return_components=False)
18.dragon_ate = dragon_ite.mean()
19.df_dragonnet_preds_clf = pd.DataFrame([dragon_ite.ravel(),
20.                                 y.values,
21.                                 treatment.values],
22.                                 index=['DragonNet', 'y', 'treatment']
23.                                ).T
24.auuc_score(df_dragonnet_preds_clf, outcome_col='y', treatment_col='treatment', nor-
   malize=True)
25.plot_gain(df_dragonnet_preds_clf, outcome_col='y', treatment_col='treatment', normal-
   ize=True)
```

3. 多目标学习——ESMM 模型

ESMM 模型是阿里妈妈团队于 2018 年发表的论文“Entire Space Multi-Task Model: An Effective

Approach for Estimating Post-Click Conversion Rate”中提出的多目标学习模型。多目标学习和单目标学习不同，它是通过共享参数的方式，同时学习多个不同目标的参数，最终达到同时优化多个目标的效果。

在智能营销的业务场景里，有很多的优惠券是需要用户主动点击领取，从优惠券曝光到用户点击领券再到下单是个较长的转化链路，因此很多时候需要对转化链路上多个环节的转化率同时建模，来区分用户在不同转化环节的表现，据此来划分用户群。

（1）ESMM 模型原理

ESMM 模型和大多数的多目标学习模型相似，引入了两个学习任务，分别用来学习 CTR 和 CTCVR，CTR 是通常意义上的点击率，CTCVR 则表示在点击的基础上用户行为转化的概率，两者的关系通常用以下公式表示：

$$CTCVR = CTR \times CVR$$

因此，当多目标模型学习到了 CTCVR 和 CTR 后，可以隐式地学习到 CVR。这里可能会有疑问，为什么要分别学习 CTR 和 CTCVR，而不是直接学习 CTR 和 CVR 呢？主要是传统的 CVR 模型面临着 SSB（Sample Selection Bias，样本选择偏差）的问题，通常 CVR 模型离线训练时，会把点击数据作为训练集，点击并转化的数据作为正样本，点击未转化的数据作为负样本。然而线上预测时，面对的是整个实时的曝光数据，因此会产生离/在线样本空间不一致的问题，这往往会导致 CVR 离线模型的线上表现和离线表现有所偏差。而 ESMM 的 CTCVR 预估任务是预估曝光且点击后被转化的概率，可以在全量的曝光样本中进行训练，从根本上解决了 CVR 模型离/在线样本空间不一致的问题。此外 CTCVR 可以和 CTR 模型共享全量的曝光样本空间、底层特征，最终隐式地学习到 CVR 任务。ESMM 模型结构如图 8-37 所示。

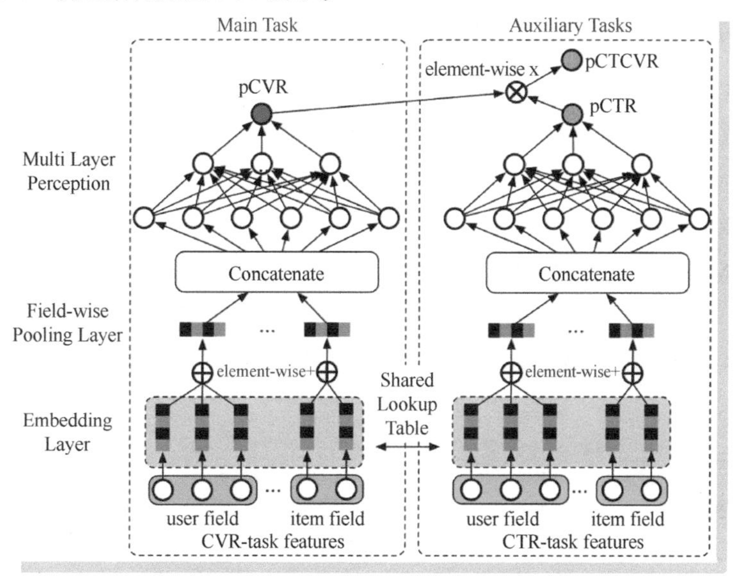


● 图 8-37　ESMM 模型结构

图 8-37 中，ESMM 模型分为两个任务，Main Task 主要是 CVR 任务，Auxiliary Tasks 主要是引入 CTR 和 CTCVR 作为辅助任务，帮助主任务对 CVR 隐式地学习。ESMM 模型的损失函数由 CTR 损失函数和 CTCVR 损失函数两部分组成，而并不直接包含 CVR 的损失函数，具体损失函数如下：

$$L(\theta_{cvr},\theta_{ctr}) = \sum_{i=1}^{N} l(y_i,f(x_i;\theta_{ctr})) + \sum_{i=1}^{N} l(y_i\&z_i,f(x_i;\theta_{ctr}) \times f(x_i;\theta_{cvr}))$$

其中，$\theta_{cvr}$是 CVR 任务的模型参数配置，$\theta_{ctr}$是 CTR 任务的模型参数配置，$x_i$ 是全量样本空间上的特征，$y_i$ 是 CTR 任务的标签，$y_i\&z_i$ 是 CTCVR 任务的标签。公式的第一部分是 CTR 模型的损失函数，公式的第二部分是 CTCVR 模型的损失函数。模型的预测结果是 pCTR（表示概率）和 pCTCVR，根据两者关系间接计算出 pCVR。

（2）用 ESMM 模型做人群划分

ESMM 通常预测出来 CTR 和 CVR 两个指标，前者衡量用户的点击意愿，后者衡量用户的下单意愿，因此采用人群四象限的划分方法根据 CTR 和 CVR 的值可以将用户划分为四个不同的群体。结合智能营销的业务场景，CTR 预估的是用户对优惠券的点击意愿，CVR 预估的是用户下单意愿，据此划分为 A、B、C、D 四类不同的营销人群。根据 CTR 和 CVR 划分人群四象限如图 8-38 所示。

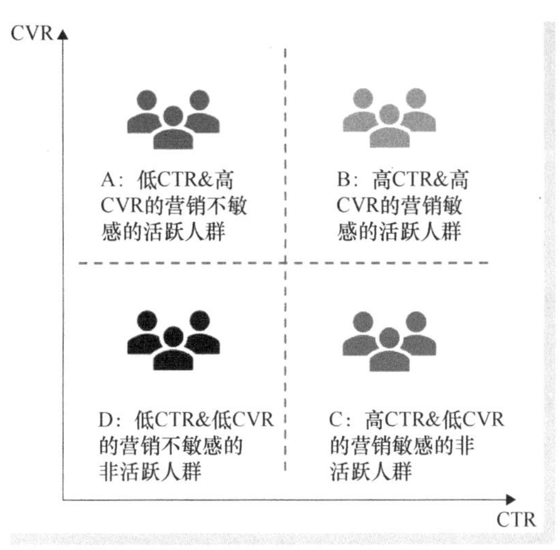


• 图 8-38　根据 CTR 和 CVR 划分人群四象限

图 8-38 中，A 类用户下单意愿明显且对营销活动不感兴趣，因此可以考虑减少对 A 类用户营销活动的推送；B 类用户下单意愿明显且对营销活动敏感，因此考虑保持或者加大对 B 类用户的折扣力度；C 类用户下单意愿和营销敏感度均很差，此类用户考虑降低折扣力度，并考虑用其他的方式促进此类用户的下单意愿；D 类用户对营销活动敏感，但下单意愿不足，可以考虑用加大折扣力度的方法促进此类用户的下单意愿。

（3）ESMM 模型实战

下面给出用 TensorFlow 构造 ESMM 模型的代码过程，由于本章的公开数据集只有用户从浏览到购买的行为转化，不足以使用多任务模型建模，因此不再给出基于本章公开数据集的应用，读者可以结合自己的业务场景应用 ESMM 模型。具体 ESMM 模型结构代码如下。

```
1.class CTCVRNet:
2.    def __init__(self, cate_feautre_dict):
3.        self.embed =dict()
4.        for k, v in cate_feautre_dict.items():
5.            self.embed[k] = layers.Embedding(v, 64)
6.
```

```
7.     def build_ctr_model(self, ctr_user_numerical_input, ctr_user_cate_input, ctr_item_
  numerical_input,
8.                       ctr_item_cate_input, ctr_user_cate_feature_dict, ctr_item_cate_fea-
  ture_dict):
9.         user_embeddings, item_embeddings = [], []
10.        for k, v in ctr_user_cate_feature_dict.items():
11.            embed = self.embed[k](tf.reshape(ctr_user_cate_input[:, v[0]], [-1, 1]))
12.            embed = layers.Reshape((64,))(embed)
13.            user_embeddings.append(embed)
14.
15.        for k, v in ctr_item_cate_feature_dict.items():
16.            embed = self.embed[k](tf.reshape(ctr_item_cate_input[:, v[0]], [-1, 1]))
17.            embed = layers.Reshape((64,))(embed)
18.            item_embeddings.append(embed)
19.          user_feature = layers.concatenate([ctr_user_numerical_input] + user_
   embeddings, axis=-1)
20.          item_feature = layers.concatenate([ctr_item_numerical_input] + item_
   embeddings, axis=-1)
21.
22.        user_feature = layers.Dropout(0.5)(user_feature)
23.        user_feature = layers.BatchNormalization()(user_feature)
24.        user_feature = layers.Dense(128, activation='relu')(user_feature)
25.        user_feature = layers.Dense(64, activation='relu')(user_feature)
26.
27.        item_feature = layers.Dropout(0.5)(item_feature)
28.        item_feature = layers.BatchNormalization()(item_feature)
29.        item_feature = layers.Dense(128, activation='relu')(item_feature)
30.        item_feature = layers.Dense(64, activation='relu')(item_feature)
31.
32.        dense_feature = layers.concatenate([user_feature, item_feature], axis=-1)
33.        dense_feature = layers.Dropout(0.5)(dense_feature)
34.        dense_feature = layers.BatchNormalization()(dense_feature)
35.        dense_feature = layers.Dense(64, activation='relu')(dense_feature)
36.        pred = layers.Dense(1, activation='sigmoid', name='ctr_output')(dense_feature)
37.        return pred
38.
39.    def build_cvr_model(self, cvr_user_numerical_input, cvr_user_cate_input, cvr_item_
   numerical_input,
40.                           cvr_item_cate_input, cvr_user_cate_feature_dict, cvr_item_cate_
   feature_dict):
41.        user_embeddings, item_embeddings = [], []
42.        for k, v in cvr_user_cate_feature_dict.items():
43.            embed = self.embed[k](tf.reshape(cvr_user_cate_input[:, v[0]], [-1, 1]))
44.            embed = layers.Reshape((64,))(embed)
45.            user_embeddings.append(embed)
46.
47.        for k, v in cvr_item_cate_feature_dict.items():
```

```
48.             embed = self.embed[k](tf.reshape(cvr_item_cate_input[:, v[0]], [-1, 1]))
49.             embed = layers.Reshape((64,))(embed)
50.             item_embeddings.append(embed)
51.         user_feature = layers.concatenate([cvr_user_numerical_input] + user_
    embeddings, axis=-1)
52.         item_feature = layers.concatenate([cvr_item_numerical_input] + item_
    embeddings, axis=-1)
53.
54.         user_feature = layers.Dropout(0.5)(user_feature)
55.         user_feature = layers.BatchNormalization()(user_feature)
56.         user_feature = layers.Dense(128, activation='relu')(user_feature)
57.         user_feature = layers.Dense(64, activation='relu')(user_feature)
58.
59.         item_feature = layers.Dropout(0.5)(item_feature)
60.         item_feature = layers.BatchNormalization()(item_feature)
61.         item_feature = layers.Dense(128, activation='relu')(item_feature)
62.         item_feature = layers.Dense(64, activation='relu')(item_feature)
63.
64.         dense_feature = layers.concatenate([user_feature, item_feature], axis=-1)
65.         dense_feature = layers.Dropout(0.5)(dense_feature)
66.         dense_feature = layers.BatchNormalization()(dense_feature)
67.         dense_feature = layers.Dense(64, activation='relu')(dense_feature)
68.         pred = layers.Dense(1, activation='sigmoid', name='cvr_output')(dense_feature)
69.         return pred
70.
71.     def build(self, user_cate_feature_dict, item_cate_feature_dict):
72.         # CTR model input
73.         ctr_user_numerical_input = layers.Input(shape=(5,))
74.         ctr_user_cate_input = layers.Input(shape=(5,))
75.         ctr_item_numerical_input = layers.Input(shape=(5,))
76.         ctr_item_cate_input = layers.Input(shape=(3,))
77.
78.         # CVR model input
79.         cvr_user_numerical_input = layers.Input(shape=(5,))
80.         cvr_user_cate_input = layers.Input(shape=(5,))
81.         cvr_item_numerical_input = layers.Input(shape=(5,))
82.         cvr_item_cate_input = layers.Input(shape=(3,))
83.
84.         ctr_pred = self.build_ctr_model(ctr_user_numerical_input, ctr_user_cate_
    input, ctr_item_numerical_input,
85.                                         ctr_item_cate_input, user_cate_feature_dict, item
    _cate_feature_dict)
86.         cvr_pred = self.build_cvr_model(cvr_user_numerical_input, cvr_user_cate_
    input, cvr_item_numerical_input,
87.                                         cvr_item_cate_input, user_cate_feature_dict, item
    _cate_feature_dict)
88.         ctcvr_pred = tf.multiply(ctr_pred, cvr_pred)
```

```
89.        model = Model(
90.            inputs=[ctr_user_numerical_input,ctr_user_cate_input, ctr_item_numerical_
   input, ctr_item_cate_input,
91.                    cvr_user_numerical_input, cvr_user_cate_input, cvr_item_numerical_
   input, cvr_item_cate_input],
92.            outputs=[ctr_pred, ctcvr_pred])
93.
94.        return model
```

## 8.3.2 发多少——LTV 模型

LTV 模型的全称是 Life Time Value，它表示在一定的时间周期内，单个用户能够给企业带来的营业额或者利润。LTV 一般用作衡量用户的长期价值，其预测可以帮助企业更高效地获取新用户、保留存量用户。具体来讲，LTV 可以辅助企业制定营销目标、选择效率高的营销渠道、计算 ROI（投入产出比）、预估回本周期、降低营销成本的同时提升用户留存率、获取行为相似的用户、提升用户忠诚度等，因此 LTV 在业务中起着至关重要的作用。

### 1. 不同业务场景下的 LTV 计算方式

不同的业务场景下，LTV 的计算方式也不同，下面介绍几个常见业务场景下的 LTV 计算公式：

（1）零售场景下的 LTV

零售场景下关注的是用户是否会交易、交易的频次、每次交易产生的交易价值三大要素，用户维度下 LTV 的具体公式如下：

$$\mathrm{LTV}=N_{\mathrm{transactions}} * V_{\mathrm{transaction}} * P(\mathrm{purchase})$$

式中，$P(\mathrm{purchase})$ 表示单用户购买的概率，$V_{\mathrm{transaction}}$ 表示单用户的交易能够带来的价值，$N_{\mathrm{transactions}}$ 表示单用户交易数量。需要注意的是这里的 $V_{\mathrm{transaction}}$ 可以是单用户单次购买带来的利润、GMV 收益、毛利润等，具体选取哪个业务指标和业务场景，另外，对于新用户来说，存在因为新用户历史行为数据不充足而导致模型预测不准的问题，因此预测模型需要对新用户进行额外的校准。

（2）第三方平台投放的 LTV

有很多小微企业没有自己的交易平台，会选择第三方平台投放自己的产品和营销策略。最常见的就是电商平台的注册商家，他们通过电商平台卖自己的商品，很难收集到详细的用户侧数据，特别是新的商家，基本没有完善的行为数据。这时候用户未来购买次数可能无法准确地预估，只能用商家期待用户下单的数据进行代替，LTV 的计算公式如下：

$$\mathrm{LTV}=N_{\mathrm{repeats}} * (P_{\mathrm{item}}-\mathrm{Cost}_{\mathrm{sale}})-\mathrm{CAC}$$

式中，$N_{\mathrm{repeats}}$ 表示期待用户下单的次数，$P_{\mathrm{item}}$ 表示商品的价格，$\mathrm{Cost}_{\mathrm{sale}}$ 表示售卖商品的花费，CAC（Customer Acquisition Cost）表示获取用户的花费，如通过类似 Google、Facebook 等这样的第三方渠道获取用户的费用。

（3）订阅场景下的 LTV

订阅场景是互联网常见的交易场景之一，如爱奇艺视频会员订阅就是典型的订阅业务场景。会员订阅一般是长周期的用户行为，因此一般考虑以年为周期的 LTV，下面给出订阅场景下的 LTV 计算公式：

$$\mathrm{LTV} = \sum \sum_{i=1}^{N} S_i * V_{\mathrm{sub}} * (1+r)^i$$

公式分为三部分，第一部分 $S_i$ 表示第 $i$ 年用户的留存率，第二部分 $V_{\mathrm{sub}}$ 表示订阅带来的价值，第三部分 $(1+r)^i$ 表示第 $i$ 年订阅带来的复利系数，其中 $r$ 表示折扣率。

上述仅为常见的三种场景，虽然 LTV 的计算形式上大不相同，但是抽象出来无非是单用户长期提供的业务价值（Average Revenue Per User，ARPU）和用户留存率（零售场景下是下单概率）的乘积。真实的业务场景中，LTV 的计算方式多种多样，这里列出的几种计算方式并不绝对，实际应用中还应该参考具体的业务场景来制定合理的 LTV 计算公式。

2. BYTD 模型预测 LTV

前文介绍了 RFM 模型做人群分层的基本方法，本小节将介绍和 RFM 模型使用特征很相似的 LTV 预测模型——BTYD 模型（Buy Till You Die）。

（1）BTYD 模型原理

BYTD 模型在建模伊始总共用到了四维特征，其中的三维和 RFM 模型的名称一致，但统计方式稍微有差异，除此之外，还额外增加了 **Age 特征**。下面列出在 BTYD 模型中使用的特征。

**Frequency**：表示用户从第一次购买之后重复购买的数量。

**Age**：表示用户注册至今的时间间隔。

**Recency**：表示第一次注册到最后一次购买的时间间隔。

**Monetary**：表示用户平均消费能力。

有了基础的四维特征之后需要考虑的就是建模的方法，BYTD 模型分为两部分，一部分是购买部分（Buy），主要是对用户购买率的预估；另一部分是消亡部分（Till You Die），主要是对用户留存概率的预估。

（2）BG/NBD 模型

BYTD 模型自发展以来有多很多版本的迭代，下面介绍常用的 BG（Beta Geometric）/NBD（Negative Binomial Distribution）模型。

BG/NBD 模型基于 5 个假设，下面分别列出：

1）当用户活跃时，每个活跃用户的交易率 $\lambda$ 遵循泊松分布。

2）不同用户之间的交易率 $\lambda$（又称交易率的异质性）遵循 Gamma 分布。

3）在多次交易之后，用户可能变得不活跃，用户的留存率 $p$ 遵循几何分布。

4）不同用户之间的留存率 $p$（又称留存率的异质性）遵循 beta 分布。

5）交易率 $\lambda$ 和留存率 $p$ 独立变化，相互不影响。

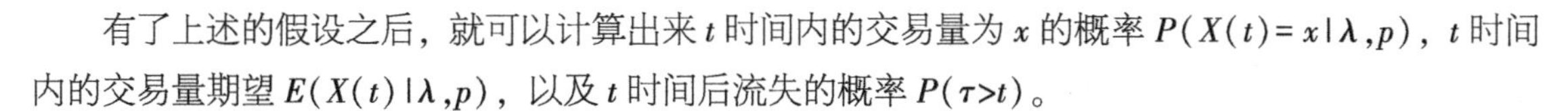

有了上述的假设之后，就可以计算出来 $t$ 时间内的交易量为 $x$ 的概率 $P(X(t)=x|\lambda,p)$，$t$ 时间内的交易量期望 $E(X(t)|\lambda,p)$，以及 $t$ 时间后流失的概率 $P(\tau>t)$。

（3）BG/NBD 模型实战

在第 8.3.1 小节根据 RFM 模型对用户分了四个群体，分别是活跃用户、流失用户、新用户、潜在流失用户。BTYD 模型用到的特征和 RFM 模型稍微不同，下面预先构造 BTYD 模型需要的四维特征，具体代码如下。

```
1.####数据预处理
2.user_BTYD_df = user_RFM_df.copy()
3.user_BTYD_df = user_BTYD_df.rename({'reg_days':'Age'}, axis=1)
4.user_BTYD_df['Recency'] = (user_BTYD_df['Age'] - user_BTYD_df['Recency'])
5.user_BTYD_df['Monetary_value'] = user_BTYD_df['Monetary']/user_BTYD_df['Frequency']
6.user_BTYD_df['Frequency'] = user_BTYD_df['Frequency']
7.user_BTYD_df.drop(['Monetary'], inplace=True, axis=1)
```

需要注意的是，BYTD 模型中的 Recency 和 Monetary 所表达的含义和 RFM 模型稍有不同，在构造特征时一定要小心处理。在构造了四维特征之后，对用户的留存率进行预测，下面使用 lifetime 工具包里的 BetaGeoFitter 类，并绘制出交易率（同前文的购买率）的分布，如图 8-39 所示。

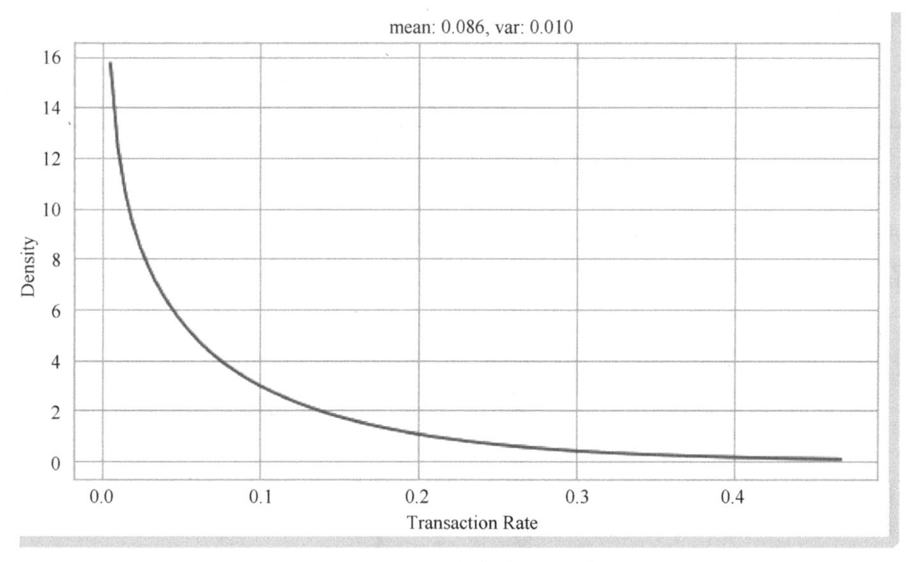


图 8-39　交易率的分布

该数据集的交易率集中分布在 0.4 以内，这符合前几小节通过历史数据观察到的购买率分布在 0.4 以内的情况，具体的代码如下。

```
1.####留存率模型拟合
2.
3.from lifetimes.plotting import *
```

```
4.from lifetimes.utils import *
5.from lifetimes import BetaGeoFitter
6.from lifetimes import GammaGammaFitter
7.from scipy.stats import gamma, beta
8.
9.bgf = BetaGeoFitter(penalizer_coef=0.0)
10.bgf.fit(user_BTYD_df['Frequency'], user_BTYD_df['Recency'], user_BTYD_df['Age'])
11.#这里绘制出不同用户交易率的异质性
12.plot_transaction_rate_heterogeneity(bgf)
13.bgf.summary
14.plot_frequency_recency_matrix(bgf)
15.plot_probability_alive_matrix(bgf)
```

表 8-15 是 bgf. summary 得出交易率模型得到的参数分布，可以用作对未来一段时间的交易率进行预测。

表 8-15　交易率模型参数分布

| | coef | se(coef) | lower 95% bound | upper 95% bound |
|---|---|---|---|---|
| r | 0.716543 | 0.008355 | 0.700167 | 0.732919 |
| alpha | 8.347877 | 0.174815 | 8.005239 | 8.690515 |
| a | 0.318727 | 0.006676 | 0.305642 | 0.331811 |
| b | 1.807800 | 0.057528 | 1.695046 | 1.920555 |

除了查看模型的交易率分布之外，通常还会使用 lifetimes 自带的函数 plot_frequency_recency_matrix、plot_probability_alive_matrix 绘制 Frequency 和 Recency 的热力图来分析用户未来购买的概率以及用户留存的概率，热力图颜色越重表示概率越大，如图 8-40 所示。

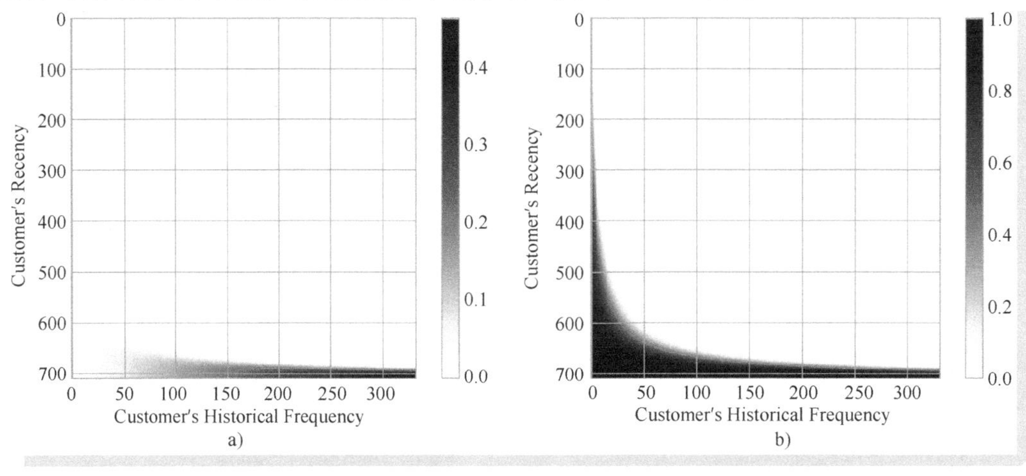


图 8-40　用户未来购买行为概率和未来留存概率分析

a）用户未来购买行为概率　b）用户未来留存概率

如图 8-40a 所示，热力图中购买频次在 250~300 之间、购买时间间隔在 700 左右的黑色区域的用户是未来一段时间内购买概率最高的用户，购买概率在 40% 左右。而购买频次在 50~100，购买时间间隔在 600~700 之间的灰色区域的用户未来购买行为不太确定。图 8-37b 所示，购买频次很高且购买时间间隔也很长的用户留存概率比较大。除此之外，购买频次不高但是购买时间间隔也比较短的用户留存概率同样比较大，这部分用户很可能是新用户，在平台购买的频次累积得还不够，未来依然有留存的概率。

下面用训练好的 bgf 模型对存活率和购买率进行预估和效果评估，如图 8-41 所示具体代码如下。

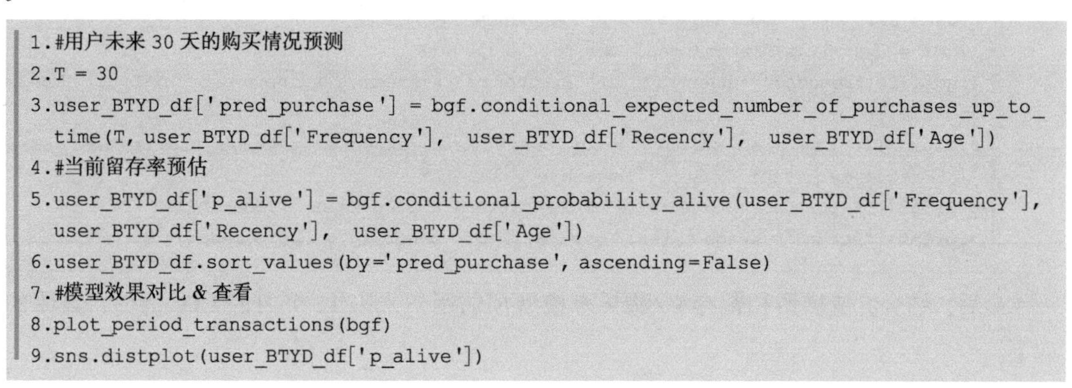

```
1.#用户未来 30 天的购买情况预测
2.T = 30
3.user_BTYD_df['pred_purchase'] = bgf.conditional_expected_number_of_purchases_up_to_
  time(T, user_BTYD_df['Frequency'], user_BTYD_df['Recency'], user_BTYD_df['Age'])
4.#当前留存率预估
5.user_BTYD_df['p_alive'] = bgf.conditional_probability_alive(user_BTYD_df['Frequency'],
  user_BTYD_df['Recency'], user_BTYD_df['Age'])
6.user_BTYD_df.sort_values(by='pred_purchase', ascending=False)
7.#模型效果对比 & 查看
8.plot_period_transactions(bgf)
9.sns.distplot(user_BTYD_df['p_alive'])
```

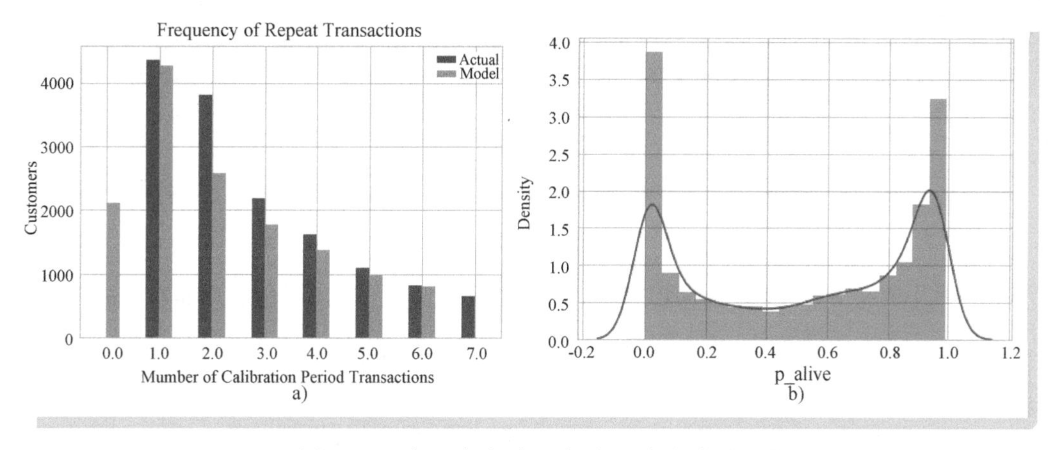


● 图 8-41　存活率和购买率的预估和效果评估

a）用户未来 30 天购买情况预测的效果评估　b）用户预测留存率分布

如图 8-41a 所示，对未来一段时间内用户购买频次的预估在 0 和 7 这两个频次上不太准确，在 1~6 的购买频次上相对比较准确。

在预测了购买率和流失率之后，用 Gamma-Gamma 模型预估用户的生命周期价值。这里需要注意的是，使用该模型需要保证购买频次和购买金额不相关，表 8-16 所示为购买频次和购买金额相关性表。

表 8-16 购买频次和购买金额相关性表

| | Monetary_value | Frequency |
|---|---|---|
| Monetary_value | 1.000000 | -0.065406 |
| Frequency | -0.065406 | 1.000000 |

显然，Frequency 和 Monetary_value 的相关性并不强，因此可以训练 Gamma-Gamma 模型来做预估，具体的代码如下。

```
1.#价值模型拟合
2.user_BTYD_df[['Monetary_value','Frequency']].corr()
3.ggf = GammaGammaFitter(penalizer_coef=0.00005)
4.ggf.fit(frequency = user_BTYD_df['Frequency'], monetary_value = user_BTYD_df['Monetary_
  value'])
5.user_BTYD_df['pred_sales'] = ggf.conditional_expected_average_profit(user_BTYD_df
  ['Frequency'], user_BTYD_df['Monetary_value'])
6.print(f"Expected Average sales: {user_BTYD_df['pred_sales'].mean()}")
7.print(f"Actual Average sales: {user_BTYD_df['Monetary_value'].mean()}")
```

最后，结合价值模型和留存率/购买率模型预估用户未来 12 个月的 LTV 价值，具体的代码如下。

```
1.#CLV 预估
2.user_BTYD_df['LTV'] = ggf.customer_lifetime_value(bgf, user_BTYD_df['Frequency'], user
  _BTYD_df['Recency'], user_BTYD_df['Age'], user_BTYD_df['Monetary_value'], time=12,
  freq='D', discount_rate=0.01)
3.user_segment_ltv_df = user_BTYD_df.merge(KM4_cluster[['USER_ID_hash','User_segment']], on=
  'USER_ID_hash')
4.user_segment_ltv_df.groupby('User_segment').agg({'LTV':'mean'}).sort_values('LTV', as-
  cending=False)
```

至此，本小节完整地讲解了如何用 BG/NBD 模型预估用户的 LTV 价值，表 8-17 结合 RFM 模型对用户的分层查看不同群体用户的 LTV 价值的差距。

表 8-17 不同群体用户 LTV 价值的差距

| User_segment | LTV |
|---|---|
| Active User | 36497.828179 |
| New User | 7319.956599 |
| Potential Churn User | 6206.164215 |
| Churn User | 822.641983 |

### 3. 用户维度的 LTV 预测

基于 RFM 模型的 BTYD 模型预测 LTV 的结果相对来说比较粗粒度、预测结果不够精确，最关

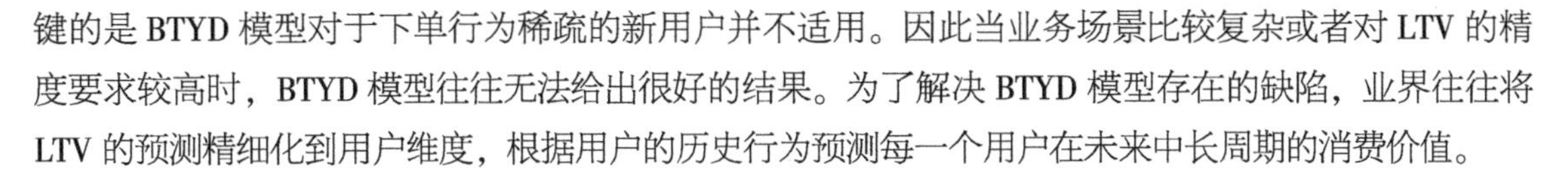

键的是 BTYD 模型对于下单行为稀疏的新用户并不适用。因此当业务场景比较复杂或者对 LTV 的精度要求较高时，BTYD 模型往往无法给出很好的结果。为了解决 BTYD 模型存在的缺陷，业界往往将 LTV 的预测精细化到用户维度，根据用户的历史行为预测每一个用户在未来中长周期的消费价值。

（1）Two-Stage 模型

以预测未来一个月用户下单带来的 LTV 为例，过去有过下单行为的用户在未来的一个月未必会下单，因此首先需要用分类模型对历史活跃用户未来一个月的下单意愿进行预测，据此筛选出会下单的用户，对其在未来一个月下单带来的 LTV 进行回归建模。这种建模的方式通常被称为两阶段模型，需要顺序地预测两个模型。把对用户维度未来一个月 LTV 的预测问题拆解为以下两步。

1）分类模型：站在当前第 Now 个月预测过去一年有过下单行为的用户在未来一个月下单的概率。

2）回归模型：预测出会下单的这部分用户在未来一个月的 LTV 值。

图 8-42 给出了 Two-Stage 模型预测 LTV 的过程。

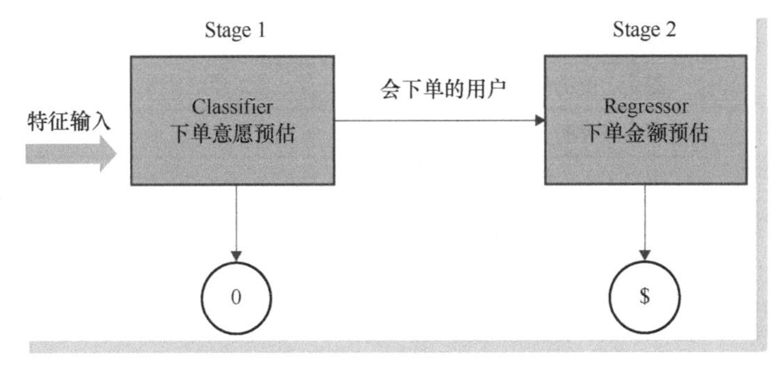


● 图 8-42　Two-Stage 模型预测 LTV 的过程

在进行 LTV 预测前，格外要注意数据集的划分，为了避免构造数据集时对特征和标签所归属的时间范围混淆，可以参考图 8-43，通过时间轴的方式对数据集进行划分。

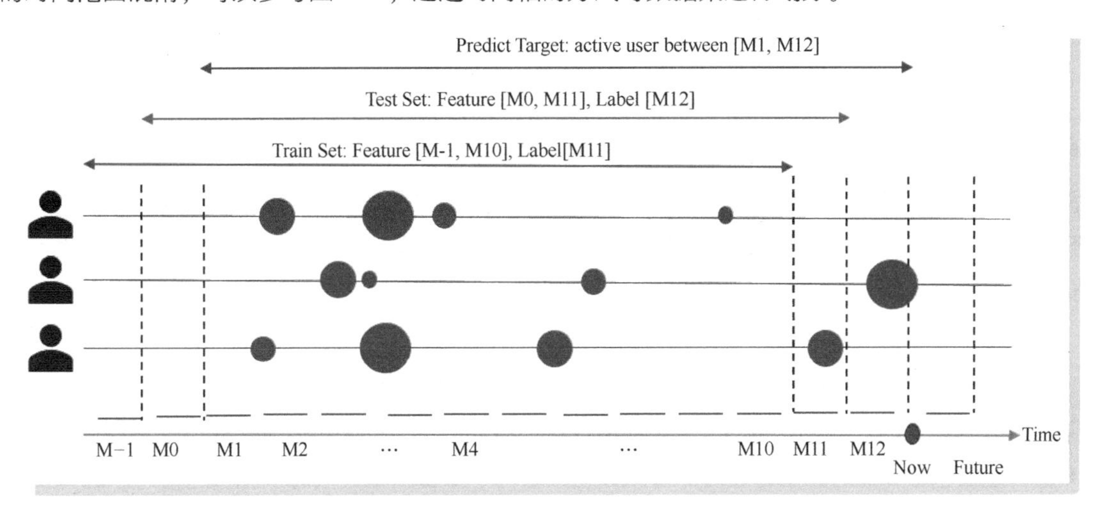


● 图 8-43　按时间轴的方式进行数据划分

虽然Stage1和Stage2是上下承接的两个模型，但是两者同样是对用户未来下单行为的预测，因此可以共享特征工程部分，表8-18所示为预测LTV常用到的特征列表。

表8-18 预测LTV常用到的特征列表

| | |
|---|---|
| 用户侧特征 | 用户自然属性（如年龄、性别等） |
| | 用户社会属性（如职业、角色等） |
| | 用户地理位置 |
| | 会员属性（如是否开通会员、是否充值等） |
| | 风险属性（如是否有失信情况等） |
| | 营销属性（如用户来自于哪种营销渠道等） |
| 物品侧特征 | 商品类型 |
| | 商品价格 |
| | 商品上架时间 |
| | 商品历史销量 |
| | 商品好评度 |
| 用户行为侧特征 | 用户$T$天内消费频次 |
| | 用户$T$天内消费金额 |
| | 用户$T$天内消费时间间隔 |
| | 用户$T$天内登录次数 |
| | 用户$T$天内参与营销活动次数 |
| 外部因素 | 节假日因素 |
| | 天气因素 |
| | 突发时间因素 |
| | 竞品活动因素 |

上述特征并不全面，仅仅列出了做LTV预测时通常使用的特征，读者还需要结合自身的业务场景进行特征交叉、特征挖掘、特征异常处理等一系列的特征工程。Two-Stage的模型把对LTV的预测拆解成了两个模型，两个模型是顺序执行关系，当预测数据集量大且模型复杂时，模型的训练和预测效率会大大降低。除此之外，两阶段模型非常容易产生累积误差，那么有没有一种模型可以避免建立两个模型呢？

（2）Zero-Inflated Regression

Zero-Inflated Regression的中文名称是零膨胀回归。通常使用回归模型预测的数据集的label标签在某个范围内是连续且均匀分布的，但是通常存在一些数据集，不仅包括非零数据，还包括了很多的0值，这些包含0值的数据称之为零膨胀数据集。对于零膨胀数据集的预测，通常可以选用Two-Stage模型解决，除此以外，也可以通过根据数据集的分布规律改造单模型损失函数的方式，达到对零膨胀数据准确预测的效果，常见的零膨胀数据的分布形态通常如图 8-44 所示。

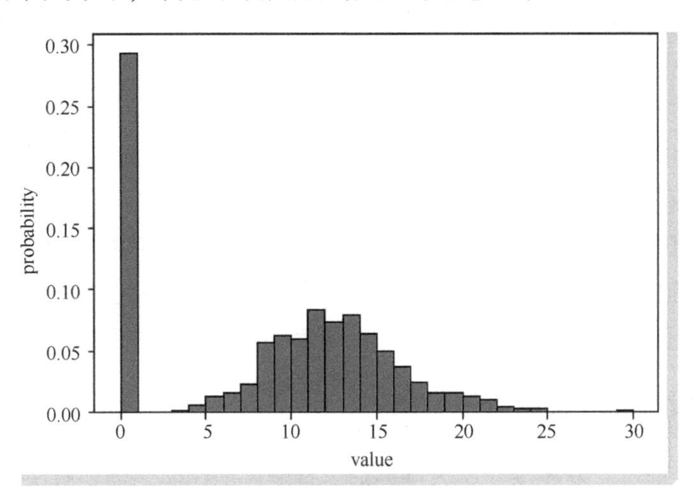


● 图 8-44　零膨胀数据的分布形态

如图 8-44 所示，非常明显的右偏长尾分布，又称之为 Tweedie 分布。Tweedie 分布是泊松分布和伽马分布的复合分布，其概率密度函数如下：

$$f(x|\mu,\phi,p)=\alpha(x,\phi,p)\cdot\exp\left\{\frac{1}{\phi}\left(x\cdot\frac{\mu^{1-p}}{1-p}-\frac{\mu^{2-p}}{2-p}\right)\right\}$$

可以发现，当 $p=1$ 时，Tweedie 分布就是泊松分布，当 $p=2$ 时，Tweedie 分布就是伽马分布。通过极大似然的方法把 Tweedie 分布转化成损失函数，对概率密度函数 $f$ 取负对数似然，将最大化问题转化为最小化问题，损失函数如下（其中 $\tilde{x}_i$ 是预测 label，$x_i$ 是真实 label）：

$$L=-\sum_i x_i\cdot\frac{\tilde{x}_i^{1-p}}{1-p}+\frac{\tilde{x}_i^{2-p}}{2-p}$$

下面给出自定义的 Tweedie Loss 函数实现代码以及 XGBoost 中的应用示例。

```
1.def tweedie_eval(y_pred, y_true, p=1.5):
2.    y_true = y_true.get_label()
3.    a = y_true * np.exp(y_pred, (1-p)) / (1-p)
4.    b = np.exp(y_pred, (2-p))/(2-p)
5.    loss = -a + b
6.    return loss
7.
8.# XGB 中自带 Tweedie Loss,这里仅给出使用示例
9.xg_reg =xgb.XGBRegressor(objective ='reg:tweedie',
10.                       tweedie_variance_power=1.5,
11.                       colsample_bytree = 0.3,
12.                       learning_rate = 0.1,
```

```
13.                         max_depth = 5, alpha = 10,
14.                         n_estimators = 10)
15.xg_reg.fit(X_train,y_train)
16.preds = xg_reg.predict(X_test)
```

该小节讲解了如何使用BYTD模型和Two-Stage模型进行用户维度的LTV预测，有了用户维度的LTV之后，可以很容易地计算出在未来一段时间所有用户提供给平台的GMV总值。在真实的业务场景中，优惠券的总花费往往占整体GMV的一定比例（如2%），这样就可以通过对LTV的预估计算出未来一定周期内优惠券的总花费有多少，从而辅助做预算分配。并且在预算不超花的情况下，给不同的人群分配全局或者局部最优的折扣，达到效益最大化的目的。

### 8.3.3 怎么发——优惠券分发策略

在解决了“发给谁”“发多少”两大问题后，智能营销建模还需要解决“怎么发”的问题。“发多少”帮助智能营销体系解决如何给不同的用户群体分配不同的优惠券折扣，使得优惠券总花费在预算不超花的情况下转化效益最大。

1. 优惠券发放业务背景

优惠券是智能营销体系常用的营销手段，优惠券发放是否高效直接影响了平台的业务收益。通常用ROI指标评估在有限的预算内，优惠券为整个平台促进交易的能力，要求优惠券发放策略能够做到把优惠券匹配到最合适的用户。根据优化业务目标个数的不同，优化问题可以分为单目标优化（Single-Objective Optimization Problem，SOO）和多目标优化（Multi-objective Optimization Problem，MOO）。单目标优化的问题通常抽象成MCKP（Multiple-Choice Knapsack Problem，多选项背包问题），可以用动态规划或者整数规划的方法进行求解，而多目标优化问题通常依托帕累托最优理论求解。下面将结合本章数据集分别讲解单目标、多目标最优化问题。

2. 带约束的单目标最优化——MCKP问题

把带约束的单目标优化问题结合业务场景可以抽象成以下的数学形式：

$$\min/\max f(x),$$
$$\text{s.t.}\quad g_j(x)\geqslant 0, j=1,2,3,\cdots,J$$
$$h_k(x)=0, k=1,2,3,\cdots,K$$

式中，$f(x)$是需要优化的业务指标（如ROI、GMV、转化率等），$g_j(x)$和$h_k(x)$指的是结合业务目标产生的业务约束公式。MCKP是单目标带约束最优化问题中最常见的一种。在真实的智能营销场景中优惠券的折扣不唯一，那么优惠券发放的问题完整的描述就是：有$M$种优惠券的额度，有$N$个用户，业务目标是$P$，优惠券的总预算为$B$，每个用户从$M$种优惠券中仅挑选一张进行分配。MCKP问题就是一个主体在有多种选择的情况下，仅选择一种，保证最大化或者最小化业务指标$P$的同时，需要确保优惠券的总花费小于等于总预算$B$。

为了更方便读者理解，下面以本章公开数据集为案例，最优化的业务指标 $P$ 为平台用户购买率（Uplift 建模的情况下为购买率增量），$B$ 为优惠券天粒度总预算，$i$ 表示第 $i$ 个用户，$j$ 表示第 $j$ 种优惠券。那么将优化优惠券发放策略抽象成 MCKP 问题的数学表达形式如下：

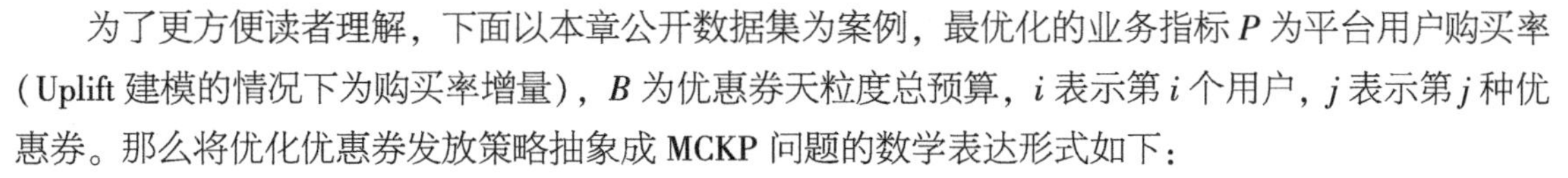

$$\text{maxmize} \sum_{i}^{N} \sum_{j}^{M} P_{ij} x_{ij}$$

$$\text{s. t.} \quad \sum_{i}^{N} \sum_{j}^{M} c_j x_{ij} \leqslant B$$

$$x_{ij} \in \{0,1\}$$

其中，$x_{ij}$ 表示对于第 $i$ 个用户是否发放第 $j$ 个折扣的优惠券，$P_{ij}$ 表示对于第 $i$ 个用户发放第 $j$ 个折扣优惠券的用户购买率，$c_j$ 表示第 $j$ 张优惠券的金额。通常解决分组背包问题可以用动态规划的方式求解，具体的示例代码如下。

```
1.def groupBackpack():
2.     N = 3# 城市个数是 3 个
3.     M = 10# dft 目标是 10,在满足 dft 的情况下最小化 budget
4.     K = 4# 每个城市下 4 个方案
5.     dft = [[1, 2, 3, 4], [2, 3, 4, 5], [2, 4, 5, 1]]
6.     budget = [[1, 2, 3, 4], [2, 3, 4, 5], [4, 5, 6, 7]]
7.     results = [0] + [999999] * M
8.     dpItems = [[-1 for _ in range(M + 1)]for _ in range(N)]
9.     for i in range(N):
10.        for j in range(M, -1, -1):
11.            for k in range(K):
12.                if j >= dft[i][k] and results[j - dft[i][k]] + budget[i][k] < results[j]:
13.                    results[j] = results[j - dft[i][k]] + budget[i][k]
14.                    dpItems[i][j] = k
15.
16.    # 方案输出部分
17.    print(results[-1])
18.    val = M
19.    item_results = []
20.    for i in range(N - 1, -1, -1):
21.        selected =dpItems[i][val]
22.        if selected == -1:
23.            item_results = []
24.            break
25.        item_results.append({'city': i, 'selected': selected, 'dft': dft[i][selected],
   'budget': budget[i][selected]})
26.        val -= dft[i][selected]
27.    item_results.reverse()
28.    print(item_results)
29.groupBackpack()
```

### 3. 带约束的多目标优化——帕累托最优

第 8.3.1 小节中多任务模型 ESMM 提供了同时预估点击率和转化率的思路，通过更改 loss 损失函数同时最小化 CTR 和 CVR 的损失。现实的业务场景中有很多诸如此类需要同时关注两个及以上的业务指标，如最大化转化率的同时最小化优惠券的预算，此时单目标的最优化公式不再符合此类业务场景，下面给出与之匹配的多目标优化的数学表达形式：

$$\min/\max f_m(x), m=1,2,3,\cdots,M$$
$$\text{s.t.} \quad g_j(x)\geqslant 0, j=1,2,3,\cdots,J$$
$$h_k(x)=0, k=1,2,3,\cdots,K$$
$$x_i^{(L)}\leqslant x_i\leqslant x_i^{(U)}, i=1,2,3,\cdots,I$$

式中，$f_m(x)$表示第 $m$ 个优化目标，总共有 $M$ 个优化目标，$g_j(x)$和 $h_k(x)$均为约束公式。一般来说多目标最优化有两个特点：一是目标函数包含多个可能有冲突的目标函数，二是使得所有目标都达到最优的解是不可能的，只能平衡选取每个目标相对较优的解。多目标优化与单目标优化的本质区别在于多目标优化的解是一个解空间，解空间内的各个解成为帕累托最优解。

（1）帕累托最优

帕累托最优的英文名称是 Pareto Optimal，它表示资源分配的一种理想状态。给定固有的一群人和可分配的资源，如果从一种分配状态到另一种状态的变化中，在没有使任何人境况变坏的前提下，使得至少一个人变得更好，这就是帕雷托改善。帕雷托最优的状态就是不可能再有更多的帕雷托改善的状态；换句话说，不可能在不使任何其他人受损的情况下再改善某些人的境况。帕累托最优如图 8-45 所示。

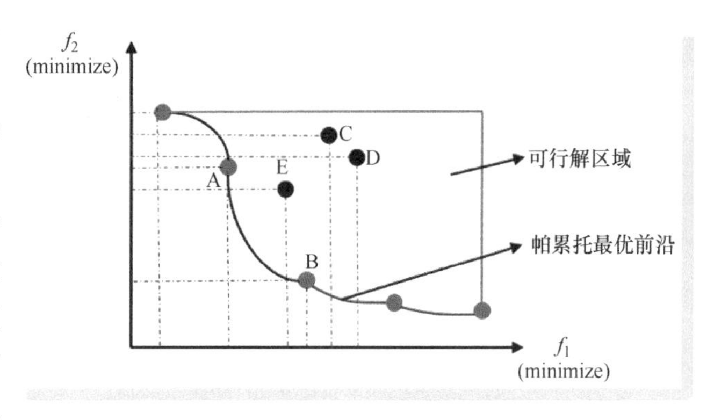


图 8-45　帕累托最优

1）解 A 强帕累托支配解 B。

如图 8-45 所示，E 点的$f_1$值和$f_2$值均小于 C 点和 D 点，即解 A 对应的多个目标函数的值都比解 B 好，这种情况下可以称之为解 A 强帕累托支配解 B。

2）解 A 无差别解 B。

图 8-45 中 C 点的$f_1$值要小于 D 点的$f_1$值，但是 D 点的$f_2$值要小于 C 点$f_2$值，即解 A 中有一个最优化目标函数值要优于解 B，同时解 B 中有一个最优化目标函数值要优于解 A，这种情况下可以视为解 A 和解 B 没有差别。

3）帕累托最优解。

在所有的解空间中，不再有其他的解能够满足所有的目标函数值均优于解 A，那么解 A 就称之为帕累托最优解。图 8-45 中 A、B、C、D、E 点均为可行解空间的值，其中 A 点和 B 点满足帕累托最优解的条件，因此 A 点和 B 点均为帕累托最优解，其所在的曲线称为帕累托最优前沿。

(2) 多目标优化的解法

下面简单介绍两种常见的多目标优化的方法，分别是线性加权法、主要目标筛选法，这两种方法的本质都是将多目标优化的问题转换成单目标优化的问题。

1) 线性加权法。

顾名思义，线性加权法是通过衡量多个目标函数的重要性，根据其重要性赋予权重并进行线性相加，从而转换成单目标优化问题，具体的公式如下。

$$
\begin{gathered}
\min F(x) = \sum_{m=1}^{M} \omega_m f_m(x), \\
\text{s.t.} \quad g_j(x) \geqslant 0,\ j = 1,2,3,\cdots,J \\
h_k(x) = 0, k = 1,2,3,\cdots,K \\
x_i^{(L)} \leqslant x_i \leqslant x_i^{(U)}, i = 1,2,3,\cdots,I
\end{gathered}
$$

式中，$\omega_m$表示第 $m$ 个函数的权重，代表第 $m$ 个函数的重要程度。线性加权法的优点是简单地把多目标优化函数转换成了单目标优化函数，缺点是每个函数重要性权重 $\omega_m$很难设定，另外在非凸的情况下不保证能得到帕累托最优。

2) 主要目标筛选法。

主要目标筛选法又称为 $\epsilon$-约束方法，其核心思想是从 $M$ 个目标函数中筛选出最主要的目标作为优化目标，其余的目标作为约束条件，并且其余的目标均会有各自的 $\epsilon$ 值作为上限约束，从而将多目标优化问题转化为单目标优化问题，具体的公式如下。

$$
\begin{gathered}
\min f_\mu(x) \\
\text{s.t.} \quad f_m(x) \leqslant \epsilon_m, m=1,2,3,\cdots,M \text{ and } m \neq \mu \\
g_j(x) \geqslant 0, j=1,2,3,\cdots,J \\
h_k(x) = 0, k=1,2,3,\cdots,K \\
x_i^{(L)} \leqslant x_i \leqslant x_i^{(U)}, i=1,2,3,\cdots,I
\end{gathered}
$$

显然，经过主要目标筛选法，最终剩下的优化目标只有 $N$，其余的目标均转化成公式中的约束。

# 动态定价：交易市场价格动态调整

交易是否能成功取决于交易双方对所换之物的价值衡量，而为了更好地量化物品的价值，便有了价格，可见价格是交易市场必不可少的基础元素。价格并非一成不变，它往往随着交易市场的变化而动态调整，本章将简要介绍交易市场的业务背景，重点讲解网约车交易场景下动态定价策略和相关的算法模型。

## 9.1 业务场景介绍

### 9.1.1 动态定价概述

动态定价在生活中几乎随处可见，可以说只要有交易就会有动态定价，它渗透到了人们衣食住行方方面面，如商家会根据商品供需、竞品售价、节假日等因素调整商品价格；饭店会根据原材料的价格浮动、食材时令等因素调整食品价格；酒店会根据市场供需情况、节假日等调整住宿价格；公交公司也会根据司乘两端的供需情况调整线路和乘车价格。传统的动态定价策略大致分为两类，一类叫作有限供应动态定价策略，其一般会根据产品的供需状况调整价格，最常见的就是旅游和运输行业中，根据用户的需求变化降价或者提价；另一类叫作价格匹配策略，其根据竞争对手的商品或者服务价格的变化而变化，这种随市场行情中竞争对手的调整而调整的策略一般在零售行业比较常见。

随着近些年大数据和人工智能技术的飞速发展，传统的动态定价逐渐线上化，并变得更加科学、精准、高效。动态定价又称为激增定价（Surge Price），结合了互联网技术的动态定价往往会根据市场的实时供需情况、竞品情况和动态定价策略来决定最优价格以达到撮合交易、利润最大化的目的。同时，应该需要注意的是，动态调整价格一定是要促进市场供需环境良性发展的，恶性的动态定价策略往往会对品牌带来很大的伤害。

### 1. 动态定价的基本类型

（1）基于用户分段的动态定价

用户分段（User Segment）是将用户根据不同的行为特性进行分组，通常会使用用户标签技术进行科学分组。分组定价是同一个产品根据不同的用户分组建立多个价格。

（2）基于时空供需的动态定价

在出行领域，交通时间有高峰和低谷之分、交通区域有出行热区和出行冷区之分。高峰时间和出行热区出行情况往往会出现需求过剩，低谷时间和出行冷区往往会出现需求不足，而基于时空的定价就是依据不同时空下供需情况的变化进行动态定价。图 9-1 给出了 Uber 在 San Francisco 不同时空下的供需比例变化，横轴是每天不同的时间段，纵轴是每小时的需求除以供给的比例。

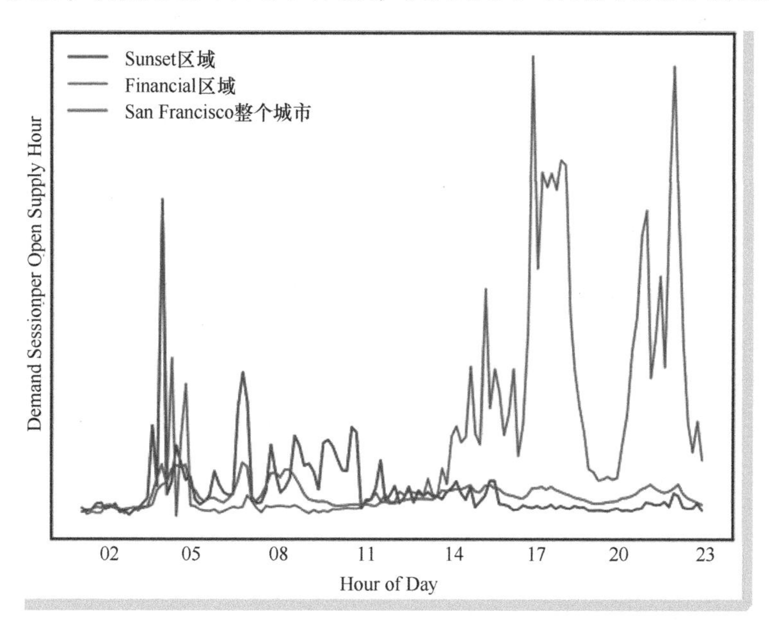


● 图 9-1　Uber 在 San Francisco 的供需比例随时间的变化趋势

很明显不同区域的高峰时刻不同，Sunset 区域的高峰时刻在 3~14 时段，Financial 区域的高峰时刻在 14~23 时段。基于时空供需的动态定价是希望通过调整价格的方式缓解图 9-1 中供需比例的峰值区域。

### 2. 价格和需求的弹性关系

在第 7.1.1 小节，通过简单介绍价格和供需的关系得知价格是调节供需的有效抓手，下面将补充介绍价格和需求的弹性关系（即价格反应函数）、价格敏感性度量。

（1）价格反应函数

价格和需求之间的弹性关系可以用数学函数的方式表达出来，在不同的场景下、不同的时空下，价格引起的需求变化往往不同，而描述价格引起需求变化的程度称为弹性，而描述这种弹性关系的函数称为价格反应函数。价格反应函数即使在同一个物品上也并非“恒定不变”，而是跟时间和空间维度有很强的相关性。虽然随着时空的变换，价格反应函数也会产生相应的变化，但其基本遵循非负、连续、可微、向下倾斜的特性，典型的价格反应函数曲线如图 9-2 所示。

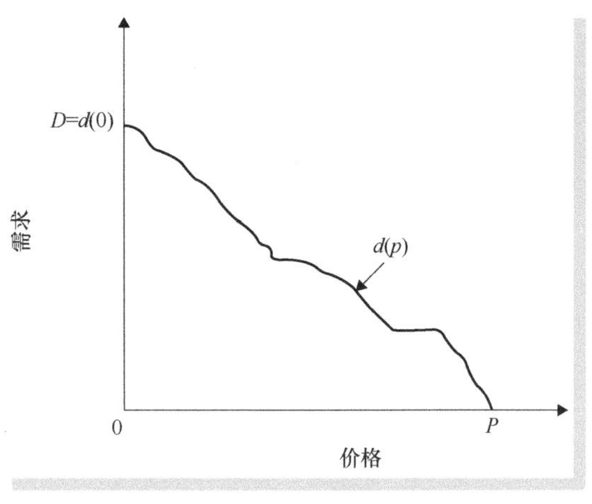


图 9-2　典型的价格反应函数曲线

图 9-2 显示，在价格反应函数 $d(p)$ 中，价格 $p$ 总是大于等于 0，此外，$d(p)$ 函数是连续可微的，不存在“断点”和“跳跃”的情况。在每个价格上均有相应明确的斜率，同时价格反应函数 $d(p)$ 整体呈现向下倾斜的趋势，即在同一时空维度下，价格的上涨会引起需求的减少。注意在图 9-2 中并不是每一段价格反映曲线都是呈下降的趋势的，有趋于平缓甚至小幅上升的曲线段，但整体而言，是向下倾斜的状态。虽说大多数情况下，价格和需求的关系呈现：“价格提升，需求减少”或“价格降低，需求增加”的表现，但在一些特殊的场景下，价格降低将会导致需求减少。如奢侈品消费，通常而言顾客购买奢侈品是为了展现其消费能力，因此当奢侈品的价格降低时就会失去购买奢侈品的意义，从而导致顾客的购买需求降低。

（2）价格敏感性度量

衡量价格敏感性的关键指标有斜率和弹性两个。斜率就是指价格反应函数中每个点的斜率，它衡量需求随价格变化的趋势，斜率公式如下：

$$k(p_1,p_2)=\frac{[d(p_2)-d(p_1)]}{(p_2-p_1)}$$

由价格反应函数向下倾斜的性质可知，斜率大多数情况下小于等于 0，较大的斜率意味着需求对价格变动的反应更大。

弹性是衡量价格敏感性另一个常用的指标，它和斜率不同的是，弹性是观察需求增量的幅度与价格增量幅度的百分比比率，弹性公式如下：

$$\epsilon(p_1,p_2)=-\frac{100\{[d(p_2)-d(p_1)]/d(p_1)\}}{100[(p_2-p_1)/p_1]}$$

$$=-\frac{[d(p_2)-d(p_1)]\times p_1}{(p_2-p_1)\times d(p_1)}$$

式中，$\epsilon(p_1,p_2)$ 是价格从 $p_1$ 变化到 $p_2$ 的弹性，负号保证了弹性始终大于等于 0，那么在价格 $p$ 点处的弹性为：

$$\epsilon(p)=-\frac{d'(p)\times p}{d(p)}$$

当弹性大于1时可以称为富有弹性，当弹性小于1时可以称为缺乏弹性。需要注意的是弹性并非一成不变的，在讲述弹性的时候要考虑时间范围，通常长期弹性要大于短期弹性，长期来说，用户更容易接受价格的变化。

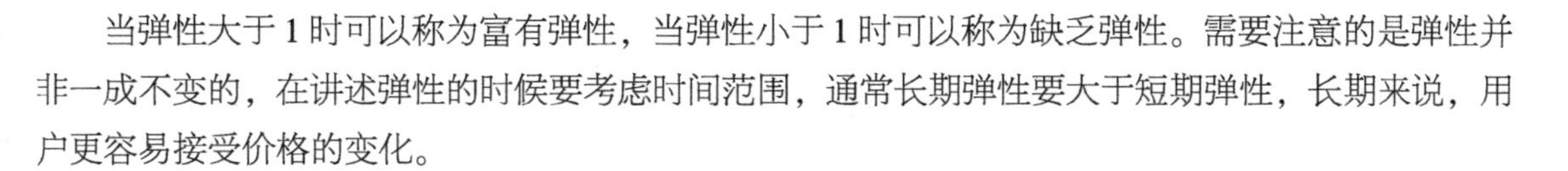

## 9.1.2 常见动态定价业务场景

本小节将给出三个常见的动态定价业务场景，分别是Airbnb对房屋的动态定价、Uber对网约车价格的动态定价、计算广告系统对广告的动态定价。

1. Airbnb：房屋定价

Airbnb是一家做共享民宿的在线平台，价格优化的目标是帮助在Airbnb分享房源的房东为其房源定价。与传统定价不同的是传统定价大多情况下是对同一种商品定价格，而Airbnb平台不存在同样的商品，因此对于每一个客人来说看到的房屋价格都可能是不同的。Airbnb的定价系统主要由三部分组成：第一部分是用二分类模型去预测房源被预订的概率，第二部分是用回归模型去预测房源的最优价格，第三部分是根据第二部分的预测结果和一些其他的个性化逻辑给出最终价格的出价策略。

图9-3所示为Airbnb的定价算法结构。第一部分的预定概率模型使用了GBM（Gradient Boosting Machines）模型，使用的特征有房屋属性特征、时间特征、供需特征等，并通过预定概率模型预测不同的调价比例下用户的预定意愿，得到相应的预测需求曲线。第二部分的价格策略模型是以最优化价格的业务场景为目标函数的回归模型，求出的最优价格满足业务目标。第三部分的个性化定制是结合一些业务场景下的规则约束和第二部分产出的价格给出一个最终的合理价格。

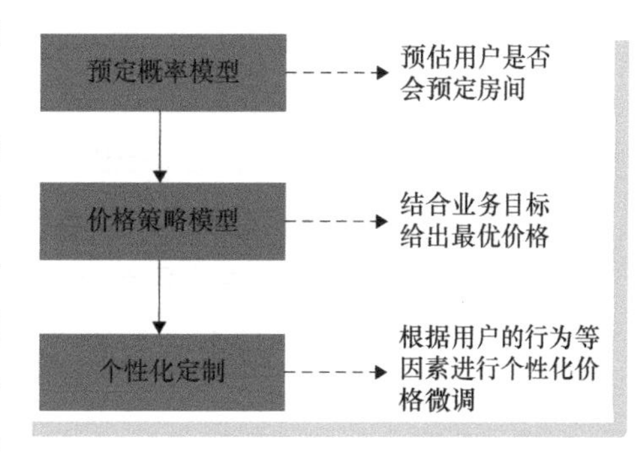


● 图9-3 Airbnb的定价算法结构

2. Uber：网约车定价

Uber是一家提供网约车服务的平台型公司，其用户涉及司机和乘客两类。Uber动态定价的主要目的是通过对价格的动态调整实现时空粒度供需的动态平衡。Uber的动态定价往往和时间、路程、交通状况、司乘意愿、时空供需、天气、节假日等多种因素相关，尤其是在周四和周五晚上、上下班高峰期、大型活动和节假日等高峰时间，Uber会使用倍数价格的方法鼓励司机前往需求密集的时空接单，从而提升司机的收入和乘客的产品体验。

如图9-4所示，网约车平台作为“中间商”的角色，负责给司乘两端提供可靠的打车平台，最重要的是撮合司乘两端完成交易。对于乘客而言，冒泡指的是乘客登录网约车平台，输入起始点表示乘客有用车需求。当用户填写完起始点之后，平台会根据时空供需和司乘意愿来预估出接驾时间和价格，并将其返回给用户。用户根据接驾时间和价格判断是否发单，如果选择发单，那么平台进入订单匹配的过程。当订单完成匹配后，乘客开始等待接驾，行程中，到最后结束行程并支付费用。对于司机而言，司机登录网约车平台并把状态置为在线模式。司机在选单大厅看到平台匹配后的订单，选择合适的订单进行接驾，然后接到乘客后进入送驾状态，最终结束行程，平台支付给司机相应的费用。显然，平台主要负责的任务有预估接驾时间和行程费用，并进行订单匹配。需要注意的是，在类似于出租车的计费模式下，一开始平台预估的价格并不一定是最终的价格，会根据实际的行程情况进行收费。

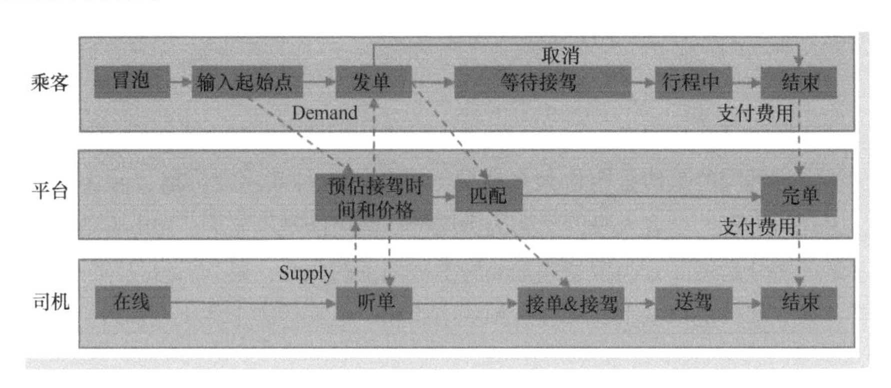


● 图 9-4　网约车打车流程

3. 计算广告系统：广告的动态出价

第 6 章介绍了计算广告的算法体系架构，其中广告的竞价模块是计算广告生态非常重要的一部分，而广告的智能出价也是常见动态定价的一种。广告侧的出价策略需要考虑的因素有广告点击率、转化率、供需双方和 Adx 平台的三方收益、预算等因素，通常可以通过带约束的最优化求解公式来求解出最优出价。

下面简单比较一下三种业务场景下的动态定价的异同点。三种动态定价均有一个共同目的，即解决供需，撮合交易。对于 Airbnb 而言，供给方是民宿房东，需求方是宿客，Airbnb 提供一个能够满足供需双方意愿的价格来促成交易。对于 Uber 而言，供给方是司机，需求方是乘客，Uber 是通过动态定价来满足乘客的打车需求。对于计算广告系统而言，供给方是媒体平台，需求方是广告主，计算广告系统通过出价策略来满足广告主在媒体平台上投放广告的需求。不同的是，Uber 和 Airbnb 更侧重于关注价格对供需的调整，而计算广告系统更侧重关注点击率、转化率、GMV 等和广告收益相关的指标；而 Airbnb 和 Uber 的动态定价不同之处在于，Uber 对实时性的要求更高，希望能够解决时空粒度的供需问题。

### 9.1.3 网约车场景下的交易市场业务

本小节将详细讲解网约车场景下的交易市场业务，主要通过介绍网约车业务独有的 WGC 现象和交易市场如何通过动态定价和分单的方法来避免出现 WGC 现象，帮助读者深入了解网约车的交

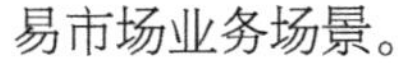

易市场业务场景。

1. WGC现象和动态定价策略

WGC的全称是Wild Goose Chase，表示徒劳无功的意思。WGC现象在网约车场景下具体的表现是：当空闲司机少、乘客需求多时，空闲司机往往会被立刻派单；在首次派单协议中，派单规则非常简单，会指派空闲司机中预测接驾时间最短的司机给乘客；然而由于整体供给不足，很大可能指派的司机的位置距离乘客的乘车点很远，这种情况下，司机的接驾时间很长，那么送驾途中的司机就相对较少。举一个极端的例子，司机接驾时间长达半小时，而送驾时间只有十分钟，这样司机总共耗费了四十分钟的时间，而订单的原本的价格只和送驾距离有关，这样对于司机而言无疑会大大减少单位时间内的收入；对于乘客而言，过长的接驾时间会导致乘客对平台的体验变差；而对于平台而言，长接驾问题会导致单位时间完单量变低，因此由于供给不足引起的WGC现象对于司机、乘客、平台三方而言都是一种比较大的伤害。而动态定价就是通过调节价格的算法将司机向需求密集的区域牵引，增加司机的收入、减少乘客的等待接驾时间、提高平台的完单量。动态定价对WGC现象的改善如图9-5所示。

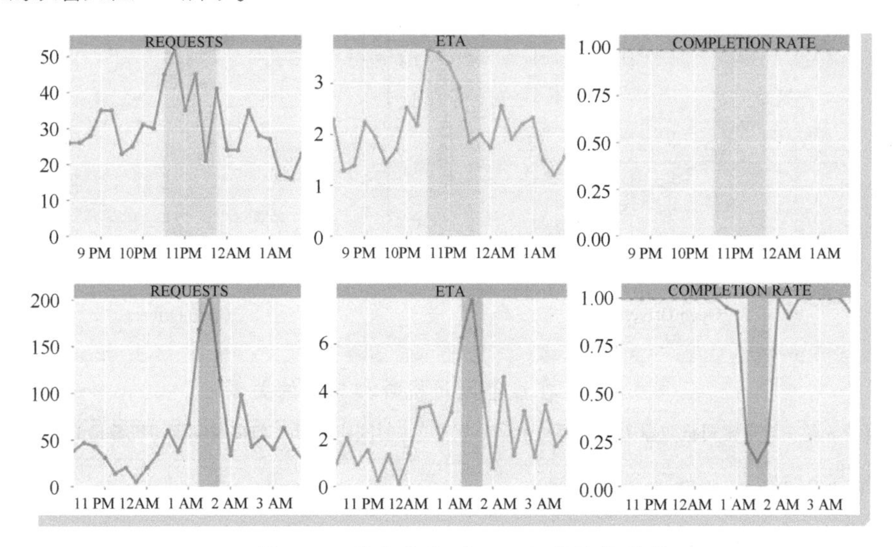


● 图9-5 动态定价对WGC现象的改善

图9-5给出了两个例子来说明动态定价对于WGC现象的改善。图中第一行数据是在有动态定价调节下需求尖峰时刻的需求量（REQUESTS）、接驾时间（ETA）和完单率（COMPLETION RATE），第二行数据是在没有动态定价调节下的尖峰时刻需求量、接驾时间和完单率。很明显，没有动态调价的尖峰时刻的需求量激增，从而导致ETA从3.5左右激增到了7左右，而完单率也出现了锐降的情况，这种现象就是典型的WGC现象。

司机侧的供应不足很可能会引起WGC现象，为了更直观地观察在线空闲司机数量和完单量的关系，下面进行简单的公式推导：

$$L = O + \eta \cdot S + T \times S$$

其中，$L$ 表示平台总的在线司机数量，$O$ 表示在线空闲司机数量，$S$ 表示单位时间完单量，$\eta$ 表示接驾时间，$T$ 表示送驾时间，假设为常数，那么 $\eta \cdot S$ 表示在接驾状态的司机数，$T \cdot S$ 表示在送驾状态的司机数。因此，平台总的在线司机数量等于在线空闲司机数量加上接驾状态的司机数量，再加上送驾状态的司机数量。为了探查 $Y$（单位时间完单量）和在线空闲司机数量 $O$ 的关系，这里需要用到 $\eta$ 和 $O$ 的关系的强假设，将 $\eta$ 用 $O$ 相关的表达式替换。1981 年，Larson 和 Odoni 提出了 $\eta$ 和 $O$ 的关系，假设在线空闲司机符合 $n$ 维的欧式空间分布，且假设两点之间司机做匀速的直线运动，那么接驾时间 $\eta$ 和在线空闲司机数 $O$ 的关系是：

$$\eta(O) = O^{-\frac{1}{n}}$$

式中，$n$ 是大于 1 的常数，显然 $\eta$ 随着 $O$ 的增加而下降，图 9-6a 直观地表示了接驾时间 $\eta$ 随在线空闲司机数量 $O$ 的关系变化图。

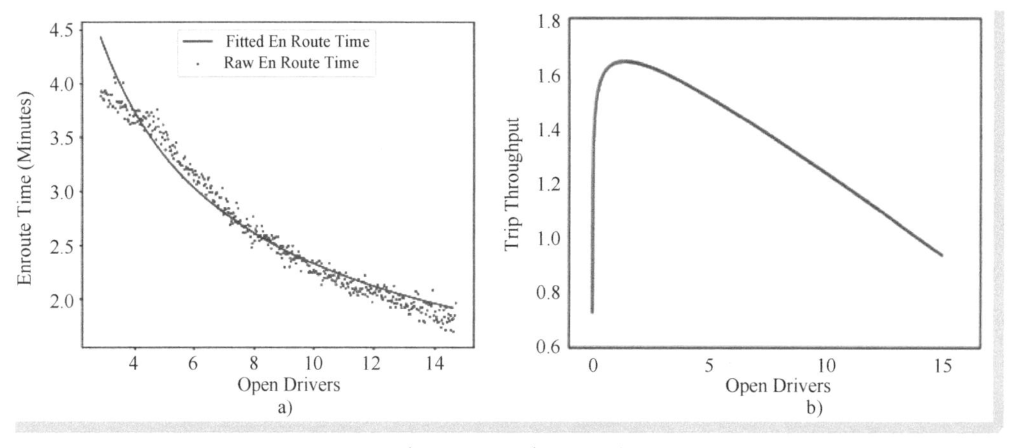


图 9-6　在线空闲司机数和单量的关系

a）接驾时间 $\eta$ 随在线空闲司机数量 $O$ 的关系变化图　b）单位时间完单量 $S$ 和在线空闲司机数量 $O$ 的函数关系图

那么将上式代入 $L$ 的表达式中，可得：

$$L = O + O^{-\frac{1}{n}} \times S + T \times S$$

解方程，得到单位时间完单量 $S$ 和在线空闲司机数量 $O$ 的关系：

$$S = \frac{(L - O)}{O^{-\frac{1}{n}} + T}$$

在上述公式中，假设 $L$ 和 $T$ 均为常数，那么可以绘制单位时间完单量 $S$ 和在线空闲司机数量 $O$ 的函数关系图如图 9-6b 所示。图中的红色区域为 WGC 现象区域，很明显在 WGC 区域在线空闲司机的数量是极少的，且随着在线空闲司机数量的减少，完单量 $S$ 出现了锐减的情况。这种情况对于乘客、司机、平台三方都是不利的，因此 WGC 现象是网约车动态定价和分单主要需要解决的问题。蓝色区域是正常状态，可以发现随着在线空闲司机数量的增加，完单量 $S$ 呈缓慢的下降的趋势，但是整体的接驾时间也会更短。简而言之，在正常的蓝色区域里，随着在线司机数的增加，平台的完单量会减少，从而平台的收益变低，而接驾时间会变短，从而乘客侧和司机侧的体验和福利会更好。因此，在定价影响空闲司机数上会有一个平台收益和司乘双端利益的平衡。

2. 交易市场分单策略

WGC 现象是网约车场景常见的问题，通过使用动态定价的方法可以得到有效的缓解，可以说动态定价主导对时空供需进行调整，避免进入 WGC 的区域。同时除了动态定价之外，分单是交易市场业务场景下另一种可以在一定程度上缓解 WGC 问题的有效方案。

（1）分单业务背景和 MDR 策略

对于所有的司机来说，司机的状态分为在线、接驾途中、送驾途中三种状态。最简单的指派策略就是上文提到的首次派单协议，其会将预测出最短接驾时间的空闲在线司机匹配给乘客。这种分单策略更像是贪心的思想，每一次寻求的都是局部最优，因此在一些特定场景下，网约车的平均等待时间可能比街边打车的平均等待时间长。这主要是因为网约车严格遵循平台的司乘匹配，一个司机一旦被指派，就很可能会错过在接驾途中遇到的距离更近更适合的乘客。为了一定程度上缓解这种低效的情况，最大分单半径（MDR）策略被广泛考虑使用。

MDR 策略的主要思想是分单只发生在接驾时间小于一定阈值的情况下，MDR 的策略可以有效地缓解首次调度协议策略给司机匹配远单的问题。图 9-7 给出了使用 MDR 策略，网约车和出租车之间，乘客等待时常的比较，红色线是网约车（ride-hailing）的等待时长，蓝色是出租车的等待时长，很明显使用了最大分单半径策略的网约车（street-hailing）的乘客等待时常相较更短。

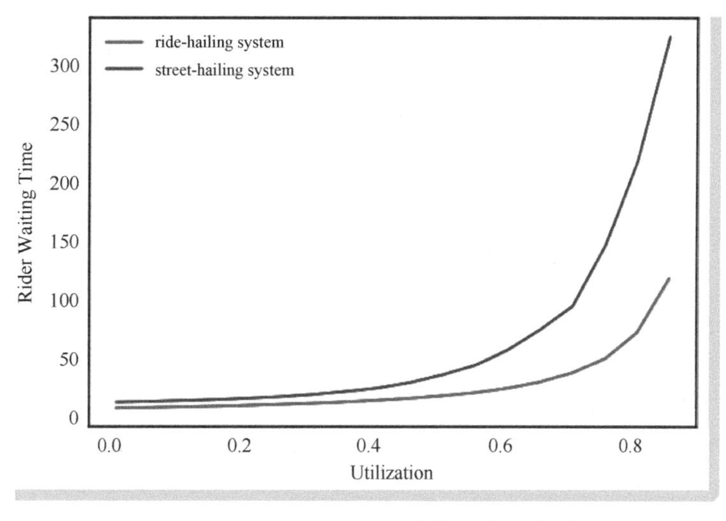


● 图 9-7　MDR 策略对等待时长的影响

（2）按批次匹配和二部图匹配

除了 MDR 的分单策略之外，按批次匹配的策略也是网约车场景下常见解决首次派单协议局部最优问题的策略方法。按批次匹配的意思是匹配系统会收集较短时间窗口（通常是几秒）下的乘客需求，然后用最优化的方法解决这一批次内的司乘需求匹配问题。如果乘客在本轮没有被匹配到，那么将进入下一轮的批次匹配中。图 9-8 给出了按批次匹配的时间线图。

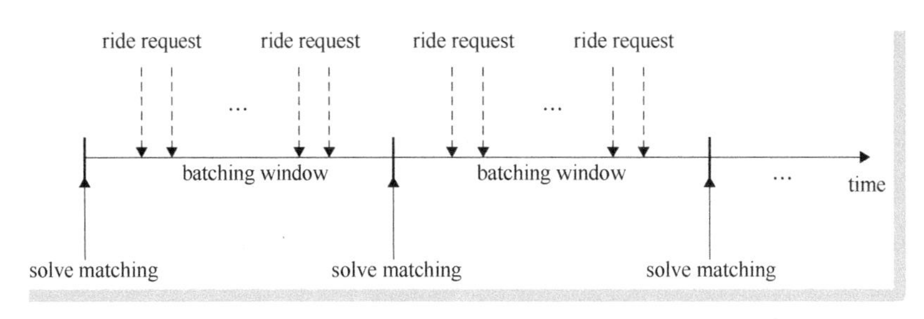


图 9-8　按批次进行司乘匹配

其实，本质上首次派单协议是批次匹配策略的一种特殊情况，即当每个批次中只有一个请求时为首次派单协议。批次匹配策略是当前网约车业务的主流分单方式，批次匹配策略需要权衡的是 batching window 的大小。batching window 越大，那么就会使得司乘两端局部最优匹配的占比越高，但同时也会导致乘客等待匹配的时间变长，造成乘客侧的差体验。

解决批处理最优匹配问题的典型算法是二部图匹配法。首先，构造二部图来表示乘客和司机之间的所有潜在匹配，二部图中的每个节点对应一个乘客的请求或者一个空闲的在线司机，节点之间的边的权重代表匹配两个节点获得的收益。其次，在解决二部图最优解之前，可以通过一些类似于 MDR 的准则来修剪边，从而达到减小最优化问题求解规模的目的，具体的最优化求解公式如下：

$$\max_x \sum_{i\in N}\sum_{j\in M} r_{ij}x_{ij}$$

$$\text{s.t.}\quad \sum_j x_{ij} \leqslant 1, \forall i \in N,$$

$$\sum_i x_{ij} \leqslant 1, \forall j \in M,$$

$$x_{ij} \in \{0,1\}, \forall i \in N, \forall j \in M$$

式中，$N$ 和 $M$ 分别表示同一批次里的乘客节点和司机节点的个数，$x_{ij}$ 表示第 $i$ 个乘客和第 $j$ 个司机是否进行匹配，第 $i$ 个乘客和第 $j$ 个司机之间的匹配价值定义为 $r_{ij}$。其中最大化的目标是在匹配约束下最大的总奖励金额，两个约束表示单个司机同时最多匹配单个乘客。不管是二部图匹配还是 MDR 策略，抑或是首次派单协议策略，均是基于局部最优的思想，并没有办法考虑到未来一段时间内的时空供需情况。如果未来的供需情况变化比较大，那么上述的匹配策略将会表现得很差，为了更直观的理解上述情况的发生，下面给出一个具体的案例。

如图 9-9 左所示，乘客（Rider）A 在所在位置进行发单，此时在线可用的空闲司机（Driver）有 A 和 B 两个，其中预估出的司机 A 接驾乘客 A 的时间是 1min，司机 B 接驾乘客 A 的时间是 3min，那么匹配系统会优先匹配司机 A 给到乘客 A。在司机 A 和乘客 A 刚刚完成了匹配之后，乘客

B进行了发单，但是此时只有司机B是在线空闲的状态的，那么司机B会匹配给乘客B（时间是4min），这样总共的接驾时常为1+4=5min。但是5min并不是匹配的最优解，从全局的接驾时间上来看，司机A和乘客B的接驾时间是0.5min，司机B和乘客A的接驾是3min，那么全局最优的接驾时间是3.5min，相较于之前的5min，全局最优解会少1.5min的接驾时间。为了能够达到全局最优的效果，一些研究提出了动态匹配策略，动态匹配策略的输入包含一部分时空供需，因此一定程度上缓解了上述的局部最优问题。总结起来，分单的策略一定程度上缓解了WGC现象的长接驾问题，因此在网约车业务场景中动态定价和分单策略往往形影不离。

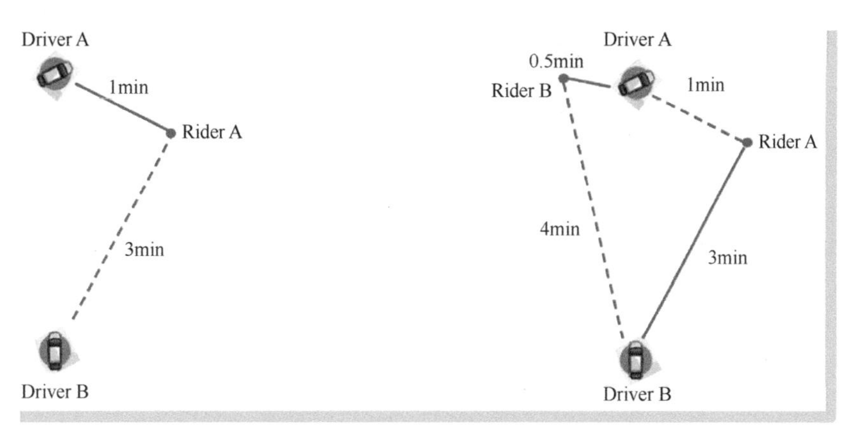


● 图9-9　局部最优匹配存在的问题

## 9.2 动态定价相关的特征挖掘

影响动态定价的主要因素是时空供需，而时空供需的影响因素可以分为平台内部因素和外部因素。外部因素主要包括天气、节假日、地域、时间段等不可抗的客观因素，内部因素主要包括平台体验、司乘意愿、司乘行为等用户的主观因素。本节将通过公开数据集分析时空供需，并基于上述因素进行特征挖掘。

### 9.2.1 时空特征挖掘

本小节以2014年4~9月期间Uber在纽约的行程数据，进行网约车时空粒度的特征挖掘，数据集包含Uber司机接驾的具体时间、接驾的经纬度等信息。

1. 基本数据概览与数据处理

(1) 数据加载和预处理

在进行具体的分析之前，先来看看这份数据的整体情况，表9-1所示为数据集原始表结构。

表 9-1 数据集原始表结构

| 数据表名 | 数据描述 |
| --- | --- |
| uber-raw-data-{日期}.csv | Uber 从 4~9 月的订单数据表：<br>Date/Time：Uber 司机接到乘客的具体时间<br>Lat：Uber 司机接到乘客具体位置的纬度<br>Lon：Uber 司机接到乘客具体位置的经度<br>Base：不同类型的 Uber 司机 |

下面对原始数据的日期进行提取，一般情况下会提取其中的年、月、日、时、分等更为具体的时间相关特征，具体数据加载和预处理的代码如下。

```
1.files = ['uber-raw-data-may14.csv',
2.         'uber-raw-data-apr14.csv',
3.         'uber-raw-data-sep14.csv',
4.         'uber-raw-data-aug14.csv',
5.         'uber-raw-data-jul14.csv',
6.         'uber-raw-data-jun14.csv',
7.         ]
8.month_map = {
9.     4:'April',
10.    5:'May',
11.    6:'June',
12.    7:'July',
13.    8:'August',
14.    9:'September'
15.}
16.weekday_map = {
17.    0:'Monday',
18.    1:'Tuesday',
19.    2:'Wednesday',
20.    3:'Thursday',
21.    4:'Friday',
22.    5:'Saturday',
23.    6:'Sunday'
24.}
25.#数据加载
26.res = []
27.for f in files:
28.    file_df = pd.read_csv(f'data/{f}')
29.    res.append(file_df)
30.uber_raw_data = pd.concat(res).reset_index(drop=True)
31.#时间特征提取
32.uber_raw_data['Date/Time']=pd.to_datetime(uber_raw_data['Date/Time'], format='%m/%
   d/%Y %H:%M:%S')
33.uber_raw_data['year'] = uber_raw_data['Date/Time'].dt.year
34.uber_raw_data['month'] = uber_raw_data['Date/Time'].dt.month
```

```
35.uber_raw_data['week'] = uber_raw_data['Date/Time'].dt.isocalendar().week
36.uber_raw_data['weekday'] = uber_raw_data['Date/Time'].dt.day_name()
37.uber_raw_data['day'] = uber_raw_data['Date/Time'].dt.day
38.uber_raw_data['hour'] = uber_raw_data['Date/Time'].dt.hour
39.uber_raw_data['15minutes'] = uber_raw_data['Date/Time'].dt.floor('15min')
40.uber_raw_data['Date'] = uber_raw_data['15minutes'].dt.date
41.uber_raw_data['Time'] = uber_raw_data['15minutes'].dt.time
42.#经纬度范围 & 时间范围检查
43.lat_check = uber_raw_data['Lat'].between(-90, 90, inclusive=True).all()
44.assert lat_check, 'Invalid latitude values exist'
45.lon_check = uber_raw_data['Lon'].between(-180, 180, inclusive=True).all()
46.assert lon_check, 'Invalid longitude values exist'
47.hour_check = uber_raw_data['hour'].between(0, 23, inclusive=True).all()
48.assert hour_check, 'Invalid hour values exist'
49.day_check = uber_raw_data['day'].between(1, 31, inclusive=True).all()
50.assert day_check, 'Invalid day values exist'
51.print('All value ranges valid.')
```

（2）整体情况

表9-2所示为数据集的整体情况。

表9-2　数据集的整体情况

| 名　称 | 数　值 |
| --- | --- |
| 总天数 | 183 |
| 总周数 | 27 |
| 总月份数 | 6（从4~9月） |
| 总完单量 | 4534327 |
| 平均每分钟完单量 | 17 |
| 平均每小时完单量 | 1033 |
| 平均每天完单量 | 24778 |
| 平均每周完单量 | 167938 |
| 平均每月完单量 | 755721 |

很明显，2014年Uber在纽约的月均单量达到了75万单，日均单量达到了2.5万单左右，这份数据总共提供了2014年4~9月近453万单的数据，相关代码如下。

```
1.num_pickups = uber_raw_data.shape[0]
2.num_months = len(uber_raw_data[['year', 'month']].drop_duplicates())
3.num_weeks = uber_raw_data['week'].nunique()
```

```
4.num_days = len(uber_raw_data[['month', 'day']].drop_duplicates())
5.num_hours = len(uber_raw_data[['month', 'day', 'hour']].drop_duplicates())
6.num_minutes = len(uber_raw_data[['month', 'day', 'hour', 'minute']].drop_duplicates())
7.monthly_avg = np.round(num_pickups/num_months, 0)
8.weekly_avg = np.round(num_pickups/num_weeks, 0)
9.daily_avg = np.round(num_pickups/num_days, 0)
10.hourly_avg = np.round(num_pickups/num_hours, 0)
11.minutely_avg = np.round(num_pickups/num_minutes, 0)
12.stats_raw ='Number of Pickups: {} \nNumber of Days: {} \nAvg Minutely Pickups:{} \nAvg Hourly
   Pickups:{} \nAvg Daily Pickups: {} \nAvg Weekly Pickups: {} \nAvg Monthly Pickups: {}'
13.print(stats_raw.format(num_pickups, num_days, minutely_avg, hourly_avg, daily_avg,
   weekly_avg, monthly_avg))
```

2. 宏观供需分析与特征挖掘

供需分析一般分为宏观供需和微观供需两部分。宏观供需在网约车场景下一般是指对司机供给量、乘客需求量在年/月/周/日等偏宏观的时间维度进行分析，由于公开数据集仅提供了 Uber 单量数据，这里仅做 Uber 宏观单量分析，读者可自行根据业务数据进行拓展。

（1）月/周/日粒度单量

下面给出 Uber 单量数据在月/周/日粒度的变化趋势图表如表 9-3 所示。

表 9-3 Uber 单量数据在月/周/日粒度的变化趋势图表

| 维　度 | 趋　势　图 |
| --- | --- |
| 月 | 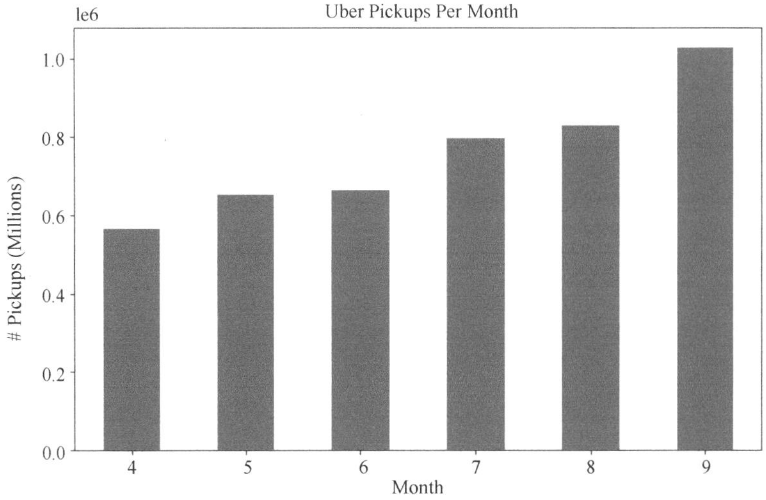  |

（续）

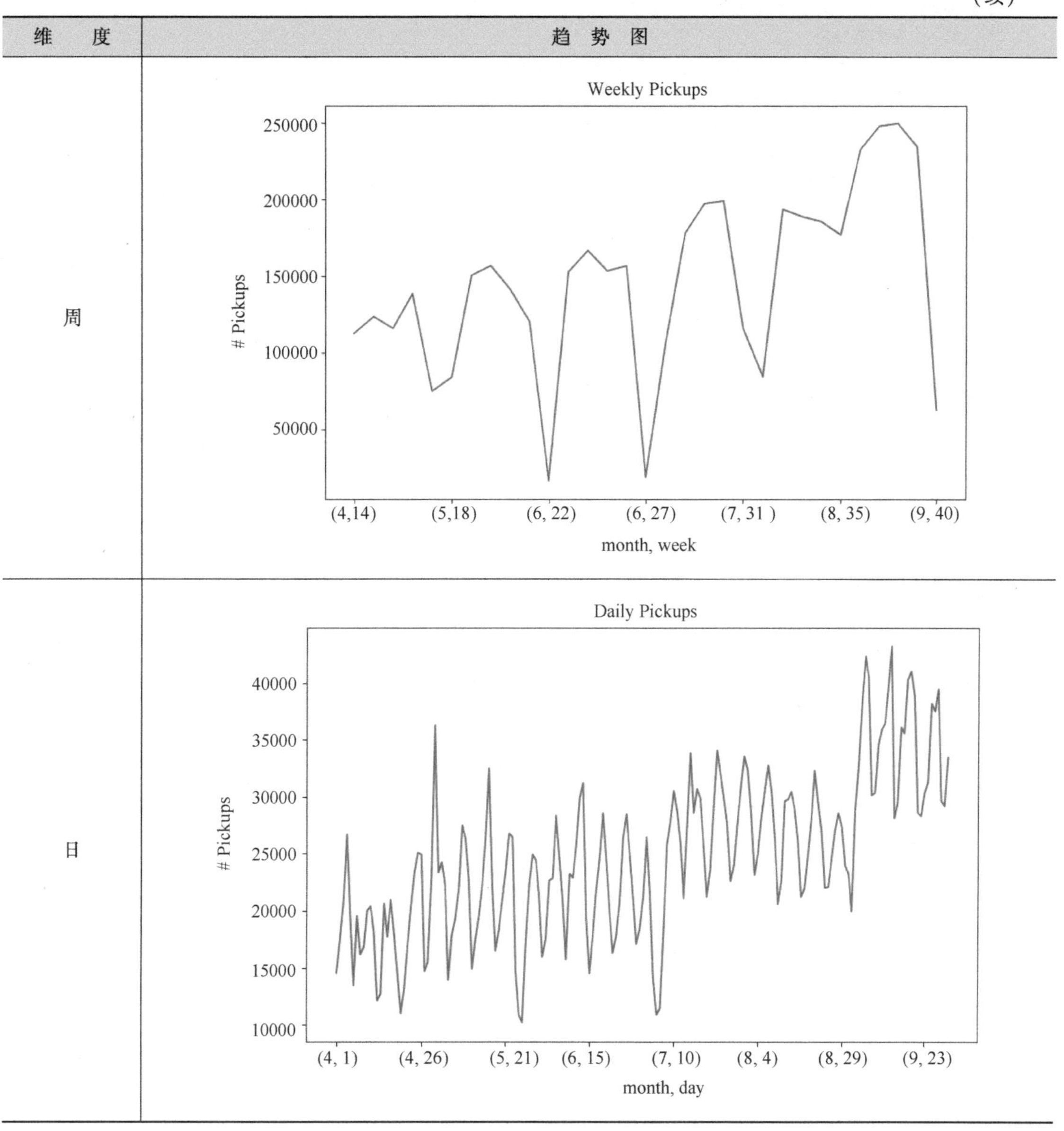


如表 9-3 所示，从 4~9 月的月粒度单量趋势可知，单量整体呈现上升的趋势，到夏季的 8、9 月单量达到最多。由周粒度趋势图可知，几乎每隔 4~5 周会出现“低谷”“峰值”单量，显然单量趋势具有明显的周期性。由日粒度趋势图可知，每个月大概对应 4 个左右的“峰值”和 4 个左右的“低谷”，4 月 30 日的“峰值”尤其明显，而 5 月 24 日到 26 日和 7 月 4 日到 6 日的“低谷”尤其明显，很可能是受节假日的影响，下面会对节假日进行具体分析。而 9 月每一天的单量相较于之前的月份都有了很大幅度的提升，相关的代码如下。

```
1.import matplotlib.pyplot as plt
2.#月粒度单量趋势
3.fig,ax =plt.subplots(1,1, figsize=(10, 6))
4.uber_raw_data['month'].value_counts(ascending=True).plot(kind='bar', rot=0)
5.plt.title('Uber Pickups Per Month')
6.plt.xlabel('Month')
7.plt.ylabel('# Pickups (Millions)')
8.#周粒度单量趋势
9.fig, ax =plt.subplots(1,1, figsize=(10, 6))
10.weekly_pickups = uber_raw_data.groupby(['month', 'week'])['hour'].count()
11.weekly_pickups.plot(kind='line', rot=0)
12.plt.ylabel('# Pickups')
13.plt.title('Weekly Pickups')
14.#日粒度单量趋势
15.fig, ax =plt.subplots(1,1, figsize=(10, 6))
16.daily_pickups = uber_raw_data.groupby(['month', 'day'])['hour'].count()
17.daily_pickups.plot(kind='line', rot=0)
18.plt.ylabel('# Pickups')
19.plt.title('Daily Pickups')
```

（2）周内单量分析

为了更好地分析一周内每一天的单量变化趋势，下面给出周内单量变化趋势图和不同月份的周内变化趋势图，如表 9-4 所示。

表 9-4　周内单量变化趋势图表

| 图　名 | 趋　势　图 |
| --- | --- |
| 周内单量变化趋势图 | 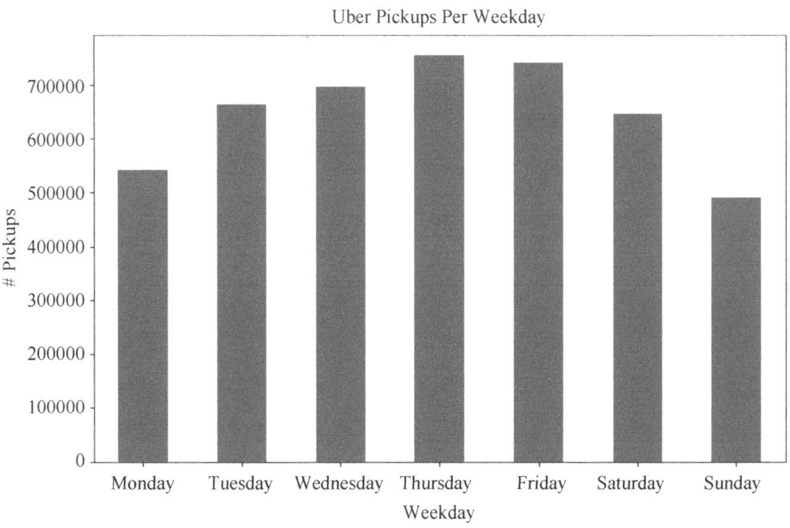 Uber Pickups Per Weekday<br># Pickups<br>700000<br>600000<br>500000<br>400000<br>300000<br>200000<br>100000<br>0<br>Monday Tuesday Wednesday Thursday Friday Saturday Sunday<br>Weekday |

（续）

| 图　名 | 趋 势 图 |
| --- | --- |
| 不同月份的周内变化趋势图 | 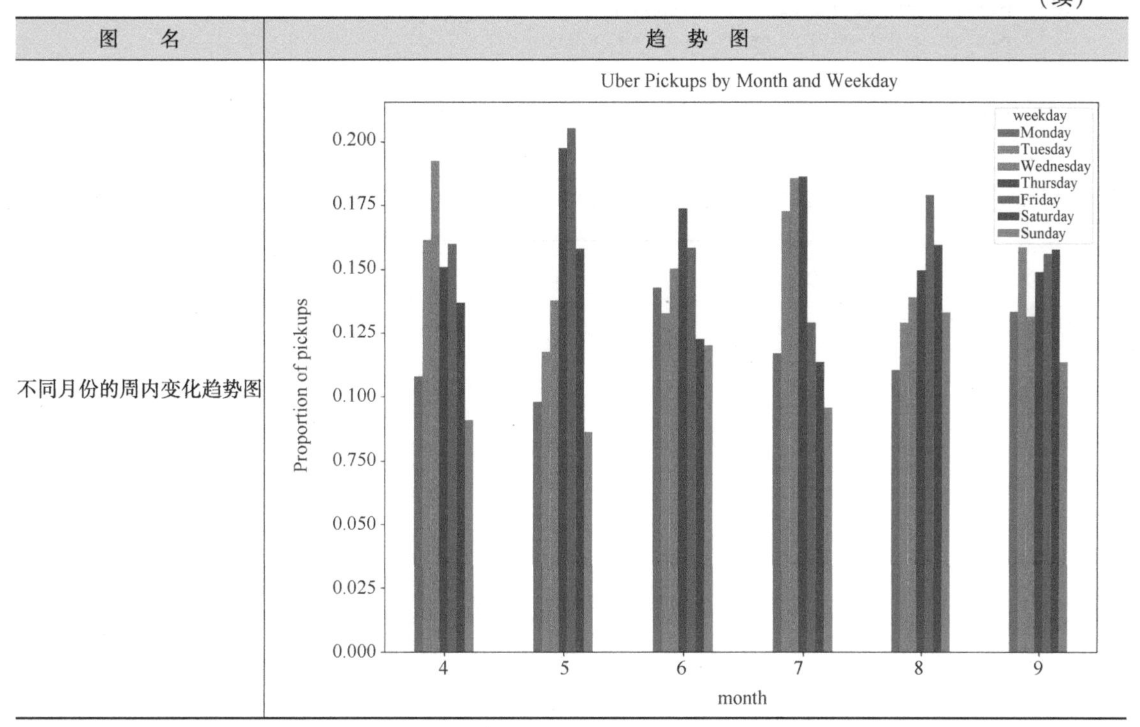 |



从表 9-4 的周内单量变化趋势可见，最高的单量发生在周四，其次是周五，而周二和周三的单量也显著高于周六和周日的单量，这似乎可以推测使用 Uber 打车的人群更偏向于上班通勤的群体，在工作日的打车需求要高于周六日。为了判断不同月份的周内单量变化是否符合整体的变化趋势，表中给出了不同月的周内变化趋势图，图中横坐标是月，纵坐标是单量占比。很显然不同月的周内变化趋势分布差异较大，其中 9 月相对来说分布比较均匀，其他月的周四和周五的单量趋势符合整体周内单量趋势，相关代码如下。

```
1.import matplotlib.pyplot as plt
2.#周内单量变化趋势图
3.fig, ax =plt.subplots(1,1, figsize=(10, 6))
4.weekday_pickups = uber_raw_data['weekday'].value_counts()[weekday_map.values()]
5.weekday_pickups.plot(kind='bar', rot=0)
6.plt.title('Uber Pickups Per Weekday')
7.plt.xlabel('Weekday')
8.plt.ylabel('# Pickups')
9.#不同月的周内变化趋势图
10.monthly_weekdays = uber_raw_data.groupby('month')['weekday'].value_counts().unstack
   ()
11.monthly_weekdays_norm = monthly_weekdays.apply(lambda x: x/x.sum(), axis=1)
12.monthly_weekdays_norm.loc[month_map.keys(),weekday_map.values()].plot(kind='bar',
   rot=0, figsize=(12, 9))
```

```
13.plt.ylabel('Proportion of Pickups')
14.plt.title('Uber Pickups by Month and Weekday')
```

（3）节假日单量分析

通过日粒度的单量变化趋势，发现有极个别的日期出现了极端峰值和低谷的情况，因此需要分析这些峰值和低谷是否和节假日相关。节假日单量分析如图 9-10 所示。

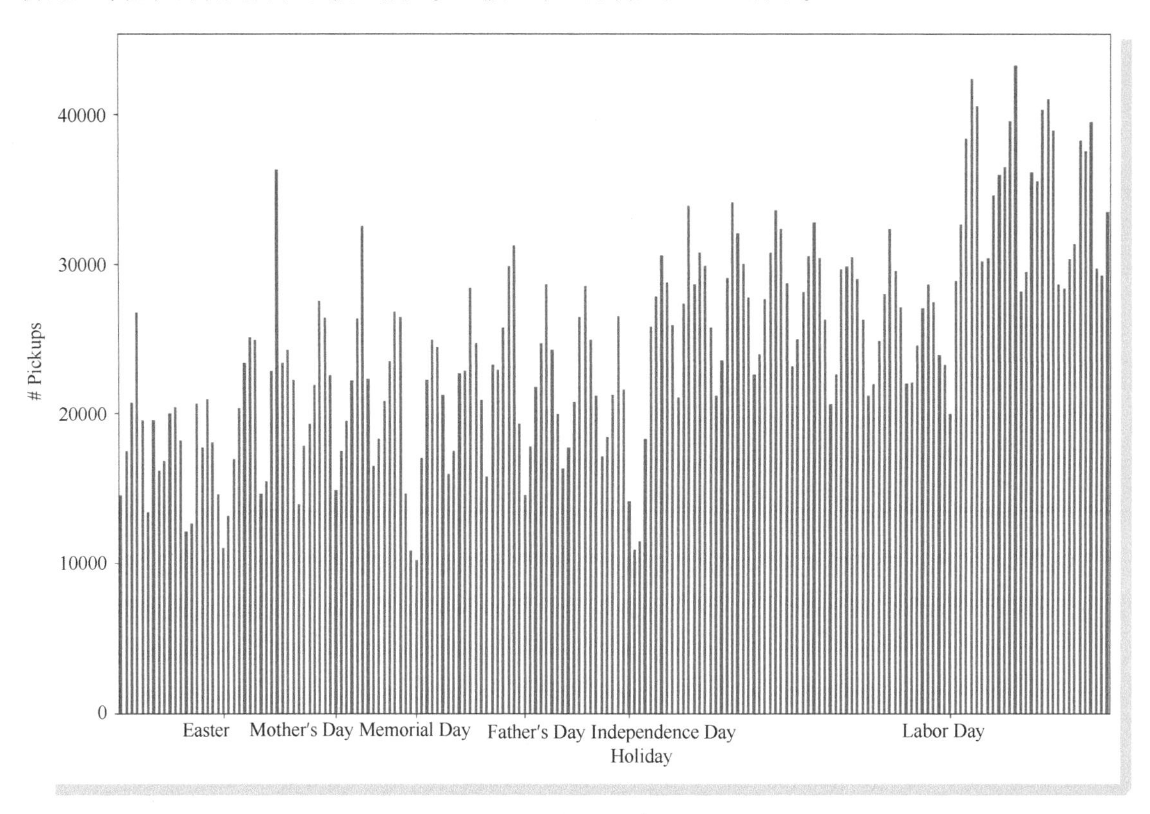


● 图 9-10　节假日单量分析

图 9-10 中用红色柱体标注出来 6 个节假日，分别是 4 月 20 日的复活节、5 月 11 日的母亲节、5 月 26 日的纪念日、6 月 15 日的父亲节、7 月 4 日的美国独立日、9 月 1 日的劳动节。很明显，节假日的单量相较于节假日前后有明显的下降，因此可见节假日期间 Uber 的单量并不高。这说明：一方面可能是因为节假日期间乘客的需求减少，另一方面也可能是因为司机在节假日选择了不工作，相关的代码如下。

```
1.holidays = {
2.    "Easter": (4, 20), # Sunday
3.    "Mother's Day": (5, 11), # Sunday
4.    "Memorial Day": (5, 26), # Monday
```

```
5.    "Father's Day": (6, 15), # Sunday
6.    "Independence Day": (7, 4), # Friday
7.    "Labor Day": (9, 1) # Monday
8.}
9.holiday_starts = [daily_pickups.index.get_loc(hol) for hol in holidays.values()]
10.colors = ['grey' if x not in holiday_starts else 'red' for x in range(len(daily_pick-
   ups))]
11.daily_pickups.plot(kind='bar', color=colors, rot=0, figsize=(15, 10))
12.plt.xticks(ticks=holiday_starts, labels=holidays.keys())
13.plt.xlabel('Holiday')
14.plt.ylabel('# Pickups')
15.plt.title('Holiday Daily Pickups')
```

（4）宏观供需特征挖掘

上文给出了宏观维度单量的变化趋势，读者可以结合自身业务数据拓展对需求量、供给量进行宏观维度的分析。下面结合对宏观供需的分析，进行特征挖掘。宏观供需特征主要用作宏观供需预测模型中（包括单量预测、需求量预测、供给量预测等），同时也可以辅助微观供需的预测。供需预测模型是动态定价的基石，只有宏观和微观的供需预测模型做得足够准确，才能正确指导价格动态调整的方向，否则动态定价皆为空谈。表 9-5 所示为宏观供需特征表。

**表 9-5　宏观供需特征表**

| 类　别 | 类　型 | 特征构造 |
|---|---|---|
| 基本特征 | 时间特征 | 年 |
| | | 季度 |
| | | 月 |
| | | 周 |
| | | 日 |
| | 节假日特征 | 是否为节假日 |
| | | 节假日第几天 |
| 供需特征 | 统计特征 | 宏观时间周期内供需量的四分位数值 |
| | | 宏观时间周期内供需量的平均值 |
| | | 宏观时间周期内供需量的中位数值 |
| | | 宏观时间周期内供需量的最大值 |
| | | 宏观时间周期内供需量的最小值 |
| | | 宏观时间周期内供需量的偏度 |
| | | 宏观时间周期内供需量的峰度 |
| | | 宏观时间周期内供需量的标准差 |
| | | 宏观时间周期内供需量的方差 |
| | 同比特征 | 历史同时期的供需量 |
| | | 同比供需量增长率 |
| | 环比特征 | 上一统计周期的供需量 |
| | | 环比供需量增长率 |

3. 微观供需分析与特征挖掘

微观供需分析在网约车场景下一般是指在小时或者分钟级别对供给量和需求量变化趋势的分析，下面给出 Uber 数据的微观供需分析。

（1）小时级统计单量分析

下面给出小时级别的单量变化趋势图和分析，如表 9-6 所示。

**表 9-6　小时级别单量变化趋势图表**

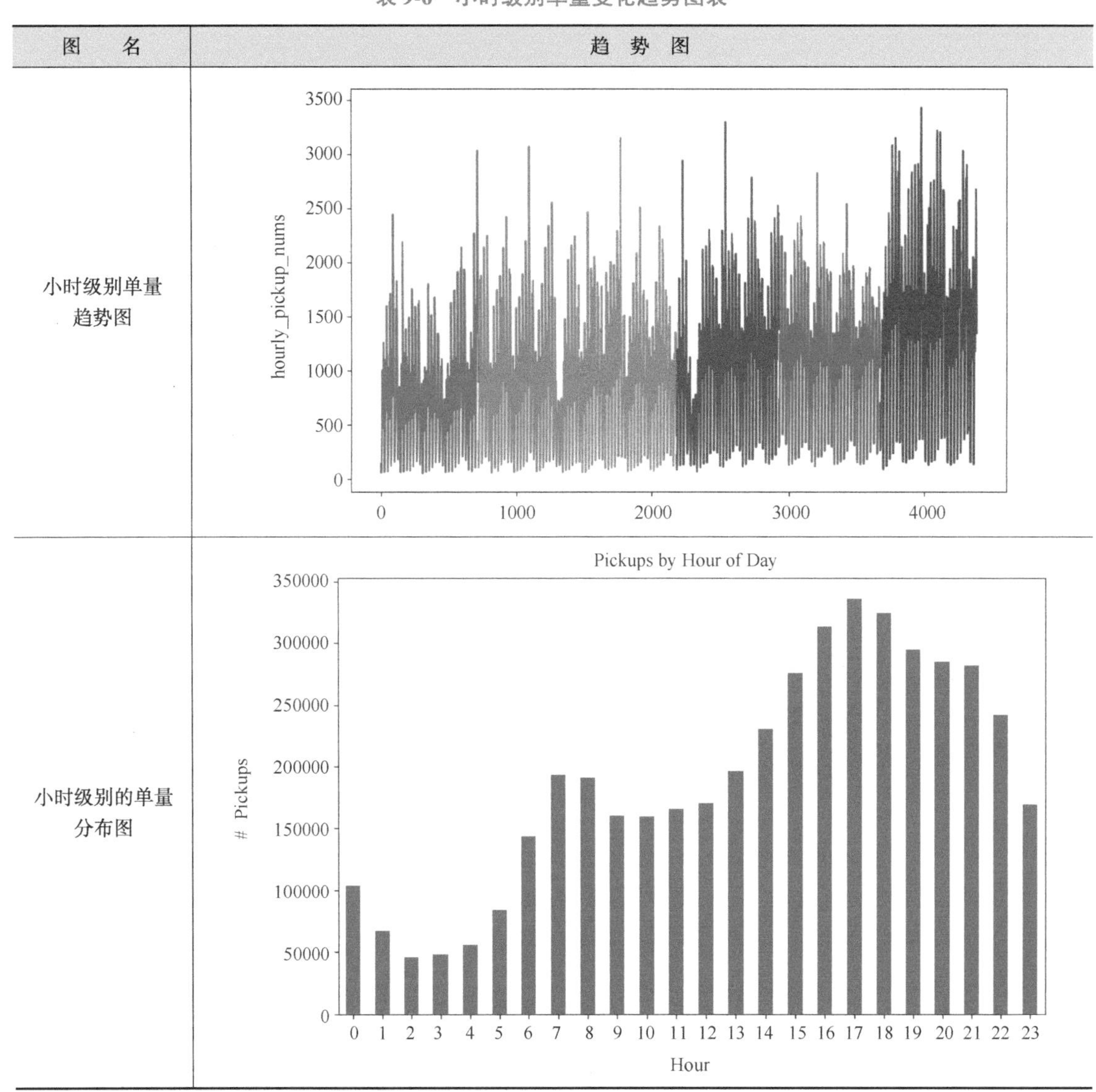


| 图　名 | 趋　势　图 |
|---|---|
| 小时级别单量趋势图 | |
| 小时级别的单量分布图 | |

表 9-6 显示，小时级别的单量趋势图中从左到右有六种不同的颜色，对应着 4~9 月，发现每个月对应的小时级别的单量可以分为 4~5 个等距的小周期，而每个小周期内的小时单量变化趋势很

相似。小时级别的单量分布图给出了一天内从0~23时的单量变化趋势，很明显，Uber在一天内的单量出现了两个小高峰，一个是早上7~8时，另一个是16~18时，这两个时间段是上下班的高峰期，因此Uber服务的乘客群体大多数是上班族，相关代码如下。

```
1.import seaborn as sns
2.#小时级别单量趋势
3.fig, ax =plt.subplots(1,1, figsize=(10, 6))
4.hourly_pickups = uber_raw_data.groupby(['year', 'month', 'day', 'hour'])['Date/Time'].
  count().reset_index().rename({'Date/Time':'hourly_pickup_nums'}, axis=1)
5.for m in hourly_pickups.month.unique():
6.    hourly_pickups_m = hourly_pickups[hourly_pickups['month']==m]
7.    sns.lineplot(hourly_pickups_m['hourly_pickup_nums'])
8.#小时级别单量分布
9.hourly_pickups_sum = uber_raw_data['hour'].value_counts().sort_index()
10.hourly_pickups_sum.plot(kind='bar', rot=0, figsize=(10, 6))
11.plt.xlabel('Hour')
12.plt.ylabel('# Pickups')
13.plt.title('Pickups by Hour of Day')
```

（2）周内不同天的小时级别单量分布分析

从上文可以知道，周内不同天的单量分布并不相同，工作日的单量明显高于周六日，下面分析周内不同天的小时级别单量分布，如图9-11所示。

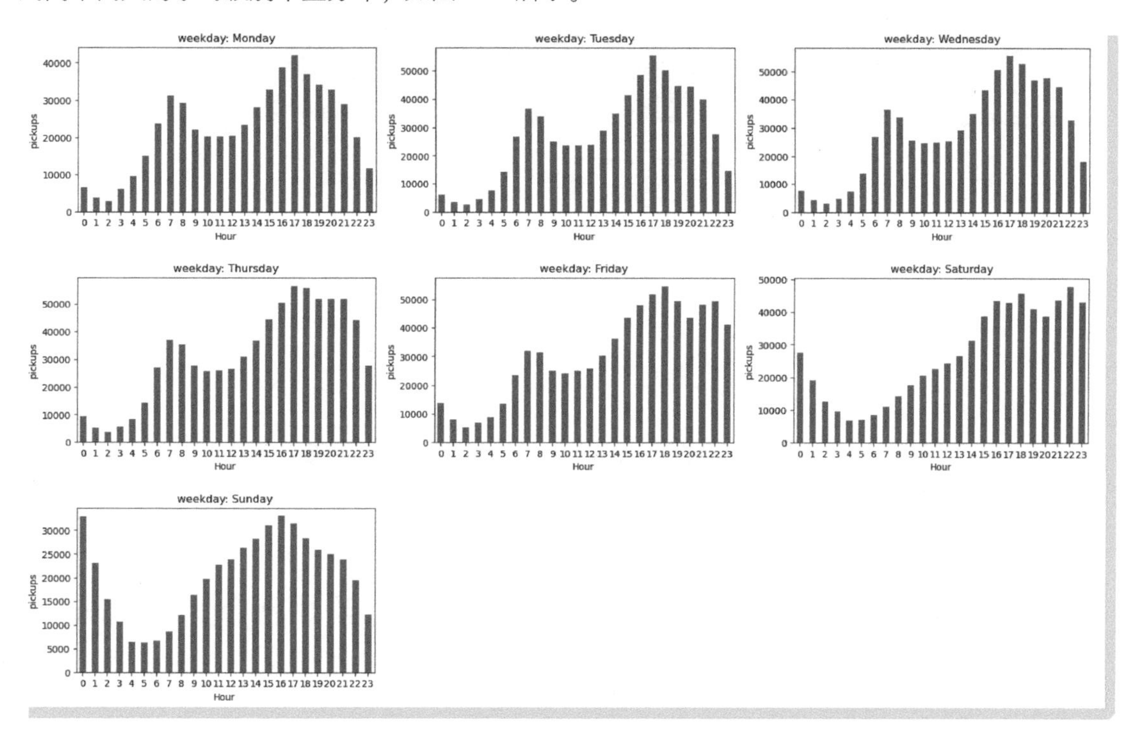


图9-11　周内不同天的小时级别单量分布

很明显，从周一到周四的小时级别单量分布基本一致，两个高峰均出现在早晨 7~8 时，晚上 16~18 时，到晚间 21 时之后打车需求下降比较明显，而从周五开始这种分布逐渐发生了变化。周五当天出现了三个打车高峰，除了上述的上下班高峰期之外，还多了晚间 22 时打车峰值，可以合理推测结束一周的工作后，很多上班族可以选择晚间较晚的时间出行。周六日的小时级别单量分布却和工作日差别较大，周六出现了两个很临近的高峰，一个是 16~18 时，一个是深夜 21~23 时。随后周日的高峰期是 0 时和 16 时左右，而在深夜 21~23 时的打车量明显下降，上班族需要为新的一周的工作做准备。为了更直观地观察小时级别单量从周一~周日的密度变化，图 9-12 给出周内小时单量热力图。

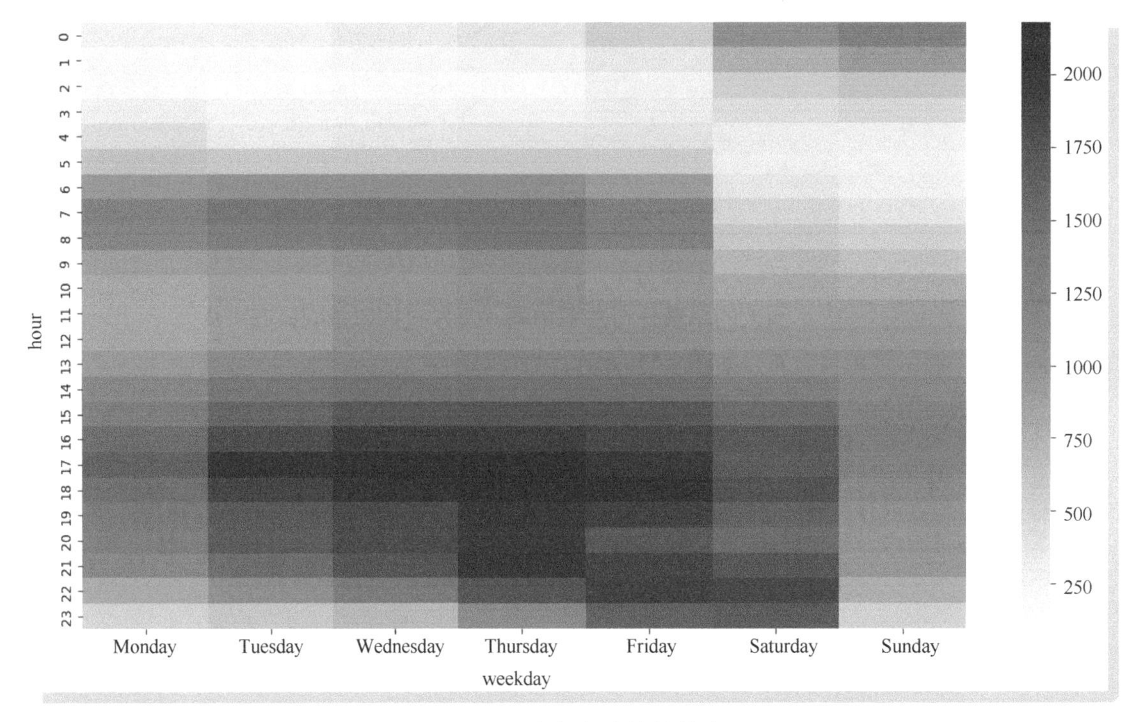


● 图 9-12　周内小时单量热力图

很明显，从周一~周五的单量集中在 16~18 时，此时间段的热力图颜色最深，而从周五开始热力图的深颜色时间段区域逐渐下移到深夜凌晨时间段，相关代码如下。

```
1.def plot_hourly_by_col(df, col, figsize, dims, values):
2.    fig =plt.figure(figsize=figsize)
3.    fig.subplots_adjust(hspace=0.4, wspace=0.2)
4.    plot_num = 1
5.    for m in values:
6.        ax = fig.add_subplot(dims[0], dims[1], plot_num)
7.        value_df = uber_raw_data[uber_raw_data[col] == m]
```

```
8.         plot = (
9.             value_df['hour']
10.            .value_counts()
11.            .sort_index()
12.            .plot(kind='bar', ax=ax, rot=0)
13.        )
14.        plt.title(f'{col}: {m}')
15.        plt.xlabel('Hour')
16.        plt.ylabel('pickups')
17.        plot_num +=1
18.#周内不同天的小时级别单量分布分析
19.plot_hourly_by_col(uber_raw_data,'weekday', (20, 12), [3, 3], weekday_map.values())
20.#周内不同天的小时级别单量热力图
21.weekday_hour_data = uber_raw_data.groupby(['Date', 'weekday', 'hour']).count().dropna
   ().rename({'year':'pickups'}, axis=1)['pickups'].reset_index()
22.weekday_hour_data_ = weekday_hour_data.groupby(['weekday','hour']).mean()['pickups']
23.weekday_hour_data_ = weekday_hour_data_.unstack(level=0)[weekday_map.values()]
24.plt.figure(figsize=(15,8))
25.sns.heatmap(weekday_hour_data_,cmap='Oranges')
26._=plt.title('Heatmap of average rides in time vs day grid')
```

（3）工作日和周六日的平均小时单量趋势

工作日和周六日在不同时间的单量变化趋势非常不同，为了更直观地对比工作日和非工作日小时单量的趋势，下面给出两者趋势图和整体趋势图的对比，如图 9-13 所示。

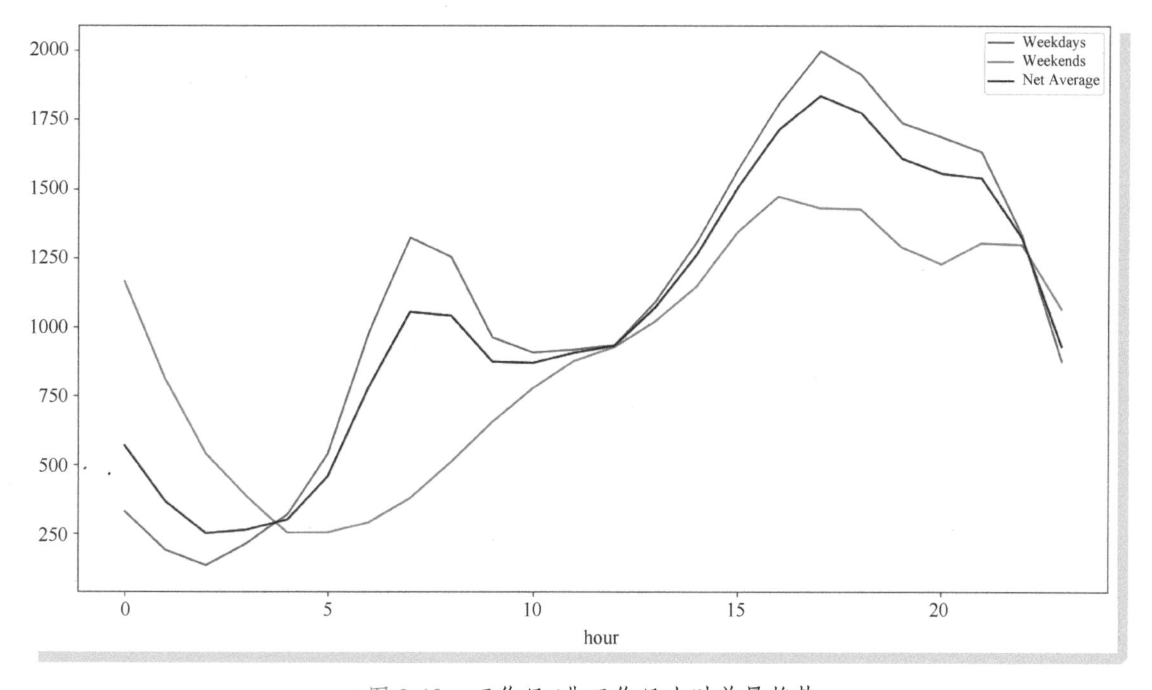


图 9-13　工作日/非工作日小时单量趋势

图 9-13 显示，蓝色线是工作日的单量趋势，黑色线是整体的单量趋势，橙色线是周六日单量趋势。很明显，非工作日在凌晨时间段的单量相较于工作日来说激增了，验证了之前的结论，相关代码如下。

```
1.#工作日和非工作日的小时平均单量趋势
2.weekends = weekday_hour_data_[['Saturday','Sunday']]
3.weekdays = weekday_hour_data_.drop(['Saturday','Sunday'], axis=1)
4.weekends = weekends.mean(axis=1)
5.weekdays = weekdays.mean(axis=1)
6.weekdays_weekends = pd.concat([weekdays,weekends],axis=1)
7.weekdays_weekends.columns = ['Weekdays','Weekends']
8.plt.figure(figsize=(15,8))
9.weekdays_weekends.plot(ax=plt.gca())
10.weekday_hour_data_.T.mean().plot(ax=plt.gca(),c = 'black',label='Net Average')
11.plt.title('Time Averaged Rides: Weekend, Weekdays, Net Average')
12.plt.legend()
```

（4）空间距离分析

供需分析除了时间维度之外，往往还需要结合空间进行分析，下面分别选定纽约最繁华的大都会博物馆（简称 MM）和帝国大厦（简称 ESB）两个坐标为中心点，分析在不同空间半径下单量的变化趋势，如图 9-14 所示。

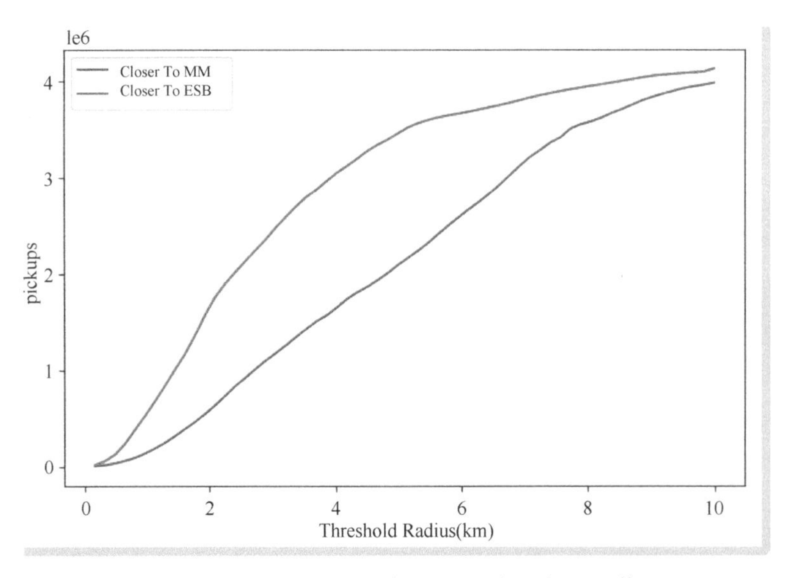


图 9-14　不同空间半径下的单量变化趋势

图 9-14 的横轴表示单位为千米的半径阈值，纵轴是单量。蓝色线是以 MM 为圆心，随着半径的扩大，单量变化的趋势；橙色线是以 ESB 为圆心，随着半径的扩大，单量变化的趋势。很明显，在半径 0~6 千米区间里，以 ESB 为圆心的圈内单量有显著的优势，而在 6~10 千米区间里，被以

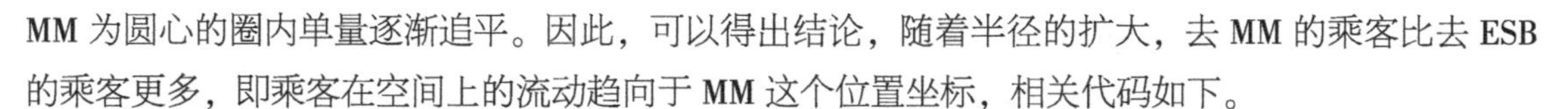

MM 为圆心的圈内单量逐渐追平。因此，可以得出结论，随着半径的扩大，去 MM 的乘客比去 ESB 的乘客更多，即乘客在空间上的流动趋向于 MM 这个位置坐标，相关代码如下。

```
1.from math import radians,cos,sin,asin,sqrt
2.# metro_art_coordinates 是 MM 的坐标  empire_state_building_coordinates 是 ESB 的坐标
3.metro_art_coordinates = (40.7794,-73.9632)
4.empire_state_building_coordinates = (40.7484,-73.9857)
5.#距离计算公式
6.def haversine(coordinates1,coordinates2):
7.     lat1=coordinates1[0]
8.     lon1=coordinates1[1]
9.     lat2=coordinates2[0]
10.    lon2=coordinates2[1]
11.    lon1,lat1,lon2,lat2 = map(radians,[lon1,lat1,lon2,lat2])
12.    dlon = lon2 - lon1
13.    dlat = lat2 - lat1
14.    a = sin(dlat/2)**2 + cos(lat1) * cos(lat2) * sin(dlon/2)**2
15.    c = 2 * asin(sqrt(a))
16.    r = 3956
17.    return c * r
18.print("Distance (miles) = ",haversine(metro_art_coordinates,empire_state_building_
   coordinates))
19.#乘车点距离两个圆心的计算
20.uber_raw_data['Distance MM'] = uber_raw_data[['Lat','Lon']].apply(lambda x: haversine
   (metro_art_coordinates,tuple(x)),axis=1)
21.uber_raw_data['Distance ESB'] = uber_raw_data[['Lat','Lon']].apply(lambda x: haversine
   (empire_state_building_coordinates,tuple(x)),axis=1)
22.print((uber_raw_data[['Distance MM','Distance ESB']]<0.25).sum())
23.# 0~10 千米的阈值范围
24.distance_range = np.arange(0.1, 6.25, 0.1)
25.distance_data = [(uber_raw_data[['Distance MM','Distance ESB']] < dist).sum() for dist
   in distance_range]
26.distance_data = pd.concat(distance_data,axis=1)
27.distance_data = distance_data.T
28.distance_data.index = distance_range * 1.61
29.distance_data=distance_data.rename(columns={'Distance MM':'CloserToMM','Distance ESB':
   'CloserToESB'})
30.#绘制单量随距离的变化
31.plt.figure(figsize=(8,5))
32.distance_data.plot(ax=plt.gca())
33.plt.title('Number of Rides Closer to ESB and MM')
34.plt.xlabel('Threshold Radius(km)')
35.plt.ylabel('pickups')
```

（5）时空粒度单量热力图

时空粒度的单量变化可以帮助我们捕捉实时的单量变化趋势，下面使用 folium 开源工具里的 HeatMap 和 HeatMapWithTime 两个函数来绘制单量热力图。HeatMap 绘制静态的空间单量热力图

（如图 9-15 所示），HeatMapWithTime 绘制动态的时空粒度单量变化热力图（如图 9-16 所示）。

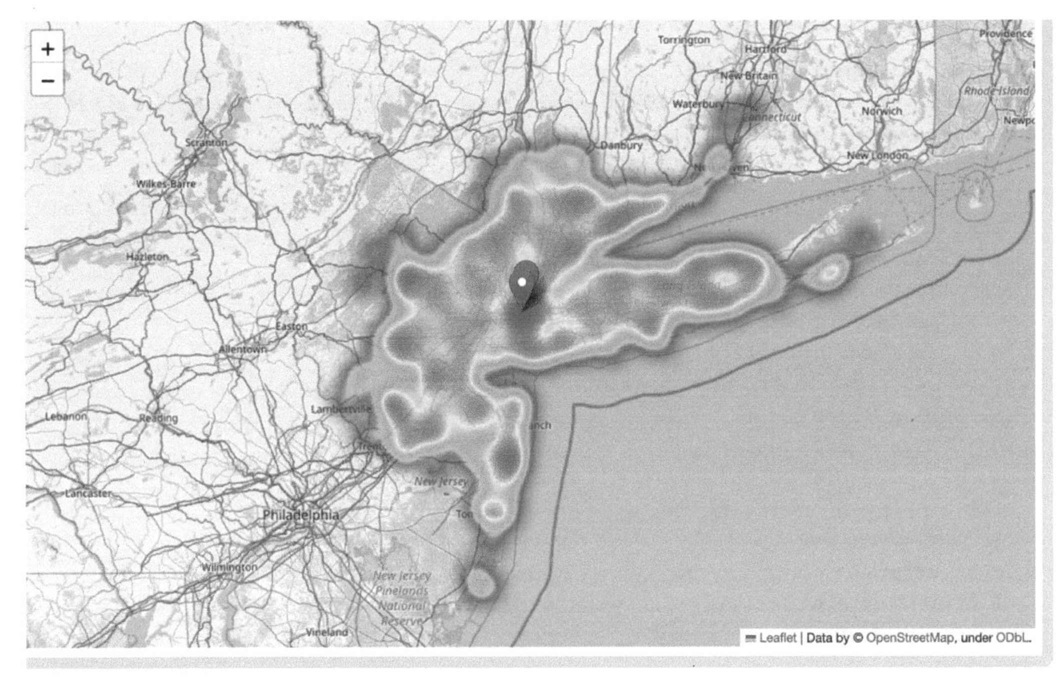


● 图 9-15　静态空间单量热力图

图 9-15 中的两个坐标分别为 ESB 和 MM，红色越深的地方表示单量越多，可见单量是以 ESB 和 MM 两个市中心的位置向外扩散，并集中分布在市中心区域的。为了更好地分析完单量在时空粒度的流向趋势，图 9-16 选取 2014 年 4 月 9 日（周三）这天的早晨 7 点左右、早高峰 8 点左右、晚高峰 17 点左右，深夜 21 点左右的订单热力图。

很明显，早高峰和晚高峰时间段，以 ESB 和 MM 为市中心的区域打车需求最为旺盛，而早上 7 点是从郊区向市中心集中的趋势，深夜 21 点是从市中心向郊区扩散的趋势。通过时空粒度的单量变化，可以判断乘客在时空粒度的打车偏好，相关代码如下。

```
1.import folium
2.from folium.plugins import HeatMap, HeatMapWithTime
3.#空间区域单量静态热力图
4.uber_map = folium.Map(location=metro_art_coordinates,zoom_start=10)
5.folium.Marker(metro_art_coordinates,popup="MM").add_to(uber_map)
6.folium.Marker(empire_state_building_coordinates,popup="ESB").add_to(uber_map)
7.pickups_by_loc = (uber_raw_data.groupby(['Lat','Lon']).count()['Date/Time']).reset_in-
  dex()
8.pickups_by_loc.columns=['Latitude','Longitude','Number of Trips']
9.HeatMap(pickups_by_loc,radius=15, zoom=20).add_to(uber_map)
10.uber_map
```

```
11.#时空粒度单量动态热力图
12.loc_time_df = uber_raw_data[(uber_raw_data['month']==4)&(uber_raw_data['day']==9)]
   [['Date/Time','Lat','Lon']]
13.date_string =  sorted(loc_time_df['Date/Time'].drop_duplicates().dt.strftime('%Y-%
   m-%d %H:%M:%S').tolist())
14.lat_long_list = []
15.for i in date_string:
16.    temp=[]
17.    for index, instance in loc_time_df[loc_time_df['Date/Time'] == i].iterrows():
18.        temp.append([instance['Lat'],instance['Lon']])
19.    lat_long_list.append(temp)
20.uber_dynamic_map = folium.Map(location=metro_art_coordinates,zoom_start=10)

21.folium.Marker(metro_art_coordinates,popup="MM").add_to(uber_dynamic_map)
22.folium.Marker(empire_state_building_coordinates,popup="ESB").add_to(uber_dynamic_
   map)
23.HeatMapWithTime(lat_long_list,radius=15,auto_play=True,position='bottomright',name
   ="cluster",index=date_string).add_to(uber_dynamic_map)
24.uber_dynamic_map
```

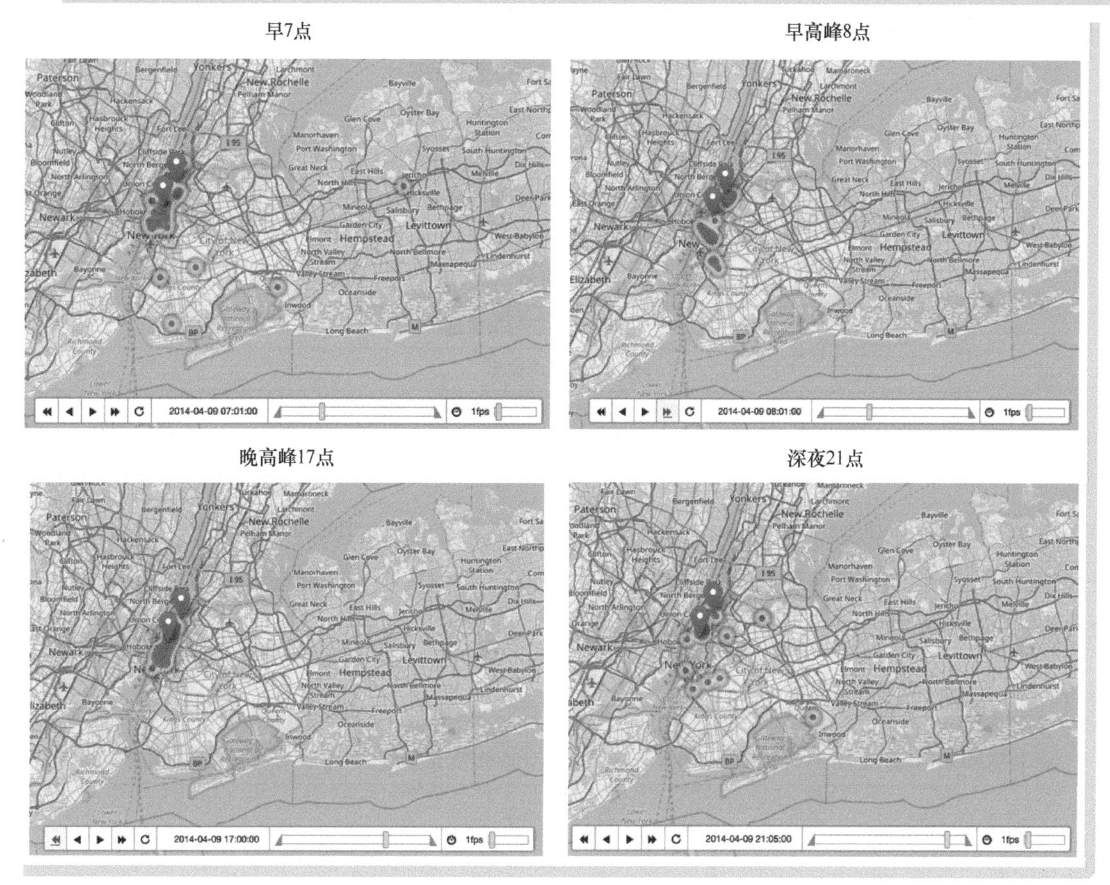


● 图 9-16　动态的时空粒度单量变化热力图

（6）微观供需特征挖掘

微观供需特征表见表 9-7。

表 9-7 微观供需特征表

| 类别 | 类型 | 特征构造 |
|---|---|---|
| 基本特征 | 时间特征 | 小时 |
| | | 分钟 |
| | | 秒 |
| | 空间特征 | 所属商圈 |
| | | 经度 |
| | | 维度 |
| 供需特征 | 统计特征 | 微观时间周期内供需量的四分位数值 |
| | | 微观时间周期内供需量的平均值 |
| | | 微观时间周期内供需量的中位数值 |
| | | 微观时间周期内供需量的最大值 |
| | | 微观时间周期内供需量的最小值 |
| | | 微观时间周期内供需量的偏度 |
| | | 微观时间周期内供需量的峰度 |
| | | 微观时间周期内供需量的标准差 |
| | | 微观时间周期内供需量的方差 |
| | 同比特征 | 历史同时期的供需量 |
| | | 同比供需量增长率 |
| | 环比特征 | 上一统计周期的供需量 |
| | | 环比供需量增长率 |
| | 时空特征 | 空间+时间下的供需量 |
| | | 空间+时间下的供需量统计特征 |

表 9-7 所示的微观供需特征表和宏观供需特征表很相似，只不过时间维度更加细粒度。除此之外，增加了对空间维度的考量（宏观供需也可以添加），读者可根据实际的业务场景和具体需求进行更深入的供需特征挖掘。

## 9.2.2 用户特征挖掘

本小节将对司乘两端进行特征挖掘，主要包括司乘两端的基本特征、历史行为特征两部分。

### 1. 司乘基本特征

司机和乘客作为网约车平台的用户，在注册时会填写一系列基本信息，在用户注册一段时间后

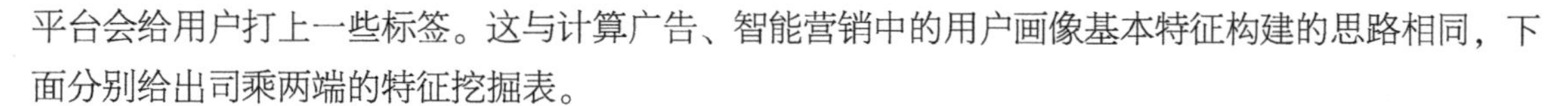

平台会给用户打上一些标签。这与计算广告、智能营销中的用户画像基本特征构建的思路相同，下面分别给出司乘两端的特征挖掘表。

（1）司机侧基本特征

司机侧基本特征表见表9-8。

表9-8　司机侧基本特征表

| 类　别 | 详细信息 |
| --- | --- |
| 基本信息 | 司机ID |
| | 所属地区ID |
| | 身份认证ID（加密后） |
| | 设备ID（加密后） |
| | 姓名 |
| | 性别 |
| | 年龄 |
| | 驾车资质 |
| 注册信息 | 注册时间 |
| | 注册城市ID |
| | 注册渠道 |
| | 司机注册状态（如已注册、审核中、审核未通过、已注销等） |
| | 注册手机号（加密后） |
| | 注册邮箱（加密后） |
| | 注册经度 |
| | 注册纬度 |
| 车辆信息 | 车牌号（加密后） |
| | 车辆所在城市ID |
| | 车辆级别 |
| | 是否自有车 |
| | 车辆价格 |
| | 车龄 |
| 司机标签 | 司机角色（如平台自有司机、众包司机等） |
| | 司机星级（1~5星级评价司机的服务水平） |
| | 司机支付方式 |
| | 司机品类（如快车、专车等） |
| | 司机生命周期 |

表9-8将司机的基本特征分为基本信息、注册信息、车辆信息、司机标签四类，基本信息是指司机的社会属性等相关的数据，注册信息是指用户注册时填写的有效信息，车辆信息是指司机注册

时提交审核的车辆信息，网约车平台为了安全起见，除了对司机的驾驶资质严格审核之外，还会对司机的车辆信息进行严格的审核，以保证行驶安全性。

（2）乘客侧基本特征

乘客侧基本特征表见表 9-9。

**表 9-9　乘客侧基本特征表**

| 类　别 | 详细信息 |
| --- | --- |
| 基本信息 | 乘客 ID |
| | 所属地区 ID |
| | 身份认证 ID（加密后） |
| | 姓名 |
| | 性别 |
| | 年龄 |
| 注册信息 | 注册时间 |
| | 注册城市 ID |
| | 注册渠道 |
| | 乘客注册状态（如已注册、审核中、用户注销等） |
| | 注册手机号（加密后） |
| | 注册经度 |
| | 注册纬度 |
| 乘客标签 | 乘客支付方式 |
| | 乘客是否为会员 |
| | 乘客信用评级 |
| | 乘客生命周期 |

表 9-9 将乘客的基本特征分为基本信息、注册信息、乘客标签三类，基本信息和注册信息部分与司机相似，不同的是乘客标签部分更倾向于刻画乘客的营销属性、生命周期属性等。

2. 司乘历史行为特征

司机在网约车的转化链路一般是：在线→听单→接单→接驾→送驾→完单，司机侧的历史行为特征通常可以拆解到每个转化链路上。同理乘客在网约车平台的转化链路一般是：冒泡→发单→等待接单→行程中→完单，乘客侧的历史行为特征同理可以拆解到转化链路的每一环节。司乘的历史行为特征一般可以作为行为预测模型的输入来预测用户在每个转化链路上的表现，并辅助调整最终的动态定价策略中价格系数。

（1）司机历史行为特征挖掘

为了多维度直观体现司机历史行为特征挖掘的过程，图 9-17 将司机的转化链路简化为核心的四步："听单""接单""接驾""完单"，并结合订单特征、司机画像特征、司机行为特征进行特

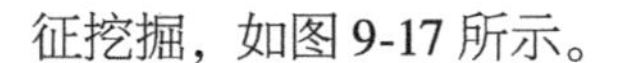

征挖掘，如图 9-17 所示。

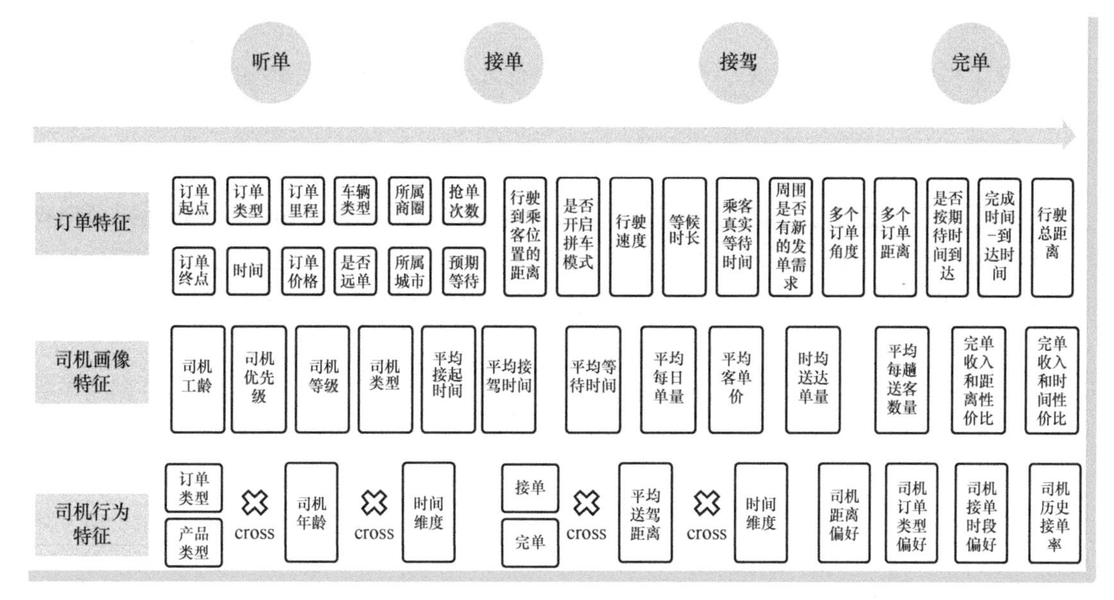


● 图 9-17　司机历史行为特征挖掘

图 9-17 对司机历史行为的特征挖掘仅供参考，读者可结合具体业务场景深入进行特征挖掘。

（2）乘客历史行为特征挖掘

乘客的行为转化链路核心的四步为：“冒泡”“发单”“等待接驾”“完单”，和司机侧特征相似，图 9-18 同样结合订单特征、乘客画像特征、乘客行为特征进行挖掘。

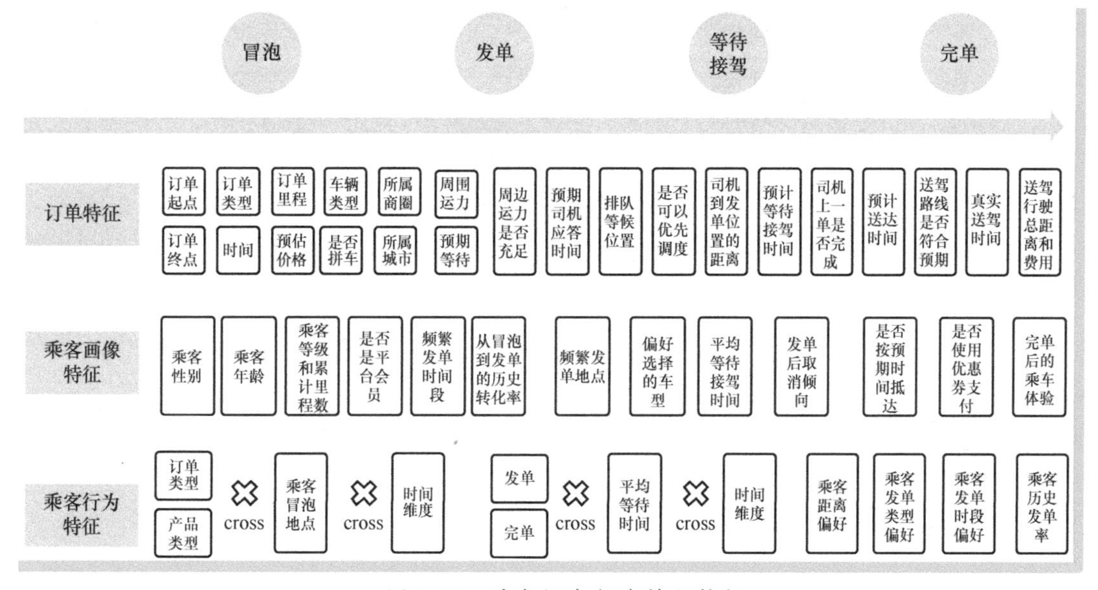


● 图 9-18　乘客历史行为特征挖掘

### 9.2.3 平台特征挖掘

在9.2.1和9.2.2小节分别对供需特征和用户特征进行了挖掘，影响价格的因素除了前两者之外，还包括外界因素的影响，如平台补贴、用户体验、天气、油价、竞品价格等。

1. 补贴因素

网约车平台为了提高司机和乘客的交易完成度，发放平台补贴吸引司乘两端使用平台完成交易。平台补贴大多数情况下均为一次性花费，长期来看并不能提升用户的忠诚度，短期来看是对动态定价的一种补充，尤其是“随单立减”的补贴形式一定程度上解决了时空供需问题，给平台带来了短期的利润。

补贴是网约车平台智能营销的主要方式，一般分为To B和To C两种，其中B端在网约车平台场景下一般是指司机，C端一般是指乘客。在智能营销章节，介绍了常见的智能营销方法，优惠券作为营销方法的一种，常见的形式有“天降红包”“新人券”“随单立减券”等，网约车场景下的B补和C补一般是以“随单立减”的方式发放来鼓励司乘完单，撮合交易。因此，在做价格预测或者供需预测时，应考虑平台补贴因素。

2. 用户平台体验

很多撮合交易型的平台为了提高用户的忠诚度，往往十分在意用户在平台的使用体验。好的用户体验不仅可以提高用户黏性，还可以促进交易，提升平台收入。用户在平台上的使用体验往往可以通过调查问卷、用户提交的反馈进行收集，平台对用户的反馈进行打标签，形成可以使用的特征。

3. 天气、油价、竞品价格等外界因素

出行业务受天气因素的影响非常严重，在恶劣天气下，很容易出现供不应求的状况。这时候平台为了满足乘客需求，往往会调高价格来促使司机接单，因此天气对网约车场景下的动态定价策略有很大的影响。油价是影响价格的另一因素，油价上涨意味着司机出车成本提高，一定程度上会降低司机在线意愿，因此为了减轻油价上涨对司机收入的影响，网约车平台通过调高订单价格，或者降低平台抽成的方法来实现。为了形成良性的市场竞争环境，鼓励同一市场下存在多个同类型的平台，因此竞争对手的价格对于平台价格存在比较大的影响。举个例子来说，同样的订单如果竞争对手损失平台收益来降低平台抽成，那么势必会引起市场价格的波动，平台如果继续维持高价，很可能会损害司乘双方的用户体验，因此追踪竞对价格和市场价格是合理调整平台价格的必要因素。

## 9.3 动态定价模型

### 9.3.1 动态定价策略总览

动态定价需要考虑到交易市场双边意愿和收益，因此可以将动态定价的策略拆分成乘客侧需求、司机侧供给、平衡供需和司乘双端收益四部分。

1. 乘客侧需求策略

乘客侧的需求主要和两个因素有关，分别是接驾时长和价格。假设需求 $D$ 是和接驾时长 $\eta$、价格 $p$ 相关的函数，那么根据乘客侧需求的本质，需求函数 $D$ 需要满足以下几个条件。

1）乘客侧的需求是非负且有上限值的，假设上限是 $\lambda$，需求量小于等于 $\lambda$。

2）乘客侧的需求是和接驾时长 $\eta$、价格 $p$ 呈负相关，即随着接驾时长 $\eta$ 和价格 $p$ 的增加，乘客侧的发单意愿会降低。

3）当接驾时长 $\eta$、价格 $p$ 趋近于无限大时，需求量趋近于 0。

4）对于所有价格 $p$，最大支付意愿的分布具有有限的平均值，即乘客愿等时间的分布随着价格 $p$ 的增加，尽量是收敛式的降低，而不是像 fat-tailed 分布一样，随着价格增加，愿等时间趋向于平稳，很难收敛的情况。

基于上述的条件，假设乘客愿等时间和支付意愿相互独立，那么用 $f(\omega)$ 表示乘客愿意等待时间等于 $\omega$ 的概率，$r(p)$ 表示乘客在价格 $p$ 下的支付意愿，那么需求函数可以表达为：

$$D(\eta,p)=\lambda f(\omega)r(p)$$

因此对于乘客侧需求而言，可以通过分别构造乘客愿意等待时间、乘客支付意愿的弹性模型来预估乘客侧的发单需求。

2. 司机侧供给策略

司机侧的供给意愿主要和每个司机的预期时薪 $e$ 相关，即和通过在平台做单的收入相关。假设 $L$ 表示和司机时薪相关司机侧供给（在线司机数量），$\tau$ 表示平台的抽成，$Q$ 表示单位时空粒度下的乘客侧需求密度。供给函数 $L$ 也需要满足以下几个条件。

1）$L$ 函数是连续可微的，且随着 $e$ 的增加而呈现递增的趋势。

2）$L(0)=0$，即在司机的预期时薪为 0 时，供给也为 0。

基于上述条件，单位时空粒度下司机能赚到的钱是$(1-\tau)\times p\times Q$，那么假设单位时空粒度下有 $N$ 个司机，那么司机的预期时薪为 $e=\frac{(1-\tau)\times p\times Q}{N}$，司机供给表达式为：

$$L=l\left(\frac{(1-\tau)\times p\times Q}{N}\right)$$

可见司机侧供给的因素主要是司机的预期时薪，而时薪在 $Q$ 和 $N$ 是常数的情况下，又可以拆成和平台抽成 $\tau$、价格 $p$ 相关，因此司机供给意愿的模型可以预测在不同平台抽成、价格的情况下司机侧供给的弹性。

3. 平衡司乘供需

通过第 9.1.3 小节已知，单位时间内的行程供给数量（又称行程吞吐量）$S$ 和在线司机数量以及接驾时长相关，将 $S$ 表达为 $S(\eta,L)$，当行程供给数量和乘客侧的需求数相等时，达到一种平衡的状态，即：

$$Q=D(\eta,p)=S(\eta,L)$$

以行程供应量 $Q$ 为横坐标，以接驾时长 $\eta$ 为纵坐标，绘制司机侧供应量和乘客侧的需求量的函数，如图 9-19 所示。

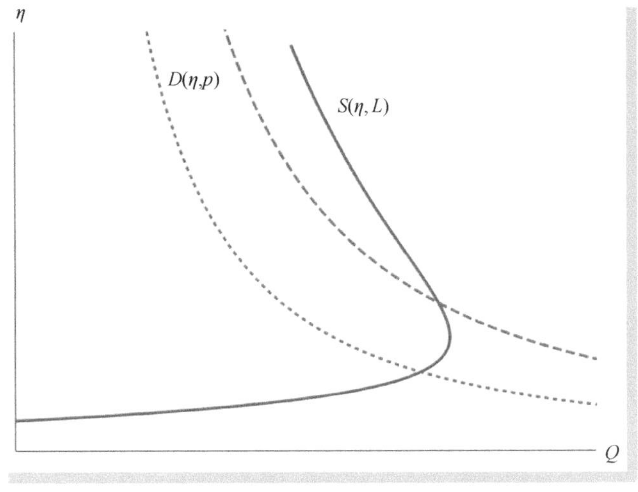


● 图 9-19　司机侧供应量和乘客侧需求量函数

$S$ 为行程供应曲线，$D$ 为乘客需求曲线，其中乘客需求曲线根据不同的价格变化有两条，一条是和 WGC 区域交互（$S$ 曲线的红色部分），另一条是和正常区域交互（$S$ 曲线的蓝色部分），而动态定价就是通过调整价格使得两者不在红色的 WGC 区域交互。对于供给侧而言，行程供应量函数 $S(\eta,L)$ 和接驾时长、在线司机数量相关，在线司机数量又和平台抽成、价格相关，因此具体的行程供应量由多种因素决定。对于需求侧而言，乘客的发单意愿主要受到接驾时长和价格的影响，相较于司机侧而言影响因素相对较少。

4. 司乘双端和平台收益

当网约车平台撮合交易成功后，平台和司乘双方均会有一定的收益。对于平台而言，假设在价格为 $p$、行程数量为 $Q$、平台抽成为 $\tau$ 的情况下，平台收益为 $\tau pQ$。那么下面将分别计算司乘两侧的收益。

（1） 司机侧收益

司机侧的收益等于总的平台收入减去平台抽成后，再减去司机侧一些诸如燃油费之类的花费 $C(L)$，具体的司机侧收益 DS 公式如下：

$$\mathrm{DS}(Q,L,p)=(1-\tau)pQ-C(L)$$

上式中花费 $C$ 和 $L$ 的关系是随着 $L$ 的增加，花费 $C$ 就越小。

（2） 乘客侧收益

乘客侧的收益和平台的总收益以及乘客支付的费用相关，假设平台的总收益为 $U(Q,T)$，那么乘客侧的收益 RS 公式如下：

$$\mathrm{RS}(Q,\eta)=U(Q,\eta)-pQ$$

上式中平台的总收益 $U$ 和行程数量 $Q$ 以及接驾时长 $\eta$ 相关。

（3） 三方总收益

网约车平台对司乘双方以及平台带来的总收益是三者收益的加和，具体的公式如下：

$$
\begin{aligned}
W(Q,L,\eta) &= \mathrm{DS}(Q,L,p)+\mathrm{RS}(Q,\eta)+\tau pQ \\
&=(1-\tau)pQ-C(L)+U(Q,\eta)-pQ+\tau pQ \\
&=U(Q,\eta)-C(L)
\end{aligned}
$$

由上式可知，网约车平台带来的总收益 $W$ 和行程数量 $Q$、接驾时长 $\eta$，以及司机侧的供给 $L$ 相关。

本小节介绍了动态定价策略，动态定价并不是仅仅使用一个模型就能解决问题，它往往涉及了司乘双端行为意愿、时空粒度的供需、司乘和平台三方的收益等多种因素。通常会使用因果推断算法对司乘双端行为意愿进行价格弹性建模，使用时序模型对时空粒度的供需进行预测，使用运筹优化的方法平衡司乘和平台三方的利益。这些方法的实践在之前的章节均有过介绍，此处不再一一赘述，而动态定价策略是综合考虑上述多种因素后给出的合理定价方案。值得注意的是，由图9-4可知，司乘双端的用户行为转化链路时间长、状态多，这一点相比计算广告用户从点击到最终下单这种较短时间内的行为变化而言更为复杂。因此，在网约车平台更注重预测长链路中的用户行为意愿，下一小节将介绍多任务模型预估长转化链路上的用户行为意愿。

## 9.3.2 用户行为预估模型

用户行为预估是在计算广告、动态定价等多个业务场景下常见的问题，本小节旨在介绍多任务学习模型解决长链路场景下多个预估目标的问题。

1. 多任务学习综述

在第8章的智能营销章节，介绍过多任务模型ESMM，在一个模型里同时预估用户的CTR和CVR两个子任务，进而对用户进行人群四象限划分。ESMM模型只是常见的多任务学习模型的一种，本小节将具体介绍近些年来常见的多任务学习模型。在具体介绍这些模型之前，先来整体上了解下多任务模型。

（1）什么是多任务学习

多任务学习的英文全称为Multi-Task Learning（又称多目标学习），其定义为：假设有 $n$ 个任务（传统的深度学习方法旨在使用一种特定模型仅解决一项任务），而这 $n$ 个任务或它们的一个子集彼此相关但不完全相同，则称为多任务学习（MTL）通过使用这 $n$ 个任务中包含的知识来改善特定模型的学习效果和性能。多任务学习是迁移学习中的一种，通过多个任务共享参数，彼此学习，来提升模型对单个预估任务的泛化性能。

为了更好地理解多任务学习存在的价值，下面以网约车业务场景下乘客行为预估为例说明多任务学习的必要性。由图9-4可知，网约车平台打车乘客的行为转化链路为“冒泡→发单→等待接驾→完单”四个主要的转化状态。四个转化状态之间存在一定的流失概率，最理想的情况是转化状态之间的流失概率为0，这样能最大程度创造平台收益。而事实往往是乘客冒泡之后可能发现周围运力不足、预估接驾时间较长，导致其不发单，或者乘客发单之后等待接驾的时间过长，导致其取消订单等。因此平台为了更好地捕捉用户行为的变化，通常需要设定多个预估目标，同时预估其发单行为、取消行为等。最终，完单=冒泡×发单率×(1-取消率)。能够实现多目标优化的方案目前主要有多模型融合、样本调权、排序学习、多任务学习，表 9-10 所示为多目标优化方案的原理和优缺点。

表 9-10 多目标优化方案的原理和优缺点

| 多目标优化方案 | 具体原理 | 优缺点 |
|---|---|---|
| 多模型融合 | 多模型融合的思路是比较直接的，也是建模伊始最常考虑的方法，其做法是对多个目标分别建立模型，然后根据业务特点，制定相应的策略对这些模型的结果进行综合评分。通常会考虑不同目标在业务场景下的重要性，得到综合评分的结果后进行最终排序 | 优点：<br>建模思路简单直接。数据样本充足的情况下，单目标模型效果会更好。<br>缺点：<br>多个模型训练预测开销比较大；模型之间独立，不能充分利用各自训练集；对多个模型的融合评分的参数基本靠业务经验设定，很难合理地融入模型学习 |
| 样本调权 | 多模型融合的难点是训练成本高且融合困难，将多个目标分别放在单任务模型中训练，单任务模型将正样本定义为冒泡且完单，负样本定义为冒泡且未完单，这样会损失从冒泡到发单这一步的信息。样本调权就是想把发单这一步考虑进来，其将从“冒泡→发单”“冒泡→完单”的样本都设置为正样本，但是分别设定不同的权重，对重要目标设定的权重更大。这样模型在预测的时候会重点将重要目标预测正确的同时，兼顾到次要目标 | 优点：<br>样本调权的优点是仅用一个模型就可以兼顾考虑多个目标的优化。<br>缺点：<br>样本的权重不好设定，依赖对业务的了解程度 |
| 排序学习 | 排序学习（Learning To Rank）可以通过构造数据对来关注多个目标之间排序的正确性。如我们更重视乘客的完单 $i$ 这个目标要大于乘客发单 $j$ 目标，这样可以设置 $i>j$ 来实现多个目标的融合 | 优点：<br>排序学习可以通过构造样本来实现对多个目标样本相对排序的预估，排序效果较好，且模型开销较小。<br>缺点：<br>样本数量比较大，训练比较慢；多个目标之间的偏序关系不好调整 |
| 多任务学习 | 多任务学习是迁移学习中的一种，初衷是通过建设一个模型来解决多模型融合中存在多个独立模型，且模型之间无法相互关联的问题。其通过利用任务之间的相似性来同时提升多个预估任务的效果 | 优点：<br>多任务学习的优点是只需要建立一个模型，在同一个模型中设置不同的任务分支，在保证预测任务相对独立的同时，又可以用到相似任务共享的信息，缓解了过拟合，提升彼此的表现；此外，一定程度上缓解了 SSB 和 DS 问题。<br>缺点：<br>多任务学习损失函数的设置需要谨慎，不然很容易引起负向迁移 |

通过上述几种多目标优化方案的对比，多任务学习几乎是可靠、高效解决多个目标同时优化的最佳方案。这里解释一下上表提到的 SSB 问题和 DS 问题。SSB 问题的全称是 Sample Selection Bias，

即样本选择偏差，其多出现在长链路转化场景中。以多模型融合的方法预测乘客冒泡后的完单率为例，图9-20所示为乘客侧“冒泡→发单→完单”的样本空间变化。

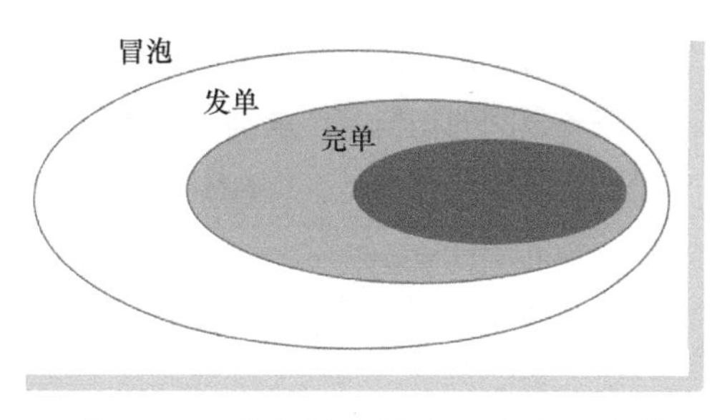


● 图9-20 乘客侧“冒泡→发单→完单”的样本空间变化

离线模型训练的样本空间一般是“冒泡且发单后”的样本而非“冒泡”的全量样本空间，而在线上预测时是在全量样本空间即冒泡阶段做乘客完单率的预测。因此，会出现由于离线样本选择带来的离/在线分布差异，从而导致预测出现偏差的现象。DS问题的全称是Data Sparisity，即数据稀疏性。以乘客冒泡为例，其从冒泡到发单环节，数据量会减少很多，再从发单到完单，完单样本空间可能就会比较稀疏，稀疏的样本会导致模型的学习能力变差。多任务学习的ESMM模型结构可以通过使用全量样本空间的数据，以及共享表示层来有效地缓解长链路业务场景下出现的SSB和DS问题。

（2）多任务学习常见的模型结构

多任务学习有两种常见的模型结构，一种是硬参数共享模型结构，另一种是软参数共享模型结构。硬参数共享结构是所有的任务共享隐藏层，输出结构的多个子任务间相互独立，其因为共享隐藏层大大降低了单个任务过拟合的风险。硬参数共享结构也存在一定的劣势，当两个任务不是很相关的时候，底层共享层很难学得适用于所有任务的表征。软参数共享结构是每个任务都有自己单独的模型和参数，不同模型之间的参数彼此约束，对于相关性不是很强的任务选择软参数共享结构更合适。图9-21所示为硬参数共享模型和软参数共享模型。

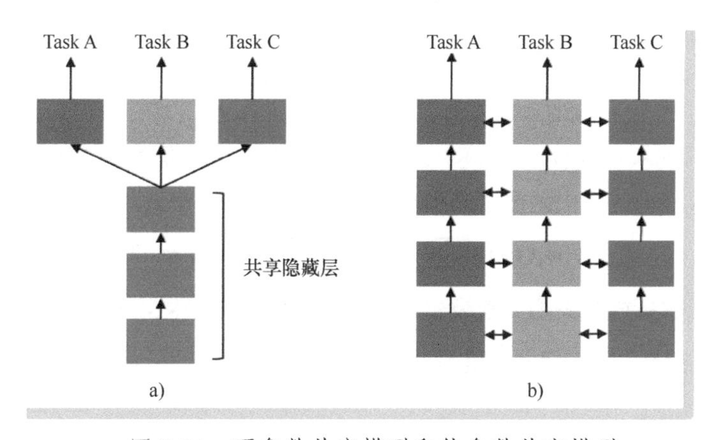


● 图9-21 硬参数共享模型和软参数共享模型
a）硬参数共享模型 b）软参数共享模型

图9-21a所示是硬参数共享模型结构，其中灰色层为共享隐藏层，主要是为了使不同的任务能够共享特征，在输出层分别有三个任务对应着三个不同的预测目标。图9-21b所示是软参数共享模

型结构，可见每个任务都有自己单独的模型，模型每一层的参数横向相互约束。硬参数共享模型对不同任务之间的相似度要求高，因此目前主流的 MMoE、PLE、AITM 模型都属于广义上的软参数共享模型。需要注意的是，ESMM 模型属于另一种多任务学习的模型范式，它更擅长处理前后有相互依赖关系的子任务。

（3）多任务学习的损失函数设计

对于多任务学习的损失函数而言，最简单的设计方式就是将多个任务的损失函数直接相加，作为整体模型的损失函数。但是这种直接相加的方式有很明显不合理的地方，如当不同损失函数的数量级不同时，模型的优化迭代更倾向于损失函数数量级大的任务，这样其他的任务会因此受到一定程度的负面影响，效果相对会变差，这种现象称为“跷跷板”现象。

为了一定程度上避免多任务学习出现“跷跷板”现象，在设计损失函数的时候可以通过对不同任务的损失函数进行调权来平衡，使得每个任务都有所提升，具体调权后的损失函数如下：

$$L_{\text{total}} = \sum_k \omega_k L_k$$

式中，$\omega_k$ 是根据业务经验调整的第 $k$ 个损失函数的权重。权重 $\omega_k$ 在整个训练过程中不会更新，这样存在的问题是不同的任务可能处在不同的学习阶段，如果固定权重，很可能会导致限制了某个任务的学习进展。为了更好地自适应不同任务的学习阶段，最佳的调整权重的方式是动态调整不同任务的损失函数权重。动态调整权重的损失函数如下，其中 $t$ 表示训练的第 $t$ 步。

$$L_{\text{total}} = \sum_k \omega_k(t) L_k$$

2. 梯度标准化

梯度标准化是在 2018 年发表的“Gradnorm：Gradient Normalization for adaptive loss balancing in deep multitask networks”一文中提出的，其中“标准化”的含义和数据预处理中的标准化相似，即希望不同任务的学习速度相近，不同任务的损失函数量级相近。文中定义了两种损失函数，一种是 Label 损失函数，它是衡量预测值和真实值之间的差距，计作 $L_{\text{total}}$；另一种是 Gradient 损失函数，它是衡量每个任务 Loss 的权重 $\omega_k(t)$ 的好坏，因此 Gradient 损失函数是关于权重 $\omega_k(t)$ 的函数。梯度标准化是同时考虑不同任务的损失函数量级和学习速度的设计，其公式如下：

$$L_{\text{grad}}(t,\omega_k(t)) = \sum_k \left| G_W^{(k)}(t) - \overline{G}_W(t) \times [r_k(t)]^{\alpha} \right|$$

梯度标准化的公式拆成损失函数量级和学习速度两部分，其中$G_W^{(i)}(t)$表示任务 $i$ 的梯度标准化值，$\overline{G}_W(t)$表示多个任务的梯度标准化值的平均，$W$ 表示模型最后一层的参数，梯度标准化和其均值的具体表达公式如下：

$$G_W^{(k)}(t) = \| \nabla_W \omega_k(t) L_k(t) \|_2$$

$$\overline{G}_W(t) = E_{\text{task}}[G_W^{(k)}(t)]$$

式中，$G_W^{(k)}(t)$是第 $k$ 个任务的损失函数权重 $\omega_k(t)$ 和损失函数 $L_k(t)$ 的乘积对参数 $W$ 求梯度的 $L_2$ 的范数，$L_2$的范数本质上是标准差，这里可以衡量梯度值的变化范围，$\overline{G}_W(t)$是对 $k$ 个任务的梯度标准化值求平均。$r_k(t)$ 表示第 $k$ 个任务的相反训练速度，具体的计算公式如下：

$$\widetilde{L}_k(t)=\frac{L_k(t)}{L_k(0)}$$

$$r_k(t)=\widetilde{L}_k(t)/E_{\text{task}}[\widetilde{L}_k(t)]$$

式中，$L_k(t)$ 和 $L_k(0)$ 分别表示第 $k$ 个子任务的第 $t$ 步和第 0 步的损失函数，$\widetilde{L}_k(t)$ 一定程度上衡量了任务 $k$ 的反向训练速度，$\widetilde{L}_k(t)$ 越大表示网络训练越慢，$E_{\text{task}}[\widetilde{L}_k(t)]$ 表示多个任务 $k$ 的平均反向训练速度，$r_k(t)$ 表示第 $k$ 个任务相对反向训练速度。

（1）动态任务优先级

动态任务优先级的英文全称是 Dynamic Task Prioritization，它是在 2018 年发表的“Dynamic task prioritization for multitask learning”一文中提出的多任务学习 Loss 优化方法，其核心思想是通过对任务难度的衡量，给难学的任务赋予更高的权重，具体的权重公式如下：

$$\omega_k(t)=-[1-\text{KPI}_k(t)]^{\gamma_k}\times\log[\text{KPI}_k(t)]$$

式中，$\omega_k(t)$ 表示第 $k$ 个任务的权重，$\text{KPI}_k(t)$ 表示对第 $k$ 个任务的衡量指标（通常是衡量模型效果的指标，如准确率、AUC 等）。$\text{KPI}_k(t)$ 的取值在［0,1］范围内，KPI 越高表示任务越好学，所以整体的权重 $\omega_k(t)$ 也就越小。

（2）动态加权平均

动态加权平均的英文全称是 Dynamic Weight Averaging，简称 DWA，是在 2019 年发表的“End-to-End Multi-Task Learning with Attention”一文中提出的多任务学习 Loss 优化算法，DWA 是通过将不同任务的学习速度调整到相近来进行多任务的学习的，DWA 算法的公式如下：

$$\omega_k(t)=\frac{N\times\exp\ (r_k(t-1)/T)}{\sum_n \exp\ (r_n(t-1)/T)}$$

式中，$r_k(t-1)$ 表示任务 $k$ 在第 $t-1$ 步的训练速度。

3. 多任务学习模型——MMoE

MMoE 模型是在 2018 年 Google 发表的“Modeling Task Relationships in Multi-task Learning with Multi-gate Mixture-of-Experts”一文中提出的多任务学习模型。它属于软参数共享模型的一种，其核心的优化在于将硬参数共享模型中的共享层变成多个专家网络，并基于“门控”思想对每一个任务分别调节不同专家网络之间的权重，从而达到既捕捉到不同任务之间的相关性，又能够通过门控捕捉不同任务之间的区别。具体的网络结构如图 9-22 所示。

图 9-22a 所示是具有共享层 Shared Bottom 的典型硬参数共享结构模型，图 9-22b 所示是带有一个 Gate（门控）的 MoE（Mixture-of-Experts）结构，对比图 9-22a 可见，MoE 结构中间有三个专家网络，左侧是一路 Gate 网络，Gate 网络负责训练三个专家网络的权重，并将结果进行集成。MoE 结构的输出可以用公式表达为：

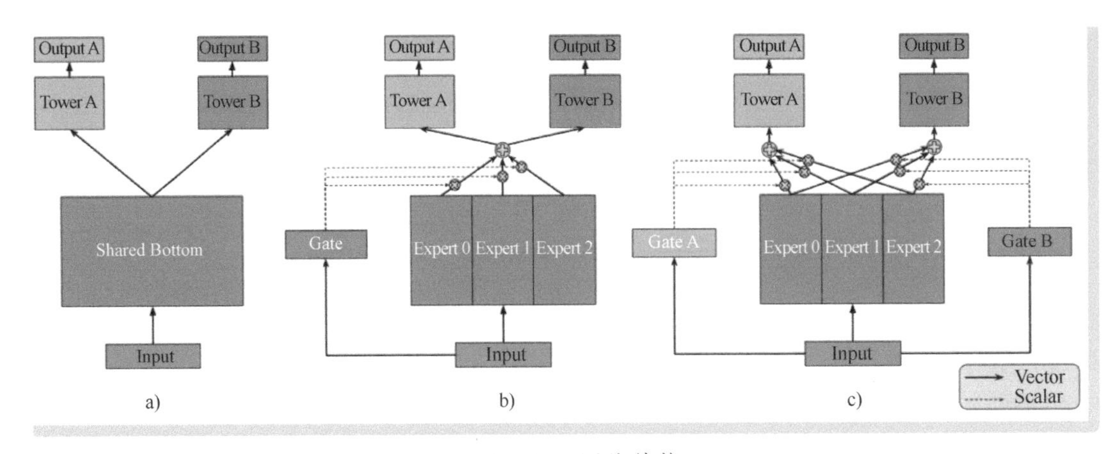


● 图 9-22　网络结构

a）带有共享层 Shared Bottom 的典型硬参数共享结构　b）带有 Gate 的 MoE 结构　c）MMoE 模型结构

$$y = \sum_{i=1}^{n} g(x)_i f_i(x)$$

其中 $\sum_{i=1}^{n} g(x)_i = 1$，$n$ 表示有 $n$ 个专家网络，$g(x)$ 是门控网络学习不同专家网络的权重，因此 MoE 结构可以看作是多个独立专家网络进行调权的集成。

图 9-22c 就是上述论文中提出的 MMoE 模型结构，其全称是 Multi-gate Mixture-of-Experts，表示带有多个门控网络的 MoE 结构，即每一个任务都配备一个单独的门控网络，用来学习该任务独特的专家网络权重，相应地第 $k$ 个任务的 MoE 结构输出为：

$$f^k(x) = \sum_{i=1}^{n} g^k(x)_i f_i(x)$$

那么假设 Tower A 网络结构表达为 $h_k$，那么任务 A 最终的输出 Output A 为 $h_k(f^k(x))$。下面给出 MMoE 模型的参考代码。

```
1.class MMoE(tf.keras.layers.Layer):
2.    def __init__(self,expert_dim,n_experts,n_tasks):
3.        super(MMoE, self).__init__()
4.        self.n_tasks = n_tasks
5.        self.expert_layers = [Dense(expert_dim,activation ='relu') for i in range(n_ex-
  perts)]
6.        self.gate_layers = [Dense(n_experts,activation =' softmax') for i in range(n_
  tasks)]
7.    def call(self,x):
8.        E_nets = [expert(x)for expert in self.expert_layers]
9.        E_nets = Concatenate(axis = 1)([e[:,tf.newaxis,:] for e in E_nets])
10.       Gate_nets = [gate(x)for gate in self.gate_layers]
11.       towers = []
12.       for i in range(self.n_tasks):
```

```
13.            gate = tf.expand_dims(Gate_nets[i],axis = -1)
14.            tower = tf.matmul(E_nets,gate,transpose_a=True)
15.            towers.append(Flatten()(tower))
16.        return towers
```

4. 多任务模型——PLE

PLE 模型全称是 Progressive Layered Extraction，它是 2020 年腾讯发表的"Progressive Layered Extraction (PLE): A Novel Multi-Task Learning (MTL) Model for Personalized Recommendations"一文中提出的多任务学习模型，相较于 MMoE 模型，其选用了渐进式分层提取模型结构来解决多任务学习中存在的负迁移和"跷跷板"现象。在介绍 PLE 的模型结构之前，先来看看 PLE 基础模块 CGC (Customized Gate Control) 的网络结构，如图 9-23 所示。

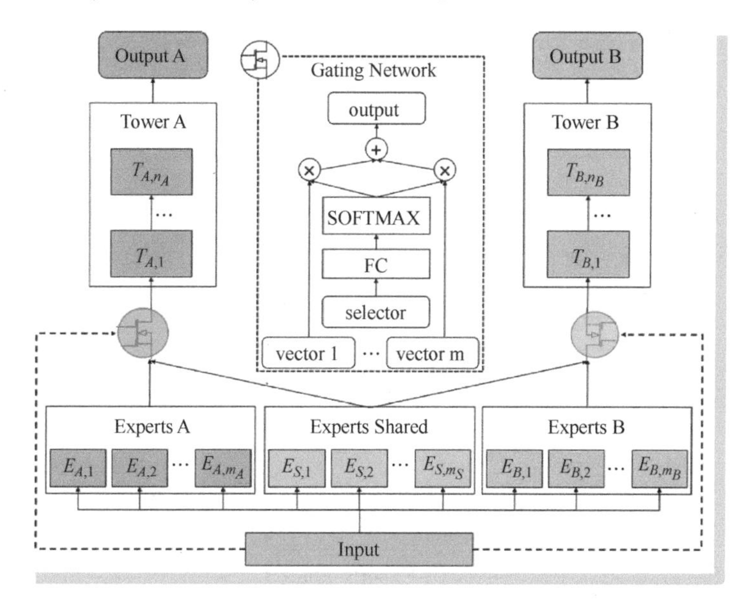


● 图 9-23 PLE 基础模块 CGC 的网络结构

图 9-23 显示，CGC 网络和 MMoE 最大的不同是，MMoE 的多个专家网络是被不同的任务所共享的，而 CGC 对于不同的任务会建立特定的专家网络模块。每个专家网络模块包含多个专家网络 (Experts A 中包含 $E_{A,1}$、$E_{A,2}$等多个网络)，专家网络模块之间不共享 (Experts A 和 Experts B 相互独立)，同时 CGC 建立了 Experts Shared 模块作为不同任务之间的共享专家模块，其内部也包含多个专家网络，共享专家模块专门负责学习不同任务之间的共性。每一个任务从自己特定专家网络模块和共享专家模块中进行学习，两个模块学习的结果通过一个门控网络进行权重调整。下面介绍基于 CGC 网络结构的 PLE 模型结构，如图 9-24 所示。

PLE 是 CGC 网络结构的多层拓展，图 9-24 中每一层的 Extraction Network 都是一个 CGC 的网络结构。和图 9-23 中 CGC 网络结构不太相同的地方在于，在多层的提取网络结构中，共享专家网络

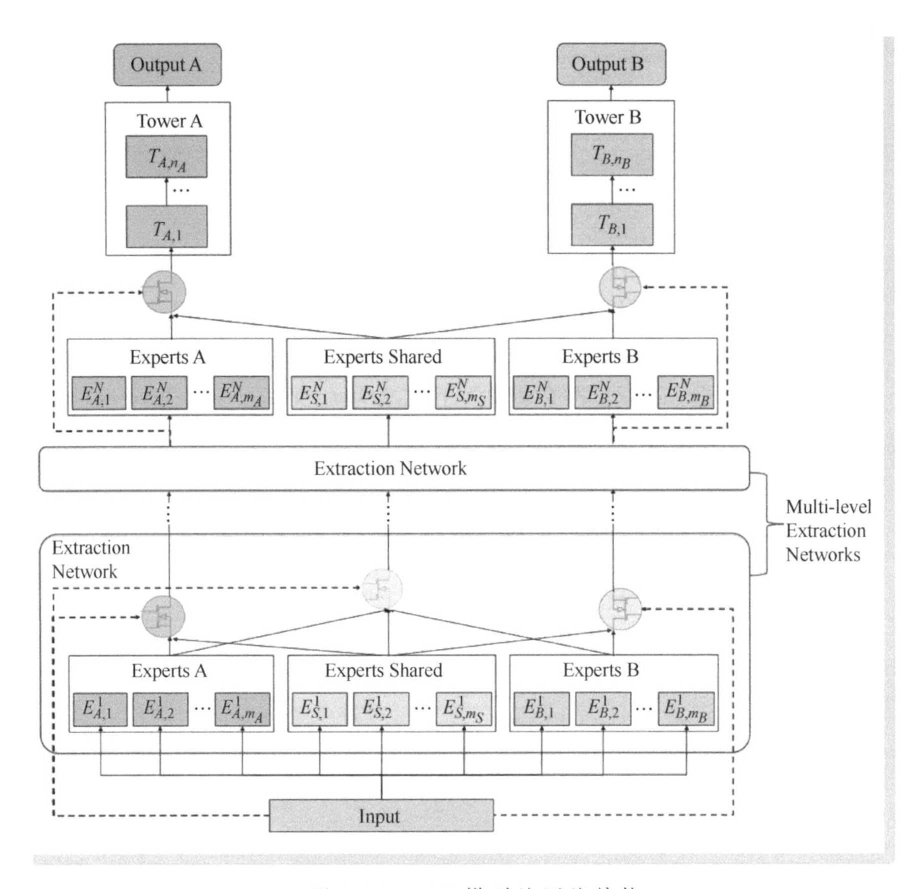


● 图 9-24 PLE 模型的网络结构

模块也有对应的门控网络。如图 9-24 中的蓝色圈所示，它的输入是两个任务的特定专家网络模块 Experts A、Experts B，以及共享专家网络模块 Experts Shared，通过门控网络进行调权，每一层提取网络对应的三个门控网络的输出作为下一层提取网络的输入。总结起来，相较于 MMoE 结构，PLE 结构通过建立特定任务的专家网络模块来专注于学习某个任务，一定程度上避免了负向迁移的现象。除此之外，多层提取网络的渐进式分离，可以有效提取不同任务之间的高阶共享知识，从而渐进式地将不同任务的“特有”和“共性”分离开来，保证特定专家网络模块学习的专注度，以及不同任务之间“共性”的有效性。由于篇幅有限，下面给出开源 PLE 模型结构实现的核心代码。

```
1.class MeanPoolLayer(Layer):
2.    def __init__(self, axis, **kwargs):
3.        super(MeanPoolLayer, self).__init__(**kwargs)
4.        self.axis = axis
5.
6.    def call(self, x, mask):
7.        mask = tf.expand_dims(tf.cast(mask,tf.float32),axis = -1)
```

```
8.          x = x * mask
9.          return K.sum(x, axis=self.axis) / (K.sum(mask, axis=self.axis) + 1e-9)
10.
11.class PleLayer(tf.keras.layers.Layer):
12.     '''
13.     n_experts: list,每个任务使用多少 expert。[2,3]表示第一个任务使用两个 expert,第二个任务使
   用 3 个 expert
14.     n_expert_share: int,共享部分设置的 expert 个数
15.     expert_dim: int,每个专家网络输出的向量维度
16.     n_task: int,任务个数
17.     '''
18.     def __init__(self,n_task,n_experts,expert_dim,n_expert_share,dnn_reg_l2 = 1e-5):
19.         super(PleLayer, self).__init__()
20.         self.n_task = n_task
21.
22.         # 生成多个任务特定网络和 1 个共享网络
23.         self.E_layer = []
24.         for i in range(n_task):
25.             sub_exp = [Dense(expert_dim,activation ='relu') for j in range(n_experts[i])]
26.             self.E_layer.append(sub_exp)
27.
28.          self.share_layer = [Dense(expert_dim, activation =' relu') for j in range(n_
   expert_share)]
29.         #定义门控网络
30.         self.gate_layers = [Dense(n_expert_share+n_experts[i],kernel_regularizer=
   regularizers.l2(dnn_reg_l2),
31.                                     activation ='softmax') for i in range(n_task)]
32.
33.     def call(self,x):
34.         #特定网络和共享网络
35.         E_net = [[expert(x)for expert in sub_expert] for sub_expert in self.E_layer]
36.         share_net = [expert(x)for expert in self.share_layer]
37.
38.         #门的权重乘以指定任务和共享任务的输出
39.         towers = []
40.         for i in range(self.n_task):
41.             g = self.gate_layers[i](x)
42.             g = tf.expand_dims(g,axis = -1)#(bs,n_expert_share+n_experts[i],1)
43.             _e = share_net+E_net[i]
44.             _e = Concatenate(axis = 1)([expert[:,tf.newaxis,:] for expert in _e]) #
45.             _tower = tf.matmul(_e, g,transpose_a=True)
46.             towers.append(Flatten()(_tower))#(bs,expert_dim)
47.         return towers
```

5. 多任务模型——AITM

AITM 框架的全称是 Adaptive Information Transfer Multi-task Framework，它是美团在 2021 年发表的“Modeling the Sequential Dependence among Audience Multi-step Conversions with Multi-task Learning in Targeted Display Advertising”一文中提出的多任务学习框架，相较于 MMoE 和 ESMM 模型对底层共享层部分的优化来说，其更关注塔结构部分的优化，引入 AIT 模块来捕捉塔之间的前后关系，具体的网络结构如图 9-25 所示。

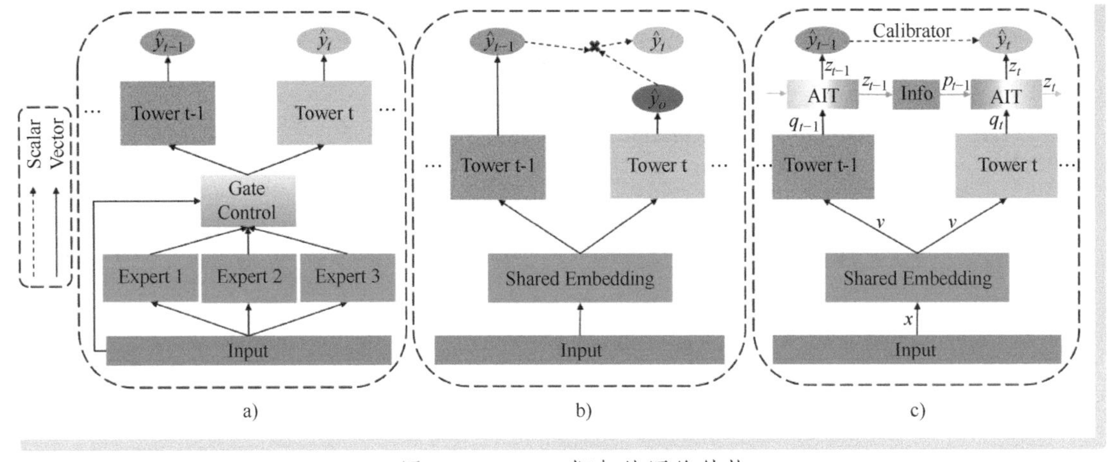


● 图 9-25　AITM 框架的网络结构

a）以 MMoE 模型为代表的专家底模式　b）以 ESMM 模型为代表的概率迁移模式　c）AITM 的网络结构

图 9-25a 所示是以 MMoE 模型为代表的专家底模式，它的塔结构部分相互独立输出。图 9-25b 所示是以 ESMM 模型为代表的概率迁移模式，它根据业务场景中业务指标的相互关系使用联合概率预测，但其依然忽视了任务的前后关系。图 9-25c 是 AITM 框架的网络结构，其优化重点在塔结构部分，每个任务塔引入了 AIT 模块。每个 AIT 模块的输入分为两部分，一部分来自当前塔 $t$ 的信息$q_t$，另一部分来自前一个任务塔 $t-1$ 的输出信息 $p_{t-1}$，经过 AIT 模块后的输出为 $z_t$。AIT 模块的公式化表达如下：

$$z_t = \text{AIT}(p_{t-1}, q_t)$$

$$p_{t-1} = g_{t-1}(z_{t-1})$$

式中，$p_{t-1}$可以看作是来自前一个塔的迁移信息，它是将第 $t-1$ 个塔的输出 $z_{t-1}$放入函数 $g_{t-1}$（图 9-25c 中的 Info）中进行学习，学习两个相邻任务之间应该迁移什么信息，$q_t$ 就是当前任务塔的输出。AIT 模块自身算法的设计类似注意力机制，这里不再赘述，读者可回顾第 7 章对于 Attention 机制的讲解。

6. 多任务学习和因果推断的结合

本小节重点讲解了长链路转化场景下，使用多任务学习对多个转化目标同时建模的知识。然而通过第 9.3.1 小节动态定价策略总览的讲解知道，在动态定价的场景中，司乘双端在转化链路上的转化意愿和价格、等待时长等变量存在弹性关系，即动态定价场景下，需要掌握的是价格变动（原因（Treatment））带来的司乘意愿（结果）的变化，并据此进行合理定价。因此，在动态定价场景的实践中，可以考虑将多任务学习和因果推断模型相结合，将多任务学习框架下的每一个任务塔的网络结构替换成因果推断模型，预测在不同 Treatment 的情况下的司乘双端意愿。构建适用于业务场景的深度学习模型，就像搭积木，有多种多样的组合方式，读者可以依据具体的业务场景进行模型结构的设计。